中国建筑卫生陶瓷年鉴

ALMANAC OF CHINA BUILDING CERAMICS & SANITARYWARE

（2008·首卷）

中国建筑卫生陶瓷协会　编

中国建筑工业出版社

图书在版编目（CIP）数据

中国建筑卫生陶瓷年鉴．（2008·首卷）/中国建筑卫生陶瓷协会编．—北京：中国建筑工业出版社，2009
ISBN 978-7-112-11536-5

Ⅰ．中…　Ⅱ．中…　Ⅲ．建筑陶瓷-卫生陶瓷制品-中国-2008-年鉴　Ⅳ．TQ174.76-54

中国版本图书馆CIP数据核字（2009）第197982号

责任编辑：李晓陶
责任设计：赵明霞
责任校对：陈　波　关　健

中国建筑卫生陶瓷年鉴

ALMANAC OF CHINA BUILDING CERAMICS & SANITARYWARE

（2008·首卷）

中国建筑卫生陶瓷协会　编

*

中国建筑工业出版社出版、发行（北京西郊百万庄）
各地新华书店、建筑书店经销
北京嘉泰利德公司制版
北京中科印刷有限公司印刷

*

开本：880×1230毫米　1/16　印张：20　插页：24　字数：642千字
2009年11月第一版　2009年11月第一次印刷
定价：**280.00**元
ISBN 978-7-112-11536-5
（18784）

《中国建筑卫生陶瓷年鉴》（2008·首卷）编委会

发　刊　词

叶向阳
中国建筑卫生
陶瓷协会会长

正当举国上下普天同庆新中国60华诞之际，我国建筑卫生陶瓷行业有史以来的第一卷年鉴《中国建筑卫生陶瓷年鉴（2008）》圆满完成编纂。这无疑是我国建筑卫生陶瓷行业的一件大好事和大喜事！同时也是我国建筑卫生陶瓷行业全体同仁，给新中国60华诞的颇有意义的节日献礼！

中国China（陶瓷），是全世界公认的陶瓷文明古国和大国，拥有灿烂辉煌的陶瓷文明史。我国的建筑卫生陶瓷亦历史悠久，源远流长。改革开放以来，特别是进入新世纪以来，我国建筑卫生陶瓷行业在结构调整和优化升级、设计研发、工艺技术和装备、生产、节能减排和降耗利废及努力发展低碳型循环经济型建筑卫生陶瓷产业、有效利用国内外两种资源和积极开拓国内外两个市场、不断拓展产品应用领域、品牌和信用体系建设、现代管理、信息化和企业文化建设等诸多方面，有了全面的长足进步。自20世纪90年代中期迄今，我国一直位居世界建筑卫生陶瓷生产、消费和出口第一大国。

与世界建筑卫生陶瓷先进国家相比，我们在创意、设计研发、有效拓展新的应用领域、将古今中外多元优秀文化艺术元素与建筑卫生陶瓷产品有效融合、全面持续创新、节能减排和降耗利废及努力发展低碳型循环经济型建筑卫生陶瓷产业、有效利用国内外两种资源和积极开拓国内外两个市场、品牌和信用体系建设、现代管理、信息化特别是电子商务等方面，尚存在一定差距，需全行业同仁齐心协力，奋起直追，力争早日赶超，使我国建筑卫生陶瓷行业尽早实现既大又强！

我国建筑卫生陶瓷行业的历史，正像是我国建筑卫生陶瓷行业这棵大树之根。只有根深，我国建筑卫生陶瓷行业这棵大树方能干挺、枝繁、叶茂、花艳、果丰，参天常青。然而，一部好的行业史，必须由持续不断的权威性行业年鉴作支撑。行业内外亦一直渴望权威性、实用性行业年鉴能尽早问世。有鉴于此，中国建筑卫生陶瓷协会顺应广大行业同仁之呼声和行业全面协调可持续科学和谐发展之需要，积极倡导并精心策划、组织全行业广大专家学者和企业家等同仁共同参与，经过《年鉴》编委会和编辑部全体同仁的共同努力，完成了《年鉴》的编纂工作。值此，谨代表中国建筑卫生陶瓷协会和我本人，向《年鉴》编委会和编辑部全体同仁及关心支持本《年鉴》编发的各有关单位、企业家和专家学者等，致以崇高的敬意和深深的谢意！

我坚信，只要我们长期坚持"以有效引导和促进我国建筑卫生陶瓷行业全面协调可持续科学和谐发展为出发点、着力点、落脚点和唯一宗旨"，长期坚持"客观纪实、全面扼要、准确及时、公益共办和认真负责"等原则，在全行业同仁共同努力下，就一定能够尽快使我国建筑卫生陶瓷行业年鉴，成为行业内外共享共爱的集权威性及实用性为一体的重要年度史书和工具书，在有效引导和促进我国建筑卫生陶瓷行业全面协调可持续科学和谐发展中，发挥应有的不可替代的重要作用！

叶向阳

2009年10月1日于北京

目　录

Contents

▲ 2008年8月21日，中国建材工业协会会长张人为（左三）考察江西高安新明珠生产基地

▲ 中国建筑卫生陶瓷协会第六届会员代表大会于2008年11月20日至23日在杭州召开

▲ 2008年6月3日，中共中央政治局委员、广东省省委书记汪洋（右二）视察强辉陶瓷有限公司

▲ 2008年6月3日，江西省委书记苏荣（右三）考察江西高安新明珠生产基地

▲ 2008年11月，中国建筑卫生陶瓷协会会长丁卫东（左四）率团参加在印度召开的世界瓷砖论坛

▲ 2008年6月14日，中国建筑陶瓷与卫生洁具行业首批企业信用等级评价结果发布会在北京举行

▲ 2008年2月27日，由中国建筑卫生陶瓷协会主办的首届陶瓷行业“十大陶瓷巾帼”评选揭晓

▲ 陶瓷行业人士向5·12汶川大地震遇难者默哀

▼ 拆迁中的佛山陶瓷企业

▲ 2008年12月1日，江西省人民政府副省长洪礼和（左）向江西丰城精品陶瓷产业基地授牌

▲ 2008年10月18日，中国陶瓷产业总部基地举行开业仪式

2008年11月15日，佛山市委书记林元和在广东蒙娜丽莎陶瓷有限公司考察大规格陶瓷薄板国家高科技攻关项目 ▼

▲ 陶瓷企业转移、升级后的广东省佛山市禅城区南庄镇新规划

第一章　绪　　言

建筑陶瓷、卫生洁具产品是用于包括工业、商业、公共建筑、民用住宅等建筑装饰和卫生设施的陶瓷和卫生洁具制品。建筑陶瓷产品主要包括：各类陶瓷砖、建筑琉璃制品，陶板、陶管及其他陶瓷装饰制品；卫生陶瓷是卫生洁具中最重要的产品，与卫生陶瓷配套使用的其他卫生洁具产品还有：淋浴房、水嘴、浴缸、淋浴器，以及与卫生陶瓷配套使用的水箱和水箱配件、冲洗阀、各类管件和阀门等。

建筑陶瓷是由黏土或其他无机非金属原料，经混炼、成型、烧结等工艺处理制成，用于装饰与保护建筑物、构筑物墙面及地面的板状或块状陶瓷制品、琉璃制品、微晶玻璃陶瓷复合制品等。卫生陶瓷是卫生洁具的主要产品之一，它是由黏土或其他无机物经混炼、成型、高温烧制而成用作卫生设施的有釉陶瓷制品。建筑卫生陶瓷产品具有美观实用、防水防火、坚硬耐磨、耐腐蚀、抗老化、易清洁、原料来源广泛、生产成本相对较低等特点。中国是陶瓷文明古国，最早掌握陶瓷制作技术，并将其制作成为生活器具和建筑装饰材料。随着科学技术的发展和人民生活水平的提高，建筑卫生陶瓷的花色品种越来越丰富，性能越来越好，功能越来越多，应用范围越来越广，对于改善人民的居住条件，提高人民的生活质量，促进社会经济的持续健康发展起着重要的作用。

第一节　我国建筑卫生陶瓷的历史回顾

古代中国的建筑陶瓷曾有过悠久和辉煌的历史，根据考古发掘及其研究，中国早在一万年前的新石器时代就发明了原始的制陶术，到了商代和周代，开始出现了专门从事陶器生产的工种，殷商时期人们就懂得用粗陶制作建筑物的地下排水道和建筑装饰物，战国初期出现了精美的铺地砖，秦砖汉瓦的大量应用是中国对世界建筑陶瓷发展的重要贡献，其影响延续至今。汉代的画像砖题材广泛，装饰独特，对建筑装饰陶瓷的演变和发展产生了重要影响，汉代陶质铅釉虎子（夜壶）和其后期的瓷质虎子及唾器是世界最早的陶瓷质卫生器具。

建筑琉璃制品是一类重要的建筑陶瓷产品，它最早出现在北魏，盛于明清时期，长期广泛用于宫殿、园林、寺院等重要建筑，具有独特的中国文化和艺术特色，时至今日其应用范围扩展到民用住宅、商业、旅游度假、公共建筑等领域。

世界现代建筑卫生陶瓷生产技术源于西方，中国生产现代卫生陶瓷始于唐山。1914 年周缉之等在创办唐山启新洋灰公司期间筹办陶瓷车间，先后聘用德国的技术人员汉斯·昆德父子，采用德国技术和原料生产卫生陶瓷，随后发展成为启新陶瓷厂（唐山陶瓷厂的前身）。1930 年民族实业家秦幼林在唐山创办德盛窑业工厂（唐山建筑陶瓷厂的前身）。

我国生产现代陶瓷砖始于 20 世纪 20 年代，由民族资本家创办的泰山砖瓦有限公司在上海生产的“泰山牌”陶瓷砖，开创了中国现代建筑陶瓷发展的先河，“泰山牌”外墙砖不仅应用于上海国际饭店、锦江饭店和上海大厦等高档建筑外墙装饰，还远销海外。1943 年由温州民族资本家吴伯亨创办的西山窑业场（温州西山面砖厂的前身）正式投产，主要生产釉面砖和铺地砖。

作为舶来品的现代建筑卫生陶瓷工业在旧中国经历了曲折的发展历程，到 1949 年新中国成立前夕，全国仅有唐山、温州、宜兴等地的几家作坊式工厂，生产技术和工艺装备十分落后，产量小、效率低。1949 年全国建筑陶瓷（陶瓷地砖和外墙砖）总产量仅有 2310 平方米，卫生陶瓷总产量仅有 6000 件。

第二节　建国60年建筑卫生陶瓷工业的发展

一、改革开放前的发展

新中国成立后对原有老厂通过公私合营和政府接管，先后组建成立了国营唐山陶瓷厂、公私合营德盛陶瓷厂、公私合营西山窑业厂，并陆续投资改进这些企业的生产技术和工艺装备，建筑卫生陶瓷工业得到快速恢复和发展。到1960年，在河北、浙江、辽宁、江苏、江西、广东、陕西、福建和北京等省市全国共有唐山陶瓷厂、沈阳陶瓷厂、北京陶瓷厂、石湾建筑陶瓷厂、宜兴建筑陶瓷厂等12家大中型建筑卫生陶瓷企业，年产陶瓷砖211万平方米，卫生陶瓷141万件，解放后的10年间，全国陶瓷砖产量年均增长达到翻番的速度，卫生陶瓷产量年均递增近40%。

从20世纪60年代开始到70年代中后期，由于受到自然灾害和政治动荡的影响，中国建筑卫生陶瓷工业经历艰难的发展历程。到1978年，全国共有44家建筑卫生陶瓷生产企业，年产建筑陶瓷砖546万平方米，卫生陶瓷228万件，18年间建筑陶瓷砖产量年均递增8.6%，卫生陶瓷年均递增4.15%。

新中国成立后，党和国家十分重视建筑卫生陶瓷工业的发展，建国初期就设立了专门的管理机构，并成立了专业的研究设计院所，包括现在的咸阳陶瓷研究设计院、山东工业陶瓷研究设计院、中国建筑材料研究院陶瓷研究所、中国西北建筑设计研究院建材分院等都是在这个期间建立起来的；陆续组建的武汉建材学院、南京化工学院、景德镇陶瓷学院等大专院校为建筑卫生陶瓷行业培养了一批专业人才；大批新技术、新工艺、新装备、新产品陆续得到推广应用，由此现代中国建筑卫生陶瓷工业逐步建立和发展起来，基本形成了新中国的建筑卫生陶瓷工业体系，奠定了我国现代建筑卫生陶瓷工业快速发展的基础。

二、改革开放30年来的发展

改革开放为中国建筑卫生陶瓷行业的持续快速发展提供了前所未有的机遇。从20世纪80年代初开始，我国建筑卫生陶瓷工业迎来了发展的春天。全国各地特别是沿海地区，中、小型建筑卫生陶瓷企业如雨后春笋大量涌现，“六五”时期（1981—1985年）国家在山东潍坊、江西景德镇、浙江上虞、湖南投资兴建了一批国有建筑卫生陶瓷企业，到1990年全国乡以上建筑卫生陶瓷企业达745家，全国卫生陶瓷产量达1783万件，陶瓷砖产量1.97亿平方米，骨干企业利税率都在40%以上。新的生产工艺和先进的技术装备开始逐步在企业中推广应用，自1983年广东石湾利华陶瓷厂全线引进彩釉陶瓷生产线之后，我国开始从意大利、德国、日本等国引进建筑卫生陶瓷生产线或关键设备，大幅度提升了我国建筑卫生陶瓷行业的技术装备水平。在国家的大力支持下，通过“六五”和“七五”联合科技攻关、引进和消化吸收，国产墙地砖和卫生瓷生产线的部分关键装备逐步投入生产应用。广东佛山、河北唐山、山东淄博和福建泉州等地相继出现了一批大中型建筑卫生陶瓷企业或企业集团公司，这些企业不仅为行业的技术进步和快速发展作出了贡献，还为日后发展形成的特色产业集群创造了有利条件。在20世纪80年代的10年间，我国建筑卫生陶瓷工业又重新步入快速发展时期，全国建筑陶瓷砖产量年均递增32.55%，卫生陶瓷产量年均递增19.84%。

我国建筑卫生陶瓷工业在20世纪90年代开始迈上一个新的台阶。从80年代中开始的十几年间，全行业先后有400多家企业引进了建筑陶瓷砖生产线或关键设备，包括近3000台压砖机、400多条辊道窑，约有50家企业引进了卫生陶瓷生产线或关键设备。经过自主研发及消化吸收，国内已开始掌握设计和建设年产百万平方米以上的陶瓷墙地砖生产线整套装备和年产50万件的卫生瓷生产线，不仅形成了自己的知识产权，而且有所创新。中国建筑卫生陶瓷行业在生产技术装备方面缩短了与世界先进水平的差距。到1993年，我国建筑陶瓷砖和卫生陶瓷产量分别超过5.3亿平方米和3300万件，成为世界最大的建筑卫生陶瓷生产国。1995年工业普查统计显示，全国建筑陶瓷生产企业达到2800余家，卫生陶瓷企业约240家，其中大、中型企业200多家，其他相关企业如色釉料、熔块、辊棒、匣钵、模具、耐火材料及配套材料企业约120家。除广东佛山、河北唐山、山东淄博三个建筑卫生陶瓷主要产区外，福建省的乡镇企业和台资企业迅猛发展，成为仅次于广东的第二大建筑陶瓷产区。河南省涌现了不少乡镇企业生产卫生陶瓷，1995年全省卫生陶瓷产量超过河北唐山位居全国第一。到2000年，全国建筑陶瓷产量超过17.5亿平方米，卫生陶瓷产量超过5600万件。从90年代初开始，中国的建筑卫生陶瓷产品逐步替代进口产品并迈向国际市场，到90年代中后期实现贸易顺差，扭转了多年来依赖进口产品的局面。90年代的10国家和年间，全国陶瓷砖产量年均递增24.4%，卫生陶瓷产量年均递增12.13%，中国不仅成为世界上最大的建筑卫生陶瓷生产国和消费国，并在生产工艺、技术装备水平以及产业配套等方面都有很大进步。

中国建筑卫生陶瓷行业是由计划经济向市场经济转型中较早与市场经济接轨的行业之一。巨大的市场需求、可观的经济效益和相对较低的进入门槛吸引了大量民间和社会资本，从广东、福建等地开始大批国有企业和集体企业纷纷通过股份制改造、产权转让、租赁或买断等形式转为民营企业，充分发挥民营企业责权利明晰、经营机制灵活、负担轻、效益好的优势。境外大型跨国公司（包括台资企业）也纷纷看好中国建筑卫生陶瓷产业的发展前景，开始在中国布局和建立生产工厂。到20世纪90年代末期，过去由国有和乡镇企业占主导地位的中国建筑卫生陶瓷行业逐步过渡到了以民营制企业为主导的时代。

进入21世纪后，我国建筑卫生陶瓷工业进入了新的发展阶段。中国建筑卫生陶瓷产量依然保持高速增长。到2008年全国建筑陶瓷砖产量超过57.5亿平方米，卫生陶瓷产量超过1.5亿件。中国建筑陶瓷砖产量不仅占世界总产量的半壁江山，而且以年均递增16%以上的速度持续高速增长，卫生陶瓷产量约占世界总产量的1/3，也保持年均递增13.5%的增长速度。到目前为止，全行业已基本上完成“国退民进”的过程，科研体制的改革使企业真正成为创新的主体，政府职能的转变和市场功能的强化使行业协会逐步发挥其应有的服务功能；国内外市场的巨大需求为民营企业的迅速成长壮大提供了前所未有的发展机遇；企业大规模更新生产技术装备，快速实现机械化和自动化，在提高产能和劳动生产率的同时降低了生产成本和能源消耗，逐步完善的产业链和产业集群的发展大大提高了中国建筑卫生陶瓷行业的竞争力。我国建筑卫生陶瓷行业的技术装备不仅全面实现了国产化、大型化、高效化，而且可以大量出口，使中国建筑卫生陶瓷行业开始步入世界先进国家的行列。

三、国际竞争能力大幅度提高

改革开放特别是中国进入WTO，加快了我国建筑卫生陶瓷行业与世界接轨的步伐，提高了中国建筑卫生陶瓷企业和产品的国际竞争力。2008年全行业出口超过80亿美元，其中出口陶瓷砖27.11亿美元，卫生洁具（包括卫生陶瓷、水箱配件及坐便器盖板、水嘴、淋浴房、浴缸等产品）51.55亿美元，出口陶瓷色釉料1.76亿美元。从2001年到2008年，陶瓷砖出口量年均递增51.43%，卫生陶瓷出口量年均递增41.16%。2008年中国出口陶瓷砖达6.7亿平方米，卫生陶瓷5632万件，我国建筑卫生陶瓷产品的出口量超过全球贸易总量的1/3。在出口持续增加的同时，进口建筑卫生陶瓷产品不断减少，在国内市场所占份额不足0.5%，这充分说明了我国建筑卫生陶瓷产品有很强的国际竞争力，我国的产品不仅能满足国内各种消费群体的需求，产品质量也得到国际上的认可。中国产的建筑陶瓷砖远销全世界200多个国家和地区，约80%的陶瓷砖出口流向亚洲和非洲地区，2008年前10个主要出口流向国家或地区占我国全部建筑陶瓷出口量的41.45%，排名依次是沙特阿拉伯、阿联酋、韩国、美国、新加坡、印度、尼日利亚、菲律宾、中国香港和科威特。中国产的卫生陶瓷也销往190多个国家和地区，2/3以上的卫生陶瓷出口到欧美等发达国家或地区，前10个主要出口流向国家和地区分别是美国、韩国、英国、加拿大、尼日利亚、俄罗斯、中国香港、马来西亚、西班牙和菲律宾，向这10个国家和地区的出口占全国卫生陶瓷出口量的59.1%。

四、产业布局更趋合理

历经60年的发展，我国建筑卫生陶瓷产业布局几经变化，从改革开放前国家在不同区域重点布局的几家国有企业，到80年代、90年代河北唐山、山东淄博博山、广东佛山"三山鼎立"的格局，发展到今天，在全国各地形成了30余个各具特色的产业集群。与行业相关的生产企业超过6000家，其中建筑陶瓷生产企业1200多家，卫生陶瓷生产企业800多家，原辅材料、色釉料、窑炉、机械等陶瓷配套企业1000多家，水嘴等五金洁具生产企业1000多家，浴缸及淋浴房生产企业500多家，其他相关配套企业1000余家。按产品和地域分布，建筑陶瓷企业主要集中在广东佛山地区（包括清远、肇庆地区），福建晋江、南安和闽清地区，山东淄博、临沂地区，四川夹江及周边地区，辽宁法库、建平地区，江西高安、丰城等地区；卫生陶瓷企业主要集中在河北唐山、广东潮州和河南长葛地区；卫生洁具配件及淋浴房企业主要集中在广东开平、中山和佛山地区，福建南安、厦门地区，浙江温州、台州、宁波、平湖等地区，安徽宣城地区。广东省不仅是全国也是全世界最大的陶瓷砖产区，其陶瓷砖约占全国总产量的三分之一，占出口份额的70%以上；位居第二的福建省陶瓷砖产量和出口量约占全国20%的份额。广东省也是全国最大的卫生陶瓷产地，卫生陶瓷产量和出口量约占全国的40%；河南省卫生陶瓷产量占全国总产量的30%，位居全国第二；河北（唐山）卫生陶瓷出口量位居全国第二，占有三分之一以上的份额。

一批有实力、规模大、竞争力较强的大企业正在形成。广东新中源陶瓷集团和广东新明珠陶瓷集团陶瓷砖年产量超过1亿平方米，其产量和规模位居全球前列；唐山惠达陶瓷集团卫生陶瓷年生产能力超过800万件，厦门路达有限公司和深圳成霖洁具有限公司实现了年销售额超过40亿元的业绩，成为全球卫生洁具的主要供应商；"诺贝尔"瓷砖、"箭牌"卫浴等已成为国内的知名品牌，其产品质量、技术装备水平和企业规模实力令国外同行称道。日本TOTO、美国KOHLER、欧州ROCA，以及台资企业（冠军瓷砖、斯米克瓷砖、和成卫浴）等一批跨国公司和世界著名品牌进入中国大陆，一方面加剧了国内市场的竞争，同时也带来了先进的生产技术和管理理念，提高了中国建筑卫生陶瓷工业的生产技术水平和国际竞争力。

五、生产技术水平和产品质量跃上新的台阶

从新中国成立初期到改革开放前的长时间内，我国的建筑卫生陶瓷企业数量少，产品品种单一，只能生产小规格的白色或图案简单的内墙砖、普通的马赛克和红地砖，卫生陶瓷"老八件"沿用了30年。时至今日，我们已能生产一次、二次及三次（多次）烧成的釉面砖、彩釉地砖（含仿古砖）及釉面外墙砖，采用斑点、渗花、大颗粒、微粉装饰的仿石瓷质砖（多数经抛光），上釉或不上釉的马赛克砖、瓷质广场砖、劈离砖、路面渗水砖、建筑琉璃制品、彩色釉面瓦（中式、西式、日式）、微晶玻璃陶瓷复合砖、大规格陶瓷薄板、大规格空心陶板等建筑陶瓷产品，我国大规格瓷质抛光砖的生产技术、装备和生产能力处于国际领先水平。卫生陶瓷发展到能生产各种便器、洗面器、净身器和洗涤槽，各种款式的产品不断出现，越来越注重节水功能，冲洗性能良好的大、小便分档的节水型（6升水）冲落式、虹吸式和喷射虹吸式坐便器进入千家万户，为节水作出了贡献。整体卫浴空间的设计理念和配套生产销售的模式越来越多地被卫生洁具企业所接受，卫生陶瓷产品已实现和水嘴等五金件、淋浴房、浴缸、浴室柜等配套供应，各种智能型大小便器、淋浴器、水嘴已被广泛使用。在产量提高、品种丰富的同时，中国产的建筑陶瓷和卫生洁具产品质量和档次也有了质的飞跃，中国企业在生产管理和制造水平上缩小了与先进国家的差距，产品不仅能满足国内各种消费层次的需求，也可以达到世界著名品牌的加工质量要求。经过不断修改和完善，我国的陶瓷砖产品标准已达到ISO和欧洲相关标准要求，在某些方面甚至严

于国际先进标准，中国建筑陶瓷企业和产品不仅完全占有国内市场，而且在国际上对意大利、西班牙传统市场提出了很大的挑战，具有非常强的国际竞争力。

经过引进消化和自主研发，我们已经掌握建筑卫生陶瓷工业的各种新技术、新工艺，包括：建筑陶瓷低温快烧二次或一次烧成技术、大型球磨机（100 吨）球磨工艺、蒸发量达万升的大型喷雾干燥制粉工艺、7800 吨全自动液压机半干压成型工艺、可塑挤压成型工艺、多层多管道布料装饰技术、多功能自动施釉线、宽断面辊道窑快烧技术、大规格产品抛光和冷加工技术；卫生陶瓷的组合式浇注、低压快排水、中压注浆、高压注浆等新工艺，卫生陶瓷原料单独球磨和浆料配料工艺、卫生瓷室式和连续式干燥器；恒温恒湿干燥工艺、静电施釉线、机械手喷釉系统、内宽达 3 米的宽断面隧道窑裸装快烧工艺、100 立方米的梭式窑烧成及重烧工艺；铜质水嘴重力浇注技术、水嘴除铅处理技术等。这些新技术、新工艺的大量应用有利于优化产品质量，改善作业环境，提高生产效益，满足市场需求。

相关配套产业的发展对于促进建筑卫生陶瓷工业专业化生产起到了十分重要的作用。我国的陶瓷机械、各种先进陶瓷窑炉、陶瓷化工原料、陶瓷色釉料、陶瓷模具、窑具及耐火材料、五金洁具、塑料配件浴缸及淋浴房等专业生产企业得到了迅速发展，出现了广东科达机电股份有限公司、佛陶金刚新材料有限公司、佛山力泰陶瓷机械有限公司、华窑中亚窑炉有限公司、佛山理想卫浴有限公司等一批原料、色釉料、金属和石膏模具、机械装备、窑炉、窑用耐火材料、卫生陶瓷塑料配件、五金洁具、浴缸及淋浴房等配套产品的专业工厂。这些为建筑卫生陶瓷行业的发展奠定了可靠的物质基础，为大幅度提高我国建筑卫生陶瓷工业的国际竞争力起到积极推动作用。

第三节　发展与展望

我国建筑卫生陶瓷工业高速发展至今，也突显了许多问题。新产品开发以仿制为主，品牌不硬，同质化严重，缺乏创新，低价竞争等，使许多企业无力进行有关节能、环保等必要的技术改造和新产品开发。国际品牌和营销通路的缺失使许多企业停留于贴牌方式生产，低价出口。陶瓷件越做越大，相应坯体越做越厚，消耗了大量的资源和能源，增加了环境负荷，耗料、耗油、耗电、耗水最多的瓷质抛光砖成为中国建筑陶瓷的主要产品，而节能环保的产品却不多见等。这些问题的解决，有待企业、协会、政府乃至业内外各方人士共同努力。

发展科技含量高、经济效益好、能源消耗低、环境污染小、充分发挥我国人力资源优势、增强自主创新能力将是中国建筑卫生陶瓷工业今后的发展方向。使用清洁能源，鼓励建筑陶瓷产品向薄形化方面发展，卫生洁具将更强调其节水性和卫生性，应加大利用工业废料、废渣、城市污泥和低质原料等制作的建筑卫生陶瓷产品等有环保意义的新产品比重，研发含有较高技术含量的自洁、抗菌、蓄光、导电、过滤、减噪、保健、隔热等功能化的建筑卫生陶瓷并产业化。作为传统产业的建筑卫生陶瓷工业应进一步实现生产机械化、智能化，以技术进步推动行业发展。建筑陶瓷探索应用连续式球磨机、干法制粉、低温烧成、自检包装等新技术，推广应用卫生陶瓷压力注浆等工艺，使建筑卫生陶瓷工业进入可持续发展的良性循环。

中国有 13 亿人口，每年新增人口约 2000 万，从长远看房地产开发投资将持续增长，对建筑卫生陶瓷的需求将保持在很高的水平。在今后 10 年，乃至 20 年内，国内市场的强大需求，仍将保证中国建筑卫生陶瓷行业的持续稳定发展。中国建筑卫生陶瓷工业未来的前景光明，经过努力，我们的技术装备水平、管理水平、人员素质、产品质量、创新能力一定会缩小与世界发达国家的差距，真正实现“由大变强、靠新出强”，使我国不仅是世界建筑卫生陶瓷的生产大国和出口大国，更将成为技术创新强国。

中国建筑卫生陶瓷协会秘书长　缪斌

第二章　2008年全国建筑卫生陶瓷发展综述

第一节　建筑卫生陶瓷产量保持增长、销售略降

2008年全国建筑陶瓷产量总体保持继续增长，瓷砖产量达57.55亿平方米，较2007年50.10亿平方米增长14.87%，新兴建筑陶瓷产区快速发展，辽宁、江西、河南、湖北、陕西、广西等省份增长超过30%，全国范围内建筑陶瓷行业发展扩张转移、产业布局、区域均衡的特征明显突出；全国卫生陶瓷产量达1.54亿件，较2007年的1.43亿件增长7.7%，河南、广东与河北三省卫生陶瓷产量占全国的80%（表2-1、表2-2）。

2008年全国主要省份建筑陶瓷产量　　表2-1

排名	地区	产量（万平方米）	排名	地区	产量（万平方米）
1	广东	185413	12	新疆	3684
2	福建	120249	13	河南	3389
3	山东	115725	14	陕西	3287
4	四川	64185	15	云南	2611
5	辽宁	19460	16	山西	1945
6	河北	11136	17	宁夏	1739
7	江西	10387	18	上海	1679
8	湖北	9433	19	安徽	1573
9	重庆	5196	20	贵州	1400
10	广西	4948	21	江苏	1392
11	浙江	4776	22	湖南	1154

2008年全国主要省份卫生陶瓷产量　　表2-2

排名	地区	产量（万件）	排名	地区	产量（万件）
1	广东	5703	7	广西	332
2	河南	4597	8	福建	170
3	河北	2099	9	上海	161
4	湖南	912	10	北京	157
5	湖北	497	11	重庆	115
6	山东	450	12	天津	96

2008年全年瓷砖产能继续扩大，主要来源于全国各地大量建筑陶瓷产业工业园区的建立，以佛山陶瓷为主的建筑陶瓷产业扩张、转移、布局在全国范围内遍地开花，全国范围内新增生产线200条左右，产量进一步增长，瓷砖出口的逆市增长进一步刺激了瓷砖产能的扩大。

2008年全国卫生陶瓷产量略有增长，主要是由于国内外需求市场萎缩，卫生陶瓷2008年出口增长

速度陷于停顿，由于出口受阻，广东省卫生陶瓷产量出现负增长。2008 年全国建筑卫生陶瓷国内销售整体出现下滑。特别是下半年全线大幅度下滑。国内市场销售下滑主要原因是由于房地产行业的不景气，2008 年房地产行业的成交额下降近 30%，“5·12” 大地震与北京奥运会作为 2008 年的特殊事件，对建筑卫生陶瓷产品的销售也产生了严重影响，尤其是川渝地区与华北地区受其影响达半年之多。

2008 年国家质检总局组织对陶瓷砖产品质量进行了国家监督抽查。共抽查了山西、辽宁、浙江、广东、山东、四川、福建、河南、江西、陕西 10 个省 193 家企业生产的 197 种产品（不涉及出口产品），产品实物质量抽样合格率为 94%。2007 年陶瓷砖产品质量的国家监督抽查涉及 11 个省、直辖市的 136 家企业生产的 136 种产品，产品实物质量合格率为 89.7%。

8 月份广东省工商行政管理局公布第三季度省内流通领域质量监测情况的数据显示陶瓷坐便器的合格率仅 67.1%，前一次 2006 年同类抽查结果的合格率为 84.3%。

10 月份北京市质量技术监督局公布的最新抽查结果显示，陶瓷密封水龙头的产品质量难以让人放心。抽查了昌平区内 42 家经销单位销售的 50 种陶瓷密封水龙头，仅有 18 种产品合格，抽样合格率为 36%。

第二节　建筑卫生陶瓷产品进出口

一、建筑陶瓷产品进出口

2008 年全国陶瓷砖出口 6.7 亿平方米，增长 13.7%，约占世界陶瓷砖贸易量的 30%，是世界最大的陶瓷砖出口国，向前 10 个国家和地区的出口占我国全部建筑陶瓷出口量的 41.36%；出口额 27.1 亿美元，增长 27.2%；平均出口价格达到 4.04 美元/平方米，同比提高 11.91%，其中：釉面砖 3.31 美元/平方米，提高 38 美分；瓷质砖 5.11 美元/平方米，提高 45 美分。2008 年全国陶瓷砖进口 295 万平方米，进口额 4949 万美元（图 2－1～图 2－5）。

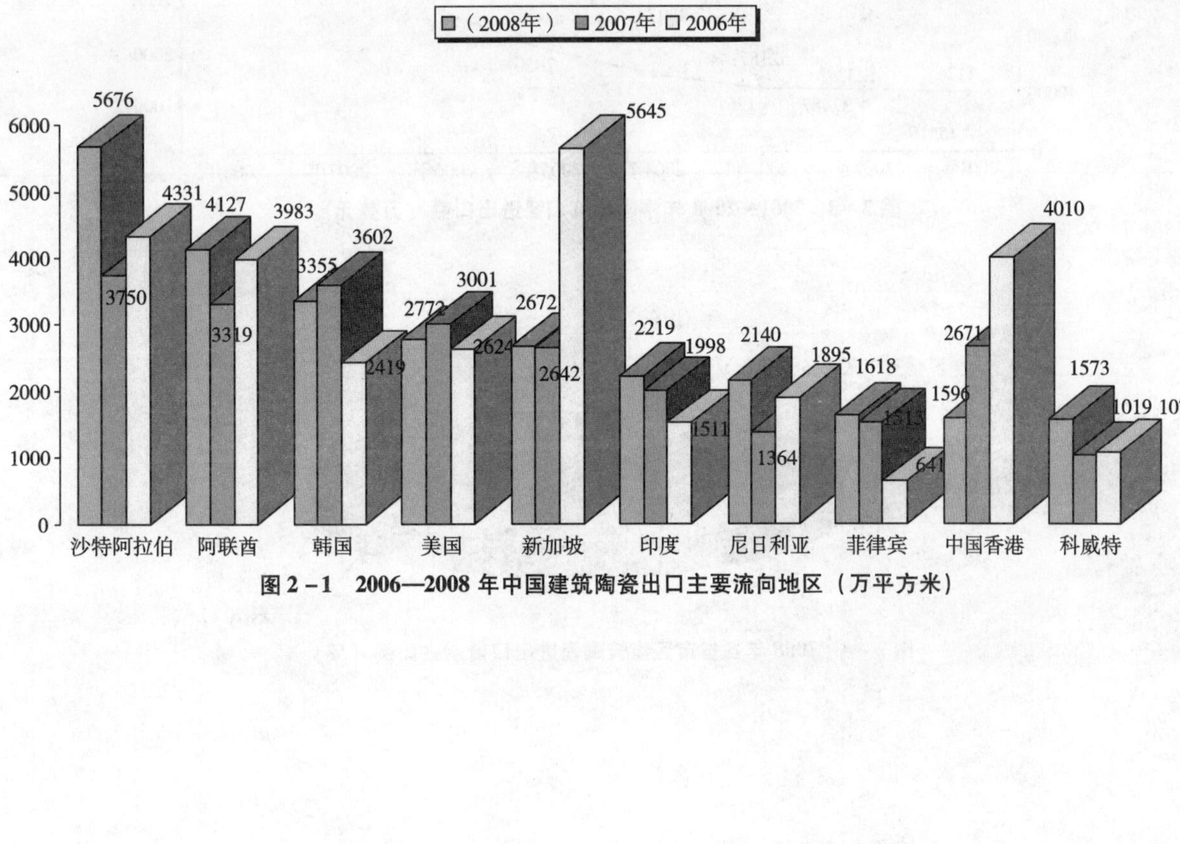

图 2－1　2006—2008 年中国建筑陶瓷出口主要流向地区（万平方米）

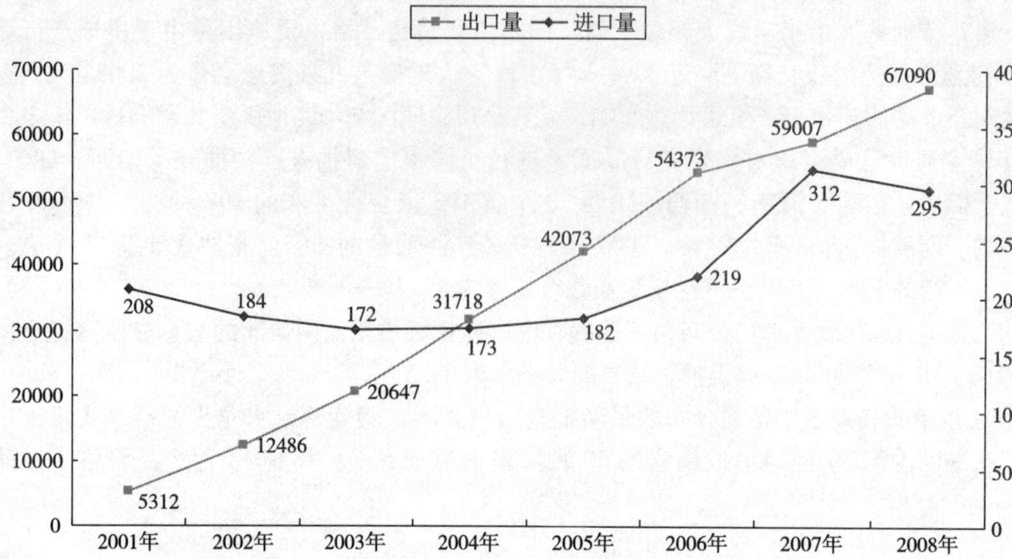

图 2－2　2001—2008 年中国建筑陶瓷进出口量（万平方米）

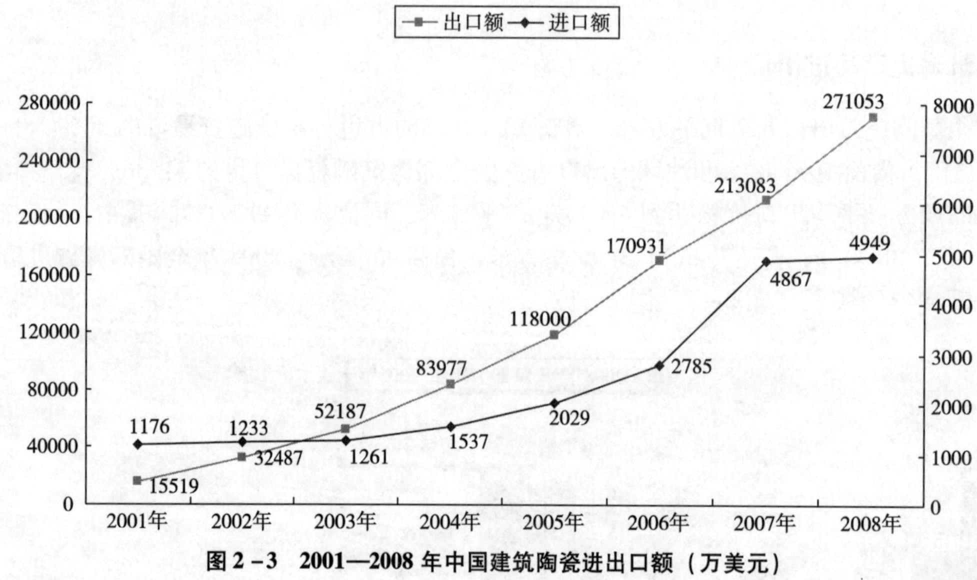

图 2－3　2001—2008 年中国建筑陶瓷进出口额（万美元）

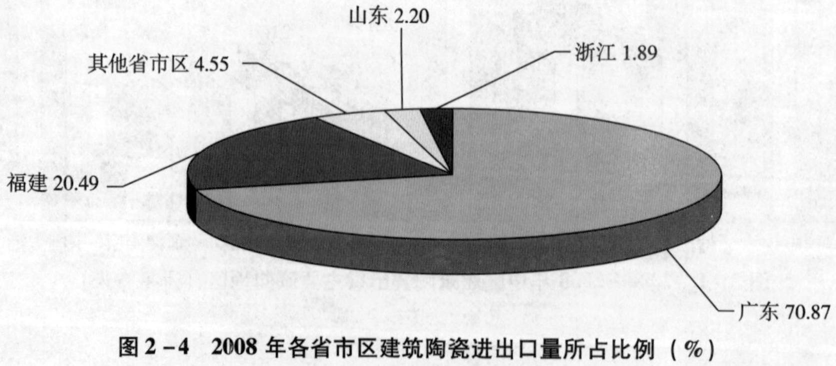

图 2－4　2008 年各省市区建筑陶瓷进出口量所占比例（%）

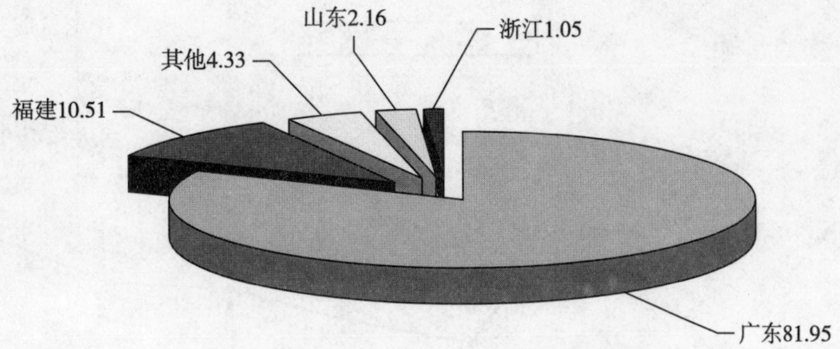

图 2－5　2008 年各省市区建筑陶瓷砖出口额所占比例（%）

二、卫生陶瓷进出口

2008 年全国出口卫生陶瓷 5632 万件，仅增长 1.9%，出口额约 8.17 亿美元，增长 11.2%；平均出口价格约为 14.51 美元/件，提高 1.20 美元/件，增长 9.02%。向前 10 个国家和地区的出口占我国全部卫生陶瓷出口量的 59.11%。2008 年全国卫生陶瓷进口 39 万件，进口额 3229 万美元（表 2－3、图 2－6～图 2－10）。

2008 年中国卫生陶瓷出口主要流向地区的量、金额及相应比例　　**表 2－3**

国家或地区	出口数量（件）	出口金额（美元）	数量占比例（%）	金额占比例（%）
美国	15080915	260147714	26.775	31.821
韩国	4353666	54802983	7.730	6.704
英国	2512820	35513242	4.461	4.344
加拿大	2031445	34748341	3.607	4.250
尼日利亚	2015941	12057418	3.579	1.597
俄罗斯联邦	1970460	24610345	3.498	3.010
中国香港	1694220	19799250	3.008	2.422
马来西亚	1217600	8262372	2.162	1.011
西班牙	1216268	17641915	2.159	2.158
菲律宾	1200878	7618452	2.132	0.932

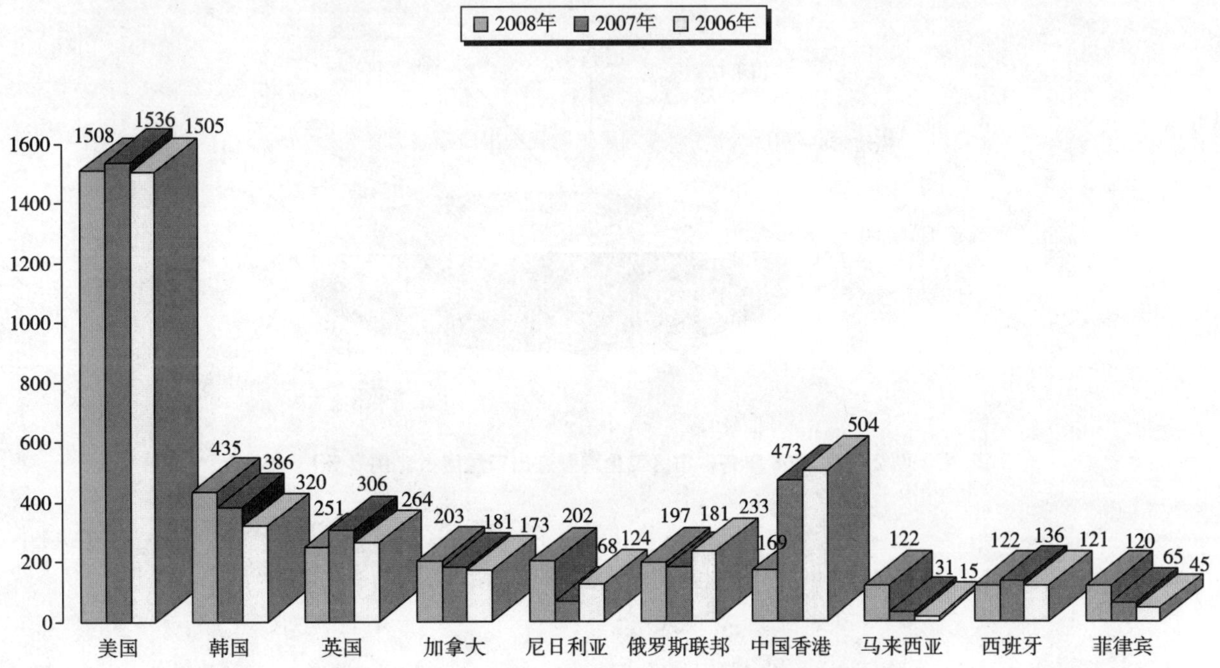

图 2－6　2006 年中国卫生陶瓷出口主要流向地区（万件）

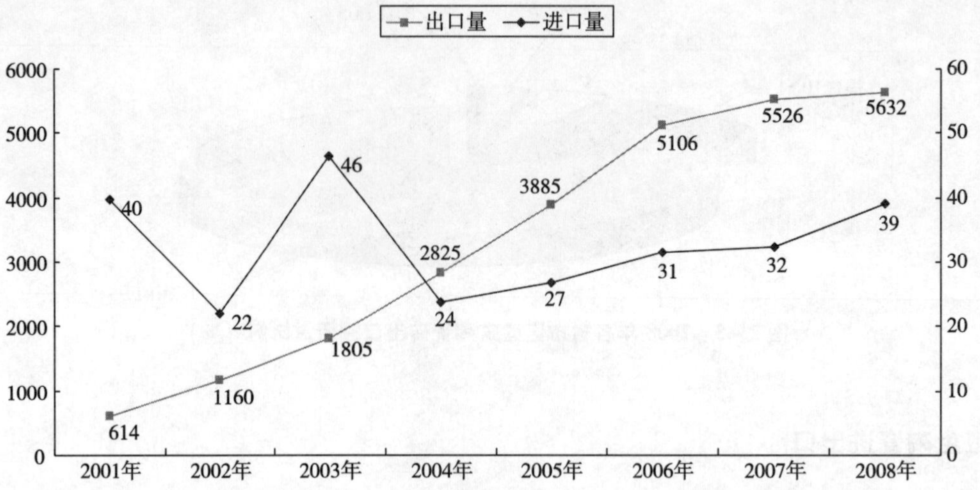

图 2-7　2001—2008 年中国卫生陶瓷进出口量（万件）

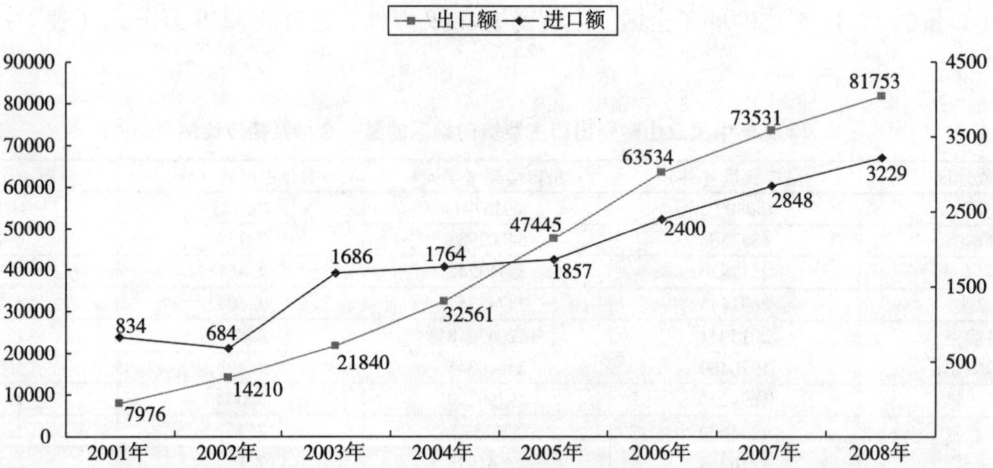

图 2-8　2001—2008 年中国卫生陶瓷进出口额（万美元）

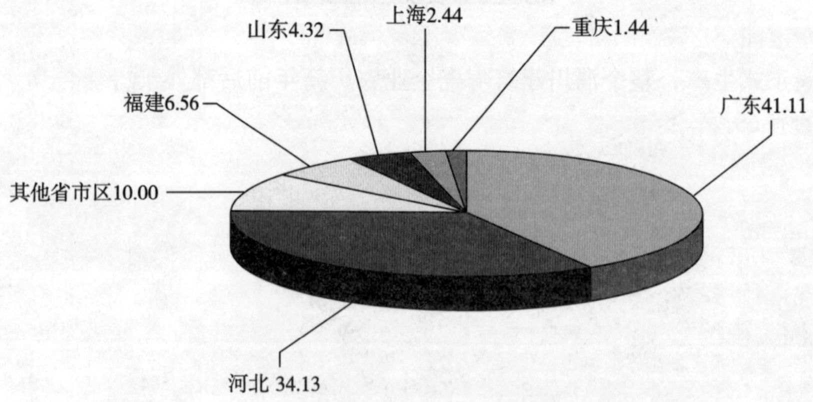

图 2-9　2008 年各省市区卫生陶瓷进出口量所占比例（%）

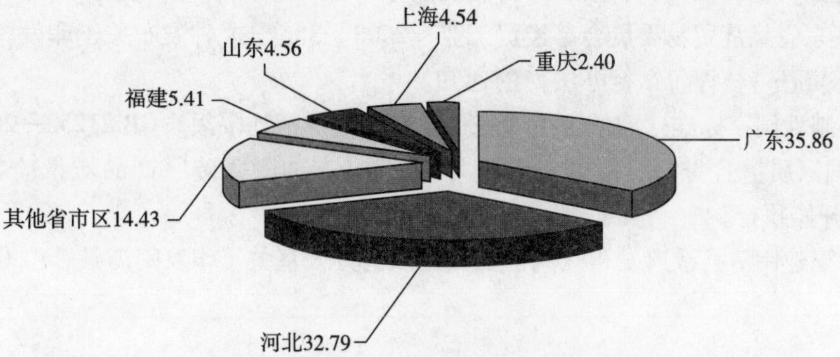

图 2－10　2008 年各省市区卫生陶瓷进出口额所占比例（%）

第三节　各种政策、法规、标准纷纷出台，对产业影响巨大

继 2007 年国家发改委公布《陶瓷行业清洁生产指标评价体系（试行）》之后，2008 年各种政策、法规纷纷出台，进一步提高了建筑卫生陶瓷行业的门槛，对产业发展、环境保护、循环经济等都产生了巨大影响。

2008 年 1 月 1 日，由十届全国人大常委会第二十八次会议审议通过、中华人民共和国国家主席颁布的《中华人民共和国劳动合同法》(俗称新《劳动合同法》)，自 2008 年 1 月 1 日起开始实行。新《劳动合同法》的颁布实施，旨在更好地保护劳动者合法权益，构建和发展和谐稳定的劳动关系，促进社会主义和谐社会建设。新《劳动合同法》对劳动密集型的建筑卫生陶瓷行业影响巨大。

1 月 28 日，国家环保总局发布“关于征求对国家环境保护标准《陶瓷工业污染物排放标准》(征求意见稿）意见的函”，并同时公布了《陶瓷工业污染物排放标准》(征求意见稿)、《陶瓷工业污染物排放标准》(征求意见稿）编制说明。4 月 22 日，环境保护组织有关权威专家对《陶瓷工业污染物排放标准》进行了审议，并对各项污染限度进行了详细的规定，对排放限值作了进一步的修订。

2008 年年初山东淄博市下发了《建陶企业环境保护管理规范》，淄川区政府就在 2 月 16 日零点前，将区内所有建筑陶瓷企业全部关停，然后按照规范逐一治理改造，由市环保部门统一组织验收，达标一家投产一家。淄博市淄川区共计 188 家建筑陶瓷企业的煤气发生炉全部熄火，由于通过市环保局预验收两个月后才能申请正式生产，整个淄川建筑陶瓷企业农历新年前后都处于“暂停”状态。至 3 月 5 日，全区通过预验收的有 69 家。

4 月 10 日，山东淄博张店区下发《建陶企业节能降耗奖励考核办法》(试行)，明确为该区的建陶行业制定了节能考核指标。其中今年该行业的能耗限额标准被分成了四档，属最高档范围内的渗花抛光砖其能耗定额为 3.96 千克标煤/平方米，能耗限额为 4.36 千克标煤/平方米。在此基础上，张店将定期对企业的节能情况进行考核，高于限额者予以关停。

4 月 16 日，广东佛山市人民政府以急件的形式印发三个陶瓷行业产业整治政策性文件：《佛山市陶瓷产业结构调整评价指导方案》(佛府办［2008］119 号)、《佛山市陶瓷产业扶优扶强若干政策措施》(佛府办［2008］120 号）和《佛山市陶瓷产业发展规划（2008—2015)》(佛府办［2008］121 号)。

广东省委、省人民政府粤发［2008］4 号文件 5 月 24 日出台《关于推进产业转移和劳动力转移的决定》。5 月 28 日广东省经济贸易委员会粤经贸工业［2008］385 号文件发布《广东省产业转移区域布局指导意见》，鼓励珠三角向东西两翼和粤北山区转移的产业，包括资源型产业，如陶瓷、水泥等建材工业，家具产业，再生金属冶炼产品、有色金属合金冶炼或压铸产品等有色金属产业在转入地存在主要的原材料供应基地的行业，如塑料制品、涂料、油漆等石化产业下游产品行业。《指导意见》自发布之日起施行。同时广东省经济贸易委员会粤经贸工业［2008］386号文件发布关于印发《广东省产业转移和劳动力转移目标责任考核评价试行办法》的通知。

6月1日，强制性国家标准《建筑卫生陶瓷单位产品能源消耗限额》GB 21252—2007开始实施。

10月1日，国家质量监督检验检疫总局7月22日公布的陶瓷砖《产品质量监督抽查实施规范》CCGF 310—2008开始执行。

12月21日，福建闽清县政府发布《闽清县人民政府办公室关于印发闽清县单位GDP能耗考核体系实施方案的通知》。

第四节　2008年建筑卫生陶瓷营销亮点突出

2008年建筑卫生陶瓷营销仍然继续着区域经销商代理模式为主的全面营销模式，这其中有自建终端、渠道、分公司模式；建材超市；上下游企业强强联合大额直销；设计师营销；多品牌战略；体验式营销；服务营销；区域大市场营销等。

由于2008年北京奥运会，体育营销也成为2008年建筑卫生陶瓷营销的亮点之一，比较引人注目的有：佛山陶瓷企业联手走进奥运场馆；马可波罗陶瓷加盟CBA；金意陶携手英超切尔西；蒙娜丽莎陶瓷助威中国体操队；TOE·陶艺轩生活瓷砖独家冠名的2008年“TOE·陶艺轩瓷砖杯”广州国际女子网球公开赛（9月13~21日，广州）。

名人代言与央视广告大增是2008年建筑卫生陶瓷行业营销的又一亮点，继邓婕代言九牧，孙俪代言惠达等之后，恒洁选择了濮存昕，陈鲁豫成为福建南安辉煌水暖品牌形象代言人，陈宝国央视代言居然之家。4月份，EAGO（益高）在中央电视台一套“晚间新闻”栏目投放EAGO（益高）品牌新形象广告，8月奥运期间，杭州诺贝尔陶瓷、上海亚细亚陶瓷、佛山欧雅陶瓷等在央视投放广告；11月，居然之家在央视一套和二套大量投放广告，以及出现在中央二套“交换空间”的建筑卫生陶瓷产品形象广告。TOTO东陶机器（中国）有限公司在广东电视台体育频道投放广告；佛山欧神诺陶瓷和能强陶瓷的广告也出现在广东电视奥运广告板块中。

团购是2008年建筑卫生陶瓷营销方面的一个新亮点，5月份由新中源陶瓷和江西经销商组织的大型采购团从南昌出发前往佛山新中源总部，采购团由江西业主团购成员、知名设计师、南昌消费者协会、南昌主流媒体等一行近千人组成。由此拉开了建筑卫生陶瓷产品消费的团购帷幕。

泛家居产业联盟开始出现，2008年1月，武汉家居建材行业的“V8家”联盟正式亮相江城。“V8家”联盟由博洛尼整体厨房、圣象地板、索菲亚衣柜、TOTO陶瓷、斯米克瓷砖、广华供暖、在线空调、天豪灯饰等八个家居行业的品牌联手成立，以倡导行业自律，提高建材行业品牌认知度，贴身顾问于消费者，让客户享受快乐消费为宗旨。

建筑卫生陶瓷市场区域化的特征越来越明显，没有层次差异定位的平行多品牌策略越来越凸显市场保护管理难度；诺贝尔陶瓷自建终端、渠道、分公司营销模式的成功，正在不断吸引行业的关注，2008年区域经销商代理与自建分公司混合型营销模式为不少陶瓷企业采用；豪华奢侈大店终端在2008年被大量复制，在地级市开始出现面积超过5000平方米的单一品牌专卖展示店面，这种终端大店还将走多远，受到行业的普遍关注；建筑卫生陶瓷销售与设计师深度联姻的设计师营销不仅为知名品牌企业竭力推崇，在2008年已为区域经销商普遍运用，较大的区域经销商几乎都与当地设计师建立了一定意义上的战略联盟；与下游企业（如房地产巨头）建立战略供应链，2008年已成为众多建筑卫生陶瓷企业普遍运用的直销策略。

2008年建材超市在建筑卫生陶瓷营销方面发展比较缓慢，11月份，隶属于中国最大的商业集团——百联集团的好美家建材超市，旗下的北京西三旗店和四季青桥店宣布停业；东莞华美乐在 12 月关闭了虎门、长安两个门店；百安居也关闭了东莞、深圳的部分门店，以及青岛高科园店、福州万象城店等几家门店，百安居母公司——英国翠丰集团还表示，2009 年将再关闭在中国的 9 家大型建材仓储超市。2008 年 12 月，英国翠丰集团发布三季度财务报告称，百安居中国市场与去年同期相比同店销售额下降 32%，亏损达 1700 万英镑。百安居迎来了其进入中国市场以来“最艰难的一年”。这将进一步影响建材超市这种模式在中国的发展前景与战略调整。

2008 年建筑卫生陶瓷国内成品展强势品牌虽还没有完全形成，上海瓷砖卫浴展、佛山陶博会、广州建材展等相关会展及不断扩大的广交会使得瓷砖卫浴会展更令人应接不暇，但上海瓷砖卫浴展的优势正在不断扩大。

第五节　产业转移与跨界投资

广东地区在省委省政府的带领下实行“双转移”的产业策略，对佛山陶瓷产生了巨大影响。产业转移，整治提升，腾笼换鸟，关停并转，2008 年一直笼罩在佛山陶瓷的头顶上，一方面 4 月 16 日佛山市人民政府以急件的形式印发三个陶瓷行业产业整治政策性文件；另一方面 5 月 7 日新华网刊发评述《新华视点：佛山传统陶瓷业，关停能否带来转型?》；8 月 17 日《瞭望东方周刊》（2008 年 34 期）发表署名调查报告《佛山对陶瓷企业变脸》在业界引起了颇为强烈的反响。

同时以产业扩张、重新布局、成本最低化、利益最大化为内涵的建筑卫生陶瓷产业转移在全国范围内全面兴起，以“中国建筑陶瓷生产基地”（江西高安市陶瓷工业园）为标志的各地陶瓷工业园的全面崛起，全国百多个县级政府来到佛山进行招商引资，期望承接佛山陶瓷产业转移。在江西的高安、丰城、景德镇，湖南的衡阳、岳阳，湖北的当阳，内蒙古的鄂尔多斯等地均建成了以佛山陶瓷企业为主体的建筑卫生陶瓷产业工业园，在全国各地兴建了大批的新型、大型瓷砖、卫浴生产线，全国范围内的建筑卫生陶瓷产业转移、扩张、重新布局带动了全国建筑卫生陶瓷产业的均衡发展，加速了各产区产品的品质进步与品牌提升，推动了我国建筑卫生陶瓷产业竞争力的进一步提升，但随着 2008 年下半年建筑卫生陶瓷产品国内市场的销售下滑，产业转移扩张的速度有所减缓。

2008 年，箭牌卫浴逆市快速扩张，在江西景德镇、山东德州、广东南雄等地新增三个生产基地；9 月份美国科勒公司总投资额达 2.6 亿美元的卫浴项目在山东淄博桓台县经济技术开发区开工建设，项目一期投资为 9600 万美元；兴辉陶瓷 3 月份落户内蒙古鄂尔多斯，项目占地 3000 亩，拟总投资 15 亿元，规划 20 条生产线，首期工程 6 条线 3 月份动工兴建，年底 4 条瓷砖生产线投产；6 月份高明新中陶陶瓷在广西成立新中陶（广西）陶瓷有限公司，落户广西藤县，新中陶（广西）陶瓷有限公司建设项目总占地面积约为 4000 亩，计划建 50 条生产线，主要生产抛光砖、内墙砖、瓷质仿古砖；广东地中海卫浴科技有限公司投资重庆荣昌工业园，同时进入该工业园区的还有 10 多家相关配套企业，包括水龙头、小五金等，荣昌目前也正着力打造中国西部水暖卫浴研发生产基地；2008 年大量的建筑卫生陶瓷生产线在全国各地建设投产，江西高安新增瓷砖生产线近 100 条，河南长葛新增卫生陶瓷隧道窑生产线近 20 条，辽宁、江西、河南、湖北、陕西、广西等新兴建筑陶瓷产区的瓷砖产量增长都超过 30%。

跨界投资，是指做瓷砖的进军卫浴，做卫浴的挺进瓷砖，主要是借助已有的终端销售网络进行跨界扩张，新中源、新明珠、东鹏等陶瓷企业都是从瓷砖领域进军卫浴行业的，2008 年乐华集团的几个品牌箭牌、法恩莎、安华等先后宣布进军瓷砖领域，在广东四会及江西景德镇建立瓷砖生产线，都已投产；与箭牌卫浴相反，作为一个行业内外知名度较高的瓷砖品牌，马可波罗的触角从瓷砖延伸到了卫浴；2008 年还有一批卫浴配件制造商开始进入卫生陶瓷领域。这些临近跨界的渗透主要是设想最大程度地利用已有的终端销售网络及向消费者提供整体家居空间解决方案。但是瓷砖和卫浴从生产到销售及品牌方面都有较大差别，企业多元化发展必然面对新的挑战，例如资金和研发制造能力，以及销售渠道建设、品牌战略等。

第六节　科技进步、技术创新、知识产权

随着国家对科技投入的逐年增加，以及企业对研发与创新的越来越重视，2008年我国建筑卫生陶瓷行业整体技术进步发展迅速，行业装备水平不断提高，2008年建筑卫生陶瓷行业公开公布的实用新型专利及发明专利近百个，并首次获得国家建材行业科技进步一等奖，新产品、新技术层出不穷。随着行业科技进步，行业的知识产权保护联盟也相应诞生，佛山、潮州、景德镇等地都建立了行业或部分领域的知识产权保护联盟，或出台对应知识产权保护措施，但由于侵权的代价较低，知识产权保护法律规范不够完善，知识产权纠纷也明显增加。

12月份中国建筑材料联合会与中国硅酸盐学会共同发布《2008年度建筑材料科学技术奖获奖项目公告》。其中相关的建筑卫生陶瓷科技奖项有：

广东蒙娜丽莎陶瓷有限公司、广东科达机电股份有限公司、咸阳陶瓷研究设计院、陕西科技大学完成的“大规格瓷质板材生产线成套工程技术与装备开发和产业化”获得科技进步一等奖。

唐山惠达陶瓷（集团）股份有限公司完成的“利用热风炉替代低效燃煤锅炉”项目获得技术革新一等奖；唐山惠达陶瓷（集团）股份有限公司完成的“卫生洁具高压注浆成型技术及装备开发”项目、广东新明珠陶瓷集团有限公司完成的“垂直布料系统的研究与开发”项目、广东科达机电股份有限公司完成的“SML（H）21/16天然饰面石材连续磨机”项目获得技术开发一等奖。

原告德国高仪股份公司诉被告余姚市吉泰软管洁具有限公司侵犯商标专用权案是2008年宁波知识产权审判十大案例第一案，被告余姚市吉泰软管洁具有限公司曾因侵犯该两件注册商标专用权被相关部门查获和查处。2005年被告曾书面承诺今后保证不再侵权，若违反该承诺，同意按权利人相同或近似产品的真品市场价格乘以被告商标侵权产品的数量所得赔偿权利人损失，但之后被告违反承诺再次侵权。原告遂向宁波中院起诉，请求判令被告立即停止侵权并赔偿原告经济损失458万余元。宁波市中级人民法院审理后认为，被告在先前因侵犯过该两件注册商标专用权被我国有关部门处罚过并且作出过保证的情况下，违反诚信原则，再次侵犯了该两件注册商标专用权，双方关于侵权赔偿的计算方式的约定有效。判决被告立即停止侵权并赔偿原告经济损失352万余元。

2008年雅鼎卫浴诉20余家卫浴企业涉嫌侵权、美国科勒诉美国贝朗（上海）卫浴及东鹏陶瓷洞石诉多家陶瓷企业等诉讼案颇受行业关注。浙江雅鼎卫浴洁具有限公司委托杭州之江专利事务所向杭州市中级人民法院和上海市第一中级人民法院一次性诉九牧、申鹭达、银晶等20余家涉嫌侵犯外观设计专利的卫浴企业，其涉及卫浴企业之多，为近年来少有；美国科勒公司诉贝朗（上海）卫浴设备有限公司、贝朗（广州）卫浴器材有限公司等专利侵权纠纷案。原告为美国科勒公司针对涉案溢流按摩浴缸申请了两项专利，一项是发明专利，一项是外观设计专利，原告的发明专利是通过PCT（专利合作条约）途径进入中国的，通过PCT途径专利权人可以以较低的成本获得多个国家的专利申请，这也就意味着原告有能力在多国范围内获得专利权；2008年秋季广交会第一天（10月15日），东鹏陶瓷就针对其公司专利产品“洞石”（专利号ZL200620154970.8）在广交会上大量出现，向大会知识产权和贸易投诉纠纷投诉接待站进行了投诉。并在第一天就查找出所有涉嫌侵权产品所在摊位、所属厂家和产品型号，大会投诉接待站按大会规定程序，对涉嫌违规产品进行了处理，涉及相关参展单位10多家。接着东鹏陶瓷还对多家陶企提出了法律诉讼。与许多知识产权纠纷相似，这几起颇受关注的知识产权诉讼关键焦点是对“现有技术抗辩”的申辩和认定。

第七节 国家免检取消、中国名牌夭折、驰名商标增多

受“三鹿奶粉”事件的影响，国家质量监督检验检疫总局发布《关于不再直接办理与企业和产品有关的名牌评选活动的公告》，《公告》规定，根据《国务院办公厅关于印发国家质量监督检验检疫总局主要职责内设机构和人员编制规定的通知》（国办发［2008］69号）的要求，国家质检总局不再直接办理与企业和产品有关的名牌评选活动。质检总局公布第109号总局令，决定自公布之日起，对《产品免于质量监督检查管理办法》（国家质量监督检验检疫总局令第9号）予以废止。至此，国家免检被废除，中国建筑卫生陶瓷行业数不清的国家免检，也就因此寿终正寝，结果造成大量广告、包装物的废弃与浪费。

2008年3月，中国名牌战略推进委员会2008年第1号公告公布确定2008年中国名牌产品评价目录102类，建筑陶瓷列85类，意味着建筑陶瓷中国名牌的评选工作继2006年、2007年两次流产之后再次启动，这也是名推委继2007建筑陶瓷中国名牌评选流产之后，第二次将室内砖、室外砖分列目录。6月16日，2008年建筑陶瓷中国名牌申报进入公示阶段，7月3日，中国名牌战略推进委员会2008年第3号公告公布建筑陶瓷10个原中国名牌产品有效期，由2003年9月至2006年9月，变更为2003年9月至2008年10月。结果由于下半年的“三鹿”奶粉事件，2008年建筑陶瓷中国名牌评选，经过半年多的折腾，第三次夭折。建筑陶瓷中国名牌评选连续第三年流产，原有的10个建筑陶瓷中国名牌理论上2008年10月到期，到期之后如何处置也没有结论。

建筑卫生陶瓷产品的中国驰名商标通过工商论证与司法论证差不多已有40个，远远超过中国名牌（14个）的总和，中国驰名商标明显增多。4月份最高人民法院审判委员会会议通过了《最高人民法院关于审理涉及驰名商标保护的民事纠纷案件应用法律若干问题的解释》，与已经开始实行的《最高人民法院关于涉及驰名商标认定的民事纠纷案件管辖问题的通知》（法［2009］1号文件）对驰名商标的司法论证作出了明确规定“从通知下发之日起，涉及驰名商标认定的民事纠纷案件，由省、自治区人民政府所在地的市、计划单列市中级人民法院，以及直辖市辖区内的中级人民法院管辖。其他中级人民法院管辖此类民事纠纷案件，需报经最高人民法院批准，未经批准的中级人民法院不再受理此类案件。”很明显，全国原有“中国驰名商标”司法论证权的600多个中级法院将被大大压缩到不到100个。

第八节 反倾销诉讼与贸易纠纷

2008年1月12日，菲律宾贸工部发布通知，决定根据菲律宾8800号共和国法第15条的规定，对进口瓷砖采取的保障措施再延长四年。第一年的保护关税为2比索/千克，第二、第三和最后一年的保护关税税率将根据上一年保障措施实施情况进一步调整。菲律宾贸工部2002年4月开始对某些进口瓷砖采取为期3年的保障措施；2004年12月，菲律宾贸工部决定继续对进口瓷砖实施3年的保障措施。此次为菲律宾第二次延长该保障措施的实施期限。不过，菲律宾征收的保护关税，逐年下降，已由最初的5.4比索/千克下降到现在的2比索/千克。

2008年3月，厄瓜多尔工业部贸易投资副部接受该国两家生产平板陶瓷的企业以及一家生产陶瓷餐具企业的申请，对中国陶瓷产品启动配额限制特别保护调查。

4月10日，印度商工部反倾销总局发布了对中国和阿联酋瓷砖反倾销日落复审终裁。获得市场经济待遇的河源万峰陶瓷有限公司等9家企业被认定不存在倾销，其他中国企业被认定存在倾销，倾销幅度为150%～200%。2007年4月30日，印度对原产于中国和阿联酋的瓷砖开始进行反倾销日落复审立案

调查。

7月1日，印度尼西亚政府3月下旬公布的瓷砖进口新税制规定开始生效，印尼的瓷砖进口税由5%提高到25%。提升后的税率是原来的5倍。

2003年2月印度对中国瓷砖企业抛光砖产品实施反倾销诉讼终裁，对中国出口的抛光砖产品征收247%的高额反倾销税，五年后的2008年进行了重审；2008年10月17日，应H&R Jonson（India）Ltd. 和Kajaria Ceramics Ltd. 的申请，印度商工部对原产于中国的瓷砖（范围更大，吸水率10%以内）进行反倾销立案调查。

2008年11月份，以韩国陶瓷企业为应诉主体的韩国对华瓷砖反倾销案终裁出台，韩国贸易委员会（ktc）发布终裁结果：今后5年内向12家参与应诉的中国瓷砖企业征收2.76%～29.41%的反倾销关税，对未应诉企业则征收37.4%的惩罚性税率。

第三章　2008年中国建筑卫生陶瓷大事记

第一节　行业大事记

1月

1月1日，《中华人民共和国劳动合同法》（俗称新《劳动合同法》）开始施行。新《劳动合同法》旨在更好地保护劳动者的合法权益，构建和发展和谐稳定的劳动关系，促进社会主义和谐社会建设。新《劳动合同法》的实施对陶瓷企业的用工体制和用工成本产生了较大的影响。

1月10日起，中国中部、东部、南部等地区发生了数十年不遇的雨雪冰冻灾害，灾害给中国的交通运输、能源供应等造成了重大影响。在这次低温雨雪冰冻天气灾害中，湖北、湖南、江西等地的陶瓷企业所受的影响较大，有的甚至停工停产，而山东、辽宁、广东、福建、四川等地的陶瓷企业所受的影响较小。

1月12日，菲律宾贸工部发出通知，对进口瓷砖采取的保障措施再延长四年。第一年的保护关税为2比索/千克，此后的保护关税税率将根据上一年保障措施实施情况进一步调整。菲律宾贸工部于2002年4月开始对某些进口瓷砖采取为期3年的保障措施，此次为第二次延长该保障措施的实施期限。不过，菲律宾征收的保护关税逐年下降，已由最初的5.4比索/千克下降到现在的2比索/千克。

1月18日，浙江省建筑卫生陶瓷协会一届五次会员代表大会暨换届大会在杭州华辰国际饭店召开。大会选举产生了27名协会第二届理事会理事，杭州诺贝尔集团有限公司董事长骆水根为理事会会长，浙江省建材质检站副站长傅心甫为常务副会长，池跃章继续担任协会秘书长，诺贝尔公司品管部经理李莹等6人为副秘书长。中国建筑卫生陶瓷协会会长丁卫东、秘书长缪斌和《中国建筑卫生陶瓷》杂志总编夏高生到会祝贺。

1月20日，福建省水暖卫浴阀门行业协会、福建省橱柜业商会、厦门市橱柜业商会和福建省橱柜业商会浴柜专业委员会，就加强水暖卫浴和橱柜这两个关联行业的横向合作达成协议，并发布产业互动合作宣言："紧密合作，有效交流，产业对接，和谐发展。"

1月21日，在广东省十一届人大一次会议第三次全体会议上经无记名投票，佛山市新明珠建陶公司成品车间副主任胡小燕以740票高票当选为1.5亿农民工中第一个全国人大代表。

1月25日，河北省第十一届人民代表大会第四次大会选举河北省出席第十一届全国人民代表大会代表，惠达集团董事长王惠文以658票当选河北省出席第十一届全国人民代表大会代表。

1月26日，中国建筑陶瓷产业实训中心奠基仪式在江西省建筑陶瓷产业基地举行。中共宜春市委常委、高安市委书记郭安以及建陶基地企业代表参加了奠基仪式。

1月28日，国家环保总局发布"关于征求对国家环境保护标准《陶瓷工业污染物排放标准》（征求意见稿）意见的函"，并同时公布了《陶瓷工业污染物排放标准》（征求意见稿）、《陶瓷工业污染物排放标准》（征求意见稿）编制说明。同时公布的征求意见名单中包括国家发展和改革委员会、农业部、国土资源部、商务部、国家质量监督检验检疫总局以及各省、自治区、直辖市环境保护局（厅）等几十家单位，其中生产企业有32家，佛山市金舵陶瓷有限公司、佛山市萨米特陶瓷有限公司、佛山红狮陶瓷有限公司三家在名单之列。

1月中下旬，中国建筑卫生陶瓷协会领导一行先后赴潮州、唐山、淄博召开新春团拜会，并与当地的协会及企业就相关问题进行了探讨交流。

2月

2月16日，为落实淄博市年初下发的《建陶企业环境保护管理规范》，2月16日零点前，淄川区将建陶企业全部关停，然后按照规范逐一治理改造，由市环保部门统一组织验收，达标一家投产一家。淄博市淄川区共计188家建筑陶瓷企业的煤气发生炉全部熄火。由于通过市环保局预验收两个月后才能申请正式生产，整个淄川建陶业处于“暂停”状态。至3月5日，全区通过预验收的有69家。按照相关规定，该市建筑陶瓷企业必须安装煤气发生炉、大布袋除尘器和封闭露天料场等，以达到12项环保要求。

2月19日，淄博市人民政府淄政办发［2008］20号文件《淄博市人民政府办公厅关于以粉尘烟尘含酚废水化工异味综合整治为重点开展2008年第一次环保专项行动的通知》发布，同时还公布了《建陶企业环境保护管理规范》。

2月27日，由中国建筑卫生陶瓷协会主办，《中国建筑卫生陶瓷》杂志社、中国建筑卫生陶瓷网、《陶城报》等多家媒体协办的“中国十大陶瓷巾帼”颁奖庆典在佛山举行。香港协进集团（协进陶瓷）副总经理杨宝贵，阿波罗（中国）有限公司副总经理郭婉仪，佛山市歌纳洁具制品有限公司总经理杨间贤，中国陶瓷城营运总经理余敏，成都新西南陶瓷（集团）公司董事长徐素荣，佛山三英陶瓷有限公司事业部总经理吴少梅，佛山市炜俊浴室设备有限公司总经理梁红铃，佛山英皇卫浴有限公司董事、总经理梁慧枝，河南长葛金惠达陶瓷有限公司董事长许玉箱，浙江帅博卫浴科技有限公司总经理何小英荣获“中国十大陶瓷巾帼”称号。

3月

3月1日，《潮州陶瓷志（1987—2007）》编纂小组筹备成立会议举行，《潮州陶瓷志（1987—2007）》修编工作启动。

3月11日，中国卫浴团队亮相米兰国际卫浴展（Expo Bagno），歌纳、丰华、信得利、奥雷士、丰贝、中宇、洁丽、惠达、梦牌、彩洲、新明珠、奥历图等29家著名品牌参展，向世界展示了中国卫浴的新形象，引起国际同行和消费者的关注。

3月13日，中国建筑卫生陶瓷协会组织的赴欧考察团启程。考察团一行22人，先后到意大利米兰、德国、法国进行学习考察，并参观了米兰国际卫浴展，考察了瑞士劳芬工厂、德国杜拉维特、德国LGAO检测中心、德国最大的瓷砖（DEVTSCAE STEINZEUG）工厂，并与德国及欧洲给水排水专委会、意大利瓷砖标委会进行了交流。

3月15日，上海市建筑材料行业协会建筑陶瓷卫生洁具专业委员会、上海市消费者权益保护委员会居饰材料专业办公室在3·15国际消费者权益保护日来临之际，编辑推出《陶瓷卫浴消费告知书》。《陶瓷卫浴消费告知书》倡导企业诚信自律，引导科学理性消费。

3月26日，中国西部瓷都夹江陶瓷协会、四川省个体私营经济协会西部瓷都分会在夹江县成立。夹江县政协副主席李学如出任西部瓷都夹江陶瓷协会会长、四川省个体私营经济协会西部瓷都分会名誉副会长，夹江县工业局副局长赵霄任中国西部瓷都夹江陶瓷协会秘书长。中国建筑卫生陶瓷协会会长丁卫东，四川省工商局副局长黄俊，省个体私营经济协会会长杨楠，乐山市副市长方为加等到会祝贺。

3月28日，由中国陶瓷工业协会和陶城报社主办的“第四届中国陶瓷行业新锐榜颁奖典礼暨南风古灶高峰论坛”在佛山琼花大剧院举行，政府官员、行业专家、企业领导、媒体记者1000多人出席了本次活动。凤凰卫视评论员梁文道主持了论坛。中国陶瓷行业新锐榜被誉为中国陶瓷行业的“奥斯卡”。第四届中国陶瓷行业新锐榜评出年度最佳新锐企业、年度最佳影视广告、年度最佳展厅、年度最佳新锐品牌、年度最佳新锐产品、年度最佳创意、年度人物、年度风云企业等多个奖项。

3月28日，中国建材市场信息发布中心在南昌市青云谱区正式启动，全国17大建材家居市场首批与中国建材商网链接，开始实现中国建材家居市场的信息资源共享。中国建材市场信息发布中心是中国建材市场协会、中国建材市场营销策划中心、中国建材市场联盟联合发起组建的中国建材市场信息汇集发布机构，以南昌市青云谱区华东装潢建材城为主，由全国17家大型建材市场共同打造的中国建材市场联盟网站（中国建材商网）是中国建材市场信息发布中心的载体。

3月28日，江西省萍乡工业陶瓷商会成立暨第一次全体会员大会在萍乡市湘东区政府会议室举行。大会选举了以工业陶瓷为主的大型骨干民营股份制企业——萍乡龙发实业董事长罗接发为商会会长。

3月31日，中国名牌战略推进委员会2008年第1号公告公布确定2008年中国名牌产品评价目录102类，目录中建筑陶瓷（室内砖、室外砖）列85类。这意味着建筑陶瓷中国名牌的评选工作继2006年、2007年两次流产之后再次启动，这也是名推委继2007建筑陶瓷中国名牌评选流产之后，第二次将室内砖、室外砖分列目录。

4月

4月10日，山东淄博张店区下发《建陶企业节能降耗奖励考核办法（试行）》，明确为该区的建陶行业制定了节能考核指标。其中2008年该行业的能耗限额标准被分成了四档，属最高档范围内的渗花抛光砖其能耗定额为3.96千克标煤/平方米，能耗限额为4.36千克标煤/平方米。在此基础上，张店将定期对企业的节能情况进行考核，高于限额者予以关停。

4月10日，印度商工部反倾销总局发布了对中国和阿联酋瓷砖反倾销日落复审终裁。获得市场经济待遇的河源万峰陶瓷有限公司等9家企业被认定不存在倾销，其他中国企业被认定存在倾销，倾销幅度为150%～200%。2007年4月30日，印度对原产于中国和阿联酋的瓷砖进行反倾销日落复审立案调查。

4月16日，佛山市人民政府以急件的形式印发三个陶瓷行业产业整治政策性文件：《佛山市陶瓷产业结构调整评价指导方案》（佛府办［2008］119号）、《佛山市陶瓷产业扶优扶强若干政策措施》（佛府办［2008］120号）和《佛山市陶瓷产业发展规划（2008—2015）》（佛府办［2008］121号）。

4月18日，国家日用及建筑陶瓷工程中心博士后科研工作站揭牌仪式在景德镇陶瓷学院举行，江西省人事厅以及景德镇市委组织部的领导出席了揭牌仪式。

4月18日，佛山市华夏建筑陶瓷研究开发中心举行了“广东省教育部清洁生产产学研战略联盟、广东省教育部产学研结合示范基地、广东省创新示范专业镇、广东省火炬计划建筑卫生陶瓷特色产业基地、佛山市陶瓷产业科技创新联盟和广东省建筑卫生陶瓷研究院”6个成员机构的揭牌仪式。

4月21日，陶瓷行业首个专利产品联盟——中国镀金属抛釉陶瓷专利制品产业合作联盟在佛山签约成立，佛山市个性瓷砖有限公司、佛山市汇美陶艺术腰线厂、佛山市安美陶瓷有限公司等3家陶瓷企业成为首批加盟成员。

4月22日，最高人民法院审判委员会第1467次会议通过《最高人民法院关于审理涉及驰名商标保护的民事纠纷案件应用法律若干问题的解释》，定于5月1日开始实行，与刚开始实行的《最高人民法院关于涉及驰名商标认定的民事纠纷案件管辖问题的通知》（法［2009］1号文件）形成了关于“中国驰名商标”司法认定的两部法规。

4月22日，环境保护部组织有关权威专家对《陶瓷工业污染物排放标准》进行了审议，并对各项污染限度进行了详细的规定，对排放限值作了进一步的修订。

4月23日，陕西省宝鸡市千阳县建筑陶瓷产业园产业发展规划——《千阳建筑陶瓷产业园产业发展规划》项目评审会在千阳县举行。《规划》项目由景德镇陶瓷学院黄弘教授主持，《规划》顺利通过了专家评审组的评审。

4月26日，全国建筑卫生陶瓷标准化技术委员会在江苏省宜兴市组织召开了2008年第一次标准审议会，参加会议的代表有标委会委员、有关主管部门领导、特邀专家及标准起草人员等70余人。会议审议通过了三项国家和行业标准。

4月27日，广东省经贸局、省财政厅、省国税局、省地税局、海关总署广东分署联合公布了《关于认定第九批广东省省级企业技术中心的通知》，佛山欧神诺陶瓷有限公司、广东欧文莱陶瓷有限公司、佛山金意陶陶瓷有限公司3家陶瓷企业入选。

4月27日，江西省长吴新雄调研高安、丰城陶瓷基地，吴新雄一行实地考察了高安市新中源集团江西富利高陶瓷有限公司、江西新明珠建材有限公司、丰城市江西斯米克建筑陶瓷公司等企业。

4月29日，《上海证券报》报道称，广州产权交易所日前的公开信息显示，佛山南风古灶旅游发展有限公司将其持有的广东东鹏陶瓷股份有限公司10%的股权挂牌转让，挂牌价格为2082.9万元。

5月

5月1日，由潮州陶瓷行业协会主办的潮州陶瓷行业门户网站“中国瓷都·潮州网”开通。

5月2日，淄川区建筑陶瓷行业商会成立大会暨揭牌仪式在双杨镇举行。大会通过了表决、选举办法和《淄川区建筑陶瓷行业商会章程》，选举产生了淄川区建筑陶瓷行业商会第一届理事会及会长、副会长、秘书长。山东耿瓷集团有限公司董事长王兴农当选为淄川区建筑陶瓷行业商会会长。

5月7日，新华网新华视点刊发评述《佛山传统陶瓷业，关停能否带来转型?》，在业界引起较为强烈的反响。

5月8日，科技部火炬计划管理中心批准同意建立“国家火炬计划景德镇陶瓷新材料及制品产业基地”，此前科技部火炬计划管理中心在景德镇市召开“国家火炬计划景德镇陶瓷新材料及制品产业基地”专家评审认定会，根据《国家火炬计划特色产业基地认定条件和办法（试行）》并经专家评审，科技部有关部门审查认定，同意建立“国家火炬计划景德镇陶瓷新材料及制品产业基地”。

5月8日，全国建陶洁具行业首批企业信用等级评价结果公示。根据全国整顿和规范市场经济秩序领导小组办公室和国务院国有资产监督管理委员会联合下发的《关于加强行业信用评价试点管理工作的通知》（整规办发［2007］3号）、《开展行业信用评价试点工作实施办法》（整规办发［2006］12号）和《商会协会行业信用建设工作指导意见》（整规办发［2005］29号）的文件精神，中国建筑卫生陶瓷协会确定了首批50家中国建筑陶瓷、卫生洁具行业企业信用等级评价结果，并向社会进行公示。

5月8日上午，江西省省委常委、常务副省长凌成兴带领省直有关部门负责同志，到丰城市精品陶瓷产业基地就环湖地区、五河流域生态经济建设工作进行调研。宜春市委常委、常务副市长刘定明，宜春市委常委、丰城市委书记冷新生，市长辛小敏等领导陪同调研。

5月上旬，中国建筑卫生陶瓷协会考察团一行先后到浙江温州、玉环、平湖、萧山四地进行考察，并与当地的政府有关部门、企业家进行交流。

5月12日14时28分，四川省汶川县发生8.0级地震，“西部瓷都”夹江成为四川省60个重灾区县之一，陶瓷产业直接受到地震的重创。震后夹江陶瓷企业积极恢复生产，对受损厂房、设备进行重建。截至6月26日，夹江县已有190多条陶瓷生产线全面恢复作业，7月份238条生产线全部投产。

5月9日，中国硅酸盐学会陶瓷分会建筑卫生陶瓷专业委员会在咸阳陶瓷研究设计院召开了五届二次会议。与会专家和代表结合咸阳陶瓷研究设计院承担的“十一五”国家科技支撑项目，就当前的建筑卫生陶瓷科技发展战略进行了研讨。会议还决定由中国硅酸盐学会陶瓷分会建筑卫生陶瓷专业委员会牵头，依托咸阳陶瓷研究设计院对《建筑卫生陶瓷现代技术工程师手册》进行重新修订。

5月24日，广东省委、省人民政府粤发［2008］4号文件《关于推进产业转移和劳动力转移的决定》出台。

5月28日，广东省经济贸易委员会粤经贸工业［2008］385号文件《广东省产业转移区域布局指导意见》发布，文件自发布之日起施行。同时广东省经济贸易委员会粤经贸工业［2008］386号文件发布关于印发《广东省产业转移和劳动力转移目标责任考核评价试行办法》的通知。

6月

6月1日，强制性国家标准《建筑卫生陶瓷单位产品能源消耗限额》GB 21252—2007开始实施。

6月2日，世界品牌实验室召开2008年（第五届）世界品牌大会，公布2008年中国500最具价值品牌排行榜，惠达、东鹏、冠军、马可波罗、鹰牌、新中源、腾达、诺贝尔、冠珠、蒙娜丽莎、申鹭达、曼联等建筑卫生陶瓷品牌榜上有名。

6月3日，江西省委书记苏荣考察高安市省级建筑陶瓷产业基地，并深入到广东新明珠、新中源及新中英等企业了解情况。

6月6日，《陶城报》驻景德镇市工作站揭牌。景德镇市副市长黄康民、景德镇市政府副秘书长闫浩、景德镇市委宣传部副部长于秀亮、佛山市陶瓷行业协会秘书长尹虹、《中国陶瓷》副主编李川、陶城报社长刘小明等领导参加了揭牌仪式。

6月12日，中国品牌研究院公布第二届中国行业标志性品牌，这是中国品牌研究院继2006年发布首次行业标志性品牌后，第二次评定中国行业标志性品牌。惠达蝉联中国卫生陶瓷行业标志性品牌，东鹏入选建筑陶瓷行业标志性品牌。

6月14日，中国建筑卫生陶瓷协会会长（扩大）会议在北京新大都饭店召开，50多位行业老板就行业面临的严峻经济形势进行了讨论和分析。同日下午，我国建筑卫生陶瓷行业信用等级优秀企业评价结果在北京揭晓，主办方中国建筑卫生陶瓷协会在北京人民大会堂组织召开了诚信企业发布会，向首批被评为信用等级优秀的16家卫生洁具、34家陶瓷砖和陶瓷色釉料生产企业授匾。

6月16日，国家知识产权局软科学和专利战略推进工程领导小组组织由专家成立的评审委员会，在北京对国家知识产权局2006年度专利战略推进工程重点项目《我国陶瓷产业专利战略研究》进行了结题评审。《我国陶瓷产业专利战略研究》由景德镇陶瓷学院、江西省知识产权协会和中国陶瓷知识产权信息中心承担，景德镇陶瓷学院副院长江伟辉博士和江西省知识产权局局长赖光松主持。

6月18日，广东省经贸委网站公示2006—2007年度广东省百强民营企业110家候选企业名单，候选企业由企业自愿申报，地级以上市审查推荐，省百强民营企业认定工作小组审核。广东新明珠陶瓷企业集团有限公司、广东东鹏陶瓷股份有限公司、广东能强陶瓷有限公司、广东强辉陶瓷有限公司、广东唯美陶瓷有限公司等5家陶瓷企业，以及广东科达机电股份有限公司在公示候选企业名单中。

6月19日，广州产权交易所发布成交公示称，东鹏陶瓷（清远）有限公司以2082.9万元受让了佛山南风古灶旅游发展有限公司转让所持有的广东东鹏陶瓷股份有限公司10%的股权，出让和受让双方已于6月18日签订了《股权交易合同》。

7月

7月1日，印尼的瓷砖进口税由5%提高到25%，提升后的税率是原来的5倍。

7月3日，以中国建筑材料联合会秘书长孙铁石为考察组长的中国建材联合会考察评估组一行莅临高安，开始对江西省建筑陶瓷产业基地进行为期三天的考察。

7月4日，来自环境保护部、水利部、环境科学院、城建水协、国家发改委环资司、中国质量认证中心以及建筑卫生陶瓷协会等有关部门的领导、专家在北京国际俱乐部出席了中华环境保护基金会TOTO水环境专项基金的启动仪式。

7月4日，以江西省政协副主席李华栋为组长的省政协特色工业园区调研组一行9人到高安市调研。

7月4日，中共中央政治局常委、中央书记处书记、国家副主席习近平同志在中共中央政治局委员、广东省委书记汪洋，省长黄华华，东莞市委书记刘志庚，市长李毓全的陪同下，到广东唯美陶瓷有限公司参观视察。

7月5日，中国建筑卫生陶瓷协会淋浴房分会成立，并在广州召开了淋浴房分会第一届理事会。

7月10日，国务院办公厅颁发《国家质量监督检验检疫总局主要职责内设机构和人员编制规定》（国办发（2008）69号），文件规定国家质量监督检验检疫总局不再直接办理与企业和产品有关的名牌评选活动。规定于颁布之日实施生效。

7月16日，“新时期陶瓷产业战略布局与科学发展”高安论坛在江西省高安市举行。各级陶瓷行业协会领导，各产区企业代表和专家学者等就新时期陶瓷产业发展、陶瓷行业布局以及企业应对之策等展开了探讨和对话。论坛还专门举行了陶城报高安专版揭牌仪式和陶城报高安工作站成立揭牌仪式，高安市常务副市长范涌华和陶瓷报社长刘小明共同在仪式上揭牌。

7月22日，国家质量监督检验检疫总局2008年第83号《关于〈产品质量监督抽查实施规范（第一批）〉的公告》公布，实施规范（第一批）包括食品、日用消费品、建筑和装饰装修材料、农业生产资料等52大类160种产品，共分类为149册，陶瓷砖属第三部分建筑和装饰装修材料（共计12类20册）的第10类，实施规范编号310。

8月

8月初，受美国次贷危机和人民币汇率波动的影响，加上国内房地产市场的疲软，中国陶瓷行业的压力逐渐加剧。自下半年以来，众多大企业纷纷停窑减产，对外扩张转移的步伐亦明显放缓。全国各大建筑陶瓷产区几乎都出现了产量下降，平均降幅约为20%～30%。陶瓷企业开工不足甚至倒闭的现象增加。以佛山为例，6月份之后陆续有企业开始停窑限产，有些大型建筑陶瓷企业停窑近20条。

8月初，佛山南庄镇宣布正式启动“中国陶瓷机械电子装备基地”建设项目。该镇利用大批陶瓷企业关迁后腾出的土地，规划10000亩土地，150万平方米的厂房发展陶瓷技术装备制造业，并对禅城经济开发区吉利工业园进行扩建，远期目标为10000亩以上。南庄镇有关负责人表示，将像当年发展陶瓷一样，倾力打造“佛山陶机”这一区域品牌，并将建立一个孵化中心和陶瓷机械研发中心，引导企业向高技术、高附加值的先进制造业发展。

8月1日，住房和城乡建设部发布《关于进一步加强住宅装饰装修管理的通知》，通知要求各地制定出台相关扶持政策，引导和鼓励新建商品住宅一次装修到位或菜单式装修模式，逐步达到取消“毛坯房”的目标。

8月2日，“西南建筑陶瓷生产基地”授牌仪式在云南易门大酒店举行。易门县委书记方志鸣从中国建筑卫生陶瓷协会会长丁卫东手中接过了“中国西南建筑陶瓷生产基地”的铜牌。来自云南省、玉溪市的有关领导及中国建筑卫生陶瓷协会的领导出席了授牌仪式。

8月14日，科技部正式发布《关于公布国家技术转移示范机构的通知》（国科发火［2008］466号），确定了全国76家机构为首批国家技术转移示范机构，设于景德镇陶瓷学院的国家日用及建筑陶瓷工程技术研究中心是入选首批国家技术转移示范机构中唯一的陶瓷工程中心。

8月14日，《瞭望东方周刊》（2008年34期）刊发了记者王启广采写的调查报告《佛山对陶瓷企业变脸》，披露了政府在对陶瓷产业升级与调整过程当中与企业“博弈”的详细过程。该文在佛山陶瓷行业界引起了强烈的反响。

8月18日，江西洪州窑陶瓷产业发展规划及基础设施建设项目可行性研究报告通过评审。江西省发改委、省建设厅、省环保局、省国土厅、省中小企业局、宜春市发改委领导及省内专家参加了评审。

8月20日，国家陶瓷与耐火材料产品质量监督检验中心在淄博市质检局成立，这是国内唯一一家综合陶瓷与耐火材料两大行业的国家级质检机构。国家质检总局组织专家组对“中心”进行了全面的现场验收。

8月21日，“中国建筑陶瓷产业基地”命名暨授牌仪式在高安市举行。中国建筑材料联合会会长张人为和江西省副省长洪礼和共同为这个新诞生的国家级基地揭牌，来自省市政府部门的领导及高安陶瓷企业代表等共300多人参加了授牌仪式。

8月21日，高安市陶瓷行业协会成立。新明珠董事长叶德林当选为会长，新中源陶瓷集团总裁霍镰泉、太阳陶瓷董事长胡毅恒当选为常务副会长，中国建筑陶瓷产业基地管委会书记徐结强任秘书长。

8月28日，广东省工商行政管理局公布第三季度省内流通领域质量监测情况的数据显示，陶瓷坐便器的合格率仅67.1%。此次共抽查了汕头、韶关、河源、梅州、汕尾、湛江、茂名7市流通领域共70批次的陶瓷坐便器，仅47批次合格。不合格项目主要是水道过球直径、球排放、污水置换功能和水封回复功能不符合国家出台的新标准《卫生陶瓷》GB 6952—2005。前一次2006年抽查结果合格率为84.3%。

8月28日，佛山市委书记林元和出席了在市迎宾馆会议室召开的陶瓷企业家座谈会，并作重要讲话。林元和指出，关于陶瓷企业的调整、治理，市委、市府态度不变，该关闭的企业都会按原计划执行。林元和希望规划一个精品陶瓷工业园，为能代表佛山陶瓷留下来的42家企业解决在本地区的发展空间问题。

9月

9月10日，江西省委副书记王宪魁率省科协党组书记、省委政研室副主任龚绍林、省委组织部部务委员杨伟东、省发改委副主任胡世忠、南昌铁路局总工程师钟生贵等省相关部门领导一行到高安陶瓷产业基地调研视察。

9月13日，淄博市组织开展了针对建筑陶瓷企业的环保专项“零点行动”。此次行动分成5个检查组，共检查建筑陶瓷企业61家。检查的重点是建筑陶瓷企业所有除尘器运行情况，发现有问题的企业8家，占检查企业的13%。对于此次专项行动中发现有问题的建筑陶瓷企业，按照属地管理的原则，由当地环保部门依法给予顶格处罚，并限在10月30日前达标排放。

9月16日，为适应市场发展的需要，山东省建筑卫生陶瓷专业委员会进行改制，新一届山东建筑卫生陶瓷专业委员会的正副主任委员、秘书长与中国建筑卫生陶瓷协会的领导举行了对接会。丁卫东会长肯定了山东省建筑卫生陶瓷专业委员会改革发展方向是正确的，符合国务院的精神，符合企业的实际。新一届的山东建筑卫生陶瓷专业委员会主任委员、副主任委员全部由企业代表出任，耿瓷集团董事长王兴农出任主任委员，山东省建材工业协会刘晓明兼任秘书长。

9月16日，国家陶瓷与耐火材料产品质量监督检验中心在山东淄博中国科技城举行揭牌仪式。该检验中心将成为支撑淄博及周边地区陶瓷、耐火材料产业发展的公共检测技术平台。

9月18日，国家质量监督检验检疫总局公布第109号令“关于废止《产品免于质量监督检查管理办法》的决定”，根据国务院有关要求，现决定对《产品免于质量监督检查管理办法》（国家质量监督检验检疫总局令第9号）予以废止。

9月20日，受三鹿奶粉事件的影响，国家质量监督检验检疫总局发布《关于不再直接办理与企业和产品有关的名牌评选活动的公告》。《公告》规定，根据《国务院办公厅关于印发国家质量监督检验检疫总局主要职责内设机构和人员编制规定的通知》（国办发［2008］69号）的要求，国家质检总局不再直接办理与企业和产品有关的名牌评选活动。质检总局公布第109号总局令，决定自公布之日起，对《产品免于质量监督检查管理办法》（国家质量监督检验检疫总局令第9号）予以废止。至此，国家免检被废除，建筑陶瓷中国名牌评选连续三年流产。

9月28日，在广东高要建市15周年庆祝大会暨经贸洽谈会上，中国建筑装饰协会和中国房地产协会联合授予高要市“中国新型建材产业基地”称号。高要市委书记武临黔从中国建筑装饰协会名誉会长张恩树手中接受牌匾。

9月，国家质检总局抽查了山西、辽宁、浙江、广东等10个省193家企业生产的197种陶瓷砖产品（不涉及出口产品），产品实物质量抽样合格率为94%。抽查依据推荐性国家标准《陶瓷砖》GB/T 4100—2006和强制性国家标准《建筑材料放射性核素限量》GB 6566—2001规定的要求，对陶瓷砖产品的尺寸、吸水率、破坏强度、断裂模数等6个项目进行了检验。经检验，此次抽查陶瓷砖产品的放射性核素含量全部合格。

10月

10月1日，国家质量监督检验检疫总局于7月22日公布的陶瓷砖《产品质量监督抽查实施规范》CCGF 310—2008开始执行。

10月4日，中国建筑卫生陶瓷协会夏高生主任、陈丁荣顾问应邀参加在意大利博洛尼亚的“世界瓷砖及卫浴产品展览会 Cersaie2008”。展会期间，他们分别与 Cersaie 展会新任总裁 Fabio Roversi Monaco、意大利陶瓷协会秘书长 Armando Cafiero 等进行了座谈。

10 月 17 日，国家工商行政管理总局《关于禁止在广告中使用‘免检’内容的通知》（工商广字［2008］218 号）出台。由于产品免检制度被废止，国家工商行政管理总局要求各级工商行政管理机关要加强对广告中涉及质量免检内容的监测检查，对广告中出现“国家免检产品”等涉及质量免检内容的，应立即责令停止发布。对于继续违法发布的，依照《广告法》、《反不正当竞争法》有关规定处罚。通知发布之日后生产的产品包装物广告中涉及质量免检内容的，按照总局《关于包装物广告监管有关问题的通知》（工商广字［2005］第 173 号）处理。

10 月 18 日，中国陶瓷产业总部基地开启营运。佛山市委书记林元和，中国建筑装饰协会会长、中国建筑工程总公司总经理马挺贵，国务院发展研究中心市场经济研究所所长任兴洲，中国建筑材料联合会副会长陈国庆，中国建筑卫生陶瓷协会会长丁卫东，中国建筑学会室内设计分会副会长劳智权等主礼嘉宾，北京、上海、广东房地产界精英，来自全球数十个国家和地区的国际采购商和考察团，国内外知名陶瓷企业家，以及一众媒体记者等数千人参加开启仪式。中国陶瓷产业总部基地，是国内首个以陶瓷产业为主体的专业化总部经济新模式，它将以产品研发设计和信息交流为重点，实现陶瓷产业的高端化发展。据了解，首批进驻总部基地的企业总共有近 70 家，包括了国内和意大利、阿联酋、日本等地的著名品牌。

10 月 19 日，中共中央政治局常委李长春在广东省委书记汪洋，省委常委、宣传部长林雄，东莞市委书记刘志庚，市长李毓全等领导的陪同下，视察了广东唯美陶瓷有限公司总部展厅和唯美陶瓷博物馆、中国建筑陶瓷博物馆。参观过程中，李长春同志还亲手用雕刻刀刻下两幅刀笔书法作品。

10 月 21 日，财政部、国家税务总局联合下发《关于提高部分商品出口退税率的通知》，在这份调整名单中，分别涉及卫浴产品中的塑料浴缸、淋浴盘、洗涤槽及盥洗盆等产品类别，退税率提高到 9%，淋浴房产品从原来的 5% 提高到 11%，是卫浴产品提高幅度最大的产品。

10 月 23 日，中国建筑卫生陶瓷协会丁卫东会长、叶德林副会长、夏高生主任、陈丁荣高级顾问等一行 8 人参加印度召开的世界瓷砖论坛，并发布了中国陶瓷行业报告和中国瓷砖营销策略报告，引起大会的强烈反响。期间他们还考察了印度的瓷砖厂和洁具厂。

10 月 24 日，全国建筑卫生陶瓷标准化技术委员会在贵阳市组织召开了 2008 年第二次标准审议会，参加会议的代表有标委会委员、主管部门领导、特邀专家及标准起草人员等 108 人。审议会审议通过了 10 项国家标准和行业标准。

10 月 29 日，景德镇陶瓷学院建校 50 周年庆典大会在湘湖新校区田径场举行。各界领导、来宾、师生代表 4000 余人参加了庆典大会。景德镇陶瓷学院党委书记肖任贤主持庆典大会。

10 月 29 日，广东首个现代产业体系科技示范区落户佛山，广东省产业共性技术重大科技专项——陶瓷清洁生产产业共性技术正式启动，广东省科技厅向禅城区授予“广东省现代产业体系科技示范区”匾牌，并举行了广东省陶瓷清洁生产共性技术项目落户禅城揭牌仪式。

10 月 31 日，北京市质量技术监督局公布的最新抽查结果显示，陶瓷密封水龙头的产品质量难以让人放心。昌平区内 42 家经销单位销售的 50 种陶瓷密封水龙头，仅有 18 种产品合格，抽样合格率为 36%。

11 月

11 月 7 日，辽宁法库陶瓷产业集群在 2008 中国产业集群百强评比中，荣获“中国县域产业集群竞争力百强”。“中国产业集群大会”是由中国社会科学院城市发展与环境研究中心主办，是关注产业集群发展的高端会议。此次大会的主题是“产业集群与县域经济”。

11 月 12 日，国务院总理温家宝主持召开国务院常务会议。会议决定，为扶持劳动密集型中小企业，支持产业优化升级，在 2008 年下半年两次提高出口退税率的基础上，自 2008 年 12 月 1 日起，进一步提高部分劳动密集型产品、机电产品和其他受影响较大产品的出口退税率。为落实国务院的决定，财政部、国家税务总局发布了《财政部、国家税务总局关于提高劳动密集型产品等商品增值税出口退税率的通知》（财税［2008］144号）。

11月14日，国务院总理温家宝在广东省东莞市专门主持召开了珠三角部分企业和行业协会负责人座谈会。佛山宏陶陶瓷有限公司出口总经理伍剑锋作为陶瓷行业的唯一代表参加会议并向总理汇报工作，反映企业和行业的心声。

11月16日，科学技术部国科发计［2008］658号文件《关于下达2008—2009年国家有关科技计划项目的通知》公布了2008—2009年国家星火计划；2008—2009年国家火炬计划；2008—2009年国家重点新产品计划；2008—2009年国家软科学研究计划。2008—2009年国家火炬计划涉及的建筑卫生陶瓷项目有："德化陶瓷釉技术公共服务平台"（泉州市陶瓷科学技术研究所承担）；"景德镇陶瓷新材料及制品产业基地企业创新信息化服务平台建设"（景德镇陶瓷学院科技开发中心承担）；"超大超薄陶瓷板"（山东德惠来装饰瓷板有限公司承担）；"MODULO6800陶瓷砖自动液压机"（广东科达机电股份有限公司承担）；"陶瓷行业窑炉喷雾塔节能减排推广应用"（广东欧文莱陶瓷有限公司承担）；高效节能辊道窑（广东科达机电股份有限公司承担）；"陶瓷废渣及铝型材废渣资源化生产节能建筑陶瓷板材"（佛山欧神诺陶瓷有限公司承担）；"废瓷回收利用技术产业化"（广东四通集团有限公司承担）；"外墙软瓷砖"（广州福美软瓷有限公司承担）。

11月18日，国际ISO/TC189陶瓷砖技术委员会年会在西安召开。会议由ISO/TC189主办，中国作为ISO的成员国第一次举办此类会议。年会由国家标准化管理委员会（SAC）承办，全国建筑卫生陶瓷标准化技术委员会（TC249）具体协办。

11月21日，中国建筑卫生陶瓷协会第六届会员代表大会在杭州召开。会议审议了协会第五届理事会工作报告和财务报告，选举产生了中国建筑卫生陶瓷协会第六届理事会理事、常务理事及会长、副会长、秘书长，确定了协会各办事机构组成及人员任免，表彰优秀企业和先进个人。大会同意丁卫东为名誉会长，选举叶向阳担任协会第六届理事会会长。会议期间对"中国陶瓷砖知名品牌"和"中国卫生洁具知名品牌"进行了颁奖。

11月28日，环渤海地区5省市建材行业协会会长联席会在天津召开，107家建材企业被评为环渤海地区建材行业"诚信企业"。在5省市建材协会的共同努力下，制定了《环渤海地区建材行业"诚信企业"评价管理办法》、《环渤海地区建材行业"诚信企业"考核评价细则》和《"诚信企业"专业考核指标》。

12月

12月1日，江西省副省长洪礼和代表省政府向丰城精品陶瓷产业基地授牌，并正式将丰城精品陶瓷产业基地认定为省级产业基地。

12月5日，佛山市陶瓷行业协会与四川丹棱县丹棱镇人民政府、慈善总会签署"捐建丹棱镇佛陶（希望）中心小学"协议。签约仪式在四川丹棱县丹棱镇举行。

12月7日，《景德镇陶瓷知识产权保护办法》正式施行。《景德镇陶瓷知识产权保护办法》于10月27日在景德镇市政府第四十次常务会议讨论通过。

12月17日，中国建筑材料联合会与中国硅酸盐学会共同发布"2008年度建筑材料科学技术奖获奖项目公告"。其中，由广东蒙娜丽莎陶瓷有限公司、广东科达机电股份有限公司、咸阳陶瓷研究设计院、陕西科技大学完成的"大规格瓷质板材生产线成套工程技术与装备开发和产业化"获科技进步一等奖，广东科达机电股份有限公司完成的"KMX超洁镀膜生产线（涂覆制膜机）"和"高效节能辊道窑"分别获科技进步二、三等奖。

12月19日，中国建筑卫生陶瓷协会卫浴配件分会广东工作站、国家建筑材料工业建筑五金水暖产品质量监督检验测试中心广东办事处挂牌揭幕仪式在开平市水口水暖卫浴技术创新中心举行。中国建筑卫生陶瓷协会秘书长缪斌，北京建筑材料科学研究总院院长王肇嘉，中国建筑卫生陶瓷协会副秘书长夏高生，开平市常务副市长梁和平，副市长陈靖等领导出席了揭幕仪式。

12月21日，福建省闽清县政府发布《闽清县人民政府办公室关于印发闽清县单位GDP能耗考核体系实施方案的通知》。

12月21日，中国建筑材料联合会与中国机冶建材工会全国委员会在北京人民大会堂河南厅召开“2008年全国建材行业技术革新奖”表彰大会。来自水泥、玻璃、陶瓷、机械等建材行业的全国100多个获奖单位代表出席。建筑卫生陶瓷行业的惠达、宏陶、新明珠、鹰牌、东陶、嘉俊及科达等企业获奖。

12月21日，2008年度“金隅杯”全国建材行业技术革新奖颁奖仪式在北京人民大会堂河南厅召开。共107个项目获奖，其中技术改造类17项，技术开发类69项，工艺技法类21项。中国建材联合会会长张人为，中华全国总工会副主席、书记处书记王炯，国务院参事室副主任蒋明麟，中国建材联合会副会长孙向远，国资委群工部局长李学东，中国机冶建材工会全国委员会主席刘海华、副主席马芳成及科学技术部等有关部门领导出席颁奖仪式。

12月22日，“全国建材装备标准化技术委员会及全国建材装备标准化技术委员会陶瓷机械分技术委员会成立大会”在北京召开，全国建材装备标准化技术委员会及全国建材装备标准化技术委员会陶瓷机械分技术委员会全体委员、顾问及行业特邀企业的代表等共60余人出席了会议。全国建材装备标准化技术委员会第一届陶瓷机械分技术委员会由3名顾问和20名委员组成，李转任主任委员，孟庆林、李竟先、刘杰任副主任委员，袁海荣任委员兼秘书长，欧阳丹、王琳任委员兼副秘书长，秘书处承担单位为中国建材技术装备总公司和广东省佛山市顺德区标准化协会。

12月底，陶城报社评出并向社会公布了“2008年度陶瓷行业十大新闻”：①金融海啸对陶瓷产业造成巨大打击。②佛陶希望学校顺利动工。③仿古砖驶入快车道。④“影响中国”30年30个品牌揭晓。⑤佛山铁腕整治陶瓷业。⑥胡小燕风波。⑦东鹏打响洞石知识产权保卫战。⑧PP板与TOB陶板的推广应用取得突破。⑨2008年的瓷砖出口逆势增长。⑩叶向阳当选中国建筑卫生陶瓷协会新一任会长。

第二节　会展大事记

一、会议大事记

1月

1月8日，佛山市陶瓷学会在佛山佳宁娜酒店举行了第十一届理事会第四次全体扩大会议。佛山市陶瓷学会会长冯斌、秘书长孔海发以及各位理事、顾问等共50多人出席了学会年度工作计划会议。会议代表观看了由学会制作的专题片《佛山陶瓷创新设计三十年回顾》。佛山市科学技术协会主席胡学骏到会致辞，冯斌会长在会上作了发言，孔海发秘书长作了《佛山陶瓷学会2007年工作总结》的报告，副秘书长卢秀琼作了学会财务核算报告。

1月22日，佛山市陶瓷行业协会第二届会员代表大会在佛山宾馆召开。佛山市副市长李子甫、佛山市经贸局副局长徐平、佛山市禅城区经贸局局长胡安泉出席会议并致辞。会议由鹰牌控股有限公司总裁张孟友主持，何新明会长代表第一届理事会作工作报告，秘书长尹虹作财务决算报告。会议推选戴一民为佛山市陶瓷行业协会新一届会长，会议同时推选出各专业委员会理事单位。

2月

2月27日，由中国建筑卫生陶瓷协会、中国陶瓷城、中国陶瓷产业总部基地共同主办的“第五届现代陶瓷国际策略研讨会”在佛山南国桃园枫丹白露酒店国际会议厅举行，国务院经济研究中心、欧洲知名咨询公司、上海别墅世界的引航人，广东省房地产行业的权威人士，国内知名的陶瓷企业家，经销商及50多家媒体共300人参加了会议，会议针对行业面临的结构调整、产业转移、房地产降温、节能减排、人民币升值等一系列严峻的话题进行交流。

2月27日，潮州市陶瓷行业协会年度会员大会在潮州市党政机关会堂召开，全体会员审议并表决通过了《潮州市陶瓷行业自律联盟公约》，潮州市首个行业联盟自律公约就此诞生。

3月

3月7日，“中国居家新视角·第三届居家论坛”在杭州休博园第一世界酒店举行。论坛由搜狐网、焦点家居网主办，参加论坛的有相关国家政府部门官员、著名经济学家、著名投资公司和中国家居业的精英，大家共同探讨了全球一体化背景下中国家居业的未来趋势及如何应对风云变幻的国内外市场等话题。

3月20日，“第六届2008中国建陶产业发展高峰论坛”在佛山市中国陶瓷城四楼会议室举行。论坛主题为“解放思想、求真务实、集思广益，多角度探究2008年度中国建陶行业最新热点，畅谈陶瓷业转移扩张、产业优化与总部经济发展大势”。

3月28日，“第四届中国陶瓷行业新锐榜颁奖典礼暨南风古灶高峰论坛”在佛山琼花大剧院举行。中国陶瓷工业协会理事长刘尧、副理事长陈帆、秘书长黄芯红、副秘书长侯文全、佛山市人民政府秘书长黄海宁等领导和嘉宾共1000多人出席。第四届中国陶瓷行业新锐榜评出年度多个奖项。其中，江西省建筑陶瓷产业基地、江西丰城精品陶瓷产业基地、江西景德镇陶瓷工业园区、辽宁法库经济开发区获得四大年度产区称号；广东东鹏陶瓷股份有限公司、广东唯美陶瓷有限公司、新明珠陶瓷集团有限公司、新中源陶瓷企业有限公司、珠海白兔陶瓷有限公司、杭州诺贝尔陶瓷集团有限公司、上海斯米克陶瓷有限公司、唐山惠达陶瓷（股份）有限公司、佛山市顺德区乐华陶瓷洁具有限公司、佛山市恒力泰机械有限公司获得年度风云企业奖；佛山市特地陶瓷有限公司获年度展厅奖；维可陶获得年度广告奖；佛山市奥翔陶瓷有限公司获最佳新锐品牌奖；佛山市恒力泰机械有限公司、佛山市东鹏洁具股份有限公司、广东蒙娜丽莎陶瓷有限公司获最佳新锐产品奖；江门市道氏标准制釉股份有限公司获最佳新锐企业奖；牟文建和胡小燕获新闻人物奖；叶德林、何新明、吴木海、黄建平、何乾、张民、李强、曹锐元、柳丹、张孟友、刘一军获年度人物奖。

4月

4月1日，“上海第九届国际建筑陶瓷及卫浴科技精品展”在上海开幕，展会期间还举办了“中国高端别墅·著名设计师与国际品牌企业论坛”、“陶瓷及创新材料国际研讨会”、“绿色饭店·节能环保·时尚设计·高新建材国际论坛”、“与大师对话，关注中国设计”设计师高峰论坛四大活动。

4月9日，潮州市陶协在枫溪区委礼堂召开“潮州卫生陶瓷存在的问题及整改措施”专题研讨会，邀请国家建筑卫生陶瓷检测中心主任刘幼红莅会主讲。

4月18日，“佛山陶瓷区域品牌与总部经济发展峰会”在佛山国际会议展览中心隆重举行。峰会由佛山市人民政府、中国陶瓷工业协会、中国建筑卫生陶瓷协会联合主办，佛山市禅城区经贸局、佛亚展览有限公司、中国陶瓷城、中国陶瓷产业总部基地、广州冠逸商务咨询有限公司联合承办。

4月21日，潮州市陶瓷行业协会联合潮州检验检疫局，举办“陶瓷出口企业应对欧盟REACH法规”宣贯会，邀请国家检验检疫REACH解决中心杨磊前来授课。

5月

5月9日，中国硅酸盐学会陶瓷分会建筑卫生陶瓷专业委员会在咸阳陶瓷研究设计院召开了五届二次会议。

5月16日，中国建筑卫生陶瓷行业外商企业家联谊会第二次会议在上海松江佘山召开。乐家、杜拉维特、吉博力、高仪、东陶、伊姆乐、唯宝、和成、MASTER、汉斯格雅、卡德维、戈马、博华以及中国建筑卫生陶瓷协会丁卫东会长等20余人到会，并举行首次高尔夫球友谊赛。

5月17日，第三届中国陶瓷力量排行榜颁奖典礼在佛山华夏大酒店举行，活动由中国建筑卫生陶瓷协会主办，中国陶瓷知识产权信息中心、中国陶瓷文献信息中心协办，《广东建设报陶瓷周刊》承办。

6月

6月14日，2008年中国建筑卫生陶瓷协会会长（扩大）会议在北京新大都饭店召开。会议主要内容有："2007（日本名古屋）世界陶瓷大会"及"2008年（印度孟买）世界陶瓷大会"情况介绍；2007年及2008年行业运行和出口形势介绍；研究协会第六届会员大会及理事会换届工作；分析目前行业形势及存在的问题，研究对策；关于首批"企业信用等级评价"情况介绍等。

6月14日，辽宁省硅酸盐学会陶瓷分会第三届学术年会在辽宁法库县召开。年会进行了学术交流并研讨了《法库现代陶瓷科技园区发展规划》，法库政府与部分高校、科研院所、企业签订了《关于建立陶瓷产业"官产学研"战略联盟及项目开发协议》。

6月15日，中国建筑卫生陶瓷协会卫浴配件分会理事长扩大会议在北京新大都饭店一楼会议厅召开。来自全国各地的卫浴配件企业代表和园区领导40多人出席了会议。

6月18日，2008年潮州陶瓷产业发展论坛在潮州市党政机关会堂开讲，国内陶瓷界的部分资深专家、学者应邀莅会授课。潮州市委常委、副市长雷健民，中国陶瓷工业协会理事长刘尧，著名品牌营销专家、清华大学客座教授戴欣明博士，中国建筑卫生陶瓷工业协会副会长、《中国智式》作者鲍杰军，广东省酒店用品行业协会副会长杨贵德，广西三环企业集团股份有限公司副董事长钟挺荪等分别发表演讲。

6月26日，第二届中美陶瓷高峰论坛在佛山市枫丹白露酒店隆重举办。到场美方嘉宾包括美国瓷砖经销商协会（CTDA）的主要领导成员、经销商会员、美国建材媒体代表等50多位，中方嘉宾包括30多家陶瓷企业的总裁或董事长等高管。该论坛是第二届"中国陶瓷城·美国采购节"的主要内容之一，也是目前中美两国陶瓷业界最大规模的民间论坛活动。

6月24日，潮安县古巷镇召开古巷镇陶瓷协会成立大会，并举行协会成立挂牌仪式。大会通报了古巷陶瓷协会筹备情况，审议通过了《潮安县古巷陶瓷协会章程》，选举产生了第一届理事会，选举苏锡波为古巷陶瓷协会会长，陈定鹏为协会秘书长。

6月27日，中国硅酸盐学会建筑卫生陶瓷专业委员会会同咸阳陶瓷研究设计院在咸阳陶瓷研究设计院召开了《现代建筑卫生陶瓷工程师手册》（新版）修订工作启动会议。会议由中国硅酸盐学会建筑卫生陶瓷专业委员会副秘书长苑克兴主持，咸阳陶瓷研究设计院院长闫开放对修订工作作了部署和协调。

6月28日，河南省建筑陶瓷工业协会理事长工作会议在郑州召开，会议由省建陶协会刘合心会长主持。洛阳诺金陶瓷、美迪亚陶瓷、新郑大根陶瓷、欧普陶瓷、华禹陶瓷、长葛远东陶瓷、舞阳冠军陶瓷、禹州华夏陶瓷等十几家副理事长单位负责人到会。

7月

7月5日，中国建筑卫生陶瓷协会淋浴房分会第一届理事会在广州市东方宾馆召开。会议主要内容有：中国建筑卫生陶瓷协会淋浴房分会组建工作情况汇报；组建中国建筑卫生陶瓷协会淋浴房分会第一届理事会；研讨淋浴房分会管理办法及今后的工作和研究分析淋浴房行业形势等。全国44家淋浴房生产企业派出代表参加会议。

7月6日，由中国建筑卫生陶瓷协会、广东酒店行业协会、广东房地产行业协会、中国对外贸易中心（集团）共同举办了CFIC"国际陶瓷时尚卫浴与泛珠三角酒店、房地产发展论坛"。会议邀请了外国著名设计大师及广东省酒店行业协会领导、广东省房地产行业协会领导以及广东酒店业、房地产业的企业高层参加。

7月10日，由潮州市陶瓷行业协会主办、上海吉博力房屋设备有限公司协办的强制性国家标准《建筑卫生陶瓷单位产品能源消耗限额》GB 21252—2007标准宣贯会在潮州宾馆举行。宣贯会由新标准主要起草人温伟明高级工程师主讲。

7月16日，由江西省经贸委、中国建筑卫生陶瓷协会、景德镇陶瓷学院主办，江西省高安市人民政府、宜春市经贸委、《陶瓷信息》报社共同承办的“新时期陶瓷产业战略布局与科学发展”高安论坛在江西省高安市举行。

7月18日，广东省清远市陶瓷行业商会成立。经第一次会员大会选举，产生了首届陶瓷行业商会理事会。商会会员42个。其中，团体会员1个，企业会员41个。广东天弼陶瓷有限公司董事长刘凌空当选首任理事会会长。

7月28日，潮州市与深圳南山区召开对口合作暨推进“双转移”工作联席会议。两地领导达成共识，力争把深圳南山区（潮州）产业转移建设成省产业转移示范园，拓宽产业对接渠道，互惠共赢。

7月30日，第五届中国陶机装备发展高层论坛在佛山举行。该论坛已举办四届，在业内具有一定的影响力。

7月30日，中国建筑卫生陶瓷协会在佛山宾馆主办中国陶瓷行业发展高峰论坛，会议就当前陶瓷行业成本上涨、产业整治、出口下滑及市场低迷等热点、难点问题进行了讨论和交流。

7月30日，由福建省经济贸易委员会、福州市人民政府主办，福州市经济委员会、闽清县人民政府承办的2008年中国·海峡项目成果交易会工业专场——陶瓷行业（福州）对接会在闽清县隆重举行。来自清华大学、陕西科技大学、景德镇陶瓷学院、厦门大学、福州大学、华侨大学、国家建筑卫生陶瓷产品质量监督检测中心、咸阳陶瓷研究设计院等高校和科研单位的专家教授以及省直相关部门、各设区市经贸委和企业代表近300人参加了会议。

8月

8月1日，由中国陶瓷工业协会、《民营经济报·陶瓷资讯》联合主办的第七届中国仿古砖高峰论坛暨十年大赏颁奖礼在佛山瓷海国际商务中心隆重举行。协会领导、专家与来自广东、福建、江西、四川等地的陶瓷企业家共同探讨我国仿古砖行业的发展大计。

8月29日，“四川陶瓷产业发展机遇与挑战暨首届四川仿古砖技术与市场论坛”在四川夹江举行。论坛由四川夹江陶瓷行业协会主办，佛山市新景泰陶瓷机械有限公司、佛山市康立泰无机合成材料有限公司、佛山恒力泰机械有限公司、佛山市划云陶瓷印花设计有限公司协办，100多名来自佛山与四川的陶瓷企业代表以及《陶城报》、《陶瓷周刊》、《中华建筑时报》等行业媒体代表参加。

9月

9月8日，由中国硅酸盐学会建筑卫生陶瓷专业委员会、咸阳陶瓷研究设计院、国家建筑卫生陶瓷质量检验中心、全国建筑卫生陶瓷标准化技术委员会、全国建筑材料工业陶瓷专业信息网、《陶瓷》全国理事会联合主办的“2008中国陶瓷工业节能减排高层论坛”在西安皇城花园酒店举行。

9月17日，由中国建筑卫生陶瓷协会、淄博市淄川区政府主办，中国财富城承办的“中国陶瓷行业热点面对面论坛”在淄博召开。央视著名财经主持人陈伟鸿应邀主持，丁卫东会长及行业知名人士张旗康、李品露、殷书建、叶远勤、孙红霞作为对话嘉宾，大家对行业中的一些热点问题进行了交流和探讨。

10月

10月10日，《潮州陶瓷志（1987—2007）》编委会暨顾问组工作会议在中国瓷都枫溪陶瓷城召开，潮州市志办、《潮州陶瓷志（1987—2007）》编委会、顾问组、工作组成员等20多人参加会议。

10月10日，潮安县古巷镇陶瓷工业协会在古巷陶协二楼会议厅召开理事会议。古巷陶协会长、副会长以及理事单位代表近40人出席了会议。古巷陶协会长苏锡波主持本次活动。

10月16日，由科技部、江西省人民政府共同主办的“2008景德镇高技术陶瓷国际论坛”在景德镇陶瓷学院举行。论坛以“加强自主创新，促进高技术陶瓷产业化”为主题，围绕国家发展高技术陶瓷科技产业最新政策、电子陶瓷及其应用新进展、绿色建材发展思路、日本先进陶瓷产业技术发展综述等热点话题进行了研讨和交流。

10月27日，中国陶瓷工业协会、中共山西阳城县委、县人民政府在阳城金凤凰酒店联合举行了中部陶瓷高峰论坛。

11月

11月21日，中国建筑卫生陶瓷协会第六次会员会议在杭州之江酒店召开。大会选举叶向阳担任新一任会长，聘丁卫东为名誉会长，陈丁荣、陈帆、史哲民为高级顾问，选举王兴农、王惠文、卢伟坚、叶远勤、叶荣恒、叶德林、边程、刘爱林、刘纪明、孙守年、许传凯、闫开放、何乾、何新明、吴声团、吴国良、张孟友、张剑光、杨宝贵、苏国川、苏绍标、陈环、陈宗云、陈荣国、孟令来、林声雁、武庆涛、骆水根、徐胜昔、贾锋、梁桐灿、萧华、黄建平、黄英明、谢伟藩、温建德、鲍杰军、缪斌、蔡祈敢、霍镰泉为副会长；选举缪斌兼任秘书长，何峰、夏高生、王巍、尹虹为副秘书长。

11月21日，中国建筑卫生陶瓷协会外商企业家联谊会（CFIC）工作会议召开。CFIC主席、乐家公司马凯，CFIC副主席、杜拉维特公司朗格，美标、东陶TOTO、伊奈、美高、德国唯宝、和成、法国戈马、伊姆乐、中山建德、陶丽西、吉博力、上海博华国际展览等公司的20多位高层出席了会议。

11月21日，中国建筑卫生陶瓷协会卫浴配件分会在杭州之江饭店召开2008年年会。卫浴配件分会成员、特邀嘉宾以及媒体人士近100人出席会议。

11月28日，中国建材机械工业协会第五届会员代表大会在北京召开，中国建材联合会党委书记、常务副会长孙向远，工业和信息化部原材料司建材处处长吕桂新，国务院国有资产监督管理委员会协会办处长梁方，中国建材装备有限公司总经理、中国建材机械工业协会会长方芳等出席，中国建材机械工业协会常务副会长王新军主持。会议重新选举了中国建材机械工业协会第五届理事会理事及常务理事。

12月

12月16日，由搜狐家居、搜狐财经、焦点家居网共同主办的第四届居家论坛在北京嘉里中心酒店举办，家居行业领袖、业界精英、知名专家聚集一堂，探讨全球金融风暴背景下的中国居家业未来新趋势，就中国居家产业如何应对风云变幻的国内外市场进行了深度分析。

12月16日，佛山—香港清洁生产研讨会在佛山召开，两地决定联手推进佛山地区企业清洁生产，从生产源头上达到节能、降耗、减污和增效的目的。

12月18日，浙江省建筑卫生陶瓷协会二届二次会员代表大会在丽水香溢·紫荆花大酒店召开，来自浙江省建筑陶瓷生产企业的30多位代表参加了会议，浙江省经贸委建材冶金煤炭行业管理办公室主任戴迪荣、副主任黄勇到会祝贺。

12月9日，由惠达全程支持的"10城·30年"中国家居卫浴联展北京站暨惠达陶瓷建筑与室内设计名师系列论坛2008年年会与搜房家天下网第二届全球顶尖设计师年会在北京港澳中心瑞士酒店同期举行，活动得到了中国建筑装饰协会、中国建筑学会室内设计分会、中国室内设计协会、清华大学美术学院等单位以及居然之家的支持。

12月19日，2008年广东省建筑材料行业协会第二届会员代表大会和2008年广州市建材行业协会年会暨改革开放30年广东建材行业表彰大会在广州举行。会议回顾和总结了第一届广东省建材行业协会成立以来的工作，选举和产生新一届的广东建材行业协会理事会；表彰和奖励了"改革开放30年广东建材30强企业"、"改革开放30年广东建材突出贡献企业"、"改革开放30年广东建材突出贡献企业家"和"改革开放30年广东建材突出贡献工作者"等一批建材行业的模范企业和先进个人。其中新明珠、新中源、东鹏、唯美等10多家陶瓷企业上榜广东建材30强企业，何新明、黄建平、鲍杰军、萧华等陶瓷企业家获"突出贡献工作者"称号。

12月26日，由《陶城报》主办的"'影响中国'建筑卫生陶瓷30年30品牌评选"揭晓，马可波罗陶瓷、东鹏陶瓷、蒙娜丽莎陶瓷、诺贝尔陶瓷、鹰牌陶瓷、金意陶陶瓷、新中源陶瓷、欧神诺陶瓷、斯米克陶瓷、冠军陶瓷、冠珠陶瓷、亚细亚陶瓷、宏宇陶瓷、金舵陶瓷、嘉俊陶瓷、钻石陶瓷、楼兰陶瓷、简一陶瓷、欧美陶瓷、箭牌卫浴、阿波罗卫浴、东鹏洁具、惠达卫浴、英皇卫浴、钻石洁具、益高卫浴、四维卫浴、和成卫浴、美加华卫浴、恒洁卫浴等 30 家建筑卫生陶瓷品牌入选“30 年 30 品牌”。该活动是《陶城报》社为纪念改革开放 30 年举办的大型系列报道及主题活动之一。国家发改委宏观经济研究院副院长、国家发改委经济研究所研究员陈东琪莅会并作了题为“2009 年经济形势和宏观调控措施操作”的主题演讲，中国建筑卫生陶瓷协会副秘书长、佛山市陶瓷行业协会秘书长尹虹也在报告会上介绍了 2009 年中外陶瓷行业发展形势。

二、展览大事记

（一）国内展览

2 月

中国（北京）国际厨房卫浴及设施展览会

中国（北京）国际厨房卫浴及设施展览会于 2 月 29 日至 3 月 3 日在北京中国国际展览中心举办。该展会由中国国际贸易促进委员会、中国建筑装饰协会、中国国际展览中心集团公司主办。本届展会与第十五届中国国际建筑装饰及材料博览会（BUILD + DECOR2008）同期联合举办。

第十五届中国国际门业暨建筑装饰五金展览

第十五届中国国际门业暨建筑装饰五金展览于 2 月 29 日至 3 月 3 日在北京国际展览中心举办。该展会由中国国际贸易促进委员会、中国建筑协会和中国国际展览中心集团公司主办，北京中装华港建筑科技展览有限公司承办。本届展会吸引了 300000 名观众，其中海外参观人数达 90000 多人。参展商达 900 多家，来自 12 个国家。

3 月

2008 中国广州国际陶瓷展览会

2008 中国广州国际陶瓷展览会于 3 月 18 日至 21 日在中国进出口商品交易会琶洲展馆举办。该展会由中国对外贸易中心、中国陶瓷工业协会主办，中国对外贸易广州展览公司承办，广东省潮州市人民政府、湖南省商务厅、广西壮族自治区商务厅、福建省德化县人民政府、香港陶瓷商会协办，中国对外贸易广州展览公司承办，周期为一年一届。

第十三届中国国际建筑建材贸易博览会

第十三届中国国际建筑建材贸易博览会于 3 月 26 日至 29 日在北京展览馆开展。该展会由中华人民共和国建设部、中国建筑材料联合会、中国国际贸易促进委员会建筑材料行业分会、国家建筑材料展贸中心主办，中国国际贸易促进委员会、中国建筑装饰协会支持，中国国际贸易促进委员会建筑材料行业分会承办。

2008 中国（临沂）国际陶瓷博览会

2008 中国（临沂）国际陶瓷博览会于 3 月 29 日至 31 日在山东省临沂商城会展中心举行。该展会由中国对外贸易中心（集团）、中国陶瓷工业协会主办，举办周期为一年一届。展示的内容主要有建筑陶瓷（内墙砖、外墙砖、广场砖、地砖、陶瓷马赛克、玻璃马赛克等）、卫浴陶瓷、日用陶瓷、工业陶瓷、工艺美术陶瓷、玻璃琉璃、树脂工艺品、建筑材料、陶瓷机械设备、陶瓷原材料（陶瓷色釉料）等。

4 月

第九届中国国际建筑陶瓷及卫浴科技精品展览会

第九届中国国际建筑陶瓷及卫浴科技精品展览会于 4 月 1 日至 4 日在上海浦东新国际博览中心揭幕。展会由中国建筑卫生陶瓷协会、上海博华国际展览有限公司、意大利博洛尼亚展览集团三方共同主办。

展会是我国目前建筑陶瓷行业中规模最大、层次最高、展品覆盖面广、参展商及专业观众最多的专业展会。周期为每年一届。本届展会吸引了全球482家参展商到场，其中包括来自19个国家和地区的128家海外厂商和品牌，进场的专业观众总计29278人次。

第三届中国（西安）生态建筑产品及节能型建材展览会

第三届中国（西安）生态建筑产品及节能型建材展览会于4月6月至10日在西安曲江国际会展中心（新馆）举行。该展会由中国国际贸易促进委员会主办，中国建筑文化中心承办。展会通过生态建筑产品及节能型建材的展示，为绿色建筑节能科技产品企业提供展示形象的理想空间，打造前瞻性的合作平台。

2008第十三届中国国际建筑装饰材料展览会

2008第十三届中国国际建筑装饰材料展览会于4月11日至14日在大连星海会展中心举办，该展由中国室内装饰协会、大连市人民政府、大连北展豪迈集团主办，大连北方国际展览有限公司承办。

第十一届中国佛山（国际）陶瓷博览交易会

第十一届中国佛山（国际）陶瓷博览交易会于4月18日至22日在佛山举办。展会由中国陶瓷工业协会、佛山市人展政府主办，佛亚展览（香港）有限公司、佛山市佛亚展览有限公司负责承办，并得到佛山市禅城区人民政府、佛山市陶瓷行业协会、华夏陶瓷博览城、中国陶瓷城支持。展会周期为每年两届（即每年的4月18至22日，10月18至22日）。德国、西班牙、芬兰等国商会代表、泰国领事馆领事出席了本届陶瓷博览交易会庆典仪式暨首届卫浴文化节开幕仪式。

本届交易会的展览面积达5.5万平方米，多达500余家企业参展。其中，参展企业推出的新产品、新技术占总展示产品的近20%，为历年最高。发光陶瓷、软瓷砖等一些新产品成为展会的亮点之一。本届展会还以“总部、节能、创新、设计、营销”为主题，邀请了相关政府领导、业界专家、企业代表共同讨论佛山的总部经济和节能减排政策，研讨佛山陶瓷在全国性产业布局大背景下的发展之路。

第二届中国（淄川）瓷砖卫浴商品交易会

第二届中国（淄川）瓷砖卫浴商品交易会于4月26日至5月2日在山东省淄博市淄川建材城举办。本届瓷砖卫浴商品交易会由中国建筑卫生陶瓷协会、淄川区政府主办，淄川建材城管委会承办。交易会期间，举办了建材城信息中心揭牌，中国建陶行业发展形势和市场营销策略论坛，全国知名品牌入驻淄川建材城及淄博建陶工业园企业销售订单签约、家装咨询、经销商优惠产品展示及淄川建陶商会成立大会等10余项主题活动。

5月

2008丝绸之路（中亚—新疆）国际建筑建材展览会

2008丝绸之路（中亚—新疆）国际建筑建材展览会于5月14日至16日在乌鲁木齐新疆国际博览中心举办，展会由中国国际贸易促进委员会新疆分会、新疆维吾尔自治区建材行业管理办公室、新疆维吾尔自治区招商局、新疆维吾尔自治区经济协作办公室、英国ITE国际贸易展览有限公司主办，新疆维吾尔自治区建材行业协会、新疆经济报、新疆维吾尔自治区广东商会、吉尔吉斯斯坦工商会、中英商会协办，德国Gima展览公司、意大利Invernizzi展览公司、土耳其EUF展览公司承办。

第22届中国国际陶瓷工业展

第22届中国国际陶瓷工业展于5月21日至24日在广州国际会议展览中心（中国进出口商品交易会琶洲展馆）举办。该展会由中国陶瓷工业协会、中国国际贸易促进委员会建筑材料行业分会主办，新之联展览服务有限公司承办。举办方为表示对中国汶川地震遇难同胞的深切哀悼，在展会开幕式上取消剪彩仪式以及欢迎晚宴，并默哀一分钟。

作为世界陶瓷业三大展览之一的中国国际陶瓷工业展，和上届展会相比较，除了买家人数和参展企业数量都有所增加以外，最大的突破在于展览场地面积。本届展览的面积，从上届的45000平方米，大幅增加到近65000平方米。很多知名品牌都扩大展位面积，例如科信达的参展面积比上届扩大50%，近600平方米，摩德纳展位面积增加了136%，达590平方米。

本届中国国际陶瓷工业展迎来了英国、意大利、韩国等国家的大规模参展团，他们的参展商人数分别占了展商总数量的5%、4%和4%。

2008“广东陶瓷艺术精品展”

2008“广东陶瓷艺术精品展”于5月15日至6月4日在深圳市创意园开展。此次展会的展览重点是广东省陶瓷行业中荣获中国名牌、中国驰名商标、广东省名牌、广东省著名商标的骨干企业和科研所、院校的优秀创作设计人员及国家级、省级陶艺大师、工艺美术师近期代表作和获得2006年、2007年两届广东省陶瓷艺术创作、设计创新金奖的作品。本届展会展览各类设计作品近200件。

第十三届中国国际厨房、卫浴设施展览会

第十三届中国国际厨房、卫浴设施展览会于5月26日至29日在上海新国际博览中心举办。本次展会由中国五金制品协会主办，北京时瑞展览公司承办，并得到国际五金与家居用品协会联合会（IHA）海外支持。

本届展览会共有150000平方米展览面积，与上届相同，约有3000家参展商前来参展，吸引了近百万观众现场观摩。在本届展会举办的同时，还举办了2008中国卫浴产业发展高峰会，邀请国内主要卫浴企业负责人共同探讨卫浴企业的发展方向。另外，国内多家卫浴企业也在展会举办的同时召开了新品发布会。

6月

2008第三届湖南长沙建筑节能科技产品博览会暨绿色住宅、建筑装饰材料展览会

2008第三届湖南长沙建筑节能科技产品博览会暨绿色住宅、建筑装饰材料展览会于6月9日至11日在长沙红星国际会展中心举行。该展会由湖南省建设新技术推广中心、湖南省建筑节能协会、湖南省房地产业协会、湖南省房地产开发协会、长沙市建筑节能协会、长沙市能源综合利用协会主办。本届展会展览面积14000平方米，观众人数25000人次，参展企业210家，成交金额达2.8亿元。

7月

第十届中国（广州）国际建筑装饰博览会

第十届中国（广州）国际建筑装饰博览会于7月6日至9日在广州中国进出口商品交易会琶洲展馆举办，该展会由中国对外贸易中心（集团）、中国建筑卫生陶瓷协会主办，展会周期为每年一届。展会吸引了来自印度、日本、俄罗斯、马来西亚、意大利、德国、美国、阿联酋等30多个国家和地区的商会或跨国采购公司组织的15个参观采购团到会采购。

此次展会启用了琶洲展馆一期全部及新落成的二期部分展厅，展出总面积达到18万平方米，共设展位约10000个，参展企业超过2300家。2008中国（广州）国际卫浴及建筑陶瓷展览会及2008中国（广州）国际地面铺装材料展览会也同期举行。

8月

第十九届中国（上海）国际建材及室内装饰展览会

第十九届中国（上海）国际建材及室内装饰展览会于8月19日至22日在上海新国际博览中心举办。该展会由世博集团上海现代国际展览有限公司、上海市建筑材料行业协会主办。展会展出面积4万平方米，开设3个馆，开辟独立区域，分层展示最新、最全的建材产品。同期还举办了先进建材科技研讨会、世博与建筑节能国际论坛等研讨活动。

2008中国（法库）国际陶瓷博览交易会

2008中国（法库）国际陶瓷博览交易会于8月28日至30日举办。展会主场地设在辽宁工业展览

馆，分会场设在沈阳大东北陶瓷城（法库）。此次陶博会由中国陶瓷工业协会、中国建筑卫生陶瓷协会、中国外商投资企业协会、商务部投资促进事务局和沈阳市人民政府共同主办，沈阳市委宣传部、沈阳市外经贸局、沈阳市中小企业局、法库县人民政府和新中源陶瓷企业共同承办。

本届展会增设了欧美展区和日本展区以及陶瓷文化展示区，有300多名经销商参加展会，参观人数达20余万人次。展会共设展位551个，吸引了来自上海、天津、广东、江西、山东、黑龙江等10余个省市和韩国、日本、意大利、中国台湾等国家和地区的120余家陶瓷生产及配套企业到会参展；参展陶瓷达10个系列、近400个品种。

9月

第四十三届国际陶艺学会大会

第四十三届国际陶艺学会大会于9月10日至14日在陕西省西安市举行。本届陶艺大会由中国轻工业联合会和国际陶艺学会主办，中国陶瓷工业协会等单位承办。来自中国各大陶瓷产区和艺术院校，以及全球30多个国家的500多名陶瓷艺术家前来参加这一活动。

第八届中国（淄博）国际陶瓷博览会

第八届中国（淄博）国际陶瓷博览会于9月16日至19日在淄博国际会展中心举行。该展会由中国工业经济联合会、中国陶瓷工业协会、中国建筑卫生陶瓷协会和中国物流与采购联合会共同主办，淄博市人民政府、中国陶瓷科技城和淄博国际会展中心联合承办。本届陶博会展览面积超过30万平方米，参展企业达1000多家，展会第一天参观人数即超过6万人次，其中70%为国内经销商，30%为国内外专业买家，交易额达5亿元人民币。

本届博览会有两个展馆，一个是淄博国际会展中心，另一个是淄博陶瓷科技城。“第七届中国（淄博）新材料技术论坛暨科技成果招商洽谈会”、“中国（淄博）国际陶瓷工业展览会”、“第四十三届国际陶艺学会大会（淄博会场）”也同期举行。

第五届中国国际中小企业博览会

第五届中国国际中小企业博览会暨中韩中小企业博览会于9月22日在广州琶洲国际会议展览中心开幕。博览会为期四天，中共中央政治局委员、国务院副总理张德江出席开幕式并与中韩双方主办单位的领导一同为开幕式剪彩。

第十一届唐山中国陶瓷博览会

“冀东水泥之光”第十一届唐山中国陶瓷博览会于9月26日至30日举办。博览会由中国国际贸易促进委员会、中国轻工业联合会、中国建筑材料工业协会、河北省人民政府主办，中国陶瓷工业协会、中国建筑卫生陶瓷协会、中国经济联络中心和唐山市人民政府协办。

10月

首届中国家居文化节暨2008北京家居·装饰·建材博览会

首届中国家居文化节暨2008北京家居·装饰·建材博览会（简称北京家博会）于10月3日至5日在北京农展馆举行。本届展会由中国建筑卫生陶瓷协会、中国木业流通协会地板委员会、中国建筑学会室内设计分会主办，中国建筑装饰协会住宅装饰装修委员会支持主办，德纳展览有限公司和温州联基汇通策划有限公司联合承办。

本届展会是北京首个直接针对终端、服务业主的新型展会。参展商来自家装、陶瓷卫浴、地板、家居、家电、照明、吊顶、门业、涂料、水管、开关等各个行业，共有250多家参展企业，总展出面积2万平方米。

2008（秋季）广州国际采购中心博览会

由广州国际采购中心集团有限公司主办的2008（秋季）广州国际采购中心博览会——建筑陶瓷、

厨卫、装饰材料及照明灯饰展于10月14日至18日在广州国际采购中心举办。

广州国际采购中心从2008年10月份起，定于每年举办春秋两季“广州国际采购中心博览会——建筑陶瓷、厨卫、装饰材料及照明灯饰展”。展会旨在向全球市场集中推广中国建材的民族品牌，协助中国企业不断提升国内外市场竞争力。首展汇聚了来自广东、浙江、上海、福建、山东等主要产区的各类卫浴、洁具、五金、建筑陶瓷、玻璃、门窗、幕墙以及照明灯饰等行业品牌生产商，展出总面积达5万平方米。

亚陶·第十二届中国佛山（国际）陶瓷博览交易会

亚陶·第十二届中国佛山（国际）陶瓷博览交易会于10月18日至22日在佛山国际会议展览中心开幕。该展会由中国陶瓷工业协会、中国建筑卫生陶瓷协会、佛山市人民政府主办，佛亚展览（香港）有限公司、佛山市佛亚展览有限公司承办，佛山市禅城区人民政府、佛山市陶瓷行业协会、华夏陶瓷博览城、中国陶瓷城、中国陶瓷产业总部基地协办。

第二届中国（佛山）国际马赛克展览会

第二届中国（佛山）国际马赛克展览会暨第二届中国马赛克文化节于10月18日在佛山石湾中国马赛克城开幕。

2008中国·景德镇国际陶瓷博览会

2008中国·景德镇国际陶瓷博览会于10月18日至22日在景德镇举行。景德镇国际陶瓷博览会由商务部、中国轻工业联合会、中国国际贸易促进委员会、江西省人民政府共同主办。

2008第三届香港国际建筑装饰材料及五金展

2008第三届香港国际建筑装饰材料及五金展于10月28日至31日在香港亚洲国际博览馆举办。展会由香港贸易发展局、华港国际展览有限公司主办，中国建筑装饰协会、中国建筑材料工业协会、香港云石商会、香港五金商业总会等作为支持机构。该展会是由原香港国际建材及建筑机械展与香港国际五金及家居装饰展合并而成。

2008第三届中国国际建筑展

2008第三届中国国际建筑展于10月28日至31日在北京中国国际展览中心开幕。本届展会由中国建筑材料联合会、中国建筑学会、国家建筑材料展览中心联合主办。

2008中国（宜兴）陶瓷工业博览会

2008中国（宜兴）陶瓷工业博览会于10月29日举办。该展会由宜兴市陶瓷行业协会、宜兴华展展览服务有限公司主办，支持单位为宜兴市人民政府、江苏省陶瓷行业协会，宜兴华展展览服务有限公司、中国陶都陶瓷城承办。

11月

第五届中国（佛山）国际陶瓷工业展览会

第五届中国（佛山）国际陶瓷工业展览会于11月7日至10日在佛山国际会议展览中心举行。本次展会吸引了力泰、科达、永达、精博科信达等近百家知名陶瓷机械装备、原料及化工色釉料企业参展。

一年一度的陶瓷工业展由佛山市人民政府主办，佛山市佛亚展览有限公司承办，佛山市禅城区人民政府、佛山市陶瓷行业协会和华夏陶瓷博览城共同协办。本届展会以“技术创新、清洁生产和节能环保”等当前陶瓷企业最关心的问题为主题，展品范围涵盖各类陶瓷产品全套生产设备、陶瓷色料釉料和熔块、陶瓷原材料的提炼与加工设备、陶瓷碾压成型与铸造设备、陶瓷分类包装装卸及储存设备、陶瓷工程设计生产线建设以及综合科研培训及咨询服务等。展会期间，主办方还结合行业发展的热点举办了新产品新技术研讨会、清洁发展机制论坛、国内外建筑卫生陶瓷工艺技术的现状及科技创新交流会、80后大型陶瓷设计作品展等。

第二届西部家居博览会

第二届西部家居博览会于11月13日在重庆国际会展中心举办。本届展会由中国轻工业展览中心与重庆市商委、重庆市建委、南岸区人民政府共同主办。本次博览会较上届规模更大，展会展出面积达到3万平方米，设立国际标准展位1500个，成为西部地区规模最大、影响力最广的家居消费类展览会，同时也成为西部地区唯一一个集中展示家居产业链上中下游产业的综合性展览会。

2008上海建筑节能科技产品博览会

2008上海建筑节能科技产品博览会于11月14日至16日在上海国际展览中心举办。主办单位为中国建筑科学研究院建筑环境与节能研究院和中国国际贸易促进委员会建设行业分会，承办单位为上海万煜展览展示服务有限公司，支持单位为中国商业联合会。

2008第四届中国（深圳）国际室内设计文化节

2008第四届中国（深圳）国际室内设计文化节暨深圳国际室内设计产业博览会（简称IDCF）于11月15日至17日在深圳会展中心举行。本届设计文化节以“原创设计在深圳”为主题，倡导“原创设计”，主张“设计共赢”、“设计互动”。此外，本届展会共设立12个精品展区，其中自然灾难应急器械物品展区为本届特设。

2008中国（深圳）国际厨房、卫浴设施展

2008中国（深圳）国际厨房、卫浴设施展于11月27日至29日在深圳会展中心举办。该展会由广东省对外经济企业协会、中国国际贸易促进委员会广东省分会、中国国际商会广东商会主办。

12月

2008广州国际设计周

2008广州国际设计周于12月1日至5日在广州锦汉展览中心举行。该展会由广东省人民政府批准，广州市人民政府主办，广州市经济贸易委员会组织，中国工业设计协会支持。本届广州国际设计周主题是“赢在设计”，以“传播现代设计理念，集聚海内外设计人才，创造良好环境和氛围，大力发展具有国际水准、中国气派、民族风格、广州特色的创意产业，推动创新型城市建设，促进国际设计产业领域的交流合作与发展”为举办宗旨。

2008中国（国际）生态建筑产品及节能型建材展览会

2008第二届上海国际生态建设市长论坛暨2008中国（国际）生态建筑产品及节能型建材展览会于12月2日至4日在上海新国际博览中心举办。展会由中国国际贸易促进委员会、中国生态学会、上海市浦东新区人民政府、上海市景观学会、中国建筑材料联合会、中国生态学会建材分会主办，上海建筑学会生态建设专业委员会、上海浦东国际展览公司、上海冠通国际展览策划有限公司、上海生态绿色建筑推广中心承办。

（二）国际展览

1月

2008波兰国际建材展览会

展会时间：1月22日至25日

展会地点：波兰波兹南国际展览中心

展会简介：波兰国际建材展览会是波兰乃至东欧地区最大的建筑行业博览会，举办方为波兹南国际展览公司和波兰共和国建设部。展会主要是针对建材制造商。据统计，每年参展的企业中大约有四分之三是建材制造商，四分之一是贸易商。

2008美国地面材料展

展会时间：1月30日至2月1日

展会地点：拉斯韦加斯展览中心

展会简介：美国地面材料展是世界上大型的地面建材展览会。该展一直致力于推动美国地面材料行业的科技水平与其他国家产品的互动交流和探讨，并力求不断促进各国地面材料贸易商、进出口商及生产厂商之间的贸易活动签约。在展会期间，地面技术研讨会也一并举行。

2月

第26届CEVISAMA陶瓷博览会

展会时间：2月5日至9日

展会地点：西班牙巴伦西亚国际展览中心

展会简介：CEVISAMA展是世界建材、陶瓷卫生洁具产品领域中最重要、最有影响力的专业展览会之一，知名度仅次于意大利博洛尼亚陶瓷卫浴展，每年举办一届。佛山市陶瓷研究所 & 金刚企业从2006年开始，连续三年参加了CEVISAMA陶瓷博览会，并展示了金刚牌陶瓷辊棒、耐磨氧化铝瓷球及耐火材料等产品。

美国奥兰多国际建筑博览会

展会时间：2月13日至16日

展会地点：奥兰多国际建筑博览会

展会简介：美国奥兰多国际建筑博览会是由全美房屋建造协会主办的世界规模最大的、最有影响力的国际性建筑行业盛会，目前已经逐步成长为建筑行业进军北美市场的重要贸易平台。

乌克兰国际建筑建材展览会

展会时间：2月19日至22日

展会地点：基辅国际展览中心

展会简介：一年一届的乌克兰国际建材展是乌克兰最重要的关于建筑领域的综合性展览盛会。该展会自1997年首次举办以来，已经成为各国建材企业进军乌克兰及周边市场的重要平台。

2008柏林国际建筑材料展览会

展会时间：2月19日至23日

展会地点：柏林国际展览中心

展会简介：第13届柏林国际建筑材料展览会由德国柏林展览公司主办，是中欧较有影响力的国际专业性展览会。展览会创办以来，至今已经成功举行了12届。

2008韩国京乡综合建筑材料展览会

展会时间：2月22日至27日

展会地点：韩国国际展览中心

展会简介：韩国京乡综合建筑材料展览会创办于1986年，每年举办一届，是韩国规模最大、影响最广的综合建筑材料展览会，也是韩国最重要的采购年会。

3月

英国伯明翰国际厨房卫浴展

展会时间：3月2日至5日

展馆名称：伯明翰国际展览中心

展会简介：英国伯明翰厨房卫浴展是英国最大的专业厨房卫浴贸易展览会，该展会每两年举办一次，由六个展厅组成，拥有42000平方米的会展面积，每次有超过300家参展商前来参展。

第12届莫斯科国际供暖、卫浴、通风及空调和环保展览会

展会时间：3 月 11 日至 14 日

展会地点：莫斯科 Expocentre 展览会中心

展会简介：该展于 1997 年开始举办，一年一届，现已发展成为该行业重要的展览会。展览会的主办单位 MSI 在维也纳，分公司分布在莫斯科、基辅、圣彼得堡。2007 年第 11 届展会面积为 25000 平方米，比 2006 年增长了 5500 平方米；参展商 425 家，来自 30 个国家和地区，其中 271 家来自俄罗斯，154 家来自俄罗斯以外的国家和地区。

第 36 届意大利米兰卫浴展

展出时间：3 月 11 日至 15 日

展会地点：意大利米兰罗佩罗国际展览中心

展会简介：创建于 1960 年的意大利米兰国际供暖、制冷、空调、泵阀类、卫生洁具及浴室设备博览会（简称意大利米兰卫浴展）是目前世界上供暖、制冷、卫生洁具及浴室设备、泵阀类领域内规模最大、影响力最强的专业性展览会之一，被称为当今世界供暖、制冷和卫浴洁具行业发展的“晴雨表”。

哈萨克斯坦国际建筑建材展

展会时间：3 月 12 日至 15 日

展会地点：阿拉木图阿塔肯特国际展览中心

展会简介：哈萨克斯坦国际建筑建材展由世界第二大展览公司 ITE 集团主办，是哈萨克斯坦国内富有影响力的综合建材展。展会迄今已经举办 14 届，是中亚地区建筑行业的最佳贸易及信息交流平台。

4 月

2008 莫斯科建材展

展会时间：4 月 1 日至 4 日

展会地点：莫斯科 Expocentre 展览中心和 Crocus 展览中心

展会简介：莫斯科国际建筑建材展览会是俄罗斯乃至东欧地区最大规模和影响力的建筑建材行业博览会。该展会每年一届，自 1995 年首次举办以来，已经成为各国建材企业进军俄罗斯、其他独联体国家及东欧市场的最重要渠道。

巴西国际建材五金卫浴展

展会时间：4 月 8 日至 12 日

展会地点：巴西圣保罗 anhembi park 展览中心

展会简介：巴西国际建材五金卫浴展是巴西乃至南美地区最大的建材行业贸易洽谈会。自 1990 年首次举办以来，已经成为全球建材企业进军巴西和拉丁美洲市场的重要贸易平台，展会吸引了巴西、阿根廷、墨西哥、美国乃至全球各地买家的关注。

2008 哈萨克斯坦中国建筑装饰材料及家居用品展览会

展会日期：4 月 9 日至 13 日

展会地点：阿斯塔纳阿拉套体育馆

展会简介：2008 哈萨克斯坦中国建筑装饰材料及家居用品展览会由哈萨克斯坦中国商人联合会与中国华阳技术贸易（集团）公司、哈萨克斯坦共和国工业贸易部共同举办，同期召开哈中投资贸易洽谈会。

捷克国际建筑建材卫浴暖通空调灯具建筑供电设备展

展会时间：4 月 22 日至 26 日

展会地点：布尔诺国际展览中心

展会简介：“捷克国际建筑贸易会”是中东欧地区最大的建筑综合展览会，由捷克国际建筑展（第

12届），捷克卫浴、暖通、空调展（第9届）和捷克国际灯具展，建筑供电设备展（第5届）三大专业展览组成，展览会由捷克最大的展览公司 Veletrhy Brno as（德国杜塞尔多夫在捷克的子公司）举办。

2008 土耳其国际建筑建材展览会

展会时间：4月30日至5月4日

展会地点：土耳其伊斯坦布尔国际展览中心

展会简介：TURKEYBUILD 是土耳其及其周边地区最大规模的综合建筑建材展，因其专业性强、规模大的特点在国际上赢得了一定的知名度，展会每年在伊斯坦布尔、安卡拉及伊兹米尔三地分别举办。其中，展会在伊斯坦布尔自1978年开始举办，迄今已举办30届。

5月

第九届法兰克福（迪拜）国际厨房卫浴博览会

展会时间：5月25日至27日

展会地点：阿联酋国际展览中心（迪拜世贸中心）

展会简介：ISH 中东国际厨房卫浴展是法兰克福 ISH 品牌展全球系列的一个站点，其余还有 ISH 北京、芝加哥、法兰克福等站点展，在卫浴行业展会具有很高的知名度。展品范围包括橱柜、陶瓷、瓷砖、大理石、石材等。

6月

澳大利亚国际建材及设备展览会

展会时间：6月15日至18日

展会地点：澳大利亚墨尔本会展中心

展会简介：DegisnBuild 是澳大利亚最大规模的建筑建材及设备展。展会每年一届，于悉尼和墨尔本两地轮流举行，是各国建材企业进军澳大利亚及大洋洲市场的重要渠道。

第十五届埃及（开罗）国际建材博览会

展会时间：6月21日至25日

展会地点：开罗国际会展中心

展会简介：INTERBUILD 是中东地区最大和最成功的建材展览会，自1994年成立以来，每年举办一届，迄今已成功举办了13届。

2008 俄罗斯国际石材及技术博览会

展会日期：6月24日至27日

展会地点：莫斯科全俄展览中心

展会简介：EXPOSTONE 是新兴石材市场——俄罗斯石材业著名的专业展览会，由俄罗斯建筑发展部和俄罗斯建筑公司联合主办，并得到了全俄工商会、俄罗斯石材协会的强大支持和赞助。展会周期为一年一届。

7月

第20届约翰内斯堡国际建筑博览会

展会时间：7月23日至26日

展会地点：南非约翰内斯堡

展会简介：INTERBUILD AFRICA 从1968年起，至今已经有37年历史。它由南非展览公司 Specialised 主办，并通过其专业性强、规模大的特点在国际上赢得了一定的知名度，成为南非最专业的建材展览会之一，且获得了 UFI 国际专业展览认证。

2008 巴基斯坦国际建筑展览会

展会时间：7月27日至29日

展会地点：卡拉奇 Karachi Expo Centre

展会简介：一年一届的“巴基斯坦国际建筑展览会”首次举办于2004年，是巴基斯坦较有影响力的综合建筑展。上届展览会有165家企业参展，展出面积9000平方米。

8月

2008马来西亚国际建筑材料展览会

展会时间：8月26日至29日

展会地点：吉隆坡展览中心

展会简介：马来西亚国际建材展览会是由励展集团主办的，也得到了马来西亚工业协会的支持，更是唯一得到马来西亚建设部（CIDB）支持的建筑展。该展会每年一届，已经成功举办24届，是马来西亚乃至东南亚最具全面性的综合建材展览会之一。

9月

2008哈萨克斯坦国际建材展

举办时间：9月3日至6日

举办地点：阿拉木图阿塔肯特国际展览中心

展会简介：哈萨克斯坦国际建筑建材展由英国国际贸易与展览有限公司（ITE）主办，经过十几年的发展，已经成为中亚地区重要的建材展会，至今已经成功举办了14届。

越南国际建筑、建材及家居产品展览会

展出时间：9月6日至10日

展会地点：越南胡志明市富寿展览中心

展会简介：越南建设部与越南各省市政府联合举办的规模最大、最专业的建材行业国际性展览会，每年春秋两季分别在河内市和胡志明市举办，至2006年已成功举办了9届，历届都有来自10多个国家和地区的企业参与。

2008俄罗斯圣彼得堡建材展览会

展出时间：9月10日至13日

展会地点：LENEXPO展览中心

展会简介：连续几年来，BATIMAT圣彼得堡国际建材展览会是俄罗斯西北部最主要的国际建筑材料和内部装饰贸易展览会。第二届BATIMAT圣彼得堡国际建材展览会曾被圣彼得堡的总督Ladimir Yakovlev授予“外国投资项目年度最佳展览会”奖项。该博览会每年举办一届。

意大利博洛尼亚国际建筑卫浴陶瓷展

展会时间：9月30日至10月4日

展会地点：意大利博洛尼亚

展会简介：意大利博洛尼亚陶瓷卫浴博览会cersaie创建于1983年，每年举办一届，是世界陶瓷技术产业、建筑材料产业及卫生洁具产业的领先盛会。2008年的展示面积达176000平方米，参展商多达1076家，其中意大利的企业占846家，外国企业占230家，分别代表34个国家前来参展。展会参观人数为84500人，同比下降8%。2008年，鹰牌第11次唯一代表中国参加了意大利博洛尼亚展会。

意大利里米尼国际陶瓷技术展览会

展会时间：9月30日至10月4日

展会地点：意大利里米尼贸易博览中心

展会简介：两年一届。意大利里米尼陶瓷工业展览会Tecnargilla是世界最大的陶瓷工业展览会，展出内容包括陶瓷工业机械、设备、工艺、技术和原辅材料等。作为全球陶瓷行业最大的盛会之一，意大利里米尼国际陶瓷展览会不仅代表着规模、影响和人气，更是全球陶瓷行业最新技术、材料和产品展示的一个舞台。Tecnargilla2008 大批国内企业参展，主要有：佛山市陶瓷研究所暨金刚企业、科达机电、奔朗、科信达、摩德娜、金刚、金环棍棒、万兴色料、正大制釉、欧陶科技、禾合色料、万高高铝球、青岛西海岸、佛山德尔塔等。

10 月

第 15 届美国国际厨房卫浴、给水排水管道、供热及空调设备展览会

展会时间：10 月 1 日至 3 日

展出地点：美国亚特兰大展览中心

展会简介：该展览会周期两年一届，德国法兰克福展览公司主办，是国际著名的 ISH（供暖、空调及卫生洁具展览会）在北美地区的分支展。该展和美国的厨房卫浴展 K/BIS 不同，中国主要的成交产品为管道阀门、泵、供热设备，而卫生洁具的参展效果差于 K/BIS 展会。

2008 第 11 届巴西国际建筑材料展览会（Expocon 2008）

展会时间：10 月 15 日至 18 日

展会地点：巴拉那州毕尼亚斯贸易中心

展会简介：一年一届的 Expocon（巴拉那州建筑材料展）是 Paranά（巴拉那州）最主要的民用建筑行业展会。

第 10 届印度（孟买）国际建筑建材博览会

展会时间：10 月 16 日至 18 日

展会地点：孟买国际展览中心

展会简介：本届展会共有世界各地的 500 多家参展商参展，场馆面积达 10000 多平方米。该展会举办周期为一年一届。展品范围包括建筑机械、建筑材料、管道设备、陶瓷、石材、石材工具、磨料、修饰材料、建筑化学附加剂、涂料、油漆、卫浴设施、厨具、建筑制品等。

第二十一届美国拉斯韦加斯国际石材及技术博览会（Stonexpo 2008）

展会日期：10 月 16 日至 18 日

展会地点：拉斯韦加斯会展中心

展会简介：展会举办周期为一年一届。Stonexpo 是美国本土规模及影响力较大的专业石材展会，在美国石材展业中占有重要席位，并已成功举办了 19 届，每届都吸引上万名专业买家前来参观采购。

2008 第 20 届沙特国际建材展览会

展会时间：10 月 26 日至 29 日

展会地点：利雅得国际展览中心

展会简介：沙特国际建材展已成功举办了 19 届。作为中东地区最大的建材展之一，沙特建材展每年都吸引着世界几百家建材企业参展，欧美建材巨头几乎悉数到场。在 2006 年的 400 家参展企业中，中国参展商有 28 家，2007 年则有约 60 家中国企业参展，是参展企业数量最多的国家。

11 月

日本东京国际建筑石材展览会

展会时间：11 月 12 日至 14 日

展会地点：日本东京有明国际展览中心

展会简介：日本东京国际建筑石材展览会由日本社团法人日本能率协会主办，每年一届。该展是日本石材行业最具权威、最具档次的大型专业展览会，仅对专业贸易人士开放。

第 15 届捷克国际供暖、通风及空调、卫浴和环保展览会

展会时间：11 月 25 日至 29 日

展会地点：布拉格展览会中心

展会简介：每年在捷克首都布拉格定期举办，至今已成功举办了 14 届，是继俄罗斯、乌克兰之后在捷克举办又一个同类主题的系列展会之一。展览会的主题集中在供暖、通风、空调及卫浴产品，是该行业在中欧地区和布拉格展览中心最大的国际展览会。

12 月

第 5 届中国（约旦）国际建筑装饰材料展览会暨伊拉克、黎巴嫩重建采购大会

展会时间：12 月 2 日至 5 日

展会地点：约旦安曼国际展览中心

展会介绍：本届中国商品展是上海市商务委员会、上海市经济委员会和上海市国有资产监督管理委员会为应对国际金融危机、努力拓展中近东市场的一次重要行动。第五届中国商品展通过对前四届展览成交的总结分析，找出了当地最有需求的产品，同时根据国内企业的出口情况，在前四届综合办展的基础上，本届展会衍生为工业机械设备、建筑与材料、汽车与配件、日用消费品四大当地市场适销商品为专业的主题展览，不同的专业不同的展馆，按专业集中展示，四天的展览吸引了大量的专业买家，第一天，就达成了 300 万美元的设备订购。

2008 印度国际建筑建材展览会（Buildcon 2008）

展会时间：12 月 19 日至 21 日

展馆名称：艾哈迈达巴德展览馆

展会简介：Buildcon 2008 由印度第一大工业协会印度工业协会（CII）主办，印度建筑建材工业协会支持，并由印度首席建筑设计师 Mr karan Grover 任展览会主席。因此，该展会被誉为印度级别最高的建筑建材展。

第三节　招商大事记

1 月

1 月初，广东兴辉陶瓷集团内蒙古生产基地落户鄂尔多斯达拉特旗三垧梁工业园。生产基地占地面积 3000 亩，总投资 20 亿元，整体规划 20 条现代化生产线，首期建 4 条抛光砖生产线和 2 条瓷片生产线。

1 月 6 日，由四川乐山市和夹江县政府领导班子组成的招商考察代表团，在佛山华夏新中源大酒店举行市情介绍和招商洽谈会议。佛山市陶瓷行业的陶瓷、机械、化工、马赛克等产业的数十家企业代表应邀出席了会议。

1 月 15 日，福建省晋江恒达陶瓷有限公司、广东省肇庆伟达陶瓷有限公司正式与高安市人民政府在高安签约，入驻江西省建筑陶瓷产业基地。

2 月

2 月 18 日，四川新万兴集团投资 10 亿元的高档陶瓷生产线项目正式落户湖北省蕲春县。该项目占地 960 亩，首期工程拟建 4 条生产线，二期工程计划明年 8 月完成，可解决 2000 人就业，年创产值 6 亿元。

2 月 28 日，广东蒙娜丽莎陶瓷有限公司与江西省丰城市人民政府在丰城签约，正式落户江西丰城精品陶瓷产业基地。此次签约丰城，蒙娜丽莎陶瓷拟斥资 11 亿元、圈地千余亩，在江西丰城建立生产基地，主要生产仿古砖和瓷片。

2 月 12 日，辽宁省法库县委书记王凤波，县委常委、副县长刘永熙率领招商工作组赴广东佛山走访

招商。此外，法库县人大常委会主任李利民，县委常委、常务副县长房东辉率领招商工作组到福建招商。

2月底，由新明珠集团和汇诚企业共同投资兴建的“汇诚·萨索罗花园”在江西高安建筑陶瓷生产基地全面动工。“汇诚·萨索罗花园”是集陶瓷生产上、中、下游市场需求为一体的一站式陶瓷产业服务中心。

3月

3月中旬，佛山市新美陶瓷有限公司以租赁与现金收购结合的形式，入主重庆海特实业有限公司，并将其更名为丰都新美陶瓷有限公司。

3月1日，江西普京陶瓷有限公司正式奠基兴建。普京陶瓷于2008年2月落户于高安陶瓷基地，占地面积900余亩，计划投资8亿元人民币，拟建12条生产线，分三期建成，第一期建成4条生产线。

3月3日，由正大制釉与金海达瓷业合作的正大陶瓷在江西省萍乡湘东工业园奠基。

3月8日，新景象陶瓷有限公司正式开工建设，新景象陶瓷于2008年2月18日签约落户于高安陶瓷基地，项目占地面积约450亩，拟建8条陶瓷生产线，项目分3期建设。该公司是江西新红梅陶瓷斥资建设的新基地。

3月14日，江西欧尔玛陶瓷有限公司在宜丰县良岗工业园隆重举行了奠基仪式。江西欧尔玛陶瓷有限公司由德力西（集团）有限公司股东注资建立，计划投资4.6亿元人民币，建中高档环保陶瓷装饰材料生产线4条。

3月20日，陕西宝鸡市的申博陶瓷公司和泽光陶瓷有限公司二期生产线相继投产，宝鸡市委书记姚引良、副市长徐强出席试产仪式并剪彩。

3月26日，新美雅陶瓷厂在湖南省宁远县华石盘工业区举行了开工奠基仪式。新美雅陶瓷厂是从广东省转移出来的，计划投资达2.6亿元，规划用地400亩，主要生产外墙砖和仿古砖。

3月26日，广东省开平市水暖卫浴产业考察团在开平市常务副市长梁和平的带领下来到江西鹰潭市考察。

3月28日，“辽宁省朝阳市（佛山）投资环境暨陶瓷产业推介会”在佛山市佛山宾馆举行。朝阳市市长张铁民、朝阳市外经贸局局长杨景华、佛山市陶瓷行业协会及各陶瓷企业、陶机企业的代表和新闻媒体400余人出席了招商推介会。

3月下旬，佛山汇德邦陶瓷进驻江西丰城，成为继斯米克、唯美、东鹏、蒙娜丽莎等企业之后落户该基地的第5家陶企。汇德邦计划投资4亿多元，建一个占地面积450亩的现代化建陶生产基地，规划构建6组生产线，瓷片、仿古砖、抛光砖各占两组。

4月

4月上旬，佛山市丹灶的佳美施陶瓷有限公司在广东恩平陶瓷工业园征地680亩，拟建陶瓷生产基地。恩平陶瓷工业园已有佛山南庄罗南集团的部分陶瓷企业进驻。

4月1日，清远英超陶瓷有限公司在禅城（清新）陶瓷产业转移园奠基，这也是该工业园的首家进驻的陶瓷企业。英超陶瓷从去年8月签约进场，总投资8亿元，征地近千亩，将兴建10条280米以上的大型辊道窑生产线，安排劳动力3000人。

4月1日，香港巨鼎陶瓷有限公司、西安鹰舵陶瓷有限公司宣布合资6亿元在江西永修建10条仿古砖生产线。

4月5日，经过7个月施工，宁夏科豪陶瓷公司年产600万平方米高档外墙砖生产线建成，并一次点火成功。

4月9日，安徽宿州市重点工程——冠军瓷砖（宿州）生产基地项目在南苑宾馆签约。宿州市委书记李宏鸣在签约仪式上致辞，市委副书记、市长吴旭军和台湾冠军建材集团董事长林荣德分别在合同书上签字。冠军建材集团计划在五年内分三期共投资10亿元人民币，建中、高档陶瓷生产项目。

4月11日，江西宜春市委常委、丰城市委书记冷新生赴广东佛山、中山等地招商，丰城市委常委、市工业园管委会主任凌成卫等随行。冷新生一行围绕发展壮大精品陶瓷产业和电子科技产业有针对性地开展招商活动。

4月11日，江西黎川陶瓷产业招商推介会在佛山南庄华夏新中源大酒楼举行。黎川县委书记林彬杨、县长祝宏根，佛山市陶瓷行业协会、佛山市陶瓷学会、佛山陶瓷企业家、新闻媒体等400余人出席了招商会。

4月13日，辽宁法库县县长关志鸥率陶瓷招商代表团一行三人到日本考察招商。招商代表团考察了伊藤忠、伊奈、丸红、双日、京瓷5家世界500强企业，共立材料、中央硝子等11家陶瓷企业，拜访了日本陶瓷协会、日本陶瓷联盟、日本工业陶瓷协会、日本日用陶瓷协会等陶瓷专业协会。

4月15日，福建省龙岩市（佛山）投资项目推介会在佛山宾馆举行。龙岩市副市长张斯良、佛山市人民政府副秘书长周文以及佛山本地各行业数十家企业的代表参加了推介会。

4月19日，简一陶瓷清远生产基地第一期工程顺利投产。简一陶瓷清远生产基地总投资10亿元，整体工程分三期进行建设，建成后年产陶瓷地砖超过300万平方米，总占地面积1000亩，员工总数超3000人，预计年产总值为15亿元。

4月23日，在贵州都匀举行的黔南招商洽谈会上，贵州省广东商会实业公司与平塘县人民政府签订投资意向协议，拟投资10个亿在平塘建立陶瓷工业区，建设佛山陶瓷工业基地。

4月28日，河南省鹤壁市各区县领导在鹤壁市市长丁巍的带领下，在佛山进行了陶瓷产业招商，推介鹤壁优势，承接陶瓷产业转移。东鹏、新中源、蒙娜丽莎等陶瓷企业以及佛山市陶瓷行业协会参加了招商推介会。

5月

5月8日，辽宁省省长陈政高在温州会见了温州陶瓷协会会长、浙江华丰陶瓷有限公司董事长张志森。陈政高希望温州的陶瓷企业家抓住商机，到法库县去发展。陈政高强调，法库发展陶瓷产业的优惠政策不会变。

5月8日，景德镇圣泰陶瓷有限公司首条生产线点火投产。由江苏宜兴圣泰陶瓷有限公司组建的景德镇圣泰陶瓷有限公司是江西省重点企业。该公司占地232亩，投资3亿元，生产高级彩釉瓷瓦及配件。

5月15日，东鹏陶瓷产业基地转移湖南常德澧县签约暨金鹏陶瓷投产庆典仪式在湖南金鹏新型建材有限公司隆重举行。东鹏陶瓷生产项目将分5年陆续投向常德，分别在常德市设立华中区总部，在澧县和桃源县分别设立一个陶瓷生产基地，一期建成后销售收入将达到10亿元。

5月17日，广东梅州市新威马陶瓷有限公司第二条生产线建成投产。梅州市党政负责人出席投产庆典仪式。

5月20日，江西省上高县金唯冠建材有限公司奠基。这是佛山唯冠陶瓷在江西投建的又一生产基地。

5月28日，江西省安福县招商局一行在佛山实地考察并了解了佛山陶瓷产业转移扩张的相关情况，6月13日，安福佛山陶瓷产业对接座谈会在江西省安福县举行。

5月30日，坐落于景德镇市的特地陶瓷景德镇工业园点火试产成功。特地景德镇工业园项目总投资11.3亿元，占地1800亩，建设高档仿古砖、内墙砖、抛光砖生产线。项目于2007年5月签约，2007年9月奠基，一期工程投入2亿元，建设两组建筑陶瓷生产线，形成年产1000万平方米内墙砖的生产能力。

5月下旬，桂林房地产企业鑫海置业年产1200万平方米建筑陶瓷生产线项目签约仪式在北流举行。项目落户于北流市民安陶瓷工业园区，总投资1.2亿元，占地200亩，规划建设四条大型建筑陶瓷生产线。项目定于7月份正式开工建设，一年内正式投产。项目建成后，年产地板砖可达1200万平方米。

6月

6月18日，山西省闻喜县副县长曹秦峰带队赴佛山考察建筑陶瓷产业。

6月18日，新明珠集团江西高安基地第一条生产线成功投产。

6月20日，六家佛山陶瓷及相关企业在佛山石湾宾馆与湖北省通城县招商局等分别签订投资合同和办厂意向协议，抱团进军华中，初步预计投资总额达7.5亿元，其中合同金额3.5亿元。

6月20日，由湖北襄樊市政府主办，襄樊市工商局、老河口市、南漳县协办的“襄樊·佛山投资环境说明会暨项目签约仪式”在佛山宾馆举行。佛山陶瓷、陶机企业代表300多人出席了会议，皇磁、乐陶、科泰、金网网版、金环球、新景泰、威豪特陶瓷铺料7家企业在会上分别与老河口市、南漳县签约，将正式落户襄樊。

6月25日，四川省南充市嘉陵区承接佛山陶瓷转移招商会在华夏大酒店举行。南充市嘉陵区领导、《陶城报》社以及佛山部分陶瓷企业代表参加了座谈会。

6月27日，高明新中陶陶瓷在广西藤县成立新中陶（广西）陶瓷有限公司。新中陶（广西）陶瓷有限公司建设项目总占地面积约为4000亩，计划建50条生产线。其中一期总投资为6亿元人民币，建8至10条生产线，计划于2009年6月建成投产，主要生产抛光砖、内墙砖、瓷质仿古砖。

6月30日，佛山市南庄镇华夏建筑陶瓷研究开发中心有限公司与天恩亚太实业（新丰）有限公司签订合同，共同合作开发韶关市的新丰生态建筑陶瓷产业转移基地。合作项目——新丰生态建筑陶瓷产业转移基地，位于韶关市新丰县回龙镇，项目规模6500亩，总投资20亿元，由天恩亚太实业（新丰）有限公司负责建设，华夏建筑陶瓷研究开发中心有限公司为该项目工业园区、博览城的筹建开发、管理、市场营销等提供专业技术支持。

6月30日，新中源陶瓷企业集团江西生产基地——富利高陶瓷有限公司点火试产，7月20日首批产品与消费者见面。作为新中源集团挺进中部的重要产品输出基地，江西富利高陶瓷除了生产瓷片、水晶砖、仿古砖等各类建筑陶瓷产品外，还携巴丹、天伟、圣卡、珠江四大陶瓷品牌，进行整合运营。

7月

7月4日，辽宁金地阳陶瓷有限公司第一条生产线投入生产。辽宁金地阳陶瓷有限公司是由广东新中源陶瓷企业集团在辽宁法库经济开发区投资建设的一家大型现代化陶瓷生产企业，占地面积1000余亩，规划八条生产线分三期筹建。

7月25日，辽宁省经贸代表团到访广东，首站在佛山举行辽宁省招商引资项目推介会。由法库县委、县政府主办的法库现代陶瓷科技园区推介暨企业家恳谈会同时在佛山宾馆举行。辽宁省省长陈政高，省委常委、副省长李万才，沈阳市副市长戴均良、宋琦及法库县领导和佛山陶协、华夏建陶研发中心以及新中源、东鹏、金意陶、蒙娜丽莎、大将军、科达、恒力泰等陶瓷企业代表等共300余人出席了此次恳谈会。

7月下旬，美国科勒公司在淄博的卫浴项目获正式批准并完成注册，项目于9月份在淄博桓台县经济技术开发区开工建设。科勒淄博项目的总投资额达到2.6亿美元，项目一期投资为9600万美元。

7月28日，安徽省六安市新腾飞建筑陶瓷有限公司投资3000万元的第二条建筑陶瓷生产线在孙岗镇奠基。该生产线计划于9月底投产运营。

7月30日，特地陶瓷在景德镇特地工业园举行了特地工业园顺利投产庆典暨二号线点火仪式。庆典活动由景德镇市市长李放主持，中国陶瓷协会领导，江西省、市、县各级领导、特地经销商代表及媒体记者朋友共1000多人出席了庆典。

8月

8月8日，佛山市安基装饰砖集团有限公司下属企业恩平市百强陶瓷有限公司在恩平沙湖陶瓷工业园奠基。百强陶瓷占地600多亩，投资5亿多，规划上马14条生产线。

8月11日，江门—全球领先精细化学品提供商赫克力士公司（纽约证券交易所：HPC）宣布其最新羧甲基纤维素生产线 CMCll 于广东江门落成。

8 月 14 日，江西瑞州陶瓷有限公司与新疆伊宁市人民政府签约投资 2.5 亿元兴建建筑陶瓷生产项目。按照该公司建设计划，在伊宁市的第一条生产线将于 2009 年 7 月 31 日前投产。

8 月 17 日，江西正大陶瓷萍乡生产基地第一条生产线正式点火投产。

8 月 27 日，宁夏石嘴山市在山东淄博市召开了承接淄博陶瓷产业项目推介会。石嘴山市副市长南华，市委常委、平罗县委书记蒋文龄，淄博市副市长饶国华，淄川区政府、张店区政府、淄博市经委主要负责人以及 50 多家陶瓷企业负责人参加了会议。

8 月 28 日下午，2008 中国（法库）国际陶瓷博览交易会签约仪式在辽宁工业展览馆多功能会议厅举行。法库县相关领导分别与路易华伦天奴陶瓷有限公司、淄博中润制釉有限公司、锦州鼎新陶瓷有限公司、唐山横艺陶瓷有限公司、福建东南投资发展有限公司、淄博沃德制釉有限公司 6 家企业签约。6 家企业总投资近 4 亿元，将建设内墙砖、腰线砖等各类陶瓷生产线 15 条。

8 月 28 日，佛山市合众锦川陶瓷材料有限公司与景德镇陶瓷工业园正式签约。景德镇市副市长黄康明到场祝贺。合众锦川是进驻景德镇市的第一家陶瓷配套企业，也是第一家将总部迁入景德镇的企业。

8 月 28 日，位于中国建筑陶瓷产业基地的新瑞陶瓷顺利点火投产。

9 月

9 月 2 日，重庆开县人民政府招商引资推介会在恒安瑞士大酒店召开。佛山禅城区及开县领导和佛山市陶瓷协会及部分企业界代表出席了招商引资推介会。

9 月 8 日，河北省赞皇县人民政府与佛山市玻尔建陶科技有限公司正式签约，将建设 4 条高档墙地砖生产线。项目总投资 2.4 亿元，占地 300 亩，分三期两年完成，年生产能力达到 2000 万平方米，主要生产多种规格墙地砖。

9 月 10 日，四川夹江县政府与四川凌云物流公司就总投资 5 亿元的凌云物流园区正式签约，园区建成后将从根本上改善夹江的物流环境。

9 月 14 日，江西丰城市在宜春锦绣山庄举行煤电、精品陶瓷产业项目推介会，来自全国各地的 38 位客商就丰城煤电、精品陶瓷产业发展进行探讨，大家认为，煤电和陶瓷将成为推动丰城发展的原动力。

9 月 25 日，佛山市市长陈云贤会见了由新疆哈密地委副书记兼行署专员古丽夏提·阿不都卡德尔率领的哈密地区党政代表团，双方就产业合作领域、援疆干部培养等进行了会谈。

9 月 25 日，中共云浮市委、云浮市人民政府在佛山宾馆举办了云浮（佛山）产业转移推介会。云浮、佛山两市部分领导以及企业、工商界代表数百人参加了推介会。

9 月 25 日，河南省安阳市中福陶瓷有限公司举行开业庆典。中福陶瓷河南生产基地占地面积 415 亩，拟分期兴建 6 条陶瓷清洁生产线，以生产中高档抛光砖、微粉砖、仿古砖为主。

9 月 26 日，由中共桦甸市委、桦甸市人民政府主办，潮州市枫溪区委、枫溪区管委会、潮州市经济贸易局、吉林省人民政府驻广州办事处、吉林省广东商会、潮州市陶瓷协会协办的“吉林桦甸陶瓷项目（潮州）推介会”在潮州迎宾馆举行。潮州、桦甸两地政府及企业代表 120 多人参加了会议。

9 月 26 日，陕西省副省长景俊海率团到佛山，并在佛山举行了“陕西·广东（佛山）陶瓷产业合作座谈会”，会上，宝鸡、铜川两市揽得总投资 3.98 亿元的陶瓷及其他项目。60 多家陶企代表及投资商参加了会议。

9 月 29 日，佛山市乐华陶瓷洁具有限公司投资 15 亿元，在山东德州经济开发区兴建北方陶瓷生产基地，乐华北方卫浴生产基地正式奠基开工。

10 月

10 月上旬，江西高安建陶基地普京陶瓷、江西新景象陶瓷、赣虹陶瓷以及江西瑞州陶瓷（上高）相继点火投产。

10月15日，宝鸡市金台区重点招商引资项目——万宝隆建筑陶瓷一期建成投产。万宝隆建筑陶瓷位于宝鸡市金台区金河科技工业园，占地106亩，项目总投资1.6亿元，计划新建3条建筑陶瓷生产线，主要产品为中高档外墙砖。

10月20日，新疆伊宁边境经济合作区报送的《关于建设新疆建筑陶瓷产业基地的请示》顺利获自治区经贸委批复，同意在合作区发展建筑陶瓷产业基地。新疆维吾尔自治区经贸委认为，发展陶瓷产业有利于发挥伊犁州资源及区位优势，承接东部产业转移，形成产业集聚，符合自治区建材工业“十一五”规划。

10月24日，吉林省桦甸市人民政府考察团在佛山市禅城区经贸局举行了座谈会，桦甸市代市长杨玉春、副市长李荫鹏和禅城区经贸局相关领导参加了座谈会。

10月25日，山东德州市经济开发区在佛山召开了“2008山东德州·佛山招商说明会”，佛山陶瓷企业及相关代表150多人出席了招商说明会。占地800亩的乐华洁具（德州）新生产基地首期工程已于9月29日奠基开工。

10月27日，广东兴辉陶瓷集团鄂尔多斯生产基地抛光砖厂1号线顺利点火，预示着该基地正式投入生产。

10月30日，新疆伊犁恒辉陶瓷制造有限责任公司日产9万平方米建筑陶瓷的首期项目在伊宁市中亚国际建筑陶瓷产业基地开工奠基。伊犁恒辉陶瓷制造有限责任公司是落户伊宁市的第一家建筑陶瓷生产企业。

11月

11月初，由山西省阳城县西河乡和广东佛山美尔美陶瓷有限公司合作建成的一条年产600万平方米的内墙砖生产线正式投产。佛山美尔美陶瓷有限公司阳城生产基地总投资3.6亿元人民币，计划建成6条生产线，年产2500万平方米内墙砖。

11月6日，河南省内黄县招商考察组一行8人，在佛山市陶瓷行业协会相关领导的陪同下，走访了佛山市部分陶瓷企业。

11月11日，“2008佛山—清远产业转移推介会”在佛山举行。佛山市领导林元和、周天明、李子甫，清远市领导陈家记、徐萍华以及来自佛山、清远两地的800多名政府和企业代表参加了推介会。

11月14日，寻乌县在佛山市举办“2008年江西省寻乌县（佛山）陶瓷产业转移招商推介会”。来自佛山市陶瓷行业的60多位企业代表及佛山陶瓷行业协会的相关人员参加了这次推介会。

11月15日，重庆市丰都县常务副县长程晓阳一行对高安中国建筑陶瓷产业基地进行了考察。

11月18日，在第五届中国龙岩投资项目洽谈会期间，四川省彭州市军乐镇作为龙岩市抗震救灾的对口援建乡镇，与广东省潮州市两家陶瓷企业成功对接，签约了两个陶瓷投资项目。

11月19日，贵港市委副书记陈定远率领贵港市经委、交通、国土等有关部门领导到桂平市召开广西灵海陶瓷产业项目推进协调会。广西灵海陶瓷产业项目是贵港市在第五届中国—东盟博览会上签约的项目，佛山灵海陶瓷科技有限公司计划在桂平投资建设集约化建筑陶瓷产业基地，项目规划用地18000亩，计划投资250亿元，引入300条建筑陶瓷生产线。建成后年产建筑陶瓷10亿平方米，年产值约400亿元，可安排10万劳动力就业。

11月25日，沈阳宇晟陶瓷股份有限公司卫生洁具生产项目落户辽宁法库经济开发区，这是法库引进的第一家卫生洁具生产企业。项目总投资4000万元，占地面积100亩，计划建设2条生产线，预计年实现工业总产值6000万元，第一条生产线将在2009年9月前正式投产。

11月28日，江西斯米克陶瓷有限公司丰城生产基地的6条生产线和1条试验线实现竣工试产，新增年产能1500万平方米。这是上海斯米克建筑陶瓷股份有限公司上市后以全部募集资金投资的项目。该项目于2007年9月正式开工，仅一年多的时间，就完成了项目的基础建设和设备调试。

11月29日，贵州大方县佛山陶瓷建材工业基地在大方县举行了奠基仪式，贵州省副省长蒙启良参加奠基典礼。此项目是由贵州广东商会实业有限责任公司通过出资征地、建设厂房等方式完成园区基础设施建设，搭建招商引资平台，为入驻客商提供原材料、资金、能源、劳动力、技术和软环境等方面配套，通过开展二度招商建设的大型陶瓷工业基地。项目总投资30亿元，拟引进生产线30条，生产高档建筑陶瓷、卫生陶瓷和工业陶瓷，建成后年销售收入可达60亿元，转化当地富余劳动力1万多人。

11月29日，江门道氏标准制釉项目落户恩平市圣堂镇，项目首期投资6000万元人民币，占地100亩。

11月30日，丰城东鹏陶瓷有限公司第一条生产线练排炉（喷雾塔）点火仪式启动。丰城东鹏总投资14亿元，将分别建设建筑陶瓷、卫生洁具和陶瓷城三个项目，完全按照建筑陶瓷第一品牌的设计标准来定位，主要生产高档晶微粉系列抛光砖。

12月

12月3日，由延安市委副书记、市长陈强带领的考察团到潮州参观考察。考察团一行实地考察了伟业陶瓷公司和松发陶瓷公司。潮州市与延安市两地政府还分别签署了《陕西省延安市宝塔区人民政府与广东省潮州市枫溪区管理委员会促进共同发展推动友好合作协议书》、《宝塔区人民政府与潮州陶瓷协会关于陶瓷资源利用和产业合作协议书》以及《富县人民政府与潮州陶瓷协会关于陶瓷资源利用和产业合作协议书》。

12月3日，佛山陶瓷行业协会、《陶城报》社及佛山陶企组成的考察团前往四川南充，对当地进行了为期两天的投资环境考察。

12月11日，河南鹤壁市市委书记郭迎光、常务副市长桂玉强一行到访佛山市陶瓷行业协会，并举行了座谈会。佛山陶瓷协会领导及东鹏陶瓷、鹰牌陶瓷、金环球陶瓷、中泰釉料、裕龙陶瓷等企业的主要领导出席了座谈会。鹤壁市石村陶瓷园区正在完善发展陶瓷产业的条件，当地政府谋划在鹤壁新区规划建设陶瓷展区、研发、办公等场地。

12月15日，由陶瓷信息报组织的佛山陶瓷企业考察团一行25人到江西省东乡县考察当地陶瓷产业发展情况，并参观了在东乡投资的三水蜻蜓陶瓷有限公司的生产基地。抚州市、东乡县政府领导及相关招商部门出席了16日在东乡举行的招商洽谈会。

12月17日，石家庄珠三角（佛山）经济合作技术洽谈会在佛山皇冠假日酒店举行。石家庄市副市长张殿奎以及下属24个区、县负责人出席了洽谈会。

12月17日，由河南省商务厅、新乡市人民政府主办，河南商会驻广东办事处协办的“河南省新乡承接产业转移推介会”在佛山皇冠假日酒店举行。

12月26日，佛山市荣高陶瓷有限公司恩平生产基地奠基仪式在沙湖镇蒲桥工业区内举行。荣高陶瓷在恩平市总投资4亿元人民币，建设用地250亩，建成之后将上4条现代化仿古砖生产线。

第四章 法规、政策与标准

第一节 综述

新《劳动合同法》实施

2008 年 1 月 1 日开始实施的新《劳动合同法》，对推动行业构建和谐劳动关系、重建劳动关系新格局意义极为重大。从长期看，《劳动合同法》的贯彻实施将提高企业的管理水平和稳定职工队伍，从而推进和谐劳动关系的构建，促进社会稳定。但从短期看，由于陶瓷属劳动密集型行业，《劳动合同法》的实施对企业管理提出了更高的要求。加上近年来原材料涨价、出口退税下调、人民币升值、加工贸易出口受限等因素，使企业发展在一定程度上面临着较大的压力。

新《劳动合同法》对企业的用工行为进行了细致规范：比如规定了企业在制定、修改或者决定有关劳动报酬、工作时间、休息休假、劳动安全卫生、保险福利、职工陪训、劳动纪律以及劳动定额管理等直接涉及劳动者切身利益的规章制度时，应当经职工代表大会或者全体职工讨论，提出方案和意见，与工会或者职工代表平等协商确定；还有对劳动合同订立、解除、试用期约定等规定了具体的时限，超过时限办理企业要承担相应的法律责任等。这些规定大大提高了企业的违法成本。对那些家族式、管理方式老旧的企业，提高企业的规范化管理水平已经迫在眉睫。

《劳动合同法》的实施，要求企业进一步提高认识、转变观念、规范管理。对于企业而言，《劳动合同法》的实施既是挑战，更是机遇。面对这种新的挑战，陶瓷企业只有积极应对，促使企业内部形成稳定、和谐、诚信的劳资关系，提高员工对企业的忠诚度和归属感，进而激发出员工的凝聚力和战斗力，企业才能顺应潮流，有望在全球化的市场竞争中脱颖而出，立于不败之地。

出口退税政策

出口退税的连年下调，在短短的两年时间内，出口退税率从 13% 降到 8%，到 2007 年调整为 5%。正当行业预计未来几年会调整到零退税率的时候，金融危机爆发，国外需求锐减。为刺激出口，2008 年 10 月下旬国家税务总局《关于提高部分商品出口退税率的通知》（财税［2008］138 号），将包括部分纺织品、服装、玩具、日用及艺术陶瓷在内的出口退税率提高，其中日用及艺术陶瓷出口退税率提高到 11%。执行时间为自 2008 年 11 月 1 日起。建筑陶瓷卫生的出口退税率为 5%，此次未被列入上调名单，行业协会及各大建筑陶瓷产区应积极向国家有关部门建言，提高建筑卫生陶瓷的出口退税率。

节能减排、清洁生产政策

节能减排、清洁生产是近年来国家调整、提升产业的主导政策之一。2007 年，国家发改委颁发了《陶瓷行业清洁生产指标评价体系（试行）》。2008 年 6 月 1 日，强制性国家标准《建筑卫生陶瓷单位产品能源消耗限额》开始实施。在国家相关政策、标准的引导下，山东、福建、广东等地配套制定了一系列陶瓷产业节能减排、清洁生产的政策。

山东淄博市 2008 年 2 月 9 日下发《建陶企业环境保护管理规范》，同时启动以粉尘烟尘含酚废水化工异味综合整治为重点开展第一次环保专项行动。4 月 10 日，淄博张店区下发《建陶企业节能降耗奖励考核办法》（试行），明确为该区的建陶行业制定了节能考核指标。

根据福州市经委下达的 2008 年各县（市）区工业增加值能源消耗降低指标计划，以及福州市节能办下达的市重点耗能企业 2008—2010 年节能目标任务，福建省闽清县制定了《2008 年建陶行业 SO_2 减排工作方案》，计划 2008 年底前完成 20 家建陶企业 SO_2 工程减排项目建设，2009 年全面完成建陶行业 SO_2 工程减排项目工程。2008 年 12 月 11 日《闽清县单位 GDP 能耗考核体系实施方案》开始实施。

节能减排技术是国家重点科技攻关技术。“十一五”期间，中央财政将安排 100 亿元科研经费，调动全社会 500 多亿元的投入实施科技节能减排工程，攻克一批重点行业、重要区域急需的节能减排关键技术和共性技术。科技部也在国家科技计划中进行了重点安排。有关重点节能减排工程所需要的资金，财政部、国家发改委 2007 年 11 月已印发了《节能技术改造财政奖励资金暂行办法》。该《办法》期限是 2010 年 12 月 31 日。《办法》第六条明确规定财政奖励的节能技术改造项目是指《“十一五”十大重点节能工程实施意见》（发改环资［2006］1457 号）中确定的燃煤工业锅炉（窑炉）改造、余热余压利用、节约和替代石油、电机系统节能和能量系统优化等项目。建筑卫生陶瓷行业协会及各大企业应积极展开公关活动，争取将本行业窑炉节能减排纳入国家科技节能减排工程，并获得资金支持。2009 年 3 月中旬在北京召开的第十二届中国北京国际科技产业博览会暨 2009 全国工业节能减排科技创新大会，是推广行业节能减排新成果、新形象的主要平台。

国家级工程技术中心支持政策

2008 年科技部批复了 27 个工程技术研究中心的可行性论证报告。这 27 个工程技术研究中心开始进入三年期的组建工作。中国建筑卫生陶瓷行业目前只有中国建材集团公司咸阳陶瓷研究设计院、华夏建筑陶瓷研究开发中心两个较有实力的研发中心。过去在佛陶集团鼎盛时期拥有一个国家级的研发中心，但随着佛陶集团的式微，市场化、企业化的国家级的陶瓷研发中心一直空缺。

广东东鹏陶瓷股份有限公司于 2006 年 6 月获得人事部批准成立东鹏博士后工作站。2008 年 7 月，东鹏博士后工作站举行科研成果发布会，创新性地采用中国馒头发酵的办法极致还原世界名贵石材的质感。2008 年 7 月，佛山欧神诺陶瓷股份有限公司获准设立博士后工作站。

佛山陶瓷产业政策

佛山是中国建筑陶瓷的主要生产基地。然而，近年来，由于城市化的快速推进，过去贴近中心城市、漫山放羊式布局的陶瓷企业环保压力越来越大，加上土地、原材料、劳动力等因素制约以及长期产能过剩导致普遍的恶性竞争，企业产品附加值不高，纳税不规范，与新兴产业相比，资源的投入产出率明显偏低。同时由于行业社会形象建设严重滞后，使得政府及社会基本上以偏概全，以一些企业的落后产能的形象代替整个行业形象，陶瓷产业成了佛山“双高一资”（高污染、高能耗、资源型）传统产业的代表，成为当地政府整治的重点对象。

2007 年下半年，佛山市政府出台了《关于加快推进我市陶瓷产业调整提升工作的通知》（佛府办［2007］234 号），提出对污染重、能耗高、安全生产和环保不达标的陶瓷生产企业采取治理、搬迁、关闭等措施。2008 年 5 月初，佛山市政府又出台三份针对陶瓷行业产业整治的政策性文件：《佛山市陶瓷产业结构调整评价指导方案》、《佛山市陶瓷产业扶优扶强若干政策措施》和《佛山市陶瓷产业发展规划（2008—2015）》。根据以上精神，陶瓷生产企业分为四类进行调整提升：一类是鼓励做强做大做优的；二类是在 2008 年底前能完成整改的；三类是与目前城市总体规划和环保要求不相适应的，应实行异地搬迁或就地转产；四类是环保严重超标、经限期治理后仍无法实现达标排放的，2008 年底前依法实施关闭。

调整提升的总体规划是：在现有的 363 家建筑陶瓷企业中，重点扶持 42 家（其销售总额占 60% ~

70%），调整、提升146家，关闭或转移175家。截至2008年12月底，佛山市已有144家建筑陶瓷企业转移、结业或关闭。2008年，作为陶瓷产业升级的重要举措，佛山市大力支持中国陶瓷城二期——中国陶瓷产业总部基地及一站式陶瓷采购基地瓷海国际·佛山陶瓷交易中心的发展。南庄镇打造全国最大陶瓷机械装备生产基地的规划也得到了佛山市政府的支持。

佛山市之所以出台如此强硬的产业治理政策、措施，与同期广东省委、省政府推出的"双转移"政策也有很大关联。2008年5月24日，中共广东省委、广东省人民政府下发了《关于推进产业转移和劳动力转移的决定》（粤发［2008］4号）；5月28日，广东省经济贸易委员会发布《广东省产业转移区域布局指导意见》（粤经贸工业［2008］385号），鼓励珠三角向东西两翼和粤北山区转移的产业，包括资源型产业，如陶瓷、水泥等建材工业。同时，广东省经济贸易委员会印发《广东省产业转移和劳动力转移目标责任考核评价试行办法》（粤经贸工业［2008］386号）。"双转移"政策对佛山陶瓷企业落户清远、肇庆等地起了很大的推动作用。

2008年下半年，佛山强势推进陶瓷产业转移的关键时期，由美国次贷危机引发的全球性金融危机全面爆发，但这并没有影响佛山五区对"三个文件"的贯彻执行。而且，在主流舆论视金融危机为产业升级难得机会的情势下，一些地方政府还加大了陶瓷企业关停转的力度。

2008年，佛山"陶瓷新政"导致企业大面积关停事件受到了国家级主流媒体的关注。5月7日，新华网刊发的评述《新华视点：佛山传统陶瓷业，关停能否带来转型?》在业界引起较大的反响。8月17日，《瞭望东方周刊》（2008年34期）发表署名调查报告《佛山对陶瓷企业变脸》，引起业界强烈反响。陶瓷行业主流媒体《陶城报》发表了《也谈"腾笼换鸟"》（2008年7月4日）、《"双转移"与佛山陶瓷转移》（2008年6月27日）、《恶劣环境下安全"过冬"比"腾笼换鸟"更重要》（2008年7月11日）等署名文章，对佛山陶瓷产业的治理、调整提出不同看法。

针对业内资深人士及主流企业关于保留示范性生产线建设的持续呼吁，2008年下半年佛山市政府对过去强硬的产业治理政策作出微调，在高明区规划出占地8000亩的"精品陶瓷生产示范工业园"。示范园定位为"生态型的"、"创新型的"、"科技型的"，按每个企业建一两条线计，可引进企业20多家，但进入示范园的企业要求是业内的主流企业或创新型企业、个性化企业。

产品质量监督与评价

2003年，建筑及卫生陶瓷首次列入中国名牌产品评价目录。同年9月建筑卫生陶瓷行业诞生首批中国名牌产品，其中马可波罗、东鹏、亚细亚、金舵、钻石、冠珠、斯米克、新中源、蒙娜丽莎、鹰牌获得建筑陶瓷"中国名牌"，SWELL四维、惠达获得卫生陶瓷"中国名牌"。2007年箭牌卫浴、阿波罗、银河淋浴房等进入"中国名牌"之列。

但建筑陶瓷"中国名牌"的评选却因为种种原因，一波三折，是否续评至今未有定论。2007年7月31日，国家质量监督检验检疫总局网站发布了中国名牌战略推进委员会公告（2007年第4号）。公告称"经名推委研究决定，白酒、建筑陶瓷不予评价，原建筑陶瓷中国名牌产品称号不再保留"。9月1日，中国名牌推进委员会发布的2007年第6号公告，又决定恢复建筑陶瓷行业"中国名牌"的使用期一年，也即2003年评出的建筑陶瓷原10个中国名牌产品标志可以使用到2008年8月底。

2008年9月20日，国家质量监督检验检疫总局根据《国务院办公厅关于印发国家质量监督检验检疫总局主要职责内设机构和人员编制规定的通知》（国办发［2008］69号）的要求，发布《关于不再直接办理与企业和产品有关的名牌评选活动的公告》（2008年第105号）。

受2008年9月上旬"三鹿牌婴幼儿奶粉事件"的影响，2008年9月17日，国家质量监督检验检疫总局发布《关于停止实行食品类生产企业出口食品免验的公告》（2008年第101号），进一步取消有关企业获得的出口食品免验资格，立即停止使用出口免验牌证或作相关宣传。根据国务院有关要求，9月18日，国家质量监督检验检疫总局决定对《产品免于质量监督检查管理办法》（国家质量监督检验检疫总局令第9号）予以废止。

2006年11月28日，国家质量监督检验检疫总局《关于公布2006年国家免检产品及生产企业的通知》（国质检监［2006］568号）中有93家陶瓷墙地砖生产企业申报的几百类产品获得免检资格。随着国家质量监督检验检疫总局“令第9号”文的废止，数量庞杂的陶瓷及卫浴企业免检产品资格将成为历史。

2008年10月1日，国家质量监督检验检疫总局于7月22日公布的陶瓷砖《产品质量监督抽查实施规范》CCGF 310—2008开始执行。

第二节　产业转移与发展提升

一、国家工商行政管理总局：关于禁止在广告中使用“免检”内容的通知

关于禁止在广告中使用“免检”内容的通知

工商广字［2008］218号

各省、自治区、直辖市及计划单列市工商行政管理局：

最近，国务院决定废止1999年12月5日发布的《国务院关于进一步加强产品质量工作若干问题的决定》（国发［1999］24号）中有关食品质量免检制度的内容。国家质量监督检验检疫总局于2008年9月18日公告废止了《产品免于质量监督检查管理办法》（国家质量监督检验检疫总局2001年9号令）。为贯彻落实《国务院办公厅关于废止食品质量免检制度的通知》精神，现就禁止在广告中使用“免检”有关内容通知如下：

各级工商行政管理机关要加强对广告中涉及质量免检内容的监测检查，对广告中出现“国家免检产品”等涉及质量免检内容的，应立即责令停止发布。对于继续违法发布的，依照《广告法》、《反不正当竞争法》有关规定处罚。本通知发布之日后生产的产品包装物广告中涉及质量免检内容的，按照总局《关于包装物广告监管有关问题的通知》（工商广字［2005］第173号）处理。

国家工商行政管理总局

二〇〇八年十月十七日

二、中共广东省委办公厅：关于推进产业转移和劳动力转移的决定

关于推进产业转移和劳动力转移的决定

粤发［2008］4号

为深入贯彻落实科学发展观，推动产业优化升级，建立现代产业体系，促进区域协调发展，构建和谐社会，加快全省率先基本实现社会主义现代化步伐，现就我省推进产业转移和劳动力转移作出如下决定。

一、推进产业转移和劳动力转移的重要性和紧迫性

（一）推进产业转移和劳动力转移是改善发展环境、破解发展难题、实现新一轮大发展的重要举措。推进这项工作，有利于突破多年来制约我省经济社会发展的土地资源匮乏、环境承载压力加大、发展空间受限等突出问题，减少珠三角地区人口数量，提高劳动力素质，减轻社会管理压力，为新一轮发展创造有利条件。

（二）推进产业转移和劳动力转移是优化产业结构、提升产业层次、增强产业竞争力的迫切需要。推进这项工作，有利于推动珠三角地区加快发展先进和优势产业，促进东西两翼和粤北山区扩大招商引资和加快产业建设步伐，优化产业布局和产业结构，实现人力资源合理流动和优化配置，全面提高全省

经济综合实力。

（三）推进产业转移和劳动力转移是缩小地区差距、促进区域协调发展、提高城乡居民生活水平的有效途径。推进这项工作，有利于充分发挥珠三角地区辐射带动作用，发挥东西两翼和粤北山区的比较优势，实现优势互补、相互促进，较快提高全省人均生产总值和城乡居民人均收入水平，整体提升城乡居民生活品质。

二、推进产业转移和劳动力转移的指导思想、主要目标与基本原则

（一）指导思想。高举中国特色社会主义伟大旗帜，以邓小平理论和“三个代表”重要思想为指导，以科学发展观为统领，深入贯彻党的十七大和省委十届二次全会精神，以新一轮思想大解放为动力，按照“政府引导、市场运作、优势互补、互利共赢”方针，着力优化区域产业布局，大力提高劳动力素质，提升珠三角地区产业竞争力，带动东西两翼和粤北山区加快发展，推动我省经济发展方式转变，不断提高城乡居民生活水平，促进我省经济社会又好又快发展。

（二）主要目标。力争到2012年，珠三角地区功能水平显著提高、产业结构明显优化，东西两翼和粤北山区在办好现有产业转移工业园（以下简称产业转移园）基础上，再规划建设1~2个大型产业转移园，形成一批布局合理、产业特色鲜明、集聚效应明显的产业转移集群，推动我省产业竞争力位居全国前列。人力资源得到充分开发，劳动力素质整体提升，就业结构整体优化，本省劳动力就业比重提高，农村劳动力在城镇就业以及向二、三产业转移成效显著。新增转移本省农村劳动力600万人，组织技能等级培训360万人，全社会非农就业比重达到80%。珠三角地区劳动密集型产业比重显著下降，人均生产总值增长率高于生产总值增长率2个百分点左右。力争做到三年初见成效，五年大见成效。

（三）基本原则。

——坚持政府推动与遵循市场规律相结合。在遵循产业布局和产业转移客观规律的基础上，政府要因势利导，创造条件，通过搭建平台、政策支持等措施，引导劳动密集型产业有序梯度转移和劳动力合理向珠三角的输入。

——坚持产业转移与产业升级相结合。珠三角地区要在加快推进产业转移的同时，大力发展先进制造业、高新技术产业和现代服务业等高附加值产业，提高自主创新能力。东西两翼和粤北山区要认真做好招商引资工作，结合当地实际积极主动承接珠三角地区产业转移。

——坚持产业转移与产业集聚相结合。通过产业转移，促使产业转入地形成新的产业集群，形成上下游相互配套、专业化分工合作的产业链。

——坚持产业转移与可持续发展相结合。产业转入地要加强节约资源、能源和环境保护工作，将产业转移对生态环境影响降低到最小程度。

——坚持产业布局合理与人力资源配置优化相结合。以主体功能区规划为基础，东西两翼和粤北山区要以产业转移为契机，加强职业技术教育，全面提升劳动力素质，合理调配人力资源，加大本省劳动力供给，提高输入珠三角地区的劳动力水平。

三、推进产业转移的政策措施

（一）加强产业转移规划引导。由省经贸委牵头会同省发展改革委等有关部门制定全省产业转移的区域布局总体规划和指导意见，引导和推动产业有序转移和集中发展。珠三角各市应制定相应的产业转移规划和实施方案，依照国家产业政策，实行行业准入差别对待政策，提高产业的用地、能耗、水耗和污染物排放标准，提高劳动密集型产业准入门槛，积极转移部分低附加值劳动密集型产业。要明确制定劳动密集型产业转出目标、所占比重，加快引进、发展先进制造业和现代服务业，加速产业结构升级，防止珠三角地区产业“空心化”。

（二）实行产业转移集聚发展。继续开展省级产业转移园认定工作。各产业转移园按总体规划确定发展方向，突出主导产业，实行专业化发展；围绕延伸产业链，推动上下游产业配套发展，形成特色鲜明、配套完善的产业集群，促进产业做大做强。由省经贸委负责统筹规划，在省认定的省级产业转移园

中，择优重点扶持若干个管理较好、发展潜质较大的产业转移园，会同当地政府进一步扩大规模，加大投入，完善配套设施，使其成为全省示范性产业转移园。科学规划，通过竞争高起点、高标准在东西两翼和粤北山区由省重点扶持建设1~2个大型产业转移园。

（三）努力降低经营成本。努力降低产业转移园内企业用地、用电、用工等生产成本，提高对转移产业的吸引力。积极推进销售电价区域同网同价改革工作，降低东西两翼和粤北山区电价，使产业转移园电价比珠三角地区电价低0.1元/千瓦时左右。切实减轻转移企业的各种行政事业性收费负担，除国家规定统一征收的税费外，推行“零收费区”的做法，不再对入园企业征收任何地方性收费。

（四）加大用地扶持力度。各地对产业转移园建设用地指标安排要适度倾斜，保证其建设用地需要；对规模大、成效好的产业转移园的用地指标省给予支持，对于投资10亿元以上重大项目的用地计划由省专项安排。合理和节约用地，积极盘活存量建设用地，允许产业转出、转入地按照依法、平等、自愿、有偿的原则，对口调剂使用农用地转用计划指标和补充耕地指标，允许珠三角地区委托山区对口开发补充耕地；鼓励采取土地置换、土地使用权调整、改变土地用途等方式盘活用地。实行产业转移园单位面积投资强度最低标准，推广多层标准厂房建设，提高土地使用效率。

（五）加强配套基础设施建设。珠三角各市要严格履行产业转移园合作建设协议，加大投资力度，尽快完善园内道路、供电、给水排水、环保等各项基础设施。产业转入地要切实用好省财政安排的产业转移园建设有关扶持资金，加快产业转移园的基础设施建设。产业转入地交通主管部门要抓紧制定或调整配套道路建设规划和实施方案，加快进入产业转移园道路建设和改造。省、市电力部门要继续加快骨干电网及城乡电网的建设与改造，优先安排通往产业转移园的电网建设与改造项目。

（六）不断提高管理服务水平。产业转入地的外经贸、工商、国土、环保、消防、海关、检验检疫等部门要简化行政审批程序，推广“一站式”服务，提高审批效率。加大口岸建设力度，加快加工贸易联网监管公共平台建设，建立外经贸、海关、外汇、税务、检验检疫、银行等部门信息化管理体系，积极支持符合条件的产业转移园设立出口加工区和保税物流中心，提高物流通关与监管效率。降低产业转入地服务业的市场准入门槛，引导珠三角地区具有竞争力的中介服务组织，向东西两翼和粤北山区发展，完善和提高承接地在出口报关、商品检测、物流、法律、会计、信息、咨询领域的服务水平。改善产业转移园的金融服务，扩大信贷转授权；加大对产业转移园的信贷投放力度，为产业转移园企业提供高效便利的融资和结算服务。

（七）切实加强环境保护。产业转移园要按照发展循环经济的要求，完善产业链，集中供电、供气、供热、供冷和环境污染治理，提高节能减排水平。严禁引进不符合产业政策的淘汰类项目，严格控制引进限制类项目。产业转移园及入园项目应严格执行环境评价制度，环保设施要与园区同时规划、同时建设、同时投入运营，确保环境保护与产业发展、产业转移园建设同步推进。设定符合当地产业发展的能耗、环保、技术和安全标准，促进产业转移园可持续发展。

四、推进劳动力转移的政策措施

（一）加快省内劳动力向珠三角发达地区转移。东西两翼和粤北山区要根据珠三角地区用工需要，着力培养和输出具有较高技能和素质的适用型劳动力。健全珠三角地区与东西两翼和粤北山区对口劳务帮扶机制，由对口双方签订帮扶协议，明确目标任务和帮扶责任。珠三角各中等职业技术学校和技工学校每年要安排不少于30%的招生指标专门用于招收东西两翼和粤北山区学生，并负责推荐在当地就业。

（二）大力推进农村劳动力就地就近就业。各地要结合产业升级和承接产业转移，积极培育产业集群，大力发展县域经济和特色产业，提高吸纳就业能力。要把产业转移园作为吸纳农村劳动力就业的重要载体，制定产业转移园吸纳当地农村劳动力的培训就业方案并抓好落实，明确企业吸纳和培训当地农村劳动力的社会责任。每个县（市、区）要建立若干个灵活就业基地，鼓励农村劳动力就地就近就业。

（三）鼓励企业招用本省农村劳动力。珠三角各市要制定劳动力转移的目标和规划，鼓励企业招用本省农村劳动力。有条件的地方对企业当年新招用本省农村劳动力并签订1年以上劳动合同和缴纳社会保险的，给予企业社保补贴；对招用人员属农村贫困户劳动力、40 岁以上和被征地农民的，同时给予企业岗位补贴。各级政府对新招本省农村劳动力成绩突出的企业给予表彰奖励。

（四）加强农村劳动力职业技能培训。实行农村贫困家庭子女入读中等职业技术学校、技工学校免学杂费和补助生活费政策，具体办法由省劳动保障厅会同省教育厅、省财政厅、省扶贫办等部门制定。实施农村劳动力免费职业技能培训，为45 周岁以下、有就业能力和就业意愿的本省农村劳动力提供一次免费职业技能培训，确保每个农村家庭都有一名以上有就业能力的劳动力接受职业技能培训。实施农民工技能提升培训计划，每年对100 万名在岗农民工进行技能等级提升培训。对被征地农民、转产转业渔民、其他农村劳动力和返乡创业农民分别开展不同类型的技能提升培训。有关培训工作的具体方案，由省劳动保障厅会同有关部门制定。

（五）加强就业培训载体建设。以中等职业技术学校、技工学校为主阵地，建立覆盖城乡的职业技能培训体系。建立公共实训基地，认定一批劳动力培训定点机构。开发建设覆盖全省城乡的远程职业培训网络体系。加快制定出台《广东省职业技能鉴定办法》。各级政府要加大就业培训资金投入，对贫困地区和革命老区给予倾斜，试行政府购买培训成果制度。各类金融机构对职业技术学校、技工学校、重点培训机构、公共实训基地建设贷款要予以支持。

（六）强化转移就业公共服务。建立有利于产业发展与劳动力需求相协调的统计、分析、预测、评估和决策机制。开展全省农村劳动力资源普查，健全农村劳动力数据库和培养培训转移就业动态管理档案。实行转移产业岗位申报和信息发布制度。完善各级就业服务体系，加快组织实施农村劳动力培训转移就业工作。完善各级人力资源市场信息网络和服务体系。充分发挥社会职业中介机构的作用。

（七）建立优秀农民工激励机制。省劳动保障厅要按照有技能、贡献大、有发明创造、本省紧缺等条件，开展优秀农民工（含外来城镇务工人员，下同）认定工作，对其中特别优秀的农民工由各级党委、政府表彰和奖励。省劳动保障厅要会同省公安厅等部门制定优秀农民工落户城镇的优惠政策。各地要向优秀农民工提供一定比例的廉租房和经济适用房。

五、切实加强对推进产业转移和劳动力转移工作的领导

（一）加强组织领导。充分发挥产业转移联席会议制度和省农民工工作联席会议制度的职能作用，加强对新情况、新问题的研究，统筹协调指导全省产业转移和劳动力转移工作。各地要建立相应机制，明确责任，抓紧组织编制产业转移和劳动力转移的规划和工作方案，尽快出台配套政策措施和具体实施意见。

（二）实施目标考核。各级党委、政府和有关部门要把产业转移和劳动力转移工作纳入经济社会发展规划和年度计划，并作为政绩考核的重要内容。实行领导负责制，建立目标责任考评制度，逐级落实目标管理。由省经贸委、省劳动保障厅牵头，分别负责对各地产业转移和劳动力转移进行专项督查与考核，加强调查统计与研究分析。

（三）建立健全合作机制。珠三角地区与东西两翼及粤北山区合作双方要建立政府联系沟通工作机制，及时研究解决产业转移过程中遇到的困难和问题，共同协商制定并落实年度目标任务。珠三角各市、县（市、区）根据工作需要可安排干部到产业转移园任职或挂职。继续举办“山洽会”。珠三角各有关市每年要组织 1 ~2 次本地企业到对口地区考察、交流与产业转移洽谈活动，协助东西两翼及粤北山区举行大型招商活动。

（四）加大资金扶持力度。2008—2012 年，省每年安排欠发达地区产业转移园区发展专项转移支付资金 15 亿元，对我省 14 个欠发达市和江门市每年补助 1 亿元，支持上述地区产业转移园区建设的贷款贴息及基础设施建设；每年安排重点产业转移园区专项资金 15 亿元，以竞争方式择优扶持欠发达地区 3 个示范性产业转移园区建设；每年安排产业转移奖励资金 5 亿元，鼓励珠三角地区企业加快向东西两翼和粤北山区转移；每年安排劳动力培训转移就业专项资金 10 亿元以上，专项用于劳动力职业技能培训、智力扶贫、劳动力转移就业服务等。上述专项资金具体使用和管理办法，由省财政厅会同省经贸委、省

外经贸厅、省劳动保障厅、省教育厅等有关部门研究制定。各地要加大财政扶持力度，拓宽资金筹措渠道，积极引导和带动社会资金投入，加快产业转移和劳动力转移。

中共广东省委办公厅

2008年5月26日印

三、广东省经济贸易委员会：广东省产业转移区域布局指导意见

广东省产业转移区域布局指导意见

粤经贸工业［2008］385号

为贯彻落实《中共广东省委、广东省人民政府关于推进产业转移和劳动力转移的决定》（粤发［2008］4号，以下称《决定》）精神，切实推进产业转移工作，制定本指导意见。

一、指导思想

深入贯彻党的十七大和省委十届二次全会精神，以科学发展观为统领，以新一轮思想大解放促进新一轮大发展为动力，结合全省主体功能区规划的要求，遵循产业转移和区域布局的一般规律，合理利用政府调控手段，充分发挥市场机制的资源配置功能，促进珠三角地区产业有序转移和东西两翼、粤北山区的选择性承接，促进珠三角地区的产业转型升级和东西两翼、粤北山区的工业化进程，促进全省产业合理布局和协调可持续发展。

二、主要原则

（一）规划引导。制订珠三角各市产业转移规划和东西两翼、粤北山区各市产业承接布局规划，引导和推动产业有序转移和合理布局。

（二）因势利导。充分考虑转出地和转入地之间的产业联系、地理距离，以及转入地的市场辐射半径、资源条件、产业配套、交通运输、水电供应、环境承载能力等因素，扬长避短，发挥比较优势。

（三）区域分工。形成珠三角地区与东西两翼、粤北山区之间的产业分工协作关系，形成东西两翼、粤北山区之间的合理产业分工，避免区域之间的产业同质竞争。

（四）集聚发展。坚持紧凑布局，集约、节约利用土地，以产业转移园为主要载体，形成上下游相互配套、专业化分工合作的产业链，培育一批新的产业集群。

（五）以人为本。以提高当地居民生活水平和就业水平为宗旨，充分考虑各地劳动力的分布状况，加快省内劳动力向珠三角发达地区转移，推进农村劳动力就地就近就业。

（六）环境优先。产业转入地在承接产业转移过程中要加强资源、能源节约和环境保护工作，不以牺牲环境换取产业发展，产业承接对生态环境的影响要达到国家和省规定的环境保护要求。

三、产业转移区域产业布局

（一）鼓励珠三角向东西两翼和粤北山区转移的产业

1. 传统劳动密集型产业，如服装、五金、玩具、制鞋、包装等。

2. 资源型产业，如陶瓷、水泥等建材工业，家具产业，再生金属冶炼产品、有色金属合金冶炼或压铸产品等有色金属产业。

3. 资本密集型产业中的加工制造环节，如IT产品制造、家电制造等产业。

4. 对转出地其他产业带动功能较弱或带动后劲不足的产业，如农产品加工等产业。

5. 在转入地存在主要的原材料供应基地的行业，如塑料制品、涂料、油漆等石化产业下游产品行业。

6. 在转入地存在比较成熟的产业集群或者生产基地的行业，如工艺玩具、音像制品生产、食品生产等产业。

（二）东西两翼和粤北山区主要承接的产业

1. 粤东地区：主要承接纺织服装、电子工艺品、制鞋、玩具、陶瓷、石油化工、电力、装备制造、

电子信息、港口物流、皮革、医药、食品饮料、生物产业、五金不锈钢等产业。

2. 粤西地区：主要承接家电制造、五金刀剪和不锈钢制品制造、石油化工、港口物流、钢铁、农海产品加工、造纸、医药、电子、机械、装备制造、纺织、塑料制品及化纤和优势资源的加工及综合利用等产业。

3. 粤北山区：主要承接冶金及深加工、机械、汽车及汽车零部件、电子通信及器材、钟表制造、精细化工、五金、建材、非金属矿物制品（水泥）、森工、烟草加工、制药、玩具、制鞋、铝箔、不锈钢制品、家具、农产品加工、食品加工、纺织服装和其他资源加工业和劳动密集型产业。

（三）禁止东西两翼和粤北山区承接的产业

1. 不符合有关法律法规和产业政策、严重浪费资源、不具备安全生产条件的工艺技术、装备及产品。

2. 国家和省已明确淘汰的生产工艺技术、装备和产品。

3. 严重破坏生态环境特别是水资源的项目，如排放致癌、致畸、致突变物质和恶臭气体的项目；废水排放标准不符合东西两翼和粤北山区水域水质要求的项目；存在事故隐患且无法确保周边饮用水源安全的项目。

四、产业转移工业园区布局

（一）已（拟）认定的产业转移工业园布局

省政府已认定的产业转移工业园，要按照总体规划的要求，在现有产业的基础上，突出比较优势，重点发展1～2个优势产业，不断延伸和完善产业链，凝聚产业发展力量和产业集聚效应（已认定产业转移工业园的主导产业）。省政府在省认定的产业转移园中，择优重点扶持若干个管理好、主业突出、发展潜力大的产业转移园，加大投入，完善配套设施，使其成为全省示范性产业转移园。

省政府在现有产业转移工业园的基础上，继续有步骤地认定一批省产业转移工业园。新认定的产业转移工业园要突出主导产业，实行专业化发展，围绕延伸产业链，推动上下游产业配套发展，形成特色鲜明、配套完善的产业集群，促进产业做大做强。

（二）大型产业转移工业园布局

按照省委、省政府《决定》，在我省东西两翼和粤北山区打造1～2个大型产业转移工业园，并纳入新一轮土地利用总体规划修编中。

园区功能定位：以承接国际、国内和珠江三角洲地区高新技术、先进制造业、装备制造业等产业转移为主，使之成为产业链配套完善、生产性服务业配套齐全、产业聚集发展的大型国家级产业园区，与珠三角地区主导产业实行差别化、互补性发展，发展成为东西两翼和粤北山区已认定的各产业转移工业园的中心园区。

选址要求：①符合主体功能区规划、省城镇体系规划、省国土规划及土地利用总体规划的要求，不在国家和省规划的各类限制开发的区域内；②区域环境容量允许，符合各级环境保护规划的要求，不会对周围环境特别是水源产生大的影响；③建设用地供给能满足园区建设的需要；④交通运输条件良好，水电供应有保障，物流成本较低；⑤辐射范围广，建设和营运成本低，产业配套基础好。

五、工作措施

（一）制订科学的区域产业发展规划。根据主体功能区规划、土地利用总体规划、环境保护规划和广东省城镇规划及各地级以上市城乡建设规划、珠三角城市群规划等规划的要求，各地市要制订科学的区域产业发展规划，明确产业布局的功能定位。同时各地市还要制订产业转移实施方案。

（二）设定合理的产业准入门槛。各地要根据产业升级和产业转移的要求以及本地区的实际，合理设定本地区产业准入门槛，实行产业差别准入。珠三角地区要适当提高产业投资强度、能耗、水耗和排放标准，限制低水平传统劳动密集型的新建或改扩建投资项目进入。东西两翼和粤北山区要设定符合当地产业发展的能耗标准、环保标准、技术标准、安全标准，对投资强度大、科技含量高、经济效益好、资源消耗低、环境污染小的产业转移项目，给予重点扶持，严格控制引进限制类项目，严禁引进产业政策规定的淘汰类项目。

（三）加强承接产业转移的载体和平台建设。突出产业转移工业园为主的各类园区的承接产业转移载体作用，加大配套基础设施建设，完善公共服务平台。省择优重点扶持管理好、发展潜力大的产业转移工业园的基础设施建设。

（四）建立产业转移区域布局的协同机制。

省政府相关部门定期召开联席会议，研究促进产业转移合理布局的政策措施，统筹重大产业转移项目区域布局和要素配置，协调解决项目转移承接中的重大问题。各市要把产业转移工作纳入经济社会发展规划和年度计划，制定科学合理的产业转移规划和实施方案，建立相应的领导机构和工作机制，加强组织领导和统筹协调，明确工作职责和工作目标，推进产业转移合理布局工作。

广东省经济贸易委员会

二〇〇八年五月二十八日

四、广东省安全生产监督管理局：广东省陶瓷生产企业安全生产规范化管理标准（表4－1）

广东省陶瓷生产企业安全生产规范化管理标准

（粤安监［2006］671号）

表4－1

序号	标准项目	标准内容要求
（一）	安全生产组织机构及人员要求	1. 从业人员超过300人的，设置安全生产管理机构或配备专职安全生产管理人员；从业人员在300人以下的，配备专职或者兼职安全生产管理人员，或委托有资质的工程技术人员提供安全生产管理服务
		2. 企业主要经营管理者（主要负责人）按规定参加安全生产教育培训考核，并取得安全资质，持证上岗
		3. 从业人员300人以下的，聘任不少于1名专职或兼职注册安全主任；从业人员300人以上至500人以下的，聘任不少于1名专职注册安全主任；从业人员500人以上1000人以下的，按不少于从业人员人数千分之四的比例聘任不少于2名专职注册安全主任；从业人员1000人以上的，超过部分按不少于从业人员人数的千分之二的比例加聘注册安全主任；从业人员1500人以上的，必须聘任不少于一名高级注册安全主任。 在聘任的注册安全主任中，中级以上注册安全主任比例应当不少于三分之一
		4. 按规定明确各级安全生产责任人和防火责任人
（二）	安全生产管理制度	1. 建立安全生产责任制（签订安全责任书，包括主要负责人、主管人员、职能部门、生产车间、班组等安全生产责任制）
		2. 安全教育培训制度
		3. 安全生产检查、考核及奖惩制度
		4. 建立企业安全生产工作档案及管理制度
		5. 事故隐患整改制度（按有关规定定期对现有生产设备进行评估，发现事故隐患及时提出整改措施，并完成整改工作）
		6. 安全技术规程和岗位安全操作规程，并上墙上架或员工人手一册
		7. 设备安全管理制度
		8. 消防安全管理制度，并落实防火责任制
		9. 危险物品安全管理制度
		10. 事故管理制度（事故报告、调查、处理、事故档案管理等）
		11. 定期召开安全生产专题会议制度（每月不少于1次或安委会会议不少于每季度1次，并有会议记录）
		12. 劳保用品的采购、验收、保管、发放、使用、更换、报废和劳保用品专项经费等管理制度

续表

序号	标准项目	标准内容要求
（三）	从业人员安全管理	1. 企业按规定与从业人员签订劳动合同，并有安全责任条款的内容
		2. 员工入厂必须经过厂部、车间、班组三级安全教育、培训，并经考核合格才能上岗作业
		3. 特种作业人员应当经专门安全作业培训并考核合格，取得特种作业操作资格证，且资格证在有效期内方可从事特种作业
		4. 岗位作业人员熟悉并遵守作业操作规程
		5. 相关岗位作业人员应熟悉消防设备的使用
		6. 岗位作业人员掌握紧急情况下的应急措施
		7. 企业为全部员工缴纳职工工伤保险
（四）	厂区安全管理	1. 建构筑物 （1）建筑结构符合国家标准和有关规定；新建、改建、扩建、室内装修项目及燃油（气）锅炉等设施必须经消防审核并验收合格后方可投入使用。 （2）不得在设有车间或仓库的建筑内设宿舍或饭堂。 （3）煤气站、油站、配气站的主厂房与辅助设施应符合建筑防火安全要求。 （4）厂房、仓库、烟囱等高大建筑物及易燃、易爆等危险设施，应按国家标准安装避雷设施，防雷装置应按规定定期检测，确保防雷设施完好。 （5）普通仓库与车间应分楼层设置，确因生产需要而同层时，应用实体砖墙分隔到顶。 （6）车间、仓库、办公室、员工宿舍不得用可燃材料装修、分隔。 （7）厂区内的坑、沟、池、井，应设置安全盖板或安全防护栏。 （8）厂房内的开启式侧窗应设在常年主导风向迎风面的墙上，距地面的高度一般不低于1米。 （9）产尘车间地面应平整防滑，有坡向排水系统，并应设有冲洗地面和墙壁的设施。 （10）多层厂房应有防止含尘空气串联的各项隔离措施
		2. 仓储设施 （1）危险化学品必须储存在专用仓库内，并由专人管理。 （2）堆放易潮物品仓库的地面必须高于本厂区的基准面，并有防潮防雨淋设施。 （3）易燃液体储罐设置应符合消防防火要求，并安装避雷及防静电装置。 （4）库房结构应避免粉尘扩散和便于运输。库房应间隔成若干间储藏室，并设有运输通道和通风设施
		3. 道路与通道 （1）厂房安全出口不得少于2个，工作期间不得上锁，疏散门应向疏散方向开启，每个疏散门上方须安装疏散指示和应急照明灯。 （2）疏散通道应有明显逃生标志，疏散走道的楼梯最小宽度不小于1.1米；确实达不到1.1米的，须备有第二条逃生通道。 （3）防火间距、消防通道不得被占用。 （4）事故多发岗位应设安全隔离区（带）。 （5）厂区道路、人行道、车道应平整畅通，有足够的照明
		4. 安全标志和安全警示 （1）厂区内主要危险源或危险场所，应有警告标志；各种射线源、高压供电设施、易于泄漏煤气（或天然气体）等可燃气体，以及其他严重危险区域，应设有相应色灯或声响警告信号。 （2）厂区各道口处应有明显的警告标志、信号装置或栅栏；生产场所的通道、出口、地面等的设施、标志符合安全要求
（五）	生产工艺与设备、设施安全	1. 生产工艺 （1）采用的生产工艺技术不是国家淘汰的生产工艺。 （2）工艺布局合理，物料流向顺畅。工艺设备应尽量采用竖向布置的形式，减少粉料和坯料的中转环节，缩短运输距离。 （3）防尘设施必须做到和主体工程同时设计、同时施工、同时投产和使用，防尘设施应保证良好的运行使用状态。 （4）粉尘散发严重的工序不应设有定位操作工。 （5）易燃易爆环节应设置温度、危险气体检测、报警、阀门及灭火装置

续表

序号	标准项目	标准内容要求
（五）	生产工艺与设备、设施安全	2. 设备、设施 (1) 不使用国家规定淘汰的生产、储存机械设备、设施。 (2) 生产装备布置、电气设备的选用及安装符合国家有关规定和国家标准。 (3) 爆炸和火灾危险场所电力装置设置应符合《爆炸和火灾危险环境电力装置设计规范》GB 50058—1992的要求。 (4) 热风炉应有技术档案，检查情况、检修计划及其执行情况均应归档，除日常检查外，应当每月检查一次热风炉及其附件。 (5) 特种设备由专业单位生产，并经取得专业资质的检测、检验机构检测、检验合格，取得安全使用证或安全标志后方可投入使用，并定期检验合格使用。 (6) 对安全设备进行经常性维护、保养，并定期检测，保证正常运转。经维护、保养、检测后应当作好记录，并由有关人员签字。设备档案完整。 (7) 各裸露的转动或快速移动部分，应设有结构可靠的安全防护罩、防护栏杆或防护挡板。 (8) 起重作业应遵守《起重机械安全规程》GB 6067—1985 的规定，起重机械应标明起重吨位，应装设卷扬限制器、起重量控制器、行程限制器、缓冲装置和自动连锁装置以及启动事故、超载的信号装置。 (9) 未涉及上述设备、设施的其他生产设施，应参照以上标准执行
		3. 防尘设施 (1) 设备选型应尽量采用防尘效果较好或产尘少的工艺设备。 (2) 尘源如有散发粉尘的设备和作业点都应设密闭罩或敞口吸风罩，防止粉尘逸出。 (3) 除尘系统的排风管出口应高出屋面 1.5m，排风管的位置应设在厂房主导风向的下风侧。 (4) 除尘器工作状态应保证正常，除尘效率应达到设计要求。 (5) 风管的布置应力求顺直，减少阻力，管道的连接应以焊接为主，做到密封
（六）	公用工程与安全	1. 三废排放应符合环保要求
		2. 电气设备的金属外壳、底座、传动装置，金属电线管、配电盘以及配电装置的金属构件，遮栏和电缆线的金属外包皮等，均应采用保护接地或接零
		3. 主电室、配电室、主电缆隧道和电缆夹层应设有自动报警器、烟雾火警信号器监视装置；应采取防火墙防火门间隔和电缆穿线孔遇火能自动封闭的建筑措施，并按有关标准设置警示标志
		4. 厂内机动车辆等特种机械设备应符合有关管理规定和安全技术要求，并领取使用合格证才能投入运行，运行应建立维修保养制度
		5. 锅炉、压力容器应按规定申报检验和定期检测。各种安全防护保险和信号装置应完好可靠，符合有关安全技术要求，并按规定建立锅炉、压力容器安全管理制度及管理台账
		6. 消防给水和重点设备、设施符合《建筑设计防火规范》要求，并经公安消防部门验收合格
		7. 消防设施、器材有专人负责管理，消防器材设置在明显和便于使用的地点，周围不准存放其他无关物品
（七）	作业场所职业卫生	1. 有毒、有害作业点应设置有效的通风、换气等设施，产尘车间的通风以局部排风为主，将粉尘在产尘地点直接捕集起来净化后排至室外。吸尘、排烟管应保证无泄漏
		2. 粉尘、废气、噪声不得超过国家卫生标准。定期测定产尘点空气中的粉尘浓度，发现超标时应及时采取解决措施
		3. 高温车间如烧成车间、卫生瓷注浆车间及锅炉房、干燥器、干燥塔等处应合理布置热源，做好送风降温、通风换气工作，并应加强个人防护
		4. 为从业人员提供符合国家标准或行业标准的劳动保护用品，并监督、教育从业人员按照使用规则佩戴、使用
		5. 对产生职业病危害的作业岗位，应当在醒目位置设置公告栏、警示标志；对产生严重职业危害的作业场所，除设置警示标志外，还要说明产生职业病危害的种类、后果、预防及应急救治措施
		6. 按规定对从事可能导致职业病危害的劳动者，组织上岗前、在岗期间和离岗时的职业健康检查，如发现早期尘肺病患者应该及时调离。有毒、有害作业职工每年至少体检一次，无害作业职工每二年至少体检一次，并建立职工健康档案

续表

序号	标准项目	标准内容要求
（八）	作业现场安全管理	1. 煤气区的作业应遵守《工业企业煤气安全规程》GB 6222—2005 的规定，各类带煤气作业地点应分别悬挂醒目的警告标志。煤气危险区，如对热风炉煤气发生设施附近的一氧化碳浓度应定期测定，对作业环境进行监测
		2. 生产车间存放的易燃、易爆、易腐蚀、剧毒等危险品不得超过 1 天用量；使用危险物品的车间与其他车间要作防火分隔
		3. 生产场所应有明显的安全警示标志
		4. 生产场所的地面不得有积水、油污和杂物；压滤机下面应构筑接水围框；定时用吸尘器或湿法清扫车间地面、平台和各种设备
		5. 油站、气站、煤气站等易燃易爆场所应控制点火源和可燃物浓度
		6. 设备布置、材料物品的放置、人流与物流的流向及通道、作业人员的操作空间符合安全要求和方便操作，有符合紧急疏散要求、标志明显并保持通畅的通道和出口
		7. 正确使用、保养和检查维护生产设备设施，使其处于完好技术状态
		8. 高空作业场所应设置防护栏。作业人员应配备个体防护用品
		9. 采用喷雾法施釉时，应在吸风罩或通风柜内作业，喷雾的“雾粒”必须全部喷射在吸风罩内
		10. 执行危险作业审批制度。进入危险有害区域作业，应配备安全防护用具，作好监护和应急救援
（九）	安全生产投入	1. 有为员工合理配置岗位劳保用品和确保职工体检、培训的投入，合理提取防暑降温费用（含防暑降温设备配置和清饮费）
		2. 有年度安全生产项目专项经费预算及购置、更新、维修设备设施的开支计划，并得到落实
		3. 完成重大危险源、事故隐患的登记、建档和检测评估、整改、监控等投入
（十）	事故预防与处理	1. 对危险源、事故隐患，必须登记建档、检测评估，监控管理，制定应急预案。对危险源要采取相应的防范、监控措施；对事故隐患，采取整改措施，并做好记录
		2. 制订针对性强、可操作性的事故应急救援预案。内容包括：领导机构，事故防范措施，事故应急处理程序，救护和善后，并按规定报有关部门备案
		3. 事故应急预案应定期组织演练，并及时修订完善预案
		4. 事故发生后，按规定及时如实地报告和处理
		5. 事故的调查处理符合国家和省的有关规定，严格按照“四不放过”原则要求落实，并建立事故档案
（十一）	承发包（外包）与租赁管理	1. 不得将生产经营项目、场所、设备发包（外包）或者租赁给不具备安全生产条件或者不具备相应资质的单位和个人
		2. 生产经营项目、场所有多个承包单位、承租单位的，应当与承包单位、承租单位签订专门的安全生产管理协议，或者在承包合同、租赁合同中约定各自的安全生产管理职责，对承包单位、承租单位的安全生产工作统一协调、管理，并督促承包单位、承租单位与其从业人员签订劳动合同和安全责任书

五、广东省佛山市人民政府办公室：佛山市陶瓷产业结构调整评价指导方案

佛山市陶瓷产业结构调整评价指导方案

佛府办［2008］119 号

佛山陶瓷生产历史悠久，源远流长，为我市经济发展作出过辉煌的贡献，但随着社会经济的发展，该行业面临的资源、环境约束的矛盾也日益凸现。为贯彻落实十七大精神，进一步解放思想，落实科学发展观，加快转变经济发展方式，推动我市陶瓷产业结构优化升级，需对我市陶瓷产业结构状况进行系统分析、深入评价和实施分类指导，特提出如下评价指导方案。

一、评价内容

随着节能减排环保压力的不断增大，根据国家、省有关节能减排等工作的要求以及市政府《关于加快推进我市陶瓷产业调整提升工作的通知》（佛府办［2007］234号）有关工作部署，为更好地指导我市陶瓷企业的调整提升工作，结合我市实际，以环境保护、资源利用、安全生产、交通运输等10个方面的要求列为对我市陶瓷企业开展评价的内容。

（一）清洁生产要求

企业应通过市级或以上清洁生产审核，或通过ISO 14001：2004环境管理体系认证。

（二）能耗要求

企业产品单位能耗必须达到国家或省有关要求。必须符合《建筑卫生陶瓷单位产品能源消耗限额》中“建筑卫生陶瓷单位产品能耗限额”的规定（表4－2）：

建筑卫生陶瓷单位产品能耗限额 表4－2

分类	综合能耗（千克标煤/吨）	综合电耗（千瓦时/吨）
卫生陶瓷	≤800	≤1000
吸水率 $E≤0.5\%$ 的陶瓷砖	≤340	≤400
吸水率 $0.5\%<E≤10\%$ 的陶瓷砖	≤300	≤360
吸水率 $E>10\%$ 的陶瓷砖	≤320	≤360

企业须由具有资质的中介机构对能耗进行测试，以测试报告的能耗数据作为依据（能源监测的资质是指该机构的能源监测资格通过国家计量认证，且具有有效资格证）。

（三）使用能源要求

企业应使用天然气、液化石油气、柴油等低含硫量或不含硫的燃料；使用其他燃料的，必须符合燃料含硫量的要求：即燃油含硫量低于1.0%、燃煤含硫量低于0.8%、水煤浆含硫量低于0.5%。

（四）环保要求

环保审批、验收手续齐全，环保管理规范，有环保部门核发的排污许可证，按时足额缴交排污费，近一年内各种污染物稳定达标排放并达到主要污染物总量控制要求，没有因环境违法而受到行政处罚，生产废水必须100%循环利用。

（五）交通运输要求

所有进出企业的原材料、燃料、半成品、废品，必须使用封闭式运输或采取必要措施，防止货物脱落、撒漏。

（六）劳动保障要求

企业必须严格执行国家、省、市关于社会劳动保障的各项法律法规、政策，切实维护企业员工的合法权益。

（七）职业卫生要求

企业厂区及车间必须达到《职业病防治法》、《工作场所有害因素职业接触限制》和职业卫生标准的有关要求；其作业场所的空气粉尘（总尘和呼吸性粉尘）浓度、温度、噪声等必须符合有关标准；作业场所防护设施，个人使用的职业防护用品，必须确保使用时处于正常状态。对有煤气生产和应用的企业，必须符合一氧化碳、硫化氢职业接触限值。

企业内所有原材料、燃料、半成品的运输和堆放必须有封闭措施，防止二次污染。

（八）税务要求

企业必须依法纳税，年度内（验收上一年度）未发生定性为偷、逃、骗、抗税的税务违法行为。

（九）安全生产要求

根据省安全监管局《广东省陶瓷行业安全生产规范化管理标准》，企业能按要求完成安全生产规范化管理并经评估验收达到相应等级。

（十）生产能力、工艺技术、装备及产品要求

企业的生产工艺装备和生产的产品不在《国家产业结构调整指导目录（2005）》中的限制类和淘汰类范围内（若国家颁布更新版本的产业结构调整指导目录，以最新版本为准）。

二、评价实施方法

对企业开展检查评价由各区具有相关行政监督管理职能的部门负责实施。

（一）各区相关职能部门必须在2008年10月底前按照评价内容完成对辖区内的陶瓷生产企业进行全面检查评价。

（二）对第一次检查评价未达到要求的陶瓷生产企业，在经过限期整改、提升后，须在规定时间内向各区政府陶瓷产业调整提升领导小组办公室提出复检申请。各区政府须在2009年12月底前完成所有复检工作。

各区政府须在每次检查评价后将各项验收情况报市陶瓷产业调整提升联席会议办公室。

三、实行分类指导

经检查评价达到上述要求的企业，可允许其继续生产经营；同时，各区可结合企业规模、效益、品牌、创新能力等确定若干重点扶持对象，享受我市制定的陶瓷产业扶优扶强的有关政策；检查评价未达到要求的企业，各级政府及相关职能部门将依法进行处理、限期整改，在规定时限不能达到要求、符合关闭条件的，将依法实施关闭。

二〇〇八年四月十六日

六、广东省佛山市人民政府办公室：佛山市陶瓷产业扶优扶强若干政策措施

佛山市陶瓷产业扶优扶强若干政策措施

佛府办［2008］120号

为促进我市陶瓷产业优化提升，做大做强一批陶瓷企业，提升陶瓷产业的核心竞争力，根据市政府《关于加快推进我市陶瓷产业调整提升工作的通知》和《佛山市陶瓷产业发展规划》有关精神，制定本政策。

一、适用范围

按照市制定的《佛山市陶瓷产业结构调整评价指导方案》，经检查评价达到要求并符合下列情况的企业，适用本政策。

二、扶优扶强政策措施

（一）发展总部经济方面

1. 陶瓷企业总部是指具有独立法人资格；企业的决策中心、营销中心、财务结算中心等设在佛山，而生产环节以外地为主；在佛山汇总缴纳企业所得税。

2. 加快作好陶瓷总部基地、采购中心、会展、专业批发市场的规划，在环境优先的前提下，合理规划陶瓷产业的空间布局。

3. 加大对总部企业资金扶持力度，自2008年度开始，在市经济科技发展资金中统筹安排发展总部经济专项，纳入佛山经济科技发展资金年度计划，在企业总部的设立、企业节能减排、企业上市、国际重要会展参展、区域品牌建设、行业技术攻关等方面予以支持。

4. 在本市、区进行税务登记的新办总部企业，按其当年对市、区财政贡献额给予一次性奖励，具体奖励办法由各区自行制定。

5. 实施积极的土地支持政策。将总部企业用地优先纳入年度土地供应计划，在每年新供用地中，

提供一定比例的用地通过“招标、拍卖、挂牌”等公开方式，满足经认定的总部企业用地需求。

6. 海关、检验检疫等部门要在陶瓷总部基地建立出口通关一站式服务，支持鼓励国家级建筑卫生陶瓷实验室与国外认证机构合作，开展委托或分包认证业务，为陶瓷总部基地建设提供良好的配套服务。

（二）品牌建设方面

7. 鼓励国内外陶瓷企业在我市设立采购中心、研发中心、检测中心、中介服务中心、培训中心、会展商务中心、物流中心等，完善提高陶瓷产业的综合服务功能。

8. 支持和培育骨干企业、标志性产品形成著名区域品牌，推动企业争创更多的中国世界名牌产品、中国驰名商标、中国名牌产品和中国出口名牌，形成在国内具有较强竞争力的品牌集聚辐射中心。支持鼓励佛山市陶瓷行业协会、商会注册申报“佛山陶瓷”区域品牌，各级政府部门要共同努力将“佛山陶瓷”品牌打造为中国陶瓷的一流品牌，并给予全力的支持。

9. 鼓励发展高端建筑卫生陶瓷、工艺美术陶瓷、特种陶瓷、陶瓷装备、陶瓷化工色釉料和陶瓷创意产业，对鼓励类项目的产业化发展，各级政府要在政策、资金、用地等方面给予扶持。

10. 鼓励行业集体参加国际展会，提升陶瓷行业在国际市场上的整体形象和实力。总部企业开展海外业务，可优先申请市有关专项资金。

（三）用地发展方面

11. 为扶优扶强企业发展提供空间。列入《佛山市陶瓷产业发展规划》中重点发展的高新科技及高端的建筑卫生陶瓷、陶瓷化工色釉料、特种陶瓷、工艺美术陶瓷、陶瓷装备业和节能环保型陶瓷等陶瓷生产企业，其企业上市项目和技术改造项目需扩大项目用地的，在符合土地利用总体规划和城市规划，且不违反国家供地政策的前提下，政府可以规划预留企业增资扩产用地。通过对城镇范围内的陶瓷用地进行调整，逐步将陶瓷企业引导至统一规划的产业集聚区。鼓励和引导企业利用旧厂房、旧物业发展陶瓷创意产业。

12. 按照城市规划、产业规划需要迁出中心城区的扶优扶强企业，符合规划的，若政府不对迁出企业土地实施收购储备时可申请改变用途，但必须进行“招拍挂”公开交易，并按规定补缴土地出让金，迁出企业土地享受部分改变功能的收益，以土地升值补偿搬迁损失，同时，迁出企业的职工安置符合国家有关规定的，搬迁企业可向政府申请返还土地出让金，以财政支出方式用于企业职工安置。原有厂房改造适用《佛山市推进旧厂房改造若干问题的实施意见》等有关规定。

13. 合理确定改造片区的用地功能和开发强度，以会展业、旅游业、采购中心、研发中心和企业总部基地等为基础，结合地块的兼容性质增强开发弹性，在满足城市公共基础设施能力的前提下，鼓励适度提高开发容积率，有效发挥用地功能调整所带来的经济效益、社会效益和环境效益。

（四）上市融资方面

14. 支持扶优扶强企业利用资本市场进行融资，采取“一企一策”的办法解决扶优扶强企业在境内外上市融资过程中的问题。市、区两级主管部门和镇（街道）要将其作为上市企业对象进行重点培育，对扶优扶强企业上市执行市政府《印发关于利用资本市场促进我市经济发展的意见的通知》（佛府［2004］79号）和《关于印发佛山市企业上市奖励实施细则的通知》（佛府办［2006］312号）的有关扶持政策。

15. 金融机构要对扶优扶强的陶瓷企业贷款给予支持，加大贷款额度。

（五）节能减排方面

16. 鼓励采购、使用节材、节能减排的自主创新陶瓷产品。在全市范围内，凡是使用财政资金进行采购的，根据财政部《关于印发自主创新产品政府首购和订购管理办法的通知》（财库［2007］120号）文件精神，优先采购扶优扶强陶瓷企业的自主创新产品。

17. 积极为扶优扶强的陶瓷企业创造天然气的供应条件。有条件的区域，鼓励按照清洁生产标准，建立陶瓷清洁生产园区，集中供热供气、污水处理和循环利用，实现节能减排。在符合环保、质监、安全和卫生防护等要求的前提下可以按照有关规定，由市统一规划布局，集中建设，使用煤制气。国土、规划部门要积极为建立清洁生产工业园作好有关规划和用地指标安排，提供优质服务。

鼓励陶瓷企业申报清洁生产企业，并对表现突出的企业进行表彰或奖励。对获得国家、省立项并实施的陶瓷行业节能减排清洁生产的重大项目，市、区两级财政给予资金配套支持。

（六）营商环境方面

18. 市、区两级科技专项资金、产学研资金要加大对陶瓷行业节能减排清洁生产等关键共性技术攻关的支持力度，引导扶优扶强的企业积极开展节能减排清洁生产技术创新活动。

19. 营造公平公正的税收环境，加大税收执法力度，积极开展纳税评估和税务检查工作，对涉嫌违法行为严厉查处。

提高纳税服务水平，为设立总部的陶瓷企业开设绿色通道，提供优质高效的行政服务。

20. 各级政府和部门要采取“一企一策”、“一事一议”的办法，动态解决扶优扶强企业在发展过程中的问题。

21. 加大对总部经济相关政策的宣传，引导陶瓷企业按照国家政策，作好生产经营布局。

22. 各级政府及相关部门要加强对陶瓷文化旅游的重视和支持，建立若干个陶瓷文化旅游景点，丰富我市的陶瓷文化旅游资源。在对外宣传资料和对外接待中要积极宣传推介陶瓷总部基地和陶瓷文化旅游景点，各级宣传部门要积极协调市内外的新闻媒体加大对陶瓷产业总部基地和陶瓷文化旅游景点的宣传推介力度，通过旅游小册子、路牌标示和公交站点等指引，营造良好的产业发展氛围。

（七）智力支持方面

23. 积极引进和培育陶瓷企业总部人才，加大陶瓷总部企业紧缺人才引进和培养力度，完善各层次人才培训体系。总部企业接受应届毕业生、海外留学生和技能人才实行优先保障和绿色通道制度。

24. 人事部门和劳动保障部门每年要对陶瓷企业用工和人才需求情况进行了解，加大对各类各层次陶瓷工艺美术人才、管理人才、专业技术人才、营销人才和技术工人等的培养和引进。作好与有关高等院校和人力资源输出地区的联系和人才引进工作，人事部门还要加强陶瓷行业专业技术人员的继续教育工作。

25. 鼓励与高校合作举办陶瓷技术学院，开设陶瓷专业或分院，为我市陶瓷产业培养本地急需和紧缺人才。

三、各区可根据本地实际情况制定相应的实施细则

二〇〇八年四月十六日

七、广东省佛山市人民政府办公室：佛山市陶瓷产业发展规划（2008—2015）

佛山市陶瓷产业发展规划（2008—2015）

佛府办［2008］121号

佛山陶瓷具有雄厚的产业基础和深厚的历史文化底蕴，是佛山重要的传统支柱产业和宝贵的历史文化资源，是展示和宣传佛山城市形象、提高城市知名度和影响力的重要载体。为贯彻落实科学发展观，推进产业持续优化升级，促进陶瓷产业与城市、环境、资源的和谐发展，根据《佛山市城市总体规划》、《佛山市新型工业化发展“十一五”规划》、《佛山市节能减排综合性工作方案》、《关于加快推进我市陶瓷产业调整提升工作的通知》和《佛山市陶瓷产业结构调整的评价方案》等有关规划和文件的精神，制订本规划。

（一）发展基础和环境

1. 发展基础

佛山陶瓷历史悠久，源远流长，自古便被誉为“南国陶都”。经过改革开放以来30年的迅猛发展，

佛山陶瓷已发展成为产业基础雄厚，产业体系完备，影响辐射面广，社会就业者众，享誉国内国际，极具历史文化底蕴和地方特色优势的传统支柱产业。2007年，佛山规模以上陶瓷工业企业366家、工业总产值614.45亿元、工业增加值184.62亿元、出口交货值65.05亿元、资产总计293.72亿元、利润总额36.44亿元、税收总额18.09亿元、全部从业人员年平均数124180人，分别占全市规模以上工业的5.5%、7.3%、7.9%、3.5%、6.6%、9.2%、5.9%和7.8%。2007年佛山陶瓷产品出口总值14.9亿美元，占全市出口总值的5.7%，市场遍及全球170多个国家和地区。佛山陶瓷拥有新明珠、新中源、东鹏、鹰牌、蒙娜丽莎、钻石、欧神诺、顺成等大批骨干企业及著名品牌，有中国驰名商标6件、中国名牌产品8个。佛山被国家有关部门和协会认定为"中国建筑卫生陶瓷特色产业基地"、"中国建筑卫生陶瓷出口基地"、"中国陶瓷名都"，被省有关部门认定为"广东省产业集群升级示范区"；禅城区的石湾镇街道和南庄镇被省有关部门认定为广东省专业镇，并分别被国家有关协会授予"中国陶瓷名镇"和"中国建陶第一镇"的称号。

佛山是全国乃至全球最大、产业链发育最完善的陶瓷产业集群区。佛山陶瓷以建筑和卫生陶瓷为主，兼有特种陶瓷、艺术陶瓷、园林陶瓷以及少量的日用陶瓷、耐火陶瓷。佛山陶瓷专业市场发达，形成了中国陶瓷城、华夏陶瓷博览城两大陶瓷展示和会展中心，青柯、置地、华艺、沙岗、河宕、瓷海国际六大陶瓷专业批发市场，江湾路、南庄大道、季华路（佛山大道以西部分）三大陶瓷专业街，以及众多的陶瓷企业展厅。佛山陶瓷会展经济活跃，培育了"中国佛山（国际）陶瓷博览交易会"（每年春秋两届）、"中国佛山（国际）陶瓷工业展览会"、"中国（石湾）陶艺文化节"等知名展会。佛山是全国最大的陶瓷装备制造业基地，拥有各类陶瓷装备制造企业200多家，产值占全国的80%以上。佛山是全国最大的陶瓷化工色釉料生产基地，拥有一大批陶瓷化工色釉料骨干企业。佛山陶瓷技术创新和产品检测体系完善，有中国科学院上海硅酸盐研究所（佛山）陶瓷研发中心、佛山市陶瓷研究所、佛山市华夏建筑陶瓷研究开发中心（国家级建筑陶瓷研发中心、国家建筑卫生陶瓷生产力促进中心、国家日用及建筑陶瓷工程技术研究中心建筑卫生陶瓷分中心）等公共创新平台，有企业技术中心6个、企业工程技术研究开发中心11个，有国家陶瓷产品质量监督检验中心、国家级建筑卫生陶瓷检测重点实验室、国家日用陶瓷技术监督及检测中心佛山工作站、英国陶瓷研究协会华夏陶瓷检测中心等检测机构。佛山是全国各类陶瓷经营管理和专业技术人才（特别是陶艺大师）最为集中的地区。此外，佛山还有为陶瓷产业配套的认证、媒体、包装、物流、广告、策划、教育、培训等相关配套企业和机构，形成了专业化分工、产业化协作、集群化发展的格局。

但是，佛山陶瓷也存在着粗放发展的问题。一是环境污染依然严重。2007年，环境统计中陶瓷行业重点企业工业粉尘排放量为4384.89吨、二氧化硫排放量为45478.63吨、氮氧化物排放量为32260.23吨、工业废气排放量为4762644万标立方米、烟尘排放量为2033.95吨、氨氮排放量为13.44吨、工业废水排放量为3456921吨、化学需氧量为161.59吨，分别占环境统计中所有重点工业企业总和的59.86%、42.15%、32.27%、29.85%、8.92%、2.70%、2.20%和1.95%。尤其是局部区域污染问题突出。二是节能降耗任务艰巨。2007年全市规模以上非金属矿物制品业（陶瓷工业总产值占非金属矿物制品业的82.6%）实现工业总产值743.45亿元，占全市规模以上工业的8.8%，但其综合能源消费量却为556.8万吨标准煤，占全市规模以上工业的37.5%，其单位产值能耗为0.75吨标准煤/万元，是规模以上工业的4.17倍，在各工业行业中仅次于电力、热力的生产和供应业（0.78吨标准煤/万元）而居于第二位。三是资源约束日益突出。随着燃料和原材料价格上涨、利润空间趋薄、土地资源枯竭、劳动力供给短缺等矛盾日益突出，佛山陶瓷发展约束增强。四是自主创新有待加强。相当部分企业缺乏自主开发能力，产品开发没有走出经验型、引入型、模仿型和实用型之路。五是企业不够大不够强。佛山陶瓷企业虽多，但大而强的具有现代管理的企业较少。六是行业自律管理较弱。企业相互之间缺乏有效的沟通和协调，部分企业无序竞争，影响了行业的健康发展。七是国际市场存在障碍。部分国家和地区通过技术壁垒、反倾销以及其他贸易壁垒来阻止我国陶瓷进口，再加上缺乏开拓国际市场的专业人才，佛山陶瓷出口碰到的阻力越来越大。

2. 发展环境

目前，佛山陶瓷发展既面临有利机遇，也面对诸多挑战。以佛山陶瓷为代表的陶瓷产业已经成为我国最具国际竞争力的产业之一，经济全球化的发展将加速我国陶瓷产业的国际化进程，有利于促进我国陶瓷产业向产业链的高端转移提升。未来全球经济稳定增长和国际贸易持续扩大，将为佛山陶瓷的出口提供更广阔的市场空间。我国正致力于全面小康社会的建设，居民的住房和装修需求持续增长，将进一步拉动陶瓷等建筑装饰材料产业的加快发展。但是，随着国际贸易壁垒频繁、人民币的升值、资源能源等生产要素的紧缺、综合经营成本的上升、环境压力的增大、市场竞争的激烈等，都使佛山陶瓷产业面临着严峻的考验。因此，加快推进产业优化升级，提高自主创新能力，加强节能降耗减排，建设自主创新型、资源节约型、环境友好型产业，是佛山陶瓷发展的现实选择和必由之路。

（二）发展思路与目标

1. 发展思路

以科学发展观为指导，坚持走新型工业化道路，紧密围绕产业强市战略，以转变经济发展方式为根本，以调整优化升级为主线，以保护环境、节约资源为关键，以增强产业国际竞争力为核心，按照市委、市政府关于“赶走污染，做强陶都”和“传统产业、现代制造”的精神，通过推进陶瓷产业的调整提升，不断优化产业结构，努力提高自主创新能力，大力发展循环经济和现代服务业，促进陶瓷产业与城市、环境、资源和谐发展，促进产业链由低端（加工、生产、制造）向高端（设计、研发、会展、营销、装备和文化等）跃升，促进佛山陶瓷文化的传承发扬和佛山陶瓷区域品牌的巩固提升，努力把佛山打造成为中国乃至全球的“陶瓷之都”。

2. 发展目标

1）近期目标（2008—2010 年）

（1）工业总产值、工业增加值分别保持在 430 亿元和 130 亿元左右；

（2）高端建筑卫生陶瓷、工艺美术陶瓷、特种陶瓷在整个陶瓷产业中所占比重有较大的提高；

（3）年产值（集团合并报表）超 20 亿元的企业 2 家、超 10 亿元的 10 家，中国驰名商标达到 8 件、中国名牌产品达到 12 个；

（4）陶瓷的研发、设计、检测、认证、会展、电子商务、信息、文化、旅游、商贸、物流等现代服务业发展迅速，陶瓷产业总部经济基本成型；

（5）“佛山陶瓷”、“佛山工艺美术陶瓷”（石湾公仔）的区域品牌得到注册保护和传承发扬，市场化运作取得较好的经济和社会效益；

（6）建筑卫生陶瓷、特种陶瓷、陶瓷化工色釉料生产企业 100% 通过清洁生产审核，能耗指标达到国家和省的标准。

2）中期目标（2011—2015 年）

（1）工业总产值、工业增加值比 2010 年略有增长；

（2）高端建筑卫生陶瓷、工艺美术陶瓷、特种陶瓷在整个陶瓷产业中所占比重有大幅度的提高；

（3）自主创新能力明显增强，形成以创新驱动和知识驱动为主的新型产业集群；

（4）佛山陶瓷文化得到进一步的巩固提升和传承弘扬，“佛山陶瓷”、“佛山工艺美术陶瓷”（石湾公仔）区域品牌成为国际著名的区域品牌；

（5）建筑卫生陶瓷、特种陶瓷、陶瓷化工色釉料生产企业 100% 通过 ISO 14001 环境管理体系认证，产业与城市、环境、资源和谐发展，形成资源节约型、环境友好型产业；

（6）力争把佛山打造成为全国乃至全球最大的陶瓷产业总部基地和陶瓷装备、高端建筑卫生陶瓷、工艺美术陶瓷、特种陶瓷、化工色釉料生产基地，陶瓷研发设计、检测认证、会展商务、商贸物流、文化旅游、电子商务中心。

（三）发展任务和措施

1. 推进调整提升，促进优化升级

（1）推进调整提升。按照市政府《关于加快推进我市陶瓷产业调整提升工作的通知》（佛府办［2007］234号）精神，通过“扶持壮大一批，改造提升一批，转移淘汰一批”，推动现有陶瓷生产企业加快改造提升。对于达到《佛山市陶瓷产业结构调整的评价方案》提出的环境保护、资源利用、安全生产、交通运输等相关方面要求的陶瓷生产企业予以保留，并采取各种措施大力推进其持续改造提升。对于有规模、有技术、有品牌、有环保、有潜力的陶瓷生产企业，在推进其持续改造提升的同时，给予相应的政策扶持，促使这些企业做强做大，发展成为我国乃至全球陶瓷产业的龙头企业。对于在现有条件下不能改造提升或者虽经改造但仍达不到《佛山市陶瓷产业结构调整的评价方案》等相关方面要求的陶瓷生产企业，采取相关措施推动其异地改造、转产转型或者实施关闭停产。

（2）优化行业结构。在符合前述要求的情况下，优化发展建筑卫生陶瓷和陶瓷化工色釉料行业，市内只保留高新科技及高端的建筑卫生陶瓷、陶瓷化工色釉料和节能环保型陶瓷产品的生产，其他建筑卫生陶瓷和陶瓷化工色釉料生产企业则鼓励其将总部留在佛山，把生产线进行异地改造；大力发展工艺美术陶瓷、特种陶瓷和陶瓷装备制造业；加快发展陶瓷研发设计、检测认证、会展商务、商贸物流、文化旅游、电子商务等陶瓷现代服务业，延伸和拓宽产业链，完善产业配套，增强产业根植性，防止产业空心化。

（3）优化组织结构。对允许保留的陶瓷生产企业实行扶优扶强，鼓励其转变发展方式，通过多种形式实施资本运营，扩大资本运营的空间。推动企业通过上市、联合、重组、兼并、向国内外扩张、品牌输出等方式实现做强做大，发展一批年产值超10亿元、超50亿元甚至超100亿元的大企业（集团），提高产业集中度。鼓励符合条件的企业积极上市，促进企业向资本化、规范化、标准化、规模化发展。对那些资源能源消耗高、环境污染重、技术工艺落后、产品质量低劣、安全生产不善的企业，坚决实施淘汰关闭或者调整转移。

（4）优化产品结构。建筑卫生陶瓷要由目前主要依靠扩大规模以量取胜转变为依靠自主创新以质取胜，把佛山建设为中国乃至全球建筑卫生陶瓷新技术、新工艺、新产品的主要发源地和产业、信息的主要集散地，重点发展各种高新陶瓷、精品陶瓷、生态陶瓷、环保陶瓷、节能陶瓷、文化陶瓷、艺术陶瓷和陶瓷新材料。特种陶瓷要依托现有基础，积极引进国内外先进的特种陶瓷企业，有选择地鼓励发展各种工业用、工程用、医用、军事用、航空航天用等高新特种陶瓷和特种陶瓷新材料。工艺美术陶瓷要进一步加大宣传力度，充分发挥国家级大师云集的优势，进一步解放思想，向市场化、产业化方向发展，走艺术与市场相结合，观赏、陈设、收藏与日用、实用相结合，历史传承与现代创新相结合，东方文明与西方文化相结合的道路，努力开拓收藏陶瓷、旅游陶瓷、礼品陶瓷和家居装饰陈设陶瓷等领域，做强做大“佛山工艺美术陶瓷”（石湾公仔），力争开发出能全面反映岭南历史文化的、有佛山特色的陶瓷艺术代表作。陶瓷装备制造要提高研发设计与制造水平，向光、机、电、液、气一体化方向发展，实现全自动、信息化、智能化、柔性化、低能耗、环保型，提高整线整厂成套供应能力。

（5）优化区域结构。全市范围内不再新建、扩建一般性的建筑卫生陶瓷和陶瓷化工色釉料生产线。在“2+5”组团中心城区以外的工业园区，在确保符合当地城市和产业发展规划以及相关环保、清洁生产、安全生产等条件的情况下，允许适度发展高新科技、高端建筑卫生陶瓷和特种陶瓷、陶瓷化工色釉料等。对在“2+5”组团中心城区以外，符合《佛山市陶瓷产业结构调整的评价方案》等相关方面要求允许保留的企业，要推动其在现有规模中通过技术改造等向高端进行优化提升。各区允许陶瓷发展的具体区域以及准入标准、审批程序，由各区人民政府依法确定。鼓励相关区、镇（街道）与外地政府合作建设佛山陶瓷产业转移园区，并统一命名为佛山陶瓷（××①）工业园区（①：当地地名）。

2. 推进自主创新，提升竞争能力

（1）完善技术创新体系。鼓励企业建立研发机构，争取在近期规划内（2008—2010年）使大中型企业普遍建立起企业技术中心或者企业工程技术研究开发中心，提高对技术创新的投入和加大对创新人员的激励，提高企业自主创新能力。同时，加强对佛山市陶瓷研究所、佛山市华夏建筑陶瓷研究开发中心、中国科学院上海硅酸盐研究所（佛山）陶瓷研发中心等公共创新平台的建设，广泛开展产学研合作，加紧研究开发一批共性基础技术、关键技术和核心技术，提高整个产业集群的自主创新能力和竞争力。适当加大政府资金投入，引导更多社会资金投入，加快研究开发陶瓷行业调整提升所迫切需要的关键、共性、核心技术以及新工艺、新设备、新能源的推广，以技术进步推动佛山陶瓷的可持续发展。

（2）积极实施名牌带动战略。以企业为主体，加大对企业的鼓励和扶持力度，推动企业争创更多的中国世界名牌产品、中国驰名商标、中国名牌产品和中国出口名牌。支持企业开展品牌经营和品牌输出。同时，特别注重对区域品牌的保护、开发和提升。重点支持佛山市陶瓷行业协会对“佛山陶瓷”、“佛山工艺美术陶瓷”（石湾公仔）集体商标的设计、注册以及地理标志的申报，加大对区域品牌的保护、扶持、宣传推广和应用力度，将“佛山陶瓷”和“佛山工艺美术陶瓷”（石湾公仔）打造成全球闻名的区域品牌，提升佛山陶瓷的国际影响力和竞争力。

（3）积极实施标准化战略。全面推动企业采用国家标准和国际先进标准，开展标准认证，参与国家或者国际标准的制定，通过运用标准化战略来强化素质，提高生产经营效益和国际市场通行能力。同时，围绕提升区域品牌，加紧制定并推广“佛山陶瓷”和“佛山工艺美术陶瓷”（石湾公仔）区域品牌的标准体系，并努力将其转化为国家标准甚至国际标准，提升区域竞争力。

（4）加强公共检测平台建设。支持国家陶瓷产品质量监督检验中心（佛山）、国家级建筑卫生陶瓷检测重点实验室、国家日用陶瓷技术监督及检测中心佛山工作站、英国陶瓷研究协会华夏陶瓷检测中心、佛山市陶瓷研究所测试中心等公共检测平台的建设，配备先进的仪器设备和人才，扩大检测范围和国际认可，争取覆盖主要出口市场国家和地区的标准，帮助企业找出问题和差距，促进自主创新和打破国际贸易的技术壁垒。

（5）实施差异化战略。引导企业摒弃模仿的设计理念和模式，注重设计人才的引进和培养，注重设计方式的改进和现代设计工具的运用，通过应用高新科技手段，设计、开发出具有自主知识产权的新产品，提高产品的技术、信息和文化含量，以差异化取胜。

3. 发展现代服务，促进转型升级

（1）大力发展总部经济。创造良好的政策环境和服务体系，鼓励现有企业将企业总部、研发中心、检测中心、营销中心、结算中心、展示中心、信息中心、文化中心、创意中心等留在佛山，同时积极吸引国内外陶瓷企业和研发等相关机构在我市设立总部（或者区域总部）、研发中心、检测中心和营销中心等，大力支持中国陶瓷产业总部基地建设，推动陶瓷总部经济发展，将佛山打造成为中国乃至全球的陶瓷产业总部基地，实现佛山陶瓷由传统产业向都市型、创新型、知识型产业转型跃升。

（2）大力发展陶瓷会展业。鼓励和引导中国陶瓷城和华夏陶瓷博览城错位发展，中国陶瓷城应发展为佛山高档建筑卫生陶瓷和艺术陶瓷的展示、销售中心，佛山重要的陶瓷文化、陶瓷旅游和陶瓷出口基地；华夏陶瓷博览城要加快场馆的扩建和配套设施的完善，积极举办多种类型的会展，加快发展成为佛山综合性会展中心，成为名副其实的“佛山国际会议展览中心”。支持“中国佛山（国际）陶瓷博览交易会”、“中国佛山（国际）陶瓷工业展览会”和“中国（佛山石湾）陶艺文化节”等陶瓷会展，通过加强统筹、协调和调控，充分发挥各方面的优势，积极吸引国内外著名陶瓷企业参展，扩大会展的规模和国际影响力，树立佛山陶瓷会展的品牌和地位。积极引进国内外著名陶瓷会展进驻佛山，将佛山打造成为中国最大、全球重要的陶瓷会展中心。同时，还要举办或者积极引进国内外著名的各种陶瓷高峰会、研讨会、论坛、发布会、行业会议等在佛山举行，提高佛山陶瓷的知名度和影响力，带动相关产业发展。

（3）积极发展电子商务和现代陶瓷物流。依托现代信息技术和管理手段，加快企业网上贸易电子商务建设，对陶瓷出口采取电子报检、电子监管、电子通关的大通关模式，提高陶瓷物流效率，实现交易与物流的独立运行。依托陶瓷产业，在“2+5”组团中心城区以外合理规划设置陶瓷物流节点，将佛山规划建设成为一个现代陶瓷物流中心。根据陶瓷产业的特点，积极培育和引进一批现代物流企业，将现代物流理念引入陶瓷企业经营管理环节，有效降低原材料、产成品及其他耗材的库存，为佛山陶瓷提供高效、优质、安全、便捷的物流服务。加快物流园区的建设，切实改变现在陶瓷仓库分散、低效的状况。

（4）积极改造提升陶瓷专业市场。各有关部门要严格按照《佛山市城市总体规划》合理规划陶瓷专业批发市场的选址和建设，防止陶瓷专业批发市场及专业街的无序发展。加大对现有的青柯、置地、华艺、沙岗、河宕、瓷海国际等陶瓷专业批发市场以及江湾路、南庄大道、季华路（佛山大道以西部分）等陶瓷专业街的整合和改造提升。引导陶瓷企业不再单独建设产品展示厅，鼓励规划建设高档次、集约化、规模化、综合性的陶瓷产品展示中心。大力整顿陶瓷市场秩序，提高守法经营、文明经营和诚信经营的程度。

（5）积极发展陶瓷文化和陶瓷旅游。加强对以"佛山陶瓷"、"佛山工艺美术陶瓷"（石湾公仔）为代表的佛山陶瓷文化的保护、策划、开发、宣传和推广，使其得到传承和弘扬。加强佛山陶瓷创意产业园的建设，鼓励陶瓷创意、设计、研发和艺术的发展。支持陶瓷专业媒体和行业网站的发展。鼓励创作和出版发行以陶瓷为题材的学术、文学、艺术、影视等作品。由政府出资引导，广泛募集社会资金，规划建设"中国陶瓷博物馆"，将其建设成国家级的陶瓷博物馆和全国重要的陶瓷旅游基地。以石湾为中心，整合全市陶瓷资源，规划建设一个集陶瓷工业旅游、陶瓷文化鉴赏、制陶体验于一体的陶瓷产业文化旅游区，并争取建设成为5A级景区。

（6）加强陶瓷专业人才的培养和引进。创造良好的人才环境，加大对各类各层次陶瓷工艺美术人才、管理人才、专业技术人才、营销人才和技术工人等的培养和引进。充分利用佛山和广州的高等和职业教育资源，开展有针对性的在职培训。条件成熟的时候在佛山科技学院或者佛山职业技术学院等院校开设陶瓷专业或分院，也可以与景德镇陶瓷学院或者华南理工大学等高校合作，在佛山设立分院、分校。

4. 发展循环经济，实现和谐发展

（1）大力推进清洁生产。在建筑卫生陶瓷、特种陶瓷、陶瓷化工色釉料生产企业全面强制推行清洁生产和开展ISO 14001环境管理体系认证。在近期规划内（2008—2010年）全部企业通过清洁生产审核。在中期规划内（2011—2015年）建筑卫生陶瓷、特种陶瓷、陶瓷化工色釉料生产企业全部通过ISO 14001环境管理体系认证。

（2）大力发展循环经济。按照"减量化、再利用、再循环"的原则，积极发展循环经济，从源头上减少陶瓷废物的产生。在全市规划建设和扶持发展若干个陶瓷废物处理中心，将陶瓷废物加工成可再利用的产品或者作无害化处理；有条件的企业可自行处理。鼓励企业研究开发和推广应用无辐射、无毒、低毒、低排放的新技术、新工艺、新设备，实现节能、降耗、减排。各级政府部门及相关行业协会要加大节约与替代技术、工艺、装备的研究开发和推广应用力度，尽最大限度节约和集约利用土地、能源、原材料和水资源，推进资源节约与综合利用，达到资源能源低消耗、经济高产出、污染低排放或者零排放的目标。

（3）改善能源利用状况。在陶瓷产业中大力推广天然气、液化气和轻质柴油等清洁能源。政府积极创造条件，争取更多气源，使更多企业能够使用天然气等清洁能源。积极推广节约和替代石油工程。在符合城市规划、环保、质监、安全和卫生防护等要求的前提下可以按照有关规定集中建设、使用煤制气，具体允许使用的区域和使用条件、审批程序由各区人民政府根据市的规划从严确定。

（4）加强环保治理和监管。企业产生的工业废水，必须经过治理后循环回用，实现污水"零排放"。新增排放污染物的指标，必须通过对现有污染生产工艺的改造和治理，削减两倍污染物的量来获得。加强对陶瓷企业燃料、污染物排放和运输等的监管，坚决改造或者淘汰落后的生产工艺技术和设备，确保达标排放和总量控制。充分利用污染源在线监测监控系统反映的情况和群众举报的线索，坚持常规执法检查和突击检查相结合，对违法排污企业进行快速查处和严厉打击，有效地促进企业加强环境保护工作并确保污染治理设施的正常运转。

5. 积极应对挑战，拓展国际市场

（1）积极应对国外技术壁垒。有关部门和检测机构要全面、准确、及时收集整理出口市场国家或者地区的准入标准，并向陶瓷企业宣传，就如何针对不同国家或地区采取不同检测、获得不同认证进行指导和服务。鼓励本地检测机构加强与国外权威检测机构的合作，获得国外权威检测机构的授权或者资格互认，方便并推动企业取得相关认证。通过国际贸易标准化加速企业软实力的整合，使企业的核心理念、原创设计、技术创新、资源节约、环境保护等软实力得到提升。鼓励企业积极参与行业的国际经济技术交流与合作，参与行业相关国际标准的起草与制定，参与行业各种国际性的事务，提高佛山陶瓷产业在国际上的影响力。

（2）积极应对国外反倾销。有关部门和佛山市陶瓷行业协会要加强对反倾销知识的宣传教育与培训，提高整个行业对反倾销的认识和应对能力。通过政府部门、行业协会和企业联动，依托现代信息技术和管理手段，加强佛山陶瓷反倾销数据系统、出口监控体系、反倾销预警机制和反倾销人才队伍的建设，形成体制完善、反应灵敏、行动迅速的反倾销应对工作机制，提高反倾销应对能力。

（3）鼓励自有品牌出口。海关和检验检疫机构要将自有品牌出口纳入专项统计，对自有品牌出口的企业，在办理进出口、检验检疫、出口退税等业务时给予优先。积极落实国家和省对自有品牌出口的各项支持政策，鼓励企业在境外开展商标注册、进行品牌宣传、与国外著名品牌合作或者购买国外品牌，开展自有品牌出口或者联合品牌出口。

（4）积极拓展国际市场。鼓励企业成为联合国采购注册供应商，协助企业拓展新的国际贸易空间。有关部门和协会要加强与出口市场国家或者地区相关部门、协会的交涉、交流，达成相互平等对待的待遇，为佛山陶瓷出口和参展创造公平、有利的环境。有关部门要加强与国家商务部及国家有关协会的沟通，协助企业走向国际市场。积极实施市场多元化战略，在巩固香港、东南亚和中东等传统市场的同时，继续拓展欧洲、美国市场，积极开拓俄罗斯、中亚、西亚、南亚、中东、非洲、南美、澳大利亚和新西兰等市场。

6. 加强行业管理，促进健康发展

（1）加强行业协会建设。各级政府部门要在各自的职能范围内积极支持佛山市陶瓷行业协会开展工作，充分发挥其在行业沟通协调、自律管理的作用。各陶瓷企业要树立大局意识和行业意识，增强社会责任感和行业责任感，关心、支持佛山市陶瓷行业协会的建设和发展。佛山市陶瓷行业协会要内强素质、外树形象，充分发挥“桥梁、自律、维权、服务”的功能。通过政府、协会和企业的共同努力，把佛山市陶瓷行业协会打造成为一个会员覆盖面广、行业代表性强、服务功能完善、自律管理规范、权益保护到位的具有强劲吸引力、凝聚力和辐射力的示范性行业协会。

（2）加强知识产权保护。加强知识产权法律的宣传与普及，加大对企业专利申请的扶持，促进专利技术的实施，加强对知识产权优势企业的培育，加强服务与管理，支持企业实施知识产权战略，维护企业的合法知识产权。充分发挥佛山市陶瓷行业协会的作用，促使更多企业（特别是工艺美术陶瓷企业）加入《佛山市陶瓷行业保护知识产权自律公约》，利用这个行业自律平台，弘扬“以自主创新为荣，以剽窃仿冒为耻”的行业道德，尊重他人的知识产权，自觉抵制各种侵犯他人知识产权的行为。推进各种双边和多边的专利联盟，加强对“佛山陶瓷”、“佛山工艺美术陶瓷”（石湾公仔）集体商标和区域品牌的保护，建立各成员之间的友好合作、优势互补、共同保护知识产权的机制与和谐发展的良好环境。

（3）加强出口市场整顿。提高陶瓷出口企业的准入标准，规范出口主体资格，提升总体出口竞争力。加强对代理进出口企业的管理，鼓励生产企业直接出口，减少中间环节和无序竞争。鼓励企业加强质量管理，确保每一批产品质量稳定，提升佛山陶瓷的国际品质形象。

（4）加强社会责任建设。引导企业建立学习型、创新型、自律型的积极、健康、和谐的企业文化。加强行业意识的宣传教育，提高企业的行业使命感和责任感。加强职业道德的建设，提高行业依法经营、文明经营、诚信经营的水平。推动佛山市陶瓷行业协会出台《关于加强佛山陶瓷行业社会责任建设的指导意见》，鼓励和推动企业开展 SA8000 社会责任认证，引导企业以人为本、科学发展、依法纳税、节能降耗、加强环保、尊重创造、关爱员工、参与公益、严格自律等。

二〇〇八年四月十六日

八、广东省潮州市人民政府：潮州市自主创新行动计划

潮州市自主创新行动计划

潮府［2008］48 号

为贯彻落实《中共广东省委、广东省人民政府关于争当实践科学发展观排头兵的决定》（粤发［2008］5 号）和《广东省人民政府印发广东省建设创新型广东行动纲要》（粤府［2008］72 号）精神，着力增强我市自主创新能力，建设创新型潮州，特制订本行动计划。

（一）指导思想

坚持以邓小平理论和“三个代表”重要思想为指导，全面贯彻党的十七大精神，深入贯彻落实科学发展观，把自主创新作为科学技术发展的战略基点，作为调整经济结构、转变增长方式的中心环节，作为加快发展、建设创新型潮州的重要支撑，走出一条以市场为导向、以企业为主体、以人才为根本、以产业技术为重点、以环境为基础、以体制为保障的自主创新新路子，加快我市高新技术研究开发和成果转化，做大做强一批高新技术企业和民营科技企业，促进产业结构的优化升级。

（二）行动准则

1. 坚持创新为先。坚持把创新意识、创新精神、创新举措作为推动科技经济社会发展的先导和动力，注重原始创新，加强集成创新，突出抓好引进消化吸收再创新。积极探索科技、经济和社会发展的新模式、新路径。

2. 坚持系统推进。以建设创新型潮州为目标，加强整体规划，注重自主创新行动的协调配套，系统地实施各项行动计划，促进创新要素的聚集和互动，形成合力，全面推进创新型潮州的建设。

3. 坚持重点突破。根据全市经济社会发展需求，按照有所为有所不为原则，点面结合，突出重点，体现特色，在广泛吸收国内外先进科技成果的基础上，力争在具有相对优势的关键技术领域上取得突破，实现跨越式发展。

4. 坚持支撑引领。牢固树立科技为全市经济和社会发展服务的宗旨，依靠自主创新转变经济发展方式，提升特色产业国际竞争力，解决重大民生科技问题，充分发挥自主创新对经济社会发展的支撑引领作用。

（三）发展目标

今后五年，我市自主创新行动计划重点是“建设三个平台，实现十项指标”。

1. 三个平台

（1）建设潮州陶瓷研究院平台：围绕打造“中国陶瓷创新基地”的发展战略需要，努力把潮州陶瓷研究院建设成为立足本地、面向全国的国内一流创新平台，为我市陶瓷产业做大做强提供技术支撑。

（2）建设特色产业基地平台：结合省科技厅发展火炬计划特色产业基地的部署，分别在各县区建设一个以上的特色产业基地，以此推动产业集群的优化升级，发展壮大县域经济。

（3）建设专业镇服务平台：争取每个专业镇都建立起各具特色的公共技术创新服务平台。力争到 2012 年全市专业镇数量达 30 个，其中省级 15 个。

2. 十项指标

力争到 2012 年，实现以下十项具体指标：

（1）新增省、市级科技成果180项，其中省级40项，科技成果转化率达到90%。

（2）培育认定高新技术企业80家。

（3）高新技术产品产值60亿元。

（4）争取国家、省级科技项目250项。

（5）新增省、市级工程中心20家，累计59家；新增省级企业技术中心8家，累计17家。

（6）培育认定省级民营科技企业50家，累计188家。

（7）民科企业新增技工贸收入25亿元，累计140亿元。

（8）新增科普基地5个，累计10个。

（9）申请专利8000项，培育认定省、市级知识产权优势企业20家，其中省级5家。

（10）社会信息化指数达到80。

（四）主要行动计划

（1）加快发展高新技术产业。以市场需求和产业竞争力提升为目标，继续扩大高新技术产业规模。大力发展电子信息、生物医药、新材料、环保、节能与新能源、海洋生物六大产业。推广应用高新技术和先进适用技术改造陶瓷、食品、服装、五金不锈钢、塑料等传统产业，优化产业结构，提升特色产业竞争力。

（2）培育新兴战略产业。重点发展新型节能光源、先进电子制造等高新技术产业，通过支持企业发展无极灯、LED等新型光源和高端电子元器件，掌握具有自主知识产权的核心技术和前沿技术，开发出一批重大高新技术产品，占据产业链分工的高端环节，培育一批具有国际竞争力的拳头产品，形成我市新的经济增长点。

（3）推进数字视听产业。大力推进数字视听产业的自主研发，发展高清数字互动平板电视、智能网络视频监控、数字光盘生产、视听电子配套产业，加大视听芯片技术研究与开发和封装技术的引进应用力度，完善板卡制造和电子配件材料产业配套能力，全面提高我市数字视听产业的自主创新能力和市场竞争力。

（4）加强潮州陶瓷研究院建设。抓好已立项项目的建设，确保检测中心、产品设计中心等按计划高质量实施，努力把陶瓷研究院建设成为立足本地、面向全国的国内一流创新平台，为我市陶瓷产业做大做强提供技术支撑。

（5）培育发展特色产业基地。重点是建设好现有的国家日用陶瓷特色产业基地，以及省火炬计划果蔬深加工特色产业基地、水族器材产业基地。在此基础上，加大工作力度，积极推进工艺服装（婚纱晚礼服）产业基地、海水网箱养殖基地、塑料鞋类产业基地建设，并争取获得省科技厅认定。

（6）提高专业镇技术创新能力。加强对专业镇技术创新工作的指导，争取每个专业镇都围绕当地特色经济，建立起各具特色的公共技术创新服务平台，为企业应用高新技术和先进适用技术提供服务，帮助企业提高技术创新能力和生产工艺水平。

（7）强化工程技术研究开发中心建设。以企业为主体，加强省、市级工程技术研究开发中心建设，为支柱产业的技术引进、创新提供强有力的支撑。

（8）积极组织参加粤港联合招标。积极组织我市企业参加粤港联合招标，促进我市在信息与通信、重大装备及精密制造技术、新材料与纳米技术、生物医药与中药现代化、新能源、节能与环保等高新技术领域的关键技术研究开发，推进我市高新技术产业发展。

（9）推动制造业技术升级。有计划地引进和研发先进的生产技术和装备，引导企业采用新一代绿色制造流程，推广应用先进适用技术，不断提高制造业在国内外市场的竞争力。建立健全制造业信息服务平台，加快企业信息化建设，大力推进制造业信息化，将信息技术融入制造企业的产品设计、制造、管理过程，全面提升制造业的整体技术水平。

（10）加强产业共性技术攻关。通过省、市科技项目引导攻关，攻克一批我市支柱产业共性关键技术，形成一批具有较强竞争力的重点产品和关键零部件，促进支柱产业结构的优化升级。力争到2012年，建立5个以上重点产品的生产示范工程，形成3个以上具有国内先进水平的共性技术产业集群。

（11）推进实施节能减排重大科技项目。以应用示范为突破口，选择能耗高、污染大的产业，实施节能减排应用示范项目，突破一批关键技术，推广应用新技术、新成果、新产品、新装备。争取“日用陶瓷辊道窑炉节能减排技术与示范”和“高频电磁节能灯”2个项目列入省重大科技专项，以点带面，示范带动各行业节能减排。

（12）推进现代信息服务产业发展。加大信息技术改造，不断提升传统服务业技术水平，攻克一批关键技术难题，推广应用先进适用技术，实施一批基础设施示范工程，重点推进传统服务业（如商业、餐饮、劳务、交通运输、行政管理、教育、卫生、房地产、旅游等）的信息化。推进智能交通、远程教育、数字社区、便民服务信息系统等方面的技术应用，加快农村服务业信息化建设。

（13）加速发展科技服务业。推进技术产业交易，推动科技成果的产权实现资本化、股份化和市场交易。举办、参加各类成果交易会、技术推广现场会、技术信息发布会、跨区域科技会展。大力发展风险投资、科技评估、技术咨询、技术服务、专利代理、科技信息等科技中介服务机构，加快生产力促进中心、创业服务中心的建设。

（14）实施食品安全科技工程。加强食品原料安全生产技术的开发和应用，选育和推广抗性强的种养新品种，建立健全从种养到消费的食品安全溯源保障体系。提高食品安全加工技术、检测技术，提升饮用水水质处理技术。

（15）实施新农村建设科技工程。重点推进“广东农村信息直通车工程”、“星火产业带”建设和开展农业实用技术推广。加快发展现代农业，推进优势与特色农业关键技术研究与示范；加强动植物病虫害防治技术的推广应用，确保农业生态安全；加大新农村生态环境整治力度，加强农村与农业固体废弃物资源化、能源化利用技术以及分散式农村生活污水处理技术等的研究和应用。开展新农村建设科技示范试点工作，充分发挥科技在社会主义新农村建设中的支撑和引领作用。

（16）加强技术引进，提高再创新能力。加大对本地企业消化吸收再创新技术、产品的知识产权保护力度，引导技术引进有序、良性发展。鼓励以企业为主体，组织实施一批引进消化吸收再创新的重点项目，通过引进消化吸收，进一步提高再创新能力。

（17）推进产学研工作。根据潮州产业实际，深化产学研工作，引导高校、科研机构与企业合作，推动产学研合作模式由短期合作、松散合作、单项合作向长期合作、紧密合作、系统合作转变。力争到2012年，建立3个以上紧密型集群式的产学研创新联盟，开展产业核心技术和关键共性技术攻关，推动支柱产业升级，培育新兴创新型产业。

（18）实施创新人才队伍建设。依托重点科技项目、研发机构，培养一批青年科技拔尖人才和科技领军人物，建设一支结构合理、素质优良、善于攻坚的创新团队。完善人才评价激励机制，建立以业绩和能力为重点的自主创新人才评价体系，激励科技人员潜心研究，快出成果、出好成果。建立健全柔性引才机制，吸引更多的优秀人才到我市创业，营造一个人尽其才、才尽其用的良好环境，真正让科技人员在事业上有成就、经济上有实惠、政治上有荣誉、社会上有地位，充分调动广大科技人员的积极性和创造性。

（19）实施知识产权战略。充分发挥专利信息平台的作用，以加强专利保护为核心，以加大知识产权法规知识的宣传培训为主线，以提升专利服务和管理水平为基础，以知识产权产业化为拓展，培育和提升企业运用知识产权战略的能力，为促进全市技术创新提供高效、优质服务。力争到2012年，在我市落户的省级知识产权优势企业达到11家，知识产权示范企业达到3家。

（20）实施技术标准战略。深入贯彻落实《潮州市实施技术标准战略“十一五”规划》，鼓励企业、科研机构加强与国际标准化组织的合作，提高企业应对国外技术性贸易壁垒的能力。推动企业积极采用国际标准和国外标准，促进技术标准战略与知识产权战略的融合，形成具有自主知识产权的技术标准。

切实落实《潮州市实施技术标准战略奖励办法（试行）》，鼓励和支持企事业单位积极参与技术标准战略的研究和实施，加快建立我市高新技术产业和优势产业的标准体系。力争到2012年，我市企业累计主导或参与制订、修订国家标准、行业标准25项以上。

（21）实施名牌带动战略。坚持以企业为主体、以市场为导向的原则，依靠制度和技术创新，把实施名牌战略与开拓国内外市场紧密结合起来，从产品的市场研究、设计开发到生产制造、经营服务等各环节，树立品牌意识。引导社会有效资源流向名优品牌企业，以名牌企业带动，推进相关产业链发展，形成名牌效应，提高潮州产品在国内外市场的竞争力。力争到2012年，全市获得省级以上（含省级）名牌产品和名牌商标380个，其中国家级名牌产品和驰名商标38个以上，使名牌产品在我市的陶瓷、服装、食品、电子、皮塑、五金机电、印刷包装、医药等行业中占据主导地位。

（22）推动产业转移工业园区科技创新建设。积极推动产业转移工业园区增强自主创新能力建设，促进科技创新资源的聚集，培育发展具有较强技术竞争力的产业集群，使园区成为我市科技创新示范基地，成为我市科技创新和经济发展的新亮点。

（23）深化科技体制改革。认真研究制定深化我市科技体制改革实施方案，并组织实施，进一步深化省部产学研结合，有效推进科技与多层次资本市场结合。深化科技计划管理体制改革，严格管理程序，引入竞争机制，贯彻公正、公平、公开和依靠专家、发扬民主的原则，确定重点项目及课题主持人，提高计划编制工作的透明度。深化科技奖励制度的改革，不断提高科技成果奖励的档次和水平，对在科技进步和经济、社会发展中作出突出贡献的科技人才给予重奖。

（24）建立多元化科技投入体系。充分利用市场机制，调动各方积极性，增加全社会科技投入。切实落实中央和省有关科技投入的各项规定，确保地方财政科技投入的增长幅度高于经常性全市财政收入增幅。运用经济杠杆和政策手段引导和鼓励企业增加科技投入，建立企业科技投入制度，发挥企业科技投入的主体作用。引导银行倾斜，支持技术创新项目。

（25）加强组织领导和统筹协调。各县区和市直各有关部门要结合本级、本部门的实际，加强对科技创新工作的领导，建立落实创新型潮州行动计划的协调工作机制，加强对各行动计划落实情况的跟踪调研和评估工作，确保各项行动计划的落实。

二〇〇八年十二月二十四日

九、广东省潮州市人民政府：潮州市实施技术标准战略奖励办法（试行）

潮州市实施技术标准战略奖励办法（试行）

潮府［2008］27号

第一条　为全面推进和实施技术标准战略，鼓励和支持企事业单位积极参与技术标准战略的研究和实施，促进我市产业结构调整优化和经济的全面持续发展，根据上级有关规定，结合我市实际，制定本办法。

第二条　在潮州市行政区域内依法设立的法人（企业、行业协会、科研单位、院校等单位）可依照本办法的规定申请奖励。

第三条　奖励范围包括：主导或参与制订、修订地方、行业、国内和国际标准；组建标准化活动组织；取得标准化科研项目成果（上列奖励范围均不含农业类项目）。

第四条　本办法所称“国际标准”是指国际标准化组织（ISO）、国际电工委员会（IEC）和国际电信联盟（ITU）所制定的标准，以及国际标准化组织确认并公布的其他国际组织制定的标准。

第五条　参与国际标准的起草、制订、修订，并且其提案是唯一被采纳为国际标准核心内容的，为主导制订、修订国际标准的单位。

参与国际标准起草，并且其提案被采纳为国际标准重要内容的，为参与制订、修订国际标准的单位。

第六条　符合下列条件之一的，为主导制订、修订地方标准、行业标准、国家标准的单位：

（1）地方标准、行业标准、国家标准的唯一起草单位；

（2）标准文本的“前言”中排序首位的起草单位。

不符合上述两款所列条件之一的参与标准制订、修订的视为参与制订、修订单位。

第七条　主导或参与制订、修订地方标准、行业标准、国内标准和国际标准按以下标准奖励：

（1）每主导制订、修订一项地方标准，奖励5万元；参与制订、修订的，奖励3万元。

（2）每主导制订、修订一项行业标准，奖励10万元；参与制订、修订的，奖励5万元。

（3）每主导制订、修订一项国家标准，奖励15万元；参与制订、修订的，奖励10万元。

（4）每主导制订、修订一项国际标准，奖励25万元；参与制订、修订的，奖励15万元。

第八条　多个单位同时参与制订、修订同一项地方标准、行业标准、国家标准、国际标准的，按单一项目给予奖励，奖金由所有参与单位平分。

第九条　每承担一项省级标准化科研项目并取得成果的，一次性奖励10万元；每承担一项国家标准化科研项目并取得成果的，一次性奖励20万元。

第十条　组建标准化活动组织并发挥作用的，按以下标准奖励：

（1）对承担广东省专业标准化技术委员会或分技术委员会秘书处或标准化工作组工作的单位，一次性奖励5万元；

（2）对承担全国专业标准化技术委员会或分技术委员会秘书处或标准化工作组工作的单位，一次性奖励10万元；

（3）对承担国际标准化组织专业技术委员会或分技术委员会秘书处或标准化工作组工作的单位，一次性奖励20万元。

第十一条　奖励项目应为上一年度完成的项目，实行一次性奖励。

如果组建标准化工作组获得奖励后，再由本级活动组织晋升为高一级标准化活动组织的，按最高奖励标准补齐奖金。

项目完成时间以相关部门的批准或证明文件为准。

第十二条　对主导制订、修订地方标准、行业标准、国家标准、国际标准的单位，由市政府授予荣誉称号。

第十三条　中央、省驻潮单位、市直有关部门、市属单位、市区（含湘桥区、枫溪区、各开发区）的单位，直接向市质监局申请奖励。潮安、饶平县的单位，向所在地县质监局申请奖励，经当地质监局初审后，向市质监局推荐申报。

第十四条　申请奖励的单位应根据项目的性质提交下列材料：

（1）营业执照、法人登记证或主管部门批准成立的文件（复印件）。

（2）法定代表人身份证（复印件）、组织机构代码证书（复印件）。

（3）申请地方标准、行业标准、国家标准研制奖励项目的，应提交法定主管部门批准发布该标准的文件或已正式发布的正式标准文本，以及主导制订、修订标准的相关证明材料（包括参与程度证明材料）；申请国际标准研制奖励项目的，应提交由国家标准化管理委员会出具的参与制订相关国际标准的有效证明材料。

（4）申请省级、国家级标准化科研奖励项目的，应提交下达相关项目的主管部门出具的成果鉴定或结题验收文件。

（5）申请组建标准化活动组织奖励项目的，应提交国家、省标准化主管部门或国际标准化组织出具的批准成立文件。

（6）其他相关材料。

第十五条　市质监局会同市财政局联合评审年度奖励项目，报市政府核定后，由市政府按规定标准进行奖励。奖金由市财政局直接划入获奖单位的账户。

第十六条　对弄虚作假骗取奖励的申请单位，应当责令其将奖金全部退缴市财政，予以公开通报批评，并依法追究法律责任。

第十七条　市质监局、市财政局及其工作人员应严格按照本办法规定条件和程序对申请奖励项目予以审查，徇私舞弊、贪污受贿的，依法追究法律责任。

第十八条　本办法由市质监局、市财政局负责解释。

第十九条　本办法自颁布之日起施行。

广东省潮州市人民政府

二〇〇八年八月十四日

十、广东省恩平市人民政府：关于科学发展我市陶瓷产业的实施意见

关于科学发展我市陶瓷产业的实施意见

（恩府办［2008］166号）

恩平市人民政府

发展我市陶瓷产业，需要遵循“适度发展、定点入园、强化监管、提高档次”的原则。为使陶瓷产业在我市健康发展，结合我市实际，制订如下建筑陶瓷产业实施意见：

（1）进入的陶瓷企业必须符合我市工业经济走廊规划，定点进入经省环保局审批的陶瓷基地。

（2）进入的陶瓷企业必须是能耗小、污染低、效益高的企业，并取得主要污染物总量指标的前提下才能新上，不能无限量发展。

（3）进入的陶瓷企业，必须符合规划、用地、环保、消防等相关规定和接受相关部门的监管。

（4）进入的陶瓷企业必须是规模大、效益好、机械设备和工艺先进，具有省级以上名牌产品或著名商标的企业。一般要求每条生产线年生产能力要达到110万平方米，在我市每年缴纳税收在150万元以上。

（5）进入的陶瓷企业必须按照江门市政府的有关规定，在我市中心镇投资强度不得低于100万元/亩，非中心镇不得低于60万元/亩。

（6）企业单位产品能耗必须达到国家或省有关要求。必须符合《建筑卫生陶瓷单位产品能源消耗限额》中“建筑卫生陶瓷单位产品能耗限额”的规定（表4-3）：

建筑卫生陶瓷单位产品能耗限额　　**表4-3**

分类	综合能耗（千克标煤/吨）	综合电耗（千瓦时/吨）
卫生陶瓷	≤800	≤1000
吸水率 $E\leq0.5\%$ 的陶瓷砖	≤340	≤400
吸水率 $0.5\%<E\leq10\%$ 的陶瓷砖	≤300	≤360
吸水率 $E>10\%$ 的陶瓷砖	≤320	≤360

企业须由具有资质的中介机构对能耗进行测试，以测试报告的能耗数据作为依据（能源监测的资质是指该机构的能源监测资格通过国家计量认证且具有有效资格证）。

（7）企业要使用天然气、液化石油气、柴油等低含硫量或不含硫的燃料；使用其他燃料的，必须符合广东省政府办公厅《印发广东省蓝天工程计划的通知》（粤府办［2000］7号）的有关燃料含硫量的要求。

（8）所有进出企业的原材料、燃料、半成品、废品，必须使用封闭式运输或采取必要措施，防止货物脱落、撒漏。

企业厂区及车间必须达到《职业病防治法》、《工作场所有害因素职业接触限制》和职业卫生标准的有关要求；其作业场所的空气粉尘（总尘和呼吸性粉尘）浓度、温度、噪声等必须符合有关标准；作业场所防护设施、个人使用的职业防护用品，必须确保使用时处于正常状态。对有煤气生产和应用的企业，必须符合一氧化碳、硫化氢职业接触限值。

企业内所有原材料、燃料、半成品的运输和堆放必须有封闭措施，防止二次污染。

(9) 根据省安全监管局《广东省陶瓷行业安全生产规范化管理标准》，企业必须按要求完成安全生产规范化管理并经评估验收达到B级等级。

(10) 根据国土资源部《关于发布和实施〈工业项目建设用地控制指标〉的通知》（国土资发［2008］24号）的规定，非金属矿物制品业容积率不得小于0.7。

(11) 企业的生产工艺装备和生产的产品不在《广东省产业结构调整指导目录（2007年本)》中的限制类和淘汰类范围内（若国家颁布更新版本的产业结构调整指导目录，以最新版本为准）。

十一、江西省景德镇市：景德镇陶瓷知识产权保护办法

景德镇陶瓷知识产权保护办法

景德镇市2008年第49号政府令

第一章　总则

第一条　为保护景德镇陶瓷知识产权，进一步推进我市陶瓷产业全面、健康、有序的发展。根据《中华人民共和国商标法》、《中华人民共和国专利法》、《中华人民共和国著作权法》等有关规定，制定本办法。

第二条　本办法所称的景德镇陶瓷是指主要利用产自景德镇及周边地域内的高岭土、瓷石、釉果和釉灰等为制瓷主要原料，经加工制成的上釉或不上釉的各类硅酸盐制品。

第三条　要加强陶瓷知识产权基本知识的宣传，提高社会各界知识产权意识，在全社会形成尊重知识、尊重人才、尊重劳动、尊重创造、倡导创新文化、弘扬创新精神的社会氛围。严厉打击假冒伪劣、冒用商标品牌等侵犯知识产权的违法行为。

第四条　引导、鼓励陶瓷业主及时申请专利、地理标志产品标志；规范管理景德镇陶瓷商标；鼓励支持将陶瓷产品及时进行著作权登记；完善景德镇陶瓷质量等级管理制度；陶瓷产品矿产资源的开采坚持保护和节约的原则；采取有效措施保护景德镇陶瓷制作传统技艺和名人作品。

第五条　加强景德镇陶瓷知识产权行政执法保护和司法保护；进一步完善景德镇陶瓷行业管理机制；建立景德镇陶瓷知识产权保护联合行政执法制度；规范和加强陶瓷行业税收征管；探索建立陶瓷知识产权违法相对集中行政处罚权制度。

第二章　保护机制

第六条　建立景德镇陶瓷知识产权联席会议制度。联席会议是全市陶瓷知识产权工作的组织协调机构。联席会议建立例会制度，每年定期召开全体会议，总结交流当年工作情况，研究、部署下一年度工作任务。

第七条　联席会议由分管科技工作的副市长主持，成员单位由市政府办公室、市科技局（市知识产权局)、市瓷局、市陶瓷协会、市工商局、市版权局、市质监局、市发改委、市经贸委、市商管办、市外经贸局、市公安局、市财政局、市人事局、市政府法制办、景德镇海关、市国检局等组成，邀请市委宣传部、市中级法院及部分陶瓷生产、经营企业列席会议。

第八条　联席会议各成员单位选派一名负责同志作为联席会议组成人员，同时指派一至两名职能科室负责人作为联络员，负责本单位与联席会议的联络工作。各成员单位建立信息交换、情况通报制度，定期发布知识产权保护状况。

第九条　联席会议下设景德镇陶瓷知识产权保护联合执法办公室，负责处理联席会议的日常工作，

组织召开联席会议全体会议及联络员例会，督促落实联席会议议定事项和相关工作任务。联合执法办公室设在市瓷局，由市瓷局主要负责同志担任办公室主任，市工商局、市版权局、市知识产权局、市质监局、市公安局、市陶瓷协会负责同志担任办公室副主任。联合执法办公室至少每季度召开一次会议。

第十条 联合执法办公室牵头负责组织陶瓷知识产权保护联合执法，要经常性组织相关单位依法对侵犯景德镇陶瓷知识产权行为进行打击；负责调查、收集、汇总、分析全市陶瓷知识产权工作情况，定期报市政府；负责陶瓷知识产权各职能部门的协调工作。

第十一条 联席会议各成员单位对本部门组织的涉及其他部门的陶瓷知识产权工作，应当提请联合执法办公室召集有关部门进行统筹协调，对本部门发生的有关知识产权工作的重大事项，应及时向联席会议报告。对联席会议形成的决议，各成员单位应结合各自的职责，认真贯彻落实。

第三章 主要部门职责

第十二条 市瓷局负责联合执法办公室的日常工作，具体牵头组织知识产权联合执法行动，并具体履行对全市陶瓷知识产权保护工作的统筹协调职能。

第十三条 市工商局负责开展全市商标战略研究，指导企事业单位制定和实施商标战略；负责商标行政执法，查处商标侵权、假冒等违法行为；组织驰名商标、著名商标认定的推荐和管理工作；指导商标代理机构开展代理工作。

第十四条 市版权局负责著作权行政执法，查处著作权侵权、盗版等违法行为；开展著作权法的宣传教育和培训工作；负责收集、汇总全市版权行政管理工作情况。

第十五条 市科技局（市知识产权局）负责专利行政执法，调处专利纠纷，查处冒充专利和假冒他人专利行为；抓好专利示范工程及试点企业工作；组织重大专利技术实施，管理专利资金资助项目以及指导列入全市有关计划的研究与开发项目的专利管理工作；监督和规范专利中介机构的执业行为，规范专利技术市场；会同市财政局等有关部门研究制定鼓励企事业单位发明创造、形成自主知识产权的激励政策和办法。

第十六条 市质监局负责地理标志及全市质量监督系统的知识产权保护工作；制定并组织实施对有自主知识产权的名牌产品的扶持和保护措施。依法查处假冒伪劣产品行为。

第十七条 景德镇海关负责实施知识产权边境保护，制止侵权货物从当地进出境；调查分析侵权货物进出口的情况和动态；会同有关部门对侵权货物、物品进行调查和处理。

第十八条 市公安局负责依法查处侵犯知识产权的违法犯罪案件；会同知识产权执法部门开展联合执法行动；加强与知识产权执法部门的协作配合，互相支持。

第十九条 市发改委负责协助有关部门做好陶瓷知识产权中长期发展规划的编制、发布和纲要任务的实施工作，并将知识产权中长期发展规划纳入全市国民经济和社会发展中长期规划和年度计划。

第四章 保护措施

第一节 制作技艺保护和传承

第二十条 加强景德镇陶瓷传统制作技艺的挖掘、整理工作，定期组织开展景德镇陶瓷专业讲座、学术交流、研讨展评等活动；鼓励从事景德镇陶瓷研究、设计、生产的单位和个人，开展景德镇陶瓷制作技艺的挖掘、整理和保护工作。

第二十一条 景德镇陶瓷制作技艺按照国家有关法律、法规的规定必须保密的，应当严格保密措施。

在不违反前款规定的前提下，景德镇陶瓷研究、设计、生产单位，应当加强景德镇陶瓷传统工艺和制作技艺的培训，有计划地组织技艺人员开展技术交流、操作表演和业务考察等活动。

第二十二条 鼓励各类工艺、美术、设计等相关专业人才继承和发扬景德镇陶瓷传统工艺和制作技艺，通过融合现代技术、现代设计和其他工艺美术技艺等方法，丰富景德镇陶瓷传统工艺和制作技艺。

第二节 陶瓷历史文化保护

第二十三条 切实加大措施对高岭土遗迹、御窑厂遗址、民窑遗址、会馆、作坊群、瓷行、古街

（里弄）等进行保护。

第二十四条　保护陶瓷历史文化，充分挖掘我市陶瓷历史文化底蕴，加强陶瓷历史文化普查，挖掘工作。依法对陶瓷历史文化区域进行保护，划定保护区域范围。

第三节　商标权保护

第二十五条　增强陶瓷业主商标意识，采取措施鼓励陶瓷业主将陶瓷产品注册商标，发展特色行业品牌。对获得中国驰名商标、江西省著名商标的给予一定奖励。

第二十六条　要大力宣传，采取切实有效的措施保护“景德镇”、“龙珠阁”、“红叶”、“玉风”、“法蓝瓷”、“景赐坊”、“玉柏”等陶瓷产品商标。

第二十七条　“景德镇”是经国家工商管理总局注册的证明商标，属江西省著名商标和中国驰名商标。商标注册人为景德镇市陶瓷协会。使用“景德镇”瓷器证明商标的单位和个人，应当经景德镇陶瓷协会许可。

第二十八条　市陶瓷协会应积极采取措施，通过开发高科技商标防伪标志、严格许可制度、加大监督等方式维护自身合法权益。依法建立对景德镇陶瓷质量进行分级管理的制度。

第二十九条　使用“景德镇”标志陶瓷专用纸箱（盒）的陶瓷产品必须是景德镇地区生产的胎瓷、瓷器，并且必须经景德镇陶瓷协会许可。

第三十条　未经景德镇陶瓷协会许可，不得在陶瓷产品及外包装上标注“景德镇”、“景德镇制”、“景镇”及相关文字字样。

第三十一条　被许可使用“景德镇”证明商标的陶瓷除应符合本办法第二条规定外，还应具备以下条件：

（1）必须在景德镇地区制造；

（2）质量达到国家有关标准；

（3）景德镇陶瓷协会的其他规定。

第三十二条　申请使用景德镇注册商标，申请者要携带有效证件，经核实符合条件的，由景德镇陶瓷协会与被许可人签订商标使用许可合同。

第三十三条　有下列情形之一者，由景德镇陶瓷协会终止与被许可人签订商标使用许可合同，不得继续使用“景德镇”商标：

（1）产品质量达不到要求，粗制滥造，以次充优，欺骗消费者；

（2）拒绝接受景德镇陶瓷协会的产品质量检测和监督；

（3）非法转售、转让、转借商标给他人使用；

（4）未按时足额交纳商标使用费；

（5）商标标志未在指定印刷单位印刷购买；

（6）有其他违反商标使用合同的行为。

第四节　著作权登记

第三十四条　著作权登记有利于维护作者或其他著作权人和作品使用者的合法权益，有助于解决因著作权归属造成的著作权纠纷，并为解决著作权纠纷提供初步证据。鼓励、支持景德镇陶瓷产品进行著作权登记。

第三十五条　作品实行自愿登记。作品不论是否登记，作者或其他著作权人依法取得的著作权不受影响。作品登记申请者应当是作者、其他享有著作权的公民、法人或者非法人单位和专有权所有人及其代理人。

第三十六条　景德镇陶瓷的作者或其他著作权人申请作品登记应出示身份证明和提供表明作品权利归属的证明，填写作品登记表。其他著作权人申请作品登记还应出示表明著作权人身份的证明。专有权所有人应出示证明其享有专有权的合同。

第三十七条 登记作品经作品登记机关核查后，由作品登记机关发给作品登记证。登记机关的核查期限为三十日，该期限自登记机关收到申请人提交的所有申请登记的材料之日起计算。

第五节 鼓励发明创新

第三十八条 发挥陶瓷业主的积极性和创造性，促进景德镇陶瓷科技进步和创新，鼓励和支持陶瓷业主对发明创造、实用新型和外观设计申请专利。促进陶瓷企业发明创造形成自主知识产权，组织和推动知识产权成果的转化和实施。

第三十九条 取得专利权的单位，依法应对专利发明人或设计人作出的专利及其实施效益定期评价，根据专利法及实施细则的要求，兑现应分配利益与奖励。

第四十条 被授予专利权的国有企事业单位应当自专利权公告之日起3个月内发给发明人或者设计人奖金。发给发明人或者设计人的奖金，企业可以计入成本，事业单位可以从事业费中列支。

第四十一条 被授予专利权的国有企事业单位在专利权有效期限内，实施发明创造专利后，每年应当从实施该项发明、实用新型或外观设计专利所得利润纳税后提取一定数额资金作为报酬支付发明人或者设计人。许可其他单位或者个人实施其专利的，应当从许可实施该项专利收取的使用费纳税后提取一定数额资金作为报酬支付发明人或者设计人。

第四十二条 非专利职务发明创造或技术成果实施转化的，按照《关于促进科技成果转化的若干规定》执行。

第六节 原产地保护

第四十三条 景德镇瓷器已获国家地理标志保护。市质检机构要依据相关规定，加大对景德镇陶瓷产地范围，产品名称，原材料，生产技术工艺，质量特色，质量等级、数量、包装、标志，产品专用标志的印刷、发放、数量、使用情况，产品生产环境、生产设备，产品的标准符合性等方面进行日常监督管理。

第四十四条 执行日用陶瓷新标准，生产企业应该实行出厂检验制，产品出厂要有检验合格证。景德镇陶瓷出口执行原产地检验检疫，加大产地检管力度，海关凭出入境检验检疫机构签发的《出境货物通关单》验放。

第四十五条 景德镇陶瓷生产企业和个体户要按照景德镇瓷器强制性标准组织生产，其质量必须达到标准规定的要求，做到不合格产品不准出厂。任何单位和个人要使用景德镇瓷器地理标志产品专用标志必须按规定申请。质量监督部门对获准使用景德镇瓷器地理标志产品专用标志的景德镇瓷器的质量进行不定期的监督检验。获得使用景德镇瓷器地理标志产品专用标志的生产者，不得将专用标志转让他人使用。

第四十六条 景德镇陶瓷生产企业和个体工商户在包装箱（物）使用景德镇瓷器地理标志产品专用标志的，包装箱（物）必须经申报办审核备案后方可定量印刷制作。任何单位和个人不得伪造地理标志产品专用标志，不得擅自使用地理标志产品专用标志，不得使用与地理标志产品专用标志相近的、易产生误解的产品名称或者产品标志。

第七节 名人作品保护

第四十七条 中国工艺美术大师、教授（工艺美术类）的陶瓷艺术作品由市陶瓷协会统一制作、核发标有“景德镇”证明商标的《景德镇陶瓷艺术作品证书》。该证书的使用范围将逐步扩大到市陶瓷美术家、江西省工艺美术大师、副教授（工艺美术类）。

第四十八条 《景德镇陶瓷艺术作品证书》由市陶瓷协会核发和管理，任何单位和个人均不得进行伪造。非经市陶瓷协会确认，任何单位和个人均不得制作和使用《景德镇陶瓷艺术作品证书》。

第四十九条 任何单位和个人不得假冒景德镇陶瓷名人作品和景德镇艺术作品。领取《景德镇陶瓷艺术作品证书》的作者和单位必须遵循“一品一证”原则，不得用于他人作品或其他作品。

第五十条 鼓励经国家有关部门授予的中国工艺美术大师、中国陶瓷艺术大师及陶瓷艺术教授设立个人艺术馆，与我市已有的各专业博物馆共同构成完整的博物馆体系，使景德镇具有更多的文化旅游亮点。

第五十一条　陶瓷名家艺术馆独立对外展示。并统一包装，统一形象，统一对外进行宣传。并在景德镇市人民政府网站、景德镇道路交通指示牌、导游手册、旅游交通图等相关媒介中予以标注。旅游部门将各陶瓷名家艺术馆纳入旅游线路。

第八节　展销管理

第五十二条　市政府采取措施加大景德镇陶瓷对外销售，加强对景德镇陶瓷展销的监督管理，维护市场秩序，规范市场行为，保护生产者、经营者、消费者的合法权益，景德镇陶瓷协会应发挥景德镇陶瓷展销的主渠道作用，规范组织国内外陶瓷展销。

第五十三条　景德镇所有冠名“景德镇”陶瓷的展销，必须经景德镇陶瓷协会许可，并依法实行审批和管理制度。

第五十四条　在国内举办陶瓷产品展销会，应当经工商行政管理机关核发《商品展销会登记证》后，方可进行。未经登记，不得举办商品展销会。举办单位领取《商品展销会登记证》后，方可发布广告，进行招商。

第五十五条　出国办陶瓷展须经中国国际贸易促进委员会审批（会签商务部）。组展单位应当向中国国际贸易促进委员会提出出国办展项目申请，项目经批准后方可组织实施。

第九节　反不正当竞争

第五十六条　从事景德镇陶瓷设计、创作、生产、销售等经营活动的单位和个人，应当依法办理工商、税务等手续，依法纳税、守法经营、公平竞争。

第五十七条　销售陶瓷产品不得掺杂、掺假、以假充真、以次充优，不得以不合格产品冒充合格产品。外地陶瓷产品不得使用和仿冒“景德镇”证明商标或近似标志。

第五十八条　陶瓷生产者不得伪造产地，不得伪造或者冒用他人的厂名、厂址。陶瓷产品在销售时必须在明显位置标明其产地、厂名、厂址等。

第五章　法律责任

第五十九条　企业或其他组织、个人违反本办法规定，侵犯景德镇陶瓷知识产权的，按照知识产权方面的法律、法规、规章进行行政处罚；依法追究民事责任；构成犯罪的，依法追究刑事责任。

第六十条　从事知识产权管理工作的国家机关工作人员以及其他有关国家机关工作人员玩忽职守、滥用职权、徇私舞弊，构成犯罪的，依法追究刑事责任；尚不构成犯罪的，依法给予行政处分。

第六章　附则

第六十一条　景德镇陶瓷之外的其他产品知识产权保护参照本办法执行。

第六十二条　本办法在具体执行过程中的问题由市瓷局负责解释。

第六十三条　本办法从 2008 年 12 月 7 日之日起开始施行。

二〇〇八年十一月七日

十二、辽宁省法库县：关于进一步加快陶瓷产业集群建设的若干意见

关于进一步加快陶瓷产业集群建设的若干意见

法委发［2007］5 号

中共法库县委　法库县人民政府

在新的发展时期，沈阳市委、市政府对我县发展陶瓷产业提出了新的要求。按照建设 1000 条各类陶瓷生产线和中等规模城市的目标，结合我县实际，提出进一步加快陶瓷产业集群建设意见如下。

（一）指导思想

以科学发展观为统领，以加快发展为主题，以结构调整为主线，以机制体制创新为动力，继续举全

县之力，进一步抢抓机遇，加压奋进，大力提高我县陶瓷产业集群市场竞争力和知名度，巩固和提升“东北瓷都”在东北地区的统领地位，打造中国最具竞争力、最具发展活力的陶瓷产业基地。

（二）总体目标

采取超常发展措施，通过5年左右时间，建设各类陶瓷生产线1000条，将“东北瓷都”建设成集生产、销售、研发于一体，汇各种陶瓷为一城的国内一流、国际先进的陶瓷产业基地，产品实现由法库制造向法库创造的转变。将法库县城建设成为中等规模城市。

（三）工作任务

1. 完善规划体系

（1）完善法库城市发展规划。按照建设40万人口中等规模城市、成为沈阳新城区的总体目标，围绕法库县城市发展战略规划，进一步完善法库新城总体规划和各项子规划。

（2）完善产业规划。到2012年，建设建筑陶瓷300条、卫生洁具50条、日用瓷150条、艺术瓷100条、工业瓷100条、特种瓷30条、其他陶瓷及配套270条，共计1000条各类生产线。

（3）完善区域规划。首先，在现有陶瓷产业区域内，拓展发展空间，将原规划的10.8平方公里拓展到16平方公里，以建筑陶瓷为主。同时加快产业区、生活区、商贸区、文化区建设。其次，在辽河经济区（以工业瓷为主）、物流经济区（以日用瓷、卫生洁具为主）各规划2平方公里建设陶瓷产业园区，为陶瓷产业提供新的发展空间。

（4）完善资源规划。以大资源的理念对我县及东北三省的陶瓷原料作进一步勘测与调查，整合内外部资源，为陶瓷产业发展提供资源保证。

（5）完善基础设施建设规划。按照新要求、新布局，加强供水、电力、道路、绿化等基础设施建设。重点实施尚屯水库引水和中水回用工程，保障水源供应；实施输变电新建扩建工程，保障电力供给；实施园区道路和专用线建设工程，提高物流能力；实施绿化工程，创造良好生态环境。

（6）完善安全和环保规划。围绕发展循环经济，建设大型集中煤气供应站，扩大煤层气供应量，推广清洁生产；建设工业污水处理厂，扩大生态污水处理能力，提高水资源利用率；建设工业垃圾处理厂，提高利用废料加工环保砖生产能力，实现变废为宝。通过加强节能减排和安全生产工作，进一步转变增长方式，确保陶瓷产业可持续发展。

2. 建设服务产业发展的公共平台

（1）建设省内县级一流医院。结合陶瓷产业发展实际，与中国医大四院建立技术协作关系，引进先进技术、管理模式、服务理念，对县中心医院进行改造升级，开设与陶瓷产业发展相适应的医疗科系，提升医疗技术服务水平。

（2）建设市级一流幼儿园、小学、初中、高中。一是改造存量，提高办学水平。完成高中扩建工程，并与东北育才教育集团合作办学，引进育才先进的教育理念、管理模式和育人思路等，使其跨入省级示范高中行列；改善二高中的办学条件，争取在两年内将其打造成市级重点高中；改善镇内3所初中、3所小学的办学条件，提高教学水平。二是吸引增量，提升档次。将十间房九年一贯制学校建设成与育才合作的学校，引进育才建筑风格、教学理念、管理机制以及教学流程。引进民营资本与育才合作建设1所幼儿园，达到育才办园标准，打造育才品牌。

（3）建设陶瓷职业技术学校。通过争取上级投入和教育资源整合筹措资金，建设容纳5000名学生的陶瓷职业技术学校，面向法库域内外招生，为陶瓷企业培养技术工人。

（4）建设培养高级技术人才和管理人才的专业学校。采取市场运作的方式，以引进民营的沈阳国际技术专修学院为载体，联合景德镇陶瓷学院、鲁迅美术学院、东北大学、沈阳建筑大学、大连轻工学院等高校，设立专科、本科，为陶瓷企业培养高级技术和管理人才。

（5）建设公共研发与检测平台。研发平台：依托现有的陶瓷产业研发合作单位，与孵化器建设相结合，建设科技创新与产业化示范基地。项目计划于2008年末完成，到2010年达到国家级工程技术研究中心标准，在某些技术领域达到国际水平。检测平台：沈阳陶瓷检测中心计划于2007年末投入运营，以世界领先的陶瓷检测技术和设备为陶瓷企业服务，为申请陶瓷名牌产品奠定技术基础。依托公共研发与检测平台打造区域品牌和驰名商标。

（6）建设陶瓷会展中心。建设风格独特、具有现代艺术性、能够承接国家及地方各级政府举办的大型商务、经济洽谈、贸易展览、信息交流、电子商务等活动的多功能陶瓷会展中心，承载每年一届的法库国际陶瓷博览会。

（7）建设配套住宅。在周地沟村、团结街两侧、镇内棚户区改造区、开发区内村屯改造区、滨湖新区等处，通过市场化运作的方式开发建设占地200万平方米的不同档次配套住宅300万平方米，满足不同消费层次人群的住房需求。

（8）建设星级酒店。通过市场化运作，引进投资商开发建设4家以上星级酒店，满足域内外客商消费需求。

（9）建设物流平台。铁路方面：通过市场运作的方式，引进投资者改造现有货场，扩大现有铁路货场存储能力和运输能力；按照陶瓷产业长远发展要求，规划建设铁路专用线。公路方面：2008年完成铁朝、沈康高速公路法库段工程；2010年完成辽宁中部环沈阳高速公路法库段工程。做好从包家屯黏土矿到经济开发区的陶瓷原材料运输专用线大修改建工程和东北绕城公路建设工程，加强公路网的管理与养护。

（10）建设融资平台。扩大中小企业信用担保中心规模，注册资本金达到5000万元；恢复工商银行法库支行，力争再引进2家金融机构到法库设立分支机构；争取1~2家陶瓷企业上市直接融资。

（11）建设陶瓷博物馆。在“十一五”期间建设一个凝聚历史、展望未来、弘扬文化的国内一流多功能综合性场馆，立足“东北瓷都”发展历程，展现中国及世界陶瓷发展史。

（12）建设休闲游览中心。按照“先进性，国际化”的发展定位，在全面启动东北亚财神文化园的同时，规划建设企业家服务中心、水上观光等休闲旅游项目。

（四）保障措施

1. 明确扶持政策

（1）土地政策。按投资规模以合同方式确定企业使用土地规模。土地性质为国有，投资者依法取得土地使用权（方式为出让，出让期50年）后，由受益财政在项目建设期内奖励给投资方一定额度的标准厂房建设补贴。

（2）财政政策。一是对进入法库陶瓷工业区域投资建厂的陶瓷生产企业，在税收方面，属于出口的陶瓷产品，按国家税收有关规定执行；属于内销的产品，参照国内其他地区陶瓷生产企业税收征管办法对待。其中，企业全部产品为自主品牌的，并按照规定足额缴纳增值税和企业所得税的，自投产之日起5年内，按折合后的标准每条线每年奖励18万元（人民币，下同），用于安全、环保和科技投入。二是对固定资产投资在500万元（含500万元）以上的陶瓷配套企业，自企业投产之日起，连续5年享受财政奖励政策。前3年由县财政按企业增值税和所得税中县级留成部分100%予以奖励，后2年按50%予以奖励。三是在沈阳市政府对陶瓷生产企业的奖励政策有效期限内，对固定资产投资额在1000万元（含1000万元）以上的企业，在环境保护达标基础上（主要是酚水、二氧化硫、粉尘、烟尘），享受沈阳市有关贴息扶持政策，经市有关部门认定后，按固定资产投入5%给予奖励。四是对获得国家级名牌、国家驰名商标的企业，每项奖励100万元；对前5个获得省级名牌产品、省著名商标的企业，每项奖励30万元；对前5个获得市级名牌产品、市级著名商标的企业，每项奖励5万元（不兼得）。

（3）收费政策。进入法库陶瓷工业区域的企业，在基本建设和生产经营期间所发生的县级行政事业性收费一律免收。

（4）服务政策。一是经济开发区、辽河经济区、物流经济区三个区域管理委员会负责为进驻企业协调办理各种审批手续，并实行跟踪服务。二是对进入法库陶瓷工业区域的企业实行封闭式管理。有关部门进入企业检查或执法，制定工作预案，由管委会统一安排，经县政府批准后进行。特殊情况须经县政府主管领导签字批准，并由各区域管理委员会统一安排。三是法库县中小企业信用担保中心为进入法库陶瓷工业区域的企业提供一定数额的融资担保，并协调金融部门给予流动资金上的支持。四是为进驻企业提供五通，即：通电、通路、通水、通电信、通有线电视，所有管线接到厂区外主干线。五是根据国内同一地区来法库投资的规模、品种和企业数量，按包片开发政策，在已规划的法库陶瓷工业区域内规划相应区域，集中建立特色陶瓷生产工业基地。六是对进入法库陶瓷工业区域的品牌企业和外资企业，采取“一事一议”、“特事特办”的办法，由县政府研究决定。

2. 加强组织领导

（1）强化领导。县委、县政府决定成立进一步加快陶瓷产业集群建设工作领导小组，组长由县委书记、县长担任，副组长由县委副书记、县政府各位副县长担任。领导小组成员由相关部门的主要领导组成。领导小组下设办公室，负责具体的日常工作，办公室设在县政府办，办公室主任由县政府办主任兼任。各成员单位要成立相应组织，负责实施本部门的具体工作。

（2）明确责任。各部门要明确职责与分工，结合本部门的实际，制订切实可行的具体实施方案，将工作任务层层分解，落实到具体科室和工作人员，确保各项工作任务保质保量完成。

（3）跟踪考评。领导小组办公室负责对各成员单位工作进展情况进行督促检查，并定期将有关情况向县委、县政府汇报。县委、县政府将各部门任务完成情况与年终绩效考评挂钩。

（4）优化环境。加强硬环境建设的同时，进一步改善软环境。以服务主导产业发展为中心，开展部门行风评议活动。对连续两年排在末位的县直单位，对其领导班子进行调整；对连续两年排在末位的中省直单位，建议上级主管部门对领导班子进行调整。加大监察、督办力度，提高职能部门服务质量和办事效率，转变“上热、中温、下冷”现象，营造“投资者是上帝、引资者是功臣、刁难者是罪人”的氛围。

（5）营造氛围。宣传部门和新闻媒体要加大宣传力度，营造加快发展的良好氛围。树立为进一步加快陶瓷产业集群建设作贡献的典型，同时也要对阻碍陶瓷产业集群发展的反面典型予以曝光。各部门要开展进一步加快陶瓷产业集群建设的研讨活动，在全县形成一种“人人关心陶瓷产业集群发展，事事促进陶瓷产业集群发展”的浓厚社会氛围。

二〇〇七年九月十七日

十三、四川省工商行政管理局、四川省个体私营经济协会：促进夹江百亿陶瓷产业集群发展工作方案

促进夹江百亿陶瓷产业集群发展工作方案

四川省工商行政管理局、四川省个体私营经济协会

按照党中央学习实践科学发展观的要求，为全面深入落实省委九届四次全会部署，紧紧围绕省委确定的加快发展、科学发展、又好又快发展工作总体取向和要突出抓好产业发展，把工业强省作为加快发展核心战略的要求，省工商行政管理局和省个体私营经济协会在广泛调研的基础上，按照结合重点产业、重点园区、重点企业发展工作充分发挥工商行政管理职能和个体私营经济协会的作用，推动地方经济快速、健康发展的思路，决定对促进夹江百亿陶瓷产业集群发展工作实施定点联系服务，着力提升西部瓷都品牌，着力推动我省陶瓷产业发展，切实服务于工业强省战略。

一、促进夹江百亿陶瓷产业集群发展工作的总体思路

认真贯彻落实党的十七大精神，坚持以邓小平理论和“三个代表”重要思想为指导，以科学发展观统领经济社会发展全局，牢牢把握省委“加快发展、科学发展、又好又快发展”的工作总体取向和坚持“一主、三化、三加强”，打造“一枢纽、三中心、四基地”的基本思路，根据夹江县制定的《中国西部瓷都夹江百亿陶瓷产业集群发展规划》，针对夹江陶瓷产业发展中存在的问题，按照“今年见成

效，明年上台阶”的总体工作目标，充分发挥工商行政管理职能和个体私营经济协会的作用，以现有陶瓷企业为基础，以市场为导向，按照做大产业、做强企业、做优产品的要求，加大开放合作力度，推动承接产业转移工作，引导和促进陶瓷产业向集团化、专业化、品牌化、国际化方向发展；做好“西部瓷都”品牌推广，增强品牌效应和规模效应，帮助夹江陶瓷产品扩大影响力，拓展市场空间；逐步发展自主品牌，提升企业管理营销水平，使夹江陶瓷产业走上良性发展的轨道。

二、促进夹江百亿陶瓷产业集群发展工作的主要目标

1. 促进陶瓷行业工业增加值在去年基础上有新增长。

2. 按照《公司法》的规定，指导新万兴、建辉等企业组建企业集团，壮大陶瓷产业核心骨干企业。

3. 大力实施商标品牌战略，引导和帮助企业积极开展新注册产品商标工作，力争将“西部瓷都（夹江）”作为集体商标注册，积极帮助创建中国驰名商标1件、省著名商标2件、市知名商标4件。

4. 大力推动企业诚信建设，努力争取申报国家级“守重”企业1户、省级“守重”企业2户、市级“守重”企业3户、省级诚信企业4户、省消费者满意单位2户、市消费者满意单位4户。

5. 立足工商职能，发挥协会作用，利用动产抵押和外引内联等手段协助企业开展融资和招商引资工作。

6. 加强指导，把夹江陶瓷市场建成省级“三化”市场，推动现代化物流中心的建设工作。

三、促进夹江百亿陶瓷产业集群发展工作的主要措施

（一）发挥注册职能作用，优化准入环境

1. 放宽陶瓷企业筹办活动限制。对投资新办符合企业法人条件的陶瓷生产企业，法律法规规定须办理前置审批（涉及安全许可的除外）而暂未取得批准文件的，可先核发有效期一年、经营范围为“筹办”的企业法人营业执照。

2. 放宽企业名称限制。冠“乐山”、“四川”名称，只要不重不混，分别由乐山市工商局和四川省工商局当场予以核准。冠无行政区划名称，由省局积极协助投资者向国家工商总局申请核准。

3. 放宽企业注册资本限制。允许陶瓷公司制企业注册资本分期缴付，注册资本500万元以下公司可零首付注册，3个月内注册资本到位20%，可核发有效期3个月的营业执照，两年内注册资本缴足。

4. 允许以科技成果及商标等无形资产作为投资申办陶瓷企业，科技成果经专门机构评估并经省以上科技主管部门认定，由投资各方协商约定可突破不超过占注册资本25%的比例限制，放宽到注册资本的70%。

5. 鼓励省内外投资者到夹江兴办陶瓷企业。其中市外投资者作为股东与外商合作合资到夹江兴办陶瓷企业，经批准外商投资的比例最低可放宽到注册资本的15%，东部外商投资企业到夹江再投资陶瓷生产企业，达到规定投资比例的允许按照外商投资企业进行登记管理，享受外资企业待遇。建立招商引资项目事前对接服务机制和“科学落地”跟踪服务机制，建立专门的工作服务小组，实行一个项目，一个班子，事前对接，跟踪服务，一抓到底。

6. 放宽组建企业集团的条件。公司注册资本达到1000万元，控股公司达到3个，母公司和控股公司注册资本合计达到2000万元，可组建企业集团。

7. 进一步完善注册登记服务制度。全力推行互联审批制度，推进网上申办、网上年检、网上审批、网上核名，按照“工商受理、抄告相关、同步审批、限时反馈、一次办结”的原则，打造统一、透明、优质、高效的服务平台。严格落实首办责任制、服务承诺制、限时办结制。

（二）发挥商标职能作用，助推品牌建设

1. 强化企业商标品牌意识，指导企业商标注册、使用和保护，鼓励和支持陶瓷企业发展自主品牌，走“品牌立企、品牌兴企、品牌强企”之路，打造区域品牌，增强核心竞争力，提高市场占有率。

2. 大力支持企业争创中国驰名商标和省著名商标，对符合条件的及时依法推荐报送国家工商总局和省局认定，对符合司法认定驰名商标条件的企业，积极帮助企业收集有关证据。

（三）发挥合同职能作用，指导诚信建设

1. 增强企业诚信意识，积极开展“守合同重信用”活动，努力打造企业信用名片，提升企业美誉度，帮助企业健康发展。

2. 发挥行政调解职能，帮助企业力争把合同争议妥善解决在诉讼前，促进合作，化解矛盾。

3. 发挥监督合同履约职能，提高企业自我保护意识。

4. 发挥动产抵押登记职能，及时办理抵押登记手续，积极协助企业盘活资产，融集资金，并通过企业信用体系平台为银企之间沟通创造条件，促进银企合作，切实帮助解决企业融资瓶颈，促进企业做大做强。

（四）发挥广告职能作用，提高夹江陶瓷品牌知名度

1. 引导企业加强广告宣传力度，以较小的资金投入获取最大的经济效益。

2. 联系、协调宣传部门、新闻媒体全面加强对夹江陶瓷产业发展的电视和新闻宣传，组织陶瓷龙头企业在国家级电视台、报刊上宣传，提升夹江陶瓷形象，扩大夹江陶瓷在全国的影响。

（五）发挥市场职能作用，为企业营销提供服务

积极协调省内外相关市场宣传、经营夹江陶瓷产品，帮助夹江陶瓷市场加强管理，规范运作，推动集仓储、运输、销售为一体的现代物流企业的建立，促进夹江陶瓷产品的销售。

（六）发挥监管职能作用，保护企业合法权益

1. 发挥工商法律援助作用，保护企业合法权益，积极帮助企业建章立制，建立现代企业制度，引导企业依法经营。

2. 加大保名扶优力度，与重点陶瓷企业全面建立维权协作机制，特别是对驰名商标、著名商标企业实施挂牌保护制度。和各地工商部门开展联动合作，建立区域广泛、反应敏捷的维权体系，打破地区垄断和行业封锁，为夹江陶瓷产业拓展全国市场创造有力条件。

3. 加大打假治劣力度，今年10月份前，将初步完成对虚假贴牌、粗制滥造损害夹江西部瓷都形象的行为的规范工作，严厉打击制售假冒伪劣瓷砖的行为，树立西部瓷都在消费者心目中的良好形象。

（七）发挥职能联动作用，为企业提供高效便捷服务

加强效能建设，努力提高工作效率，为企业提供优质高效服务。建立陶瓷重点企业综合服务的联系机制和预约上门服务机制。企业遇到问题，可通过联络员电话预约办理，工商部门在预约后2个工作日内安排专人上门服务，并对服务结果进行绩效跟踪，特殊情况即约即办。

（八）发挥个私协会作用，为陶瓷品牌推广提供服务

1. 针对企业整体发展意识不强的实际，组建陶瓷协会。省个体私营经济协会年内成立“四川省个体私营经济协会西部瓷都分会”，充分发挥瓷都分会的自我教育、自我管理、自我服务的作用，把企业团结在协会周围，增强凝聚力，使企业协调一致，整体发展。

2. 针对企业对外宣传杂乱无序不统一、视觉冲击效果差、消费者认识模糊的实际，引导企业进行VI设计。力争10月底前帮助10户企业完成统一宣传标准设计（VI设计），提高企业的营销宣传水平。

3. 针对企业管理水平不高的实际，开展培训和互动交流。7月底前对陶瓷企业高层管理人员启动培训工作，开展现代企业发展理念、管理模式、营销策划及品牌战略等多方面的培训，提高西部瓷都企业整体管理和营销水平。同时，组织重点企业到经济发达地区参观学习，引进先进的管理经验和做法。

4. 针对企业产品销路不畅的实际，协助夹江县委县政府举办产品展销会和新闻发布会，扩大夹江陶瓷产品的市场知名度，提高市场占有率。

四、促进夹江百亿陶瓷产业集群发展工作的组织保障（略）

四川省工商行政管理局
四川省个体私营经济协会
二〇〇八年四月十六日

十四、河南省清丰县人民政府：关于进一步发展壮大建筑陶瓷产业的意见

关于进一步发展壮大建筑陶瓷产业的意见

（清丰县建筑陶瓷产业办公室　二〇〇八年五月二十日）

为加快我县建筑陶瓷产业发展步伐，促进县域经济快速健康发展，现就进一步发展壮大建筑陶瓷产业提出如下意见。

（一）市场建设

1. 以“三生”瓷砖市场为中心，沿省道清渠线（老106国道）两侧，规划建设东西纵深200米、南北长5公里的建陶销售市场。该市场以销售建筑陶瓷为主，可兼营其他建筑材料。

2. 所建门店及销售市场要符合整体规划，各商户门店建设应以纵深为主开发设计。

3. 按照“商户与农户协商，力求达到双赢，利益共享”的原则，进行开发建设。

4. 在“三生”建陶市场规划区内新上的建陶经营企业，3年内由同级财政按企业缴纳所得税和营业税地方留成部分的100%支持企业发展，并免征工商管理费。原有建陶经营企业2008年6月以后新上的经营项目，其新上部分享受上述政策规定。

（二）生产企业

为满足“三生”瓷砖市场彩绘加工企业的需求，计划引进多条以瓷砖生产为主的建筑陶瓷生产线。具体扶持政策及要求是：

1. 为鼓励建陶生产企业落户清丰建陶工业园，每建1处4000~8000平方米（1~2条生产线）的标准厂房，每平方米补贴60元；8000~16000平方米（2~4条生产线）的，每平方米补贴100元。待厂房建成验收后，县政府将一次性予以发放补贴。

2. 对新上固定资产投资500~2000万元的建陶生产企业，自投产之日起，3年内由同级财政按企业缴纳所得税地方留成部分的100%支持企业发展，增值税地方留成部分的50%支持企业发展；4~5年内由同级财政按企业缴纳所得税地方留成部分的50%支持企业发展。固定资产在2000万元以上的建陶项目，自投产之日起，3年内由同级财政按企业缴纳所得税地方留成部分的100%支持企业发展；4~5年内由同级财政按企业缴纳所得税地方留成部分的70%支持企业发展。增值税地方留成部分的50%支持企业发展。同时，享受招商引资的所有优惠政策。

3. 县政府负责为新上企业提供“三通一平”，即高压线架至厂区、道路修至厂门、通信设备线路通至厂内、厂区内土地平整。

4. 在县统一规划内，对于建陶生产企业建筑面积占企业用地面积60%以上的，给予最大的优惠和支持。

5. 新上企业每天生产瓷砖或瓷砖砖坯应在1万平方米以上，环评、安评符合国家政策规定。

6. 外来企业和本地新上企业根据投资额的多少予以扶持，尤其是固定资产投资5000万元以上的高新技术产业，在享受优惠政策方面可“一事一议”。

7. 入驻企业均享受清丰县委、县政府关于优化经济发展环境的有关政策。

（清丰县人民政府于2008年5月23日批转该文，清政［2008］19号）

第三节　节能减排、清洁生产

一、国家发展和改革委员会：陶瓷行业清洁生产评价指标体系（试行）

陶瓷行业清洁生产评价指标体系（试行）

目　录

2. 陶瓷行业清洁生产评价指标体系的结构
3. 陶瓷行业清洁生产评价指标的评价基准值及权重值
4. 陶瓷行业清洁生产评价指标的考核评分计算方法
(1) 定量评价指标的考核评分计算
(2) 定性评价指标的考核评分计算
(3) 综合评价指数的考核评分计算
(4) 陶瓷行业清洁生产企业的评定
5. 指标解释

前 言

为了贯彻落实《中华人民共和国清洁生产促进法》，指导和推动陶瓷企业依法实施清洁生产，提高资源利用率，减少和避免污染物的产生，保护和改善环境，制定陶瓷行业清洁生产评价指标体系（试行）（以下简称“指标体系”）。

本指标体系用于评价陶瓷企业的清洁生产水平，作为创建清洁生产先进企业的主要依据，并为企业推行清洁生产提供技术指导。

本指标体系依据综合评价所得分值将企业清洁生产等级划分为两级，即代表国内先进水平的“清洁生产先进企业”和代表国内一般水平的“清洁生产企业”。随着技术的不断进步和发展，本指标体系每3~5年修订一次。

本指标体系由中国陶瓷工业协会起草。

本指标体系由国家发展和改革委员会负责解释。

本指标体系自发布之日起试行。

1. 陶瓷行业清洁生产评价指标体系的适用范围

本指标体系适用于陶瓷行业中的日用陶瓷生产企业、干压陶瓷砖生产企业、卫生陶瓷生产企业。

2. 陶瓷行业清洁生产评价指标体系的结构

根据清洁生产的原则要求和指标的可度量性，本指标体系分为定量评价和定性评价两大部分。

定量评价指标选取了有代表性的、能反映“节能”、“降耗”、“减污”和“增效”等有关清洁生产最终目标的指标，建立评价模式。通过对各项指标的实际达到值、评价基准值和指标的权重值进行计算和评分，综合考评企业实施清洁生产的状况和企业清洁生产程度。

定性评价指标主要根据国家有关推行清洁生产的产业发展和技术进步政策、资源环境保护政策规定以及行业发展规划选取，用于定性考核企业对有关政策法规的符合性及其清洁生产工作实施情况。

定量指标和定性指标分为一级指标和二级指标。一级指标为普遍性、概括性的指标，二级指标为反映陶瓷企业清洁生产各方面具有代表性的、易于评价考核的指标。

考虑到日用陶瓷、干压陶瓷砖和卫生陶瓷生产工序和工艺过程有所不同，本指标体系根据这三类企业各自的实际生产特点，对其二级指标的内容及其评价基准值、权重值的设置有一定差异，使其更具有针对性和可操作性。

考虑到不同干压陶瓷砖之间生产工序和工艺过程也有很大的差别，根据干压陶瓷砖企业生产的实际情况，为使本指标体系实施更具可操作性，并与《陶瓷砖》GB/T 4100—2006相对应，按吸水率大小即$E \leq 0.5\%$、$0.5\% < E \leq 10\%$、$E > 10\%$将干压陶瓷砖分为三大类，这三类企业其定量评价二级指标的基准值设置有一定差异。

日用陶瓷生产企业、干压陶瓷砖生产企业、卫生陶瓷生产企业定量和定性评价指标体系框架分别如图4-1~图4-6所示。

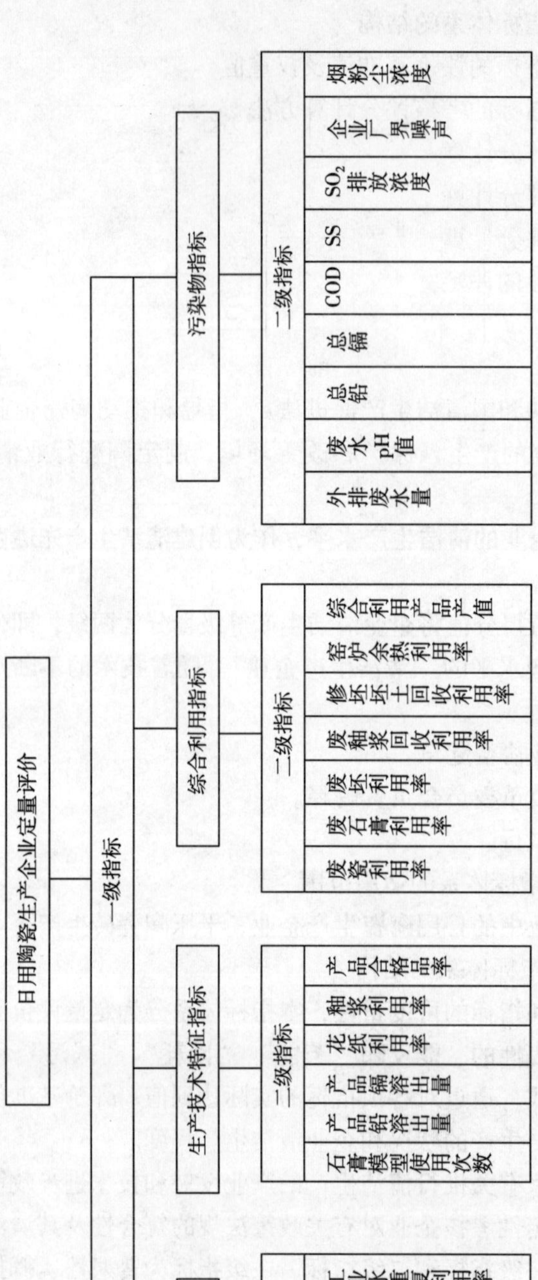

图4-1 日用陶瓷生产企业定量评价指标体系框架

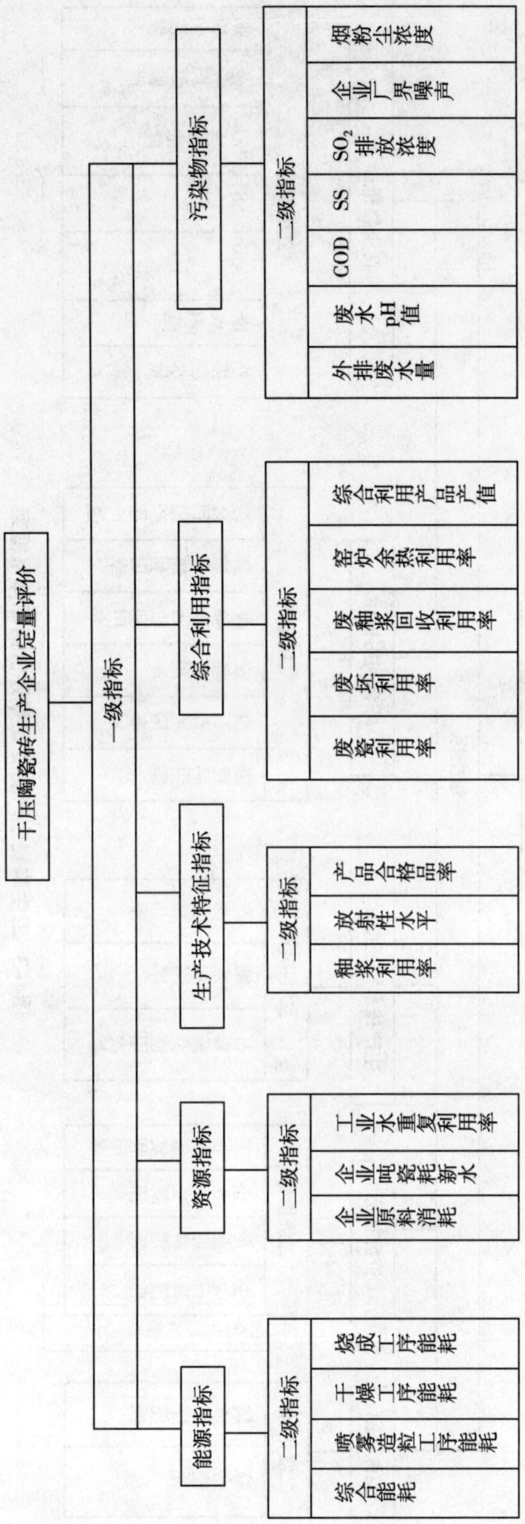

图4-2 干压陶瓷砖生产企业定量评价指标体系框架

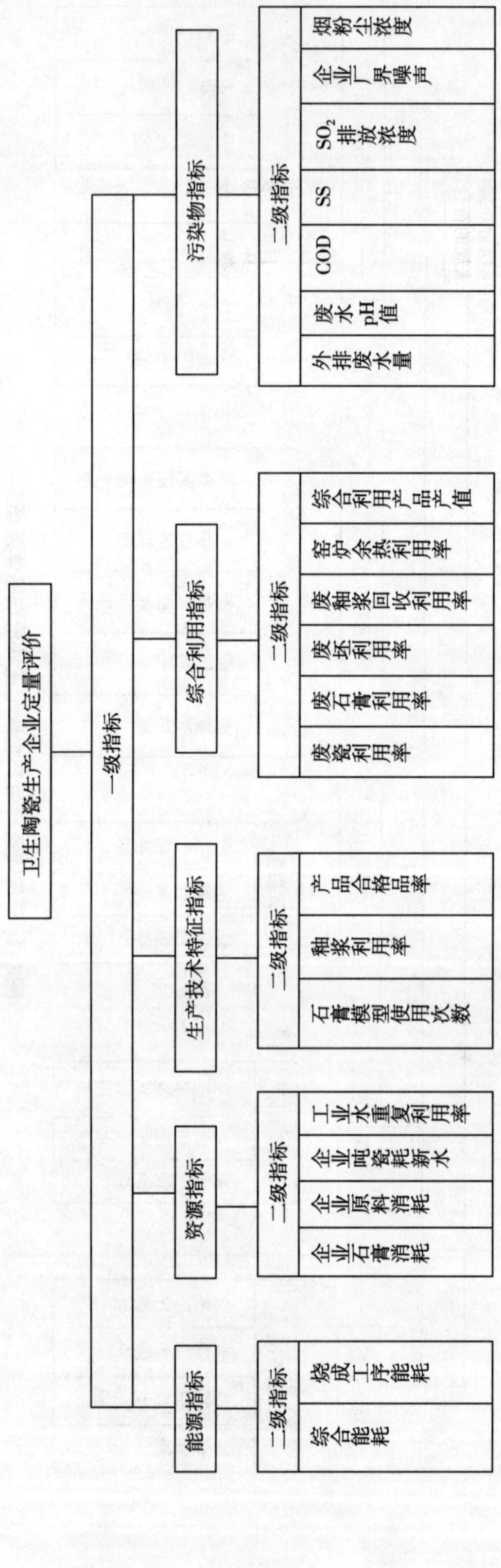

图4-3　卫生陶瓷生产企业定量评价指标体系框架

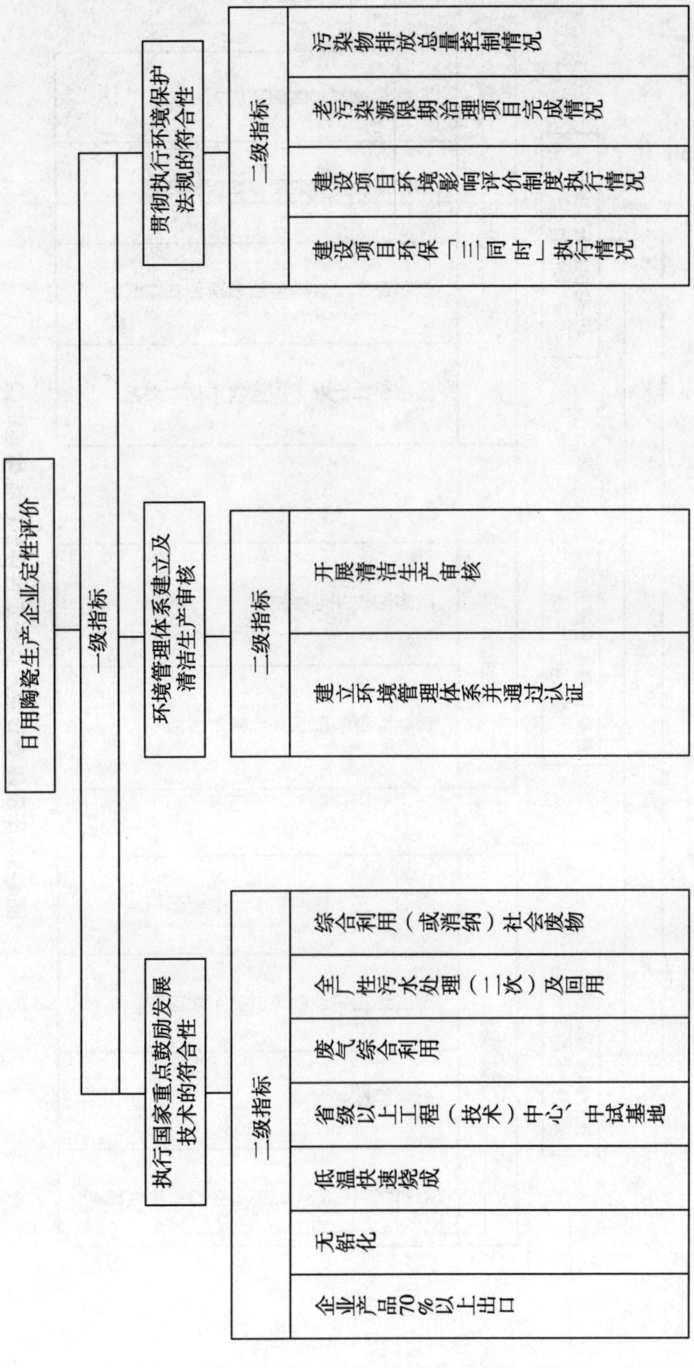

图4-4　日用陶瓷生产企业定性评价指标体系框架

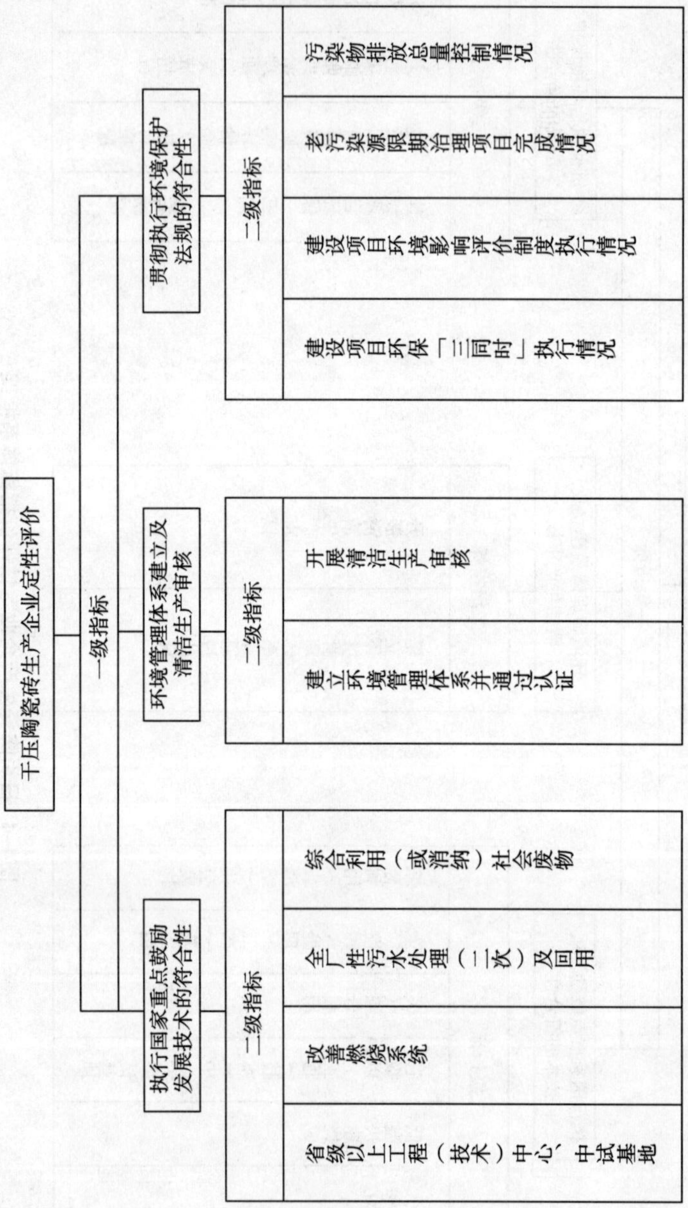

图4-5 干压陶瓷砖生产企业定性评价指标体系框架

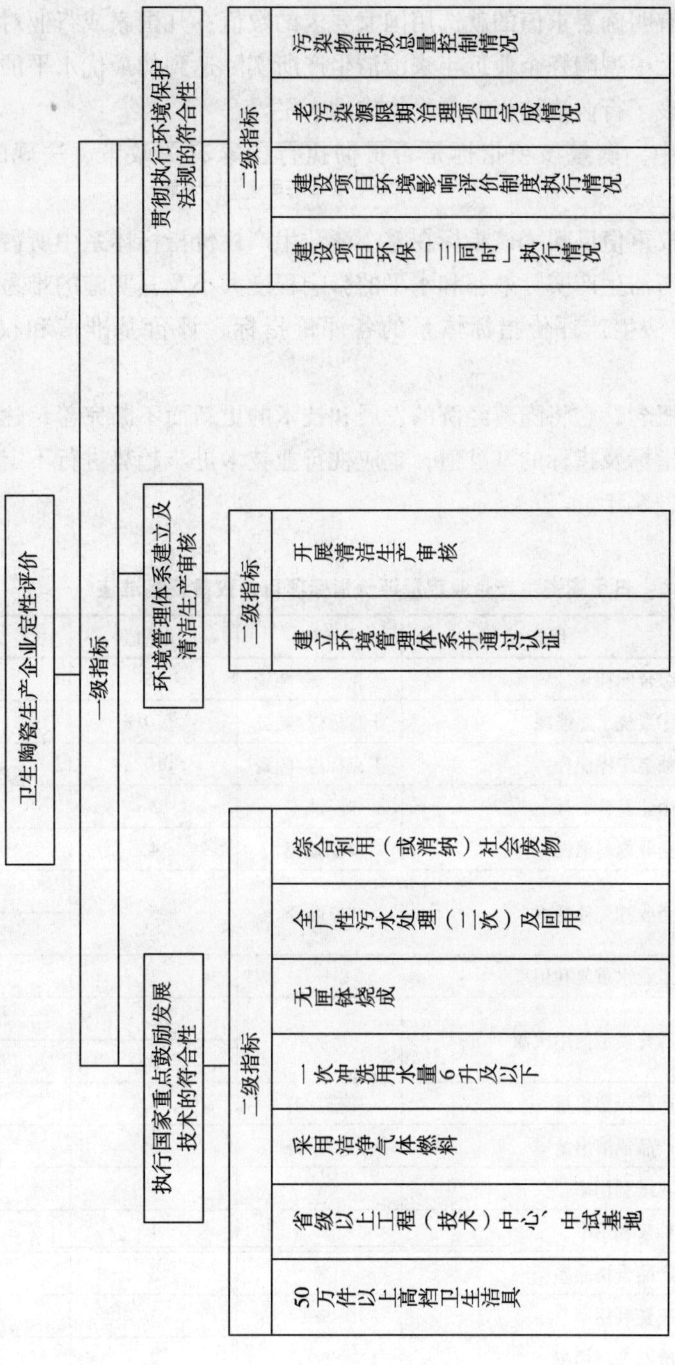

图4-6　卫生陶瓷生产企业定性评价指标体系框架

3. 陶瓷行业清洁生产评价指标的评价基准值及权重值

在定量评价指标体系中，各指标的评价基准值是衡量该项指标是否符合清洁生产基本要求的评价基准。本评价指标体系确定各定量评价指标的评价基准值的依据是：凡国家或行业在有关政策、规划、标准等文件中对该项指标已有明确要求值的就选用国家要求的数值；凡国家或行业对该项指标尚无明确要求值的，则选用国内重点大中型陶瓷企业近年来清洁生产所实际达到的最优水平的指标值。本定量评价指标体系的评价基准值代表了行业清洁生产的平均先进水平。

在定性评价指标体系中，衡量该项指标是否贯彻执行国家有关政策、法规的情况，按“是”或“否”两种选择来评定。

清洁生产评价指标的权重值反映了该指标在整个清洁生产评价指标体系中所占的比重，它原则上是根据该项指标对陶瓷企业清洁生产实际效益和水平的影响程度大小及其实施的难易程度来确定的。

各类陶瓷生产企业清洁生产评价指标体系的各评价指标、评价基准值和权重值见表4－4～表4－11。

清洁生产是一个相对概念，它将随着经济的发展和技术的更新而不断完善，达到新的更高、更先进水平，因此清洁生产评价指标及指标的基准值，也应视行业技术进步趋势进行不定期调整，其调整周期一般为3年，最长不应超过5年。

日用陶瓷生产企业定量评价指标项目、权重及基准值 表4－4

一级指标	权重值	二级指标	单位	权重值	评价基准值	
（1）能源指标	25	综合能耗	千克标煤/吨瓷	15	1240	
		①素烧工序能耗	千克标煤/吨瓷	②10/n	520	
		釉烧工序能耗	千克标煤/吨瓷	③10/n	450	
（2）资源指标	15	企业石膏消耗	吨/吨瓷	3	0.20	
		企业原料消耗	吨/吨瓷	4	1.20	
		企业吨瓷耗新水	吨/吨瓷	5	普通瓷	22
					骨质瓷	60
		工业水重复利用率	%	3	70	
（3）生产技术特征指标	15	石膏模型使用次数	次	2	滚压	150
				2	注浆	80
		产品铅溶出量	毫克/升	3	④符合国标	
		产品镉溶出量	毫克/升	3	⑤符合国标	
		花纸利用率	%	1	99	
		釉浆利用率	%	1	99	
		产品合格品率	%	3	99	
（4）综合利用指标	20	废瓷利用率	%	3	95	
		废石膏利用率	%	2	98	
		废坯利用率	%	2	99	
		废釉浆回收利用率	%	2	99	
		修坯坯土回收利用率	%	2	98	
		窑炉余热利用率	%	5	70	
		综合利用产品产值	元/吨瓷	4	150	

续表

一级指标	权重值	二级指标	单位	权重值	评价基准值	
(5) 污染物指标	25	外排废水量	立方米/吨瓷	4	骨质瓷	50
					普通瓷	0.5
		废水 pH 值		1	6-9	
		总铅	毫克/升	3	1.0	
		总镉	毫克/升	3	0.1	
		COD	毫克/升	3	150	
		SS	毫克/升	3	200	
		SO_2 排放浓度	毫克/立方米	3	1430	
		企业厂界噪声（昼）	Leq［分贝（A）］	1	65	
		企业厂界噪声（夜）	Leq［分贝（A）］	1	55	
		烟（粉）尘浓度	毫克/立方米	3	400	

注：1. 评价基准值的单位与其相应指标的单位相同。

2. ①只在二次烧成时考核。

3. ②③中 n 的取值：一次烧成时 n 取 1，二次烧成时 n 取 2。

4. ④⑤与《与食物接触的陶瓷制品铅、镉溶出量允许极限》GB12651—2003 限值相同。

干压陶瓷砖（$E \leqslant 0.5\%$）生产企业定量评价指标项目、权重及基准值　　**表 4-5**

一级指标	权重值	二级指标	单位	权重值	评价基准值	
(1) 能源指标	25	综合能耗	千克标煤/吨瓷	6	400	
		喷雾造粒工序能耗	千克标煤/吨瓷	4	80	
		干燥工序能耗	千克标煤/吨瓷	7	20	
		烧成工序能耗	千克标煤/吨瓷	8	180	
(2) 资源指标	22	企业原料消耗	吨/吨瓷	8	1.1	
		企业吨瓷耗新水	吨/吨瓷	8	抛光	30
					非抛光	0.64
		工业水重复利用率	%	6	97	
(3) 生产技术特征指标	10	釉浆利用率	%	2	98	
		放射性水平		6	A 类	
					B 类	
					C 类	
		产品合格品率	%	2	98	
(4) 综合利用指标	20	废瓷利用率	%	4	87	
		废坯利用率	%	4	99	
		废釉浆回收利用率	%	2	90	
		窑炉余热利用率	%	5	80	
		综合利用产品产值	元/吨瓷	5	160	
(5) 污染物指标	23	外排废水量	立方米/吨瓷	4	0.30	
		废水 pH 值		1	6-9	
		COD	毫克/升	3	150	
		SS	毫克/升	3	200	
		SO_2 排放浓度	毫克/立方米	4	1430	
		企业厂界噪声（昼）	Leq［分贝（A）］	2	65	
		企业厂界噪声（夜）	Leq［分贝（A）］	2	55	
		烟（粉）尘浓度	毫克/立方米	4	400	

注：1. 评价基准值的单位与其相应指标的单位相同。

2. 放射性水平按《建筑材料放射性核素限量》GB 6566—2001 执行。

干压陶瓷砖（0.5%＜$E \leq 10\%$）生产企业定量评价指标项目、权重及基准值　　表4－6

一级指标	权重值	二级指标	单位	权重值	评价基准值
（1）能源指标	25	综合能耗	千克标煤/吨瓷	6	220
		喷雾造粒工序能耗	千克标煤/吨瓷	4	80
		干燥工序能耗	千克标煤/吨瓷	7	15
		烧成工序能耗	千克标煤/吨瓷	8	150
（2）资源指标	22	企业原料消耗	吨/吨瓷	8	1.1
		企业吨瓷耗新水	吨/吨瓷	8	0.64
		工业水重复利用率	%	6	97
（3）生产技术特征指标	10	釉浆利用率	%	2	98
		放射性水平		6	A类
					B类
					C类
		产品合格品率	%	2	98
（4）综合利用指标	20	废瓷利用率	%	4	87
		废坯利用率	%	4	99
		废釉浆回收利用率	%	2	90
		窑炉余热利用率	%	5	80
		综合利用产品产值	元/吨瓷	5	160
（5）污染物指标	23	外排废水量	立方米/吨瓷	4	0.30
		废水pH值		1	6－9
		COD	毫克/升	3	150
		SS	毫克/升	3	200
		SO_2 排放浓度	毫克/立方米	4	1430
		企业厂界噪声（昼）	Leq［分贝（A）］	2	65
		企业厂界噪声（夜）	Leq［分贝（A）］	2	55
		烟（粉）尘浓度	毫克/立方米	4	400

注：1. 评价基准值的单位与其相应指标的单位相同。
2. 放射性水平按《建筑材料放射性核素限量》GB 6566—2001 执行。

干压陶瓷砖（$E > 10\%$）生产企业定量评价指标项目、权重及基准值　　表4－7

一级指标	权重值	二级指标	单位	权重值	评价基准值
（1）能源指标	25	综合能耗	千克标煤/吨瓷	6	180
		喷雾造粒工序能耗	千克标煤/吨瓷	4	80
		干燥工序能耗	千克标煤/吨瓷	7	15
		烧成工序能耗	千克标煤/吨瓷	8	85
（2）资源指标	22	企业原料消耗	吨/吨瓷	8	1.1
		企业吨瓷耗新水	吨/吨瓷	8	0.64
		工业水重复利用率	%	6	97
（3）生产技术特征指标	10	釉浆利用率	%	2	98
		放射性水平		6	A类
					B类
					C类
		产品合格品率	%	2	98

续表

一级指标	权重值	二级指标	单位	权重值	评价基准值
（4）综合利用指标	20	废瓷利用率	%	4	87
		废坯利用率	%	4	99
		废釉浆回收利用率	%	2	90
		窑炉余热利用率	%	5	80
		综合利用产品产值	元/吨瓷	5	160
（5）污染物指标	23	外排废水量	立方米/吨瓷	4	0.30
		废水 pH 值		1	6-9
		COD	毫克/升	3	150
		SS	毫克/升	3	200
		SO_2 排放浓度	毫克/立方米	4	1430
		企业厂界噪声（昼）	Leq［分贝（A）］	2	65
		企业厂界噪声（夜）	Leq［分贝（A）］	2	55
		烟（粉）尘浓度	毫克/立方米	4	400

注：1. 评价基准值的单位与其相应指标的单位相同。
2. 放射性水平按《建筑材料放射性核素限量》GB 6566—2001 执行。

卫生陶瓷生产企业定量评价指标项目、权重及基准值　　表 4-8

一级指标	权重值	二级指标	单位	权重值	评价基准值
（1）能源指标	25	综合能耗	千克标煤/吨瓷	15	350
		烧成工序能耗	千克标煤/吨瓷	10	190
（2）资源指标	22	企业原料消耗	吨/吨瓷	5	1.3
		企业石膏消耗	吨/吨瓷	6	0.28
		企业吨瓷耗新水	吨/吨瓷	6	14
		工业水重复利用率	%	5	60
（3）生产技术特征指标	10	石膏模型使用次数	次	5	90
		釉浆利用率	%	2	100
		产品合格品率	%	3	95
（4）综合利用指标	20	废瓷利用率	%	5	98
		废石膏利用率	%	3	97
		废坯利用率	%	2	99
		废釉浆回收利用率	%	3	99
		窑炉余热利用率	%	4	70
		综合利用产品产值	元/吨瓷	3	180
（5）污染物指标	23	外排废水量	立方米/吨瓷	4	6.45
		废水 pH 值		3	6-9
		SS	毫克/升	3	400
		COD	毫克/升	3	500
		SO_2 排放浓度	毫克/立方米	3	1430
		企业厂界噪声（昼）	Leq［分贝（A）］	2	65
		企业厂界噪声（夜）	Leq［分贝（A）］	2	55
		烟（粉）尘浓度	毫克/立方米	3	400

注：评价基准值的单位与其相应指标的单位相同。

日用陶瓷生产企业定性评价指标项目及指标分值 表 4－9

一级指标	指标分值	二级指标	指标分值
（1）执行国家重点鼓励发展技术（含陶瓷清洁生产技术）的符合性	50	企业产品 70% 以上出口	5
		无铅化	9
		低温快速烧成	8
		省级以上工程（技术）中心、中试基地	3
		废气综合利用	8
		全厂性污水处理（二次）及回用	8
		综合利用（或消纳）社会废物	9
（2）环境管理体系建立及清洁生产审核	25	建立环境管理体系并通过认证	10
		开展清洁生产审核	15
（3）贯彻执行环境保护法规的符合性	25	建设项目环保“三同时”执行情况	5
		建设项目环境影响评价制度执行情况	5
		老污染源限期治理项目完成情况	6
		污染物排放总量控制情况	9

注：1. 定性评价指标无评价基准值，其考核按对该指标的执行情况给分。
2. 对一级指标“（1）”所属各二级指标，凡采用的按其指标分值给分，未采用的不给分。
3. 对一级指标“（2）”所属二级指标，凡已建立环境管理体系并通过认证的给 10 分，只建立环境管理体系但尚未通过认证的则给 5 分；凡已进行清洁生产审核的给 15 分。
4. 对一级指标“（3）”所属各二级指标，如能按要求执行的，则按其指标分值给分。
5. 对建设项目环保“三同时”、建设项目环境影响评价、老污染源限期治理指标未能按要求完成的则不给分。
6. 对污染物排放总量控制要求，凡水污染物和气污染物均有超总量要求的则不给分；凡仅有水污染物或气污染物超总量要求的，则给 4 分。

干压陶瓷砖生产企业定性评价指标项目及指标分值 表 4－10

一级指标	指标分值	二级指标	指标分值
（1）执行国家重点鼓励发展技术（含陶瓷清洁生产技术）的符合性	46	省级以上工程（技术）中心、中试基地	4
		改善燃烧系统	15
		综合利用（或消纳）社会废物	12
		全厂性污水处理（二次）及回用	15
（2）环境管理体系建立及清洁生产审核	25	建立环境管理体系并通过认证	10
		开展清洁生产审核	15
（3）贯彻执行环境保护法规的符合性	29	建设项目环保“三同时”执行情况	7
		建设项目环境影响评价制度执行情况	7
		老污染源限期治理项目完成情况	6
		污染物排放总量控制情况	9

注：定性评价指标无评价基准值，其考核按对该指标的执行情况给分，其给分办法与表 4－9 中日用陶瓷生产企业的定性评价指标体系的给分要求相同。

卫生陶瓷生产企业定性评价指标项目及指标分值 表 4－11

一级指标	指标分值	二级指标	指标分值
（1）执行国家重点鼓励发展技术（含陶瓷清洁生产技术）的符合性	50	50 万件以上高档卫生洁具	5
		省级以上工程（技术）中心、中试基地	5
		采用洁净气体燃料	9
		一次冲洗用水量 6 升及以下	6
		无匣钵烧成	5
		综合利用（或消纳）社会废物	10
		全厂性污水处理（二次）及回用	10

续表

一级指标	指标分值	二级指标	指标分值
(2) 环境管理体系建立及清洁生产审核	25	建立环境管理体系并通过认证	10
		开展清洁生产审核	15
(3) 贯彻执行环境保护法规的符合性	25	建设项目环保“三同时”执行情况	5
		建设项目环境影响评价制度执行情况	5
		老污染源限期治理项目完成情况	6
		污染物排放总量控制情况	9

注：定性评价指标无评价基准值，其考核按对该指标的执行情况给分，其给分办法与表4-9中日用陶瓷生产企业的定性评价指标体系的给分要求相同。

4. 陶瓷行业清洁生产评价指标的考核评分计算方法

(1) 定量评价指标的考核评分计算

企业清洁生产定量评价指标的考核评分，以企业在考核年度（一般以一个生产年度为一个考核周期，并与生产年度同步）各项二级指标实际达到的数值为基础进行计算，综合得出该企业定量评价指标的考核总分值。定量评价的二级指标从其数值情况来看，可分为两类情况：一类是该指标的数值越低（小）越符合清洁生产要求（如能耗、水耗、原料消耗等指标）；另一类是该指标的数值越高（大）越符合清洁生产要求（如工业水重复利用率、废坯利用率、产品合格品率等指标）。因此，对二级指标的考核评分，根据其类别采用不同的计算模式。

1) 定量评价二级指标的单项评价指数计算

对指标数值越高（大）越符合清洁生产要求的指标，其计算公式为：$S_i = S_{xi}/S_{oi}$

对指标数值越低（小）越符合清洁生产要求的指标，其计算公式为：$S_i = S_{oi}/S_{xi}$

式中 S_i——第 i 项评价指标的单项评价指数，如采用手工计算时，其值取小数点后两位；

S_{xi}——第 i 项评价指标的实际值（考核年度实际达到值）；

S_{oi}——第 i 项评价指标的评价基准值。

本指标体系各二级指标的单项评价指数的正常值一般在1.0左右，但当其实际数值远小于（或远大于）评价基准值时，计算得出的 S_i 值就会远远偏离正常值，计算结果与实际将会有很大偏差，对其他评价指标的单项评价指数产生较大干扰。为了消除这种不合理影响，应对此进行修正处理。修正的方法是：当 $S_i > k/m$ 时（其中 k 为该类一级指标的权重值，m 为该类一级指标中实际参与考核的二级指标的项目数），取该 S_i 值为 k/m。

2) 定量评价考核总分值计算

定量评价考核总分值的计算公式为：

$$P_1 = \sum_{i=1}^{n} (S_i \cdot K_i)$$

式中 P_1——定量评价考核总分值；

n——参与定量评价考核的二级指标项目总数；

S_i——第 i 项评价指标的单项评价指数；

K_i——第 i 项评价指标的权重值。

若某项一级指标中实际参与定量评价考核的二级指标项目数少于该一级指标所含全部二级指标项目数（由于该企业没有与某二级指标相关的生产设施所造成的缺项）时，在计算中应将这类一级指标所属各二级指标的权重值均予以相应修正，修正后各相应二级指标的权重值以 K_i' 表示：

$$K_i' = K_i \cdot A_j$$

式中 A_j——第 j 项一级指标中，各二级指标权重值的修正系数。$A_j = A_1/A_2$。A_1 为第 j 项一级指标的权重值；A_2 为实际参与考核的属于该一级指标的各二级指标权重值之和。

如由于企业未统计该项指标值而造成缺项，则该项考核分值为零。

（2）定性评价指标的考核评分计算

定性评价指标的考核总分值的计算公式为：

$$P_2 = \sum_{i=1}^{n''} F_i$$

式中 P_2——定性评价二级指标考核总分值；

F_i——定性评价指标体系中第 i 项二级指标的得分值；

n''——参与考核的定性评价二级指标的项目总数。

（3）综合评价指数的考核评分计算

为了综合考核陶瓷企业清洁生产的总体水平，在对该企业进行定量和定性评价考核评分的基础上，将这两类指标的考核得分按不同权重（以定量评价指标为主，以定性评价指标为辅）予以综合，得出该企业的清洁生产综合评价指数和相对综合评价指数。

1）综合评价指数（P）

综合评价指数是描述和评价被考核企业在考核年度内清洁生产总体水平的一项综合指标。国内大中型陶瓷企业之间清洁生产综合评价指数之差可以反映企业之间清洁生产水平的总体差距。综合评价指数的计算公式：

$$P = 0.7P_1 + 0.3P_2$$

式中 P——企业清洁生产的综合评价指数；

P_1、P_2——分别为定量评价指标中各二级指标考核总分值和定性评价指标中各二级指标考核总分值。

2）相对综合评价指数（P'）

相对综合评价指数是企业考核年度的综合评价指数与企业所选对比年度的综合评价指数的比值。它反映企业清洁生产的阶段性改进程度。相对综合评价指数的计算公式为：

$$P' = P_b / P_a$$

式中 P'——企业清洁生产相对综合评价指数；

P_a、P_b——分别为企业所选定的对比年度的综合评价指数和企业考核年度的综合评价指数。

（4）陶瓷行业清洁生产企业的评定

对陶瓷企业清洁生产水平的评价，是以其清洁生产综合评价指数为依据的，对达到一定综合评价指数的企业，分别评定为清洁生产先进企业或清洁生产企业。

根据目前我国陶瓷行业的实际情况，不同等级的清洁生产企业的综合评价指数列于表4－12。

陶瓷行业不同等级清洁生产企业综合评价指数 **表4－12**

清洁生产企业等级	清洁生产综合评价指数		
	日用陶瓷生产企业	干压陶瓷砖生产企业	卫生陶瓷生产企业
清洁生产先进企业	$P \geqslant 80$	$P \geqslant 80$	$P \geqslant 80$
清洁生产企业	$70 \leqslant P < 80$	$70 \leqslant P < 80$	$70 \leqslant P < 80$

按照现行环境保护政策法规以及产业政策要求，凡参评企业被地方环保主管部门认定为主要污染物排放未“达标”（指总量未达到控制指标或主要污染物排放超标），生产淘汰类产品或仍继续采用要求淘汰的设备、工艺进行生产的，则该企业不能被评定为“清洁生产先进企业”或“清洁生产企业”。清洁生产综合评价指数低于70分的企业，应类比本行业清洁生产先进企业，积极推行清洁生产，加大技术改造力度，强化全面管理，提高清洁生产水平。

5. 指标解释

（1）外排废水量：指经过企业厂区所有排放口排到企业外部的工业废水量。包括生产废水、外排的直接冷却水、超标排放的矿井地下水和与工业废水混排的厂区生活污水，不包括外排的间接冷却水（清污不分流的间接冷却水应计算在内）。

（2）综合利用产品产值：指利用废渣（包括废瓷、废坯、尾矿等）作为主要原料（20% 以上）生产的产品产值（现行价），已经销售或准备销售的，应计算产品产值；但留作生产上自用的，不应计算产品产值。

（3）废瓷（废石膏、废坯）使用量：指本组织产生的废瓷、废石膏、废坯被本组织自用和被其他组织使用的总量之和。例如废石膏可以用作水泥厂生产水泥的原料。

（4）综合能耗（千克标煤/吨瓷）

是指每生产 1 吨合格陶瓷所消耗的各种能源（煤、煤气、电、液化气、压缩气等）转换为千克标煤之和。其计算公式为：

$$\text{综合能耗（千克标煤/吨瓷）}=\frac{\text{企业年耗能总和（千克标煤）}}{\text{合格陶瓷年产量（吨）}}$$

（5）工序能耗（千克标煤/吨瓷）

是指每生产 1 吨合格陶瓷该道工序所消耗的热能转换为千克标煤。其计算公式为：

$$\text{工序能耗（千克标煤/吨瓷）}=\frac{\text{该工序年耗能（千克标煤）}}{\text{合格陶瓷年产量（吨）}}$$

（6）企业石膏消耗（吨/吨瓷）

是指每生产 1 吨合格陶瓷所消耗的石膏总量（吨）。其计算公式为：

$$\text{企业石膏消耗（吨/吨瓷）}=\frac{\text{石膏年消耗量（吨）}}{\text{合格陶瓷年产量（吨）}}$$

（7）企业原料消耗（吨/吨瓷）

是指每生产 1 吨合格陶瓷所消耗的泥、釉用原料总量（吨）。其计算公式为：

$$\text{企业原料消耗（吨/吨瓷）}=\frac{\text{原料年消耗量（吨）}}{\text{合格陶瓷年产量（吨）}}$$

（8）企业吨瓷耗新水（吨/吨瓷）

是指每生产 1 吨合格陶瓷所消耗的生产用新鲜水量。其计算公式为：

$$\text{企业吨瓷耗新水（吨/吨瓷）}=\frac{\text{企业年新鲜水用量（吨）}}{\text{合格陶瓷年产量（吨）}}$$

（9）工业水重复利用率（%）

水被有效使用两次，即为重复使用一次，以此类推。如冷却水、离子交换法出水、逆流漂洗用水、污水处理回用水的二次使用等。其计算公式为：

$$R=\frac{b}{f+b}\times 100\%$$

式中　R——工业水重复利用率；

b——串级用水量（t）+ 循环用水量（t）；

f——新鲜水用量（t）。

（10）石膏模型使用次数（次）

是指滚压或注浆用石膏模型的平均使用次数。其计算公式为：

$$\bar{n}=\frac{\sum_{1}^{m}\bar{n}_i}{m}$$

式中 $\bar{n}$——平均使用次数；

m——石膏模型品种；

$\bar{n}_i$——第 i 种石膏模型的平均使用次数，$i=1$、2……m。

（11）产品铅、镉溶出量（毫克/升）

按《与食物接触的陶瓷制品铅、镉溶出量允许极限》GB 12651—2003 执行。

（12）花纸利用率（%）

是指产品贴花量（张）与花纸使用量（张）之比。其计算公式为：

$$花纸利用率（\%）=\frac{花纸年贴花量（张）}{花纸年使用量（张）}\times100\%$$

（13）釉浆利用率

是指釉浆实际使用量（吨）与产量（吨）之比。其计算公式为：

$$釉浆利用率（\%）=\frac{釉浆实际年使用量（吨）}{釉浆年产量（吨）}\times100\%$$

（14）放射性水平

按《建筑材料放射性核素限量》GB 6566—2001 执行。

（15）产品合格品率

是指产品合格品量与开窑量之比。其计算公式为：

$$产品合格品率（\%）=\frac{年合格品量}{年开窑量}\times100\%$$

（16）废瓷（坯）利用率（%）

是指废瓷（坯）使用量（吨）与废瓷（坯）产生量（吨）之比。其计算公式为：

$$废瓷（坯）利用率（\%）=\frac{废瓷（坯）年使用量（吨）}{废瓷（坯）年产生量（吨）}\times100\%$$

（17）废石膏利用率（%）

是指废石膏使用量（吨）与废石膏产生量（吨）之比。其计算公式为：

$$废石膏利用率（\%）=\frac{废石膏年使用量（吨）}{废石膏年产生量（吨）}\times100\%$$

（18）废釉浆回收利用率（%）

是指废釉浆被回收并重复利用的量（吨）与废釉浆产生量（吨）之比。其计算公式为：

$$废釉浆回收利用率（\%）=\frac{废釉浆年回收利用量（吨）}{废釉浆年产生量（吨）}\times100\%$$

（19）修坯坯土回收利用率（%）

是指坯体修坯时产生的土粉和（或）浆被回收并重复利用的量（千克）与土粉和（或）浆产生量（千克）之比。其计算公式为：

$$修坯坯土回收利用率（\%）=\frac{修坯坯土年回收利用量（千克）}{修坯坯土年产生量（千克）}\times100\%$$

（20）窑炉余热利用率（%）

是指从窑炉的预热带排放的烟气和（或）冷却带排放的热风中被利用的体积（立方米）与排放的烟气和（或）热风的总体积（立方米）之比。其计算公式为：

$$窑炉余热利用率（\%）=\frac{烟气和（或）热风中被利用的体积（立方米）}{总体积（立方米）}\times100\%$$

注：本指标计算本应采用烟气或热风的热量，但热量计量过程复杂，耗资巨大，可操作性差，所以考虑国内陶瓷行业现状，用体积替代热量，便于计算与操作，以增加使用者的信心。

(21) 综合利用产品产值

每生产 1 吨合格陶瓷综合利用产品的产值（现价，元）。其计算公式为：

$$综合利用产品产值（元/吨瓷）= \frac{综合利用产品年产值（元）}{合格陶瓷年产量（吨）}$$

(22) 外排废水量

每生产 1 吨合格陶瓷外排的废水量（吨）。其计算公式为：

$$外排废水量（吨/吨瓷）= \frac{年排放废水量（吨）}{合格陶瓷年产量（吨）}$$

国家发展和改革委员会

二〇〇七年四月二十三日

二、国家质量监督检验检疫总局：建筑卫生陶瓷产品单位能源消耗限额 GB 21252—2007

建筑卫生陶瓷产品单位能源消耗限额 GB 21252—2007

（国家质量监督检验检疫总局、国家标准化管理委员会 2007 年 12 月 3 日发布 自 2008 年 6 月 1 日起实施）

建筑卫生陶瓷单位产品能源消耗限额

1. 范围

本标准规定了建筑卫生陶瓷单位产品能源消耗（以下简称能耗）限额的技术要求、统计范围和计算方法、节能管理与措施。

本标准适合用于建筑陶瓷砖（干压）和卫生陶瓷生产企业能耗计算、考核，以及对新建项目的能耗控制。

2. 规范性引用文件

下列文件中的条款通过本标准的引用而成为本标准的条款。凡是注日期的引用文件，其随后所有的修改单（不包括勘误的内容）或修订版均不适用于本标准，然而，鼓励根据本标准达成协议的各方研究使用这些文件的最新版本，凡是不注日期的引用文件，其最新版本适用于本标准。

《煤的发热量测定方法》GB/T 213；

《石油产品热值测定法》GB/T 384；

《综合能耗计算通则》GB/T 2589；

《陶瓷砖》GB/T 4100；

《卫生陶瓷》GB 6952；

《三相异步电动机经济运行》GB/T 12497；

《工矿企业电力变压器经济运行导则》GB/T 13462；

《离心泵、混流泵、轴流泵与旋涡泵系统经济运行》GB/T 13469；

《通风机系统经济运行》GB/T 13470；

《用能单位能源计量器具配备和管理通则》GB 17167；

《工业锅炉经济运行》GB/T 17954；

《空气调节系统经济运行》GB/T 17981；

《生活锅炉经济运行》GB/T 18292；

《中小型三相异步电动机能效限定值及能效等级》GB 18613；

《电加热锅炉系统经济运行》GB/T 19065；

《容积式空气压缩机能效限定值及节能评价价值》GB 19153；

《通风机能效限定值及节能评价值》GB 19761；

《清水离心泵能效限定值及节能评价值》GB 19762；

《三相配电变压器能效限定值及节能评价值》GB 20052。

3. 术语和定义

下列术语和定义适用于本标准。

（1）建筑卫生陶瓷产品综合能耗 the comperehensive energy consumption of architecture and sanitary ceramics

在报告期内及建筑卫生陶瓷生产全部过程中，用于生产实际消耗的各种能源总量。包括生产系统、辅助生产系统和附属生产系统的各种能源能耗量和损失量。不包括基建、技改等项目建设能耗的、生产界区回收利用的和向外输出的能源量。

（2）建筑卫生陶瓷单位产品综合能耗 the comprehensive energy consumption per unit product of architecture and sanitary ceramics

从单位合格品产量表示的建筑卫生陶瓷产品综合能耗，其中包括生产直接消耗的能源量，以及分摊到该产品的辅助生产系统、附属生产系统的能耗量和体系内的能源损失量等间接消耗的能源量。

（3）建筑卫生陶瓷生产界区 the production area of architecture and sanitary ceramics

从原料、釉料、煤、油、气等原材料，经计量进入工序开始，到成品建筑卫生陶瓷计量入库和辅助生产系统、附属生产系统的整个建筑卫生陶瓷产品过程。由生产系统工艺装置、辅助生产系统和附属生产系统设施三部分用能组成。

4. 技术要求

4.1 现有建筑卫生陶瓷企业单位产品能耗限额限定值

现有建筑卫生陶瓷产品生产企业的单位产品能耗限额限定值指标包括单位产品综合能耗和单位产品综合电耗，其限额限定值应符合表4－13的规定。

建筑卫生陶瓷单位产品能耗限额限定值 表4－13

分类	单位产品综合能耗限额限定值（kgce/t）	单位产品综合电耗限额限定值（kW·h/t）
卫生陶瓷	≤800	≤1000
吸水率 E≤0.5%的陶瓷砖	≤340	≤400
吸水率0.5%＜E≤10%的陶瓷砖	≤300	≤360
吸水率 E＞10%的陶瓷砖	≤320	≤360

4.2 新建建筑卫生陶瓷企业（含新建生产线）单位产品能耗限定额准入值

新建建筑卫生陶瓷产品生产企业（含新建生产线）的单位产品能耗限额准入值指标包括单位产品综合能耗和单位产品综合电耗，其准入值应符合表4－14的规定。

新建建筑卫生陶瓷企业（含新建生产线）单位产品能耗限额准入值 表4－14

分类	单位产品综合能耗限额限定值（kgce/t）	单位产品综合电耗限额限定值（kW·h/t）
卫生陶瓷	≤700	≤800
吸水率 E≤0.5%的陶瓷砖	≤330	≤380
吸水率0.5%＜E≤10%的陶瓷砖	≤260	≤350
吸水率 E＞10%的陶瓷砖	≤280	≤340

4.3 建筑卫生陶瓷单位产品能耗限额先进值

现有建筑卫生陶瓷产品生产企业应通过节能技术改造和加强节能管理来达到表4－15中的能耗限额先

进值。

建筑卫生陶瓷单位产品能耗限额先进值　　表 4－15

分类	单位产品综合能耗限额限定值（kgce/t）	单位产品综合电耗限额限定值（kW·h/t）
卫生陶瓷	≤550	≤600
吸水率 $E\leqslant 0.5\%$ 的陶瓷砖	≤300	≤320
吸水率 $0.5\%<E\leqslant 10\%$ 的陶瓷砖	≤220	≤280
吸水率 $E>10\%$ 的陶瓷砖	≤240	≤260

5. 统计范围和计算方法

（1）统计范围

1）卫生陶瓷综合能耗和综合电耗范围

卫生陶瓷综合能耗包括综合燃耗和综合电耗。

统计范围包括：原材料中细碎、原料制备输送、模型制作、釉料制备、成型、干燥、施釉、烧成、冷修、检验包装等生产过程，供水、供热、供气、供油、机修等辅助和附属生产系统及生产管理部门等所消耗的燃料和电力。不包括：石膏加工过程、匣钵及窑具加工制作、熔块制备、色料制备、生活设施（如：宿舍、学校、文化娱乐、医疗保健、商业服务和托儿幼教等）及运输保管、采暖、技改等所消耗的燃料和电力。

2）陶瓷砖综合能耗和综合电耗范围

陶瓷砖综合能耗包括综合燃耗和综合电耗。

统计范围包括：原料粗中细碎、原料制备输送、粉料制备、釉料制备、成型、干燥、施釉、烧成、冷修、抛光、检验包装等生产过程，供水、供热、供气、供油、机修等辅助和附属生产系统及生产管理部门等所消耗的燃料和电力。不包括：熔块制备、窑具加工制作、生活设施（如：宿舍、学校、文化娱乐、医疗保健、商业服务和托儿幼教等）及运输保管、采暖、技改等所消耗的燃料和电力。

3）统计方法

利用符合 GB 17167 要求配备的能源计量器具对报告期内的能耗数量和产品产量进行统计，不得重计或漏计。

（2）计算方法

1）产品综合能耗和综合电耗的计算应符合 GB/T 2589 的规定。

只从事建筑卫生陶瓷某一生产工序的企业，综合能耗和综合电耗指标进行合理分摊。

2）建筑卫生陶瓷产品综合能耗的计算

建筑卫生陶瓷产品综合能耗应按式（4－1）计算。

$$E_{ZN}=M_a\times\frac{Q_{DW}^{a}}{29308}+M_b\times\frac{Q_{DW}^{b}}{29308}+M_c\times\frac{Q_{DW}^{c}}{29308}+0.1229\times Q_{ZD} \quad (4-1)$$

式中　E_{ZN}——综合能耗（千克标煤）；

M_a——综合煤耗（千克）；

M_b——综合油耗（千克）；

M_c——综合气耗（Bm^3）；

Q_{DW}^{a}——煤的低（位）发热量（千焦/千克）；

Q_{DW}^{b}——油的低（位）发热量（千焦/千克）；

Q_{DW}^{c}——气的低（位）发热量（千焦/Bm^3）。

29308——1 千克标煤的应用基低（位）发热量（千焦/千克标煤）；

0.1229——电力（当量）折标准煤系数（千克标煤/千瓦时）。

3）单位产品综合能耗的计算

单位产品综合能耗按式（4-2）计算。

$$E_{DN}=E_{ZN}/P \tag{4-2}$$

式中 E_{DN}——产品单位综合耗标煤（千克标煤/吨）。

P——符合 GB 695、GB/T 4100 等相关标准的产品产量（吨）。

4）单位产品综合电耗的计算

单位产品综合电耗按式（4-3）计算。

$$Q_{DD}=Q_{ZD}/P \tag{4-3}$$

式中 Q_{DD}——单位产品综合电耗（千瓦时/吨）

5）标准煤的折算

消耗的各种能源应按热值统一折算为标准煤。燃烧的热值以企业在报告内实测的燃料的平均低（位）发热量为准。固体燃料低（位）发热量按 GB/T 213 的规定测定，液体燃料低（位）发热量按 GB/T 384 的规定测定。若无条件实测或目前尚难进行常规分析的，可参照使用本标准附录 A 规定的各种能源折标准煤系数折算为标准煤。电力折算标准煤系数按当量值 0.1229 计算。

6. 节能基础管理

（1）节能基础管理

1）企业应定期对生产中单位产品消耗的燃料量和用量进行考核。并把考核指标分解落实到各基层部门，建立用能责任制度。

2）企业应按要求建立能耗统计体系，建立能耗测试数据、能耗计算和考核结果的文件档案，并对文件进行受控管理。

3）企业应根据 GB 17167 的要求配备能源计量器具并建立能源计量管理制度。

（2）节能技术管理

1）耗能设备

①企业使用电动机系统、泵系统、通风机系统、电力变压器、工业锅炉、生活锅炉、空气调节系统等通用能耗设备应符合 GB/T 12497、GB/T 13469、GB/T 13670、GB/T 13462、GB/T 17954、GB/T 18292、GB/T 19065 和 GB/T 17981 等相关的用能产品经济运行标准要求，达到经济运行的状态。

②新建及改扩建企业所用的中小型三相异步电动机、容积式空气压缩机、通风机、清水离心泵、三相配电变压器等通用耗能设备应达到 GB 18613、GB 19153、GB 19761、GB 19762、GB 20052 等相应耗能设备能效标准评价值的要求。

2）生产工序

①建筑卫生陶瓷企业在各生产工序中，应采取有效措施，保证生产系统正常、连续和稳定运行，提高系统运转率，实现高效、优质、低耗和清洁生产。

②企业应积极推广和使用新型节能装备，如节能原料加工技术、节能干燥技术、低温快烧技术、余热利用技术等，积极推广和使用新型节能装备，如新型粉磨设备、新型节能窑炉、节能输送设备等。

附录 A

（资料性附录）

各种能源折标准煤参考系数和耗能工质能源等价值

A.1 各种能源折标准煤参考系数

各种能源折标准煤参考系数见表 4-16。

各种能源折标准参考系数　　表4－16

能源名称		单位	平均低位发热量	折标准煤系数
原煤		千焦/千克	20908	0.7143千克标煤/千克
洗精煤			26344	0.9000千克标煤/千克
洗中煤			8363	0.2857千克标煤/千克
煤泥			8363—12545	0.2857—0.4286千克标煤/千克
焦炭			28435	0.9714千克标煤/千克
原油			41816	1.4286千克标煤/千克
燃料油			41816	1.4286千克标煤/千克
汽油			43070	1.4714千克标煤/千克
煤油			43070	1.4714千克标煤/千克
柴油			42652	1.4571千克标煤/千克
煤焦油			33453	1.1429千克标煤/千克
液化石油气			50179	1.7143千克标煤/千克
炼厂干气			46055	1.5714千克标煤/千克
油田天然气		千焦/立方米	38931	1.3300千克标煤/千克
气田天然气			35544	1.2143千克标煤/千克
煤矿瓦斯气			14636—16726	0.5000—0.5714千克标煤/千克
焦炉煤气			16726—17981	0.5714—0.6143千克标煤/千克
其他煤气	a. 发生炉煤气		5227	0.1786千克标煤/千克
	b. 重油催化裂解煤气		19235	0.6571千克标煤/千克
	c. 重油热裂解煤气		35544	1.2143千克标煤/千克
	d. 焦炭制气		16308	0.5571千克标煤/千克
	e. 压力汽化煤气		15054	0.5143千克标煤/千克
	f. 水煤气		10454	0.3571千克标煤/千克
电力当量值		千焦/千瓦时	3600	0.1229千克标煤/千瓦时

A.2　耗能工质能源等价值

耗能工质能源等价值见表4－17。

耗能工质能源等价值　　表4－17

能耗工质名称	平均折算热能	折标准煤系数
外购水	2.51兆焦/吨	0.0857千克标煤/吨
软水	14.23兆焦/吨	0.4857千克标煤/吨
除氧水	28.45兆焦/吨	0.9714千克标煤/吨
压缩空气（标况）	1.17兆焦/立方米	0.0400千克标煤/立方米
鼓风（标况）	0.88兆焦/立方米	0.0300千克标煤/立方米
氧气（标况）	11.72兆焦/立方米	0.4000千克标煤/立方米
氮气（标况）	19.66兆焦/立方米	0.6714千克标煤/立方米
二氧化碳（标况）	6.28兆焦/立方米	0.2143千克标煤/立方米

三、环境保护部：陶瓷工业污染物排放标准（征求意见稿目录）

《陶瓷工业污染物排放标准》（征求意见稿）目录

（《陶瓷工业污染物排放标准》编制组　2008 年 1 月）

1. 标准制定必要性和总体思路
（1）项目来源
（2）标准制定必要性
1）我国陶瓷工业现状
2）存在的问题
（3）标准制定原则和总体思路
1）标准制定的原则
2）标准的总体思路
（4）标准（草案）制定前段工作小结
2. 陶瓷工业污染物排放标准主要技术内容说明
（1）陶瓷工业子类划分
（2）陶瓷工业废水排放与控制
1）陶瓷工业废水排放
2）国内陶瓷工业废水处理技术
（3）陶瓷企业废气排放与控制
（4）标准的适用范围及控制污染源
1）适用范围
2）新建企业和现有企业的划分
3）先进技术控制限值
4）执行时段
5）浓度控制与总量控制相结合
6）技术内容框架
（5）废水排放标准
1）污染物排放控制指标的确定
2）标准值的形式
3）标准值的确定
4）国外陶瓷工业废水处理技术应用
（6）废气排放标准
污染物控制指标的确定
3. 与国内外有关法规和环保标准的关系
（1）与现行法律（规）、现行标准、技术法规之间的关系
（2）国内现有相关标准
1）废水排放标准
2）废气排放标准
（3）国外现有相关标准
1）德国陶瓷工业污水排放标准
2）本标准与国内外相关标准的比较
（4）采用国际标准程度

1）现有企业

2）新建企业

4. 监测及相关要求

（1）监测

（2）测定分析方法

5. 技术经济及环境评估

（1）技术经济评估

1）废水排放标准的技术经济可行性分析

2）废气排放标准的技术经济可行性分析

（2）标准实施后的减排评估

（3）标准实施后社会环境经济损益分析

6. 存在问题和建议

四、广东省佛山市人民政府办公室：佛山市2008年主要污染物排放总量控制计划

佛山市2008年主要污染物排放总量控制计划

佛府办［2008］132号

2008年，我市的主要污染物总量减排工作，将继续按照市委、市政府的部署，结合环境保护部《“十一五”主要污染物总量减排核查办法（试行）》和《主要污染物总量减排核算细则（试行）》以及《佛山市“十一五”主要污染物排放总量控制计划》、《佛山市节能减排综合性工作方案》的要求，全力以赴推进各项工作的深入开展，在工程减排、结构减排、监管减排等方面继续加大工作力度，特别是要创造性地推进产业结构调整，实施结构减排取得重大突破。为确保实现2008年主要污染物总量减排目标，促进经济又好又快发展，特制订本计划。

一、整体要求

坚持以科学发展观统领环保工作，按照大环保的理念推动全市污染减排工作，各区、各部门齐抓共管，切实把污染减排作为调整经济结构、转变增长方式的突破口和重要抓手，融入到经济社会发展的大舞台、主战场，使经济增长建立在实现污染减排的基础之上。继续强化政府监管、企业减排、市场引导、公众参与的工作机制，建立完善污染减排监测、统计、考核和政策支持体系，并综合运用经济、法律和必要的行政手段，加强组织领导，建立工作机制，落实任务分工，强化责任考核，确保2008年主要污染物总量控制目标实现。

二、总量目标的调整核定

（一）“十一五”主要污染物排放总量目标调整

为了进一步落实总量减排任务，省环保局综合考虑各地级以上市的经济、社会、人口、能源消耗等实际水平，拟对各地级以上市2005年主要污染物化学需氧量（COD）、二氧化硫（SO_2）排放量和“十一五”总量控制目标进行修订。按照《关于征求“十一五”主要污染物总量目标修订意见的函》（粤环函［2007］1086号）的精神，省环保局拟对我市相关数据进行如下修订（表4－18）。

省对佛山市“十一五”主要污染物总量目标修订表　　　　**表4－18**

指标	2005年排放量（万吨）		2010年目标量（万吨）		
	原环统排放量	修订后排放量	原目标量	调整增减量	修订后目标
SO_2	14.9	14.9	8.5	1.0	9.5
COD	3.7	9.5	4.1	1.9	6.0

为确保完成“十一五”总量控制目标，明确落实减排任务，我市根据各区常住人口变化量、生产总值、工业总产值、能源消费、产业结构等实际，充分考虑我市已经或正在审批的并将于“十一五”期间在各区投产的重大电力建设项目，对主要污染物总量控制计划进行相应修订（修订结果见表4－19、表4－20）。

2005年COD排放量和“十一五”COD总量修订表（万吨） **表4－19**

区域	2005年排放量		2010年目标值		
	原环统排放量	修订后排放量	原目标值	修订后目标	调整增加值
禅城	0.82	2.05	0.7	0.7	0
南海	1.18	3.04	1.25	2.1	0.85
顺德	1.38	3.11	1.1	2.1	1
高明	0.2	0.62	0.4	0.5	0.1
三水	0.12	0.68	0.45	0.6	0.15
全市	3.7	9.5	3.9	6	2.1

各区2005年SO_2排放量和“十一五”SO_2总量修订表（吨） **表4－20**

区域	2005年环统排放量	2010年目标值		
		原目标值	修订后目标值	调整增加值
禅城	32974	17000	19000	2000
南海	46044	21000	27000	6000
顺德	30800	17000	21000	4000
高明	16945	12000	13000	1000
三水	22403	13000	15000	2000
全市	149165	80000	95000	15000

（二）2007年主要污染物排放量的核定和2008年控制目标

根据省环保局的初步核定，2007年我市化学需氧量和二氧化硫排放量分别为8.19万吨和13.28万吨，完成了省下达的年度减排目标。2008年，市委市政府提出主要污染物排放总量要继续减排10%的目标，即化学需氧量和二氧化硫排放量要分别控制在7.37万吨和11.95万吨以内。为确保完成任务，实现目标，在综合考虑各区2007年减排任务完成情况和2008年经济社会发展、产业结构调整和污染治理工程、基础设施建设情况等的基础上，提出2008年全市及各区控制目标。

1. 全市及各区2007年化学需氧量排放量核定和2008年控制目标

根据常住人口数、GDP增长率等宏观指标对各区2007年化学需氧量排放量进行核定（结果见表4－21）。

全市及各区2007年COD排放量核定表（万吨） **表4－21**

区域	2007年排放量		
	排放量	生活	工业
禅城	1.47	1.08	0.39
南海	2.85	2.16	0.69
顺德	2.75	2.14	0.61
高明	0.60	0.42	0.18
三水	0.52	0.27	0.25
全市	8.19	6.07	2.12

综合考虑各区常住人口增长状况、现役污水处理厂的运行情况、管网完善程度、在建污水处理厂的建设进度以及 GDP、产业结构确定各区新增化学需氧量削减量，最终确定我市及各区 2008 年化学需氧量排放控制目标（表 4－22）。

全市及各区 2008 年 COD 排放量控制目标　　**表 4－22**

区域	2007 年排放量（万吨）	2008 年预计新增排放量（吨）	2008 年预计新增削减量（吨）	2008 年控制目标（万吨）
禅城	1.47	600	3600	1.17
南海	2.85	1300	3800	2.60
顺德	2.75	1100	3600	2.50
高明	0.60	400	600	0.58
三水	0.52	500	500	0.52
全市	8.19	3900	12100	7.37

2. 全市及各区 2007 年二氧化硫排放量核定和 2008 年控制目标

为充分肯定各区开展的工作和取得的成效，2007 年，我市在对各区二氧化硫减排数据核定时，实行只要有工程建设并有足够的支持材料证明，均予以认可其削减量。经核定，各区均完成了 2007 年的总量减排任务。但是，省环保局在核定我市污染减排数据时严格按照国家的核算细则进行核定，因此我市在向省环保局报送数据时，基本按照国家的核算细则进行报送，并对各区的减排数据进行了调整。综合考虑各区能源消耗、产业结构调整及工程建设的实际，确定我市及各区 2008 年二氧化硫排放控制目标（表 4－23）。

全市及各区 2007 年 SO_2 排放量和 2008 年控制目标（万吨）　　**表 4－23**

区域	2006 年排放量	2007 年排放量	2008 年控制目标	减排率
禅城	3.47	3.16	2.77	12.3%
南海	5.04	4.32	3.80	12.0%
顺德	2.89	2.87	2.55	11.1%
高明	1.35	1.17	1.14	2.6%
三水	2.09	1.74	1.64	5.8%
合计	14.8	13.28	11.95	43.8%

三、主要任务和措施

（一）加快污染减排工程设施建设和完善

1. 作好污水处理厂的建设和监管（责任单位：各区人民政府，市公用事业局）

污水处理厂的建设按照属地负责原则，由各区政府落实污水处理厂建设任务，市公用事业局负责跟进、协调，必要时对进展缓慢的区予以黄牌警示，并会同各区政府做好监管工作。

一是要采用管网与厂区捆绑建设的方式，加快污水处理厂的建设完善。要积极推动污水处理厂配套的管网和泵站建设，将其与污水厂一起捆绑进行 BOT，使城镇污水处理厂运行后 1 年内实际处理污水量不低于设计能力的 70%，3 年内不低于 85%。对于原来已对厂区内工程实行 BOT 建设的污水厂，可通过延长特许经营年限的方式实现捆绑，2008 年底要确保已建成的污水厂处理水量达到设计能力的 85% 以上。

鉴于按照国家的污染减排核算方法我市工业 COD 削减空间极为有限的情况，新建城镇污水处理厂及其配套系统、完善原有污水厂收集系统已成为我市“十一五”期间 COD 总量减排的重要措施。为实现2008年的COD减排目标并减缓“十一五”后续年度的COD削减压力，2008年度必须在不断完善配套管网、提高污水处理厂处理水量及进水浓度的同时，再新建、扩建一批污水处理厂重点工程。

二是加强对污水处理厂运行的监管。2008年要完成设计日处理能力大于等于1万吨的污水处理厂，完善安装进、出水在线监测设施（至少能自动监测处理水量、COD浓度）并与环保部门联网；出台相关管理规定，对不正常运行的污水处理厂依法予以处罚，并扣减污水处理费；对城市污水处理设施建设严重滞后、不落实收费政策、污水处理厂建成后1年内实际处理水量达不到设计能力70%的，以及已建成污水处理设施但无故不运行的地区，暂缓审批该地区有水污染物产生的项目环评；加强分析研究，解决污水处理厂进水浓度偏低问题，市公用事业局牵头委托科研单位开展全市污水处理厂进水浓度相对较低的分析研究，并提出相应的对策和措施（省要求污水处理厂运行后1年内进水浓度不低于180mg/L，3年内进水浓度不低于220mg/L）。

三是完善污水处理收费制度。逐步提高污水处理收费标准，按照国家和省的有关要求，将污水处理费逐步由按处理水量转向按削减的COD量计算，切实提高污水处理厂削减COD的效果。全市五区要按照省的统一部署征收污水处理费，征收标准不低于省的要求。

2. 继续狠抓脱硫设施建设和正常运行

一是切实作好大电厂脱硫设施的建设和清洁能源改造（责任单位：各区人民政府，市经贸局、发展改革局）。要加快电网及输变电系统建设，按要求实施顺德德胜电厂、南海发电一厂、三水恒益电厂三家电厂的“上大压小”项目，同步建设脱硫工程，安装烟气在线监测设施并与环保部门联网。同时，南海发电一厂要在2008年第三季度完成水煤浆技改工程的脱硫工程建设并安装烟气在线监测设施；积极争取天然气供应量，确保福能电厂燃用天然气；积极争取省电网供电，减少本地电厂的发电量。

二是各区人民政府抓好脱硫工程的建设和完善（责任单位：各区人民政府，市环保局）。按照国家总量核查办法，脱硫除尘一体化工程不能作为工程减排项目来计算二氧化硫削减量，各区要根据本区的总量减排形势，制订企业脱硫深化治理工程建设计划并抓好落实，原则上大于等于20吨/小时的锅炉均应建设二氧化硫深化治理工程。

3. 加快推进能源结构调整（责任单位：各区人民政府，市经贸局、安全监管局）

切实抓好能源结构调整改造工作，积极引进和推广使用天然气、电、轻柴油等清洁能源，开展替代石油工程的相关能源在工业锅炉和窑炉应用的试点工作，从源头实现二氧化硫减排。市安全监管局牵头尽快完善多部门对自建水煤气设备的企业联合审批及综合执法方案。

（二）坚决淘汰落后生产能力，实施结构减排（责任单位：各区人民政府，市经贸局、发展改革局）

必须严格执行国家和省的有关政策，坚决淘汰落后生产能力。对不按期淘汰的企业，各级人民政府要依法予以关停，有关部门依法吊销生产许可证和排污许可证并予以公布，电力供应企业依法停止供电。对没有完成淘汰落后产能任务的地区，实行项目“区域限批”。坚决执行高能耗产业差别电价政策，促使各地抑制高耗能行业盲目发展。

1. 确保按省的要求按时关闭小电厂。结合顺德德胜电厂二期建设，确保于2008年上半年完成顺德区相关小火电的关停工作，2008年底按照《印发广东省小火电机组关停实施方案的通知》（粤府办［2007］28号）要求，完成其他小火电的关停。

2. 确保按市的统一部署按时完成陶瓷行业的改造提升。各区要按照市委市政府提出的“赶走污染，做强陶都”的目标，切实抓好陶瓷行业“提升一批、转移一批、关闭一批”的改造提升工作，对照各区自报的分类处置企业名单，于2008年第三季度前基本完成建筑陶瓷行业的改造提升。

3. 确保于2008年底前完成立窑及其他需关停的水泥生产企业的关停。南海、高明、三水要按照市的统一部署于今年内完成对区内水泥生产企业的关停工作。

（三）加强重点污染源在线监测系统建设，推行清洁生产，实施监管减排

1. 要做好全市的重点污染源在线监测系统建设（责任单位：各区人民政府，市环保局）。出台相关

文件，提出我市重点污染源在线监控设施安装计划、工作要求及配套政策，并提出如何作好在线监控系统后续跟进管理的规定，确保在线监控系统及设备长期稳定运行，监测超标企业得到及时的跟进处理。2008年上半年完成国控重点污染源在线监控系统建设并与省环保部门联网。原则上对于大于等于20吨/小时的锅炉和燃煤电厂（含热电联供企业）在建设先进的烟气脱硫工程的同时，同步建设安装烟气在线监测系统并与省环保部门联网（于第三季度结束前完成的项目可计算2008年的减排量）。加强在线监控中心建设，提高数据储存、传输和共享等信息化水平。

2. 全面推行清洁生产和强制性清洁生产（责任单位：各区人民政府，市经贸局、科技局、环保局、发展改革局）。鼓励企业实施清洁生产，加快实现由末端治理向污染预防和生产全过程控制转变；对超标、超总量排污企业以及没有完成减排任务的企业，一律实施强制性清洁生产审核。

3. 严格环境执法（责任单位：各区人民政府，市环保局）。全面推行排污许可证制度，禁止超总量排污和无证排污；切实加强对重点污染源的日常监管；加大环境执法力度，严防企业不正常使用污染防治设施、偷排漏排，严厉打击环境违法行为；对不能稳定达标或超总量的排污单位实行限期治理。逾期未完成治理任务的，责令停产整治，治理期间应予限产、限排，并不得建设增加污染物排放总量的项目；整治仍不能实现达标排放的，坚决关闭；继续实施企业环境信用制度，与人民银行联合，将环境执法信息纳入银行征信管理系统，限制污染严重企业贷款。

（四）加强污染减排三大体系建设，为总量减排提供技术支持（责任单位：各区人民政府，市环保局、发展改革局、经贸局、统计局）

1. 加强污染减排的统计、监测和考核三大体系能力建设。科学的污染减排指标体系、准确的污染减排监测体系和严格的污染减排考核体系，是污染减排的重要基础。配置污染源现场采样和监测仪器装备，提高污染源日常监督性监测能力。按照环境监察标准化建设要求，结合环保综合执法改革，解决各级环保监察队伍力量不足问题。配备环境监督执法取证、交通和通信等设备，提升污染源监察核查能力；加强污染减排统计基础和信息传输能力建设。加强统计工作部门协调，健全和完善基层环境统计工作体系，建立环境统计专业队伍。做好重点污染源排污数据的采集和核定工作，建立重点工业污染源和新建项目数据库以及主要污染物排污总量控制台账，及时掌握新老污染增减动态变化情况，为采取针对性的措施提供依据。

2. 认真开展污染源普查，摸清污染底数。按照上级环保部门的要求认真做好污染源普查工作，摸清污染底数，为科学发展服务。各区要落实经费保障，确保普查任务的顺利完成。

（五）严格环保准入，实施源头控制（责任单位：各区人民政府，市环保局、发展改革局、经贸局、国土资源局、工商局）

1. 把总量指标作为建设项目环评审批的前置条件。各地在审批项目时必须同时下达二氧化硫和化学需氧量排放量指标，对未取得总量控制指标的项目，一律不予批准建设；未达到总量控制目标要求的项目，一律不得投入生产；新增污染物排放量不允许突破总量控制指标。

2. 对新建项目一律实行主要污染物先减后建制度。新建项目必须削减一定比例的同类污染物排放量，对鼓励类项目按“减一增一”实施、其他类建设项目按“减二增一”实施。

3. 实行区域限批和行业限批。对环境容量不足的区域和污染物排放超过总量控制计划的区，不得审批有相关污染物排放的建设项目；对于陶瓷、纺织印染、有色金属冶炼及压延加工、造纸等继续实行行业限批。对于化工、石化项目亦实行严格控制。

4. 建立项目审批的部门协调机制。建设项目的环境影响评价文件未经批准，各级投资主管部门不审批、核准项目，国土部门不批准用地，工商部门不办理营业执照，银行不予贷款。

四、保障措施

（一）继续加强领导，强化督查督办

进一步加强对总量减排工作的组织领导，建立健全总量减排工作机制，建立减排季度会议制度，按季度通报总量减排工作进展，找出存在问题，部署研究减排工作；必要时召开协调工作会议，及时协调解决工作中的重大问题。市节能减排领导小组办公室（设在市发展改革局）于每季度结束后召集市有关部门研究全市节能减排情况。市环保局会同市发展改革局、经贸局、公用事业局、统计局和监察局，对各区政府每季度主要污染物总量减排情况进行督查，形成专题报告向市政府汇报。

（二）严格考核，落实责任

建立主要污染物减排工作考核制度，把减排指标完成情况纳入各地经济社会发展综合评价体系，作为政府领导干部综合考核评价和企业负责人业绩考核的重要内容，实行问责制和“一票否决”制，对因行政不作为而未按要求完成总量减排的党委、政府和部门负责人依法追究责任；凡是未能完成主要污染物减排工作任务的区、单位和企业，一律不能参加年度评奖、授予荣誉称号等。

（三）加大财政支持力度

按照国家对“统计、监测、考核”三大体系建设的要求，落实财政配套资金。

（四）加大污染减排宣传工作

及时跟进减排工作，对减排计划、减排成效及重点行业、重点企业的减排措施等进行宣传报道。加强宣传发动，充分发挥全社会力量参与污染减排工作，营造浓厚的社会氛围，形成以政府为主导、企业为主体、全社会共同推进的污染减排工作格局。

二〇〇八年四月二十五日

五、佛山市人民政府办公室：佛山市“十一五”主要污染物总量减排考核办法实施细则（试行）

佛山市“十一五”主要污染物总量减排考核办法实施细则（试行）

根据省环保局、发展改革委、统计局、监察厅联合下发的《关于印发〈广东省“十一五”主要污染物总量减排考核办法实施细则（试行）〉的通知》（粤环［2008］104号），为了作好衔接，进一步加强我市的总量减排考核工作，制定本实施细则。

一、工作程序

（一）市环保局会同市发展改革局、经贸局、公用事业局、统计局和监察局对各区人民政府主要污染物总量减排情况进行考核。根据佛山市“十一五”主要污染物排放总量控制修订方案、全省年度主要污染物总量减排工作计划、省下达的各地级以上市年度主要污染物总量减排控制目标和工程任务，将其中所列的年度考核目标和项目作为考核依据。有特殊原因需要调整年度减排项目的，必须保证在完成年度主要污染物总量减排控制目标不变的前提下，由区人民政府于每年8月底前向市环保局报送减排项目调整申请，经批复同意后，将调整的减排项目一并作为年度考核依据。

（二）各区人民政府要按文件要求按时组织自查，将年度减排计划、重点减排项目及重点工程、减排三大体系等工作完成情况作出书面报告，填写年度考核结果自评表并加盖公章，将自评结果以正式文件和电子文件的两种形式上报市节能减排领导小组办公室（设在市发展改革局）和市环保局。

（三）市节能减排领导小组办公室对各区自查结果进行汇总和审核，形成初步考核意见，经征求各区意见后，形成考核结果，待省有关部门将我市考核结果公布后，将各区考核结果报市政府，经市政府审定后，向社会公告，并以考核结果得分的高低实行排名制。

二、考核指标及分值

“十一五”主要污染物总量减排考核由年度减排目标完成情况、重点减排项目完成情况以及三大体系建设与运行情况等3个方面组成，共100分。具体考核指标及计分方法如下：

（一）年度减排目标完成率指标（40分）；

（二）重点减排项目指标（40分）；

（三）三大体系建设与运行指标（20分）。

三、指标解释及计分方法

（一）年度减排目标完成率指标

考核市下达的主要污染物化学需氧量和二氧化硫两项指标年度减排目标完成情况，年度减排目标完成率＝（市核定的年度减排目标增减量/市下达给各区政府的年度减排目标）×100%。

与上年相比，年度减排目标为正数、有削减任务的区，年度减排目标完成率达100%及以上为完成任务；年度减排目标为负数、允许增加排放量的区，年度减排目标完成率达100%及以下为完成任务；年度减排目标为0的区，则市核定的年度减排目标大于或等于0为完成任务。

该指标为约束性指标，未完成任务将实行一票否决，以零分计，完成任务时应为满分。化学需氧量和二氧化硫每项指标各20分，共计40分。具体计分方法是：

1. 市下达的化学需氧量和二氧化硫年度减排目标两项均完成的，得40分；

2. 一项完成、一项未完成的，得20分；

3. 两项均未完成的，得0分；

4. 在市与相关区的化学需氧量和二氧化硫两项指标年度减排目标均完成的情况下，对于区设立奖励分数。超额完成年度减排目标20%～30%的，奖励2分；超额完成年度减排目标30%～50%的，奖励4分；超额完成年度减排目标50%以上的，奖励6分。

（二）重点减排项目指标

考核列入佛山市“十一五”主要污染物排放总量控制修订方案、全省年度主要污染物总量减排工作计划、省下达的各地级以上市年度主要污染物总量减排控制目标和减排项目的各类减排项目，包括污水处理工程（25分）、关停小火电项目（5分）、其他类减排项目（10分，包括：企业治理、电厂脱硫、结构减排、监管减排等项目）三类。实行扣分制，其中污水处理工程未完成的，每项扣X分，扣完25分为止，即，$X=25b/a$（a为应建成或完善管网的污水处理工程总能力，b为未完成任务的污水厂处理能力）；关停小火电项目未完成的，每项扣Y分，扣完5分为止，即，$Y=5/c$（c为应关停的小火电项目数）；其他类减排项目未完成的，每项扣Z分，扣完10分为止，即，$Z=10/d$（d为其他类减排项目总数）。

当年没有关停小火电项目任务的区，关停小火电项目（5分）并入其他类减排项目（10分）中去，即该区当年其他类减排项目为15分，其他类减排项目每项未完成的，扣$Z=15/d$分，扣完15分为止。

2010年，重点考核对污水处理厂、其他类减排工程（含企业治理、电厂脱硫、监管减排）的监管，将关停小火电项目（5分）并入其他类减排项目（10分）中。参考原来的计分公式，对不正常运行的企业实行扣分。其中，污水处理厂按处理能力扣分，其他类减排工程按项目数扣分。

（三）三大体系建设与运行指标

考核主要污染物总量减排考核体系、监测体系和统计体系的建设运行情况，重点督察核实各区污染减排“三大体系”建设是否完善，运行情况是否良好。主要包括以下3个方面：

一是减排考核体系，共5分，实行扣分制，扣完为止。具体包括：

1. 主要污染物排放总量控制任务（总量指标、重点工作、重点工程建设任务均可）未以正式文件形式落实到区内各镇政府及街道办的，扣3分；

2. 主要污染物排放总量控制指标未以正式文件形式落实到重点污染源（包括国控、省控重点污染源）的，扣2分；

3. 在市公布全市及各区年度主要污染物排放总量前向社会公布本区年度主要污染物排放总量的，扣5分。

二是监测体系，共10分，实行扣分制，扣完为止。完成国务院批转的《主要污染物总量减排监测办法》及省、市制定的有关总量减排监测要求的，得10分；否则将扣分，具体包括：

1. 未按要求完成国控、省控重点污染源在线监测设备安装或联网任务的，每家扣10/*e*分，*e*为本区应安装在线监测设备的国控、省控重点污染源数；

2. 国控、省控重点污染源已安装在线监测设备但未经验收的，每家扣10/*e*分，*e*为本区应安装在线监测设备的国控、省控重点污染源数；

3. 国控、省控重点污染源在线监测系统运行不正常的，每家扣10/*e*分，*e*为本区应安装在线监测设备的国控、省控重点污染源数；

4. 未按时填报主要污染物总量减排监测与监察系数有关信息的，每次扣2分；

5. 不符合总量减排监测有关要求的，每家企业扣1分；

6. 未建立污染源监督性监测数据库的，扣3分；

7. 污染源监督性监测质量管理问题严重的，扣3分；

8. 污染源监督性监测数据抽测不合格或监测数据报送率低于80%的，每次扣1分。

三是统计体系，共5分，实行扣分制，扣完为止。统计数据、统计方法符合国务院批转的《主要污染物总量减排统计办法》及原国家环保总局《主要污染物总量减排核算细则》要求的，得5分。未按要求的将扣分，具体包括：

1. 未按时上报总量减排半年工作报告、年度自查报告及总量减排计划的，每次扣5分；

2. 未及时上报总量减排调度信息、减排季报和环境统计报表的，每次扣2分；

3. 虚报、瞒报企业排污量或企业有关数据失实的，每家扣1分；

4. 减排统计数据错漏严重的、缺报重点污染源、污水处理厂、火力发电厂的，每家扣1分。

四、相关要求

（一）各区对镇（街道办）的考核可参照市的做法，结合实际制定并开展考核。

（二）年度减排目标完成率、重点减排项目、三大体系建设与运行等三项考核指标每一项均达到该考核指标满分的60%以上的，为通过考核；一项未达到，即认为未通过考核。

（三）所有数据及有关文件必须符合国家和省相关技术及规范要求。

（四）上报材料包括：

1. 各区政府考核年度主要污染物总量减排工作自查报告。自查报告需依照国家的文件，根据本区经济、人口、能耗等数据核算主要污染物的新增量，依托减排工程核算削减量，计算出净削减量，包括：主要污染物总量控制目标、重点减排项目、三大体系建设与运行等工作完成情况。

2. 主要污染物总量减排考核报表（包括自评表、附表、总量减排的计算表格）

（五）本细则自发布之日起实施，替代《印发节能减排统计监测及考核实施方案和办法的通知》（佛府办［2008］68号）附件4《佛山市“十一五”主要污染物总量减排考核办法》第十二条内容。本细则由市环保局负责解释。

（本实施细则（试行）由佛山市人民政府办公室于2008年12月29日印发）

六、佛山市南海区人民政府办公室：佛山市南海区2008年主要污染物排放总量控制计划

佛山市南海区2008年主要污染物排放总量控制计划

南府办［2008］98号

为确保完成我区2008年主要污染物减排目标，促进经济又好又快发展，根据《印发佛山市2008年主要污染物排放总量控制计划的通知》（佛府办［2008］132号）要求，结合我区实际，特制订本计划。

一、整体要求

坚持以科学发展观推动全区污染减排工作，重点落实工程减排、结构减排、监管减排等措施，不断加大产业结构调整力度，创造性地推进生活污水处理厂建设，争取在生活污水工程减排和工业企业结构减排等方面取得重大突破。继续强化政府监管、企业减排、市场引导、公众参与的工作机制，建立完善污染减排监测、统计、考核和政策支持体系，并综合运用经济、法律和必要的行政手段，加强组织领导，建立工作机制，落实任务分工，强化责任考核，确保2008年主要污染物总量控制目标实现。

二、总量目标的调整

（一）“十一五”主要污染物排放总量目标调整

为了进一步落实总量减排任务，佛山市综合考虑各区户籍人口、城镇化率、生产总值、工业总产值、能源消费、产业结构等实际情况，对我区2005年主要污染物排放量和“十一五”总量控制计划进行了修订，修订后的数据见表4-24。

佛山市对我区“十一五”主要污染物总量目标修订表 **表4-24**

指标	2005年排放量（万吨）		2010年目标量（万吨）		
	原环统排放量	修订后排放量	原目标量	调整增减量	修订后目标
COD	1.18	3.04	1.25	0.85	2.1
SO_2	4.6	4.6	2.1	0.6	2.7

（二）2005—2007年主要污染物排放核定量和2008年控制目标

根据佛山市对2005—2007年我区主要污染物排放量的核定，2007年我区COD和SO_2排放总量分别为2.85万吨和4.32万吨，完成了市下达的年度减排目标（表4-25）。

2005—2007年主要污染物排放核定量和2008年目标量（万吨） **表4-25**

指标	2005年排放量	2006年排放量	2007年排放量	2008年目标量
COD	3.04	2.90	2.85	2.60
SO_2	4.6	5.04	4.32	3.80

根据各区减排目标完成情况以及全市主要污染物总量减排10%的目标，佛山市确定2008年我区COD排放总量为2.60万吨，减排率为8.8%；SO_2排放总量为3.80万吨，减排率为12.0%。据初步测算，2008年我区新增COD排放量1356吨，全年必须完成新增削减量3856吨；新增SO_2排放量4031吨，全年必须完成新增削减量9279吨（表4-26）。

2007年全区主要污染物排放量和2008年控制目标（吨） **表4-26**

指标	2007年排放量	2008年预计新增排放量	2008年必须完成新增削减量	2008年目标量	减排率
COD	28500	1356	3856	26000	8.8%
SO_2	43248	4031	9279	38000	12.0%

（三）2008年各镇（街道）主要污染物控制目标

1.2007年各镇（街道）COD排放量核定和“十一五”控制目标。

根据2007年各镇（街道）户籍人口数、城镇化率、现役污水处理厂的实际削减量等宏观指标，综合考虑各镇（街道）“十一五”末生活污水的处理率，最终确定各镇（街道）2007年COD的实际排放量和“十一五”排放量控制目标（表4-27）。

2007 年各镇（街道）COD 核定量和“十一五”排放控制目标（吨） **表 4－27**

区域	2007 年			2008 年			2010 年控制目标
	总排放量	生活排放量	工业排放量	预计新增排放量	新增削减量	总控制目标	
桂城	2341	1641	700	161	359	2143	1751
罗村	1806	1412	395	77	251	1632	1284
九江	2485	2345	139	49	385	2147	1466
西樵	4078	2494	1585	280	400	3962	3730
丹灶	2097	1791	305	69	287	1878	1438
狮山	5441	3612	1830	321	742	5021	4189
大沥	7215	5764	1451	291	1022	6483	5017
里水	3037	2541	495	108	410	2734	2125
全区	28500	21600	6900	1356	3856	26000	21000

2. 2007 年各镇（街道）SO_2 排放量核定和“十一五”控制目标。

综合考虑各镇（街道）能源消耗、产业结构调整及工程建设的实际情况，最终确定各镇（街道）2007 年 SO_2 实际排放量和“十一五”排放量控制目标（表 4－28）。

2007 年各镇（街道）SO_2 核定量和“十一五”排放控制目标（吨） **表 4－28**

区域	2007 年排放量	2008 年目标量	2010 年目标量
桂城	1586	1277	933
罗村	4652	3741	2732
九江	1854	1462	1068
大沥	6614	5565	4064
狮山	8843	7829	5718
西樵	14184	13598	9031
其中：西樵电力	9296	8841	5557
里水	3148	2660	2090
丹灶	2367	1868	1364
合计	43248	38000	27000

三、主要任务和措施

（一）加快污染减排工程设施建设和完善

1. 作好污水处理厂的建设和监管。

经调整，我区 2005 年生活与工业 COD 的排放比例为 3.68：1（生活 COD 为 2.39 万吨，工业 COD 为 0.65 万吨）。当前，在工业污染源已基本落实污水处理措施的情况下，全区 COD 减排工作重点必须放在加快生活污水处理厂的建设和完善上。

一是充分利用并严格监管现役污水处理厂的处理能力。各镇（街道）必须在今年 6 月底前促使现役污水处理厂达到满负荷运作，并提供相应的管网和泵站建设完工的证明材料（各镇、街道负责）。出台相关管理规定，确保现役污水处理厂满负荷运行，对不正常运行的污水处理厂，依法予以处罚，并扣减污水处理费（区市政局负责）。

二是要采用管网与厂区捆绑建设的方式，加快建设和完善污水处理厂。积极推动污水处理厂配套的管网和泵站建设，将其与污水厂一起捆绑进行 BOT，使城镇污水处理厂运行后 1 年内实际处理污水量不低于设计能力的80%，2年内不低于100%。同时，在不断完善配套管网、提高污水处理厂处理水量及进水浓度的基础上，再抓紧时间新建、扩建一批污水处理重点工程，按要求试运行并实现满负荷运转，以实现2008年的COD减排目标，减缓“十一五”后续年度的COD削减压力（各镇、街道负责，区市政局协助）。

三是完善污水处理收费制度。逐步提高污水处理收费标准，污水处理费要逐步由按处理水量转向按COD削减量计算，切实提高污水处理厂削减COD的效果。各镇（街道）要按照省的统一部署征收污水处理费，征收标准不低于省的要求（区市政局牵头，区物价局、环保局，各镇、街道协助）。

四是加紧建设和验收大型房地产项目的污水处理设施。已建好的大型房地产项目必须严格按照环评的批复要求，进行集中污水处理厂的建设和验收，并安装自动在线监测设施（区环保局负责）。

2. 继续狠抓脱硫设施建设和正常运行。

一是切实作好大电厂脱硫设施的建设和清洁能源改造。加快电网及输变电系统建设，按要求实施南海发电一厂的“上大压小”项目，同步建设脱硫工程，安装烟气处理前、后的在线监测设施并与环保部门联网。同时，南海发电一厂要在2009年6月前完成水煤浆技改工程的脱硫工程建设和安装烟气处理前、后的在线监测设施，并投入试运行（区发改局牵头，区经贸局、环保局协助）。

二是抓好脱硫工程的建设和完善。按照国家总量核查办法，脱硫除尘一体化工程、锅炉废气没有安装自动在线监测的不能作为工程减排项目来计算削减量，各镇（街道）要根据本地的总量减排形势，制订并落实企业脱硫深化治理工程和自动在线监测系统的建设计划（区环保局牵头，各镇、街道协助）。

3. 加快推进能源结构调整。

切实抓好能源结构调整改造工作，积极引进和推广使用天然气、电、轻柴油等清洁能源，开展替代石油工程的相关能源在工业锅炉和窑炉应用的试点工作，从源头实现二氧化硫减排（区经贸局牵头，区环保局、市政局协助）。

（二）坚决淘汰落后生产能力，实施结构减排

必须严格执行国家和省的有关政策，坚决淘汰落后生产能力。对不按期淘汰的企业，各镇（街道）要依法予以关停，有关部门要依法吊销生产许可证和排污许可证并予以公布，电力供应企业要依法停止供电。对没有完成淘汰落后产能任务的镇（街道），实行项目“区域限批”。坚决执行高能耗产业差别电价政策，促使各地抑制高耗能行业盲目发展（区发改局牵头，区经贸局、环保局，各镇、街道协助）。

1. 按时关闭小电厂和小水泥厂。

按照《印发广东省小火电机组关停实施方案的通知》（粤府办［2007］28号）要求，2008年底完成其他小火电的关停（区发改局负责）。同时，按照市的要求，年内完成对南海区建材总厂狮山水泥厂的关停工作（区经贸局负责）。

2. 按时完成陶瓷行业的改造提升。

各镇（街道）要按照我区建筑陶瓷生产企业整治提升工作方案，对照各自的分类处置企业名单，如期完成整治提升工作任务（各镇、街道负责）。

3. 确保完成限期治理任务。

各镇（街道）要对纳入限期治理的企业（共3批）进行逐一落实治理，依法关停经整改不达标的企业（各镇、街道负责）。

（三）加强重点污染源在线监测系统建设，推行清洁生产，实施监管减排

1. 作好全区重点污染源在线监测系统建设。

按照市的要求，落实重点污染源在线监控设施安装、工作要求及配套政策，并作好在线监控系统后续跟进管理，确保在线监控系统及设备长期稳定运行，监测超标企业得到及时的跟进处理（区环保局负责）。

2. 全面推行清洁生产。

鼓励企业实施清洁生产，加快实现由末端治理向污染预防和生产全过程控制转变（区经贸局负责，

区环保局、科技信息局协助）。

3. 严格环保监管执法。

全面推行排污许可证制度，禁止超总量排污和无证排污；切实加强对重点污染源的日常监管；加大环境执法力度，严防企业不正常使用污染防治设施、偷排漏排，严厉打击环境违法行为；对不能稳定达标或超总量的排污单位实行限期治理。逾期未完成治理任务的，责令停产整治，治理期间应予限产、限排，并不得建设增加污染物排放总量的项目；整治仍不能实现达标排放的，坚决关闭；继续实施企业环境信用制度，将环境执法信息纳入银行征信管理系统，限制污染严重企业贷款（区环保局牵头，各镇、街道协助）。

（四）加强污染减排三大体系建设，为总量减排提供技术支持

1. 加强污染减排的统计、监测和考核三大体系能力建设。

科学的污染减排指标体系、准确的污染减排监测体系和严格的污染减排考核体系，是污染减排的重要基础。配置污染源现场采样和监测仪器装备，提高污染源日常监督性监测能力。按照环境监察标准化建设要求，结合环保综合执法改革，解决环保监察队伍力量不足问题。配备环境监督执法取证、交通和通信等设备，提升污染源监察核查能力；加强污染减排统计基础和信息传输能力建设。加强统计工作部门协调，健全和完善基层环境统计工作体系，建立环境统计专业队伍。做好重点污染源排污数据的采集和核定工作，建立重点工业污染源和新建项目数据库以及主要污染物排污总量控制台账，及时掌握新老污染增减动态变化情况，为采取针对性的措施提供依据（区环保局牵头，区统计局、发改局及各镇、街道协助）。

2. 认真开展污染源普查，摸清污染底数。

按照上级环保部门的要求，认真做好污染源普查工作，摸清污染底数，为科学发展服务。各镇（街道）要落实经费保障，确保普查任务顺利完成（区环保局牵头，各镇、街道协助）。

（五）严格环保准入，实施源头控制

1. 把总量指标作为建设项目环评审批的前置条件。

审批项目时，必须同时下达二氧化硫和化学需氧量排放量指标，对未取得总量控制指标的项目，一律不予批准建设；未达到总量控制目标要求的项目，一律不得投入生产；新增污染物排放量不允许突破总量控制指标（区环保局牵头，区发改局、经贸局、工商局及各镇、街道协助）。

2. 对新建项目一律实行主要污染物先减后建制度。

严格按照《关于加强主要污染物总量控制的实施意见》（南府［2008］47 号）的要求，新建项目必须削减一定比例的同类污染物排放量才可以上报审批（区环保局牵头，区发改局协助）。

3. 实行区域限批和行业限批。

对环境容量不足的区域和污染物排放超过总量控制计划的区域，不得审批有相关污染物排放的建设项目；对于陶瓷、纺织印染、有色金属冶炼及压延加工、造纸等继续实行行业限批。对于化工、石化项目亦实行严格控制（区环保局牵头，区发改局、经贸局及各镇、街道协助）。

4. 建立项目审批的部门协调机制。

建设项目的环境影响评价文件未经批准，投资主管部门不审批、核准项目，国土部门不批准用地，工商部门不办理营业执照，银行不予贷款（区环保局牵头，区发改局、经贸局、国土局、工商局及区金融单位协助）。

四、保障措施

（一）继续加强领导，强化督察督办

进一步加强对总量减排工作的组织领导，建立健全总量减排工作机制，建立减排季度会议制度，按季度通报总量减排工作进展，找出存在问题，部署研究减排工作；必要时召开协调工作会议，及时协调解决工作中的重大问题。区发改局于每季度结束后召集区统计局、经贸局、环保局，在部门内通报能源

数据和与减排有关的其他数据。

（二）严格考核，落实责任

建立主要污染物减排工作考核制度，把减排指标完成情况纳入各地经济社会发展综合评价体系，作为政府领导干部综合考核评价和企业负责人业绩考核的重要内容，实行问责制和“一票否决”制，对因行政不作为而未按要求完成总量减排的党委、政府和部门负责人依法追究责任；未能完成主要污染物减排工作任务的镇（街道），不能参加年终工作考评，党政一把手不得提拔使用，实施“区域限批”；未能完成主要污染物减排工作的单位和企业，一律不能参加年度评奖、授予荣誉称号等。

（三）加大财政支持力度

按照国家对“统计、监测、考核”三大体系建设的要求，落实财政配套资金。同时，加大环境治理投入力度，逐步把基础设施建设资金转移到环境治理上来。

（四）加大污染减排宣传工作

及时跟进减排工作，对减排计划、减排成效及重点行业、重点企业的减排措施等进行宣传报道。加强宣传发动，充分发挥全社会力量参与污染减排工作，营造浓厚的社会氛围，形成以政府为主导、企业为主体、全社会共同推进的污染减排工作格局。

二〇〇八年六月二日

七、广东省潮州市人民政府：潮州市“十一五”主要污染物总量减排工作方案

潮州市“十一五”主要污染物总量减排工作方案

潮府［2008］5号

为确保实现“十一五”主要污染物总量减排目标，促进我市经济又好又快发展，根据省政府《印发广东省“十一五”主要污染物总量减排工作方案的通知》（粤府［2007］99号）的要求，结合我市实际，制订本工作方案。

一、指导思想和计划目标

（一）指导思想

以邓小平理论和“三个代表”重要思想为指导，深入贯彻落实科学发展观，全面贯彻落实党的十七大精神，加快建设资源节约型、环境友好型社会，把治污减排作为调整经济结构、转变增长方式的突破口和重要抓手，综合运用经济、法律和必要的行政手段，加强组织领导，完善政策措施，落实责任分工，突出重点，建立污染减排的长效工作机制，动员全社会力量，扎实做好污染减排工作，确保实现“十一五”期间我市主要污染物总量减排目标，促进全市经济社会又好又快发展。

（二）总体目标

到2010年，全市主要污染物化学需氧量（COD）和二氧化硫排放量分别控制在2.3万吨和2万吨以内。

（三）年度主要污染物减排目标（表4-29）

年度主要污染物减排目标 表4-29

年份	COD增减量（t）	SO_2 增减量（t）
2007	-2000	+2000
2008	-2000	+1000
2009	-3500	+3000
2010	-4500	0

二、主要任务

（一）加快污染减排工程设施建设

加快设施建设是实现污染减排的关键。一是加快推进城镇污水处理设施建设。根据统计年鉴数据，2006年我市城镇化率为62.9%，城镇人口为159.37万人，生活COD排放量达到3万吨。2006年我市工业企业COD排放量为1618吨，全市COD排放总量为3.17万吨。按我市城镇人口年均增长1%，GDP年均增长15%进行测算，到2010年我市COD排放总量将达3.5万吨，要达到省的要求，我市需要削减的化学需氧量为1.2万吨，至少须新增28万吨/日的污水处理能力。2007年须新增污水处理能力1万吨/日以上，目前已基本完成。2008年市第一污水处理厂4万吨/日扩建工程及管网改造工程、潮安县污水处理厂一期工程必须建成，潮安县、饶平县分别必须有2个镇以上新建污水集中处理设施；2009年饶平县城北污水处理厂及市区桥东污水处理厂必须建成；2010年潮安县污水处理厂扩建工程（4万吨/日）必须建成。潮安县和饶平县的主要乡镇必须在2010年前完成污水处理设施建设。同时，要大力推动污水管网建设，做到管网建设与厂区建设同步，使城镇污水处理厂运行后一年内实际处理污水量不低于设计能力的60%，进水浓度不低于180毫克/升，三年内实际处理污水量不低于设计能力的75%，进水浓度不低于220毫克/升；并加强污水处理厂监管，确保正常运转，达标排放。

（二）坚决淘汰落后生产能力

必须严格执行国家有关政策，坚决淘汰落后生产能力。尽快办妥市凤城火力发电厂关闭的有关手续。加大对造纸、酒精、漂染、电镀等行业的落后生产能力的淘汰力度。由市发展改革局、经贸局牵头，制订淘汰落后生产能力分地区、分年度的具体方案，将落后生产能力淘汰任务分解落实到各县、区。对不按期淘汰落后产能的企业，各级政府要依法予以关停，有关部门依法吊销营业执照、生产许可证和排污许可证并予以公布，电力供应企业依法停止供电。

（三）严格环保准入

严格环保准入，从源头上减少污染物排放。一是严格环保审批。对未取得总量控制指标的项目，一律不予批准建设；未达到总量控制目标要求的项目，一律不得投入生产；新增污染物排放量不允许突破总量控制指标。二是实行区域限批。对超过总量控制指标的地区，暂停审批新增污染物排放总量的建设项目。三是建立项目审批的部门协调机制，建设项目的环境影响评价文件未经批准，各级投资主管部门不审批、核准项目，国土部门不批准用地，工商部门不办理营业执照，银行不予贷款。四是建立新建项目审批问责制，对违法违规审批项目的，追究有关人员责任。

（四）严格环保监管

要加强环保日常监管和监督执法，保证企业环保设施的正常运行，减少污染物排放。一是要全面推行排污许可证制度，禁止超总量排污和无证排污。二是实施企业环境信用制度。与人民银行联合，将环境执法信息纳入银行征信管理系统，限制污染严重企业贷款。三是加强对污水处理厂和火电厂脱硫设施运行的监管，对不正常运行的污水处理厂和未按规定运行脱硫设施的电厂依法予以处罚，并扣减污水处理费和脱硫电价。对污水处理设施建设严重滞后、不落实收费政策、污水处理厂建成后一年内实际处理水量达不到设计能力60%的，以及已建成污水处理设施但无故不运行的地区，暂缓审批该地区项目环评文件。四是强化重点行业和企业污染整治。对不能稳定达标或超总量的排污单位实行限期治理；逾期未完成治理任务的，责令停产整治；整治仍不能实现达标排放的，坚决关闭。确保到2010年全市工业废水排放达标率达到90%以上，工业废气二氧化硫排放达标率达到85%以上。五是积极推行清洁生产，鼓励企业通过清洁生产减少污染物排放，对重污染企业实行清洁生产强制审核。

（五）加快“三大体系”建设

按照国家和省的要求，加快推进污染物减排三大体系建设。一是积极推进国控、省控重点污染源在线监控系统建设，2008年底前完成国控重点污染源以及所有污水处理厂、火电厂的在线监控，并与环保部门联网，2009年前争取完成省控重点污染源在线监测监控系统的建设。二是科学配置污染源现场采样和监测仪器装备，提高污染源日常监督监测能力。三是按照环境监察标准化建设要求，结合环保综合执法改革，解决各级环保监察队伍力量不足问题。配备环境监督执法取证、交通和通信等设备，提升污染源监察核查能力。四是加强污染减排统计基础和信息传输能力建设。加强部门协调，健全和完善基层环境统计工作体系，建立环境统计专业队伍。按照国家要求，认真开展污染源普查，摸清污染物排放现状。做好重点污染源排污数据的采集和核定工作，建立重点工业污染源和新建项目数据库以及两项主要污染物排放总量控制台账，及时掌握新老污染源增减动态变化情况，为采取有针对性的措施提供依据。加强环境监控中心建设，提高数据储存、传输和共享等信息化水平。

三、保障措施

（一）加强领导，明确职责。

进一步加强对总量减排工作的组织领导，各县区要建立污染减排工作联席会议制度，定期研究总量减排工作，通报总量减排工作进展情况，协调解决工作中的重大问题，切实抓好总量减排计划的实施，确保完成我市“十一五”污染减排任务。

主要污染物减排是一项系统工程，涉及多方面多部门，各有关部门要按照各自职责，分工合作，共同推进，确保全市主要污染物减排工作扎实有效开展。环保部门负责对减排工作实施统一监督管理，每年会同有关部门起草减排工作计划，建立健全减排监督检查机制，指导各地落实减排任务，并定期会同有关部门组织考核。发展改革部门将减排计划纳入国民经济和社会发展规划，会同经贸等有关部门落实产业结构调整政策，制订淘汰落后生产能力的具体方案，并分别落实到各县区。建设、城管、市政部门负责加快推进污水集中处理厂及收集管网建设、加快垃圾无害化处理场建设。农业部门负责推进畜禽养殖污染防治。财政部门安排减排工作专项经费，加强对减排监督管理体系的投入和对重点减排项目的资金支持。监察部门会同环保部门完善环保问责制，加强对减排工作的行政监察，对减排工作不落实的地方和部门进行责任追究。电力监管部门负责落实对污染企业的停电、限电措施。其他相关部门也要按照各自职能，积极配合推进污染减排工作。

（二）强化考核，落实责任。

把主要污染物减排指标完成情况纳入经济社会发展综合评价体系，作为政府领导干部综合考核评价和企业负责人业绩考核的重要内容。根据国家、省有关主要污染物总量减排考核的要求，把减排任务逐年分解下达，对各县、区政府（管委会）和各有关部门的任务完成情况进行考核，并向社会公布考核结果。实行严格的主要污染物减排完成情况问责制度，对因工作不力没有按期完成任务的，严肃追究有关人员的责任；凡是未完成主要污染物减排工作任务的地方、单位和企业，一律不能参加有关环保工作的年度评奖、授予荣誉称号等。

（三）落实相关政策

一是切实落实国家污水处理收费政策。2007 年底前，全市城镇要全面开征污水处理费，每吨不低于 0.5 元；到“十一五”末期，按照国家规定的要求，市城区及各县城区要将污水处理费标准调整到 0.8 元/吨以上，推行阶梯式水价制度，促使节约用水。进一步落实国家排污收费政策，逐步提高二氧化硫和污水排污费。二是加大财政支持力度，按照国家、省对“统计、监测、考核”三大体系建设的要求，落实财政配套资金。三是加强治理技术研发和推广。在市科技专项计划中，安排一批节能减排重大技术项目，攻克一批节能减排关键和共性技术。优化节能减排技术创新与转化的政策环境，加强资源环境高技术领域创新团队和研发基地建设，推动建立以企业为主体、产学研相结合的节能减排技术创新与成果转化体系。

（四）抓好重点减排工程项目建设

我市人口众多，城镇人口生活排放的污染物占了污染物排放总量的绝大部分，要实现污染物减排目标，“十一五”期间需新建、扩建污水处理工程 15 个（具体见附表），新增污水处理能力 28.6 万吨/日。各级、各有关部门要加强领导，加大投入，加快重点减排工程项目特别是生活污水处理厂的建设步伐，确保实现“十一五”主要污染物总量减排目标。

二〇〇八年三月十二日

八、山东省淄博市环保局：淄博建陶企业环境保护管理规范

淄博建陶企业环境保护管理规范

一、对料场采取全封闭措施，防止物料扬散。原料必须封闭式输送至喂料机，喂料机必须安装除尘设施，使原料场地和输送系统有组织和无组织排放粉尘达到《大气污染物综合排放标准》GB 16297—1996 新污染源大气污染物排放限值要求。

二、原料要进行封闭破碎，破碎系统安装除尘设备，使有组织和无组织排放粉尘达到《大气污染物综合排放标准》GB 16297—1996 新污染源大气污染物排放限值要求。

三、燃用发生炉煤气的企业必须采用两段式煤气发生炉，煤气冷却采用风冷和间接水冷工艺，产生的含酚废水集中收集并采取封闭和防渗措施废气中无组织排放的酚等污染物达到《大气污染物综合排放标准》GB 16297—1996 新污染源大气污染物排放限值要求。

四、每月月初将上月产生含酚废水的数量和处理方式向环保部门进行申报，含酚废水要按照危险废物管理的有关规定进行妥善处置，对处置过程做好详细记录。

炉窑烟气不经喷雾干燥塔直接排放的要采取烟气脱硫措施，确保二氧化硫达标排放和符合总量控制指标的要求。

五、不得建设直接燃煤的锅炉和热风炉。

六、对喷雾干燥塔和压机排放尾气采取袋式除尘措施，排放废气中的粉尘和二氧化硫达到《大气污染物综合排放标准》GB 16297—1996 新污染源大气污染物排放限值要求。

七、烧成烟气中的烟尘和二氧化硫达到《工业炉窑大气污染物排放标准》GB 9078—1996 中新污染源大气污染物排放限值的要求。

八、对球磨车间、烧成车间的地面冲洗水及磨边水经沉淀处理后循环使用，不得外排沉淀污泥要进行无害化处置，或运至指定填埋场填埋。

废产品须运至指定填埋场填埋。

九、制釉车间的地面冲洗水经处理达到《山东省小清河流域水污染物综合排放标准》DB 37/656—2006 标准后排放。

十、厂区道路及原料堆场地面须进行硬化处理，并洒水降尘。

厂区道路两侧及厂区闲置区域要进行绿化。

散装物料的出入运输必须使用具有全封闭装置的车辆。

十一、含酚废水贮存设施必须安装视频监控装置，并与环保部门联网各烟尘、粉尘排放点源安装在线监控装置并与环保部门联网。

十二、国家已公布新的建陶行业污染物排放标准（征求意见稿），为使企业节省治理资金，保证治理效果，建陶企业的污染治理应按新的标准组织实施。

淄博市环保局

2008 年 8 月 18 日

九、山东省淄博市经贸委：淄博市节能目标责任考核体系实施方案

淄博市节能目标责任考核体系实施方案

市经贸委　市节能办

一、总体思路

按照目标明确，责任落实，措施到位，奖惩分明，一级抓一级，一级考核一级的要求，建立健全节

能目标责任评价、考核和奖惩制度，强化政府和企业责任，发挥节能政策调控作用，确保实现“十一五”节能目标。

二、考核对象、内容和方法

（一）考核对象。各区县政府、高新区管委会和重点用能企业（重点用能企业以市以上节能行政主管部门公布名单为准）。其中市属及以上重点用能企业由市政府考核，市属以下重点用能企业由所在区县政府、高新区管委会考核。

（二）考核内容。主要包括节能目标完成情况和落实节能措施情况。

（三）考核方法。采用量化办法，相应设置节能目标完成指标和节能措施落实指标，满分为100分。

节能目标完成指标为定量考核指标，以市政府与各区县政府、高新区管委会和重点用能企业签订的节能目标责任书确定的年度节能目标为基准，依据市统计局核定的各区县、高新区能耗等指标和企业节能量指标，计算目标完成率进行评分，满分为40分。其中，万元GDP能耗指标和企业节能量指标超额完成的适当加分。

节能措施落实指标为定性考核指标，是对各区县、高新区和重点用能企业落实节能措施情况进行评分，满分为60分。

（四）考核结果。分为超额完成（95分以上）、完成（80分以上95分以下）、基本完成（60分以上80分以下）、未完成（60分以下）四个等级。未完成万元GDP能耗目标的区县和未完成节能量目标的企业，均为未完成等级。具体考核计分方法见附件。

三、考核实施

（一）考核组织。市政府成立节能考核领导小组。分管副市长任组长，成员由市委组织部、市经贸委、市教育局、市统计局、市科技局、市财政局、市人事局、市建委、市水利与渔业局、市环保局、市服务业办公室、市质监局、市考核办、市节能办等部门负责人组成。领导小组办公室设在市经贸委，负责对区县政府、高新区管委会和市属及以上重点用能企业的考核。对市属以下重点用能企业的考核，由区县、高新区节能行政主管部门负责组织，同时将考核结果报市节能考核领导小组办公室备案，市节能考核领导小组办公室对考核结果进行抽查。

（二）每年2月1日前，各区县政府、高新区管委会对上年度本区县节能工作进展情况和节能目标完成情况进行自查，写出自查报告报市政府，同时抄送市节能考核领导小组办公室。市节能考核领导小组办公室组成评价考核工作组，对各区县、高新区节能工作及节能目标完成情况进行评价考核和监督核查，形成综合评价考核报告报市政府和市考核办，市政府通报考核结果。

（三）重点用能企业每年年初对上年度节能目标完成情况和节能工作进展情况进行自查，写出自查报告。市属及以上重点用能企业的自查报告于1月20日前直接报送市节能办，市属以下重点用能企业的自查报告经所在区县政府审核后，于1月20日前由所在区县统一报市节能办。市节能考核领导小组办公室组织以各行业领域专家为主的评估组，对企业节能目标完成情况进行评估核查，并于每年2月中旬将综合评价报告报送市政府和市政府节能办。

四、奖惩措施

（一）对各区县、高新区的节能目标责任评价考核结果经市政府审定后，按照《中共山东省委山东省人民政府关于健全推动科学发展促进社会和谐考核监督体系的意见（试行）》（鲁发［2007］21号）、《市委办公厅市政府办公厅关于对节能降耗工作实行“一票否决”的实施意见》（淄办发［2007］51号）要求，作为对各区县政府、高新区管委会综合考核评价的重要依据，纳入区县、高新区年度目标管理考核，考核结果报送市考核办，实行问责制和“一票否决”制。

（二）对考核等级为超额完成和完成的区县政府，市政府予以表彰奖励。对排名1~3名的区县政府奖励人民币10万元，奖励经费从市节能降耗专项资金中列支。对考核等级为未完成的区县政府，实行“一票否决”，其主要负责人不予提拔重用，不得参加年度评奖、授予荣誉称号等，暂停对该地区新建高耗能项目的核准和审批。

（三）考核等级为未完成的区县政府，应在评价考核结果公示后一个月内，向市政府写出书面报告，制订限期整改工作措施，并抄送市节能办。整改不到位的，由监察部门依据有关规定追究有关责任人员的责任。

（四）对考核等级为超额完成和完成的市属及以上重点用能企业，市政府予以表彰奖励，颁发节能先进单位奖牌，并对前 10 名企业给予奖励。排名 1～3 名的企业奖励其法定代表人人民币 5 万元；排名 4～10 名的企业奖励其法定代表人人民币 3 万元。奖励经费从市节能降耗专项资金中列支。

对考核等级为未完成的企业，予以通报批评，一律不得参加年度评奖、授予荣誉称号，不享受国家免检等扶优措施，对其新建高耗能投资项目和新增工业用地暂停核准和审批；按照《中共山东省委山东省人民政府关于进一步加强节能减排工作的意见》（鲁发［2007］24 号）、《中共淄博市委淄博市人民政府关于贯彻落实鲁发［2007］24 号、25 号文件推进节能减排自主创新加快结构调整的意见》（淄发［2008］2 号），其主要负责人不能担任各级党代表、人大代表和政协委员。考核结果为未完成等级的企业，应在评价考核结果公告后一个月内制订整改措施报市政府，限期进行整改。

对重点用能企业中国有独资、国有控股企业的考核评价结果，由同级国有资产监管机构作为对企业负责人业绩考核的重要依据，实行"一票否决"。考核结果为未完成等级的，其领导班子不能享受年终考核奖励。

（五）对在节能考核工作中瞒报、谎报情况的区县，予以通报批评；对直接责任人员依法追究责任。

五、其他规定

（一）能源和水的消耗指标以市统计局公布的数据为准，考核时应合理扣除不可比因素。

（二）必要时，考核小组可以查阅各区县政府、高新区管委会和企业的相关文件，进入现场考核。

（三）各区县政府、高新区管委会对区县属单位及市属以下重点用能工业企业的考核参照本办法执行。

（四）本方案自 2008 年度考核起实施。

十、山东省淄博市环保局：淄博市主要污染物总量减排监测办法

淄博市主要污染物总量减排监测办法

第一条　为准确核定"十一五"期间污染源化学需氧量和二氧化硫的排放量，根据国家《主要污染物总量减排监测办法》（国发［2007］36 号）和《山东省主要污染物总量减排监测办法》，结合我市实际，制定本办法。

第二条　主要污染物总量减排监测是对污染源排放的主要污染物总量进行核定，并为省、市确定主要污染物减排工作提供数据的监测活动。主要污染物总量减排监测要与山东省环保局制定的《关于印发〈全省重点企业监管办法〉（试行）等"四个办法"的通知》（鲁环发［2007］67 号）中的《全省重点企业监管办法（试行）》、《全省城市污水处理厂水质监管办法（试行）》中规定的日常监测结合起来，尽量避免重复监测。

第三条　主要污染物的监测采用自动监测和人工监督性监测相结合的方式。国控和省控重点污染源，凡在技术上可行的都要安装自动监测设备，并与省、市、县三级环保部门联网。同时，搞好人工监督性监测。

根据环保部门的要求，国控重点污染源监督性监测每季度开展一次，于每年的 2 月、5 月、8 月、11 月份组织监测。监测工作可委托区县环境监测站实施。监测的组织和数据报送按《淄博市环境监测计划》执行。

省重点监管企业的监督性监测按照《全省重点企业监管办法（试行）》、《全省城市污水处理厂水质监管办法（试行）》中的规定进行。市环保局每旬对各区县、高新区重点监管企业至少随机抽查 15%，

对城市污水处理厂至少进行一次检查、监测；各区县、高新区环保部门每旬对重点监管企业排污情况检查、监测一次，每天对城市污水处理厂的进、出口水质分别进行一次检查、监测。

对于无法安装自动监测设备，也不具备人工监测条件的污染源，化学需氧量和二氧化硫的排放量由各区县、高新区环保部门按环境统计方法计算。

凡国控和省控重点污染源自动监测数据在误差范围内的，以自动监测数据为准；超过误差允许范围的，以人工监督性监测数据为准；市与区县、高新区环保部门监测数据不一致的，以市环保局监测数据为准。

第四条 各级环保部门以污染源监测数据为基础，统一采集、核定、统计污染源排污量数据，根据污染物排放浓度和流量计算污染物排放量。

排污单位应建立排污档案。有关排污情况的报表由各区县、高新区环保部门会同重点监管企业填写，于次月3日前报送市环保局。

第五条 市及各区县、高新区环保部门要建立完整的污染源基础信息档案，建立健全污染源自动监测和监督性监测数据库。

第六条 各区县政府、高新区管委会要保证承担本辖区污染源监测工作的各级环境监测站的相关工作条件，在人员配置和培训、设备购买和更新、工作和实验用房供给、工作经费保障等方面制定切实可行的计划，并纳入政府财政预算。承担监测任务的环境监测部门监测方法必须采用国家标准方法或环境保护行业标准方法，并按照国家和地方技术规范要求实行质量保证和质量控制。

第七条 本办法自发布之日起施行。

（本办法由淄博市环保局制定，淄博市人民政府于2008年7月30日批转淄政发［2008］45号）

十一、福建省闽清县人民政府：闽清县2008年建陶行业SO_2减排工作方案

闽清县2008年建陶行业SO_2减排工作方案

（梅政综［2007］206号）

闽清县人民政府

主要污染物总量减排是落实科学发展观的重要举措，是改善环境质量的现实要求，根据《福建省主要污染物排放总量削减工作实施意见》和《福州市主要污染物总量削减工作实施方案》精神，以及市政府与我县签订的“十一五”期间主要污染物总量削减目标责任书，我县2005年SO_2排放基数为14305吨，到2010年要削减到4291.5吨，削减比例70%。2007年我县通过实施淘汰小建陶企业、煤气发生炉改造、强制使用低硫煤等措施，在SO_2减排方面做了大量的工作，也取得一定的成效，但与上级下达的指标任务相比还有相当大的差距。为确保减排目标按期完成，现结合我县实际情况，特制定2008年建陶行业SO_2减排工作方案如下。

一、指导思想

全面贯彻落实科学发展观，以控制增量、削减存量为目的，认真落实闽清县“十一五”主要污染物总量减排目标责任，把工作重点放在建陶行业SO_2减排治理上，以污染较重的白樟、白中等乡镇为重点治理区域，加强减排重点工程建设，推动闽清县建陶行业SO_2工程减排，着力改善流域环境质量，保障人民群众身体健康，促进我县经济又好又快发展。

二、总体目标

严格执行国家产业政策，贯彻落实省、市主要污染物总量减排工作会议精神，严格控制建陶行业的污染总量，鼓励企业发展清洁生产，从源头上控制污染物的产生。大力推进企业技术改造，引进新设备、新工艺，大力推广环保型煤气发生炉。坚持环保前置，把好新建项目准入关。落实建陶行业SO_2工程减排措施，2008年上半年完成建陶企业SO_2工程减排试点工作，在试点成功的基础上，下半年在全县建陶企业逐步推开，力争2008年底前完成20家建陶企业（20家企业所属乡镇和企业名单附后）SO_2

工程减排项目建设，2009年全面完成建陶行业SO_2工程减排项目建设，确保完成“十一五”主要污染物SO_2减排目标。

三、组织机构

为加强对建陶行业SO_2工程减排工作的组织领导、统一协调和检查督促工作，县政府成立闽清县建陶行业SO_2工程减排工作领导小组，由县政府分管副县长担任组长，副组长由县环保局长担任，成员由县政府办、发改局、公安局、环保局、经贸局、工商局、建设局、质监局、供电有限公司等部门领导及梅城镇、梅溪镇、云龙乡、白樟镇、白中镇、坂东镇、池园镇、金沙镇等乡镇长组成。领导小组下设办公室，办公地点设在县环保局，办公室主任由县环保局局长兼任。

四、工作措施

1. 加大宣传力度。进一步加大环境保护和主要污染物总量减排工作宣传力度，充分利用会议、广播、电视、报刊等形式进行宣传，广泛深入宣传党和国家的环保政策和法律法规，宣传县委、县政府的决策部署，以及我县环境保护工作的严竣形势和繁重任务，制造强烈舆论攻势和营造浓厚的氛围，进一步增强全县干部群众，尤其是企业主的环保意识。

2. 确立工程减排工艺。一是委托市环科所编制SO_2工程减排技术工艺方案，并于2007年12月下旬组织专家评审，评审通过后，以中陶、龙强、金陶等三家建陶企业为SO_2工程减排试点单位，于2008年元月份开展试点工作。二是组织有关部门赴辽宁省法库县、山东省淄博市、江西省萍乡市等地考察建陶企业SO_2工程减排技术工艺，引进成熟先进的建陶行业SO_2工程减排技术工艺，在我县推广。

3. 落实目标责任制。建立健全环境保护工作领导目标责任制，各有关乡镇、部门主要领导是环境保护和污染治理的第一责任人，对本辖区环境保护负总责，切实把建陶行业SO_2工程减排工作列入日常议事日程并抓紧、抓实、抓好，认真完成本辖区内SO_2工程减排目标。

4. 健全工作机制。县建陶行业SO_2工程减排工作领导小组办公室要定期或不定期组织检查，及时通报工作开展情况。县环保局要不定期牵头组织召开全县建陶行业SO_2工程减排工作会议，通报SO_2工程减排工作进展情况，分析SO_2工程减排工作中存在的问题，查找工作薄弱环节，提出整改建议，解决实际问题。各乡镇要切实履行属地管理原则，加强监管，建立长效监管机制，督促建陶企业完成SO_2工程减排任务。

5. 开展专项行动。继续开展“清理整顿不法排污企业保障群众健康环保专项行动”。重点对建陶企业SO_2工程减排进度及设施运行进行检查，特别是对省、市重点污染企业及挂牌督办的企业，要增加检查频次，有效遏制偷、漏排现象的发生。各乡镇、各部门在环保专项行动中要予以积极配合，形成齐抓共管的局面，确保专项行动顺利开展。

6. 强化督促检查。县建陶行业SO_2工程减排工作领导小组办公室要经常深入各地检查工程治理工作落实情况，总结推广成功经验，通报存在问题，指导各地工作。遇到需多部门共同协调解决的问题，要及时向领导小组汇报，并及时主动协调有关部门认真解决。

五、工作分工

县建陶行业SO_2工程减排工作领导小组负责建立SO_2工程减排工作机制，协调SO_2工程减排工作的开展，收集、汇总和上报SO_2工程减排工作开展情况。

县发展和改革局负责宏观调控，制定经济发展政策，并做好相关项目立项工作。

县公安局负责在开展联合执法过程中的安全保卫工作。

县环保局负责建陶行业SO_2工程减排工作的实施，督促企业完成SO_2工程减排任务，为企业提供优质的服务，引导企业开展清洁生产审核工作。

县经贸局负责协调相关部门对招商引资项目符合国家产业政策的把关，在引进先进制造业和高新技术产业上下功夫。

县工商局负责配合环保部门对无证照建陶企业进行查处，根据环保部门提请，依法吊销违法企业营业执照。

县建设局、城建监察大队负责协同对违法排污企业的执法工作。

县质监局负责督促建陶企业开展ISO14000环境管理体系认证工作。

县供电有限公司负责根据联合执法需要对县政府决定关停的企业予以停止供电。

各乡镇负责辖区内环境保护监管工作，督促企业完成SO_2工程减排任务。

六、资金筹措

坚持“谁污染，谁治理”原则，建陶行业SO_2工程减排治理资金主要由企业自筹。为了调动企业治理污染的积极性，可申请省、市级污染治理补助资金，给予污染治理企业适当补助。

七、工作安排

1. 制定工作方案阶段（2007年12月—2008年1月）。成立工作机构，制定《2008年闽清县建陶行业SO_2减排工作方案》，确定工程减排技术工艺和试点单位，并开展试点工作。

2. 动员部署阶段（2008年2月）。召开领导小组成员会议和全县建陶企业SO_2工程减排工作动员部署会议，部署SO_2工程减排工作，确定SO_2工程减排工作开展的具体方法和步骤，落实各项工作措施，明确责任和任务。

3. 推进工程减排工作阶段（2008年3月—11月）。根据《2008年闽清县建陶行业SO_2减排工作方案》，开展SO_2工程减排试点工作，在取得SO_2工程减排试点成功和引进成熟先进技术工艺的基础上，积极推进全县建陶行业SO_2工程减排工作。2008年11月底前完成20家建陶企业SO_2工程减排任务。

4. 检查验收（12月）。县建陶行业SO_2减排领导小组办公室对已完成SO_2工程减排设施建设的建陶企业进行检查、验收，对2008年建陶企业SO_2工程减排工作进行总结，完善并确立今后的长效监管机制，确保设施正常有效运行。

二〇〇七年十二月二十四日

十二、辽宁省法库县人民政府办公室：法库县发展循环经济推进生态县建设工作实施方案

法库县发展循环经济推进生态县建设工作实施方案

法政办发［2007］36号

循环经济是一种以资源的高效利用和循环利用为核心，以“减量化、再利用、资源化”为原则，以低消耗、低排放、高效率为基本特征的可持续发展理念的经济增长模式，可以更有效地利用资源和保护环境，以尽可能小的资源消耗和环境成本，获得尽可能大的经济效益和社会效益，从而使经济系统与自然生态系统的物质循环过程相互和谐，促进资源永续利用。“十一五”期间，法库正处在调整经济结构和加快发展的关键时期，将循环经济的理念注入全县的经济结构调整之中，走循环经济之路是实现经济、社会和环境协调发展的必然选择。为实现县委、县政府提出的把法库县建设成国家级生态县和冲刺全国“百强县”的奋斗目标，按照落实科学发展观和国家、省、市有关要求，结合我县实际，特制定本实施方案。

一、发展循环经济的指导思想和目标

（一）指导思想

牢固树立科学发展观，认真贯彻落实可持续发展战略，加大经济结构调整力度，加快转变经济增长方式步伐，提高资源、能源利用效率，以工业经济循环为主导，以清洁生产为起点，全面推进全社会的循环经济发展，建立健全循环经济制度体系、科技支持体系和运行体系，实施强力推进“526”经济发展格局的发展战略，努力构建资源循环型经济发展模式，实现经济社会与环境协调发展。

（二）总体目标

利用10年时间，建立起较为完善的循环经济运行机制、政策体系；形成具有循环经济特征的产业体系和消费体系；经济结构趋向合理，经济增长方式得到根本转变；经济运行质量和效益显著提高。力

争重点行业和重点企业的资源、能源利用效率有较大幅度提高，废弃物排放量显著削减；形成一批具有较高资源生产率、较低污染排放率的清洁生产企业；基本建成重点领域资源回收利用体系和危险物处置体系，初步建立资源消耗低、环境污染小、经济效益好的资源节约型、环境友好型社会。

（三）具体指标

到“十一五”末，全县实现如下各项指标：

经济社会综合指标：人均GDP达到2.5万元，年人均财政收入3800元，环保投入占GDP的比例达到2%。

节能目标：全县万元国内生产总值综合能耗达到1吨标准煤，比2005年末下降20%；新建建筑执行节能65%的标准，城市集中供热率达到80%；

节水目标：全县万元国内生产总值取水量下降到110立方米以下，全县规模以上工业企业用水重复利用率达到90%。

资源综合利用目标：工业固体废弃物年综合利用率达到80%；珍珠岩、硅灰石尾矿综合利用量分别达到100万吨/年以上。

环境资源目标：城市污水处理率达到85%，工业废水排放达标率达到95%以上；城市生活垃圾无害化处理率达到100%；化学需氧量、二氧化硫排放总量比2005年削减15%。

再生资源目标：主要再生资源回收利用量达到65%；建成的污水处理厂运行负荷达到80%，城市中水回用率达到50%；

生态保护目标：矿山生态破坏复垦恢复率大于30%；退化土地恢复率80%。

二、主要任务

（一）建设循环经济型企业

在企业推行清洁生产，广泛采用清洁生产技术，加快清洁生产中高费项目的实施进度，中高费方案实施率达到70%以上，培植出一批高标准、规范化的清洁生产企业；除继续在工业企业中开展清洁生产审核外，将在农业、建筑、矿产资源开采、餐饮娱乐服务业等领域拓展推行清洁生产；对使用有毒有害原材料进行生产或在生产中排放有毒有害物质的企业，实施强制清洁生产审核；鼓励有条件的企业在自愿的基础上，开展ISO14000环境管理体系认证；提高工业用水重复利用率，创建一批废水“零排放”企业；在有条件的企业，引进关键联接技术，通过能源、水的梯级利用和废物的循环利用，形成工业生态链网，建立循环经济型企业。

1. 以陶瓷、化工、木材加工3个行业为重点，实现主要污染物排放量在2005年基础上削减20%。

2. 在20家重点污染企业实现清洁生产，陶瓷、化工企业全部实现废水“零排放”，在陶瓷、化工、木业企业开展能流、物流集成和废物循环利用。

（二）建设生态工业园区

运用工业生态学和循环经济理念，建设生态工业园区，提高各类经济园区的档次和竞争力。要按照工业生态学原理，制定相应政策和措施，科学筛选和确定入园项目，实现物流、能流、技术集成和信息与基础设施共享，达到整体效益最大化。

在县经济开发区进行试点，做好生态工业园区建设规划，实行集中供热，建立入园企业的链接关系，逐步淘汰落后生产工艺，促进园区产业升级换代，降低企业生产成本，增强综合竞争实力。

1. 对沈阳天源水处理有限公司进行扩建，形成日处理300吨含酚废水的能力，使陶瓷企业生产废水全部得到处理，实现煤焦油资源化，并为企业提供生产用水。

2. 辽浙新型建筑材料有限公司形成年生产1亿块轻体砖能力，使陶瓷企业产生的固体废弃物利用率达到100%，同时加大煤矸石、硅灰石尾矿、建筑垃圾的利用率。

3. 有条件企业要回收陶瓷磨边泥浆进行综合利用。

4. 在陶瓷工业区第三期工程建设集中煤气发生站。

（三）发展新型能源产业

加快以风能、煤层气、生物质能源为重点的清洁能源的建设速度，逐步推广地源热泵技术，大力推广集沼气池、畜禽舍、厕所、日光温室于一体的“四位一体”北方农村能源生态模式，推进秸秆气化、太阳能房等农村新型能源开发，做好我县清洁能源供热规划和试点工作，逐步实施城市中心区供热清洁化。

1. 风能年发电达量到52万千瓦时。

2. 生物能年发电量5万千瓦时。

3. 建设煤层气引进工程，输气能力60万立方米/日。

4. 建设“四位一体”生态能源5000个，建成沼气生态示范村100个。

5. 建设生物质能源基地。

（四）建设城市资源循环型社会

按照“减量化、资源化、无害化”原则，建立和完善城市生活垃圾、特种废旧物资和城市中水回收利用系统，提高社会再生资源利用率。

1. 在法库镇建设一座生活垃圾综合处理场，垃圾无害化处理率实现100%。

2. 建设日处理能力5万吨的城市污水处理厂，城市污水处理率达到85%。

3. 采取工业废水和雨水、生活污水清污分流措施，建设城市循环系统，其他有条件的乡镇也要逐步建设中水回用工程，处理后的污水主要用于城市景观用水、农业灌溉和工业冷却水等。

4. 在经济开发区和有条件的新建生活小区建设区域性的中水回用工程。

5. 在县中心医院建设医疗垃圾焚烧中心。

（五）建设资源再生产业工程

发挥经济、技术和区位优势，建设区域性危险废物安全处置和废弃物资源再生利用项目。

1. 以县非金属综合矿为龙头，在包家屯乡建设一套珍珠岩尾矿岩粉砌块砖生产线，年生产砌块砖2700万块，消耗矿渣15.75万立方米。

2. 在冯贝卜乡、十间房乡建设硅灰石尾矿综合利用加工企业，年消耗尾矿100万吨以上。

（六）加强生态环境保护与建设

创建国家级生态示范县，科学开发利用巴尔虎山、五龙山、望海寺自然保护区，建设望海寺生态公园；规划、建设獾子洞省级湿地保护区；重点对非煤矿山进行整顿和综合治理，依法关闭非法小采石场和红砖厂，原则上不再审批破坏耕地的非煤矿山；制定相关优惠政策，扶持新型建筑材料企业。

1. 森林覆盖率达到28.8%，城市人均公共绿地面积达到15平方米。

2. 在非金属综合矿进行回填复垦，植树14万株，恢复率达到50%以上。

3. 对非煤矿山进行回填绿化，达到30%以上。

（七）发展生态型循环农业

以万寿菊、树莓、葡萄、花生、棚菜、畜产业6个农业经济区为依托，推广农业清洁生产模式，提高资源利用效率，促进无公害农业、生态农业发展。开展农业废弃物资源化利用，推行农资节约，优化畜禽养殖布局，推广秸秆还田技术，鼓励发展有机肥，推行生物技术开发和应用，提高农膜回收率。

1. 主要农产品中有机及绿色产品的比重达到20%。

2. 化肥使用强度小于250公斤/公顷。

3. 化学农药使用强度小于3公斤/公顷。

4. 农林病虫害综合防治率100%。

5. “四位一体”大棚占保护地比例25%。

6. 万寿菊加工企业生产废水达标排放。

7. 畜产品屠宰、加工企业生产废水达标排放。

（八）制定发展循环经济的产业政策

根据国家、省、市国民经济发展规划、产业结构调整指导目录以及重点行业的产业政策，尽快制定符合法库实际情况的产业发展指导目录及准入标准，加快产业组织结构调整，提高资源消耗大、污染严重产业产品的市场准入门槛，限制和淘汰浪费资源、污染环境的落后工艺、技术、产品和设备。同时，要加强政策导向，提高资源节约型产业集中度，鼓励资源节约型企业间的联合重组，发展和壮大规模经济。

三、保障措施

（一）强化组织领导

为加强此项工作的领导，县政府成立循环经济工作领导小组，县长任组长，主管县长任副组长，成员单位由县委宣传部、县发改局、县经济局、县科技局、县城建局、县教育局、县财政局、县统计局、县环保局、县农经局、县水利局、县林业局、县广电站、县供销联社、县规划和国土资源局、县国税局、县地税局等部门组成。领导小组主要负责组织编制全县循环经济发展规划，起草并制定相关政策，指导和协调全县发展循环经济工作，落实有关政策及资金，确保规划目标的实现。相关部门、乡（镇）政府、工业园区及企业要加强对循环经济发展工作的组织领导，建立专门机构和确定专人负责，做到层层有责任，逐级抓落实，形成发展循环经济运行机制。领导小组下设办公室，办公室设在县环保局，负责领导小组的日常工作。

（二）明确部门分工

1. 县发改局负责将发展循环经济列入国民经济和社会发展计划，并将有关试点起步项目列入年度计划。

2. 县经济局负责组织贯彻落实国家产业政策、制定工业发展规划、实施重点技术改造项目。

3. 县科技局负责提高全县自主创新能力、循环经济连接技术研究开发和推广应用。

4. 县规划和国土资源局负责对矿产资源开发、开采、复垦的管理，整顿矿产资源秩序。

5. 县城建局负责城市建设节能、中水回用、生活垃圾分类收集处理、建筑垃圾管理及综合利用。

6. 县农经局负责发展生态农业、引导农业产业结构调整、推广农业清洁生产、提高农业用水效率以及废弃物质资源化。县水利局负责建设节水型社会、保护水资源。

7. 县林业局负责木材替代产品技术开发利用。

8. 县质监局负责有关标准执行情况的监督检查，强化计量器具的监督管理。

9. 县财政局负责确保发展循环经济财政资金的落实。

10. 县国税局、县地税局负责落实国家发展循环经济的税收优惠政策。

11. 县环保局负责做好日常协调管理工作，编制起步项目规划，监督实施危险废物资源化及安全处置系统的建设工作。

12. 县供销联社负责再生资源回收体系建设的指导和监督。

13. 县统计局负责循环经济指标的动态监测、综合分析。

14. 县委宣传部、县教育局、县广播站负责宣传教育工作，倡导绿色消费，鼓励节约和循环使用行为，营造发展循环经济良好氛围。

（三）加大经济政策支持力度，建立多元化投资机制

1. 科学核定城市污水处理费征收标准，使污水处理厂运行达到保本微利水平，并积极研究工业废物回收利用的收费政策。

2. 充分利用国家有关资源综合利用和废旧物资回收经营的税收优惠政策。

3. 发挥信贷政策作用，鼓励商业银行在确保信贷安全的前提下，积极支持循环经济项目。

4. 加大财政对区域性危险废物集中处置项目、城市垃圾分类回收及再生资源利用公共设施建设的投入。对企业清洁生产项目和循环经济链接技术开发及产业化给予支持。

5. 采取“官办民营、合股建设”等方式积极引进民间资金发展循环经济。

6. 设立循环经济科研机构，引进相关科技人员，为循环经济提供技术支持。

（四）加强宣传教育，积极倡导绿色消费

1. 提高领导干部和企业管理人员的环境资源意识和环境与发展综合决策能力。

2. 积极倡导绿色消费。建立政府绿色采购制度，优先采购再生利用产品、环境标志产品和经过清洁生产审计、通过 ISO14000 认证企业的产品，引导社会团体和企业积极参与绿色消费活动。

3. 利用各种媒体和手段，大力开展循环经济宣传活动，加大公众参与力度，鼓励家庭自觉购买环境友好产品，减少过量消费，开展垃圾分类。

二〇〇七年九月十七日

第四节　陶瓷砖产品质量监督抽查实施规范

（2008 年 10 月 1 日起实施）

《产品质量监督抽查实施规范》CCGF 310—2008

1. 适用范围

本规范适用于国家及省级质量技术监督部门组织的陶瓷砖产品质量监督抽查，其他质量技术监督部门组织的及针对特殊情况的监督抽查可参考本规范执行。监督抽查产品范围为各种陶瓷砖。本规范内容包括产品分类、术语和定义、企业规模划分、检验依据、抽样、检验要求、判定原则及异议处理复检。

2. 产品分类

（1）产品分类及代码

产品分类及代码　　表 4－30

产品分类	一级分类	二级分类	三级分类
分类代码	3	310	/
分类名称	建材	陶瓷砖	/

（2）产品种类

按成型方法分为挤压陶瓷砖和干压陶瓷砖；

按吸水率分为瓷质砖、炻瓷砖、细炻砖、炻质砖和陶质砖；

按用途分为室内外墙砖和室内外地砖；

按施釉分为有釉砖和无釉砖。

3. 术语和定义

陶瓷砖是由黏土和其他无机非金属原料制造的用于覆盖墙面和地面的薄板制品，属建材产品。

4. 企业规模划分

根据陶瓷砖产品行业的实际情况，生产企业规模以陶瓷砖产品年销售额为标准划分为大、中、小型企业，具体见表 4－31。

企业规模划分　　表 4－31

企业规模	大型企业	中型企业	小型企业
销售额（万元）	≥50000	≥5000 且 <50000	<5000

5. 检验依据

下列文件凡是注明日期的，其随后所有的修改单或修订版均不适用于本规范。凡是不注明日期的，其最新版本适用于本规范。

《陶瓷砖》GB/T 4100；

《陶瓷砖试验方法》GB/T 3810.1～16；

《建筑饰面材料镜向光泽度测定方法》GB/T 13891；

《建筑材料放射性核素限量》GB 6566；

《全国主要产品分类与代码第1部分：可运输产品》GB/T 7635.1；

《利用随机数骰子进行随机抽样的方法》GB 10111；

《产品质量国家监督抽查管理办法》国家质检总局第13号令。

经备案现行有效的企业标准及产品明示质量要求

6. 抽样

（1）抽样型号或规格

符合规定要求的任一型号或规格均可抽取。每次抽查，每个企业仅抽查一种规格型号的产品。抽查的种类及规格型号由抽样人员现场按《利用随机数骰子进行随机抽样的方法》GB 10111 确定（专项抽查除外）。

（2）抽样方法、基数及数量

在生产企业的成品库、生产线末端或市场，随机抽取经被抽查企业检验合格或以任何方式表明合格的产品。

按《利用随机数骰子进行随机抽样的方法》GB10111 确定符合7.1规定的任一种类及规格型号产品；在确定的抽取产品中按《利用随机数骰子进行随机抽样的方法》GB10111 抽取规定数量的样品。样品的抽取方法依据《陶瓷砖试验方法第1部分：抽样和接收条件》GB/T 3810.1。

在生产领域抽样时，抽样基数不少于50件（箱）。

在流通领域抽样时，抽样基数应不少于抽取样品量。

抽样数量根据抽查方案确定的检验项目所需要的检验用样加备检用样来确定，按本规范全项检验最少抽样数量为32块，其中包括备用检验样品为10块。

（3）样品处置

抽取样品后，由抽样人员签封。样品运送时应防止剧烈碰撞损坏样品。

（4）抽样单

应按有关规定填写抽样单，并记录被抽查产品及企业相关信息。同时记录被抽查企业上一年度生产的陶瓷砖产品销售总额，以万元计；若企业上一年度未生产，则记录本年度实际销售额，并加以注明。

如有以下情况时，应在备注栏中说明。

A. 在生产线末端抽样时，应有“样品检毕，待出厂”的描述；

B. 贴牌生产或委托加工应说明，并附协议或证明；

C. 产品工作尺寸：长、宽、厚。

7. 检验要求

（1）检验项目及重要程度分类，见表4－32。

检验项目及重要程度分类 **表4－32**

序号	检验项目	依据法律法规或标准条款	强制性/推荐性	检测方法	重要程度分类	
					A类	B类
1	尺寸	GB/T 4100	推荐性	GB/T 3810.2		●

续表

序号	检验项目	依据法律法规或标准条款	强制性/推荐性	检测方法	重要程度分类	
					A类	B类
2	吸水率	GB/T 4100	推荐性	GB/T 3810.3		●
3	断裂模数和破坏强度	GB/T 4100	推荐性	GB/T 3810.4	●	
4	无釉砖耐磨深度	GB/T 4100	推荐性	GB/T 3810.6	●	
5	抗釉裂性	GB/T 4100	推荐性	GB/T 3810.11	●	
6	耐化学腐蚀性	GB/T 4100	推荐性	GB/T 3810.13		●
7	耐污染性	GB/T 4100	推荐性	GB/T 3810.14	●	
8	光泽度	GB/T 4100	推荐性	GB/T 13891	●	
9	放射性核素	GB 6566	强制性	GB 6566	●	
10	标识	GB/T 4100	推荐性			●
备注	1. 光泽度仅适用于瓷质抛光砖； 2. 无釉砖耐磨性仅适用于无釉地砖； 3. 抗釉裂性、耐污染性仅适用于有釉陶瓷砖。					

注：A类——极重要质量项目；B类——重要质量项目。

（2）产品实物质量检验项目和标识质量检查项目

产品实物质量检验项目包括表4－32中第1～9项的检验项目；

标识质量检验项目为表4－32的第10项，包括产品质量合格标记或执行标准、中文标明的产品名称、生产厂名和厂址、产品规格尺寸、产品生产日期、表面特性、放射性等级或说明。

（3）检验应注意的问题

对于有强制性国家标准或行业标准的产品项目，应按照强制性国家标准或行业标准进行检验。若企业产品明示标准严于国家标准或行业标准时，应按照企业标准检验和判定。

对于无强制性国家标准或行业标准的产品项目，按产品明示的标准或明示技术条件来检验和判定。若其有效的明示标准或合同中缺少表4－32规定的检验项目，应按照表4－32规定的项目检验。

《建筑材料放射性核素限量》GB 6566为强制性国家标准，按产品包装上所标识的等级进行判定，如果包装上未作标识，则按照A类进行判定。

8. 判定原则

（1）产品实物质量判定原则

陶瓷砖产品的实物质量单项合格判定细则见表4－33。

陶瓷砖产品的实物质量单项合格判定细则表 **表4－33**

序号	项目名称	样本大小	判定细则
1	尺寸	10	$Ac_1=0$，$Re_1=2$，$Ac_2=1$，$Re_2=2$
2	吸水率	5	平均值和单值符合标准要求，$Ac_1=0$，$Re_1=2$，$Ac_2=1$，$Re_2=2$
3	破坏强度	7	平均值符合标准要求
4	断裂模数	7	平均值和单值符合标准要求，$Ac_1=0$，$Re_1=2$，$Ac_2=1$，$Re_2=2$
5	无釉砖耐磨深度	5	$Ac_1=0$，$Re_1=2$，$Ac_2=1$，$Re_2=2$
6	抗釉裂性	5	$Ac_1=0$，$Re_1=2$，$Ac_2=1$，$Re_2=2$
7	耐化学腐蚀性	5	$Ac_1=0$，$Re_1=2$，$Ac_2=1$，$Re_2=2$
8	耐污染性	5	$Ac_1=0$，$Re_1=2$，$Ac_2=1$，$Re_2=2$
9	光泽度	5	$Ac_1=0$，$Re_1=2$，$Ac_2=1$，$Re_2=2$
10	放射性核素	3.0kg	按产品明示等级判定

注：除放射性比活度外，第二样本的数量与第一样本的数量相同。

经检验，样品的实物质量检验项目中任一项或一项以上指标不符合检验依据和上表判定细则的规定，判定该批产品实物质量为不合格，当产品存在 A 类项目不合格时，属于严重不合格；当产品仅有 B 类项目不合格时，属于较严重不合格。反之，判定该批产品实物质量合格。

（2）标识质量判定原则

产品质量合格标记或执行标准、中文标明的产品名称、生产厂名和厂址、产品规格尺寸、产品生产日期、表面特性、放射性等级或说明中缺一项及一项以上的，判为产品标识质量不合格，属较严重不合格。反之，判定产品标识质量合格。

除上述情况外，标签其他项目按相关标准规定进行检查，不作判定。将不符合规定的情况写入检验报告附页（注明：仅进行检查，提示更正，不作综合判定）。

（3）产品检验结果综合判定原则

经检验，所抽取样品实物质量和标识质量均合格时，综合判定该批产品合格。反之，判定该批产品不合格，当产品存在 A 类项目不合格时，属于严重不合格；当产品仅有 B 类项目不合格或标签不合格时，属于较严重不合格。

9. 异议处理复检

对判定不合格产品进行复检时，按以下方式进行：

（1）核查不合格项目相关证据，能够以记录（纸质记录或电子记录或影像记录）、或与不合格项目相关联的其他质量数据等检验证据证明，并得到被检方认可的，作出维持原检验结论的复检结论。

（2）需对不合格项目复检时，可以在原样上进行的，应采用原样检验。不可以在原样上进行的，可采用备用样检验。当复检结果仍不合格，维持原检验结果不变。当复检结果合格，以复检结果为准。

国家质量监督检验检疫总局

二〇〇八年七月二十二日

第五节　建筑卫生陶瓷新标准

2008 年建筑卫生陶瓷标准审议

2008 年 4 月 26—29 日全国建筑卫生陶瓷标准化技术委员会在江苏省宜市组织召开了 2008 年第 1 次标准审议会，会议审议通过了三项国家和行业标准：

1）国家标准《卫生间配套设备》；

2）建材行业标准《陶瓷用硅酸锆》；

3）建材行业标准《树脂装饰砖》。

2008 年 10 月 24—27 日全国建筑卫生陶瓷标准化技术委员会在贵阳市组织召开了 2008 年第 2 次标准审议会，会议审议通过了 10 项国家标准和行业标准：

（1）国家标准《陶瓷板》。

《陶瓷板》国家标准的制定填补了国内外空白，并符合国家节约资源，节约能源，减少排放的基本国策，该标准达到国内先进水平。

（2）国家标准、《广场用陶瓷砖》。

《广场用陶瓷砖》国家标准参照陶瓷砖国家标准和日本标准相关要求，根据广场用陶瓷砖的特点，确定了外观质量等 9 项技术要求。标准中对广场用陶瓷砖的破坏强度、断裂模数、耐磨性都做出了相应的规定，能满足广场用陶瓷砖的要求。

（3）国家标准《陶瓷工业梭式、隧道窑热平衡、热效率测定与计算方法》。

《陶瓷工业梭式、隧道窑热平衡、热效率测定与计算方法》国家标准规定了陶瓷工业梭式、隧道窑的热平衡、热效率的测定与计算方法。弥补了建材行业标准中只有连续式窑如隧道窑热平衡和热效率测试与计算方法，缺少间歇式窑热平衡和热效率测试与计算方法标准的缺憾。其他形式窑的热平衡、热效率测定与计算也可参照采用本标准。

（4）国家标准、《陶瓷釉料性能测试方法》国家标准（共分为3部分：第1部分为《陶瓷釉料高温流动性能测试》；第2部分为《陶瓷釉料彩烧性能测试》；第3部分为《陶瓷釉料热膨胀系数测试》）

《陶瓷釉料性能测试方法》国家标准分为3部分。第1部分为《陶瓷釉料高温流动性能测试》，第2部分为《陶瓷釉料彩烧性能测试》，第3部分为《陶瓷釉料热膨胀系数测试》。本标准修改采用ISO 4534—1980（E）《釉瓷和搪瓷－流动性的测定－熔流试验》，增加了“陶瓷釉料、参比釉和熔流”的定义；根据我国本行业实际应用与操作便利性，修改了样品制备方法和测试时样品的支撑架；根据实际操作经验，将测量釉料底部最大宽度修改为测量根部最大宽度，并依此计算宽度流动系数。标准的制订，使我陶瓷原料标准体系更加完善。

（5）国家标准《卫生洁具用软管》。

（6）国家标准、《淋浴用花洒》。

《卫生洁具用软管》和《淋浴用花洒》国家标准的制定，使我国卫浴行业的标准体系更加完善，有利于卫浴行业的发展技术进步，对卫浴行业产生积极的推动作用。

（7）强制性国家标准《饮用水管道产品材质重金属析出限量》。

《饮用水管道产品材质重金属析出限量》是强制性国家标准，标准规定了饮用水管道产品材质重金属析出的技术要求、检验方法及评价。产品包括水嘴、水嘴元件、管件、软管、饮水分配器、饮水喷头、水处理器、软管连接真空断路器、球阀和流量控制阀等。标准制定及时，符合我国对食品、消费品等领域安全性能方面的标准的要求，达到国际先进水平。

（8）行业标准《轻质陶瓷砖》。

（9）行业标准《陶瓷用环保增白乳浊剂》。

（10）行业标准《陶瓷用外加剂》。

2008年列入建筑卫生陶瓷标准修订计划的标准项目有：

（1）《防静电陶瓷砖》强制性国家标准制定项目：

（2）《陶瓷板》国家标准制定项目；

（3）《陶瓷地砖表面防滑性试验方法》国家标准制定项目；

（4）《陶瓷砖和卫生陶瓷分类及术语》国家标准修订项目；

（5）《建筑卫生陶瓷单位产品能耗评价体系和监测方法》国家标准制定项目。

2008年建筑卫生陶瓷标准批准与实施

强制性国家标准《建筑卫生陶瓷单位产品能源消耗限额》（GB 21252—2007；批准日期：2007－12－03）2008年6月1日开始实施。

2008年6月16日中华人民共和国国家发展和改革委员会2008年第44号公告批准313项行业标准，其中建材行业标准40项，涉及建筑卫生陶瓷标准有5项：

（1）建材行业标准《干挂空心陶瓷板》（JC/T 1080—2008），2008－12－01实施；

（2）建材行业标准《卫生陶瓷包装》（JC/T 694—2008），2008－12－01实施；

（3）建材行业标准《面盆水嘴》（JC/T 758—2008），2008－12－01实施；

（4）建材行业标准《浴盆及淋浴水嘴》（JC/T 1760—2008），2008－12－01实施；

（5）建材行业标准《坐便器坐圈和盖》（JC/T 764—2008），2008－12－01实施。

2008年10月中华人民共和国国家标准批准发布公告总第124号公布2008年修订的建筑卫生陶瓷国

家标准有：

（1）国家标准《建筑饰面材料镜向光泽度测定方法》GB/T 13891—2008，2009-04-01实施；

（2）国家标准《整体浴室》GB/T 13095—2008，2009-04-01实施；

（3）国家标准《建筑胶粘剂试验方法 第1部分：陶瓷砖胶粘剂试验方法》GB/T 12954.1—2008，2009-04-01实施；

（4）国家标准《卫生间配套设备》GB/T 12956—2008，2009-04-01实施。

第五章　建筑卫生陶瓷生产制造

第一节　概述

一、宏观环境

在国家以控制经济过热为目标，以稳健的财政政策、从紧的货币政策为内容的宏观调控已经持续快一年之后，从2007年底开始，国内房地产持续降温。2008年上半年房地产市场同时出现自1998年以来的首次销售面积和销售额下降。房地产的不景气直接导致下半年建筑卫生陶瓷国内销售下滑。

权威统计数据表明，2008年全国装修装饰行业规模约为6800亿人民币，较2007年下降30%，与房地产行业的成交额下降30%基本一致。一、二线市场受此影响较深，三、四线（县及乡镇）市场受影响较小。

以2008年9月15日雷曼兄弟申请破产保护为标志，从2007年8月开始席卷美国、欧盟和日本等世界主要金融市场的次货危机演化为全球金融危机。美国、欧盟等中国建筑卫生陶瓷的传统出口市场受到严重冲击。

人民币升值对2008年建筑卫生的生产和销售也造成一定影响。4月8日，人民币兑美元的汇价在早段首度探高到6.9995元兑换1美元，突破7:1的水平。2008年第一季度，人民币兑美元汇率升值幅度达4.71%，是自1994年中国外汇市场建立以来升值幅度最大的一个季度。大批陶瓷出口企业因此受到汇率损失、结算方式改变等带来的诸多不利影响。

2008年影响陶瓷行业发展的主要特殊事件有：年初的冰雪灾害、“5·12”汶川大地震、北京奥运会。

1、2月份冰雪灾害给陶瓷企业的供电、运输都造成了较大的影响。受冰雪灾害影响最深的是湖北、湖南、江西等产区，已造成部分企业停工；广东产区企业则因年关前停窑检修，受影响的主要是运输及员工出行；辽宁法库因为冬季例行停产，基本上没受影响；福建晋江未受影响，维持正常生产；四川夹江则因山东陶瓷受冰雪影响不能入川，得以暂时缓解竞争压力。

“5·12”汶川大地震发生时，四川夹江也发生了6级地震。据不完全统计，全产区共有90多家企业遭受了不同程度的损失，共有1人死亡，上百人受伤，多条生产线停产。

北京奥运会对陶瓷卫浴产品的需求在2008年基本释放殆尽，除少数品牌藉此做宣传推广外，对销量非但再无大的贡献，而且一定程度上抑制了生产和销售。山东淄博产区建筑陶瓷企业受北京奥运会影响较大。淄博建筑陶瓷工业园内奥运会期间有20余家中小企业被实施强行关闭了两个月。由于北京奥运会和残奥会期间对运输的限制，华北市场遭受的影响长达半年之久。

二、企业生产

据2008年5月《陶城报》记者的一份调查，佛山陶瓷行业的原材料、燃料上半年大幅涨价，物流、工资等费用增加，使陶瓷企业的综合成本上升了15%。比如，佛山三水的抛光砖粉料由每吨370元涨为430元，瓷片粉料由290元涨到320元；广西桂林运1吨经过粗加工的原料到佛山，运费由2007年底的130元涨到180元。部分企业采取开发新产品的方法提价应对，一些企业直接将瓷片提价5%来缓解成本压力。2008 年上半年陶瓷行业旺盛的销售势头则直接导致广东佛山、清远和江西高安等地电力缺口严重达 20% 以上，拉闸限电、错峰用电增加了企业的运行成本。

全国陶瓷行业生产量的“拐点”出现于 6 月底和 7 月初。7 月份佛山一企业清远基地全线停产。7 月份后，绝大部分陶瓷企业销量同比下降了 20% ~30%，少数企业甚至下降 80% 之多，降价促销等方式均无法扭转市场颓势。据 7 月底的一项不完全统计，全国为减产、限产所关停的生产线已经超过 100 条，四川、福建、山东部分企业全线停产。如何“过冬”开始成为业内讨论的热门话题。9 月中旬，美国次贷危机演化为全球金融危机，市场情势进一步恶化，第四季度全国陶瓷行业销量跌入全年最低点，广东产区减少产能约 30%，福建产区压缩产能约 40%。如此大规模的产能压缩为近 30 年来所仅有。

三、企业投资

2008 年上半年，以扩张产能为内涵的陶瓷产业转移继续进行。以“中国建筑陶瓷生产基地”（江西省高安市陶瓷工业园）为代表的各地陶瓷工业园的全面启动。江西、重庆、湖北、福建、河南、山西、内蒙、甘肃、吉林、辽宁等省（区）近百个市县政府组团到佛山进行建陶专项招商引资，基本上都得到佛山各级政府配合。江西高安、丰城、景德镇，湖南衡山、岳阳，湖北当阳，内蒙古鄂尔多斯等地均建成了以广东、福建、浙江投资者为主体的建陶工业园，兴建了不少新型、大型建陶生产线。

从 6 月份开始，经济增长速度下行趋势明朗，建陶产品销售明显下滑，陶瓷企业信心受挫，投资大为收缩，各地建陶生产基地的建设速度也明显放缓。尽管总体进度放缓，但主流企业已投资的项目仍在运行。特地陶瓷、新明珠陶瓷、斯米克陶瓷、东鹏陶瓷等在江西新建的生产线，下半年相继试产或投产。

2008 年，部分企业开始尝试“跨界”投资。如佛山市正大制釉有限公司在江西萍乡湘东区投资建厂推出正大陶瓷，佛山市顺德区乐华陶瓷洁具有限公司在景德镇建厂推出箭牌仿古砖等。

由于对 2008 年下半年经济形势恶化缺乏准备，加之少数企业在 2007 年直至 2008 年上半年的扩张势头过猛，造成年底资金链紧张。2008 年底陶瓷企业普遍放慢了投资发展的节奏，严格控制经营成本、调低发展预期、积蓄发展力量，以迎接下一轮发展高潮。

四、发展经验

2008 年是陶瓷行业受到政策调控、特殊事件、大环境三重考验的一年，恶劣的环境为陶瓷行业做了一个全面的“体检”。一些企业在逆境中保持了较强的生存能力，一些企业则遇到了很大的困难。表现较稳健的企业主要有以下几个类型。

财务稳健型企业。在过去繁荣时期一直坚守保守的财务策略，不轻易扩张，对品牌的投入也较谨慎。对资本运作手段比较陌生，甚至基本不融资，全靠自有资金滚动发展，金融危机对其影响不大。

低端市场定位企业。三、四线市场为主的企业也影响不大。三、四线市场对本轮房地产调整周期不敏感。这类企业主要在中西部地区新兴产区如夹江、高安等，以及佛山产区的“私抛厂”也基本上属于这一类。

自主控制渠道企业。比如华东企业，一直是以直营为主，在行业低迷的时候，直营模式更能控制终端，保持对市场敏锐的触觉及服务水平。实现营销代理制的企业在低迷时期容易出现厂商撕裂。

技术创新型企业。这类企业最显著的特征就是，一般 4 ~8 条线，单一品牌，产品定位中高端，坚持技术创新，有行业相对优势产品（如嘉俊的微晶陶瓷复合板，楼兰的木纹砖等）。其创新产品既是成就品牌的阶梯，也是销量的基本保证。

均衡布局、深耕市场的规模型企业。这类企业的主要特征是“低成本、规模化生产 + 多品牌 + 终端均衡布局”，宏宇、顺成、强辉、新润成等基本上是采用这种模式。这种模式要求企业必须有超强的内部管理能力，对终端则有超强的控制力，渠道建设投入务实，销售成本较低。而且，由于终端均衡布局，销量均衡增长，不受某一地区左右。

细分市场定位的企业。比如马赛克企业，它们在本轮经济退潮期基本上不受影响，反而是一派红火，国内、国际市场两旺。一些做个性化产品如抛晶砖、拼图、艺术砖的企业也继续保持30%以上的高速增长。

领导型品牌企业。过去一年，经营环境的恶劣为历史上所罕见，但越是在经济低谷时期，品牌的力量越加显现。比如即使是去年下半年一线市场最低迷的时候，东鹏陶瓷凭借多年来品牌的积累，在工程市场依然纵横捭阖。2008年，东鹏陶瓷逆风飞扬，取得了两位数的增长，尤其是出口方面，因为纳福娜洞石的领先地位，全年增幅超过60%，创造了历史最高水平。

在低迷的市场环境下，三类企业明显经营压力增加：一类是“低成本、规模化生产+多品牌”经营模式贯彻不彻底的企业。“低成本、规模化生产+多品牌”存在三个问题：一是规模的边际效应问题，生产线不断扩张的过程也是边际效应递减的过程；二是无区隔的多品牌战略极易引起内战，力量相互抵消乃至减损，令单个品牌的资产无法积累；三是这种模式在市场需求充足的时候可能没问题，一旦经济减速，市场需求锐减，就很容易造成产销失衡。“低成本、规模化生产+多品牌”经营模式由于需要控制的终端资源太多，企业的实际控制能力明显比单一品牌模式弱。而且这种模式的企业品牌战略游移不定，为培育紧密的厂商关系和执行模糊的品牌战略，企业投入了大量资源，抬高了整个运营成本。

另一类是正在上升通道中的品牌企业。这类企业规模适中，甚至偏小，有较强的产品开发、品牌策划和市场营销能力。企业的品牌投入和销售成本远远高于同等规模的企业。这类企业以做一、二线市场为主，因为正处在成长中，市场布局还不均匀，厂商关系也不十分牢靠。在2008年国内一线市场极度低迷时期其销售受到很大影响。面对经济周期，这类企业是坚持既有的品牌战略，还是放弃品牌化运作，调低市场定位，成为考验经营者的一个重要命题。

还有一类是外销型企业。外销型企业一般指出口占到70%以上的企业，这类企业容易受到国际经济大气候及国际贸易摩擦冲突等的影响，业绩出现大的波动。2008年9月中旬金融危机爆发以来，外销型企业是受到冲击最大的类别之一，尤其是在美欧市场影响更大。面对严峻的出口形势，外销型企业一方面趁欧洲陶瓷企业纷纷倒闭之际及时抢占份额，稳住传统市场，一方面大力开拓中东、东盟、俄罗斯等新兴市场，继续维持增势。但与此同时，国内市场在金融风暴期间相对稳定的表现也促使外销型企业开始思考战略的调整问题，包括外销型企业是否应该回归国内市场以及如何做国内市场等问题。

第二节　产业布局

一直以来，中国建筑陶瓷的产业格局有“三山两江一海”的说法。其中泛佛山地区（佛山、肇庆、清远、河源等广东地区）建陶产业仍是中国建陶的最大产区，占全国总量的30%以上；以博山为主的山东产区包括淄川、临沂等地，墙地砖产量超过10亿平方米，以晋江、闽清为代表的福建产区建陶产量也超过10亿平方米，其中外墙砖产量占全国70%以上；他们是泛佛山地区以外两个最大的建陶产区；以唐山为代表的河北地区，目前建陶产业份额已经很少，以惠达为代表的卫生陶瓷较有竞争力；以夹江为中心的四川产区，年产量5亿多平方米；以上海为中心的华东产区，产量约1亿平方米，仅占全国的2%左右，但其整体上质优价高，独树一帜。

随着近几年建筑陶瓷产业的转移、扩张，传统的“三山两江一海”的格局正在被打破。由于中西部、北部地区经济发展，市场勃兴，同时也因为东南沿海发达地区综合成本持续增长及环保压力不断加大，企业需要或者被迫转移到离新兴市场更近、成本更低的地方。在这种大背景下，中西部地区、北部地区很多条件好的市县纷纷南下或东进开展陶瓷专项招商，两年多来单到佛山开陶瓷产业招商推介会的地区就有近百个，全国除西藏自治区和东部的江浙两个省外，基本上都有地方规划了陶瓷产业园。

从2007年开始的这一轮产业转移、扩张在原来基础上催生了一批新兴的陶瓷产区。初步统计，目前全国有一定规模的新兴陶瓷产区有30多个，其中江西的高安、辽宁的法库发展比较突出，这两个产区在政府的大力培植下，陶瓷产业已经成为支柱产业，集群特征已经显现。其他发展较快的地区主要有：江西的景德镇、丰城、九江、萍乡，湖南的岳阳、衡阳、常德，湖北的宜昌（当阳、宜都）、蕲春，河北的高邑，河南的鹤壁、南阳，山西的阳泉、阳城，辽宁的建平，吉林的桦甸，内蒙的鄂尔多斯，安徽的淮北，陕西的宝鸡、铜川，宁夏的中卫，甘肃的白银（平川），云南的易门，贵州的清镇，广西的北流、梧州、南宁（武鸣），以及新疆的米东、伊宁等。

从投资主题看，广东佛山企业投资主要集中在江西、湖南、内蒙古等地，其他地区的投资者主要来自福建及浙江温州。由于市场观念、要素条件的欠缺，新兴产区企业的生长环境普遍艰难，相对而言，具有市场网络优势的福建闽清、晋江、莆田投资者以及吃苦耐劳，习惯于“野蛮成长”的温州投资者容易生存。应该说，近年来，福建、浙江投资者对建筑陶瓷工业文明在全国的传播起到了“拓荒牛”的作用。一些从广东地区北上的投资者，为化解水土不服的难题，往往选择与当地资本相结合的投资方式，但即便如此企业内部南北两种文化的磨合依然存在。

变化中的建陶产业新格局对我国建陶产业的整体影响是非常明显的：新格局在促进全国建陶产品总量进一步增长的同时，全面改变中国建筑陶瓷产区的竞争力。

除江西丰城、九江、景德镇、高安，辽宁法库等地外，新兴产区企业普遍取较低端的定位，市场以三、四线的县乡市场为主，销售半径在500～800公里以内。产能的区域化布局和普遍的中低端定位，使市场细分化、区域化特征更加突出。这样，新兴产区在全国的遍地开花，必然导致各自销售半径的重叠，引发产区之间的市场冲突。

江西产区的全面崛起是我国建陶产业新格局变化中最为引人注目的，以高安、景德镇、丰城、九江、萍乡为主体，随着东鹏陶瓷、马可波罗陶瓷、斯米克陶瓷、诺贝尔陶瓷、新中源企业、新明珠集团、特地陶瓷、金意陶陶瓷、箭牌瓷砖、欧雅陶瓷等众多知名品牌的进入，江西地区在2007—2008年建成了3万多亩的建陶产业工业园，意向引进200多亿人民币的投资，3～5年以后这些项目将全面建成投产后，其建陶产品将在全国范围内与佛山陶瓷、福建外墙产品，以及上海周边台资陶企形成全面竞争，大量减少后者中低端产品在全国市场的份额，特别是在江西周边地区的市场。

江西高安产区最近三年内就由原来的20多条生产线发展到74条，这其中有相当一部分是外墙砖、西瓦生产线。此外，湖南、湖北、安徽等产区温州投资者新办企业及本土企业近年来新上的生产线有一半左右是生产外墙砖，有不少是生产西瓦，这将对福建外墙砖产品和江苏西瓦产品的销售产生直接影响。

变化中的建陶产业新格局明显影响着山东产区的发展。以全国性大区域市场为特征的山东产区建陶产品北上已经受到辽宁法库、建平产区同类产品的阻击，内蒙市场又将被鄂尔多斯、包头的建陶产品分走一杯羹，河北高邑、河南鹤壁、山西阳泉及安徽淮北从山东的西、南对其形成合围，未来3年山东建陶产品将承受严峻的考验。产业提升和转移投资迫在眉睫。2008年，山东建陶产业已开始向西部地区转移，在市场的压力和政府的引导下，本土企业品牌意识、环保意识也大大增强。

以西南、西北地区为主要市场的夹江陶瓷也面临着几方夹击的境遇。在四川南面，拥有“中国西南建筑陶瓷生产基地”荣誉称号的云南易门，已经建有14家陶瓷企业，20多条墙地砖生产线，其产品全部消化在西南市场；在四川北面，陕西宝鸡、宁夏中卫、甘肃白银的建陶企业为夹江陶瓷的北上设下了一条屏障。2008年，汶川大地震灾后重建，巨大的市场需求为今后两、三年内夹江产区的提升、发展提供了机会。

在中部地区，湖南岳阳、湖北宜昌产区的建陶企业，凭借地处中部、长江黄金水道等区域条件，在华中地区、长江流域地区形成较大的竞争优势，对目前占主导地位的佛山陶瓷北上构成第一道冲击；而已经拥有10多家建陶企业、20多条生产线的新疆米东以及建设中的伊宁产区则是另一道风景，这些建陶企业蟹居一方，70%产品出口中亚市场。

变化中的产业新格局还将使建筑陶瓷的定位进一步分化：广东、江浙及上海等地主流企业继续坚持高、中端定位，成为行业的主导力量，而新兴产区则主要定位中低端，面向城乡市场。另外，佛山陶瓷产区因产业政策调整低端产能急剧减少后，专业抛光砖厂（“私抛厂”）将获得更大的发展空间。目前它们主要是与泛佛山陶瓷产区内清远、肇庆等地的生产企业分工合作。专业抛光砖厂群体在特定历史条件下迅速发展，改变了行业产业链的结构，值得进一步关注。

总体而言，2007年以来，佛山陶瓷在外力和内需双重因素的作用下的大规模向江西、湖南、湖北、内蒙、河南等地转移，发展结果要差于预期，其主要原因是：一是生不逢时，刚起步就遇到了百年难遇的金融危机；二是在繁荣时期为抢抓市场机遇有的项目匆忙上马，留下不少后遗症，包括选址不理想、生产线建设粗糙等；三是中西部地区商业环境、劳动力素质、物流体系等方面的欠缺，使总经营成本比原来预期大为提高；四是远程管理、南北经济文化的落差与冲突等因素也增加了企业总运行成本；五是转移、扩张的品牌企业从全国性市场向区域化布局、区域化销售模式的转变，以及产品从一、二线市场向三、四线市场区隔定位的调整，等于企业经营体系的局部调整，存在一定的风险；六是一些主流企业采用区域性新品牌与全国性老品牌相结合的策略，应对产业转移、扩张之后的市场竞争，但这种模式能否产生左右逢源的效果还有待观察；七是个别新兴产区企业增长过快导致基础、配套设施滞后，影响后续企业进驻；八是中西部地区民众普遍觉醒的环保意识对产业基地规模化发展形成牵制。

在这种情势下，预计未来建筑陶瓷行业产能大规模北上、西进的步伐有所减缓。反过来，企业会考虑到离传统产区距离更近，文化习俗趋同，陶瓷资源丰富，交通，尤其水运发达的地区发展。比如，佛山产区会更多地选择周边的清远、肇庆，乃至更远的广西等地投资建厂。由清远和佛山两地共同规划建设的“佛山禅城（清新）产业转移工业园”逐步升温就是一个明显信号。

第三节　机械装备

一、概述

现代建陶工业的发展，包括几乎每一个新产品的面世，在很大程度上取决于陶瓷机械装备的进步与创新。我国的现代建陶机械装备业，近80%分布在佛山地区，拥有大小企业过百家，年产值达40多亿元。

受国际金融危机影响，2008年的陶瓷产业遭受冲击而进入了“过冬”状态，陶瓷机械装备行业的景气度亦随之下降。但由于从陶瓷行业的降温到陶机行业的降温有一个滞后期，陶机市场的低迷气氛到第四季度才开始全面呈现。延续了2006年和2007年的繁盛时期，2008年前三个季度的陶机行业生机勃勃、一路走高。第四季度开始，受外部环境的变化和生产企业不景气影响，机械装备行业景气指数大幅下降。但整体而言，还是表现出较强的适应性和生命力。

2008年新年伊始，国内陶机装备行业的领军企业广东科达机电股份有限公司在安徽马鞍山占地800亩的生产研发基地动工兴建。同时群星陶机位于罗村务庄的新厂房落成，摩德娜机械位于狮山小塘的新建办公大楼落成，相继举行了隆重的开业仪式。其后，一鼎科技全面搬迁到南庄罗南的新厂区。尤其引人注目的是“中国建陶第一镇”南庄镇在产业转型提升浪潮中，于8月宣布扩园1万亩打造陶瓷装备生产基地。其后，中国陶瓷产业总部基地也计划开辟陶机专区。2008年在佛山陶瓷产业大整治、大转移、大提升的洪流中，陶瓷机械装备行业被列为可保留、受欢迎的行业，众多陶瓷企业被当地列为扶优扶强对象，陶瓷机械装备业面临良好的外部环境和发展机遇。

二、技术及设备发展

1. 压砖机

压砖制造商纷纷推出超宽型压机，以提高工作效率，达到节能减排的目的。恒力泰自1月21日YP4000型压机通过鉴定之后，年内先后推出了YP3000型和YP2500型超宽型压机。科达机电推出的KD7800W、KD3800W、KD3200W、KD2100W系列超宽工作台面压机，在能耗不变的前提下其产能可提高30%。除两大压机巨头外，佛山捷成工“抛”而优则“压”，于4月隆重推出其JCY3850型液压自动压砖机，并于5月下旬的广州第22届工业展上以实物在室外展区展出。

2. 窑炉

2008年是窑炉领域收获较大的一年。佛山中窑公司推出了超宽体低热值燃气节能辊道窑，群星陶机推出超宽体拱顶辊道窑，中鹏机械推出新型节能窑炉，佛山创瓷窑炉公司推出了自主创新的4层中铅球煅烧辊道窑和西瓦、异形瓦煅烧辊道窑，杰能窑炉公司推出了其首创的节能利器——双层节能箱，南海区五琛窑炉设备公司推出了首创的冷煤气高温节能熔块窑炉，佛山乐陶公司推出了现代乐烧辊道窑。年内的重要事件还有：中国陶瓷窑炉研发制造基地5月25日在佛山中窑公司挂牌，友信窑公司的陶瓷窑炉急冷带余热回收利用技术于8月21日通过科技鉴定。

3. 干磨机

广东一鼎科技有限公司的国家专利产品干磨机是2008陶机技术创新的重要收获，居国内领先水平。广东一鼎科技独家自主创新研制成功的完全干式磨边机，2008年一推出市场就获得较大成功。此装备不仅克服了湿式磨边耗水量大、污水处理困难的缺点，还克服了普通干式磨边设备因缺水润滑降温，导致磨边质量差、工作效率低、磨轮损耗快等老大难问题，成功实现了瓷砖磨边加工的节约型、洁净化、可循环的生产模式。

4. 干燥器

陶机出口型企业摩德娜机械公司于2008年加大了对国内市场开拓的力度，其为升华陶瓷建造的两座5层干燥器成功投产，该装备具有干燥热利用率高、节能显著；干燥周期短；干燥缺陷率低；转换产品灵活，快速稳定等性能。不仅节省了投资和占地，而且干燥热利用率约可提高50%，可一举解决以往大规格玻化砖的干燥工序采用传统单层或双层干燥器，一直以来存在的破损率高、产品适应性差、对坯体强度要求高、质量欠稳定、难于调试等众多问题。

5. 其他进展

淄博万丰公司和佛山奥肯公司的煤气发生炉，科信达奥斯博和新概念瓷电的除铁设备，兴达的100吨超大型球磨机和浩丰的新型大型节电球磨机，冠麦公司和珠峰电气的球磨机专用节电器，以及山东陶瓷工业协会与月华公司联合开发出新型陶瓷窑具，生产高温隔热材料的美国奇耐联合纤维公司苏州新厂区落成开业等，均是本年度的陶机行业亮点。尤其引人注目的是佛山汉莫尼陶机成功开发出世界最大的钟罩淋釉器，最大直径达2008厘米。

三、节能减排技术成果

1. 华夏建陶研发中心的节能减排新技术

该项目已获国家相关职能部门认定并成功运用于陶瓷企业，新技术的核心是“双膜水流场脱硫除尘集成塔”和“节能管屏技术”，是广东省2008年“产业共性技术”重大科技专项——陶瓷清洁生产产业共性技术的一个小项目。该项技术的内容包括：管屏管道技术、窑炉稳定窑封系统、管屏热风自动控制系统、管道热风管防腐技术。经佛山市热能检测中心检测，采用此项技术不仅不会影响窑炉的正常生产，而且能够使喷雾干燥节能15%，窑炉整体节能6%，出砖温度下降40℃。此项技术成果已在新明珠集团等企业使用。

2. 科达机电的新动力洁能 CFBC 清洁燃煤系统

该系统是从循环流化床粉煤气化技术发展而来，其最大特点是清洁环保、转化效率高，且对煤种的定位性强，燃烧效率高，系统简单，操作方便灵活。2008 年科达机电在安徽马鞍山圈地 800 亩，作为新动力洁能燃煤系统等项目的生产基地。并直接向下游行业提供清洁能源，其第一台 10000 立方米/小时的商业化炉于 8 月 10 日在顺成陶瓷旗下的位于临湘的湖南兆邦陶瓷公司顺利点火。

3. 科达机电大规格建筑陶瓷薄板生产线

科达机电大规格建筑陶瓷薄板生产线 2007 年在蒙娜丽莎试产成功之后，于 2008 年投入了批量生产，并逐步投放国内外市场。新产品 PP 板可大幅度节省建筑陶瓷生产过程所需的原料和能源，代表了未来建筑陶瓷发展的方向，具有“前 30 年做砖，30 年后做板”的里程碑意义。蒙娜丽莎 PP 板是国家“十五”科技计划攻关课题“砖的薄型化”成功实现产业转换的技术成果。PP 板在保持甚至超过传统建陶各项性能的前提下，将自身的厚度一举削减到传统瓷砖的 1/3，被视为中国建筑陶瓷工业界“十年磨一剑”酝酿出来的技术革命。

四、国内外市场开拓

在佛山陶瓷大规模外迁的同时，全国 20 多个省区的数以十计的建陶新产区在蓬勃兴起。过去以佛山为大本营的陶瓷装备制造业，亦纷纷走出去设立分厂。如仅江西高安产区，就有新景泰陶机、新鹏程模具、劲刚模具、大鹏模具等多家陶机企业进入。

优秀陶机企业大举进入各个新产区，在若干新产区形成了某品牌陶机的集聚效应。6 月和 7 月恒力泰在高安和法库先后举办了联谊会和技术讲座，用户反响热烈。在高安举办的技术讲座，还吸引了萍乡、丰城、上饶、景德镇乃至浙江、福建的陶瓷企业。

科达机电是目前国内唯一具备全线陶机核心装备配套实力的企业。科达机电整线陶机装备近年来创造了骄人的出口业绩，截止到 2008 年底，已经与 41 个国家和地区的 230 多个客户建立了业务关系。在陶机装备出口领域创造了许多第一。累计出口抛光线、压机、窑炉、磨边线全线陶机装备已经突破 1000 台套，品牌影响力进一步提升。

佛山市恒力泰机械有限公司是国内最大的陶瓷压砖机生产企业，主导产品 YP 系列液压自动压砖机 2003 年开始走出国门，2004 年实现批量出口，近年来出口量逐步增加。2008 年恒力泰公司大举进军国际市场，压砖机的出口数量大幅度飙升，市场覆盖面不断扩大，大吨位小吨位压机全面走红。目前，恒力泰压机已出口到朝鲜、越南、印度、巴基斯坦、曼加拉、印度尼西亚、马来西亚、菲律宾、缅甸、伊朗、埃及、尼日利亚、安哥拉、巴西、布基纳法索、乌兹别克斯坦等 16 个国家和中国台湾地区。

主要经营国际市场的佛山市摩德娜机械有限公司，2004 年以来出口产值以每年翻一番的速度发展，截止到 2008 年底其主要产品窑炉及干燥窑在东南亚市场已取代意大利品牌成为该地区市场占有率最高的品牌。同时，其出口的窑炉累计数量在主要市场印度达 52 条，越南达 36 条。其主要产品还覆盖中国台湾、印尼、马来西亚、孟加拉、巴基斯坦、泰国等地区。2008 年摩德娜机械窑炉销售在东南亚的市场占有率超过 50%。

2008 年广东一鼎科技的干磨机成功出口到西班牙的 KERABEN，S. A.，一鼎科技由此成为中国陶机整线设备第一个进入西班牙的中国企业。过去是中国企业大量进口欧洲陶机装备，如今开始实现中国陶机返供欧洲。

五、企业多元化发展

科达机电作为业内的上市公司，为保持平稳快速的增长，近两年在多元化发展方面下了很大功夫。其中石材机械是一个颇为成功的项目，至 2008 年已做到 2 亿多的规模。在 5 月举行的第 22 届工业展上，科达机电推出的 3 项新技术——陶瓷废渣和粉煤灰制砖技术、大规格陶瓷薄板制造技术、陶瓷企业新能源解决方案，均属于多元化发展的项目。2008年9月，科达机电旗下的科达石材机械有限公司成功完成了对《大理石排锯机》等4项国家行业标准的审议。在11月举行的佛山陶瓷工业展上，科达石材机械公司隆重亮相，科达机电同时推出了自动导引车辆系统和新一代的彩虹布料系统。

恒力泰公司近几年致力开拓汽车部件，其旗下的永力泰车轴公司2008年业务扩展顺利，产品大量出口，已成为车轴行业位居前列的企业。2008年恒力泰又与相关企业联合建立以布料设备为主打产品的佛山市点石机械有限公司，并于7月30日在南庄镇吉利工业园隆重开业。点石机械依托其强大的新产品研发实力和恒力泰的品牌影响力，其布料设备的销售局面相当喜人。

六、金融危机加剧行业“洗牌”

过去两年佛山、华东等地区大规模向北方及长江沿岸地区转移、扩张，佛山陶瓷企业在政府严厉整治下数量急剧减少，江西高安、辽宁法库等新兴产区正形成新的较大规模的产业集群。过去主要依托佛山产区发展的中小型陶瓷机械企业资金少，实力弱，要适应陶瓷行业新的发展格局需要付出很大的代价。

在2006年、2007年的繁荣时期，陶瓷机械企业得益于下游陶瓷生产企业的快速发展，也度过了一段黄金时期。一些小企业为获取定单采取大比例赊帐方式成交。从2008年第四季度开始，面对低迷的市场氛围，许多已经下单的陶瓷企业开始延缓提货，使得那些习惯于恶性竞争的小型陶瓷机械企业普遍遭遇资金链短缺的危机。在经济低迷时期，陶瓷生产企业为降低风险也将定单投向了优势企业。因此金融危机实际上给了陶瓷机械行业优势企业一次难得的扩大规模的机会。

金融危机为中国陶瓷机械行业走向世界提供了新的机遇。金融危机使意大利、西班牙陶瓷机械企业首先受到影响。由于欧洲陶瓷企业减产30%～40%，一些企业甚至转向发展中地区贴牌生产，致使意大利、西班牙陶瓷机械装备销量锐减，有些已面临生存危机。而新兴国家、发展中国家对陶瓷机械有着刚性的需求，中国陶瓷机械装备产品在这些地区具有性价比优势。因此，可以说金融危机之后，世界陶机装备产业已经开始进入中国时代。

七、机械装备业发展方向

节能减排、清洁生产已成为当今世界陶瓷产业不可逆转的发展潮流，陶瓷产品的“绿色护照”时代已经来临。当前国内部分陶机技术与设备，与德国、英国、日本、意大利、西班牙等陶瓷业发达国家仍有很大的差距，但2008年的陶机行业已经出现了一些明显的积极的发展动向。如喷墨打印技术很快得到实际应用，佛山美嘉陶机率先研发成功的“釉中彩墙地砖全自动抛釉生产线”也得到推广应用，有望开创一个瓷砖新时代。

随着新劳动法的实施，陶瓷企业用工成本大大增加，对自动化设备的需求因而大大增加。2008年众多陶机企业不约而同地投身或者扩大对瓷砖全自动拣选包装生产线的研制开发，参与的企业包括科达、科信达、一鼎科技、美嘉陶机、摩德娜、新景泰等。2008年可见端倪的机械装备行业发展趋向还有：清洁燃料制备，瓷砖薄型化，轻质化制造，红坯砖制造与装饰，废渣制砖，防滑砖，隔声砖，隔热砖，抗菌砖的生产，连续式球磨，节能型球磨，新型干法造粒，新型节能窑炉及干燥器，专用机械手和仿真机器人等等。

两年一度的世界顶级陶瓷工业盛会意大利里米尼亚（RIMINI）机械工业展于2008年9月3日—10月4日举行。世界著名陶瓷工业巨头纷纷出台，其中以KERAJET公司为首的喷墨印花设备成为本届展会的最大亮点，预示着顶尖的喷墨印花技术进入生产应用的时代将很快到来。同时SERTAM公司的喷墨印花纸设备也十分引人注目，预计这种简单廉价的瓷片装饰设备将会很快进入中国。此外是瓷砖自动包装设备和塑性成型装备大量参展，在一定意义上昭示了世界建陶产业未来发展的一个重要方向。意大利企业萨克米新创建的H. E. R. O高效资源优化项目，它通过生产流程中的每一个环节尽可能地节约资源，使工厂主要设备的能耗大幅度降低；以及意大利企业西斯特姆（System）的瓷砖自动包装设备与胶辊印花机都是里米尼亚展的亮点，萨克米与西斯特姆分别在国内佛山与苏州没有工厂。

第四节 色釉料及原辅材料

目前，陶瓷原料的加工企业遍布在全国各陶瓷产区，而色釉料生产企业则呈现专业化之势，尤以广东、山东、华东地区为最，其集中了国内比较知名的色釉料企业。比如，广东佛山的大鸿制釉、万兴无机颜料、大宇制釉、道氏制釉、瑭虹制釉、中冠制釉、康立泰、昂泰、金鹰、禾合、三水精博、华宝、正大、NGY、新色全、丰霖、司马等色釉料品牌，以及潮州的双棱颜料、丰业颜料、中原颜料，江苏宜兴的拜富、苏州的星谊，上海的华陶化工、一品颜料，山东淄博的赛德克颜料、华为颜料、福星颜料，湖南的三环颜料、科兴、立发颜料等几十家品牌企业。其中佛山、潮州两大色釉料产区，是目前世界上最大的色釉料生产和出口基地。

截止到2008年，国内陶瓷色釉料及原辅材料的企业大约1800家，但这些企业大部分是做化工贸易，真正做生产且有新产品开发和技术服务的企业不到500家，其中上规模的仅五六十家。近两年，一些具有原材料优势的地区也加强了色釉料的研制与生产。如湖南醴陵的湘瓷科艺股份有限公司（特色产品是金水、金胶）和醴陵市科兴实业有限公司（专门生产包裹型CdS、SeS、ZrSiO4、鲜红、鲜黄色料）、河南科海陶瓷科技有限公司等、河北铬盐化工有限公司（生产铬绿、铬盐等产品）等。供应陶瓷色釉料企业所需原辅材料的厂家，如广东英德中信矿业（生产各种精加工的高岭土、黏土、长石、石英、方解石、滑石等陶瓷原料）、江西省诚信矿业有限公司（产品同上）、广西平南矿冶原料有限公司（产品同上）、广东汕头东方锆业科技股份有限公司（生产化学二氧化锆）以及专门从事陶瓷添加剂生产的佛山市欧陶无机材料有限公司、专门生产陶瓷釉用CMC（羧甲基纤维素及其钠盐）和MC（甲基纤维素及其钠盐）及坯体增强剂的有广东江门量子高科集团等，继续保持稳定发展。

2008年，色釉料行业具有以下两个特点：受新《劳动法》的影响，企业人工成本上涨，加上出口退税率的下调等等，色釉料行业进入微利时代；由于总成本上涨、产业整治、房地产调控、金融风暴等因素，陶瓷生产企业赢利能力普遍减弱，导致佛山等地的色釉料企业普遍回款难，中小企业面临很大的生存危机；几年前，在繁荣时期丰厚利润的驱动下，陶瓷色釉料企业遍地开花，2008年经营形势的恶化实际上给了行业一次难得的洗牌机会，遏止了几年来泡沫化的增长势头。同时也在一定程度上促进了色釉料企业和陶瓷生产企业的强强联合——在产业动荡、调整期，生产企业为获取稳定的货源需要与强势釉料企业合作，釉料企业为了保持健康的资金链，需要与主流生产企业结盟。上下游企业的强强联合是拉动产业升级的核心力量。

色釉料是提高陶瓷制品装饰使用性能的重要原料，色釉料行业是陶瓷行业的上游产业。无论建筑卫生陶瓷，还是日用工艺美术陶瓷，色釉料都是出色的化妆师和美容师，直接关系到陶瓷产品的档次和装饰效果，是提升中国陶瓷行业的整体竞争力的主要手段之一。由于传统色釉料、高温包裹色料，以及不透水溶块、不透水化妆土、辊印色料已经进入成熟稳定的发展阶段，在研发上的重大突破需要很大的投入。但是2008年国内色釉料企业在服务向下延伸——应用设计服务，以及追求适用技术规模效应、研发新型材料、环保节约型材料等方面还是取得了一定的成绩。

一、色釉料企业加强应用设计服务

截止到2008年，国内不少知名色釉料企业都拥有国际先进实验设备的研发中心，设有色料研发室、釉料研发室、新产品应用研发室以及小型辊道窑墙地砖生产线，专门从事新工艺、新技术、新产品的开发。不仅为客户提供完善的售前售后服务，还可为客户提供最新研究产品的使用技术及培训服务，也可为客户制定合理的工艺流程、解决方案（如釉料调试、坯体配方、网版设计、新产品开发）及交钥匙工程服务。

道氏制釉的服务对接客户开发新产品的全过程，与国外著名设计公司紧密合作，采取“走出去，引进来”的发展模式，打造核心竞争力。道氏制釉公司致力于中国陶瓷原料标准化，主要生产高档色料、标准化成品釉料。其中高档仿金属釉销量国内第一。并致力于创立中国首个陶瓷原料标准化示范基地。

大宇制釉拥有自己的矿山及色釉料生产基地。成立了佛山市装饰工程技术研究开发中心，设立了网版制作及设计中心，大宇制釉研究中心，大宇制釉技术服务部等营销服务网络布局全国各地，近年来销售网络遍布欧洲（意大利、西班牙、德国等），非洲（埃及、尼日利亚等），亚洲（越南、孟加拉、沙特阿拉伯）等国家和地区。

大鸿制釉推出的皮纹釉仿古砖系列，在瓷砖的生产工艺上突破了过去需要立体模具产生皮纹褶皱效果，改为使用丝网印刷就能产生皮革的质感。这种替代过去依赖模具雕刻的工序，大大地简化了生产工艺，降低了成本，使皮纹釉瓷砖具有复古、典雅、时尚的家居装饰风格。

康立泰釉料公司把仿古砖釉料的应用设计服务推上新台阶，推出的金壁墙砖系列，营造金壁辉煌的装饰效果，迎合了中东、东南亚等地客商对金饰产品情有独钟的特殊需要。康立泰釉中彩仿古砖系列，釉面下的裂纹线条酷似天然石材，是本年度发挥釉料装饰效果的成功案例。

正大制釉推出高温包裹色料，坯釉用色料、辊筒色料以及高白熔块、不透水熔块等中高档陶瓷原料，也取得新的成果。

全抛釉成为2008年度仿古砖创新的最大亮点之一。佛山瑭虹制釉有限公司推出号称“抛砖映玉”的瑭虹全抛釉，使产品有“坚如石、质如玉”的质感。瑭虹全抛釉可生产釉下彩全抛釉抛光砖、釉下彩抛光磨砂瓷砖、釉下彩超硬度和超耐磨防滑亚光仿古砖。

二、新型陶瓷材料引领市场

在陶瓷色釉料的研究和开发中，企业不断推出一些更高科技含量的新产品，这些新产品应用于仿古砖、瓷片、抛光砖、微晶复合砖等领域，推动了陶瓷产品的升级换代。这些新型陶瓷装饰原料产品，包括仿金属色料、相干色料、仿金属釉、虹彩釉、反应釉、高档微晶熔块、干粒、液体色料、高档渗花釉等。在装饰手法上，吸收了很多日用陶瓷和艺术陶瓷的装饰手法以及印刷行业的技法，如手彩、釉中彩、釉下彩，丝网印花、辊筒印花、喷墨印刷等。

三度烧装饰材料是陶瓷装饰的一个新趋势，它是在素烧、釉烧之后，经丝网印刷的撒干粒、挤釉、堆釉等各种技法装饰后烧成的，是一种具有很高艺术风格的高档装饰手法。近年来，我国色釉料行业对陶瓷用代金、仿金颜料的研究和开发加快了步伐，由低温750～850℃装饰，提高到中高温1200℃以上，其中相当大一部分不再使用或很少使用黄金、铂金等贵重金属材料，而且呈色效果不错，非常适合于各种中、高档建筑卫生陶瓷产品的装饰，大大缩短了与国外的差距。

新型高分子增强剂在瓷质砖的应用也获得新突破。由广东省蒙娜丽莎工程技术中心与陕西科技大学材料学院研制开发的新型高分子增强剂，采用自制聚乙稀醇（PVA）改性淀粉聚合物进行试验，并对比氧化淀粉及羧甲基纤维素钠，对其增强瓷质砖坯料效果进行了研究，率先应用在900mm×1800mm×3.5mm规格的干压瓷质薄砖。通过与普通增强剂CNC及MS的增强及浆料流速的比较证明，自制PVA改性淀粉聚合物增强效果明显，经过喷雾塔干燥得到的粉料强度高，成型性能好，是一种较为理想的高分子增强剂。对提高生坯强度，以及陶瓷墙地砖的成品率及质量功不可没。

色釉料制造企业在利用废料方面也取得了较大的突破。在利用天然岩石、尾矿、工业和生活废渣生产色釉料方面，已应用玄武岩、碎石粉、火山灰来生产陶瓷色釉料。用钢铁厂的工业废渣生产黑色和棕色色料和色釉，用林业开采和木材加工的废渣——树皮灰来生产成釉，利用啤酒厂的废渣麦芽灰来生产乳浊釉，利用废玻璃和长石的代用原料生产中高温釉，经适当配比后，无用的家庭生活垃圾焚烧灰也可用于釉中，特别是用来生产成釉的如天目釉等。这些都是变废为宝的案例。

三、外企进入推动国内产业结构调整

近年来，色釉料企业不断加强技术创新，充分利用资源优势和成本优势参与国际竞争，产品除畅销国内市场外，还远销到欧洲、亚洲、南美洲等地市场。目前，包裹红、锆铁红、宝石红、镨黄等色料以及微晶熔块等主要装饰原料产品，已占据世界最大的市场份额。

在国内化工色釉料企业大举进军国际市场的同时，国外不少知名品牌也加紧在中国设立生产基地。意大利西施特姆公司在苏州设厂多年，推出高技术含量、高附加值的胶辊印花机，在中国市场取得成功；西班牙陶丽西化工色釉料品牌是全球性的跨国公司，该公司研制出一系列色釉料制品及相关原料和添加剂，并向客户承诺提供优化设计方案和有关生产控制技术的支持，显示出高档色釉料在陶瓷应用领域的良好前景。此外，国际生产陶瓷色釉料、熔块的一些著名厂家也在华东地区设有分厂或分公司，它们有爱斯玛格拉斯（Esmalglass）、庄兴－万丰（Johnsonmetthy）、卡罗罗比（Colorobbia）、昆米赛（Quimicer）等，地点多设在华东的苏州、昆山和上海附近。国外知名品牌的进入，将提升国内色釉料市场的竞争层次，推动国内色釉料产业的升级。

当前，色釉料行业还存在以下几个问题：一是色釉料企业规模普遍偏小。尽管色釉料企业现在发展迅速，产能持续扩大，年销值达亿元以上的企业也有近10家，但产品真正能进入欧美等陶瓷强国的色釉料企业却不多。意大利卡罗比亚色釉料公司每月釉用色料产量达到3000吨，而国内釉用色料每月能达到300吨产量的企业屈指可数，在欧美日等高端建陶产区仍然是卡罗比亚、比托施、陶丽西、福禄、巴斯夫、伊斯玛格、古信万丰、贺利氏、司马化工等洋品牌的天下，难以见到来自中国的色釉料产品；二是出口单价偏低。国内每年需求的釉用色料为8万～10万吨，坯用色料为20万～30万吨。经过30多年的高速发展，国家对不可再生资源的控制性开采将提上日程。国内每年有大量陶瓷化工原料出口到印度、越南、马来西亚、泰国、印尼、中东、南美等国家。国外陶瓷企业也纷纷来中国采购优质低价的化工原料，出口市场已经成为国内众多陶瓷化工企业重要业绩增长点，有个别企业的出口量占到销售总额的50%以上，一些企业年出口额过亿元人民币。但是，在高速增长的背景下，陶瓷化工产品出口单价仅仅是国外一流色釉料品牌的四五成；三是产品稳定性不足。本土很多企业产品的质量可以跟国外的媲美，但是稳定性不够。由于原材料的不稳定导致陶瓷成品的不稳定，直接影响到企业产品的口碑；四是产品设计及配套服务跟不上。在意大利、西班牙的陶瓷色釉料企业中，均有专业的陶瓷色釉料图案设计团队。而在国内釉料企业大都片面强调产品生产而忽略了至关重要的新产品设计，因而无法跟生产企业结成长期的战略合作联盟；五是与生产企业合作不畅。因为考虑到知识产权的安全性等问题，色釉料企业和生产企业很难建立互信共赢、长期稳定的合作关系；六是市场秩序不规范，标准化建设滞后。大多数企业技术保密形同虚设，相互挖人、挖技术及拼价格的现象司空见惯，企业人员流动性较大。行业技术标准、质量标准建设滞后，影响企业质量管理体系的建立和执行。

当前，由于国家尚未正式实施《资源税收》，矿产资源廉价、无序开采现象严重，加上色釉料行业进入门槛低，企业素质参差不齐，行业发展整体还处在初级阶段，产业提升的路还很漫长。2008年10月13日，中国建筑卫生陶瓷协会色釉料原辅材料分会第一次常务理事会议在佛山召开。为确保和提高国内色釉料原料产品质量的一致性和稳定性，规范同行业的有序竞争，会议决定：建立起一个定期通报产品质量检测结果的制度。会议还一致通过由佛山陶瓷研究所测试中心承担检测任务。会议建议相关企业牵头尽快起草包裹颜料等产品的有害物质限量标准和清洁生产标准。

第五节　产品质量监督

【国家监督抽查】2008年国家质检总局组织对陶瓷砖产品质量进行了国家监督抽查。共抽查了山

西、辽宁、浙江、广东、山东、四川、福建、河南、江西、陕西等10个省193家企业生产的197种产品（不涉及出口产品），产品实物质量抽样合格率为94%。抽查依据推荐性国家标准《陶瓷砖》（GB/T 4100—2006）和强制性国家标准《建筑材料放射性核素限量》GB 6566—2001规定的要求，对陶瓷砖产品的尺寸、吸水率、破坏强度、断裂模数、有釉砖抗釉裂性、放射性等6个项目进行了检验。经检验，此次抽查陶瓷砖产品的放射性核素含量全部合格。

抽查中发现的主要质量问题：

（1）个别产品破坏强度与断裂模数不合格。破坏强度、断裂模数是陶瓷砖产品的重要性能指标。抽查中有个别产品破坏强度与断裂模数低，达不到国家标准规定的要求。破坏强度与断裂模数不合格的产品在使用中容易开裂、破碎。

（2）个别产品吸水率不合格。吸水率是陶瓷制品中的开口气孔吸附的水的质量与制品质量的百分比。吸水率低，一般情况下陶瓷砖的强度相应较高，耐磨性和抛光砖的光泽度指标性能较好。抽查中有个别产品吸水率超过国家标准规定的要求。主要是因为陶瓷砖烧制温度低，时间短，开口气孔较多，在使用中吸收水分，引起坯体吸湿膨胀，容易产生裂纹或剥落。

针对抽查中发现的主要质量问题，国家质检总局已责成各地质量技术监督部门严格按照产品质量法等有关法律法规的规定，对抽查中产品质量不合格的企业依法进行处理，并限期整改；同时对抽查中质量较好的产品及其生产企业，加大宣传力度。国家质检总局将继续对陶瓷砖产品质量进行跟踪抽查，促进陶瓷砖行业整体质量水平的提高（表5-1）。

陶瓷砖产品质量国家监督抽查部分质量较好的产品及其企业名单 表5-1

序号	企业名称	产品名称	商标	规格（mm）	生产日期（批号）
1	广东新明珠陶瓷集团有限公司	瓷质抛光砖	冠珠	600×600×9.8	2008-01-08
2	广东蒙娜丽莎陶瓷有限公司	釉面内墙砖	蒙娜丽莎	300×450×9.0	2008-04-02
3	佛山欧神诺陶瓷有限公司	釉面内墙砖	欧神诺	300×450×10	0803MI
4	广东东鹏陶瓷股份有限公司	翡翠石釉面砖	东鹏	300×600×10.5	2008-01-03
5	广东汇亚陶瓷有限公司	完全玻化砖	汇亚	600×600×10	2008-04-04
6	四川建辉陶瓷有限公司	宇嘉磁砖	宇嘉	300×450×9.5	2008-03-21
7	杭州诺贝尔集团有限公司	抛光砖	诺贝尔	600×600×11	2008-03-28
8	山东亚细亚陶瓷有限公司	内墙砖	亚细亚	300×450×8.5	2008-04-15
9	佛山市樵东陶瓷有限公司	玻化抛光砖	QIAODONG	600×600×9.6	2008-01-06
10	山东耿瓷集团有限公司	抛光砖	耿瓷	600×600×9.8	2008-04-15

注：排名不分先后。

8月28日，广东省工商行政管理局公布第三季度省内流通领域质量监测情况的数据显示陶瓷坐便器的合格率仅67.1%，此次共抽查了汕头、韶关、河源、梅州、汕尾、湛江、茂名等7市流通领域共70批次的陶瓷坐便器，仅47批次合格。不合格项目主要是水道过球直径、球排放、污水置换功能和水封回复功能不符合国家出台的新标准GB 6952—2005。前一次2006年抽查结果合格率为84.3%。

10月31日，北京市质量技术监督局公布的最新抽查结果显示，陶瓷密封水龙头的产品质量难以让人放心。抽查了昌平区内42家经销单位销售的50种陶瓷密封水龙头，仅有18种产品合格，抽样合格率为36%。

第六节 部分企业大事

1月

1月8日，重庆市质量技术监督局召开了全市质量工作表彰大会，四维控股作为“中国标准创新贡献奖”的获奖单位受到表彰。

1月10日，佛山市市长陈云贤率市、区、镇各级领导一行到中国陶瓷产业总部基地展开实地考察。陈市长要求将中国陶瓷产业总部基地打造成发展陶瓷总部经济的示范基地。并作出指示，禅城区发展陶瓷总部经济，调整提升产业结构需市一级部门加大支持配合力度，打造中国陶瓷产业总部基地需配套通关一体化“绿色通道”等。

2月

2月，佛山市摩德娜机械有限公司一次性出口越南 Prime Ceramics Group 八条压机后生产线，共计10条大型窑炉。

2月5日，佛山市陶瓷研究所 & 金刚企业继2006、2007年参展之后，连续第三年参加了在西班牙瓦伦西亚举行的第26届 CEVISAMA 陶瓷博览会，展示了金刚牌陶瓷辊棒、耐磨氧化铝瓷球及耐火材料等公司的主导产品。

2月27日，中国陶瓷产业总部基地项目主体工程圆满封顶，宣告中国第一个陶瓷产业总部基地正式落成。

3月

3月，佛山市摩德娜机械有限公司与印度第一品牌 H. &R. Johnson（India）Limitied 成功签约两条玻化砖主体生产线（含原料设备）。这两条线全部采用五层新型干燥器，并顺利投产验收。

3月4日，上海斯米克建筑陶瓷股份有限公司第三届董事会第三次会议确定在加拿大温哥华设立全资子公司加拿大斯米克建筑陶瓷有限公司（CIMIC TILE OF CANADA INC.），投资总额50万加元（约51万美元），经营玻化砖，拼花玻化砖、釉面砖的销售。

3月7日，四川白塔新联兴陶瓷集团有限责任公司董事长温建德受聘担任陕西科技大学客座教授，陕西科技大学材料学院朱振锋院长代表学校为温建德颁发了陕西科技大学客座教授聘书。

3月11日，EAGO（益高）卫浴参加第36届意大利米兰卫浴展览会（MCE展），益高（EAGO）卫浴的200多平方的“时尚·体贴、简约·休闲”概念展厅给参观客商留下了深刻印象。

3月26日，HITOM（海棠）陶瓷有限公司新工厂在台山市台城镇台荻路园山工业区落成。新生产基地现有生产线3条，均是采用先进的全自动化现代环保型生产线。

3月下旬，湖南天欣陶瓷集团与湖南大学材料科学与工程学院签约合作建立了陶瓷研究所。

3月31日，重庆四维控股集团、清华大学陶瓷艺术系和德胜苏州研究院三方签订合作协议，成立了“四维卫浴空间合作研究室”。三方约定项目及课题方向既定在别墅家居、星级酒店、商务会所、公共环境、休闲移动五个方面的卫浴空间设计上。

4月

4月2日，“申鹭达、特陶”卫浴洁具产品通过“中国环境标志产品”认证，并入选国家发改委、财政部联合发布的政府强制采购目录。

4月14日，箭牌卫浴获“中国驰名商标”称号，并在佛山市高明高尔夫球场举行新闻发布会。

4月15日，冠军建材集团将通过中国宋庆龄基金会向中国地质大学、长江大学、武汉大学、武汉科技大学、湖北经济学院5所大学贫困大学生资助，每所10万，共计50万元人民币。据悉，从2005年开始，冠军建材集团通过中国宋庆龄基金会，相继在山东、江苏、湖北、陕西、云南、河南、安徽、上海八省市，共计捐助600万元。冠军磁砖也因此被业界誉为海峡两岸的慈善冠军。

4月25日，由中国建筑装饰协会、清华大学美术学院和清大远教共同主办的第三届（嘉俊）中国国际设计艺术观摩展在深圳市民中心开幕，嘉俊陶瓷荣获第三届中国国际设计艺术观摩展2008年度中国建筑装饰协会推荐品牌。

4月28日，由佛山市科技局、经贸局、财政局组织并主持的佛山市陶瓷研究所暨金刚企业产学研专项资金项目鉴定验收会议在佛山市陶瓷研究所召开。鉴定项目是国家863计划项目“耐高温、高强、耐磨损、耐腐蚀陶瓷部件的关键制备技术”的子课题，验收项目包括：“无机陶瓷膜过滤技术及成套设备”、“新型高效多孔网状陶瓷填料的制备及应用”、“地铁吸声新材料及适用环境条件的研究”、“利用陶瓷废料生产高性能陶粒”及“耐高温、高强、耐磨损、耐腐蚀陶瓷部件的关键制备技术”等。

4月28日，辽宁省墙改办专家经过充分论证，一致通过授予沈阳辽浙新型建筑材料有限公司“辽宁省暨沈阳市新型墙材生产示范基地”称号。沈阳辽浙新型建筑材料有限公司主要利用陶瓷企业所产生的陶瓷废片、陶瓷泥浆、炉渣和煤矸石，采用内燃工艺生产环保新型建筑材料，主导产品是非黏土空心砖和非黏土多孔砖。

5月

5月7日，科勒（KOHLER）在上海南京路设立全新科勒设计中心（The Kohler Showroom），正式宣布其“艺术系列”（Artist Editions）产品在上海正式上市。

5月13日，重庆市慈善总会签收了四维集团所捐献的价值20万元物资。这是5月12日四川省汶川县发生地震以来，重庆市慈善总会收到的第一笔来自企业的捐献，同时也是四维集团捐助灾区人民的第一步行动。

5月13日，金意陶引进战略投资者签约仪式在金意陶总部思想馆举行。金意陶与深圳创东方、南昌创投、上海安益资本三家投资公司签订了战略投资合同。

5月14日，杭州诺贝尔集团有限公司工会向员工发出向四川地震灾区人民捐款的倡议，集团公司员工纷纷响应，集团和下属公司捐款150万元、职工捐款36万元。5月27日，在余杭区政协领导考察集团公司时，董事长兼总经理骆水根再次决定以余杭区政协的名义捐资600余万元，为地震灾区建一所“诺贝尔希望小学”。

5月15日，佛山金意陶陶瓷有限公司在KITO总部思想馆举行“众志成城·抗震救灾——金意陶爱心四川行启动仪式”，并派出“金意陶援助项目组”商务车及两辆10吨级物资运输车，运送救援物资前往四川成都，向灾区进行援助活动。

5月24日，中国合格评定国家认可委员会（CNAS）评审组专家对佛山市陶瓷研究所测试中心进行了实验室第二次监督评审。评审组专家依据《检测和校准实验室能力的认可准则》和《检测和校准实验室能力认可准则在化学检测领域的应用说明》文件精神，对测试中心质量体系运行的充分性、有效性进行了评审，总体上给予了充分的肯定。

5月下旬，广东省经贸委、财政厅、国税局、地税局、海关总署广东分署等五部门发出的通知称，按照《关于组织认定第九批省级企业技术中心的通知》的要求，根据《广东省省级企业技术中心认定和评价管理办法》，经审定，确认36家企业为第九批广东省省级企业技术中心。名单中有佛山欧神诺陶瓷有限公司、广东欧文莱陶瓷有限公司、佛山金意陶陶瓷有限公司、河源万峰陶瓷有限公司等4家陶瓷企业。

5月28日，由马可波罗瓷砖协办的中美男篮对抗赛在东莞市塘厦体育馆开赛，此次比赛是中国男篮备战奥运的首场热身赛。赛事为灾区人民筹得善款426万元，而马可波罗瓷砖公司再次捐出30万元善款，表达了对灾区重建的支持。

5月30日，广东宏陶陶瓷有限公司顺利通过了清洁生产专家审核验收，专家组一致同意推荐其申报省清洁生产企业。

5月30日，中国建筑材料联合会会长张人为在广东省建材工业协会副会长陈环、新明珠陶瓷集团副总裁罗新家、萨米特陶瓷总经理叶永楷的陪同下，到新明珠陶瓷集团所属广东萨米特陶瓷集团禄步工业园视察工作。

6月

6月6日，在佛山传媒集团、佛山市体育局主办的"川粤同心·中国加油"四川金强队对广东宏远青年队男篮赈灾义赛中，卓远陶瓷决定为佛山消防救援队奋战过的平武县捐建一所希望小学，第一期捐出25万元，之后将陆续追加。

6月8日，金意陶把天然气取代柴油作为生产设备改造的重点，作为推动清洁生产的切入点，与佛山燃气集团公司签订供气合同，并与佛山市华能特燃气设备技术有限公司合作对天然气管道路径进行设计，8月1日开始正式施工。

6月18日，广东省清洁生产中心组织专家对新明珠陶瓷集团旗下企业佛山市冠珠陶瓷有限公司和佛山市萨米特（格莱斯）陶瓷有限公司进行了现场审核验收。专家组一致认为，两家企业均已达到广东省清洁生产先进企业水平。按照陶瓷行业清洁生产评价指标体系（试行）标准要求，已达到清洁生产先进企业水平。因此，专家组一致同意推荐申报这两家企业为广东省清洁生产企业。

6月19日，在佛山进行专题调研的广东省委书记汪洋参观考察海棠（HITOM）陶瓷公司。

6月25日，广东省科学厅、发改委、经贸委联合下发文件（粤科计字［2008］72号），同意博德陶瓷公司组建广东省新型环保复合建筑陶瓷工程技术研究开发中心，该中心为省级工程技术研究开发中心。

6月28日，佛山市井田陶瓷科技有限公司成功开发世界上第一个节水虹吸蹲便器，并获得国家发明专利证书。

6月下旬，广东金牌陶瓷有限公司的实用新型"一种形成随机仿形装饰纹理的瓷砖布料装置"经国家知识产权局审核，获实用新型专利证书。

6月底，广东博華陶瓷有限公司长达438米、日产1.5万方抛光砖的全自动宽体辊道窑投产。

7月

7月初，国家人力资源和社会保障部发布［2008］43号文件《关于批准中国北方机车车辆工业集团公司等345个单位设立博士后科研工作站的通知》，佛山欧神诺陶瓷股份有限公司作为此次获批企业中唯一一家陶瓷企业，获准设立博士后科研工作站，开展博士后科研工作。

7月2日，江西省省长吴新雄及景德镇市领导到景德镇特地陶瓷公司参观考察。

7月3日，十一届全国人大代表泉州、莆田小组一行7人到福建华泰集团、南安协进企业考察调研节能减排、循环经济工作实施情况。

7月18日，2008年第六届《中国机械500强研究报告》发布会在北京人民大会堂举行。《研究报告》由中国机械工业管理协会主办和《世界经理人周刊》、世界企业实验室、机械工业经济管理研究院协办、中国机械网承办。科达机电第三次入围《中国机械500强》，为此次陶瓷机械行业唯一入选的企业。

7月19日，受浙江省经贸委委托，余杭经发局主持召开了由杭州诺贝尔集团有限公司开发的"炫彩玻璃马赛克陶质复合砖"和"深色系列微晶玻璃陶瓷复合砖"的省级新产品鉴定会。专家鉴定组对两个新产品给予了中肯而高度的评价。

7月20日，丰城市政府与科达新动力洁能有限公司的清洁煤气化项目签约仪式在广东科达机电股份有限公司举行。该项目总投资16亿元人民币，主要提供清洁、环保、低价煤气，建成投产后，年销售收入将达到20亿元，税收1亿元。宜春市委书记谢亦森出席了签约仪式。

7月25日，"中国创造·国际高度——佛山东鹏博士后工作站科研成果发布会"在佛山财神酒店举行。

8月

8 月 6 日，恒洁卫浴佛山三水生产基地第二期的生产线正式点火投产。恒洁卫浴引进新式隧道窑，长 112 米，烧成周期为 14 个小时，预计年产量达到 120 – 130 万件。

北京奥运会期间，广东蒙娜丽莎陶瓷有限公司董事长萧华作为中国家居行业唯一贵宾出席奥运会开闭幕式。

8 月 26 日，欧神诺陶瓷通过职业健康安全管理体系认证。职业健康安全管理体系符合标准《职业健康安全管理体系规范》（GB/T 28001—2001），有效期三年。

8 月底，中国陶瓷城被评选为全国第一批商品交易市场信用分类监管试点单位。

9月

9 月 10 日，日本著名卫浴产品和瓷砖生产企业——伊奈（Inax）在苏州工厂举办伊奈建材有限公司成立 10 周年庆典和苏州伊奈陶瓷有限公司二期工程竣工仪式，同时宣布伊奈（中国）重新制定了伊奈的品牌概念，启动新一轮中国市场战略计划。

9 月 10 日，佛山市市场信用分类监管建设工作取得阶段性进展，中国陶瓷城通过考核，获得了首批由佛山市工商行政管理局颁发的“佛山市市场信用分类监管示范市场”荣誉称号。

9 月中旬，简一陶瓷有限公司为顺应公司发展需要，将总部搬迁至佛山市地标建筑——环球国际广场。

9 月 18 日，惠达陶瓷集团和中国十大著名装修装饰企业之一的北京实创装饰公司在北京实创公司总部举行了战略联盟新闻发布会。

9 月 18，经过广东省科学技术厅从企业合法拥有的专利和科技成果、新技术产品，年科技开发费用，科技人员学历等方面的严格审查和评审，佛山市龙舟技术推广有限公司被评为“广东省民营科技企业”，成为 2008 年第一批荣获该称号的企业，同时也是该奖项成立以来唯一获奖的一家技术开发公司。

9 月 19 日，新加坡证券交易所发布了关于亚细亚股权重组的公告，宣告了亚细亚集团控股有限公司股权重组的完成。

9 月 26 日，中窑公司的超宽体低热值燃气节能型辊道窑荣获“广东省用户满意产品”的称号。

9 月 28 日，特地公司“一种可释放负离子的健康陶瓷砖生产方法”获得了佛山市专利局评选的“第一届佛山市专利奖”的优秀奖。

10月

10 月初，科达机电正式收到由国家发改委、国家科技部、国家财政部、国家海关总署、国家税务总局五部委联合发文“国家认定企业技术中心”名单公告，并于 10 月 12 日在深圳参加了五部委联合组织的颁奖大会，并被授予“国家认定企业技术中心”牌匾。

10 月 11 日下午，国家商务部副部长于广洲一行十余人，在河北省、唐山市领导的陪同下，到唐山惠达陶瓷集团调研，参观了惠达展厅及机械手施釉生产线。

10 月 14 日，佛山市科学技术局、佛山市发展和改革局、佛山市经济贸易局联合发文（佛科［2008］88 号），通过审核同意佛山市和美陶瓷有限公司组建“佛山市绿色建陶工程技术研究开发中心”，并列入 2008 年佛山市工程技术研究开发中心组建计划。

10 月 27 日，全国政协副主席阿不来提 · 阿不都热西提在福建省政协、泉州市委、市政协领导的陪同下莅临南安协进建材有限公司调研。

10 月 31 日，由四川新万兴瓷业有限公司投资 12 亿元、年产 1000 吨碳纤维及其制品项目在夹江成功签约，标志着新万兴向现代化企业集团方向迈出了一步。

10 月下旬，广东宏陶陶瓷有限公司正式成为“广东省清洁生产企业”，是佛山市南海区第一家通过清洁生产验收的陶瓷企业。

10 月下旬，高要市将军陶瓷有限公司全新推出仿古砖品牌“梵香 · 1860”。

10月下旬，在“世纪金陶奖”首届世界建筑瓷砖设计大奖赛中，佛山市三水博德精工建材有限公司的博德精工玉石5系（祥云）以排名第一获得“入围奖”。

11月

11月1日，佛山市市长陈云贤率领的党政经贸代表团在呼和浩特市市长汤爱军等领导的陪同下，深入到位于内蒙古清水河县的路易·华伦天奴（内蒙古）陶瓷有限公司生产车间了解生产经营情况，并座谈交流。蒲鼎新总裁介绍了企业的生产经营情况和下一步的发展计划。

11月4日，景德镇陶瓷学院与金意陶陶瓷股份有限公司战略合作协议签字仪式在景德镇陶瓷学院陶艺中心举行。佛山市科技局副局长王长华，佛山科技协会主席胡学骏，陶院副院长江伟辉，国家日用及建筑陶瓷工程技术研究中心、金意陶陶瓷股份有限公司负责人出席签字仪式。

11月28日，中国建材机械工业协会授予恒力泰公司2008年度全国建材机械行业先进单位，罗明照董事长被授予2008年度全国建材机械行业优秀企业家荣誉称号。

11月29日，“红棉奖——2007年度创新设计大奖”颁奖典礼在广州白云国际会议中心举行。佛山市法恩莎洁具有限公司2008年全新推出的“OVERFLOW·飘”系列获“红棉奖”。

12月

12月1日，由广东省委组织部发起组织，广东省企业联合会、广东省企业家协会联合承办的“改革开放30周年广东省功勋企业家”评选活动揭晓。金意陶公司董事长兼总经理何乾荣获“改革开放30周年广东省功勋企业家荣誉称号”。本次评选历时半年，主要目的是为了纪念改革开放30周年，展示广东省企业以及企业家在经济建设，政治建设，文化建设等方面的成果。

12月18日，第二届河北品牌节在石家庄河北会堂开幕。开幕式上，组委会揭晓了年度“河北品牌领军人物”和“河北省重点推荐品牌”，惠达集团总经理王彦庆和惠达品牌双双夺冠。

12月19日，2008年广东省建筑材料行业协会第二届会员代表大会和2008年广州市建材行业协会年会暨改革开放30年广东建材行业表彰大会在广州举行。佛山市南海金刚新材料有限公司被认定为“广东省第一批国家级高新技术企业”，冯斌所长获“广东省建材行业突出贡献企业家”称号。

12月24日，经过佛山市科技局、发展和改革局、经贸局几大政府部门共同审议决定，确定由欧文莱陶瓷组建“佛山市工程技术研究开发中心”。欧文莱陶瓷作为市级工程中心的地位确立，将充分发挥其在工程化研究开发和科技成果转化方面的作用，成为佛山市企业技术创新体系的重要组成部分。

12月28日，由人民日报社网络中心主办的“纪念改革开放30年·新农村高峰论坛”在北京召开，论坛同时公布了“改革开放30年·中国三农人物30人”和“服务三农·最具社会责任企业”荣誉名单，唐山惠达陶瓷集团董事长王惠文榜上有名。

12月31日，四川白塔新联兴陶瓷集团有限责任公司董事长温建德的企业管理著作《大智慧——炉边窑望30年》出版。

12月底，由广东一鼎科技有限公司自主研发、生产的全自动瓷砖包装生产线试制成功。该设备通过各种机构的组合将瓷砖包装过程中的上砖、送纸、包角、折箱、打带及码垛等工序全部实现自动化，可大幅降低劳动力成本，提高劳动生产率。

第七节　企业的社会责任

企业社会责任（Corporate Social Responsibility，简称CSR），即企业在创造利润、对股东利益负责的同时，还要承担对员工、对社会和环境的社会责任，包括遵守商业道德、生产安全、职业健康、保护劳动者的合法权益、节约资源等。

在极其不平凡的2008年，我国经济社会发展遭遇到重大的挑战和考验。复杂多变的国际经济环境，突如其来的重大自然灾害，给我国经济、社会发展带来了巨大挑战与考验。危机时刻，中国建筑卫生陶瓷企业迎难而上，努力战胜各种艰难险阻，在保持自身稳定发展的同时，也尽力履行社会责任。

5月12日，一场里氏8.0级的地震发生在四川汶川县，并且波及周边县市，造成了巨大的灾难。“5·12”汶川特大地震发生后，各陶瓷产区纷纷行动起来。截止到5月17日，佛山市陶瓷企业已经向灾区捐款1100多万元。佛山陶瓷行业协会组织企业捐赠50万元援建的“丹棱镇中心小学”。2008年12月5日下午在四川地震灾区丹棱县丹棱镇中心小学举行了启动仪式。

在开展节能减排、清洁生产工作方面，广大企业自觉主动地承担起社会责任，更加认真地落实国家节能减排措施，控制并减少对环境的污染排放。

2008年3月，蒙娜丽莎集团投入资金4600万元，用于节能减排和清洁生产工作改进，并通过了相关部门验收。金意陶公司在2008年全面使用天然气作为能源，替代传统柴油，杜绝了二氧化硫的排放，并同时减少二氧化碳的排放。该项技术改造通过了2008年佛山市科技成果鉴定。佛山欧神诺陶瓷股份有限公司在2008年首批通过省清洁生产专家组的审核验收，成为广东省清洁生产企业。2008年欧文莱陶瓷“陶瓷行业窑炉喷雾塔节能减排推广应用”项目通过国家火炬计划立项，企业节能降耗技术改造获得广东省节能减排的专项资金扶持，“陶瓷生产过程数据采集、监控与管理信息系统开发”顺利成为广东省教育部产学研结合项目。欧文莱陶瓷还作为陶瓷行业唯一代表，应邀出席“佛山—香港清洁生产交流会”，推介成功经验。

依法纳税是企业公民的一项社会责任，在市场竞争日益激烈的情况下，陶瓷企业积极纳税，用诚信经营和诚信纳税积极回报国家，履行企业的社会责任。

杭州诺贝尔集团有限公司上交国家税收也连续4年（2005年至2008年）名列全国同行第一。2008年度诺贝尔集团全年完成销售额比2007年增加了9.33%；全年上交税收2.66亿元，同比增长12.71%。

2008年，是佛山陶瓷行业在调整、提升中经受严峻考验的一年，但是佛山陶瓷及其相关企业的纳税大户并没有减少而且明显增多。纳税额达1000万元以上的企业总数，从上年的38家增至45家，增幅为18.42%；其中纳税超5000万元的企业，更从2007年的1家增至2008年的科达机电、欧神诺、欧文莱、恒力泰4家。纳税超3000万元企业，也由上年的2家增至2008年的兴辉、金意陶、蒙娜丽莎3家。纳税超千万元企业，则从上年的34家增至2008年的37家。

新明珠、新中源、东鹏等大企业，若以集团总额计算，则纳税额远不止千万元级。如新明珠陶瓷集团旗下“佛山市三水新明珠建陶工业有限公司”、“佛山市澳林精工陶瓷有限公司”、“佛山市三水惠万家陶瓷有限公司”、“佛山市冠珠陶瓷有限公司”、“佛山市萨米特陶瓷有限公司”共5家公司名列“佛山市纳税超千万元企业”。

2008年1月1日，新《劳动合同法》正式实施后，很多陶瓷企业都把劳动者的保障作为重要工作来抓，主动调整过去劳资关系中与新《劳动合同法》不相符合的东西，使企业形象得到很大的改观。

2008年6月14日，中国建筑陶瓷、卫生洁具诚信企业评价结果发布会在人民大会堂河南厅举行。来自全国各地的50家企业获此殊荣。这次诚信企业评价是根据全国整顿和规范市场经济秩序领导小组办公室和国务院国有资产监督管理委员会联合下发的《关于加强行业信用评价试点管理工作的通知》（整规办发［2007］3号）、《开展行业信用评价试点工作实施办法》（整规办发［2006］12号）和《商会协会行业信用建设工作指导意见》（整规办发［2005］29号）的文件精神，中国建筑卫生陶瓷协会作为全国整规办开展行业社会信用评价工作第一批试点单位，在全国整规办的领导下，开展的一项工作。

为向行业倡导社会责任，第五届中国陶瓷行业新锐榜新增了年度社会责任奖。专家评委把参评企业的缴税、地震捐款、节能减排、员工福利等作为考核指标，按照企业实际表现进行评定。最后，共有杭州诺贝尔陶瓷有限公司、佛山欧神诺陶瓷股份有限公司、广东科达机电股份有限公司、佛山市恒力泰机械有限公司、唐山惠达陶瓷（集团）股份有限公司、广东新明珠陶瓷集团有限公司、信益陶瓷（中国）有限公司、佛山金意陶陶瓷有限公司、广东蒙娜丽莎陶瓷有限公司、广东宏陶陶瓷有限公司、广东唯美陶瓷有限公司、广东欧文莱陶瓷有限公司、福建南安协进建材有限公司、广东强辉陶瓷有限公司等14家企业获奖。

经过2008年的洗礼，越来越多的企业更加清醒地认识到，企业履行社会责任能力，是其最主要的软实力之一。社会是企业之母，企业依靠社会而存在，企业发展壮大了，用自己的努力来回报社会是责任也是义务。也应该看，截止到2008年，中国建筑卫生陶瓷行业尚无一家企业主动发布自己的企业年度社会责任报告，这说明行业整体社会责任意识还有待进一步提高。

第六章　技术进步及知识产权

第一节　建筑卫生陶瓷科研项目

11 月 16 日，科学技术部国科发计［2008］658 号文件《关于下达 2008—2009 年国家有关科技计划项目的通知》公布了 2008—2009 年国家星火计划；2008—2009 年国家火炬计划；2008—2009 年国家重点新产品计划；2008—2009 年国家软科学研究计划。2008—2009 年国家火炬计划涉及的建筑卫生陶瓷项目如表 6－1。

表 6－1

序号	项目编号	项目名称	承担单位
1247	2008GH531133	德化陶瓷釉技术公共服务平台	泉州市陶瓷科学技术研究所
1288	2008GH531170	景德镇陶瓷新材料及制品产业基地企业创新信息化服务平台建设	景德镇陶瓷学院科技开发中心
1439	2009GH030128	超大超薄陶瓷板	山东德惠来装饰瓷板有限公司
1631	2008GH041460	MODULO6800 陶瓷砖自动液压机	广东科达机电股份有限公司
1643	2008GH051472	陶瓷行业窑炉喷雾塔节能减排推广应用	广东欧文莱陶瓷有限公司
1647	2008GH051476	高效节能辊道窑	广东科达机电股份有限公司
1649	2008GH061478	陶瓷废渣及铝型材废渣资源化生产节能建筑陶瓷板材	佛山欧神诺陶瓷有限公司
1651	2008GH061480	废瓷回收利用技术产业化	广东四通集团有限公司
1668	2008GH031489	外墙软瓷砖	广州福美软瓷有限公司

2008—2009 年国家重点新产品项目计划中建筑卫生陶瓷的项目有如表 6－2。

表 6－2

序号	项目编号	项目名称	承担单位
866	2008GRC40015	干压精韵石瓷质砖	福建华泰集团有限公司
1236	2008GRE00046	大规格超薄瓷质板材 900×1800×5	广东蒙娜丽莎陶瓷有限公司

2008 年粤港关键领域重点突破招标项目　　表 6－3

招标编号	招标项目名称	中标项目名称	主投标单位
200849821	数字化高效节能压机	数字化大型宽体高效节能陶瓷压砖机研制及产业化	佛山市恒力泰机械有限公司

一、2008 年景德镇陶瓷学院承担的有关建筑卫生陶瓷研究的科研项目

（1）国家科技支撑计划子课题“基于陶瓷行业 ASP 平台的 ERP 系统关键技术研究”（项目负责：

李慧颖）。

（2）国家自然科学基金项目“新型无毒环保陶瓷粉彩颜料形成及呈色机理的研究”（项目负责：曹春娥）。

（3）江西省教育厅科研项目“固相法制备包裹型硅铁红陶瓷颜料”（项目负责：王艳香）。

（4）江西省教育厅科研项目“利用江西本地冶金及陶瓷废渣资源化生产新型建材研究”（项目负责：梁健）。

（5）江西省教育厅科研项目“复合型无毒高耐蚀性钴蓝颜料的研究”（项目负责：余锋）。

（6）广东省科技厅科研项目“建筑陶瓷热系统节能减排产业化技术开发”（项目负责：程晓勤）。

（7）广东省科技厅科研项目“绿色建筑陶瓷制造产业化技术开发”（项目负责：周健儿）。

（8）江西省科技厅科研项目“超低温（≤1100℃）烧结玻化砖的研究和开发”（项目负责：周健儿）。

（9）江西省科技厅科研项目“大规格超薄建筑陶瓷砖产业化技术开发”（项目负责：周健儿）。

（10）江西省知识产权局科研项目“一种高光泽、无公害陶瓷装饰材料用熔剂的制备方法”（项目负责：曹春娥）。

（11）景德镇市科技局项目“大规格陶瓷产品干燥过程传热传质的研究”（项目负责：朱庆霞）。

（12）景德镇市科技局项目“高性能无毒陶瓷蓝色色料的研制”（项目负责：卢希龙）。

（13）景德镇陶瓷学院顾辛勇等人负责的项目“环保型镁质高白度陶瓷玻化砖的研制”2008 年 1 月 4 日通过景德镇市科技局成果鉴定；景德镇陶瓷学院章义米等人负责的项目“面向陶瓷行业的 ASP 应用服务平台”2008 年 6 月 2 日通过江西省科技厅成果鉴定；景德镇陶瓷学院余锋等人负责的项目“无毒高温色料铬钇铝红的研究”2008 年 12 月 26 日通过景德镇市科技局成果鉴定。

（14）广东省级科技计划项目：“陶瓷清洁生产产业共性技术”。项目负责：吴建青。承担单位有：佛山市华夏建筑陶瓷研究开发中心，华南理工大学，广东新明珠陶瓷集团有限公司等。

（15）广东省部产学研项目 2008 年验收的相关建筑卫生陶瓷项目有：“佛山市禅城区产学研结合示范区”（承担单位：佛山市禅城区人民政府、佛山市禅城区科技局）；“陶瓷行业废气综合治理与回收利用”（承担单位：佛山市广顺电器有限公司、北京科技大学）。

二、2008 年佛山市禅城区产学研专项资金（建筑卫生陶瓷）项目

（1）项目名称：新型煤粉－气体稳定二相流为燃料的节能热风炉的研发与示范推广
承担单位：佛山市皇磁陶瓷有限公司

（2）项目名称：陶瓷辊道窑富氧燃烧产业化技术开发
承担单位：佛山市华夏建筑陶瓷研发中心

（3）项目名称：陶瓷固体废料循环利用的关键技术与设备
承担单位：佛山市溶洲建筑陶瓷二厂有限公司

（4）项目名称：陶瓷废料及窑炉烟气脱硫废浆的综合利用
承担单位：佛山红狮陶瓷有限公司

（5）项目名称：水热合成超细包裹型陶瓷色料的关键技术研究
承担单位：广东东鹏陶瓷股份有限公司

（6）项目名称：利用陶瓷废料制备轻质功能性建筑材料的研究
承担单位：佛山金意陶陶瓷有限公司

（7）项目名称：低温燃烧合成节能型纳米黑色陶瓷颜料
承担单位：佛山市元山大都科技有限公司

（8）项目名称：利用陶瓷废料生产新型墙体材料
承担单位：佛山市东裕建材有限公司

三、2008年佛山市通过新技术&新产品鉴定的项目

（1）佛山市金舵陶瓷有限公司完成的项目“线条皮带式与空心扒辊式微粉布料生产瓷质哑光砖——巴丹吉林”与“线条皮带式与空心扒辊式微粉布料生产瓷质抛光砖——线条微粉砖”。

（2）佛山市辉圣陶瓷有限公司完成的项目“挤压闸式布料技术——冰河石抛光砖”。

（3）广东新明珠陶瓷集团有限公司完成的项目“龙珠玉系列抛光砖”、“皮草系列瓷质仿古砖”。

（4）广东东鹏陶瓷股份有限公司完成的项目“立体颗粒复合纹理布料技术的研制——仿纳福娜天然石材系列抛光砖”、“随机细线布料系统技术的研制——仿金碧辉煌天然石材系列瓷质抛光砖”；佛山东鹏洁具股份有限公司完成的“三维模拟仿真优化坐便器虹吸管道的研究——单档虹吸式高效节水坐便器”、“超大管径强排污虹吸式节水型连体坐便器”。

（5）佛山市元山大都科技有限公司与华南理工大学完成的项目“低温燃烧合成节能型纳米黑色陶瓷颜料”；佛山市元山大都科技有限公司、华南理工大学、中南大学、中国地质大学佛山研究院共同完成的“利用铁尾矿生产高档有色瓷砖及其节能关键技术”。

（6）佛山市彩蝶陶瓷科技有限公司完成的项目“干釉粒印花技术（砂岩石）瓷质砖”、“干法施釉新技术（月亮石）瓷质砖”。

（7）佛山市友信窑窑业节能科技有限公司完成的项目“陶瓷窑炉急冷带余热回收利用技术”。

（8）佛山市禅城金刚科技有限公司完成的“耐高温、高强、耐磨损、耐腐蚀陶瓷部件的关键制备技术”。

（9）佛山市溶洲建筑陶瓷二厂有限公司完成的项目“陶瓷生产采用高掺量陶瓷废渣的工艺及应用”；佛山市溶洲建筑陶瓷二厂有限公司与佛山市宝玛特窑炉科技有限公司完成的项目“陶瓷马赛克（45mm×45mm）免垫板烧成及连续铺贴节能技术的研究”。

（10）佛山金意陶陶瓷有限公司完成的项目“大颗粒干粉二次布料工艺——天地尚品”、“天然气改造与余热利用工程技术”、“移动式擦坯器”。

（11）佛山市立可科技有限公司完成的项目“抛光砖用防滑处理釉的研制”。

（12）佛山市明朝科技开发有限公司完成的项目“工业废渣与抛光污泥生产轻质隔热墙砖技术研究”。

（13）佛山市恒力泰机械有限公司完成的项目“梁体结构优化缠绕式压砖机的研究开发——YP4000型液压自动压砖机”。

（14）广东蒙娜丽莎陶瓷有限公司完成的项目“玉晶石抛光砖”、“云雾石抛光砖”。

（15）广东宏陶陶瓷有限公司完成的项目“新石韵釉面内墙砖生产节能减排新技术”、“莎安娜玉石瓷质抛光砖”、“新概念玉石瓷质抛光砖”、“原洞石瓷质抛光砖”。

（16）佛山市中窑窑业发展有限公司完成的项目“超宽体低热值燃气节能型辊道窑”。

（17）佛山市石湾陶瓷工业研究所有限公司完成的项目“数显切砖机”。

（18）广东地中海卫浴科技有限公司完成的项目“纳米材料抗菌浴缸”。

（19）佛山市三水宏源陶瓷企业有限公司完成的项目“低温快速烧成技术生产透明洁亮瓷质抛光砖”。

（20）广东博德精工建材有限公司完成的项目“一种幻彩微晶超大颗粒抛光砖的制备方法”。

（21）佛山新中源陶瓷有限公司完成的项目“金属釉的悬浮稳定性和触变性改善工艺（金彩空间）”、“釉面光感处理技术（玉朦胧釉面砖）”。

（22）佛山欧神诺陶瓷股份有限公司、华南理工大学完成的项目“资源利用型超大规格轻质节能环保新型建材”。

（23）佛山市禅城区能匠机械电器有限公司完成的项目“速效陶瓷表面铣平机”。

(24) 广东科达机电股份有限公司完成的项目“KD333 系列抛光线”、“KD5800 陶瓷砖自动液压机”、“KD3800W 陶瓷砖自动液压机”。

(25) 欧神诺“晶立方砂岩轻质砖”产品 12 月 9 日通过省级科技成果鉴定。

第二节 建筑卫生陶瓷高新技术企业与产品

2008 年 10 月，科达机电正式收到由国家发改委、国家科技部、国家财政部、国家海关总署、国家税务总局五部委联合发文“国家认定企业技术中心”名单公告，科达机电名列其中，并于 10 月 12 日在深圳参加了五部委联合组织的颁奖大会，会上被授予“国家认定企业技术中心”牌匾。

2008 年广东省公布三批省高新技术企业名单，其中建筑卫生陶瓷相关企业有：佛山市欧神诺陶瓷股份有限公司；佛山市恒力泰机械有限公司；佛山市南海金刚新材料有限公司；佛山市新鹏陶瓷机械有限公司；广东奔朗超硬材料制品有限公司；佛山金意陶陶瓷有限公司；佛山市南海奔达模具有限公司；佛山市永盛达陶瓷机械有限公司；广东科达机电股份有限公司；广东蒙娜丽莎陶瓷有限公司；广东博德精工建材有限公司；广东省能强陶瓷有限公司；广东省强辉陶瓷有限公司；佛山市皇磁陶瓷有限公司；佛山市歌纳洁具制品有限公司；广东地中海卫浴科技有限公司；广东顺祥陶瓷有限公司；潮州市三泰陶瓷有限公司；潮州市华中陶瓷实业有限公司；潮州市泽洲陶瓷有限公司。2008 年广东省公布的与建筑卫生陶瓷相关的高新技术产品名单有：广东科达机电股份有限公司的“全自动拣选包装系统”；佛山市欧神诺陶瓷股份有限公司的“绿色制造环保型釉面砖”；佛山市南海金刚新材料有限公司的“陶瓷辊棒”；广东欧文莱陶瓷有限公司的“装饰层砂砾硬化瓷质饰釉砖”；佛山市明朝科技开发有限公司“稀土掺杂氧化物白光 LED 荧光粉”；广东奔朗超硬材料制品有限公司的“陶瓷切割用金刚石锯片”；佛山欧神诺陶瓷股份有限公司的“节能环保型微晶玻璃——陶瓷复合砖”、“‘零排放’绿色制造生产瓷质抛光砖”、“工业废渣生产的轻质节能陶瓷砖”。

2008 年河北省公布四批省高新技术企业名单，其中建筑卫生陶瓷相关企业有：唐山惠达陶瓷（集团）股份有限公司；唐山贺祥集团有限公司。

第三节 建筑卫生陶瓷科技奖项与成果

12 月 17 日中国建筑材料联合会与中国硅酸盐学会共同发布“2008 年度建筑材料科学技术奖获奖项目公告”。其中相关的建筑卫生陶瓷科技奖项有：

(1) 广东蒙娜丽莎陶瓷有限公司、广东科达机电股份有限公司、咸阳陶瓷研究设计院、陕西科技大学完成的“大规格瓷质板材生产线成套工程技术与装备开发和产业化”获得科技进步一等奖。

(2) 广东科达机电股份有限公司完成的“KMX 超洁镀膜生产线（涂覆制膜机）”获得科技进步二等奖。

(3) 广东科达机电股份有限公司完成的“高效节能辊道窑”获得科技进步三等奖。

2008 年 12 月份公布的 2008 年度“金隅杯”全国建材行业技术革新奖获奖项目中相关建筑卫生陶瓷获奖奖项有：

(1) 唐山惠达陶瓷（集团）股份有限公司完成的“利用热风炉替代低效燃煤锅炉”项目获得技术革新一等奖。

(2) 佛山石湾鹰牌陶瓷有限公司完成的“精益生产管理及生产改善技术”项目获得技术革新三等奖。

（3）唐山惠达陶瓷（集团）股份有限公司完成的“卫生洁具高压注浆成型技术及装备开发”项目获得技术开发一等奖；广东新明珠陶瓷集团有限公司完成的“垂直布料系统的研究与开发”项目获得技术开发一等奖；广东科达机电股份有限公司完成的“SML（H）21/16 天然饰面石材连续磨机”项目获得技术开发一等奖。

（4）佛山市嘉俊陶瓷有限公司完成的“瓷质釉下彩水晶复合工艺及抛光砖（皇室御品）”项目获得技术开发二等奖；北京东陶有限公司完成的“卫生陶瓷成形双层生产技术研发”项目获得技术开发二等奖；广东新明珠陶瓷集团有限公司完成的“皮草系列瓷质仿古砖的研究与开发”项目获得技术开发二等奖；广东宏陶陶瓷有限公司完成的“新石韵釉面砖生产节能减排新技术”项目获得技术开发二等奖。

（5）佛山市中窑窑业发展有限公司完成的“超宽体低热值燃气节能型辊道窑”项目获得技术开发三等奖。

（6）在2008年佛山市科学技术大会上，佛山市恒力泰机械有限公司，自主研制开发的YP系列液压自动压砖机荣获多项奖项，其“超大规格陶瓷砖成型技术的研究与应用——YP7200型液压自动压砖机”和“陶瓷砖成型设备节能技术的研究与应用——YP1500型液压自动压砖机”分别荣获佛山市科学技术二等奖和三等奖，“梁体结构优化缠绕式压砖机的研究开发——YP4000型液压自动压砖机”荣获佛山市禅城区科学技术一等奖。

2008年3月，唐山惠达陶瓷集团自主研发创新的“卫生洁具高压注浆成型技术及装备开发”和“喷射虹吸式4.8升水坐便器”项目双双获得河北省科技成果证书。

第四节　清洁生产

通过广东省经贸委、省科技厅、省环保局验收的清洁生产建筑卫生陶瓷企业有：

佛山市三水博德精工建材有限公司
广东强辉陶瓷有限公司
佛山市特地陶瓷有限公司
佛山市三水新明珠建陶工业有限公司
佛山市三水惠万家陶瓷有限公司
广东能强陶瓷有限公司
广东欧文莱陶瓷有限公司
广东宏陶陶瓷有限公司
珠海市白兔陶瓷有限公司
潮州绿环陶瓷资源综合利用有限公司
广东顺祥陶瓷有限公司
佛山市金舵陶瓷有限公司
佛山市新东龙陶瓷有限公司
佛山市家家卫浴有限公司
佛山欧神诺陶瓷股份有限公司
广东金牌陶瓷有限公司
佛山市三水宏源陶瓷企业有限公司
广东蒙娜丽莎陶瓷有限公司
佛山石湾鹰牌陶瓷有限公司

佛山红狮陶瓷有限公司
佛山市美加华陶瓷有限公司
佛山科勒有限公司
佛山新中源陶瓷有限公司
佛山市溶洲建筑陶瓷二厂有限公司
佛山市石湾裕龙陶瓷有限公司

第五节 广东省工程中心

一、广东省省级工程中心

1. 工程中心名称：广东省卫生陶瓷工程工程技术研究开发中心
   依托单位：广东潮流集团有限公司（潮州）
2. 工程中心名称：广东省陶瓷环保节能工程技术研究开发中心（省级省重点）
   依托单位：广东顺祥陶瓷有限公司（潮州）
3. 工程中心名称：广东省建筑特种陶瓷工程技术研究开发中心（省级省重点）
   依托单位：佛山欧神诺陶瓷有限公司
4. 工程中心名称：广东省日用陶瓷颜色釉工程技术研究开发中心
   依托单位：潮州宏业陶瓷制作厂有限公司
5. 工程中心名称：广东省新型环保复合建筑陶瓷工程技术研究开发中心
   依托单位：广东博德精工建材有限公司（佛山）
6. 工程中心名称：广东省陶瓷材料工程技术研究开发中心
   依托单位：潮州市三元陶瓷（集团）有限公司
7. 工程中心名称：广东省建筑陶瓷工程技术研究开发中心
   依托单位：广东蒙娜丽莎陶瓷有限公司
8. 工程中心名称：广东省陶瓷（东鹏）工程技术研究开发中心
   依托单位：广东东鹏陶瓷股份有限公司
9. 工程中心名称：广东建筑陶瓷工程技术研究开发中心
   依托单位：佛山钻石陶瓷有限公司
10. 工程中心名称：广东省建材装备工程技术研究开发中心
    依托单位：广东科达机电股份有限公司

二、市级工程中心

1. 工程中心名称：佛山市大鸿陶瓷色、釉料及新型材料开发与应用工程技术研究开发中心
   依托单位：广东三水大鸿制釉有限公司
2. 工程中心名称：佛山市建筑卫生陶瓷（鹰牌）工程技术研究开发中心
   依托单位：佛山石湾鹰牌陶瓷有限公司
3. 工程中心名称：佛山市园林建筑陶瓷工程技术研究开发中心
   依托单位：佛山红狮陶瓷有限公司
4. 工程中心名称：佛山市陶瓷装饰工程技术研究开发中心
   依托单位：佛山市大宇新型材料有限公司

5. 工程中心名称：佛山市科信达陶瓷装备工程技术研究开发中心
依托单位：佛山市科信达科技有限公司
6. 工程中心名称：佛山市欧神诺建筑陶瓷工程技术研究开发中心
依托单位：佛山欧神诺陶瓷有限公司
7. 工程中心名称：佛山市恒力泰陶瓷机械工程技术研究开发中心
依托单位：佛山市恒力泰机械有限公司
8. 工程中心名称：潮州市卫生洁具配件工程技术研究开发中心
依托单位：潮州市新大华塑胶实业有限公司
9. 工程中心名称：潮州市陶瓷花纸（饶平）工程技术研究开发中心
依托单位：饶平县三益实业发展有限公司
10. 工程中心名称：潮州市日用陶瓷色釉工程技术研究开发中心
依托单位：潮州宏业陶瓷制作厂有限公司
11. 工程中心名称：潮州市陶瓷花纸工程技术研究开发中心
依托单位：潮州市宝莲陶瓷有限公司
12. 工程中心名称：潮州市环保园艺陶瓷工程技术研究开发中心
依托单位：潮州市三泰陶瓷有限公司
13. 工程中心名称：潮州市陶瓷艺术釉工程技术研究开发中心
依托单位：广东全福陶瓷实业有限公司
14. 工程中心名称：潮州市卫生陶瓷工程技术研究开发中心
依托单位：广东潮流集团有限公司
15. 工程中心名称：潮州市日用陶瓷工程技术研究开发中心
依托单位：潮州市城西吉街工艺美术彩瓷
16. 工程中心名称：东莞市唯美建筑陶瓷工程技术研究开发中心
依托单位：广东唯美陶瓷有限公司

第六节　知识产权联盟与纠纷

2008 年 2 月潮州市陶瓷行业协会年度会员大会审议并表决通过了《潮州市陶瓷行业自律联盟公约》，潮州市首个行业联盟自律公约诞生；4 月 21 日，陶瓷行业首个专利产品联盟——中国镀金属抛釉陶瓷专利制品产业合作联盟在佛山签约成立，佛山市个性瓷砖有限公司、佛山市汇美陶艺术腰线厂、佛山市安美陶瓷有限公司等 3 家陶企成为首批加盟成员；11 月 7 日，景德镇市人民政府市长李放签署景府令第 49 号宣布：《景德镇陶瓷知识产权保护办法》已经 2008 年 10 月 27 日市政府第 40 次常务会议讨论通过，现予发布，自 2008 年 12 月 7 日起施行。

2008 年雅鼎卫浴诉 20 余家卫浴企业涉嫌侵权、美国科勒诉美国贝朗（上海）卫浴及东鹏陶瓷洞石诉多家陶瓷企业等诉讼案颇受行业关注。浙江雅鼎卫浴洁具有限公司委托杭州之江专利事务所向杭州中级人民法院和上海市第一中级人民法院一次性诉九牧、申鹭达、银晶等 20 余家涉嫌侵犯外观设计专利的卫浴企业，其涉及卫浴企业之多，为近年来少有；美国科勒公司诉贝朗（上海）卫浴设备有限公司、贝朗（广州）卫浴器材有限公司等专利侵权纠纷案。原告为美国科勒公司针对涉案溢流按摩浴缸申请了两项专利，一项是发明专利，一项是外观设计专利，原告的发明专利是通过 PCT（专利合作条约）途径进入中国的，通过 PCT 途径专利权人可以以较低的成本获得多个国家的专利申请，这也就意味着原告有能力在多国范围内获得专利权；2008 年秋季会第一天（10 月 15 日），东鹏陶瓷就针对其公司专利产品“洞石”（专利号 ZL200620154970.8）在广交会上大量出现，向大会知识产权和贸易投诉纠纷投诉接待站进行了投诉。并在第一天就查找出所有涉嫌侵权产品所在摊位、所属厂家和产品型号，大会投诉接待站按大会规定程序，对涉嫌违规产品进行了处理，涉及相关参展单位十多家。接着东鹏陶瓷还对多家陶企提出了法律诉讼。与许多知识产权纠纷相似，这几起颇受关注的知识产权诉讼关键焦点是对“现有技术抗辩”的申辩和认定。

原告德国高仪股份公司诉被告余姚市吉泰软管洁具有限公司侵犯商标专用权案是 2008 年宁波知识产权审判十大案例第一案，被告余姚市吉泰软管洁具有限公司曾因侵犯该两件注册商标专用权被相关部门查获和查处。2005 年被告曾书面承诺今后保证不再侵权，若违反该承诺，同意按权利人相同或近似产品的真品市场价格乘以被告商标侵权产品的数量所得赔偿权利人损失，但之后被告违反承诺再次侵权。原告遂向宁波中院起诉，请求判令被告立即停止侵权并赔偿原告经济损失 458 万余元。宁波市中级人民法院审理后认为，被告在先前因侵犯过该两件注册商标专用权被我国有关部门处罚过并且作出过保证的情况下，违反诚信原则，再次侵犯了该两件注册商标专用权，双方关于侵权赔偿的计算方式的约定有效。判决被告立即停止侵权并赔偿原告经济损失 352 万余元。

2008 年佛山中院有关建筑卫生陶瓷知识产权纠纷、商标纠纷的诉讼案约 20 起，其中大部分以调解、撤诉而结束，相应的判决案例有以下几个。

其他商标权权属侵权纠纷【08 民知初 23 号】

原告：广东宏陶陶瓷有限公司；

被告：佛山市凌志宝陶瓷有限公司。

结果：

判决：

一、被告佛山市凌志宝陶瓷贸易有限公司立即停止对第 3220846 号“威尔斯图文”注册商标专用权的侵犯，即立即停止生产、销售威尔斯牌五水偏硅酸钠；

二、被告佛山市凌志宝陶瓷贸易有限公司于本判决生效之日起十日内向原告广东宏陶陶瓷有限公司支付赔偿款人民币 15 万元；

三、驳回原告广东宏陶陶瓷有限公司的其他诉讼请求。

侵犯实用新型专利权纠纷【08 民知初 23 号】

原告：广东东鹏陶瓷股份有限公司；

被告：黎达友、淄博华岳建筑陶瓷有限公司。

结果：

一审判决：

一、被告黎达友、被告淄博华岳建筑陶瓷有限公司在本判决生效之日起立即停止侵犯原告广东东鹏陶瓷股份有限公司名称为“一种立体孔洞装饰陶瓷砖”、专利号为 ZL200620154970.8 号实用新型专利权，即被告黎达友立即停止销售侵犯上述专利权的微粉抛光砖，被告淄博华岳建筑陶瓷有限公司立即停止制造、销售侵犯上述专利权的微粉抛光砖；

二、被告淄博华岳建筑陶瓷有限公司在本判决生效之日起十日内向原告广东东鹏陶瓷股份有限公司支付赔偿款 35 万元；

三、驳回原告广东东鹏陶瓷股份有限公司的其他诉讼请求。（已上诉，未发生法律效力）

侵犯实用新型专利权纠纷【08 民知初 51 号】

原告：欧立军；

被告：佛山市顺德区为杰电器有限公司。

结果：

判决：

一、被告佛山市顺德区为杰电器有限公司自本判决生效之日起立即停止生产销售侵犯原告欧立军ZL200420046802.8“浴缸恒温器”实用新型专利权的产品，并销毁有关库存产品；

二、被告佛山市顺德区为杰电器有限公司应于本判决生效之日起十日内赔偿原告欧立军经济损失人民币60000元；

三、驳回原告欧立军的其他诉讼请求。

侵犯实用新型专利权纠纷【08民知初117号】

原告：江韶光、彭耀华、马毅；

被告：佛山市顺德区乐从镇迅发陶瓷机械制造有限公司。

结果：

一审判决：

一、被告佛山市顺德区乐从镇迅发陶瓷机械制造有限公司在本判决后立即停止生产、销售侵犯原告江韶光、彭耀华、马毅实用新型专利（专利号为ZL02240604.2）的产品，并在本判决生效后立即销毁库存的全部侵权产品；

二、被告佛山市顺德区乐从镇迅发陶瓷机械制造有限公司于本判决生效之日起十日内向原告江韶光、彭耀华、马毅支付赔偿款6万元及调查费用4518元，共计64518元；

三、驳回原告江韶光、彭耀华、马毅的其他诉讼请求。(已上诉，未发生法律效力)

第七节　国家知识产权局2008年公开公告的建筑卫生陶瓷专利

1. 名称：仿天然石材纹理的陶瓷墙地砖的生产方法

申请（专利）号：CN200610090914.7

公开（公告）号：CN101096112

公开（公告）日：2008.01.02

申请（专利权）人：广东新明珠陶瓷集团有限公司

发明（设计）人：简润桐

摘要：本发明公开了一种仿天然石材纹理的陶瓷墙地砖的生产方法，旨在提供一种具有天然石材纹理层次、色彩效果的既美观又具有环保效益的成本低的符合国家陶瓷墙地砖标准的陶瓷墙地砖的生产方法。采用陶瓷浆料，以混合或半混合状态，喷淋于已干燥的砖坯的表面或采用全浆料制成砖坯，经微波烘干，入窑炉煅烧制成带自然纹理、效果类似于天然石材的陶瓷墙地砖，其特征在于：将10%～25%的石英，10%～25%的高岭土，50%～80%的混合砂混入球磨机中湿法球磨，过筛后制成浆状面釉浆料；将上述浆料用淋釉方式施于已干燥的陶瓷砖坯上；将施釉浆后的陶瓷砖坯体经微波干燥后在陶瓷辊道窑内，在1180℃～1220℃温度下煅烧60～100分钟，再经抛光或不抛光制成。

2. 名称：一种半透明陶瓷砖

申请（专利）号：CN200720047422.X

公开（公告）号：CN201003259

公开（公告）日：2008.01.09

申请（专利权）人：佛山欧神诺陶瓷有限公司

发明（设计）人：唐奇

摘要：本实用新型公开了一种半透明陶瓷砖，其特征在于：它由表面半透明陶瓷材料层，半透明或不透明陶瓷材料的基层所组成。本实用新型克服现有墙地装饰材料所存在的不足之处，具有抗折强度高、耐磨性好等优良理化特性的同时还具有较好的透光质感，增加了建筑瓷砖的装饰效果。

3. 名称：液体色料布料装置及陶瓷砖生产线

申请（专利）号：CN200720103586. X

公开（公告）号：CN201009355

公开（公告）日：2008. 01. 23

申请（专利权）人：佛山市科达灵海陶瓷科技有限公司

发明（设计）人：武桢

摘要：本实用新型公开了一种液体色料布料装置，包括液体色料布料器，在所述色料布料器出料口下方增加一使液体色料改变流动状态的挡板。本实用新型还公开了两种包括上述液体色料布料装置的陶瓷砖生产线，一种生产线为：依序设置液体色料布料装置、第一干燥器、粉料布料器、压机、第二干燥器和煅烧炉；各设备两两之间通过输送装置连接。另一种生产线为：该液体色料布料装置和第一干燥器相连且顺序位于压机前；粉料布料器和粉料预压机相连且顺序位于压机前，压机后还顺序包括第二干燥器和煅烧炉；各设备两两之间通过输送装置连接。本实用新型的装置使得液体色料布的更加均匀连续且图案多样；生产线生产的陶瓷砖成品率高，质量稳定。

4. 名称：一种大规格陶瓷梯级砖

申请（专利）号：CN200620065490. 4

公开（公告）号：CN201011082

公开（公告）日：2008. 01. 23

申请（专利权）人：何成焱

发明（设计）人：何成焱

摘要：本实用新型公开了一种大规格陶瓷梯级砖，包括长方形的砖体，砖体的长边一侧边缘为圆弧面，其特征在于，在靠近砖体的圆弧面一侧的砖面上间隔开有平行的两条或两条以上的凹槽。所述长方形的砖体的长度大于1000mm。所述凹槽的截面为底部窄上部宽的结构，凹槽的上部与砖体表面为圆弧过渡。本实用新型的梯级砖具有规格大、厚度薄、成本低、装饰效果好等优点。

5. 名称：一种防滑陶瓷抛光砖

申请（专利）号：CN200620155231. 0

公开（公告）号：CN201011090

公开（公告）日：2008. 01. 23

申请（专利权）人：毛海燕

发明（设计）人：毛海燕

摘要：本实用新型公开了一种防滑陶瓷抛光砖，包括砖坯体基层，其特征在于，该砖坯体基层的表面还设置有由防滑材料构成的防滑材料面层，砖坯体基层与面层的接触面为凹凸不平的深度防滑结构。它表面采用了多种处理方式的多层复合结构，克服了现有防滑处理方式给陶瓷抛光砖所来的防污性能差，光泽度不好等问题，工艺简单可行，利于工业化生产，可广泛应用于各种场所。

6. 名称：一种陶瓷砖转移印花装置

申请（专利）号：CN200720048728. 7

公开（公告）号：CN201009349

公开（公告）日：2008. 01. 23

申请（专利权）人：徐平

发明（设计）人：徐平；游小棠

摘要：本实用新型涉及一种陶瓷砖转移印花装置，该装置包括花纹料托和成型机，其特征在于，所述的花纹料托和成型机之间设置有从花纹料托接收花纹料的吸盘。所述的花纹料托均匀设置有微细透气孔。本实用新型采用负压吸盘的干粉转移印花装置，具有结构简单，可靠性高，装饰效果好，装饰速度快，配套性强等特点。可实现一次成型具有凹凸表面、连续纹理陶瓷制品，具有显著的经济效益。

7. 名称：陶瓷通体砖

申请（专利）号：CN200720002828.6

公开（公告）号：CN201011076

公开（公告）日：2008.01.23

申请（专利权）人：南安协进建材有限公司

发明（设计）人：王家助

摘要：本实用新型涉及一种建筑装饰材料，特别是一种陶瓷通体砖。所述陶瓷通体砖包括一砖本体，砖本体为正方形或长方形，砖本体的正面为装饰面，砖本体的底面设有多个凹槽，砖本体相邻的两边为上接头，另外的相邻两边为下接头。由于砖本体的底面设有多个凹槽，凹槽内便于敷设粘结剂，使粘贴更牢固；由于上接头和下接头是把每一片砖连接成无缝的搭接结构，所以不需切边打磨、留缝勾缝，切实做到省工、省时、省料，而且会更加美观；本实用新型结构简单、成本低、投资少、见效快。

8. 名称：用于瓷砖成型的等静压模具

申请（专利）号：CN200710136899.X

公开（公告）号：CN101112770

公开（公告）日：2008.01.30

申请（专利权）人：塔利亚蒂·鲁道夫方案合伙及两合公司

发明（设计）人：达维德·塔利亚蒂；达尼埃莱·塔利亚蒂；米凯莱·塔利亚蒂

摘要：一种用于瓷砖成型的等静压模具，包括金属主体（2）和可弹性变形的薄膜（6，6′，6″），该薄膜在多个不同的预定的固定区域（25，28，290，21，22，24′，24″）牢固地附着在金属主体（2）上，从而在弹性薄膜（6，6′，6″）和金属主体（2）之间限定了一个中间的气密密封的腔，所述腔用于容纳不可压缩的流体。刚性衬套（5，5″）插入弹性薄膜（6，6′，6″）中，每个刚性衬套（5，5″）位于将弹性薄膜（6，6′，6″）固定到金属主体（2）上的固定区域处（25，28，290，21，22，24′，24″），并且限定了通气口（52），该通气口进入弹性薄膜（6，6′，6″）的主体中并且通过设置在金属主体（2）中的排气管道系统（9）与外界环境连通，每个刚性衬套（5，5″）接收相应的阻塞体（7），该阻塞体（7）允许空气穿过并且至少部分地防止陶瓷粉末通过。

9. 名称：一种炉衬耐火砖上的红外辐射多孔陶瓷及制备方法

申请（专利）号：CN200710052597.4

公开（公告）号：CN101113097

公开（公告）日：2008.01.30

申请（专利权）人：武汉钢铁（集团）公司

发明（设计）人：朱小平；蒋扬虎；陈健康；吴杰；刘萍；马卫东；赖为民；欧阳德刚；李明晖；田大鹏

摘要：一种炉衬耐火砖上的红外辐射多孔陶瓷及制备方法，多孔陶瓷由骨料和胶粘剂制备成浆料，骨料本质上含有以下重量百分比的成分：轻质漂珠20%～45%、苏州土20%～40%、三氧化二铝微珠5%～15%、氧化镁为5%～12%、高发射率材料5%～15%、煤粉1%～5%。它的制备方法依次包括分别球磨苏州土、氧化镁、高发射率材料，制备轻质漂珠及骨料配置过程，然后将配置的浆料喷注在基体上，再随烘炉加热烧结固化即可。本发明能在950～1200℃较低温度烧结且有一定强度，低密度、低热传导率、2.5～20μm全红外波段的法向全发射率高，不需专用设备就能制作，其制备方法简单适用，因此利于推广应用。

10. 名称：超内燃全煤矸石彩色釉面多孔砖

申请（专利）号：CN200620157045.0

公开（公告）号：CN201016195

公开（公告）日：2008.02.06

申请（专利权）人：张金法

发明（设计）人：张金法；张文摘要：一种超内燃全煤矸石彩色釉面多孔砖，包括超内燃全煤矸石多孔砖，砖的一侧面施有装饰墙面的釉面；砖的一头一侧面施有装饰转角墙面的釉面。本实用新型是在公知的超内燃全煤矸石多孔砖的基础上喷涂陶瓷釉料，经焙烧后形成超内燃全煤矸石彩色釉面多孔砖。表面所形成的彩色釉面具有装饰效果，有利于建筑墙面的装饰。

11. 名称：仿洞石瓷砖及其制备方法

申请（专利）号：CN200710111632.5

公开（公告）号：CN101121600

公开（公告）日：2008.02.13

申请（专利权）人：黄建平

发明（设计）人：黄建平；范建辉；文武；洪庆复

摘要：本发明涉及一种可生成随机多变、形状各异、深浅不一孔洞装饰效果的仿洞石瓷砖及其制备方法。该仿洞石瓷砖，其成型料中至少一种是低温料，重量配比：坭料5%～25%、瓷砂0.1%～40%、滑石0.1%～20%、萤石20%～90%。该低温料经球磨喷雾干燥成粉料，与陶瓷粉料一起布料成型，再干燥、烧成、抛光；抛光后以这些孔洞为装饰效果。或者，该仿洞石瓷砖，其成型料中至少一种是低温料，重量配比：坭料：5%～25%，瓷砂：0.1%～20%，熔块50%～90%，该低温料经球磨喷粉，与其他陶瓷粉料一起成型，后经干燥，渗花，烧成，刮平，去掉表层以有机材料填补孔洞，达到仿补洞石再抛光的效果。

12. 名称：陶瓷压砖机的压砖系统

申请（专利）号：CN200620066846.6

公开（公告）号：CN201020789

公开（公告）日：2008.02.13

申请（专利权）人：蒋建军

发明（设计）人：蒋建军

摘要：本实用新型公开一种陶瓷压砖机的压砖系统，包括成型压机和进料输送机，进料输送机上设有输送轨道、输送平台和主驱动源，输送平台由主驱动源带动并沿输送轨道向成型压机往返移动，粉料置于输送平台上，其中输送平台上设有承托粉料的托板、托板轨道、粉料罩和副驱动源，粉料罩盖于托板表面，托板由副驱动源带动并沿托板轨道向成型压机反方向移动。本实用新型采用多托板多工位外置式布料方式，在成型压机外围将图案和花纹布好，用托板将粉料送进模腔，然后将托板拉出模腔，最大限度的保留了图案的原样性。而且在成型的同时还可进行不同工位的布料，大大节约了布料时间，可以在常规布料时间内布出完全个性化的图案和效果。

13. 名称：耐久性防静电瓷砖

申请（专利）号：CN200720103943.2

公开（公告）号：CN201021543

公开（公告）日：2008.02.13

申请（专利权）人：赵清林

发明（设计）人：赵清林

摘要：本实用新型公开了一种耐久性防静电瓷砖，属于室内防静电地面铺贴材料。本实用新型的耐久性防静电瓷砖，包括全瓷坯体，所述全瓷坯体的上表面、侧面和下表面分别覆盖有防静电釉层，所述全瓷坯体上表面和下表面上的防静电釉层分别与所述全瓷坯体侧面上的防静电釉层相接。本实用新型防静电性能的耐久性和稳定性好，同时可制成浅色的防静电面层，容易调配多种花色；能形成整体的静电泄露通路，保证了防静电瓷砖的表面电阻和系统电阻均能达到要求；同时还具有陶瓷地砖所具有的优点，如美观、防火、耐磨、耐腐、抗老化、强度高、抗污能力强等。

14. 名称：一种绝热陶瓷饰面砖

申请（专利）号：CN200720078908. X

公开（公告）号：CN201024628

公开（公告）日：2008. 02. 20

申请（专利权）人：王德明

发明（设计）人：王德明

摘要：本实用新型是关于建筑用陶瓷饰面砖的，尤其是关于绝热陶瓷饰面砖的。由于这种绝热陶瓷饰面砖它由反射釉面（1）及反射釉面（1）下依次有的气孔坯体（2）、坯底（3）组成，气孔坯体（2）中具有一个以上的闭口气孔（4），使得产品在具有优良的装饰性能的同时还具有绝热保温的性能，有利于使用这种产品的建筑物的节能。

15. 名称：陶瓷砖成型模具中框模

申请（专利）号：CN200720006613. 1

公开（公告）号：CN201026647

公开（公告）日：2008. 02. 27

申请（专利权）人：林金江

发明（设计）人：林金江

摘要：陶瓷砖成型模具中框模，包括中框本体，其特征在于：中框本体的顶面中部开设有不贯通的凹槽，凹槽的底板设有多数个模腔；凹槽中锁固由若干卡式插接的纵、横向侧板及横向短侧板组成的成型模板，成型模板的纵、横向侧板以及横向短侧板间形成与所述模腔一一对应的成型腔。横、纵向侧板间采用卡槽卡式插接，拆装、维护方便；相邻成型腔之间的腔壁薄、间距小，大大减少粉料的布料距离，提高工作效率，节省空间、材料。

16. 名称：一种生产陶瓷砖的布料机构

申请（专利）号：CN200720050330. 7

公开（公告）号：CN201030612

公开（公告）日：2008. 03. 05

申请（专利权）人：黎贤饶

发明（设计）人：黎贤饶；陈世桂

摘要：一种生产陶瓷砖的布料机构，主要包括机架、套轴传动装置、导轨、导向装置、传动机构、布料器和补料斗，其中所述套轴传动装置至少有两组独立活动的传动轴相配合组成的一个传动装置，每组独立活动的传动轴分别带动顺序排列在导轨上连接于传动机构的布料器；所述的套轴传动装置、导轨和补料斗安装在机架上，补料斗下方的导轨上设有带导向装置的传动机构；所述的两组独立活动的传动轴承是由大径空心轴内套小径轴配合组成；所述的导向装置安装有活动轮，并连接于传动皮带带动传动机构运动于导轨上。本实用新型由于在传动上使用了套轴传动装置和一组导轨传动方式，并在导向装置和布料器使用了活动轮滑动，这样不但缩小了陶瓷砖布料机构占用空间，也节省了生产成本，从而改善布料器的布料效果和效率，节省了驱动机的能耗。

17. 名称：新型微晶玻璃－陶瓷砖的生产方法

申请（专利）号：CN200610122038. 1

公开（公告）号：CN101138865

公开（公告）日：2008. 03. 12

申请（专利权）人：陈国雄

发明（设计）人：陈国雄

摘要：本发明涉及一种新型微晶玻璃－陶瓷砖的生产方法，现有技术中未有高档的微晶玻璃与传统的陶瓷材料有机的结合制成复合砖，主要技术特征把熔化的微晶玻璃淬冷成不同大小颗粒，用干粒或干粉撒施设备将其撒在压制成型的陶瓷砖坯上，施以固定液固定，在窑炉内烧成，优点是降低了成本，产量大，品种多，色彩鲜艳，用于高档装饰材料。

18. 名称：废煤、矿碴耐高温免烧墙、地、板砖

申请（专利）号：CN200610041444.5

公开（公告）号：CN101139856

公开（公告）日：2008.03.12

申请（专利权）人：冯金清

发明（设计）人：冯金清

摘要：本发明涉及一种废煤、矿碴耐高温免烧墙、地、板砖，它主要由以下成份的原料组成：废煤渣粉25～35份，废耐火砖粉15～25份，铝酸钙水泥8～12份，陶瓷纤维1.5～2.5份，水玻璃2.5～3.5份和矾土或莫来石或钢玉砂30～40份。其制备方法包括以下工艺步骤：①将废煤渣和废耐火砖粉碎成粉状、筛选备用；②取废煤渣粉、废耐火砖粉、铝酸钙高温水泥、陶瓷纤维和矾土或莫来石或钢玉砂置于一搅拌容器内，加入高温胶粘剂水玻璃和适量的水，搅拌混合均匀，制成混合料；③将步骤二得混合料置于模具内模压成型制成耐火砖坯料；④将耐火砖坯料置于通风处自然干燥即制成废煤、矿碴耐高温免烧墙、地、板砖成品。本发明节能，环保，不会与磁钢发生氧化反应，使用寿命长。可周转150次以上。

19. 名称：陶瓷砖过滤装置

申请（专利）号：CN200720036724.7

公开（公告）号：CN201033738

公开（公告）日：2008.03.12

申请（专利权）人：陈敦峰

发明（设计）人：陈敦峰

摘要：一种陶瓷砖过滤装置，包括水池，其特征在于，水池内设置有一道隔水墙将水池分为过滤池和清水池，过滤池内至少有一个中空的、陶瓷砖粘结成的滤水槽，滤水槽的底部和水池底密封相连，滤水槽的前端由陶瓷砖封闭，其尾端和隔水墙密封相连，隔水墙对应滤水槽中空的位置设置有出水孔。本实用新型采用陶瓷砖粘结成废水过滤槽，具有滤水有效面积大，单位时间处理废水多，可根据废水出水量调整滤水槽的大水和个数来适应企业需要的优点，同时，本装置占地面积小，投资少，设计建造快，废水处理后能够满足国家排放要求，也可以循环再利用，节约大量宝贵的水资源。

20. 名称：一种陶瓷砖的布料方法

申请（专利）号：CN200710031141.X

公开（公告）号：CN101143462

公开（公告）日：2008.03.19

申请（专利权）人：余亮

发明（设计）人：余亮

摘要：本发明特指一种陶瓷砖的布料方法。先由线料落料机构均匀地向推料格栅中布至少一层线条料，再由微粉落料机构向格栅中布微粉料，运用微粉向格栅落料时，其微粉因自黏性成团状地砸击已布在格栅中的线条料，从而使线条料不规则地附着在砸击的微粉团状料周围或夹在团状与团状之间，再由推料格栅将已布好的料推到压机模腔中，然后再在压机模腔中补一层底料压制成型。本发明采用上述技

术方案，可布仿天然浅啡网大理石纹理的线条纹理图案，其结构简单，方法稳定且效率高。

21. 名称：一种陶瓷砖成型模具装置

申请（专利）号：CN200720048724.9

公开（公告）号：CN201042827

公开（公告）日：2008.04.02

申请（专利权）人：徐平；游小棠

发明（设计）人：徐平；游小棠

摘要：本实用新型涉及一种陶瓷砖成型模具装置，包括上冲头和下模芯，其特征在于，所述的上冲头或下模芯四周设置有可上下滑动的立刀滑模，该立刀滑模包括上立刀滑模或下立刀滑模。所述的上立刀滑模为四周薄板围成的直立框体；直立框体至少由两件薄板构成并联接有使其水平向外远离上冲头移动的导轨。所述下立刀滑模由厚框和薄框联接构成，薄框位于厚框上方。本实用新型的陶瓷成型模具装置，具有结构简单，可靠性高，装饰效果好，装饰速度快，配套性强等特点，可实现一次成型具有凹凸表面、连续纹理陶瓷制品，具有显著的经济效益。

22. 名称：一种高效瓷砖定厚机

申请（专利）号：CN200720052691.5

公开（公告）号：CN201042832

公开（公告）日：2008.04.02

申请（专利权）人：佛山市科利得机械有限公司

发明（设计）人：袁子科

摘要：本实用新型公开了一种高效瓷砖定厚机，该瓷砖定厚机结构刚性好，能稳定、快速消除刀痕。本瓷砖定厚机装有由导轴、导套、导套支座、固定支座、动梁、间隙调节机构、垫板、电机、曲柄连杆机构组成的往复摆动机构，导轴通过螺钉固定连接在固定支座上，滑动套接在导轴上的导套紧固在导套支座上，该导套支座固装在动梁上，间隙调节机构镶嵌在导套支座内并通过垫块与固定支座相接，导轴的轴心线垂直于输送带的传动方向且平行于刀轴的轴心线，铣刀头组件安装在动梁的两侧。本实用新型主要用于平板建材、陶瓷抛光砖的刮平定厚。

23. 名称：一种陶瓷砖转移印花装置

申请（专利）号：CN200720052068.X

公开（公告）号：CN201042829

公开（公告）日：2008.04.02

申请（专利权）人：徐平；游小棠

发明（设计）人：徐平；游小棠

摘要：本实用新型涉及一种陶瓷砖转移印花装置，该装置包括花纹料托和栅格送料式成型机，其特征在于，在花纹料托和成型机之间设置有从花纹料托接收花纹料的扁平状吸盘，扁平状吸盘设置在花纹料托的上方，扁平状吸盘的高度为10～30毫米、30～70毫米、70～140毫米之一。本实用新型采用负压扁平状吸盘的干料转移印花装置，具有结构简单，可靠性高，装饰效果好，装饰速度快，配套性强等特点。可实现一次成型具有凹凸表面、连续纹理陶瓷制品，具有显著的经济效益。

24. 名称：一种具有半透明反光装饰面的陶瓷砖生产工艺

申请（专利）号：CN200710030534.9

公开（公告）号：CN101157542

公开（公告）日：2008.04.09

申请（专利权）人：何乾

发明（设计）人：何乾

摘要：本发明公开了一种具有半透明反光装饰面的陶瓷砖生产工艺，包括有传统公知的素坯成型工序、上面釉工序、丝网滚筒印花工序、烧成工序、抛釉面工序，素坯干燥后，先喷上烧成后不反光的面釉，然后用180目的多道丝网进行印花工序，最后一道丝网采用80目丝网印上厚度较厚的烧成后呈半透明白色的釉料，然后放入窑炉以1170℃、50～60分钟烧成，烧成后，用柔性抛光设备对砖面的釉层进行微抛处理，将最表面的半透明白色釉面突出的部分抛平、低陷的部分保持原状，这样的工艺，使砖面在光线影响下能产生明暗、若隐若现的变化，大大丰富了砖面纹理图案的装饰效果。

25. 名称：具有凹凸表面的陶瓷砖的生产方法

申请（专利）号：CN200710186792.6

公开（公告）号：CN101157571

公开（公告）日：2008.04.09

申请（专利权）人：陈继棉

发明（设计）人：陈继棉

摘要：本发明公开了一种具有凹凸表面的陶瓷砖的生产方法及其生产的陶瓷砖，该方法包括制备具有凹凸表面的坯体、在坯体表面施釉、磨平釉面、然后印花装饰、最后烧成，其特征为：经所述磨平后，未磨到的釉表面凹面的面积相比未施釉前坯体凹面的面积减少了50%以上。这样的具有凹凸表面的陶瓷砖的生产方法不仅克服了凹面处的缺花缺陷，还可以实现凹面与凸面或者平面的颜色或者质感不同的效果，而且，相比现有技术具有成本低的优点。

26. 名称：一种具有金属光泽局部点缀表面的陶瓷砖制作方法

申请（专利）号：CN200710030535.3

公开（公告）号：CN101157543

公开（公告）日：2008.04.09

申请（专利权）人：何乾

发明（设计）人：何乾

摘要：本发明公开了一种具有金属光泽局部点缀表面的陶瓷砖制作方法，包括有素坯成型工序、喷釉工序、丝网印花工序、烧制工序，陶瓷坯料经陶瓷压机压制形成素坯，压机模具上分布有凸起，使压出的素坯表面上形成有直径小于5mm的多个凹坑，凹坑的分布为400～700个/平方米，带凹坑的素坯经干燥后，由喷釉设备在表面布上均匀的金属釉，干燥后，用磨砂机将素坯表面的金属釉磨去，仅余凹坑内的金属釉，接着进行丝网印花、滚筒印花，最后经辊道窑1190℃、50～60分钟烧成，这样的方法，使陶瓷砖表面凹陷的地方具有明亮的金属光泽，而平面部分则为仿古纹理的花色，整体视觉优雅高贵、装饰效果丰富。

27. 名称：装饰层砂砾硬化瓷质饰釉砖及其制备方法

申请（专利）号：CN200710030371.4

公开（公告）号：CN101157575

公开（公告）日：2008.04.09

申请（专利权）人：广东欧文莱陶瓷有限公司

发明（设计）人：麦文英；汪加武；王礼；赵武臣；叶建明

摘要：本发明公开了一种装饰层砂砾硬化瓷质饰釉砖，它包括陶瓷砖基层及位于基层表面的底釉花釉，其特征在于，在底釉花釉的表面还设置有通过干粒布釉制备而成的表面砂砾层。本发明还公开了其制备方法，它是将目瓷质砖抛光砖和瓷质釉面砖制备工艺结合在一起，采用对烧成后的表面层砂砾瓷质饰釉砖进行表面点抛光处理的方式进行，它融合了目前瓷质抛光砖理化性能和瓷质釉面砖装饰防污效果特点，装饰效果完美，装饰应用范围更广。

28. 名称：陶瓷饰面砖聚氨酯复合板

申请（专利）号：CN200720039562.2

公开（公告）号：CN201047151

公开（公告）日：2008.04.16

申请（专利权）人：林永飞

发明（设计）人：林永飞

摘要：本实用新型公开了一种陶瓷饰面砖聚氨酯复合板，包括陶瓷面砖层，陶瓷面砖层与聚氨酯板通过聚氨酯发泡、压合复合成一体。本实用新型结构合理、复合效果好，可用连续的方法形成可以根据用户需求调整各种花纹图案的饰面标准板，生产效率高。

29. 名称：陶瓷墙地砖

申请（专利）号：CN200610149919.2

公开（公告）号：CN101164962

公开（公告）日：2008.04.23

申请（专利权）人：佛山新美陶瓷有限公司

发明（设计）人：吴南昌

摘要：本发明公开了一种陶瓷墙地砖。为提供一种能够降低成本，且能保证产品质量的陶瓷墙地砖而研制。所述墙地砖的坯体是由下述百分比含量的原料制成的：煤矸石30%～40%，粉煤灰2%～8%，废玻丝1%～3%，绿豆岩50%～58%，白泥2%～6%。由于在陶瓷墙地砖的坯料中使用了煤矸石、粉煤灰、废玻丝，不仅可以节省资源，保护植被，美化环境，变废为宝，而且由于绿豆岩和白泥配比得当，所以生产的产品质量稳定，大幅降低生产成本。

30. 名称：利用磷渣生产陶瓷砖的配方及生产方法

申请（专利）号：CN200710066252.4

公开（公告）号：CN101164961

公开（公告）日：2008.04.23

申请（专利权）人：王儒林

发明（设计）人：王儒林；高东永；李建明

摘要：本发明公开了一种利用磷渣生产陶瓷砖的配方及生产方法。目前，一些较白、性能较好的陶瓷砖生产原料不但价格昂贵，且有些资源已趋于枯竭，故一般的陶瓷砖不但白度差，着色困难，而且烧成温度高、成本高；磷渣是电炉法制备黄磷时排出的工业废渣，堆放占地。本发明提供了一种既能生产出成本低，烧成温度低，烧成颜色白、容易着色的陶瓷砖，同时又能解决磷渣污染问题的一种生产陶瓷砖的配方及生产方法，是将磷渣作为一种生产原料引入配方，与适量的熔剂、粘土等原料进行配比生产陶瓷砖，按重量份数计算，熔剂占20～70份，黏土占20～80份，磷渣占5～35份，更优选的配比为熔剂占20～70份，黏土占20～80份，磷渣占10～30份。

31. 名称：一种室外用保温瓷砖

申请（专利）号：CN200720195293.9

公开（公告）号：CN201050155

公开（公告）日：2008.04.23

申请（专利权）人：晋江腾达陶瓷有限公司

发明（设计）人：黄家遵；黄传界；黄传社；黄家题

摘要：本实用新型涉及一种瓷砖，尤其是一种室外用保温瓷砖。属于建筑装饰领域。一种室外用保温瓷砖，其中，从内到外依次为：普通黏土泥料层（1）、聚氨酯保温层（2）、普通黏土泥料层（3）、陶瓷泥料层（4）和釉料层（5），其中所述的瓷砖侧面有密封剂。本实用新型产品在使用的时候除了可以装饰外墙，还可以起到保温的作用。

32. 名称：金属质感陶瓷砖

申请（专利）号：CN200720052482.0

公开（公告）号：CN201053184

公开（公告）日：2008.04.30

申请（专利权）人：毛海燕

发明（设计）人：毛海燕

摘要：本实用新型公开了一种金属质感陶瓷砖，该陶瓷砖由坯体层和面层组成，其特征在于，所述陶瓷砖内添加有金属颗粒。所述金属颗粒分布在陶瓷砖的表层或坯体层；该金属颗粒为纯金属颗粒。所述金属颗粒的大小为 8～300 目。上述金属质感陶瓷砖具有较好金属装饰效果、且耐用等优点。

33. 名称：陶瓷砖质量检测方法和设备

申请（专利）号：CN200610123005.9

公开（公告）号：CN101169452

公开（公告）日：2008.04.30

申请（专利权）人：佛山市德科机电设备有限公司

发明（设计）人：郭炎；张晓武；王双喜；黄国权；黄文胜；樊东彪

摘要：本发明公开了一种陶瓷砖质量检测方法和设备，其特征在于它具有以下的工艺步骤：①首先将被测物陶瓷砖进行输送；②在输送到检测位置时被测物陶瓷砖停顿；③在检测位置对被检测物陶瓷砖进行数据采集；④输送被测物陶瓷砖离开检测位置；⑤将下一被测物陶瓷砖输送到检测位置，重复 b；⑥对采集数据进行数据分析处理，并显示结果，同时将结果作为指令传送到相关处理装置。本发明时间配合紧凑，检测稳定、效率高。

34. 名称：固体废物陶瓷生态砖

申请（专利）号：CN200710113223.9

公开（公告）号：CN101172842

公开（公告）日：2008.05.07

申请（专利权）人：青岛科技大学

发明（设计）人：朱海涛；陈磊

摘要：本发明涉及一种用固体废物制造的陶瓷生态砖，属于固体废物利用和新材料领域。该产品以石墨尾矿为主要原料，加入一定比例的结合剂，并利用可燃性固体废物燃烧产生的热量实现制品的烧成。利用固体废物制造陶瓷生态砖，解决了固体废物的污染问题，降低了陶瓷生态砖的成本。固体废物陶瓷生态砖具有良好的透水性，可避免道路积水，改善地表植物生长；它具有良好的保水性，有利于调节城市地表温度和湿度，降低热岛效应。对城市大气调节、地下水资源保护、城市生态环境具有重大意义。

35. 名称：一种自然水蚀面陶瓷装饰劈离砖及其生产方法

申请（专利）号：CN200610124965.7

公开（公告）号：CN101173552

公开（公告）日：2008.05.07

申请（专利权）人：柳州市奋进建筑材料有限责任公司

发明（设计）人：吴朝坤

摘要：一种自然水蚀面陶瓷装饰劈离砖，包括用同种或不同种颜色坯料制成的砖坯，所述劈离砖的表面是水蚀面，即砖表面上有被水浸蚀、冲刷形成的不同深度、高低不平的凹坑或弧面或自然的圆麻面。其生产方法与已有劈离砖不同之处在于：在干燥工序后、焙烧工序前增加了水蚀、冲洗，干燥工序——将劈离砖干坯砖面没入水中 1～3 毫米，浸泡 1～10 分钟，待水浸部分全部软化后用水把砖面被软化部分冲洗干净，在表面形成0.1～3毫米不同深度、高低不平的凹坑或弧面或水蚀面后将砖坯再次烘干后再焙烧。用此种方法生产出的砖表面具有类似于被水浸蚀、冲刷后的石头表面的圆滑的凹凸不平，呈现一种独特的艺术效果；且砖表面没有划痕，外形美观，砖体强度高、更耐腐蚀。

36. 名称：一种陶瓷砖长条形颗粒造粒方法及设备

申请（专利）号：CN200610123230.2

公开（公告）号：CN101172354

公开（公告）日：2008.05.07

申请（专利权）人：陈莉

发明（设计）人：陈莉

摘要：本发明公开了一种陶瓷砖造粒方法及设备，用薄铁板封住真空练泥机出口，在铁板上做一排孔，孔径小于10毫米，中心距大于8毫米，将可塑泥料加入真空练泥机入口，可塑性泥料在练泥机压力作用下从孔中挤出，挤出的泥条在微粉保护下用皮带输送至托盘中，将托盘中的微粉与泥条混合物干燥至一定水份后过筛，泥条在此过程中断裂成一定长短，形成长条形颗粒。将所得长条形颗粒与不同于其颜色的瓷质砖粉料按比例混合均匀，经成型，干燥、1150－1250℃烧成、抛光、修边后，可制成瓷质抛光砖。利用本发明颗粒制备的瓷质抛光砖表面有长形颗粒，具有更为逼真的仿天然石材效果。

37. 名称：一种室外用绿化瓷砖

申请（专利）号：CN200720195294.3

公开（公告）号：CN201056810

公开（公告）日：2008.05.07

申请（专利权）人：晋江腾达陶瓷有限公司

发明（设计）人：黄家遵；黄传界；黄传社；黄家题

摘要：本实用新型涉及一种瓷砖，尤其是一种室外用绿化瓷砖。属于建筑装饰领域。一种室外用绿化瓷砖，其中，从内到外依次为：普通黏土泥料层（1）、陶瓷泥料层（2）和釉料层（3），其中所述的瓷砖上有不规则分布的孔（4）。本实用新型产品在使用的时候除了可以装饰外墙，还可以起到绿化的作用。

38. 名称：一种超薄陶瓷外墙砖及其生产方法

申请（专利）号：CN200710195163.X

公开（公告）号：CN101177344

公开（公告）日：2008.05.14

申请（专利权）人：福建省晋江协隆陶瓷有限公司

发明（设计）人：吴连生；吴其生

摘要：本发明涉及一种超薄陶瓷外墙砖及其制备方法，该陶瓷外墙砖的组成及含量为：黏土12～18重量份，胶粘剂4～8重量份，高岭土12～18重量份，钠、钾长石各为：17～22重量份，石英长石尾砂37～41重量份，锂长石4～6重量份。采用本发明组合物制备的超薄瓷外墙砖产品的厚度约3.5～4.6毫米，将原来常规产品的重量从13千克/立方米降到6千克/立方米，这一创新成果得到的产品虽然厚度降低，但强度大大提高，且较好地实现了节能降耗的目标。大幅度减轻了单位面积的砖的重量、节省了能源、减少了运输成本。

39. 名称：陶瓷砖布料装置

申请（专利）号：CN200720104221.9

公开（公告）号：CN201058463

公开（公告）日：2008.05.14

申请（专利权）人：广东科达机电股份有限公司

发明（设计）人：周荣光

摘要：本实用新型涉及一种陶瓷砖布料装置，包括向承粉载体布设粉料的料斗和刮动粉料的刮板，还包括通过控制所述刮板升降以调节所布设粉料厚度的升降器。所述升降器可以是气缸、气缸组、螺纹传动机构、齿轮传动机构或凸轮传动机构。本实用新型通过升降器来调整刮板的高度，实现了布料过程中粉料厚度的调节，有效解决现有布料装置引起的陶瓷砖变形等技术缺陷。

40. 名称：一种室外陶瓷透水砖及其制备方法

申请（专利）号：CN200710195308.6

公开（公告）号：CN101182185

公开（公告）日：2008.05.21

申请（专利权）人：福建省晋江协隆陶瓷有限公司

发明（设计）人：吴连生；吴其生

摘要：本发明涉及一种室外陶瓷透水砖及其制备方法，该室外陶瓷透水砖的组成及重量含量为：破碎成大于0小于200目颗粒的陶瓷废料：90%～95wt%，粘合剂：5%～10wt%，所述粘合剂为：膨润土。所述的陶瓷废料颗粒包括将陶瓷废料破碎后筛分，大于0小于8目的颗粒含量大于零小于5%，8～30目颗粒含量为85%～90%，大于30目小于100目颗粒的含量大于5%小于15%的混合颗粒。其制备方法包括：①将陶瓷废料破碎成8～30目的颗粒；②向上述颗粒状陶瓷废料中按比例加入胶粘剂和水，得到混合物；③将上述混合物泥浆加入模具中，用压机在90～110帕/立方毫米的压力下压制成透水砖的形状；④在1160～1220℃的温度下烧成。

41. 名称：一种联体木纹砖的制作设备

申请（专利）号：CN200620165586.8

公开（公告）号：CN201061896

公开（公告）日：2008.05.21

申请（专利权）人：李兴兵

发明（设计）人：李兴兵

摘要：一种联体木纹砖的制作设备，它是将现有专利技术所用的扁圆体空腔布浆器或类似扁圆体空腔器作用的扁体空腔两个或两个以上在同一平面连通组合构成一个复杂的木纹布浆器，布浆器中相邻基浆入口管道中的螺纹旋转方向是相反向的。本实用新型是对现有陶瓷木纹专利技术的改进和组合，既能得到多种连体的木纹图案，又能使木纹图案自然流畅耐磨。

42. 名称：一种环保生态型透水砖

申请（专利）号：CN200720007546.5

公开（公告）号：CN201062335

公开（公告）日：2008.05.21

申请（专利权）人：董再发

发明（设计）人：董再发

摘要：一种环保生态型透水砖，其砖体是由面料层和混合层压制而成，面料层位于混合层之上，其中混合层包括陶瓷骨料、垃圾填充料、水泥、活性掺合料以及外加剂。本实用新型透水性高，可以调节地表温度的变化，同时它还具有吸尘、降噪的特点。

43. 名称：复合玻璃玛瑙玉石砖的制作方法

申请（专利）号：CN200610129374.9

公开（公告）号：CN101181799

公开（公告）日：2008.05.21

申请（专利权）人：天津市世纪东方建筑景观雕塑技术开发中心

发明（设计）人：廉长江

摘要：一种复合玻璃玛瑙玉石砖的制作方法，采用现有的最廉价的陶瓷墙地砖做后背材料，用一层粘结树脂把玻璃玛瑙玉石平整全面的粘贴在上边，制作出一种可整块，粘贴的玛瑙装饰板，施工既方便又快捷，是现代装修酒店、洗浴中心的一种高档产品。

44. 名称：一种轻质陶瓷砖及生产方法

申请（专利）号：CN200710031337.9

公开（公告）号：CN101182232

公开（公告）日：2008.05.21

申请（专利权）人：佛山欧神诺陶瓷有限公司

发明（设计）人：唐奇；卢斌

摘要：本发明公开了一种轻质陶瓷砖，该轻质陶瓷砖是经高温烧制的具有类蜂窝状封闭气孔内部结构的轻质陶瓷砖。本发明还公开了上述轻质陶瓷砖的制备方法，它是对目前陶瓷行业大量产生的玻化砖抛光废料经湿法球磨、过筛、除铁后喷雾干燥塔喷粉后，采用干压成型方法成型，或混练采用湿法挤出成型，再经连续式或间歇式窑炉烧制制品。制造一种较轻质量的陶瓷砖，针对以往的对该废料的利用不足之处，更加有效的大量利用工业废渣，且由于其产品轻体的结构，可以在高层建筑墙面的装修中应用，具有轻质、高强、保温、吸音等良好的性能，并显著减轻墙体结构所承重量，同时还具有便于运输、易于施工、速度快等特点，在节约能源、降低建筑物自重等方面具有较突出的优势，属一种环保型建陶装饰材料。

45. 名称：一种多孔质烧结功能性陶瓷砖的制造方法

申请（专利）号：CN200710032020.7

公开（公告）号：CN101186508

公开（公告）日：2008.05.28

申请（专利权）人：广东东鹏陶瓷股份有限公司

发明（设计）人：孟望；钟礼雄；钟保民

摘要：本发明公开了一种多孔质烧结功能性陶瓷砖的制造方法，包括现有陶瓷砖的原料配料、球磨加工、喷雾干燥、于压成形或挤制成形、干燥、高温烧结、磨边处理等工序，其特征在于，原料配方中不用或少用钾钠原料，而多用烧失大、易分解的原料，在配方中占10%～50%，经高温烧成后形成具有连通通道的多孔瓷化体；所述原料配方经高温烧结后的化学组成（重量份）为：$SiO_2$30－70 Al_2O_3 10－30CaO_{15}－40 MgO 0－20；所述烧失大、易分解的原材料采用$CaCO_3$、CaF_2、$MgCO_3$、碳粉、抛光砖废渣等其中的一种或几种的组合。采用本发明方法制成的产品具有通体瓷化，硬度高，成本低且能渗水、保水、调节湿度、防滑、隔音的功能。

46. 名称：一种陶瓷薄板砖坯周边余量切割方法和切割装置

申请（专利）号：CN200710032645.3

公开（公告）号：CN101186078

公开（公告）日：2008.05.28

申请（专利权）人：广东科达机电股份有限公司

发明（设计）人：胡宝松；丘兆才；陈仲正

摘要：本发明属于陶瓷砖砖坯加工技术领域，公开了一种陶瓷薄板砖坯周边余量切割方法和切割装置。所述切割方法，由如下步骤组成：①在陶瓷薄板砖坯的侧边余量的其中一表面上切割出一条切割缝；②在砖坯侧边余量的另一表面正对该切割缝的位置对余量进行切割至余量自砖坯分离为止。所述切割装置，由至少两组旋转式切割机构组成，分别布置于砖坯侧边余量的上下两侧。本发明通过在陶瓷薄板砖坯侧边余量的其中一表面上进行预切割处理而形成一条切割缝，使侧边余量在断缝处已与砖坯分离，当再从砖坯侧边余量的另一表面正对该切割缝的位置进行切割时，在侧边余量断裂的瞬间，就不会出现因受压而带走底面余量，避免崩边现象的发生，从而得到较为规整的砖坯周边余量。

47. 名称：陶瓷雕绘艺术砖的生产方法

申请（专利）号：CN200610123660.4

公开（公告）号：CN101190636

公开（公告）日：2008.06.04

申请（专利权）人：吴汉阳

发明（设计）人：吴汉阳

摘要：本发明公开了一种陶瓷雕绘艺术砖的生产方法。它包括如下步骤：①图案设计；②胶膜刻绘；③将刻绘好的胶膜贴在基体上；④一次撕膜，按设计图案撕下基体上需要雕绘部分的胶膜；⑤将露出需要雕绘部分的基体放入喷砂机内喷雕；⑥上色；⑦在上色后的雕绘图案上喷保护层；⑧二次撕膜，将雕绘图案旁边的剩余胶膜撕掉；⑨对基体表面进行清洁；⑩检验；⑪包装。本发明采用喷雕的方法在瓷砖等陶瓷或其他板材构成的基体上雕绘图案，再在雕绘图案上加上新的材料（如色粉、幻彩粉、油漆等），使得瓷砖的图案色彩更为丰富，美观性和艺术性皆显著提高。

48. 名称：一种陶瓷薄板砖坯周边加工方法及陶瓷薄板切磨边机

申请（专利）号：CN200710032644.9

公开（公告）号：CN101195250

公开（公告）日：2008.06.11

申请（专利权）人：广东科达机电股份有限公司

发明（设计）人：胡宝松；周鹏；陈仲正

摘要：本发明属于陶瓷砖砖坯周边加工技术领域，公开了一种陶瓷薄板砖坯周边加工方法及陶瓷薄板切磨边机。所述方法，对砖坯的每组对边进行如下加工步骤：①对砖坯的一组对边上的余量进行切割去料处理；②对切割面进行磨边处理至要求尺寸。所述切磨边机，包括机架，机架上设置有调宽装置，调宽装置上设置有横梁装置，横梁装置上设置有主传动装置、定位装置、压梁装置和磨边装置；所述压梁装置与磨边装置之间的横梁装置两侧分别设置有一组切边装置。通过本发明，可以将大规格陶瓷薄板砖坯的大部分周边余量任意切割去除至想要的尺寸规格并获得规整的切割面，再进行磨边修整，最后得到周边磨削平直、对边和对角尺寸准确一致的陶瓷薄板。

49. 名称：一种磨边机推砖机构推砖速度和行程自适应控制装置

申请（专利）号：CN200720054421.8

公开（公告）号：CN201070732

公开（公告）日：2008.06.11

申请（专利权）人：广东科达机电股份有限公司

发明（设计）人：詹新平

摘要：本实用新型公开了一种磨边机推砖机构推砖速度和行程自适应控制装置。其包括：可编程控制器、主传动速度检测装置、产品尺寸检测传感器、推砖行程检测装置及可调速推砖电机装置，可编程控制器处理来自主传动速度检测装置、产品尺寸检测传感器及推砖行程检测装置的信号后输出调速信号控制可调速推砖电机装置。本实用新型解决了磨边机当主传动皮带速度改变或者待磨砖块尺寸变化，推砖机构的推砖速度或者推砖行程需要人工手动调整问题，从而减少人工操作不准确性，提高陶瓷材质、玻璃材质、大理石材质等砖块状建材磨边生产的产量和质量，提高操作的自动化程度。

50. 名称：一种外墙陶瓷角砖

申请（专利）号：CN200720054328.7

公开（公告）号：CN201074385

公开（公告）日：2008. 06. 18

申请（专利权）人：陈灼均

发明（设计）人：陈灼均

摘要：本实用新型公开了一种外墙陶瓷角砖，包括两片外墙陶瓷砖，外墙陶瓷砖的粘结面与其釉面的夹角为90°以外的任意角度，两片外墙陶瓷砖通过粘结面粘结在一起。本实用新型的有益效果在于有效地解决了采用两片一般平形外墙砖粘贴在墙角位置而一侧露出外墙陶瓷砖的砖底部分和明显地不对称砖缝而影响外墙角位的装饰效果这一长期存在的问题，从而达到了建筑物外墙角位整齐美观、连成一体的实用效果，而且方便施工。

51. 名称：卫生陶瓷水箱毛坯自动喷釉机

申请（专利）号：CN200720102534. 0

公开（公告）号：CN201077819

公开（公告）日：2008. 06. 25

申请（专利权）人：河北理工大学

发明（设计）人：王家金；姜俊玲；李占贤；路春光；李建功；李宗岩；谢世满；关启明

摘要：一种喷釉机，特别是一种卫生陶瓷水箱毛坯自动喷釉机，它的电机安装在与底座连接固定的电机座上，还包括与底座相连接的立柱，立柱的上、下部位分别安装有限位挡块，导向框架通过导向轮套装在立柱上，通过链条与电机连接，装有多个喷釉枪的釉枪框架与导向框架相连，每一喷釉枪均与釉气管连通，并分别设有拉线，该拉线与靠模连接，靠模连接在立柱上。由于本实用新型的水箱毛坯四周布有多个可控喷釉枪，喷釉枪通过电机、链条可沿立柱上下移动，水箱周围的喷釉枪同时对水箱毛坯喷釉，一次或多次往复，即可将水箱喷釉完毕，水箱釉面均匀，工作可靠，工人劳动强度低，工作效率高。本新型结构简单成本低。

52. 名称：利用陶瓷废料生产高性能透水砖的制造方法

申请（专利）号：CN200610124386. 2

公开（公告）号：CN101205133

公开（公告）日：2008. 06. 25

申请（专利权）人：周松青

发明（设计）人：周松青；林伟；肖汉宁

摘要：本发明公开了一种利用陶瓷废料生产高性能透水砖的制造方法，其特征在于：制备工艺过程步骤如下：①对洁具产品、各类墙地砖成品的次品、抛光砖磨屑进行回收、存放、成分检测；②把洁具产品、各类墙地砖成品的次品破碎成粒度小于10目（小于1. 65毫米）的颗粒；③用破碎后的颗粒作为生产透水砖的骨料，然后加入一定量的抛光砖磨屑、黏土、熔剂原料、有机添加物及微量的成孔剂，把这些原料混合均匀，制成粉料；④布料并在800～1000吨压机上压制成型，经过隧道烘干窑1～7个小时干燥，在隧道窑中经过1100～1200℃烧制16～18个小时；⑤对成品进行质量检测，封装。本发明解决了陶瓷生产中所产生的所有破损陶瓷和废料的再利用问题，具有良好的推广价值。

53. 名称：裂纹砖布料装置

申请（专利）号：CN200710308316. 7

公开（公告）号：CN101214697

公开（公告）日：2008. 07. 09

申请（专利权）人：广东科达机电股份有限公司

发明（设计）人：周荣光

摘要：本发明涉及一种裂纹砖布料装置，包括驱动输送皮带传动的皮带传动机构，所述皮带传动机构上依次设置有在输送皮带上布设面粉料的面料布料装置、将所述面粉料压实成硬面粉料的粉料压实装置、使所述硬面粉料产生裂缝的刀口生成装置、向所述裂缝内布设裂缝粉料的线条布料装置和将粉料布设在承粉载体上的周期布料装置。本发明裂纹砖布料装置不仅能够实现具有各种裂纹图案的陶瓷砖生产，使陶瓷砖的特殊装饰效果更接近天然石材，提高了产品品质，扩充了现有陶瓷砖产品的图案品种，开拓了陶瓷砖生产新的经济增长点，而且组合设备中各部件结构简单、生产成本低、操作维护方便，具有广泛的应用前景。

54. 名称：一种生产陶瓷砖送料布料的方法和装置

申请（专利）号：CN200810025715.7

公开（公告）号：CN101214699

公开（公告）日：2008.07.09

申请（专利权）人：黎贤饶

发明（设计）人：黎贤饶；陈世桂

摘要：本发明是涉及一种生产陶瓷砖时陶瓷粉料的送料用料方法和装置，特别是涉及生产各种仿天然石材纹理陶瓷砖的粉料送料布料的方法和装置。其方法步骤：首先，将陶瓷粉料布施于送料布料装置上；其次，将送料布料装置移至模具处；最后，粉料由布料送料装置上的传动皮带直接输送至模具的模芯上。其装置是：包括有传动机构（1）、传动皮带（3）和下料装置（2），所述的传动机构（1）和下料装置（2）之间设置有一输送带支架（L），所述的传动皮带（3）一端连接于传动机构（1），另一端连接于带圆弧（R）的下料装置（2），下料装置（2）设置为使传动皮带（3）成为一带下料斜面（V）的输送面，输送面在下料装置（2）圆弧（R）过渡下形成一个直接下料的装置。

55. 名称：一种具有孔洞效果装饰陶瓷砖的生产方法

申请（专利）号：CN200710032904.2

公开（公告）号：CN101215185

公开（公告）日：2008.07.09

申请（专利权）人：佛山石湾鹰牌陶瓷有限公司

发明（设计）人：林伟；路明忠；王太华

摘要：本发明涉及一种具有孔洞效果装饰陶瓷砖的生产方法，其主要技术特征将发泡材料以外加于坯料形式组合而成，其发泡材料是经高温锻烧后可以进行分解、氧化反应的无机或有机材料如原矿材料、工业用料、工业废料等的一种或者几种组合。该生产方法的特点是其制得的陶瓷砖表面与底料层均可有天然孔洞效果，同时表面的花色图案纹理非常自然，且立体的感显出来，酷似天然洞石。采用该生产方法的产品比现有技术的凹凸模压制成型的产品其图案更自然丰富，立体感强，且图案不呆板僵硬，同时品种规格丰富，砖体重量减轻，环保，属于高档的建筑装饰材料。

56. 名称：一种有色抛光砖的制备方法

申请（专利）号：CN200710032793.5

公开（公告）号：CN101219911

公开（公告）日：2008.07.16

申请（专利权）人：钟旭东

发明（设计）人：钟旭东

摘要：本发明公开了一种有色抛光砖的制备方法，包括现有常规的抛光砖的生产方法，其特征在于，它是将废弃铁尾矿原料替代原抛光砖的部分釉料和坯料添加在抛光砖的坯料和面料中，经常规工艺制备而成。所述废弃铁尾矿原料占釉料和坯料的比例超过20%～45%。采用本发明的废弃铁尾矿原料制备有色抛光砖具有降低生产对优质矿物原料资源的依赖，提高了资源的利用效率，减少了固体废物的排放，大大降低了陶瓷制品的生产成本的优点，利用的尾矿不但替代了陶瓷矿物原料，而且取代了色料，使得色料从矿物到发色只经历“陶瓷烧成”这一个煅烧加热过程，同时降低了陶瓷烧成温度，大幅度降低陶瓷烧成能耗。

57. 名称：利用铁尾矿制备彩坯釉面仿古砖的方法

申请（专利）号：CN200710032792.0

公开（公告）号：CN101219910

公开（公告）日：2008.07.16

申请（专利权）人：钟旭东

发明（设计）人：钟旭东

摘要：本发明公开了一种利用铁尾矿制备彩坯釉面仿古砖的方法，包括现有常规的釉面仿古砖的生产方法，其特征在于，它是将废弃铁尾矿原料替代原仿古砖的部分釉料和坯料添加在釉面仿古砖的坯料和面料中，经常规工艺制备而成。所述废弃铁尾矿原料占釉料和坯料的比例为20%～45%。采用本发明的废弃铁尾矿原料制备彩坯釉面仿古砖具有降低生产对优质矿物原料资源的依赖，提高了资源的利用效率，减少了固体废物的排放，大大降低了陶瓷制品的生产成本的优点，利用的尾矿不但替代了陶瓷矿物原料，而且取代了色料，使得色料从矿物到发色只经历“陶瓷烧成”这一个煅烧加热过程，同时降低了陶瓷烧成温度，大幅度降低陶瓷烧成能耗。

58. 名称：陶瓷薄板砖砖屑清除装置

申请（专利）号：CN200720173328.9

公开（公告）号：CN201086347

公开（公告）日：2008.07.16

申请（专利权）人：广东科达机电股份有限公司

发明（设计）人：丘兆才；孙志伟；胡宝松

摘要：本实用新型涉及一种陶瓷薄板砖砖屑清除装置，包括间隔设置的夹屑机构和压屑机构，夹持砖屑并限制砖屑在竖直方向上位置的夹屑机构设置在切边轮之后，向砖屑施加压力并使砖屑断裂的压屑机构设置在所述夹屑机构之后。本实用新型通过夹屑机构夹持与砖体分离的砖屑，限制砖屑在竖直方向上的位置，通过压屑机构向砖屑施加一定的压力，使砖屑断裂、下落，在对陶瓷薄板砖进行切边处理时，可以立即压断砖屑，既提高了切边处理的效率，又消除了砖屑对后续加工的不利影响。本实用新型结构简单，安装便捷，调节和使用灵活，具有广泛的应用前景。

59. 名称：一种室外用瓷砖

申请（专利）号：CN200820001154.2

公开（公告）号：CN201087519

公开（公告）日：2008.07.16

申请（专利权）人：晋江腾达陶瓷有限公司

发明（设计）人：黄家遵；黄传界；黄传社；黄家题

摘要：本实用新型涉及一种瓷砖，尤其是一种室外用瓷砖。属于建筑装饰领域。一种室外用瓷砖，其中，从内到外依次为：普通黏土泥料层（1）、陶瓷泥料层（2）和釉料层（3），其中所述的瓷砖上有不规则分布的孔（4）。本实用新型产品在使用的时候除了可以装饰外墙，还可以起到绿化的作用。

60. 名称：一种陶瓷自动压砖机外围组合式纹饰料布料装置

申请（专利）号：CN200720054774.8

公开（公告）号：CN201092084

公开（公告）日：2008.07.30

申请（专利权）人：霍翼星

发明（设计）人：霍翼星

摘要：一种陶瓷自动压砖机外围组合式纹饰料布料装置，包括至少一个布料装置及电控装置，布料装置下方设有饰料水平堆积汇合装置，饰料水平堆积汇合装置包括设置在布料装置下方的机架、设置在机架上的饰料承接输送皮带、设置在饰料承接输送皮带前方的输送速度比饰料承接输送皮带的速度慢的饰料汇合堆积输送皮带以及设置在饰料承接输送皮带和饰料汇合堆积输送皮带之间的过渡板。本实用新型结构紧凑、整体体积小、占地面积少、适用范围广。不须预设图案和配备图形框，可布出多种仿花岗岩程度较高的自然图案、各种样式的斜纹产品和通体纹砖坯，能满足各种规格尺寸的瓷砖生产；无需辅助粉饰料输送垫板，可实现生产自动化，有效提高工作效率高，操控容易。

61. 名称：一种陶瓷墙地砖的加工方法

申请（专利）号：CN200710031424. 4

公开（公告）号：CN101229974

公开（公告）日：2008. 07. 30

申请（专利权）人：杨晓东

发明（设计）人：杨晓东

摘要：一种陶瓷墙地砖的加工方法，包括如下步骤：将陶瓷原料布料，压制、干燥、喷砂处理、锻烧至成品。采用了上述技术方案的本发明，特别是以在砖坯在烧制前后设置的喷砂处理取代传统的磨削抛光处理工序，使砖坯表面形态产生变化，从而获得所设计的花纹和图案。经喷砂微粉布料生产的砖坯，不仅可得到各种光面、亚光面，各种清晰花纹和图案的墙地砖，而且成品率高。更为重要的是，与传统工艺相比采用喷砂处理工序可大幅降低电能、水资源及对环境的污染，改善劳动环境，减少了工作环境中的噪声和粉尘，同时可降低制造成本，提高了产品市场竞争力。

62. 名称：凝灰岩釉面泡沫陶瓷保温装饰砖及制造工艺方法

申请（专利）号：CN200710055292. 9

公开（公告）号：CN101234907

公开（公告）日：2008. 08. 06

申请（专利权）人：邓家平

发明（设计）人：邓家平

摘要：本发明涉及以自然储量丰富的凝灰岩为主要原料，加入助熔剂、发泡剂、抗氧化剂，在1050 ~ 1200℃形成泡沫陶瓷，其发泡层，密度300 ~ 500 千克/立方米，一次焙烧上釉面而形成釉面泡沫陶瓷系列产品：①以凝灰岩原矿挂釉块或高密度发泡料挂釉块置于发泡层之上，制成凸凹文化石釉面系列；②以水淬微晶玻璃颗粒置于发泡层之下，制成微晶玻璃釉面系列；③以微孔发泡釉粉置于发泡层之上或之下，制成裂纹釉面系列；上述产品可在微晶玻璃晶化窑或内燃烧结空心砖隧道窑生产；产品装饰效果独特，保温性能良好，可用于建筑保温装饰，园景装饰等。

63. 名称：陶瓷砖的生产工艺及专用装置

申请（专利）号：CN200810066069. 9

公开（公告）号：CN101234884

公开（公告）日：2008. 08. 06

申请（专利权）人：黄建平

发明（设计）人：黄建平；林育成；满丽珠；李可为

摘要：本发明涉及一种陶瓷砖的生产工艺及专用装置。该生产工艺包括：布料；去除粉料的表层模糊图案；压制成型；烧成。该专用装置，包括：依序排列的粉料仓、送粉皮带、布料车、下料斗、压机、走坯滚、干燥窑、釉传送带、烧成窑炉、走砖传送带、打包机，下料斗与压机之间设有抛削装置或抽吸装置。所述抛削装置由料车接口与模具接口之间设置的齿型筒、该齿形筒与料车接口与模具接口之间分别设置的二连接板组成。所述抽吸装置由料车接口与模具接口之间设置的齿型筒、该齿形筒下方所设的螺旋拨轮出料器、用于将齿形筒与螺旋拨轮出料器密闭且螺旋拨轮出料器一侧设有开口的防尘罩、该齿形筒与料车接口与模具接口之间分别设置的二连接板组成。

64. 名称：一种墙面砖制造方法

申请（专利）号：CN200710005741.9

公开（公告）号：CN101245660

公开（公告）日：2008.08.20

申请（专利权）人：李洽欣

发明（设计）人：李洽欣

摘要：本发明涉及一种墙面砖制造方法，其由步骤（1）底层制作：将陶瓷泥、石英砂与保丽龙搅拌混合作为底层基材；步骤（2）表层涂敷：将陶瓷泥涂敷于底层上方作为表层基材；步骤（3）压制定型：以模具挤压定型，使表层的表面成型为所需的花样纹理；步骤（4）窑烧：将定型后的基材送入烧窑内，以1100℃窑烧6小时以上；步骤（5）彩釉：于窑烧后的基材表面涂抹一层釉药；步骤（6）窑烧：将涂抹釉药的基材送入烧窑内，以900～1000℃窑烧一小时以上；据此，利用压制定型，可使表面成型为所需的花样纹理，达到表面纹理及花色可随意设计的目的；另借由1100℃高温窑烧，使该底层的保丽龙气化，该底层布满气孔，进而减轻墙面砖的重量，达到施工容易的目的。

65. 名称：新型陶瓷砖

申请（专利）号：CN200720057783.2

公开（公告）号：CN201103216

公开（公告）日：2008.08.20

申请（专利权）人：雷开君

发明（设计）人：雷开君

摘要：一种新型陶瓷砖，由陶瓷砖坯体、表面层构成，其特征是：陶瓷砖坯体外面的表面层是涂料或油漆。这样陶瓷砖有破损时可以局部填平然后涂上涂料或油漆；如果在陶瓷砖使用一段时间后人们希望更换花色品种，也可在原来陶瓷砖的上面涂上涂料或油漆。所以此陶瓷砖使用效果良好、维护成本低同时更换花色容易。

66. 名称：陶瓷片密封水嘴、冲洗阀流量测试装置

申请（专利）号：CN200720008628.1

公开（公告）号：CN201107173

公开（公告）日：2008.08.27

申请（专利权）人：辉煌水暖集团有限公司

发明（设计）人：王建业；欧阳建华

摘要：本实用新型公开了一种陶瓷片密封水嘴、冲洗阀流量测试装置，包括一底座、一回水槽，该回水槽连接一回水箱置于底座下方，工件连接水管固定于底座上方，一组工件测试装置固定连接工件，所述的工件测试装置为一冲洗阀、数显靶式流量计，该冲洗阀、数显靶式流量计连接外部计算机。本实用新型摒弃了人工测试方式，在满足水嘴、冲水阀的流量及动态水压的条件下，冲洗阀、数显靶式流量计将数据传输给外部计算机，实现对水嘴、冲水阀的流量进行积算化处理，为客户提供精确的测试数据，并记录打印出测试数据。

67. 名称：陶瓷片密封水嘴、便器冲洗阀密封性能综合试验装置

申请（专利）号：CN200720008625.8

公开（公告）号：CN201107158

公开（公告）日：2008.08.27

申请（专利权）人：辉煌水暖集团有限公司

发明（设计）人：王建业；欧阳建华

摘要：本实用新型公开了一种陶瓷片密封水嘴、便器冲洗阀密封性能综合试验装置，包括底座、回水槽，该回水槽连接回水箱置于底座下方，还包括固定于底座上的一组工件固定装置及一组工件测试装置，所述的工件固定装置为十字滑台，工件连接水管固定于滑台；工件测试装置为连接水管的水压力装置，该水压力装置连接外部计算机。本实用新型摒弃了人工测试方式，提供一种当水压力装置将压力调整至不同压力时，工件仍无变形、无损坏、无渗漏，此时水压力装置将压力数据传输给计算机，经计算机对试验结果进行处理后，可提供产品精准的密封性能综合数值，并记录打印出测试数据。

68. 名称：一种陶瓷砖加工装置

申请（专利）号：CN200720056841. X

公开（公告）号：CN201105397

公开（公告）日：2008. 08. 27

申请（专利权）人：广东科达机电股份有限公司

发明（设计）人：李松；周鹏

摘要：本实用新型公开了一种陶瓷砖加工装置，其包括有横梁，设置在横梁上的送料装置，多个磨头组成的加工组件，以及设置在加工组件上方的冲水装置，在横梁内部设有吸水口和与之相通的通道，所述通道的另一端连接有抽风吸水装置。抽风吸水装置便会将陶瓷砖砖坯表面的水份吸除掉，大大减低陶瓷砖砖坯的含水量，因此经过本实用新型加工后的陶瓷砖砖坯无需烘干即可装箱，这样大大降低了成本，缩短了生产周期。

69. 名称：一种外墙外保温系统柔性饰面砖及其生产方法

申请（专利）号：CN200810026831. 0

公开（公告）号：CN101255049

公开（公告）日：2008. 09. 03

申请（专利权）人：石磊

发明（设计）人：石磊

摘要：本发明公开了一种外墙外保温系统柔性饰面砖，它是由主体砖或主体砖复合表面涂层构成，所述的主体砖配方的主要成分包括泥土，丙烯酸类乳液，根据产品不同性能的需要还可加入的分散剂、柔软剂、着色剂、阻燃剂、抗冻剂和水。所述的表面涂层配方的主要成分包括金属粉、非金属粉或金属粉、非金属粉两个以上组合的粉末与丙烯酸类乳液，根据产品不同性能的需要还可加入分散剂、柔软剂、着色剂、抗冻剂、阻燃剂和水。本发明产品自重轻、耐冻融、耐老化、粘结强度高、柔韧、拒水透气性好，抗污性相当于抛光砖，颜色与涂料一样丰富，外观可制成金属幕墙、石材幕墙、陶瓷、木、真皮、布的装饰质感。特别是本发明产品与外墙外保温系统有极好相容性，适合作为外墙外保温系统的饰面层。此外，本发明产品避免了以紧缺的陶土资源为主要生产原料，是一种低成本、高性能、绿色环保的外墙外保温系统饰面柔性材料。

70. 名称：高立体微粉砖

申请（专利）号：CN200710079987. 0

公开（公告）号：CN101255048

公开（公告）日：2008. 09. 03

申请（专利权）人：梁桐伟

发明（设计）人：梁桐伟

摘要：高立体微粉砖，所述微粉砖原料组成各组分的重量百分比为：黏土 18% ~24%，长石 60% ~70%，滑石 2% ~5%，瓷砂 8% ~16%；所述布料工艺采用分段式两次布料；粉料颗粒度重量百分比为：40 目筛余：40% ~50%；60 目筛余：30% ~40%；100 目筛余以上：4% ~9%；干燥温度：180 ~230℃；干燥时间：50 ~80 分钟；坯件成型压力：260 ~290bar；烧成温度：1160 ~1200℃；烧成周期：60～90分钟；本发明在传统成型工艺的基础上进行了科学的改进，普通陶瓷产品是连续两次布料，本发明改为分段式两次布料，使得多种色彩的微粉在机械活动中自然流动产生纹理，立体感强，利润增加100%左右。

71. 名称：免粉刷多功能砖

申请（专利）号：CN200720046870.8

公开（公告）号：CN201109962

公开（公告）日：2008.09.03

申请（专利权）人：张四清

发明（设计）人：张四清

摘要：本实用新型公开了一种免粉刷多功能砖，砖体由瓷砖泥或陶瓷泥直接烧制而成，或由彩色水泥或玻璃制成，在砖体内设置用于布建线路的通道，通道口在砖体间相互对应，在砖体用作内墙的一面上开设用于安装电器盒的凹槽，所述通道和凹槽相互连通，为了便于在任何角落布建线路，通道或为直线形或为曲线形，砖体用作内墙的一面可为纯色，用作外墙的一面可设置各种图案或花纹，用这种砖砌的墙，内墙无需粉刷，外墙无需贴瓷砖，省时又省工，且墙体的寿命更长。

72. 名称：免粉刷框架接头砖

申请（专利）号：CN200720046869.5

公开（公告）号：CN201109961

公开（公告）日：2008.09.03

申请（专利权）人：张四清

发明（设计）人：张四清

摘要：本实用新型公开了一种免粉刷框架接头砖，砖体为多角度转接体，由瓷砖泥或陶瓷泥直接烧制而成，或由搪瓷制成，转接体为横向的至少向两个方向延伸的沟状承接部，砖体底部为纵向向下延伸的用于嵌插的凸起。所述承接部或形成“一”字形，或形成“T”字形，或形成“L”形，或形成“十”字形。在建造诸如墙角、内墙连接处等时，可根据墙体的不同形状使用相应形态的砖，砖体用作内墙的一面可为纯色，用作外墙的一面可设置各种图案或花纹，用这种砖砌的墙，内墙无需粉刷，外墙无需贴瓷砖，省时又省工，且墙体的寿命更长。

73. 名称：一种抛光砖及其制造方法

申请（专利）号：CN200710093039.2

公开（公告）号：CN101260731

公开（公告）日：2008.09.10

申请（专利权）人：广东博华陶瓷有限公司

发明（设计）人：林家生；文迪田；刘汉津；贾平

摘要：一种抛光砖及其制造方法，包括陶瓷粉料布料过程、瓷砖坯体压制成型过程、干燥过程、瓷砖坯体烧制过程、瓷砖抛光过程，其特征在于陶瓷粉料布料过程依次由瓷砖坯体底粉布设过程、将玻璃体粉料布设在瓷砖坯体底粉上的玻璃体粉料布设过程、将$CaCO_3$粉布设在玻璃体粉料上的$CaCO_3$粉布设过程构成，抛光砖的抛光面上的小玻璃熔块上设置有小孔洞，小孔洞的直径在0.1～3毫米间。本发明与已有技术相比，所生产出来的抛光砖具有不容易使人滑倒的、能吸音的优点。

74. 名称：一种凸凹面陶瓷砖模具印花方法及装置

申请（专利）号：CN200810027751.7

公开（公告）号：CN101269994

公开（公告）日：2008.09.24

申请（专利权）人：江显异

发明（设计）人：江显异

摘要：本发明公开了一种凸凹面陶瓷砖模具印花方法，其特征在于，首先它是在凹凸坯体上设置一个与凹凸坯体相反匹配的凸凹模，上下凸凹模之间设置一弹性花网，在弹性花网上布上所需釉料，通过凸凹模下压弹性花网使弹性花网上的釉料落入凹凸坯体的面料上即可。本发明还公开了利用上述凸凹面陶瓷砖模具印花方法的装置，包括凹凸坯体，其特征在于，在凹凸坯体上部设置有一凸凹模，该凸凹模的凹凸面与凹凸坯体的凹凸面相反且相匹配，在凹凸坯体与凸凹模之间还设置有一弹性花网。上述装置及方法可以在凹凸坯体上进行印花工艺装饰。

75. 名称：超大规格花样图案地砖分单体组合式包装件

申请（专利）号：CN200720131704.8

公开（公告）号：CN201125019

公开（公告）日：2008.10.01

申请（专利权）人：陈平

发明（设计）人：陈平

摘要：本实用新型为一种超大规格花样图案地砖分单体组合式包装件。该包装件是由一个包装盒、或为两个包装盒或为四个包装盒组成。一个包装件内设置一件超大规格花样图案地砖，该地砖由大小相同的各单块体构成，且各单块体可共同放置于一个包装盒、或分别放置于两个、四个包装盒内。各单块体的表层所设制的花纹可拚合成与包装盒面所设制的花样图案形状相同的花样图案。该包装件解决了超大规格陶瓷石材花式图案地砖产品短缺、运输难度大的问题；且现场施工拚装不易造成拚花图案搭配上的差错，而且同样能达到整块花样图案地砖的装饰效果；可采用现有设备生产，满足市场的需求，包装件运输方便，不易损坏，相应降低了成本，其价格优势也深受消费者的欢迎。

76. 名称：一种陶瓷砖

申请（专利）号：CN200720059484.2

公开（公告）号：CN201128999

公开（公告）日：2008.10.08

申请（专利权）人：佛山市利华陶瓷有限公司

发明（设计）人：张仕龙

摘要：本实用新型涉及建筑装饰材料技术领域，具体是一种陶瓷砖，其砖的背面板设有纵横垂直交错的加强筋，在纵横垂直交错的加强筋内设有十字型交错的加强肋。本实用新型不仅节省材料，提高抛光砖的成品合格率，而且可与待接触的面压实，防止凸凹不平的现象发生，影响抛光砖的使用寿命。

77. 名称：防静电复古生态砖

申请（专利）号：CN200720157699.8

公开（公告）号：CN201133050

公开（公告）日：2008.10.15

申请（专利权）人：淄博统一陶瓷有限公司

发明（设计）人：袁国梁；袁辉利

摘要：本实用新型防静电复古生态砖，其特征在于依次为坯体、高耐磨釉面层和表面装饰层的复合结构体，坯体、高耐磨釉面层和表面装饰层中均添加有导电原料。本实用新型使瓷砖具有防静电功能，由于瓷砖为多层防静电的结构层复合而成，在制作时可以按照常规陶瓷生产工艺，一次烧成，提高了瓷砖导电性能的稳定性、持久性、适应性和整体性。表面装饰层，同时改善了装饰效果，如复古效果。由于具有防静电功能，可以将静电引泄到大地中，消除了静电，也有利于环境保护，符合生态要求。本实用新型可以广泛应用到现代医疗、能源、国防、航天、航空、电子、石油、化工等领域。

78. 名称：一种陶瓷砖夹持输送装置

申请（专利）号：CN200720061683.7

公开（公告）号：CN201136213

公开（公告）日：2008.10.22

申请（专利权）人：广东科达机电股份有限公司

发明（设计）人：胡宝松；丘兆才

摘要：本实用新型公开了一种陶瓷砖夹持输送装置。其包括左右两侧夹持输送机构、上传动轴、下传动轴及同步齿轮组，所述左右两侧夹持输送机构之间设有中间支承机构，该中间支承机构具有一与两侧夹持输送机构的下承托运输面位于同一平面且可与夹持工件输送同步的支承面。本实用新型结构简单，兼容性能好，能在现有的一种陶瓷砖夹持输送装置的基础上加设中间支承机构来实现，其能够有效解决加工大规格陶瓷薄板时出现的中间部位下凹，导致砖坯破损和加工精度降低的问题。

79. 名称：一种绝热保温陶瓷砖

申请（专利）号：CN200720081650.9

公开（公告）号：CN201137265

公开（公告）日：2008.10.22

申请（专利权）人：袁安之

发明（设计）人：袁安之

摘要：本实用新型是关于建筑用陶瓷砖的，尤其是关于建筑墙体砖和饰面砖用绝热保温陶瓷砖的。由于这种绝热保温陶瓷砖由陶瓷面层（1）及陶瓷面层（1）下的气孔层（2）组成，气孔层（2）中具有一个以上的闭口气孔，使得产品在具有优良的装饰性能的同时还具有绝热保温的性能，有利于使用这种产品的建筑物的节能。

80. 名称：一种陶瓷薄板砖定位装置

申请（专利）号：CN200720061684.1

公开（公告）号：CN201136214

公开（公告）日：2008.10.22

申请（专利权）人：广东科达机电股份有限公司

发明（设计）人：胡宝松；谢云仲；丘兆才；孙志伟

摘要：本实用新型公开了一种陶瓷薄板砖定位装置。其包括：动力驱动装置，其设于砖坯运输道一侧的机架上；安装轨道，其水平设于砖坯运输道一侧的机架上且轨道输送方向与砖坯运输方向垂直；及定位块，其设于安装轨道上可沿安装轨道滑动推顶砖坯且与动力驱动装置连接。本实用新型通过采用上述结构，利用单边推顶使砖坯在允许的精度范围内接近加工定位中心线，它能有效解决陶瓷薄板砖定位过程中的挤压断裂问题，实现对陶瓷薄板砖的定位。

81. 名称：一种低温陶瓷透水砖及其生产方法

申请（专利）号：CN200810058211.5

公开（公告）号：CN101289310

公开（公告）日：2008.10.22

申请（专利权）人：昆明理工大学

发明（设计）人：张召述；夏举佩；韦华；陶敏龙

摘要：本发明涉及一种用固体废渣生产低温陶瓷透水砖及其生产方法，属建筑材料技术领域。低温陶瓷透水砖的组分按质量比配合为废渣胶凝材料：废渣骨料：致孔剂：活化剂：助剂：颜料：水＝100：200－800：0.1－40：13－50：0.2－3.0：0.1－7.0：1－20；上述原料经原料处理、混合、振动成型、养护工序制成以低温陶瓷矿物为基体相、无机废渣颗粒为增强相并有气孔填充的低温陶瓷透水砖。与现有技术相比，具有强度高、透水性好、废物利用率高、工艺简单、成本低廉、保护环境、节约天然资源等优点，可广泛用于城市道路的铺设。

82. 名称：大规格薄板陶瓷砖烧成辊道窑

申请（专利）号：CN200720187202. 7

公开（公告）号：CN201145475

公开（公告）日：2008. 11. 05

申请（专利权）人：广东科达机电股份有限公司

发明（设计）人：谢颖纯；李振中；方晔

摘要：本实用新型涉及一种大规格薄板陶瓷砖烧成辊道窑，包括由前窑段、预热段、烧成段、急冷段、缓冷抽热段和尾冷段组成的窑体，所述预热段的长度为窑体总长度的25% ~35%，所述烧成段的长度为窑体总长度的10% ~20%。所述窑体内设置有陶瓷辊棒传动系统，所述陶瓷辊棒传动系统中的陶瓷辊棒直径为25 ~35mm，相邻陶瓷辊棒之间的中心间距为30 ~50mm。本实用新型通过优化烧成辊道窑各段的比例分配、选择小间隙的辊棒棒距和陶瓷辊棒直径、提高温度控制精度、完善控制系统可操作性等具体措施，有效克服了现有烧成辊道窑生产中出现砖体变形和砖体开裂的技术缺陷，使建筑陶瓷大规格薄板砖通过辊道窑烧成制品成为可能。

83. 名称：带风景画的地面砖

申请（专利）号：CN200720174268. 2

公开（公告）号：CN201144511

公开（公告）日：2008. 11. 05

申请（专利权）人：徐胜生

发明（设计）人：徐胜生

摘要：本实用新型提供一种带风景画的地面砖，包括基层和表层，在基层和表层之间夹有一幅风景画，所述基层可由天然石或陶瓷或混泥土等材料制成，所述表层由玻璃等透明材料制成，本实用新型具有结构简单，色彩鲜艳等特点。

84. 名称：裂纹砖布料装置

申请（专利）号：CN200720302517. 1

公开（公告）号：CN201147964

公开（公告）日：2008. 11. 12

申请（专利权）人：广东科达机电股份有限公司

发明（设计）人：周荣光

摘要：本实用新型涉及一种裂纹砖布料装置，包括驱动输送皮带传动的皮带传动机构，所述皮带传动机构上依次设置有在输送皮带上布设面粉料的面料布料装置、将所述面粉料压实成硬面粉料的粉料压实装置、使所述硬面粉料产生裂缝的刀口生成装置、向所述裂缝内布设裂缝粉料的线条布料装置和将粉料布设在承粉载体上的周期布料装置。本实用新型裂纹砖布料装置不仅能够实现具有各种裂纹图案的陶瓷砖生产，使陶瓷砖的特殊装饰效果更接近天然石材，提高了产品品质，扩充了现有陶瓷砖产品的图案品种，开拓了陶瓷砖生产新的经济增长点，而且组合设备中各部件结构简单、生产成本低、操作维护方便，具有广泛的应用前景。

85. 名称：废水自动循环利用储水箱

申请（专利）号：CN200720150293. 7

公开（公告）号：CN201148646

公开（公告）日：2008. 11. 12

申请（专利权）人：蔡欣达

发明（设计）人：蔡欣达

摘要：一种由陶瓷、硬塑料、金属材料制成多样式的废水自动循环利用储水箱，能够使家庭及公共场所里生活和工作中用过的废水，经过洗涤盆、池里的扣网、隔网二次过滤流入沉淀瓶一次沉淀后，经管道自动流入废水储水箱二次沉淀将废水存储起来，利用这些废水冲洗卫生间大小便，使废水达到二次循环再利用的目的。

86. 名称：一种储水箱坐便器

申请（专利）号：CN200720060794.6

公开（公告）号：CN201155143

公开（公告）日：2008.11.26

申请（专利权）人：黄育群

发明（设计）人：黄育群

摘要：本实用新型公开了一种储水箱坐便器，包括坐便器主体和储水箱，所述储水箱的上部设有进水孔。所述储水箱由陶瓷材料制成，所述进水孔设于侧壁处，所述进水孔由薄壁封闭，所述薄壁的厚度比储水箱侧壁的厚度薄。储水箱的上部设有进水孔，该孔可以与洗手盆的水管连接，水管直接放入储水箱孔内，当洗手盆的塞子打开，洗手盆的水就会沿着水管进入到坐便器的储水箱，用过的水能够再次被利用，节约水资源，节约用水费用。

87. 名称：自发光瓷砖

申请（专利）号：CN200820044327.9

公开（公告）号：CN201158916

公开（公告）日：2008.12.03

申请（专利权）人：张明德

发明（设计）人：张明德

摘要：本实用新型涉及一种自发光瓷砖。陶瓷质的砖体层（1）上设有厚度为0.8~1.5毫米的发光层（2），所述发光层（2）的外面覆盖有厚度为1~2毫米的透明保护层（3）。本实用新型产品在瓷砖质的砖体层（1）上设置了发光层（2），使它可以靠吸收太阳光和灯光蓄能，不用耗电，在光线弱的时候就可自行发光，且发光可永久性重复，无毒，无放射性，使用安全，环保节能。

88. 名称：一种瓷砖的制法

申请（专利）号：CN200710015670.0

公开（公告）号：CN101318804

公开（公告）日：2008.12.10

申请（专利权）人：淄博东岳实业总公司建材厂

发明（设计）人：臧涛

摘要：一种瓷砖的制法，属于以配料成分为特征的黏土陶瓷制品技术领域，其特征是，基础配方主要由下列重量份的原料组成：水洗泥20~25份，钠矿20~30份，钠长石20~30份，钾长石5~10份，长石15~25份，滑石2~5份。本发明通过配方及配料粉粒度的改进，使本发明产品表面层次感分明、具有超强的抗污能力并且提高了产品表面光泽度。

89. 名称：狭缝式复合透气砖

申请（专利）号：CN200820001016.4

公开（公告）号：CN201165535

公开（公告）日：2008.12.17

申请（专利权）人：濮阳濮耐高温材料（集团）股份有限公司

发明（设计）人：冯润棠；吴晓；王锋刚；贺中央；孙荣海

摘要：一种狭缝式复合透气砖，包括复合透气砖本体和透气陶瓷棒，所述透气陶瓷棒位于复合透气砖本体内部，在所述透气陶瓷棒内设有沿轴向贯通的气体通路，所述气体通路为狭缝。本实用新型的狭缝式复合透气砖透气量大，易于控制气流，而且使用寿命长。

90. 名称：环保陶瓷透水砖的制备方法

申请（专利）号：CN200810048452.1

公开（公告）号：CN101328044

公开（公告）日：2008.12.24

申请（专利权）人：武汉理工大学；广东科达机电股份有限公司

发明（设计）人：吴建锋；朱钒；徐晓虹；曾崎；陈金桂；滕方雄

摘要：本发明属于建筑材料技术领域，具体涉及陶瓷透水砖的制备方法。环保陶瓷透水砖的制备方法，其特征在于它包括如下步骤：①底层坯料的制备：将固体废物熟料破碎，筛分成2~3毫米的粗粒，得粗粒的固体废物熟料；按重量百分数为：粗粒的固体废物熟料60%~80%、过100目筛的梯级高温胶粘剂20%~40%，选取粗粒的固体废物熟料和过100目筛的梯级高温胶粘剂，备用；喷水造粒，用塑料布封闭，陈腐，制成底层坯料；②面层坯料的制备：将固体废物熟料破碎，筛分成小于2毫米且大于或等于1毫米的细粒；③采用液压压砖机成型；④透水砖坯体干燥；⑤将干燥后的透水砖坯体采用硅碳棒电炉或燃气梭式窑在1100~1200℃烧成环保陶瓷透水砖产品。本发明具有强度高、成本低的特点。

91. 名称：负离子远红外多功能陶瓷装饰地墙砖的制作工艺

申请（专利）号：CN200810016470.1

公开（公告）号：CN101328081

公开（公告）日：2008.12.24

申请（专利权）人：牛崇光

发明（设计）人：牛崇光；牛振

摘要：负离子远红外多功能陶瓷装饰地墙砖的制作工艺，属于陶瓷领域。其特征在于按如下工艺步骤进行：①将配制好的陶瓷釉料添加剂按质量百分比10%~30%的比例添加到地墙砖陶瓷釉料中，制成功能釉料，然后将功能釉料装入制釉球磨机中研磨24~72小时，通过高强除铁、过滤工艺后待用；②将所制作的地墙砖坯烘干后，用功能釉料对地墙砖坯进行表面喷釉，然后放入遂道窑中采用1000~1200℃的高温进行烧制，出窑后制成成品。本发明生产出的陶瓷制品，具有永久性释放负离子、发射远红外线、除臭、自洁、抗菌、净化空气的功效。同时陶瓷釉面中含有多种对人体健康有益的矿物质和微量元素锗和锶。

第七章　建筑卫生陶瓷产品

第一节　概述

建筑陶瓷是指用于建筑工程的陶瓷制品，主要应用于建筑物室内外地面、墙面的表面装饰及卫浴空间。陶瓷砖国家标准根据吸水率具有严格的分类，根据产品的制造工艺及功能差别，建筑陶瓷砖产品通常有：抛光砖、釉面砖（又称瓷片）、亚光砖（又称仿古砖）、外墙砖）和建筑琉璃制品等。

卫生间、厨房和试验室等场所用的带釉陶瓷制品，称为卫生洁具或卫生陶瓷。而通常讲的卫浴产品既包括坐便器、面盆等卫生洁具，也包括压克力板、铸铁、钢板等做的浴缸，以及包涵多种材质的浴室柜、淋浴房，还有五金水龙头等。

一、瓷质砖新突破

2006 年，东鹏洞石成功投产，开创了瓷砖“真石化”的全新局面。通过创新研发孕熔因子组成产品配方，攻克孕熔因子与砖胚在膨胀系数上的差异，并对布料工艺上进行创新性改造，东鹏洞石完美表现了天然洞石的孔洞效果与纹理走向。砖与洞合一，仅是东鹏洞石研发的第一层境界。2007 年年初，东鹏产品研发中心展开了对原有洞石的工艺改进。填洞洞石研发项目正式启动。2008 年初，东鹏无洞洞石——纳福娜洞石研制成功，全面投产，并在当年再次创造销售奇迹，成为行业新品销售之冠；与此同时，东鹏向国家专利局提交了纳福娜洞石研发的专利申请。东鹏纳福娜洞石，全球首创具的岩涌技术，通过完美再现天然纳福娜洞石的形成环境与凝结过程，演绎出岩浆奔流涌动的动态气势，逼真地还原了天然纳福娜洞石特有的大直纹，气势天成。

瓷砖在表现真石气质时，往往是对所仿石材的某一特点进行提炼，通过工艺与配方的处理来再现石材特征。例如，对多管布料设备的改进，可以在瓷砖上摹仿石材走向的纹理；通过融入特殊颗粒，瓷砖能达到石材的颗粒效果；运用聚晶微粉技术，瓷砖就能表现石材透明质感。也即，在一定基础条件下，只要对上述三个环节的某一个加以改进或者创新，就能研制出一款建陶新品来。而要对纳福娜洞石进行完全再现，则必须同时对三个环节进行改造，让设备、配方、工艺和谐共处、统一发力，才能在一块砖上实现纳福娜的三大特点。

二、微晶玻璃陶瓷复合砖

广东博德精工建材有限公司是微晶玻璃陶瓷复合砖领域公认的领导者，该公司长期坚持微晶玻璃陶瓷复合砖的前瞻性研制。2008 年推出“精工玉石五代”——祥云系列。博德精工运用全新的设备工艺，新造精工玉石祥云系列，这是业界首创的“高画质建材”：微晶玻璃覆面之下起伏的神秘幽壑，名贵石材的天然色泽，质感如海底奇珍，斑纹如玉似石，完美演绎天然石材都无可媲美的三维立体感，金贵光芒从层次深处折射而出。

2008 年 7 月 19 日，行业品牌企业杭州诺贝尔集团有限公司开发的深色系列微晶玻璃陶瓷复合砖、炫彩玻璃马赛克陶质复合砖通过省级新产品鉴定。前者采用特制深色微晶玻璃熔块，优化梯度分层布料、颗粒级配、膨胀系数匹配等技术，制成深色系列微晶玻璃陶瓷复合砖，其工艺技术和产品性能达到国内领先水平。后者是一种玻璃马赛克与陶质砖复合的新型产品，采用一次烧成釉面砖工艺结合三度烧工艺，既具有一次烧成陶瓷砖的性能，又具备马赛克色彩亮丽明快，风格多变，装饰灵活，富有艺术感染力等特点，其工艺技术和产品性能达到国内领先水平。

三、节能环保产品

欧神诺陶瓷是行业内较早投入到节能环保建材创新与开发的企业。2008 年推出的欧神诺晶立方其名称得益于其结构与著名的奥运场馆水立方结构上的异曲同工之妙。晶立方陶瓷晶体本身所形成的三维晶体骨架微孔结构特征，呈轻质高阻的蜂窝状针孔结构。作为一种独创的陶瓷轻质材料，其兼具陶瓷耐火、阻燃、耐酸碱、低膨胀、耐急冷急热及低吸水的优良特征之外，更有不可比拟的轻质、隔热、触感温暖的特点，堪称节能环保型的革命性建筑饰材。

福建南安协进陶瓷生产的“节能保温砖”系列产品，该产品用了30%的石材废料，在生产过程中添加了一种新型的发泡材料，陶瓷坯体在烧制的过程中发泡膨胀，并自动封闭其发泡后的气孔，使产品在隔热、保温、节能方面的优势突出，而且重量只有传统产品的30% ~40%。

2008 年建筑陶瓷产品的一个重要收获是福建华泰集团推出的 TOB 陶板。TOB 陶板采用意大利进口的挤出设备，在世界上第一次实现陶板生产的自动化机械大循环。TOB 陶板还率先运用全球领先的微波干燥技术，使产品更具有优异的平整度、高度的稳定性，具有隔音、保温、降噪等优越性。每一块 TOB 陶板都取材于天然纯净陶土，在超过 1200℃的高温下煅烧及温控技术，使每一块陶板仍具有陶土本身的色泽。TOB 提供 7 个基本色系，并由此扩展众多丰富的色彩，其色彩源于不同色调陶土的精确配比，使幕墙由原来单一墙体演变为结构新颖、饰面材料亮丽的墙体，满足了建筑外观、建筑节能的要求。华泰集团 TOB 陶板项目已经被住房和城乡建设部、科技部列为节能减排攻关项目。

蒙娜丽莎陶瓷作为一家承担国家“十一五”科技攻关项目的企业，同时也是一家火炬计划重点高新技术企业，一直在建筑陶瓷节能、环保、安全产品方面做一些前瞻性研究和开发。2007 年蒙娜丽莎陶瓷建成了第一条超薄陶瓷板材——PP 板生产线，该产品成为行业节能环保的标志性产品。2008 年，蒙娜丽莎陶瓷在推 QQ 板——无机轻质板，同样受到业界瞩目。QQ 板利用 50% 的陶瓷废渣作为原料，产品规格达到长 2.1 米，宽 1.1 米，容重少于 1，轻质、防火、防潮等是其最大的产品特点，甚至可以浮在水面上。QQ 板比普通地砖产品，可以节约原料 1/3 ~2/3，节约燃料 40% 以上。

四、“替代”产品

2008 年，以“原生态木纹世家”闻名的楼兰陶瓷，进一步打造“瓷木地板”的概念，并开始以木地板的替代品进行营销，但首先打的是安全牌。因此在装修中如果大量使用胶合板、实木板等板材，免不了有甲醛入侵，而如果使用不会释放甲醛的装饰材料，如经过 1200℃高温烧制而成瓷木地板则不会有这个问题。另外，瓷木地板与木地板相比还有环保的优点，因为用 10 平方米瓷木地板，就相当于 1 立方米的珍贵森林免于砍伐。瓷木地板还有易打理，不怕水火，南方湿热的梅雨气候也不会出现爆裂、起翘等问题。

墙纸因为种类繁多、风格多样，且质感柔和而在空间装饰中大受欢迎。但由其材质所限，墙纸又难免有变色、翘边、起泡、易破损、易受潮易等缺点。罗马利奥“新视界”内墙砖推出“新陶布”设计概念，如时尚布纹砖等，其色彩的丰富程度，大胆的搭配，多有出其不意的效果。其设计元素皆源自世界上最让人动心的顶级时尚：LV 包的经典红色与米色、PRADA 手袋的罕见皮纹、BURBERYY 的经典布纹。

“新视界”内墙砖采用最新意大利印花技术，对瓷砖釉面略微凸起的丝线进行特殊的处理，形成特有的丝晶立体效果，釉面的曲线使用的是当前国际流行的线条花纹。其中的壁布系列，取墙纸之长而补墙纸之短，创造出与墙纸一般无二的纹理与质感，又避免了墙纸材质的诸多缺点，成为空间的替代饰材。

五、瓷釉砖

这几年浅色系聚晶微粉砖几乎垄断整个抛光砖流行产品的市场，多层布料形成的逼真仿自然石材效果是绝对的主流。但多层随机布料并不能解决逼真度的问题。相反，仿古砖的取材越来越广泛，从2006年就兴起的金属釉，其后风行木纹、皮纹，尤其是在技术上出现柔抛、半抛、滚筒印花等工艺，这使得仿古砖的概念扩大化，半抛砖、亚光砖全纳入仿古砖范畴，尤其是全抛釉瓷砖既有仿古砖仿真艺术的丰富的表现力，又有抛光砖的镜面效果，成为未来瓷砖发展的重要方向之一。

莎安娜米黄大理石产于伊朗，其色泽柔和、白中带微黄，特别是变质相当充分，因而成为大理石的极品，极适合室内装修用，是全世界石材装饰界都极力追棒的品种。嘉俊陶瓷2008年底推出的“皇室御品”莎安娜产品有两个主要特点：一是运用了全抛技术使产品外观柔滑圆润，具有镜面效果，使装饰空间光洁明亮、富丽堂皇，既具有抛光砖的亮丽辉煌，又具有传统仿古砖的典雅含蓄；二是使用了使用全国最大的滚筒印刷机，以滚筒印刷技术取代以往的丝网印刷，技术上迈进了一大步，使其质地更加温润柔和，色彩更加细腻、图案柔和流畅，线条活灵活现、富有变化，逼真效果更上一层，获得了高度仿真的效果。2008年12月份，嘉俊陶瓷瓷质釉下彩水晶复合工艺及抛光砖（皇室御品）在“金隅杯”全国建材行业技术革新评比中，荣获技术开发类二等奖。

简一陶瓷采用平衡柔抛、辊筒柔印、3D渗釉、金刚内质等创新技术，研制出仿小牛皮的皮纹柔光砖，尤其是以平衡柔抛技术，最大限度地还原了小牛皮的细腻触感；其通体瓷化，抗污耐磨的特性，可以实现墙地一体，应用无极限。

“风之谷”系列是欧文莱陶瓷2008年开发的全新一代瓷质半抛饰釉砖，以精细辊筒印花与独特半抛专利技术工艺相结合，将数千年风蚀砂岩材质逼真还原，带出浓厚天然原生气息。“风之谷”产品脉络肌理纤细丰富，简约、时尚、个性，成为用于现代空间装饰的优越瓷砖产品。

六、时装化

过去几年，“时装化”一直是陶瓷行业产品创新追求的一个境界。欧神诺陶瓷是行业“陶瓷时装化”最重要的实践者之一。2008年北京举世瞩目的奥运会成为展现中国传统经典文化的大舞台，其中青花就成为颁奖典礼礼仪小姐服装设计的重要元素。青花也由此成为2008中国最流行的时尚元素之一。欧神诺陶瓷则聘请国内知名设计师，以景德镇传统艺术陶瓷为蓝本，结合现代建筑陶瓷装修风格，设计出“景德镇风系列”内墙砖受到广泛的好评。“景德镇风”系列瓷片则是中国风的极至体现，独特的蓝纹印花配合熔块、假金、闪光釉、釉面白金等多种工艺，重现中国陶瓷颠峰时期“四大名瓷”的绝代风华。

米兰时装周是国际四大著名时装周之一。每年的米兰时装周都聚集了时尚界顶尖人物，汇聚各种风格潮流，每一款都成为经典时尚的代表。因此，意大利米兰时装周一直被认为是世界时装设计和消费潮流的“晴雨表”。格仕陶2008年新品“米兰时装周”系列，结合国际流行趋势，采用立体裁剪，创造高品质生活空间，塑造经典时尚。时装讲究精美的面料、灵动的剪裁。格仕陶从时装界中找到灵感，将高档服装的布纹引入到瓷砖的纹理当中，手感细腻、舒适，使冰冷的瓷砖增添了柔美与温润。质地坚硬细腻、耐磨抗污、耐酸碱腐蚀、健康环保无辐射。国际先进的珍珠凸釉工艺，真正还原瓷砖剪裁式艺术魅力。该款产品也凭借其独具特色魅力的布纹表面和来自服装剪裁技术的新颖设计，获得了国家外观专利权，弥补了以往瓷砖没有壁纸花样、颜色丰富，可创意空间大的缺憾，扩大了瓷砖的使用范围。

中国风、后现代主义、新文艺复兴主义、混搭、立体解构，事实上2008年大行其道的几大流行元素在去年的瓷砖产品中都等找到对应，并且将继续引领2009仿古砖设计的风潮。L&D陶瓷的苏格兰系列则将经久不衰的“格纹”风吹进了瓷砖界，温馨的布艺文化用瓷砖来重新诠释；百纳陶瓷的印象毕加索系列在设计中把立体主义、抽象主义、超现实主义充分混搭，提炼出自已别具一格的产品图案。

七、复合产品

当前瓷砖“仿石”之路还存在众多障碍，而天然石材资源珍稀，日显珍贵。米洛西 U⁺天然石是2008 年度“跨界设计”引发的建材新领域。天然大理石的面材、瓷砖坯底，石与砖的创举性复合而形成一种新型的建材——石砖。U⁺天然石不仅保持了天然大理石纯粹真石的自然质感，绝不雷同的花色纹理，晶莹剔透的玉质肌理，美仑美奂的华贵气质，环保节能的生态品质，而且在防渗透、抗污染、耐磨、抗压等物理性能上形成天然大理石与瓷砖的优势 1 +1，极大的提高了大理石的使用品质。

第二节 发展趋势

一、抛光砖的发展

抛光砖由于是仿自然石材经机械加工制成的光滑表面，所以这种产品都有一种“加工感”、“现代感”，具有浓厚的工业化气息。中国有几千年农耕文化传统，对“秦砖汉瓦”产生审美疲劳，而工业文明是最近 30 年才广泛接触，所以人们对具有“光鲜感”、“现代感”的抛光砖特别喜爱，中国人不论是家庭还是工程都喜欢使用抛光砖，显示出对现代工业文明的崇尚。而在欧美，由于现代化进程较早较快，所以人们更喜欢具有古朴、自然、田园风格的有釉砖，所以在欧美有釉（仿古）砖使用量较大。

1. 薄型化、减量化

薄型抛光砖将变成现实—— 在中国市场上，消费者一直认为“抛光砖产品越厚越好，薄了就是偷工减料”，从而误导企业将产品的厚度加大。随着各方面的宣传及国家政策的引导，企业开始接受并尝试将抛光砖减薄：首先是出口，不少企业已将厚度比正常内销的减薄 1.0 ~1.5 毫米，可以减少出口运输成本，而且客户也欢迎。在内销方面，也有不少工厂将厚度减少 0.8 ~1.2 毫米，也取得了消费者的认可。

由目前 10 ~12 毫米厚减到 8 毫米左右，抛光砖行业首先将向前迈出第一步，并实现产业化与商业化。在未来 5 年内，第二步将会有不少企业生产销售 6 ~7 毫米厚的抛光砖。相关的薄型砖的产品标准将会出台。

超薄型抛光砖（3 毫米厚）的生产目前只有蒙娜丽莎一家，随着其 PP 板的逐步推广，将会有更多的企业加入生产超薄型抛光砖的行列。

未来中国抛光砖大规格产品（800 毫米 ×800 毫米以上）的生产量将会下降，中小规格产品含 800 ×800 毫米生产量将会上升。

2. 更硬、更亮、更低

吸水率将进一步减少，抛光砖产品吸水率的控制目标是向 0.001% 方向迈进，从而实现真正的“零吸水率”的抛光砖。抗破坏的强度不断上升。随着“超洁亮”纳米材料工艺技术与设备使用，抛光砖表面光泽度有一个飞跃，未来的抛光砖表面“镜面化”是一个方向。

不论抛光砖产品如何变化，主要的发展方向是进一步实现“真石化”，研发与生产技术人员共同努力，进一步使抛光砖实现“取之于自然，而超越自然”稀缺、名贵、美观的各种天然石材将成为各企业研发效仿的样板，“仿真度”越高，产品的附加值越高。各抛光砖企业都将建立石材资源库，“源于石材，而胜于石材”将成为抛光砖研发的指导思想。

3. 抛光砖与有釉（仿古）砖的结合

抛光砖产品另一个重要的发展方向是与有釉砖相结合，研发生产更具美学效果、成本低的环境友好型产品，这将是大趋势。

“抛光砖”、“真石化”、“有釉砖”三者相结合，将产生一种未来的“瓷质抛釉砖”，这将是一种极具前景的产品，其主要工艺如下：坯体→干燥→施底釉→印花→施面釉→烧成→磨抛加工→检验→包装，这种产品也可以称为“瓷质釉下彩抛光砖”，目前广东佛山已有几个工厂进行小试、中试，个别工厂已进行了大生产试验，优点是仿石真实度高，表面不吸污、光泽度高，缺点是釉面耐磨性仍需改善，由于变形易导致“漏抛”等缺陷，优等品率不高，透明度高、耐磨性好的面釉配方及坯相适应的膨胀系数是技术关键。

未来的抛光砖企业将会实现转型，从无釉型转到有釉型产品，这一过程将在今后的5～10年里得到证实，无釉/有釉＝10/1→10/3→10/5→10/7→等。

4. 抛光砖与金属釉结合

抛光砖与金属釉相结合，采用独特设计的凹凸模，生坯上喷金属釉，经1200～1230℃高温一次烧成，经磨抛加工，可制得表面效果独特的产品，这种产品具有现代感，有非常“酷”的效果，附加值较高，多种规格600毫米×600毫米、800毫米×800毫米、600毫米×1200毫米、400毫米×800毫米等，既可用于地面又可用于外墙干挂。

超白抛光砖坯体（普通 $K_2O-AL_2O_3-SiO_2$ 系统）加化妆土，再施亚光锆白耐磨釉，经一次烧成，磨边倒角，产品白度＞80%，（也可以在锆白亚光釉上再印一次图案，半透明性），这种产品也将有良好的市场。

斑点砖坯体加印花，再施釉或印一次亚光透明釉，一次烧成，再柔抛，这种抛光砖与有釉砖相结合的产品有良好的发展前景。

目前中国生产的抛光砖绝大部分都是纯平面，未来凹凸面的抛光砖生产量将会有所增加，有希望占总产量的5%左右，色彩、图案、肌理三者相结合，将使抛光砖产品更上一个新的高度。

5. 微晶玻璃复合砖的前景

微晶玻璃复合砖生产工艺未来将发生根本性的变化，由“素坯布玻动料二次烧成工艺”转变为“素坯与玻璃基板结合再烧成”（或生坯与玻璃基板结合相结合）而玻璃基板的配方是微晶玻璃，二次烧成后会析晶，这种工艺方法将不会生产气孔气泡缺陷，前景非常看好。另一种趋势是二次烧成的复合板生产量与销量下降，而一次烧成的“通体板”会上升。另外，新一代耐磨性更好的微晶玻璃复合抛光砖将在不久生产与销售。

二、仿古砖的发展

仿古砖通常指的是有釉装饰砖，其坯体可以是瓷质的，这是主流；也有炻瓷、细炻和炻质的；釉以亚光的为主；色调则以黄色、咖啡色、暗红色、土色、灰色、灰黑色等为主；仿古砖蕴藏的文化、历史内涵和丰富的装饰手法使其成为欧美市场的瓷砖主流产品。

与普通的釉面砖相比，其差别主要表现在釉料的色彩上面，所谓仿古，指的是砖的效果，应该叫仿古效果的瓷砖。仿古砖仿造以往的样式做旧，用带着古典的独特韵味吸引着人们的目光，为体现岁月的沧桑，历史的厚重，仿古砖通过样式、颜色、图案，营造出怀旧的氛围。

虽然，在产品生产工艺上国内仿古砖已经接近欧洲瓷砖生产发达国家的水平，但国内产品在国际市场上的售价只有意大利、西班牙生产的同类产品的1/3～1/4甚至还低些。其主要原因四设计创新和自主名牌的缺乏。

按现在流行的说法，仿古砖始于1997年，到2008年已经过了10周年。10年来，仿古砖在国内从边缘化到中心化，从配角走向主角。目前，仿古砖的应用已经开启了墙地一体化的趋势。仿古砖“无处不能”，因此“无所不在”。仿古砖可以仿布、仿石、仿木、仿铁锈、仿墙纸，花色品种非常丰富，且适合切割混搭使用，因而在空间艺术装饰上上为我们提供了无穷的可能性。

与抛光砖相比，仿古砖更值得提倡，这既有市场的因素，也有非市场的因素。这个非市场因素就是

"节能减排"。仿古砖与抛光砖比，前者不需要抛光，用电可以减半。抛光砖需要抛光，在抛光过程中有粉尘污染，污水要处理。多了一道抛光程序自然要多出相应的成本投入，同时电量也大幅度增加。高级的仿古砖可以用较低品位原料乃至工业废渣做成，因为通过表面的施釉可以将瓷砖装饰的更加漂亮，对于炻质仿古砖，球磨时间比较短，烧成温度比较低，产品转产管理容易，冷加工切削量少，这大大节省了成本。抛光砖方面，必须用高级的原料才能做高级的砖。这是因为要经过抛光处理，坯体必须致密，这样也必然要求原料是"真材实料"。

仿古砖表面有钢釉（金属釉），很坚硬，半抛或者柔抛之后不会藏污。抛光砖非常光亮，但时间长了表层打磨的保护物褪去后会出现气孔，容易藏污。我们现在讲的仿古砖已经不是传统意义上的釉面砖，而是指瓷釉砖，其吸水率低，一般在0.2%～0.3%，而传统的釉面砖的吸水率是6%。瓷釉砖更致密、更坚硬、吸水率低，主要是因为烧成温度高。当传统的釉面砖通过高温瓷化后，仿古砖实际上也就有了抛光砖致密的质地。也就是说，仿古砖与抛光砖已经没有了界限，瓷釉砖就是两者融合的标杆。因此，目前称"仿古砖"为瓷釉砖、有釉砖也许更贴切些。

仿古砖目前正在一线市场大举进攻抛光砖和瓷片的领地。其在一线市场的份额有的已逼近50%。一些中小企业已经全面转产仿古砖。但从整个瓷砖市场看，仿古砖占据的还是小众市场，这也是目前市场上知名仿古砖品牌不多的一个重要原因。另一方面，仿古砖做成功的品牌不多与企业掌握仿古砖运作的能力有关。对很多企业来说，从抛光砖到仿古砖的转型，并不是那么容易的事情。仿古砖的技术难度大，如果切入仿古砖领域，最可行的办法是先通过贴牌生产，熟悉市场运作，同时加强技术研发投入，不断探索，待成熟后再上自己的生产线。更为重要的是，仿古砖的渠道和抛光砖也大不一样，仿古砖特别需要情景展示，需要整体解决方案，需要走设计师路线，需要品牌化运作——换言之，要做好仿古砖企业必须提高经营水平，否则，仿古砖也可能成为投资者的"滑铁卢"。

仿古砖的生产成本低，价格卖得贵，这就是它的魅力所在。但与意大利、西班牙生产的同类产品相比，国内产品只是其1/3～1/4，甚至还低些。而究其原因，主要还是设计创新和自主名牌的缺乏。

按照仿古砖"无所不在"的发展趋势，未来仿古砖可分为以下几大类：

（1）仿石材类

一是创意来源的多样性。跟抛光砖的仿石材不一样，仿古砖的创意来源更丰富。抛光砖大多仿大理石，很少砂岩，仿古砖则板岩、砂岩……可以仿很多种，只要是自然界的石头都可以仿；二是实现手段的多样性。从技术层面来说，可在坯体、模具、釉料、工艺技术上做文章，还可把抛光砖技术，如干粉等引过来。三是质面的多样性。同样是石头，可做成平面、凹凸面、火烧面、槽面、全抛、半抛、全亚光等，可加工的余地非常大。四是色彩的多样性。抛光砖要增加几款颜色的成本很高，但仿古砖在色彩上可以千变万化，可以是明度高的，也可以是饱和的鲜亮，也可是暗哑的、仿古的。明度高低、色值大小、饱和度高低，风化效果的，色彩的取向性很高。因为它的创意、工艺、质面、色彩的多样性，造就了其丰富的物理属性、心理属性、社会属性，配套也因此更丰富。

（2）科技石类

创意来源可以是石材、仿金属、超前的、另类的，也可以是电脑板色、水泥色、太空色。可以是鲜亮色彩的东西。主要是用工业手段调配过的色彩。科技类石有一个特征：电子时代、科技时代，现在、未来没有什么不可以，发挥空间很大。色彩偏向白、灰、深灰、蓝，可以是从明度很高的浅黄到咖啡色。这类产品规格偏大，600毫米×600毫米以上。

（3）仿生类

仿有生命的东西，如木、皮、竹等。

（4）人文类

这是从仿石类挖掘出来的。历史长河沉淀下来东西，皇宫、寻常百姓人家、牧民等各类社会的东西，都可以表现。规格不会太大，那时机械程度不高，多手工制作，边角多样，面上有起伏，或有很微弱的棱角，有沧桑感，不规则的波浪边，色质比较轻，明度比较灰，社会属性很明确，地域风格民族性强、有历史跨度。

仿古砖生产材料来源途径多，可以充分利用工业废渣和低品位原料，原料生产成本低，符合清洁生产理念；对于炻质仿古砖，球磨时间比较短，烧成温度比较低，产品转产管理容易，冷加工切削量少，符合节能减排理念。

第三节　艺术瓷砖

一、概述

艺术瓷砖，又叫瓷砖装饰艺术品，属于艺术陶瓷和建筑陶瓷的交集的范畴，具备两大行业的传统基因，是市场自然衍生出的一个陶瓷行业的新门类。在艺术方面高于建筑陶瓷，在实用方面高于艺术陶瓷。

艺术瓷砖，给予了瓷砖具象或者抽象形态。有时是抽象为形态，给人扑朔迷离的意境；有时是具象形态，给人以亲切可爱的情怀；有时兼而有之，既实实在在又感受到说不透道不出的内在意蕴。具象方面，创作中的造型、釉色、纹样、技术之间的语境表达，使具象陶瓷达到更高的境界。

艺术瓷砖，要传达一种意念、一种精神，给人多元、丰富的艺术感受。

从设计的发展史看，19世纪末20世纪初出现的新艺术运动，和当下设计装饰风的“繁”，有许多相似之处。在世纪之交，伴随着工业革命，欧洲从农业社会向工业社会的迈进过程中，新艺术运动体现了对将要逝去的手工情趣与传统审美意味的留恋和复兴。从工艺美术到建筑和装饰，也波及绘画等艺术。新艺术运动，是农业文明向工业文明过渡时期，恋旧情结的回潮。20世纪末，工业文明向信息文明跨越时期出现了繁密设计之风，也是怀旧的回逆。物极必反、简过必繁，这是设计的潮流。艺术瓷砖，正好迎合这种潮流。

二、源流

屋顶陶瓦创制于西周初期。墙地贴面陶砖、大型空心砖、栏杆砖、陶井圈都创制于战国时期。墙体砖、画像空心砖始于秦汉时代，“秦砖汉瓦”表明建筑陶器在秦汉时代取得了巨大的发展。东晋时期创造了壁画砖，南朝时就有了上百块砖组成的大幅印花砖。北魏时期，创制了建筑琉璃制品，使建筑陶器产生了质的飞跃。建筑琉璃在隋唐辽各代更为流行，明清时期发展到最高峰。现代陶瓷墙地砖制品及制造技术，由欧美传入我国，于20世纪初期我国开始建厂生产，国内的现代墙地砖生产始于1939年建成的浙江温州西山面砖厂，自1978年以来，国内建陶行业得到迅速发展。

而在欧洲，早期希腊人的大理石马赛克最常用黑色与白色来相互搭配。它成为当时权贵们的奢侈艺术。马赛克的黄金时期是罗马帝国时代，描绘耶稣基督故事的玻璃马赛克壁画是那个时代的读图记忆。正是这样渊源关系，今天，国产艺术马赛克的主要市场还是在欧美国家。近年来，国内经济、社会稳步发展，消费者购买力显著提高，艺术马赛克市场也开始兴起。

随着人们生活水平的不断提高，对环境美化要求也日益提高、对建筑卫生陶瓷外观装饰效果要求也愈来愈高，厂家普遍重视瓷砖的实用性和艺术性结合，注意提升实用砖的艺术化水平，传统的陶瓷艺术马赛克市场因此得以升温，同时瓷砖的艺术化切割使用也大行起道，而更多企业则直接加盟艺术瓷砖的生产，从早期流行的配饰用砖到现在的陶瓷艺术壁画（绘画类、书法类、浮雕类）等，使艺术瓷砖的种类得到空前的扩展。

三、发展历程

在建陶发展初期，市场对于瓷砖的需求仅仅是功能性。但是，技术上的进步和工艺上的突破，以及设计理念的改进，改变着瓷砖产品的规格和发展的趋势，而风格和流行趋势的变革也推动着技术上的革新，相互作用着的结果，便是开发理念和消费时尚的同步推进和提高。二者的相互作用和提高，也有力地推动着建陶工业和瓷砖产品的向前发展。

建陶产品开发所呈现出的特点，时装化、个性化、人性化、艺术化、自然化、多功能化，内墙高档化、外墙瓷质化，给予了艺术瓷砖广阔的市场空间。

现代人居观念改变了过去“重厅轻厨”意识，把厨房和卫生间作为家庭装饰、装修的重点和构思设计最精彩的地方，各种艺术瓷片成为厨卫家装的精美衣裳。高光、亚光、无光釉面砖及腰线和花片的整体搭配，使内墙装饰美仑美奂，日趋高档。内墙高档化体现在，一是瓷片内、外在质量的提高，二是装饰风格和装饰效果得到提升。如大艺陶瓷设计方面，把艺术瓷砖发展到厨卫的整体，使卫浴从上到下，从墙面到地面，完全使用艺术瓷砖，并且是使用的档次较高的抛晶砖。

外墙装饰砖经历了由陶质到炻质再到瓷质的过程，长条砖和小方砖日趋没落，瓷化程度高的外墙砖将受欢迎，并逐步取代陶质和炻质砖。艺术瓷砖在这个领域，如鱼得水，可以体现自身的装饰性、高品位，受到青睐。

为满足瓷砖装饰个性与丰富性的要求，近年来瓷砖装饰技术和手法有了很大提高，朝高品位、高档次发展。如在瓷砖印花技术方面应用了喷墨彩技术、滚筒印花等新工艺，使瓷砖装饰风格多样化。

装饰手法也丰富多彩，如外墙砖一改过去呆板的一色上墙为三色混贴，厨卫瓷片使用腰线和花片砖装饰以及地爬墙一体化砖的使用。金意陶等通过花片的精心设计来吸引消费者，而要用花片就要配同一系列墙地砖，这样的捆绑，会促进销售。

与此同时，“三砖”概念变得模糊，例如地板砖可作外墙装饰，外墙砖可作室内装饰，这种混合使用的方式更体现瓷砖装饰风格的多样化和新颖性。这样也扩展了艺术瓷砖的使用空间。

四、艺术瓷砖现状

艺术瓷砖目前的研发、生产、销售分布于瓷砖企业、马赛克企业、手工砖企业、艺术砖工作坊等。产品主要应用在花片、腰线、地线、墙饰等处。在创意研发方面，土天陶走在前面。在产品手工化方面，智邦手工砖的手工化程度最高。在产品商业化方面，个性瓷砖和海意电视墙、自然之陶走在前面。在应用领域，海意扩展了艺术瓷砖的应用到家居门厅、通道等多个范围。

行业总的形势是：广泛化，艺术瓷砖正在走向家居的各个角落，突破主要用于装饰、配饰的配角地位；专业化，泳池、别墅、会所等高档场所应用的艺术瓷砖，日益向专业化发展，有些企业专做泳池砖，专注于一个细分市场；高端化，很多企业做的砖是定向服务于高端人群和场所的；区域化，欧洲、北美、中东、东南亚，他们区域的对于艺术瓷砖的需求取向，体现了明显的地域差异。

佛山的建陶产业升级在加速。如蒙娜丽莎推出 PP 板，在节能降耗上实现了突破；艺术瓷砖因其能耗小、无污染、附加值高，行业进入门槛低，正在成为政府、社会青睐的产业升级模式。虽然，艺术瓷砖的目前的市场总量还比较小，但是其前景非常广阔。

五、艺术瓷砖发展趋势

手法——移植。在艺术瓷砖制作中，特别是手工砖制作中，移植、继承传统陶艺的手法屡见不鲜，整个流程中，制坯、修坯、如结晶装饰釉是饰面砖釉层装饰的一种方法。结晶釉原本是作为艺术瓷的一种装饰，随着人们生活水平的提高，对陶瓷砖的装饰视觉要求越来越高。陶瓷砖要有艺术欣赏价值。这样一些原本用在艺术陶瓷上的装饰手法，逐渐被移植到建筑陶瓷上。“高的”的冰纹系列，以中国传统的陶瓷冰纹釉工艺，结合时尚的色彩，营造绵长的韵味。佛山市狮玛马赛克有限公司，有窑变、结晶、裂釉、电釉、冰玉、金丝等工艺，也来自传统的陶艺工艺领域。荣高、蜥蜴、景德镇思域瓷砖的窑变，也是引用传统工艺。

材料——创新。蒙娜丽莎瓷板艺术画的基础是材料——轻质新型建材，名为PP板或建筑陶瓷薄板。PP板具有替代铝塑板、传统饰面材料（木质饰面板、胶质饰面板）的优势，更重要的是它可以在某种程度上替代画布，从而成为一种新艺术形式瓷版画的重要载体。

元素——组合。唯美壁饰正在尝试对于艺术瓷砖核心设计元素重新组合。这种组合，就是实现传统文化符号、书法绘画、刀刻艺术的重新组合，通过组合形成一种难以模仿的能力，即糅合了三大自主产权的复合能力。如果加上宜兴紫砂的原料和大师制作，这种组合就有了四种元素。

文化——传承。艺术瓷砖是传承文化的绝好载体。唯美壁饰传承的是中国古代历史文化，每种设计图样都力求找到渊源，如“甲骨时代”对应的甲骨片，“财运八方”对应的汉瓦当中的青龙、白虎、朱雀、玄武，“光彩鉴人”对应的古代青铜镜。而众多的陶瓷企业产品，是以西方文化为依托的，圣凡尔赛的法兰西风情，蒙娜丽莎的意大利揭秘，55℃的北欧简约，都是在寻求自身产品的文化根系，弘扬所依托文化的优秀因子，满足消费者从里到外对于产品的心理需求。

空间——突破。艺术瓷砖的应用早期是用于装饰，属于配角。这从其应用范围可见一斑。艺术瓷砖就是腰线、花片、地线、装饰画，应用范围限制于厨房、卫浴间、壁炉等狭小的地方，用量也绝不会很大。而现在这种状况正在发生改变。引领时尚的是那些高档别墅、会所、酒店、宾馆、娱乐场所等，其广泛应用艺术瓷砖，为的是提升自身品味、档次。如别墅的外墙贴用小规格的手工砖，泳池用马赛克画砖，玄关、走廊用艺术瓷砖，温泉用手工砖，大面积的墙面用陶瓷壁画，地面铺的也是小规格瓷砖。其中，大艺陶瓷的整体应用令人耳目一新：厨房、卫生间、客厅等，几乎所有场合用的都是艺术瓷砖。而广州诺彩瓷砖的瓷板画在主题酒店、主题餐厅、商场等大型商业空间，以及各种家居空间广泛应用。

观念——更新。近年来，一些企业在概念上提出了手工砖的名词。如《马可波罗手工砖》出品了2008年的产品图录，对于手工砖概念做了阐述：2004年8月唯美陶瓷集团在艺术总监陈复澄教授主持下，应用陈复澄教授刀笔书画的艺术创作技法，在马可波罗瓷砖砖坯上用手工雕刻的工艺创造了“手工砖”这一全新的瓷砖品种。手工砖的雕刻工艺，综合了陈教授的艺术技法（如冲刀法、运刀法、平刀法、挑沙法、舞刀法），利用不同的刀法，通过点、线、面，来突出瓷砖的各种肌理效果，极大的丰富了瓷砖的视觉感受。

唯美手工砖按品种分类，可分为“复澄壁”、“装饰砖”、“纹理砖”三大不同内容和形式的瓷砖。“复澄壁”是用手工雕刻的工艺把瓷砖制作为艺术品或工艺品，悬挂于馆舍厅堂。“装饰砖”是在瓷砖上用手工雕刻成图案或画面。“纹理砖”是用刀刻的点线面来表现瓷砖的纹理效果。手工砖按实用分类，可分为“壁饰砖”和“地饰砖”两大类。

土天陶产品定位为“手工艺术砖”。产品系列中提到了手工外墙砖、手工内墙砖、手绘花片、异型砖、陶饰品、马赛克的产品组合。提出了“纯天然+纯手工+纯生活”的理念。其产品类别有：花砖、面包砖、腰线砖、平面砖、水晶砖、图案砖、外墙砖、异型砖。上华陶瓷厂的品牌“形”，被厂家称作手工陶艺砖、手工艺术砖。土天陶和“形”更多的关注了陶艺的概念，土天陶重视窑变应用，“形”注重釉色的处理。自然之陶出产的“高的”品牌装饰砖，也基本是手工砖。“高的”装饰砖——抛晶砖，主要覆盖腰线、花片等系列。

规格——变革。艺术瓷砖的规格已经丰富多彩，各具特色。既有海意这样的大型化发展的趋向。又有维邦、土天陶这样的越做越小的案例，土天陶的小砖到了17毫米×17毫米×13毫米的尺寸。

工艺——多样。彩绘、贴花、印刷、刻花、熔块结晶、拉毛、描金，多样的工艺应用在产品上面。即使效果接近的金属釉、印刷，各个企业的技术也不完全相同。

搭配——结合。没有一个建陶展厅，会完全没有艺术瓷砖的存在。在产品高度同质化、市场跟风严重的态势下，艺术瓷砖可以营造一种差异化的氛围。在金意陶陶瓷的展示中，艺术瓷砖，如瓷板油画、仿布纹画，可以帮助表现主导产品的视觉效果。在不少的展示中，艺术瓷砖是作为厂家主流产品的配饰出现；也有的艺术瓷砖就是产品有机的组成部分，与瓷砖融为一体，如唯美中国印象系列；时下，更多的艺术瓷砖作为独立的产品出现，消费者可以单独选购。如唯美壁饰、东鹏壁画、梦娜丽莎瓷版艺术画。

个性——定制。艺术瓷砖宣称是可以个性定制的。比如，海意拼花可自选图案，土天陶、维邦手工砖的来样加工。唯美壁饰也把定制作为自身的卖点。比如消费者可以选一首诗词，厂家给单独书写制作。

六、艺术瓷砖生产的新收获

艺术瓷砖生产和创意设计要实现新的突破离不开主流企业的参与。近年来，东鹏陶瓷作为领导型企业的特征，在其对日用、艺术瓷和建筑陶瓷渠道融合的探索上也充分体现出来。东鹏陶瓷近年来一直致力于渠道价值的最大化，不仅大量生产东鹏艺术壁画（分绘画类、书法类、浮雕类）、东鹏陶艺灯饰等，而且成功注册“东鹏陶艺”商标，并尝试在自己终端300个专卖店辟出地方开设“东鹏陶艺轩”，轩内集合了各种精致的陶瓷工艺品，其中包括签约艺术大师、陶艺家黄志伟、封伟民、罗育民专供的现代陶艺作品。

蒙娜丽莎的瓷板艺术画是另一个重要的收获。瓷板艺术画是蒙娜丽莎的PP板（大规格建筑陶瓷薄板）衍生出来的一种产品。它以PP板作为复制品的载体，通过已申请专利的“特殊工艺”对画作效果进行逼真的还原，复制出来的产品耐酸碱、耐高温，颜色可以经久不变，非常便于保存、打理。蒙娜丽莎的瓷板艺术画比过去的砖雕作品更适合于产业化运作，目前正在进行商业开发。

另外，佛山个性陶瓷有限公司汪稼民、刘唐慎开发的“大明”系列窑变手工砖也是2008艺术瓷砖行业的重要收获。釉面创造者，吸取了中国古代“钧窑”“建窑”名窑名釉的技术精华，并结合现代科学手法，将“窑变”技术全新突破，自然形成的“朵花”斑纹，奇特的艺术效果，使“窑变”更加斑斓绚丽“深不可测”。这种个性化的“新窑变”艺术砖，将成为高端艺术装饰的首选。

七、艺术瓷砖与民族文化

陶瓷不只是具有实用功能的物质产品，更是能够承载文化艺术、给人以精神愉悦的精神产品。中国是陶瓷文明大国，陶瓷生产方式是中国传统文化的一部分，而随着技术的进步、陶瓷产品的更新换代，陶瓷越来越成为传承中国人精神的重要手段。

中国陶瓷业界近年来一直在探索一种具有本民族独特气质的“中国风格的时尚”的产品。所谓的“中国风格”时尚与“中国风”的繁缛、“中国主义”局限于设计的狭隘不同。“中国风格的时尚”泛指在在产品的设计上运用了“中国元素”的设计风格。前两年唯美陶瓷开发的“中国印象”系列，将中国的书法、绘画艺术巧妙地融入到瓷砖的设计中，2008年一年中前后受到前来考察的两位国家领导人的好评。

2008年创造“中国风格的时尚”产品并不多，这一方面显示出行业创新设计力的匮乏，另一方面也表明目前市场上还是“新古典主义”、“新装饰主义”的天下。2008年“中国风格的时尚”实验者值得一提的是欧神诺陶瓷，其“景德镇风”系列产品是本年度行业最重要的收获，该产品最大的特点是将景德镇青花瓷的艺术符号植入瓷砖设计中，与北京奥运会颁奖礼服青花系列有异曲同工之妙。东鹏陶瓷、东鹏洁具也将传统文化符号作为产品的设计元素，并计划对青花系列进行成系统的开发设计。

第四节　马赛克

马赛克是一种非常古老的产品，起源于古希腊，一度盛行于古罗马。在拜占庭帝国时代，马赛克随着基督教的盛行作为一种贵族的艺术而大量运用于宫殿装饰和教堂装饰。拜占庭时期的艺术几乎与马赛克一词划上等号。

今天，马赛克在欧洲马赛克不单是家喻户晓的家居装饰材料，更是长盛不衰的艺术作品，代表着一种艺术生活化，生活艺术话的态度。通过一批知名企业（如意大利BISAZZA和SICIS等）深入持久的研发和推广，古老的马赛克重新走入现代人的生活。BISAZZA和SICIS等企业以独特的工艺和时尚潮流的设计引领了马赛克的发展，使马赛克不仅在家居装饰装潢上普遍应用，在地铁车站、大型商场、大型休闲娱乐场所、主题公园、主题文化墙等公共场所也大量使用。

相比之下，马赛克在中国的历史很短。虽然1949年前国内开始有马赛克的生产，但马赛克的大发展是在1978年改革开放以后。20世纪80年代初期，广东佛陶集团的标志是“三块砖”：一个是马赛克，一个是瓷片（学名釉面砖），一个是彩釉砖。后来随着抛光砖的出现，马赛克的发展势头受到遏止，并沦为配角。

20世纪80年代国内的马赛克主要是玻璃马赛克，90年代开始出现石材马赛克，到21世纪出现金属马赛克，大概在2004年出现贝壳、椰子壳、树皮、文化石马赛克。特别是在最近三五年，马赛克产业有一个质的飞跃：过去马赛克主要是做出口，2007年开始，国内的高端建筑，包括夜总会、别墅，以及2008年北京奥运的水立方、鸟巢等大量运用马赛克。国内马赛克市场最近几年都呈爆炸式增长态势，增长率在20%～30%以上。旺盛的市场催生了大量马赛克企业。目前国内马赛克企业总数近1000家，产值突破200亿。两年前佛山马赛克企业只有60家左右，到2008年已增加到96家。

从全国产能布局来看，目前马赛克产量最大、最集中的还是佛山。但这几年各地的马赛克企业也在急起直追，发展势头喜人。而且，各地大都基于自己的优势条件发展，因此产区、产品均呈百花齐放之势。广东佛山的玻璃马赛克、马赛克，广东云浮和福建水头的石材马赛克，四川成都、江苏宜兴的玻璃马赛克，山东淄博、江西景德镇的陶瓷马赛克，海南的贝壳马赛克、椰子壳马赛克等都各有千秋。

马赛克行业中过去大多是这样的企业：企业规模小、产品结构单一、市场占有率低、品牌知名度不高。整个行业缺乏一批行走在市场前沿、在行业中拥有较高话语权，能带领中小企业一起健康发展的名牌企业。近年来这种局面有较大的改善。随着马赛克产业整体实力的提升，彩花、荣冠、玫瑰、索迪、澳利仕、海讯、九孔金属、菲鱼浦斯、亮雅、伟祺、意佰年、嘉泓、赛德、郁金香、高帝米拉等一批强势企业应运而生，这些企业为行业发展树立了标杆。

近年来国内的星级酒店、夜总会、别墅等高档场所更是随处可见马赛克的身影，马赛克装饰已成为潮流趋势。2008北京奥运场馆设计大量使用马赛克，比如水立方泳池、卫生间等场所使用马赛克的示范效应会影响更多设计师了解马赛克及其运用。预计未来政府办证服务中心、地铁站、步行街、旅游景观壁画等公共设施也会大量使用马赛克。

马赛克逐步走俏国内市场，与社会大环境及产品本身的特性等密切相关。随着经济的发展和人们生活水平的提高，需要高档马赛克产品装饰的高档消费场所和高端住宅大量涌现，大量建筑物弃用大规格瓷片，而改用高档的马赛克进行装饰，从而带动了马赛克产销量的快速增长。

马赛克满足了现代人追求极度奢华、强调细节、注重格调、突出个性、提倡环保健康的需要。改革开放以来，国内经济一直快速增长，人民生活水平及素质提高很快，人们有实力有心情讲究生活空间设计的品位；而对于新的消费主体80后、90后年轻人，马赛克的特点满足了他们张扬个性的需要。

不过，马赛克真正要进入寻常百姓家，还有一段路要走，要突破两个方面的瓶颈。一是解决铺贴麻烦的问题，在铺贴中，由于单位面积很小，要求工人有精湛的铺贴技术；二是要引导设计师介入，设计师的理念可将马赛克的使用范围扩大；三是要引导做建筑卫生陶瓷的大经销商介入，让他们逐步参与马赛克营销渠道的建设。目前国内马赛克市场虽然增幅很大，但销售基本还只局限于省会城市等大城市，二线城市的消费需求还有待进一步开发，而三四线市场基本还属于冻土层。

大型专业展馆、卖场对提升产业的发展非常重要。2007 年底在佛山南风马赛克城挂牌的中国马赛克城（中国马赛克总部基），是目前国内乃至世界唯一的专业马赛克市场，已有近 50 家知名马赛克企业入驻。中国马赛克城挂牌后创办了中国马赛克城网（www. mosaiccity. cn）和《马赛克文化》期刊，加强对行业的宣传推广。同时倾力打造中国（佛山）国际马赛克展览会这一个专业展示马赛克的国际性商贸平台。该展会已成功举办两届，定于每年 4 月 18 ~ 22 日及 10 月 18 ~ 22 日分春秋两季与广交会、佛山陶交会同步举行。马赛克展组委会在展会期间还举办马赛克文化节、马赛克论坛，对马赛克行业的健康、持续发展起到了引导作用。

在国家大力践行科学发展观的大背景下，马赛克行业显示出更好的发展前景。

首先，马赛克艺术手法非常丰富，既可以表现活泼、可爱，又能展露冷峻、冷酷，还能表现温馨、浪漫的情调。近年来仿古砖的艺术表现手法得到了极大的丰富，但马赛克表现艺术的创作空间比仿古砖还要大，尤其是在表现温馨、活泼家居环境时候，马赛克的表现手法更加多元。

其次，马赛克能耗小、附加值高，生产相同面积的马赛克比瓷砖用料少 40% ~50%，而一些艺术性较强的马赛克，价格可达 1 万元/平方米。经设计师设计，将马赛克剪成山水名画或人物、动物的肖像，同样面积大小，如果是用瓷砖装饰，价格可能只需几百元或者一千元，但如果用马赛克装饰，可能需要五六千元甚至上万元。

再次，马赛克生产可以实现原料资源的节约、综合利用。马赛克现在的品种很多，有玻璃的、陶瓷的、石材的、有机物的、有贝壳的、椰子壳的等，一些产品是马赛克企业综合利用其他产业生产过程留下的废弃物，通过变废为宝生产出来的。在陶瓷行业，未来抛光砖、仿古砖的资源的资源将越来越少，马赛克企业是一个“清道夫”，可以综合利用抛光砖、仿古砖的边角料进行生产，外本行业节能减排做贡献。

从节能减排，清洁生产的角度讲，要逐步减少抛光砖的量。马赛克产品目前在陶瓷建材产业结构中还是一个配角的角色。建筑卫生陶瓷主流企业进入这个产业的很少。近年来佛山陶瓷迫于环保的压力，纷纷往外迁移，但从务实的角度看，一些陶瓷企业调整思路，投身马赛克产业，改变佛山陶瓷产品结构，也未尝不是一种选择。

不过，马赛克真正要进入寻常百姓家，还有一段路要走，要突破两个方面的瓶颈。一是解决铺贴麻烦的问题，在铺贴中，由于单位面积很小，要求工人有精湛的铺贴技术；二是要引导设计师介入，设计师的理念可将马赛克的使用范围扩大；三是要引导大经销商介入，建设马赛克营销的大渠道。

马赛克的新发展

2008 年，受金融危机影响，马赛克企业的出口受到一定影响，但全年依然保持增长。彩花、荣冠、玫瑰、索迪、澳利仕、海讯、九孔金属、菲鱼浦斯、歌莉娅、玫瑰、卡斯高、元瑞、天沛、雅舍、狮玛、美诺家、优佳迷尔、诺曼、金碧莎、荟萃、小汉玉、金尚氏、鋆励、古堡等均保持 20% ~30% 的增长，有的增幅达到 40%。

其总的态势是：国内市场增长比国外市场增长更加稳健，室内装修市场比建筑外墙装修市场增长幅度大。同时，在金融风暴和节能减排的严峻形势下，小规格瓷砖以其升级换代特有的装饰使用性能和低能耗等综合优势不断抢占中高档市场份额，表现出“以小见大”的神奇魅力。

金融危机使具有性价比优势的马赛克精品具有广阔的市场空间。佛山裕龙陶瓷彩花牌马赛克“弯道超车”，加快了高级艺术瓷质马赛克产品研发的力度，凭借强大的产品研发设计能力推出第三代马赛克极品引领时尚环保潮流。彩花牌点胶马赛克从第一代的贴纸马赛克，第二代的贴网马赛克到实现粘贴力极强点胶可降解的革命性突破。其点胶可以冲出传统陶瓷马赛克 300×300 毫米粘贴规格的限制，可以推出 300×600 毫米规格以上的精品，颜色丰富多彩、搭配灵活多变，既可以运用有规格的几行图形排列，又可以运用颜色的渐变进行组合，能为各类建筑空间赋予个性化的时尚色彩。

佛山市荣冠玻璃建材有限公司是生产玻璃马赛克的大型企业，专业研发生产玻璃马赛克 20 余年，拥有普通、防滑、无砂、幻彩、透明、梦幻、金星、金云、纯金、异型马赛克等 12 大类，逾百种颜色。以品种多样、色彩斑斓、化学稳定性好、经久耐用，铺进了鸟巢、水立方等标志性建筑物的内外墙地装饰。所生产的马赛克壁画，图案造型准确，神韵自然流露。特别是人物形象壁画，严格按照电脑设计的铺贴图案，由专业技师按照图案手工逐块粘贴剪贴，特别是长 8 米、高 3 米的唐代仕女图，应用黄金、铂金、金腰线等名贵装饰材料，8 万多块马赛克按过渡色彩逐块铺贴。再现唐朝太平盛世的繁华景象，令人陶醉在心旷神怡的艺术氛围中。

在陶瓷马赛克大家族中，绝大部分是吸水率极低的瓷质马赛克，作为手工艺术经典的陶质马赛克却物以稀为贵。石湾陶艺能够独树一帜名扬天下，石湾窑变坤釉、冰裂釉等传统釉色彰显造型神韵功不可没。佛山市新龙泉陶瓷新技术开发有限公司，今年来努力从传统陶艺中汲取养分，开发出 100 多种酷石湾龙窑风格的新陶釉手工艺术马赛克产品，取得了成功。新龙泉公司购买陶质干坯做原料，研制石湾陶釉配方上釉，每块小至 1～2 平方厘米的小砖坯用手工上釉形成多种颜色渗透过渡陶味浓郁，成功地突破了大规格墙地砖只能印 4 种颜色的局限，所有上釉后的陶坯放在配置碳化硅板作为载体的液化气窑上煅烧，并严格按照龙窑的烧成时间、烧成气氛，烧制可以产生窑变效果，砖面各种颜色渗透产生过渡变化的陶釉手工马赛克，与石湾龙窑陶艺品交相辉映相得益彰，出口欧洲、美国、中东、新加坡备受青睐。由于开发的釉色质感比石湾陶塑更丰富多彩，新龙泉品牌被公认为石湾新陶釉手工艺术马赛克的新突破。

第五节 西瓦

目前我国瓦产品主要有三大品种：一是烧结黏土瓦；二是水泥彩瓦；三是烧结彩瓦（琉璃瓦、亚光瓦）。由于烧结黏土瓦色调单一不均匀，直接影响建筑工程的外观质量，吸水率较高，增加承重和投入，其市场占有率会逐渐减少。水泥彩瓦的表层颜色是由有机的胶粘剂和无机颜料组成，其耐久性和稳定性，以及抗折强度和抗渗性能低、抗化学侵蚀（如酸雨）能力及耐侯性（如抗紫外线）差。烧结彩瓦则具备了隔热好、耐久性、成本低和色彩鲜艳等诸多功能和特色，已逐渐成为高档屋面装饰的主流产品。

西瓦，是西班牙瓦的简称，英文 Spanish tile，因其外型象英文字母“S”，所以俗称又叫 S 型瓦，因其最早是在西班牙等西欧国家出现并流行，逐渐传入亚洲的韩国、日本。西瓦和中国的琉璃瓦很相似。西瓦造型起伏变化多，富有古典的欧式风味。西瓦属于瓦类中的烧结彩瓦，主要用于别墅、小洋楼、亭台、酒楼、市政工程等建筑物的屋顶装饰用瓦。

西瓦是在瓷砖行业里的小配角。近年来，随着经济社会的发展，西式房屋在城乡兴起，西瓦的销量逐渐上升。过去，西瓦的用户大多集中在江浙沪一带，近年来，江西、湖南、湖北、四川等地城乡用西瓦的也不少。西瓦市场的扩大也带来了产区格局的变化。目前国内西瓦的重点产区是江苏宜兴，江西高安、景德镇和夹江等地。

江苏宜兴是西瓦生产的重镇。宜兴陶瓷烧制琉璃瓦，已有 200 多年的历史了，早年生产的琉璃瓦色彩单一仅黄色一种。品种也是单一，就是筒瓦。产量很少。直到 20 世纪二三十年代，宜兴的琉璃瓦才获得较快的发展。从此，作为一个陶瓷的专业门品种，一直烧造至今。特别是 90 年代开始，随着改革开放，拉动内需，房地产的升温，琉璃瓦生产得到了空前的发展。

2008年上半年宜兴西瓦生产销售比较稳定。但进入9月份价格开始明显下滑的，主要原因是房地产市场不景气，国家加强了对土地的控制，对农民造房管理更加严格，造成琉璃瓦市场需求量锐减，价格已经下降了10% ~15%。

为缓解库存压力，应对严峻的市场形势宜兴5家最大的西瓦生产企业自发结盟，于2008年12月25日集体停窑。这5家西瓦企业是宜兴明月建陶、圣象陶瓷、陶源金龙、万象陶瓷以及佳汇陶瓷。

宜兴市陶瓷企业集中于丁山镇，主要生产西式连锁瓦，明月建陶为当地最大的西瓦生产企业，有两条生产线，日产18万片。当地小型家庭式的小作坊企业有上百家。结盟的5家企业，占据了当地周边西瓦的大部分市场。而在不景气的市场环境下，当地小作坊企业停窑了一半。

中西部地区经济的发展，尤其是新农村建设的大步推进，使得江西等地农村西瓦市场比较旺，这也引发越来越多的企业上西瓦线，而且新上的普遍是大线，产能过剩导致这些地区的西瓦企业下半年陷入价格战。2008年高安西瓦的价格在1.9~2.0元/片，预计2009年新增产能启动后，价格可能会下降到1.4~1.5元/片。

高安目前拥有西瓦生产线的厂家有5家，西瓦生产线10条，公司是专业生产全瓷欧式连锁瓦大型生产厂家。其中，建于2007年的江西伟鹏陶瓷有限公司年生产陶瓷彩瓦500余万平方米，是当前国内专业生产彩瓦的大型企业。距离高安30公里左右的江西上高县金牛陶瓷拥有两条西瓦生产线。

景德镇共有4家西瓦企业，分别是卡地克陶瓷有限公司、梦特香陶瓷有限公司、圣泰陶瓷有限公司、金翔建陶有限公司，拥有共7条生产线。加上赣州等地区，江西2008下半年就有五、六条大线投入生产，导致市场竞争空前激烈。

2008年四川灾后重建给西瓦产业带来巨大商机，因为各地援建的房屋质量要求普遍较高，使西瓦产品比以往更有用武之地。四川新万兴瓷业有限公司、四川米兰诺陶瓷有限公司、四川华雄瓷业有限公司等是四川生产西瓦的主要企业。

下半年部分陶瓷企业看到西瓦市场火爆，纷纷转去生产西瓦或者兴建新的生产线。导致区内西瓦生产线大量增加，估计在一年的时间里，夹江新增的西瓦生产线就有10余条。四川米兰诺陶瓷有限公司将也投资兴建了一条新西瓦生产线。

同样，产量的暴增，导致目前西部地区西瓦产能阶段性过剩，销售市场出现暂时疲软，部分西瓦生产企业开始打价格战。老牌企业因为有大量老客户基本能保证产销基本平衡。但总销降幅依然接近10%左右。

而高安产区的情况也大同小异。高安目前拥有西瓦生产线的厂家有5家，西瓦生产线10条，公司是专业生产全瓷欧式连锁瓦大型生产厂家。其中，建于2007年的江西伟鹏陶瓷有限公司年生产陶瓷彩瓦500余万平方米，是当前国内专业生产彩瓦的大型企业。距离高安30公里左右的江西上高县金牛陶瓷拥有两条西瓦生产线。加上景德镇琉璃瓦总产量约3亿片。赣州等其他地区的生产线大概有17条，下半年还将有五六条生产线将投入生产，而且上的都是大线，市场竞争激烈。

西瓦生产的进入门槛较低，在市场形势不错的情况下很容易导致产能过剩，从而引发恶性竞争。企业要在市场竞争中长期立足，并且获得很好的发展，必须对市场进行充分的了解和分析。

西瓦也应走品牌之路。新万兴从一开始就注重西瓦品牌的建设，现在旗下有万茂、明智等西瓦品牌。目前，相同规格的西瓦，新万兴比其他企业在价格上要高出至少10%以上，但是产品销售并没有因为价格高而出现销售难，这说明新万兴西瓦在西部市场的品牌效应已经显现。

同其他产品相比，西瓦产品普遍预计2009年的市场形势并不乐观。由于高安产区内的西瓦生产线不断增多，加上福建、景德镇、浙江等地产区的西瓦生产线都有所增长，上半年高安、夹江西瓦企业库存量会加大，销售价格同比下降10%左右。企业可能通过停产来减少库存压力。下半年西瓦的整体销量应该有小幅增长，但由于国内各地新线增加导致阶段性产能过剩，企业库存及价格战压力依然会很大。

第六节　陶土板

陶土板又称陶板，是以天然陶土为主要原料，添加少量石英、长石及色料等其他成分，经过真空高压挤出成型、低温干燥及1200℃的高温烧制而成的陶土板幕墙产品。

按照结构，陶土板幕墙产品可分为单层陶土板与双层中空式陶土板以及陶土百叶；按照表面效果分为自然面、砂面、槽面及釉面。双层陶土板的中空设计不仅减轻了陶土板的自重，还提高了陶土板的透气、隔音和保温性能。

陶土板幕墙的等压雨幕原理、导水板系统及封闭竖缝的安装方法构成了幕墙完善的排水系统，并可以阻止幕墙表面沉积物的形成，进而保持幕墙表面的美观。

随着建筑业的快速发展，建筑幕墙的需求大量增加。近几年，我国建筑幕墙的产量始终维持在5000万平方米/年以上的水平。作为建筑的外围护结构，一直以来其面板材料主要集中在玻璃、石材、金属板及人造板（如陶瓷板、微晶玻璃）。其中，玻璃幕墙、石材幕墙、金属板幕墙的使用量占总量的90%以上，尤其是玻璃幕墙使用量高达60%。

但是，玻璃幕墙的光污染及其无法克服高能耗问题的现状成为这个行业发展的瓶颈。国家已颁布相关的法规制度限制玻璃幕墙的使用量。石材幕墙自重大，在外围护结构使用中存在安全隐患。2008年3月1日，北京市颁发了国内第一部建筑工程装饰石材应用的工程建设标准《建筑装饰工程石材应用技术规程》，明确规定石材幕墙不宜应用于高层及超高层建筑中。这毫无疑为其他的新型节能型建材提供了发展的机会。与此同时，陶土板幕墙的市场份额也逐年增加：2006年的市场容量还不足5万平方米，2007年约为10万平方米，2008年预计达到20万平方米。

与传统玻璃幕墙、石材幕墙、金属板幕墙及人造板相比，陶土板幕墙有以下优点：

陶土板独特的空腔结构、先进的烧制工艺使其具备保温隔热、隔声降噪的特性，配上专门为陶土板开发的幕墙安装系统，更突显出这一材料的优越性。

陶土板自重约32～49千克/平方米，比石材和陶瓷板的自重约减轻了1/2，使其在外墙干挂的应用上能够更好的满足结构设计的需要。因为在节能时代，建筑结构也在更新突破，大量轻型钢构体系的使用，要求围护结构体系也采用更轻的材料来完成。

选用天然材料陶土烧制而成的陶土板，凝聚了陶土的自然色泽，富有独特的艺术气息。陶土色彩丰富，从沙土色、土黄、土红、砂灰、青灰到珍珠白、桃红、银灰、铁灰等颜色，自然淳厚，加上自然面、喷砂面、槽面、釉面等表面工艺的处理，冷暖色彩分明，艺术表现力非常强，因而得到建筑设计师的青睐。

陶土板物理性能良好，硬度大，永不变形，永不褪色，色差小。而石材，不论是大理石、花岗岩、金属板，其板面都会随着时间的推移而褪色、变色、变形。

陶土板原材料来自天然的陶土，它本身不会含有任何放射性元素。经过1200℃高温煅烧后，陶土里所含有的部分矿物元素（氧化铝、氧化硅等）已经完全氧化。陶土板废料因此可以直接回收。

陶土板幕墙起源于德国。工程师托马斯·赫尔佐格（Thomas Herzog）教授于1980年代设想将屋顶瓦应用到墙面。他最终根据陶瓦的挂接方式，发明了用于外墙的干挂体系和幕墙陶土板，并由此成立了一个专门生产陶土板的工厂。1985年第一个陶土板项目在德国慕尼黑落成。在随后的几年中，陶土板逐渐完善挂接方式，由最初的木结构发展到现在的两大幕墙结构系统：横龙骨系统和无横龙骨系统。目前，德国科利雅陶集团旗下的CREATON系列陶土板一直以来是欧洲排名第一的陶土板品牌。德国丰·米勒集团及雅阁博陶（AGROB BUCHTAL）也是德国主要的陶土板生产商。

自1989年，中国民航总局首次引进使用德国雅阁博陶陶土板以来，陶土板开始在国内使用。但此后在很长一段时间，中国的陶土板供应完全依赖进口，不仅运输成本高，供货周期长（长达4个月），且安装技术服务难以到位，这制约了陶土板在中国的推广使用。

浙江省湖州市长兴县是国内较早生产陶土板的地区。长兴县位于浙江省最北端，东临太湖，与苏州、无锡隔湖相望，雄踞江苏、浙江、安徽三省结合部。长兴县是华东地区主要的建材生产基地之一。石灰石、石英石、硅灰石等非金属矿产资源多达20余种，总储量达40亿吨。长兴县小浦、洪桥、林城、槐坎等镇是一个投资规模大、科技含量高、产业集聚度高的区域性新型墙体材料生产基地，近年来先后建设了页岩烧结砌块砖、磷酸钙板、砂加气混领土砌块等多个大型项目。

位于长兴经济开发区的瑞高（浙江）建筑系统有限公司是美国瑞高国际集团在华投资的全资子公司，投资1650万美元建造亚洲第一条（世界第七条）陶土板生产线，，此举填补了国内空白。2006年10月8日瑞高建成的亚洲首条（世界第七条）陶土板幕墙生产线生产的爱爵乐陶（Argelite）陶土板下线。该生产线设计年产50万平方米。2007年，瑞高公司完成产值4000多万元，2008年完成1亿元。爱爵乐陶陶土板内销占产量75%～80%，外销主要是美国、日本、韩国、澳大利亚等国家。

除了陶土板幕墙，瑞高还生产ET薄陶板。ET薄陶板是一种新型的轻质保温隔热陶板。由超薄陶板作为面板，蜂窝陶板作为保温隔热层，两种陶质材料加上纤维网格增强层直接复合而成。复合后的瑞高ET重量轻，可浮于水面；保温好，满足国家强制节能要求；施工方便，直接在外墙基体上挂贴即可。ET薄陶板也是室内墙面材料的新选择之一。ET薄陶板分自然面、砂面、纹面、槽面、抛光面、洞石等，是一种湿贴式陶板，与花岗岩、瓷板等相比，具有自重轻及安装方便的优势，可广泛应用于室内墙。

瑞高公司还与西安交通大学材料学院进行合作，成立技术研发中心，不断开发新品。2008年成功研发20多个新产品，全部是运用于别墅上的装饰材料。目前，该公司已获得国家4项发明专利，6项实用新型和72项外观专利。

位于江苏宜兴的新嘉理（江苏）陶瓷有限公司是新嘉理陶瓷（香港）有限公司独资企业。2007年12月2日，该公司总投资4500万元的大规格陶板生产线一次性成功投产。项目投产后每年可新增销售收入9000万元。这也是佛山市摩德娜机械有限公司（MODENA）为国内高端陶瓷装饰板提供的第二条生产线，这条生产线在自动化水平上达到了国际领先水平，是MODENA陶瓷挤出类产品技术成果的重要体现。佛山市摩德娜机械有限公司挤出式玻化砖设备采用来自意大利的最新玻化砖生产技术——挤出生产法，采用该方法生产的产品色泽自然、厚薄随意（超大尺寸达到1.2米×2.8米）、形状多样。

新嘉理公司位于“中国陶都”江苏省宜兴市，陶板原料采用宜兴特有的紫砂泥。紫砂泥产自深山腹地，呈红、绿、紫、黄、黑状，俗称“五色土”，又叫“富贵土”。以紫砂陶土生产的产品色泽纯正自然，永不褪色；因其透气而不渗水，故具有良好的保温、隔热、节能特性。

2008年6月10日，新嘉理陶板幕墙系统于北京国家建筑工程质量监督检测中心成功进行了抗震测验，抗震设防烈度为9度，乃国家最高设防烈度。

2008年7月底，由华泰国际投资集团有限公司投资的TOB陶土板生产线正式投产，该生产线是内资企业第二条生产线，也是当今世界最大、最长的陶土板生产线，其日产量远远高于其他生产同类产品的企业。华泰国际总计划投资1.2亿，建成3条TOB陶土板生产线，年生产量将达到300万平方米以上，成为全球最大的陶土板生产基地。据悉，为保障TOB陶板生产线率先运用全球领先的微波干燥技术，以及独特的动态烧制工艺和精确的曲线温控电子技术。

随着陶土板市场的拓展，这一领域的投资者也开始增加。位于长兴县小浦镇，总投资7000万元的浙江太阳岛建筑陶土板有限公司，经过10个月的筹建、研发和试制，2008年8月份在节能烧结宽幅陶板生产方面取得突破。2008年下半年，正值金融风暴时期，该公司更坚定了之前研发节能生产线的决心。目前，烧结成功的长120米的隧道窑，能充分利用窑炉余热，日用液化气量比同行业减少50%以上。与此同时，该公司积极研发宽幅陶板生产技术，积极通过宽幅降低客户的挂钩成本和安装工时成本。目前，其陶土板的宽度生产能力和技术，已从300毫米上升到450毫米，成为同行业内第一家宽幅陶土板生产企业。

第七节　瓷砖生产方式

随着环保要求提高，抛光砖企业污染（水、粉尘、噪音、废料）治理要求越来越严格，有可能出现原料车间外迁或专业化的趋势，各种环保设备使用量将增加，企业投入增加。

抛光砖分级、检验、包装、入库、库储、出货将实现自动化、机械化，人工使用量将进一步减少，科达机电、一鼎科技已研发生产多种为陶瓷行业包装、分级、仓储的专用设备，对陶机行业是一个新的经济增长点，对抛光砖企业来说在未来5~10年将会更多的使用这类机械设备。磨抛、修边设备的技术进步将加快，磨抛材料及加工效率与质量进一步提高。

抛光砖生产过程产生的各种废渣、尾料、废料的综合利用率将不断上升，并将实现资源化。泥屎料用来生产抛光砖底坯或深色仿古砖坯料或外墙砖坯料；磨抛废料用来生产“多孔性、轻质化”产品，废砖采用切割加工配件或马赛克，废料加工成一定目数的颗粒料，用来生产透水保水砖，这一些都将在全行业中推广。

为了降低成本，提高生产效率，提升企业竞争力，在生产组织上，许多抛光砖厂正尝试推广“一条窑、一种规格、一种花色”的生产模式，减少转换产品带来的损失，有利于产品质量的稳定。相信今后会有更多的抛光砖企业使用这种模式，追求单窑大产量的方式将减少。

未来抛光砖生产企业将有可能进一步实现专业化，一些专门生产某一类产品的企业将出现，单独的湿抛厂、专门生产纯色砖、小砖、微粉砖、渗花砖、颗粒砖、大砖等企业，企业可能从“小而全、大而全”走出，变得更加专业。

挤压成型技术有望成为行业趋势。挤压类陶瓷产品主要包括劈开砖、马路砖、大型薄板、琉璃瓦等，目前国内的生产企业很少，总产量也不大，预计未来几年内，挤压类陶瓷产品将成为国内陶瓷行业的新趋势，特别是大型陶质薄板，2009年将是这类产品兴起的前奏。

挤压类产品的原料以红页岩、紫页岩为主，一般依靠原矿发色，用量在60%以上，资源丰富、价格便宜，对生态破坏少，符合清洁生产理念；多数品种采用湿式混合方式，坯料细度粗，不需经过球磨和喷雾干燥工艺，烧成温度低，能耗成本和环保成本低，属于节能提倡产品。

建筑陶瓷的生产过程中，产生的工业废渣十分惊人。6吨原料生产1.5吨左右产品，不但造成资源的浪费，而且造成了对环境的严重污染，在环保政策和生产成本的双重压力下，陶瓷工业废渣将会在行业得到充分循环利用。陶瓷废砖及冷加工废渣的应用，可以解决废弃物排放的问题，同时可解决资源短缺问题，降低企业的生产成本。

随着利用冷加工废渣生产发泡砖、内墙砖，生产技术逐渐成熟，过去处在“概念砖”阶段的利用废渣生产的产品开始产业化生产。比如，由广东佛山欧神诺陶瓷股份有限公司承担研制的“陶瓷废渣及铝型材废渣资源化生产节能建筑陶瓷板材”项目，近日被列为2008—2009年国家火炬计划。欧神诺的节能建筑陶瓷板材产业化生产后命名为晶立方系列。

第八节　卫浴产品

2008年卫浴产品主要有以下一些特征：一是在奥运年利用与奥运主题相关的设计、产品和营销活动来迎接盛会；二是继续从传统文化中寻找设计灵感；三是环保和节约型设计成为最重要的主题；四是人文卫浴从理论倡导进入积极的实践者中。

一、奥运概念

为配合2008年北京奥运的召开，卫浴企业推出了一系列奥运概念的产品。惠达卫浴以奥运元素为理念研发出一套具有开创性的“运动卫浴”系列新品。足球的形态是由几何元素——圆、正五边形和正六边形完美组合而成，“运动卫浴”系列新品借这一意向，在美学上应用写实的手法，在体态上应用造型方法的“仿真法”有机组合，使产品的功能、造型、实用融为一体。

2008年4月25日，三英洁具在新产品发布会上隆重推出手绘玫瑰“爱的卫浴套餐”系列。该系列分绿、蓝、红三色。产品设计源于2008年北京奥运的主题口号“同一个世界 同一个梦想”。设计师汲取三英手绘玫瑰与动感的奥运五环为元素设计出了绿、蓝、红三色“爱的卫浴套餐”系列，将“绿色奥运、科技奥运、人文奥运”三大主色融入手绘玫瑰。其中五个环形设计诠释了“天人合一”，“以和为贵”的寓意。

2008年箭牌为了迎接奥运年，推出的8大系列产品都以奥运为设计的源泉，代表作有“雅典系列”、“巴黎夜色”系列等。

二、文化营销

2008年，奥运会大大提升了民族的自豪感，传统文化也成为卫浴设计的重要源泉。

上海舒曼卫浴有限公司就将传承千年的中国竹文化作为企业文化的核心导向。舒曼卫浴的代表作品——自主研发的“竹”系列卫浴洁具（7件/套）以竹、笋为主题，全部采用手工彩绘，造型独特，艺术性与实用性相融合，体现出了舒曼卫浴以人为本、积极向上的企业文化性格。而山水国画系列洁具采用釉上彩技术，手工上彩，清雅脱俗，意韵悠远，具有观赏性。

2008年箭牌卫浴1121系列，简洁的线条勾勒出时尚的经典。“中国红”系列热情奔放。来自清华大学在读博士生李久太原创设计的惠达卫浴坤系列卫浴产品，体现了民族风骨。坤，意为大地，表现了扎实稳重的内涵。

在2008第13届中国厨卫展上，吉事多卫浴展出了精致的“新东方系列”。该系列明显受到了当代设计“中国风”的影响，在理念上糅合了东方文化中天人合一、整体平衡的观念，通过明式家具设计为载体，采用写意的手法提取家具和建筑上的传统文化精华，并使其融入现代的工艺与技术。同时以木质+陶瓷/金属/压克力等高品质双材质的完美结合，凸现精致的现代流线和神秘的东方神韵。

三、环保设计

佛山市安蒙建材科技有限公司的轮回系列面盆龙头4186以简约人性的设计、凝练的造型，诠释并倡导“轮回”——可再生、可循环的未来用水方式，较好地体现卫浴设计对环保等社会责任的眷顾与引导。该产品设计外观灵感来源于工业管道的造型，凝聚的功能配置及组合最大化地减弱了生产工艺的复杂性，从而节约成本，方便生产。

实木浴室柜是近年来卫浴空间的时尚产品。实木家居产品既贴近自然、传统，减少工业化痕迹，又可与其他配件的融合彰显奢华和现代性，是环保设计者的新追求。

佛山市伽蓝洁具有限公司ACOO雅颂产品采用多层实木版，性能可达水浸210天或开水煮2小时不胀曲、不开裂。采用木器专用UV漆，环保性能可达欧洲环保最高标准（EO标准），表面光泽最高可达镜面效果，漆面更加平滑稳定，尤其适合在卫生间等湿水环境下使用。

箭牌卫浴推出的APGM353G雕花实木浴室柜，其暗红色的实木柜身，精美而略显斑驳的雕花图案，现代的银镜配以古典的镜框，在清一色的现代时尚浴室柜中显出中性之美。

四、抗菌技术

和成（中国）有限公司推出的“和成卫浴大师系列”首部作品——“中国石头”顶级卫浴产品系列，是与“琉璃工房”创办人之一杨惠珊女士共同开发的。“中国石头”包含两件产品：“清泉”为一台面上艺术盆，“云水石”是一个6升省水隐藏式坐便器。两者均采用和成卫浴银离子抗菌技术，以纳米技术将银离子抗菌剂融合于釉料之中，可有效地减少污垢附着与抑止细菌滋生。

惠达卫浴的“漩水魔方——水节士”3/4升超节水座便器，采纳高技术自洁釉技术，对大肠杆菌和金黄葡萄球菌平均抗菌率 >98%。同时，它采用“高平滑底釉 + 自洁釉”双层施釉技术，表面粗糙度仅为0.032微米，使陶瓷釉面平滑细腻，且不易磨损。

萨米特卫浴马赛系列采用最新的“智洁釉”技术，不积污垢，容易清洁。同时，釉面均匀细密，光亮平滑。

东鹏洁具采用陶瓷专用釉药，以纳米技术在陶瓷表面形成离子隔离层。该离子隔离层能大大降低陶瓷表面的张力，当污垢接触到隔层的瞬间，离子力层及时将其弹出，使液体在其表面呈半球状，不易挂沾，易于清洁。超越微米尺度的超平滑表面，摈除容纳污垢的空隙，即使有污垢，也能轻松冲走，杜绝污垢黏附，以及细菌或霉菌的产生。

五、节水技术

由于水资源极其短缺且分布不均，我国目前有一百一十多个城市严重缺水，几千万人饮水困难，如何节约水资源成为卫浴行业一个永恒的话题。基于这样的现实，卫浴企业近年来以创造节约型社会为己任，纷纷致力于节水洁具的研发。

2008年，惠达卫浴推出的“漩水魔方——水节士”3/4升超节水座便器把节水标准推向新的高度。新中源卫浴推出的“节水超人”座便器经咸阳国家建筑卫生陶瓷质量监督检验中心检测，达到了大档冲水3.8L，小档冲水1.5L的较高指标。另外，该产品即使在水压变化的情况下也保持了同样水流量，能够节约更多的水资源。

佛山市南海益高卫浴有限公司连体座便器TB336，3寸冲洗阀提升虹吸快速有效冲洗，大而浅的水封面积，能有效防止溅水，防止污物黏附，出水口均匀分布，增强洗刷效果，电脑设计的大型排污管道减少堵塞的发生，加大型虹吸喷射口冲洗力量更足。

六、科技与时尚

设计界的“新边锋主义”强调刚性与柔性的结合，用顺畅的线条取代不规则的棱线，达到良好的视觉效果。吉事多的“新边锋系列”是高科技与时尚的融合之作。该产品全程遥控器控制，轻轻一按，各项功能就会按需求自动运行，全面展现了2008科技带来的便捷舒适的生活。

解决个人生理、卫生需求早已被视为卫浴空间服务的狭隘定义。越来越多的企业重视把人的享受最大化地融入到卫浴空间——主要体现在卫浴产品的智能化。一个外观时尚的浴缸，除了拥有足够的洗浴空间，聪明的设计者硬是巧妙地把电视、音响设备镶嵌其中，使得消费者享受躺在浴缸里看电视的惬意成为现实。

英皇卫浴推出AA0001朗系列蒸汽房，整个房体全部采用内镶式结构，看不到一颗螺丝钉，看不到任何施工痕迹；独家首创触屏式控制面板，在指尖轻触之间，尽显高科技的人性关怀。该产品荣获2008年度中国创新设计大奖（红棉奖）。

七、人文卫浴

引入“人体工程学”思想是卫浴行业一个重要的进步。“人体工程学”又叫人类工学或人类工程学，是第二次世界大战后发展起来的一门新学科。它以人—机关系为研究的对象，以实测、统计、分析为基本的研究方法。

2007年箭牌卫浴与清华大学美术学院工业设计系共同启动人文卫浴研究项目——人体工程学项目，其职能在于研究人体生理、心理、社会特征和行为习惯，并就如何在卫浴产品设计中满足人体舒适的最佳状态做以研究。例如，最合适的坐便器高度、最让人舒服的浴缸内壁的倾斜度、水阀门与洗脸盆之间的最佳距离，等等。2008年6月23日，“首届人文卫浴与设计创新论坛暨箭牌人体工程学项目研讨会”在广州召开，这是国内首个以“人文卫浴”为主题的学术论坛项目。论坛以“人文卫浴与设计创新”为主题，主要探讨人文卫浴产品设计的方向。

当前，国内卫浴原创设计越来越受到重视，但与此同时，为设计而设计的现象也大量存在，出现了不少外观奇特但使用功能一般的设计。这些设计实际上是用华丽的外表掩盖了功能的贫乏，美学价值遮蔽了使用价值。比如一些倾向于椭圆型外沿、并用花岗岩作为材质的浴缸，设计上其实存在很大问题：椭圆外沿有一定视觉张力，但占地空间较大，也不利于防滑时使用者的稳定；另外，花岗岩凹凸不平的表面有不小的安全隐患。可见，一些前卫设计不仅成本昂贵，而且不符合人性需求，最终也很难得到消费者的认可。

箭牌卫浴同时也是人文卫浴积极的实践者。2008年其一款按摩浴缸产品以“心”为主题，利用心型设计，直线与面弧的完美结合，韵意深刻。严格按照人体工程学的内部曲线设计，线条简洁、时尚，产品既美观又实用。

近年来卫浴产品的“人文味”越来越浓。比如以流行的暗藏水箱式座便器，尽可能占用小空间，使得卫生间使用空间、视觉空间更加宽敞；在脸盆设计中设置角盆，充分利用空间，同时推出儿童专用产品，按儿童需求设计的小型卫生洁具，以及为女性贴心设计的“卫洗丽”类可冲洗马桶。一些企业还在浴缸等产品设计中加设老人扶手，保障老年人使用安全。

惠达卫浴2008年推出的“时尚先锋”玉琢系列，在设计中顺应线条形式美的规律，通过直线与弧线的巧妙过渡，体现了既变化而又统一的美感；在体态设计中运用整体法技巧，使长方体与腰鼓体有机结合，并融入人体工程学原理，令体态均衡、稳定，使整套系列产品凸显整体之美。

八、整体卫浴

整体卫浴、卫浴集成的概念日渐清晰。2008年更多的企业立足于整个卫生间，给消费者提供整体卫生间的解决方案；尊崇以服务为核心，产品经营为依托的理念，通过给消费者提供整体解决方案的方式，满足消费者的需求。

东鹏洁具公司在产品战略规划中，明确提出继续深化卫浴产品家具化，强化卫浴产品套装化，加强整体卫浴空间设计和推广。具有15年历史的东鹏洁具目前有陶瓷件、浴室柜、浴缸、淋浴房、龙头及配件、厨卫五金、卫浴家电等七大系列产品。较宽的产品线为东鹏洁具推出整体卫浴空间产品打下了良好的基础。

整体卫浴还必须以产品功能的多样化为基础。目前，卫生洁具产品的概念，已经远远突破过去的传统观念。作为现代生活的标志性用品，不仅要有卫生、清洁功能，还要保健功能、欣赏功能，乃至娱乐功能。在使用功能方面，仅卫生洁具产品的冲洗方式就出现了旋冲式、静音式、斜冲式、直落式、虹吸式、喷射式等。卫生洁具产品的造型出现了连体式台盆、连体式坐便器、妇洗器、蹲便式器、小便器、拖布盆、柱式或台式洗面器等。未来，有实力的卫浴企业将不断拓宽产品线，除了做马桶，可能还要做马桶刷、拖鞋等，产品线会不断创新、延伸，逐步涵盖整个浴室的产品。

九、休闲卫浴

受金融风暴的影响，2008下半年休闲卫浴国际市场销售锐减，一些商家减了25%以上。尤其按摩缸、整体淋浴房之类的产品销量下降最大，普通淋浴房、浴室柜等实用型的产品销售势头较好。

预计未来休闲卫浴的发展方向：一是产品会向大型化、材料高端化、科技化的方向发展，专业洗浴中心、休闲会所、高端别墅是主要市场；二是注重实用功能，尤其是洗浴功能的深度研发，减少花哨、没有意义的附加功能。产品设计主要是面向普通消费者。

十、发展方向

当前，国内卫浴产品总的流行趋势是：一是简约主义。包括极简主义——以方形、圆形或方圆结合的产品。简洁、大方、美观，将会继续流行。简约主义还包括回归自然的简洁设计。这种设计灵感很多都是源于自然，把大自然的曲线、协调的形态引入卫浴空间，带来返璞归真的风格，体现人与自然的紧密结合。如创造性地安装在浴室天花板上的花洒，水流如轻柔的瀑布般自上倾下，既诗意又舒适。浴缸设计成水池式样，简朴中带有禅意；二是环保节约主义。包括环保节水设计，健康环保和节约用水是近年来洁具发展的一个方向。抗菌、节水两大功能的洁具产品；面对原材料价格不断上涨，资源开采过度的现实，节约资源、节约成本为导向的精致、简洁设计也是环保节约主义的重要方向。三是实用性设计。产品因为关系到消费者在使用过程中的方便性、安全性及易清洁性等，也近年来开始重新被强调；四是人文主义。从回归实用性到强调人文性，即要求在设计的过程中要充分考虑人体工程因素，更好的为消费者服务。比如，大力开发无障碍卫浴空间产品。

国内一些高端卫浴企业与国际品牌比较，产品的品质已经非常接近，甚至在某些功能上，如座便器的冲水，国产品牌还优于国际品牌，销售服务更优于国外品牌。国内高端卫浴品牌最近两年入驻的四星级酒店也大幅度增加。2007 年箭牌卫浴成功的进入四星级酒店达到 52 个，2008 年继续保持 20% 以上的增幅。目前，国际品牌占据高端市场很大一部分份额原因：一是国外品牌的品牌历史长，综合实力强；二是国外品牌在中国消费者心中还有一种“高端”的思维惯性。

显然，未来国内市场不断增长的需求将是培养中国卫浴民族品牌肥沃的土壤。首先要抓住机会实现对洋品牌的赶超，国内卫浴企业首先要在产品品质上下功夫，尤其是要在制造环保、节约型产品上更上一层楼；其次要继续提高设计水平，增加产品的文化内涵，特别是民族文化品味，同时还要增加设计的原创性；其次是提高产品质量和规格的稳定性；还要努力增加产品的科技含量，提高产品的智能化水平。

第八章　市场与营销

第一节　综述

2008年，随着金融危机的全球蔓延，国内宏观调控、房地产业的持续低迷、原材料上涨、人力成本上升以及冰冻、地震等自然灾害的发生，终于迫使高速扩张的建陶行业停下了脚步。陶瓷业面临着严峻挑战。我们看到，在把握重点区域市场方面，在营销手段创新方面，各个陶瓷企业纷纷使出浑身解数，以求在战争中赢得主动。可以说，对于陶瓷市场来说，2008年绝对不是平静的一年。

一、体育营销

体育营销就是以体育活动为载体来推广自己的产品和品牌的一种市场营销活动，是市场营销的一种手段。体育营销有两种理解：一种是将体育作为商品销售的体育产业营销，另外一种是借助体育活动而进行的其他产业的营销。通常提及的体育营销是指第二种。体育赞助的效果自然、易于被接受。体育赞助实质上是一种软广告，但是由于广告并不单独出现，因而商业性及功利性不像硬广告那么明显。

2008年的奥运会是世界性的体育盛事，也是中国历史上最大的全民盛事。对任何一个品牌来讲，在中国主办的奥运会是一个绝佳的、不容错过的行销机会。2008奥运年极大地催生了行业的体育营销意识。

一直注重事件营销的诺贝尔，从2007年开始，就一直密切关注奥运广告资源的发布及销售情况。2008年5月12日，诺贝尔参加了在北京举行的央视的网上招标活动，投入数千万资金，竞得了赛事直播A套的奥运广告项目。如此巨大的投入在诺贝尔十多年行销史上是罕见的，诺贝尔还为此次奥运会广告项目专门赶制了一条全新的广告片。

尽管传统的电视媒体的影响力不断地被网络、移动、数字电视等新媒体侵蚀，但依然占据着媒体老大的位置，尤其央视绝对的垄断力和权威性，使得央视成为诸多国际品牌在中国推广的重要载体。同时，以央视作为主力推广平台，也是诺贝尔磁砖稳固全国第一品牌位置的有力手段。

早在2007年，东鹏陶瓷就在全国开展“陶醉中国”主题文化活动，传播文化，宣传奥运。通过陈小敏、孙福明、阎森、林伟宁等奥运冠军之手，将陶源圣火、奥运圣火、爱心圣火传递到温州、沈阳、北京、天津、东莞、合肥、南昌等全国30多座城市。其中，温州东鹏陶瓷“千年陶瓷（CHINA）圣火，助威和谐2008”系列活动是较成功的案例。2008年，东鹏将继续为奥运添砖加瓦，继续“陶醉中国”，和奥运冠军一道推广奥运精神。1月17日，在南通举办的“2008年让我们一起腾飞”——大型东鹏陶瓷代理商年会，邀请了曾在2000年奥运会上获得冠军的奥运赛手陈小敏、唐琳前来助阵。

马可波罗找到的突破口是有着广泛群众基础的篮球运动，以及它的代表赛事——CBA联赛。马可波罗瓷砖成功冠名东莞新世纪篮球队，该球队在2007—2008年的连续三个赛季将以“东莞马可波罗队”的名称出征CBA。这种特别的合作方式极好地整合了彼此的资源，促成三方共赢的良好局面，让瓷砖与篮球之间，有了最亲密无间的联系。

“蒙娜丽莎携手搜狐助威中国体操”奥运营销活动，以全年42亿的网络点击量，实现了品牌传播的巨大收益，大大提升了蒙娜丽莎瓷砖品牌影响力和美誉度。通过线上线下互动的参与式营销，将各种活动落实到终端，让消费者参与到活动中来，亲身体验蒙娜丽莎瓷砖的品牌文化，从而在销量提升上起到了明显效果，同时，也提升了团队的营销水平。

金意陶在奥运进入倒计时的7月21日，以大手笔的投入，联手国际顶级球队英超豪门切尔西，策划了“金意陶·切尔西佛山行”，举行球迷/媒体见面会、球星签名送球、游览金意陶思想公园、“金意陶·切尔西2008中国广州挑战赛”等系列活动，吸引全球球迷的目光。这也成为KITO在新一轮的行业营销洗礼中强有力的竞争法器。

二、文化行销

文化广义指人类社会历史实践过程中所创造的物质和精神财富的总和。狭义的文化指社会意识形态和组织结构。作为营销学里的文化营销指的是企业（或组织）以文化为主体进行营销的行为方式。在文化营销观念下，企业的营销活动一般为奉行以下几项原则：给予产品、企业、品牌以丰富的个性化的文化内涵。强调企业中的社会文化与企业文化，而非产品与市场。努力从文化的角度、人的地位来考虑和检验公司的经营方针。如特地陶瓷内蒙古四子王旗33万平方米的“特地陶瓷绿垦基地”项目、唯美陶瓷博物馆，楼兰陶瓷艺术馆、金意陶思想馆、中源朗高“唱响陶瓷”，维罗生态砖筹拍电影、赞助音乐剧等，都是广义的文化营销活动。

从狭义的角度讲，文化营销是指利用各种文化产品或形式来协助商品的营销，这在陶瓷行业已经很普遍。如陶瓷新品发布会上的时装秀、经销商年会上办论坛、请专家演说、请明星现场表演等等。

2008年，马可波罗陶瓷文化节、东鹏陶瓷“陶醉中国”系列活动，罗马利奥陶瓷“经典艺术中国行”全国巡回展推广活动等都是较成功的文化营销活动。从4月22日到5月7日，马可波罗在西安大明宫马可波罗陶瓷文化节活动。消费者除了能欣赏到中国国家建筑陶瓷博物馆参展的部分文物，以及陕西富平陶艺村的民俗艺术品外，还可以亲自动手拉坯、陶雕、手绘，通过陶瓷文化节了解陶瓷文化历史。

2008年，终端家居卖场红星美凯龙也加大了文化营销的力度。其上海的全球家居生活广场建设成传播“家文化”的公园式商场，让消费者到商场后由传统的“买家居”到“赏家居”。红星美凯龙第八代商场——上海红星美凯龙环球家居设计博览中心（真北二期）以大胆的构思和创意，构造了一座世界首创的“家文化”公园。其中二号馆（6楼）的2500年的未来之家，面积5000平方米，耗资2亿元，展示人类对居住文化史无前例的挑战。

三、“大店行销”

“大店行销”是陶瓷行业一道独特的景观。它是指陶瓷企业基于产品展示、家居空间情景再现的需要，尽量通过建总部大展厅或终端大专卖店，以吸引、引导消费者的一种营销行为。

2007年，马可波罗在北京闽龙陶瓷市场建成的专卖店——6000平方米的华耐立家至尊殿，被认为是亚洲最大的陶瓷单品专卖店。但到2008年9月这一纪录很快又被马可波罗自己打破。马可波罗在云南昆明开出8000平米的至尊殿。年底，博德精工在佛山的总部及展厅16000多平米，其中展示面积12000多平米，被认为是目前全球最大的陶瓷展厅。

在近年来行业倡导资源节约型和集约型发展模式的背景下，大店行销模式遭到越来越多的质疑，认为大店是一种资源浪费，增加了企业的营运成本。但调查显示，目前行业内规模领先的终端大店事实上经营状况良好，正常情况下均保持赢利。从战略角度看，企业建终端大店还不仅仅是一个遵循店大“欺”客商业逻辑卖更多砖的问题。大店行销是少数行业领导者在终端拉升品牌，建立自己与其他企业之间品牌区隔的最有效的办法之一。

随着终端竞争的立刻加剧，“大店行销”模式越来越成为终端整合的一个大平台。首先大店是终端促销、团购活动的理想平台。没有大店，促销、团购很难做出规模。大店也是泛家居领域不同门类产品终端整合营销及品牌传播的大平台。大店还为陶瓷企业产品跨界营销提供足够的空间。促销及团购、整合营销、跨界营销将成为未来企业摊薄大店营销成本最主要的手段。

并不是每个品牌都可以建大店，适不适合建大店与企业的经营模式有密切关系，与店面的选址也有很大关系，与经销商的实力及厂商配合力度、协调精神也有很大关系。大店行销作为一种战略需要有一个完整执行系统，需要构建一个强大的运作平台，其成功与否与这个运作平台的可持续性有关。

在信息化的时代，应该考虑通过解决信息对称的方式而不是大展厅的方式解决经销商的信心和忠诚度。终端大展厅虽然遵循的是店大“欺”客的商业逻辑，但企业应该多探索通过现代科技手段辅助产品的空间展示。

四、团购团售

除了体育营销，团购也是2008年的一大亮点。互不认识的消费者，“网聚人的力量”，有相同购买意向的会员组织起来，向厂商进行大宗购买，将原先购买的被动权转为主动权，改变消费行为中的弱势地位，非但能够最大程度的节省成本，而且在购买和服务过程中占据一个相对主动的地位，可以有更高的安全性，享受到更好的服务。

尽管团购还不是主流的消费模式，但它所具有的爆炸力已逐渐显露出来。业内人士表示，网络团购改变了传统消费的游戏规则。团购最核心的优势体现在商品价格更为优惠上。根据团购的人数和订购产品的数量，消费者一般能得到从5%～40%不等的优惠幅度。

2008年，在“省钱才是硬道理”的号召之下，家居、建材卖场主动迎合这种团购潮，经常组织团购活动，这类团购活动往往由卖场、媒体、协会、展销公司共同组织，实际上是一种大型渠道整合促销。4月10日，由红房子家居广场等机构主办的“蒙娜丽莎春季家居博览会暨红房子家装节”，集中了瓷砖、卫浴、地板、橱柜、木材等众多优秀品牌的产品。4月17日，南宁市富安居国际家居和广西房街网在4月19日～20日联合举办“千人团购盛会”，“千人团购盛会”为期两天，引来市民关注。红星美凯龙家居连锁西安店首届家居团购节活动于7月13日正式开始。参加此次活动的产品除了家具类的知名品牌以外，陶瓷与洁具类主要有马可波罗陶瓷、东鹏陶瓷、箭牌洁具、美标卫浴、阿波罗卫浴等品牌。

除了团购，“团售”也颇值得一提。8月2日，厦门新景建材城举行首届“百名老总签售会”，为期两天，这种大型“老总签售”活动在厦门也是首次出现。活动期间，百名老总汇聚签售现场，优惠幅度极为少见。签售建材涵盖卫浴、瓷砖、橱柜、五金等一线建材品牌。活动有当日购买享受总经理特批价、买产品送品质卡、前20名业主到场享受1000元大礼包、前50名业主可参加3折限量抢购等四大亮点。参与活动的众多陶瓷商家包括冠军瓷砖、蒙娜丽莎、汇亚陶瓷、九牧、TOTO、美标等高档卫浴品牌。

当然，在2008年最具看点的团购活动当属新中源陶瓷推出的“旅游团购”。新中源的“旅游团购”将团购和旅游巧妙地结合起来，实在是一种创新之举。

2008年5月9日～11日，新中源陶瓷联合南昌铁路局开出旅游专列，以出厂价让利消费者，请来自江西省的千人采购团赴佛山选购陶瓷，顺带观光旅游，并以提供往返路费、食宿，以惊喜三重奏的一站式采购服务作为活动亮点。团购当日，新中源陶瓷取得了现场下单500余户的骄人成绩。11月8日，新中源陶瓷再次从温州包下专机直飞佛山，请温州的业主来佛山旅游并以最超值的价购买瓷砖。

在市场低迷时期，新中源陶瓷通过团购创新营销模式进行突围。“跨省区旅游团购”体验营销方式，改变了消费者传统的购买习惯，既能提升销量，又拉近与消费者的距离，宣传了品牌。但是，由于新中源陶瓷拥有自己的五星级酒店，因而大大减少了团购的成本，这是其不可复制的优势之一。

五、建材超市

在金融风暴席卷之下，建材超市在2008年下半年出现集体性滑坡。11月25日，隶属于中国最大的商业集团——百联集团的好美家建材超市，突然贴出停业公告。此消息一出，北京家居界一片哗然。

而在此前的“十一”黄金周，百安居深圳蛇口店进行了为期一周的清仓大促销，同时宣告该门店将于今年12月上旬关闭。此外，百安居福州万象城店已经从所在商场撤离，百安居青岛高科园店也计划关门。

由于受全球金融危机的影响，世界最大的建材销售商家得宝的全球业绩大幅度下滑，家得宝（中国）在收购天津家居建材超市后业绩平平，一直未能很好地发展和扩张，11月中旬，家得宝中国区总裁陈耀东突然宣布辞职。

12月8日，百安居及其母公司英国翠丰集团宣布，集团正在进行一项全面的战略评估计划——2008百安居中国T计划（Transformation转型）。百安居将放缓在中国市场的新开店计划，而将投资转向原有门店改造。翠丰集团还宣布，将关闭在中国的9家大型建材仓储超市。

建材超市在中国发展不顺利供应链制约是关键。目前建材分销的常规渠道是，厂家与一级代理商合作，一级代理商再与分销商合作，然后分销商再与零售终端合作。代理商和分销商把持着大部分渠道和终端资源，同时又做零售，主要是以传统建材市场的方式经营。由于建材超市的规模没有形成，供应商以维护传统供应链、销售为主。建材超市占到整个建材销售市场的份额不到5%。厂家在与超市合作中大多由代理商或分销商负责配送、服务，而大量由小规模经销商组成的建材超市的供应链是相当脆弱的。

另外，建材超市的统一采购优势没有显现。一方面，由于我国建材厂家区域性比较强，其生产体系和规模大多达不到全国连锁超市的要求。另一方面，建材超市门店的数量不够，连锁的规模优势在短期内也体现不出来。统一采购更多地被当地采购所代替，每一个单店成为一个独立的成本中心和利润中心。这决定了建材超市无法通过统一采购优势去形成产品价格优势。由于建材超市无法跳过代理商直接与厂家合作，因此超市拿到产品价格一定比代理商贵。这使传统建材市场在成本上有很大优势，其销售产品的低价对建材超市造成不小冲击。建材超市把采购价压得太低，结款周期长，还要提供各种费用，大部分利润被超市吃掉了。因此，代理商或分销商与建材超市之间的纠纷一直没有停止过。

相比于建材超市的颓势，国内知名的摊位制建材大卖场如居然之家、红星美凯龙、集美建材城等，经过硬件和软件服务的不断创新和升级，依托展示空间的优势，通过卖场整体的文化营销策划和品牌传播，通过市场的优胜劣汰，不断优化入驻企业，逐渐形成自己核心竞争力。

在较长的时间内，由于国内传统建材市场体量巨大，加上其体验式消费形式符合目前中国人的消费心理，因此在未来较长的时间内它将占据主导地位。而建材超市则是发展未来的发展方向之一。

六、“整体家居”

随着人们生活节奏的加快和生活水平的提高，对于家居用品采购的丰富性和便利性的要求也越来越高了，人们已经不再满足于在一个卖场里只选购一两种自己所需的产品，他们所需要的是一站式的购物方式。

在泛家居领域，瓷砖、卫浴、厨柜、家具、地板、照明、空调等具有很大的关联性，相互之间利益不但不冲突，而且能实现渠道、消费群体等资源的共享。如果同档次的品牌之间能实现“整合营销”，消费者将获得很大的利益。但“整合营销”一直只是泛家居品牌之前浅层次的合作，一般仅限于联合开展促销活动等，即使所谓的品牌联盟也只是把不同品牌、不同产品、不同时段的优惠进行了整合统筹，以优惠叠加的方式统一推向市场，很难实现在在专卖店内品牌、产品的整合营销。

陶瓷企业有较强大终端展示空间。“家居空间整体解决方案”是行业主流企业近年努力实现的梦想。从做单件产品，到延长、完善产品线，再到做整体瓷砖、卫浴空间。这样终端大店的内容，实现集约效益。

佛山企业2005年开始推出“天下无砖”，之后又提出“瓷砖空间整体解决方案”。与此同时，一些企业也开始向泛家居行业的相关产业延伸，以期实现为消费者提供整体空间解决方案的理想。福建晋江南安过去是著名的水暖卫浴基地。申鹭达2007年建了自己的陶瓷厂，辉煌水暖2007年收购了一家卫浴企业，开始运作整体卫浴。

2008年底，九牧洁具建第一条窑生产卫生陶瓷。今年还将建第二条窑。广东企业继东鹏、新明珠、新中源后，马可波罗等也着手编织卫浴销售网络，而生产则采用贴牌的方式。箭牌企业则直接圈地建厂，跨界推出“箭牌瓷砖”。

目前，“整体家居”、“整体厨卫”、“整体卫浴”、“整体瓷砖空间”的概念，在泛家居领域还存在争论。企业都有自己的核心竞争力量，企业的核心资源有限，如果为来实现“整体”的梦想，贸然跨入不熟悉的行业，很可能会掉进“多元化的陷阱”，尽管是相关多元化。

七、家装企业

在本年度“第十届中国（深圳）住交会”上，国内家装市场的领军品牌之一科宝·博洛尼首次高调带上“整体收纳解决方案白皮书”亮相。

博洛尼整体收纳解决方案是针对地产项目量身定制的一款创新产品，基于精细化设计和工厂化装修两大核心平台，博洛尼为开发商提供整体厨房收纳、整体卫浴收纳、整体玄关收纳、整体衣帽收纳和整体家政收纳等整体收纳解决方案，配以整体工厂化施工，已达到项目优化、成本控制、节能环保和项目增值的全价值链服务。

2008年，国内家装龙头企业东易日盛投资2亿元成立的意德发家木作工厂投入运营。2009年，凭借自称“世界级”的制造设备以及全新的运营模式，东易日盛希望改变家装业目前的运作模式，推出“速美”模式，以产业化推进行业的变革。

传统意义上的家装，设计师打图纸量身定做，再由施工人员现场制作，整个家装工程近似于手工制作的艺术品，而非工业品。而在“速美”模式中，设计的主干部分将由“整体家装展示软件”完成，设计方案依据东易日盛设计的80~100个样板，并匹配风格化的产品，用户的个性化需求则会通过材料、颜色之类的调整而实现；在施工层面，“重装饰，轻装修”，取消一些复杂设计的现场制作，简化装修流程，将更多现场作业搬到工厂。东易日盛希望通过“速美”实现设计与施工流程嫁接工业化的规模效应，“速美”将主攻预算为10万~20万（甚至更低）完成整体家居装饰的白领阶层。

为适应越来越激烈的市场竞争，2008年家装企业出现了新的走势。名雕装饰是深圳最大的装饰企业之一，其旗下的名雕会拥有众多的设计师精英。“我的家”（Myhome）是深圳的新锐经销商，其综合性的陶瓷卫浴卖场主打设计师渠道。2008年“我的家”（Myhome）与名雕装饰整合成一体，成立美赫家居，实现采购、设计、施工一体化。

家装企业的品牌意识越来越强。元洲集团2008年以16.11亿的品牌价值跃居中国品牌500强榜单第376位，品牌价值上升2个亿，稳居中国家装类企业前三甲。元洲装饰“蒙娜丽莎”杯全国精英设计师大赛2008年底启动，蒙娜丽莎陶瓷全程赞助，元洲装饰全国设计师精英参加。

第二节 营销大事记

1月

1月3日，“2008嘉俊之年——嘉俊之星精英设计师高峰论坛”在汕头佳兴建材城嘉俊展厅举行，来自汕头装饰设计界的200多名设计师以及汕头日报、汕头特区晚报、汕头都市报三大报业记者参加了活动。

1月6日，“蒙娜丽莎携手搜狐助威中国体操”奥运战略启动仪式暨蒙娜丽莎瓷砖“激情2008 携手共赢”营销峰会在广东省佛山市南国桃园举行。蒙娜丽莎陶瓷董事长兼总裁萧华、中国女子体操队总教练陆善真、体操奥运冠军邢傲伟及搜狐公司高级运营总监耿晓华等三方代表出席了启动仪式。

1月9日，武汉家居建材行业的“V8家”联盟正式亮相江城。“V8家”联盟由博洛尼整体厨房、圣象地板、索菲亚衣柜、TOTO陶瓷、斯米克瓷砖、广华供暖、在线空调、天豪灯饰八个家居行业的品牌联手成立，以倡导行业自律，提高建材行业品牌认知度，贴身顾问于消费者，让客户享受快乐消费为宗旨。

1月10日，佛山市市长陈云贤率市、区、镇各级领导一行到中国陶瓷产业总部基地展开实地考察。在参观了总部基地建筑模型与项目工地后，陈市长要求将中国陶瓷产业总部基地打造成发展陶瓷总部经济的示范基地。

1月10日，2008中国陶瓷科技城厂商联谊会在淄博盛世中国神话歌剧院召开。此次厂商联谊会吸引了国内众多知名陶瓷企业代表出席。会上，中国陶瓷科技城副总裁邢延志作了《中国陶瓷科技城2007年回顾与2008年运营展望》的报告。

1月16日，特地陶瓷新营销中心落成暨“蝶舞倾城”创意馆开业典礼在佛山创意产业园举行。特地“蝶舞倾城”创意馆共5层，其中一、二楼为2000多平方米的展示厅，三至五楼为营销中心办公区。此后还举行了2008特地经销商年会，再度邀请凤凰卫视主持人陈鲁豫出席，进行精彩对话。

1月18日，佛山市赛洛兹建材有限公司成立，陈毅敏和邱文胜分别担任董事长、总经理。公司产品商标为“赛德斯邦”。

2月

2月27日，中国陶瓷城在佛山市南庄紫洞路二期项目现场举行了中国陶瓷产业总部基地主体项目封顶仪式。下午，在佛山市南国桃园枫丹白露酒店举行了第五届现代陶瓷国际策略研讨会。

2月29日，由长沙市房屋产权管理局主办，长沙市城市房屋装饰装修行业协会和红星国际会展中心联合承办的家博会在红星国际会展中心开幕。这是长株潭城市群被批准为“两型社会”实验区后，首个面向长株潭三市的家博会。由第二届长株潭家居建材博览会组委会牵头，科勒卫浴、红星美凯龙家具、点石家装等50家知名建材装饰品牌共同组建了长株潭家居产业联盟。

3月

从3月1日起，太原居然之家正式调高商铺租金，租金上调至9元/日·平方米。此次涨价在经营户中引起不小的震动，甚至有商户一度以停业抗议。太原居然之家最早租金为3元/日·平方米，后一路上调，两年内上涨了3倍，超过了上海同类同档次市场。而据调查统计，郑州、石家庄、西安等北方城市同类同档次市场日租金为3~4元/平方米，杭州、南京、成都、重庆等南方城市则为4~5元/平方米。

3月7日，郑州红星美凯龙全球家居生活广场举办了“首届绿色家居文化节”，红星美凯龙还同时启动了“环保健康，签动中原”活动，并全场推出建材、家具等特价产品。红星美凯龙洛阳店也于3月9日开业，并推出多个促销活动，实现两城同庆。

3月15日，河南省首届建材家居节能环保体验节在凤凰名优建材市场开幕。开幕式上，数千家建材厂商联合开展“诚信宣言及签名”，用实际行动表达对社会责任和消费者权益保护的决心。

3月15日，佛山市2008年度消费者权益保护咨询活动在禅城区东方广场举行。在本次活动中，中国陶瓷城（佛山陶瓷城发展有限公司）获得了由佛山市消费者委员会颁发的“维权自律单位”荣誉称号。

3月22日，位于广州黄埔大道东AEC世贸建材广场的嘉俊陶瓷广州旗舰店开业，广东省环境艺术设计行业协会会长刘晓萍、广东省美术设计装修公司总经理苏松、广州大学硕士生导师王河等嘉宾出席。

3月22日，辽宁交通台FM97.5《家装大讲堂》栏目，在沈阳陶瓷大世界的大厅举行听众见面活动，吸引了众多家装公司、陶瓷商家、消费者等人士的参与。

3月26日，由搜狐焦点家居网、陶城报、瓷海国际联合主办的“天下陶瓷，共筑奥运——寻找2008奥运场馆中的陶瓷品牌”活动启动。

3月25日，大唐合盛公司联合《装饰设计师》杂志社，在重庆世纪金源大酒店举办了一场题为“东方，改变设计未来”的室内设计界高峰论坛。论坛围绕2008中国年对室内设计未来发展的影响为主题，对东方设计进行了深入探索。

3月26日，由中国机械工业集团公司和乌兹别克斯坦共和国建材部主办的“中国名优建材展示采购中心”在乌国首都塔什干开幕。首批进驻“采购中心”的广东建材名企有98家。此次“中国名优建材展示采购中心”总占地6万平方米，首期开幕面积0.7万平方米。

3月28日，金意陶·切尔西2008中国广州挑战赛新闻发布会在广州番禺星河湾大酒店举行。“金意陶切尔西2008中国挑战赛”是英超劲旅切尔西足球俱乐部“2008年亚洲之旅”的第一项国际友谊赛事，定于2008年7月23日晚在广州奥林匹克体育场举行，对阵球队是中甲冠军广州医药中一队。

3月28日，宾利陶瓷开业庆典暨融商峰会在华夏陶瓷城举行。中国陶瓷工业协会理事长刘垚、中国建筑卫生陶瓷协会会长丁卫东、广东省陶瓷协会会长陈环、中国陶瓷工业协会副秘书长侯文全、新明珠集团总裁叶德林等领导和近百名经销商出席了开业庆典。宾利是新明珠集团在2008年新推出的一个品牌。

3月30日，东鹏洁具总部展厅——尊尚水生活馆开业。尊尚水生活馆的开业，是东鹏洁具进行终端再“升级”的一个举措。

4月

4月10日，冠军磁砖新品发表会召开。冠军磁砖将2008年定位奥运营销年，营销主题为“奥运精神，冠军传承”，推出奥运系列砖，品种包括凤巢、水精灵、逐浪等。

4月10日，由河北省产品质量监督检查院、河北省环保局宣教中心、石家庄市装饰协会、红房子家居广场携手主办的“蒙娜丽莎春季家居博览会暨红房子家装节”在石家庄红房子家居广场开幕。《河北青年报》组织了大型家装建材团购活动。

4月17日，广东博德精工建材有限公司旗下新品牌昊博磁砖推介会举行，“创新赢天下，真石创财富——昊博磁砖与陶业诸侯陶都会盟·财富论道”系列活动在佛山市南海区南国桃园蝴蝶谷酒店落幕。

4月18日，西安大明宫建材家居有限公司与香港汇景国际集团有限公司签订建材家居批发市场合作协议，双方计划投资6亿元，选址太华北路延伸线两侧，打造国内知名的、全新的建材家居材料集散地。

4月18日，新明珠集团旗下新品牌金高利陶瓷正式面市，金利高陶瓷成功体验馆同日开馆，叶德林董事长在典礼上致辞。

4月18日，中国陶瓷工业协会马赛克专业委员会成立暨挂牌仪式在佛山市中国马赛克城举行。中国陶瓷工业协会秘书长黄芯红被任命为马赛克专业委员会会长，佛山市南风马赛克城有限公司总经理杨瑞鸿为专业委员会秘书长。

4月18日，山东省日照永大建材装饰广场开业。位于日照火车站前的永大装饰广场是一个2万平方米的地下装饰材料大卖场，其中，陶瓷洁具经营面积2500平方米，灯饰经营为200多平方米。

4月19日，“金陵陶瓷卫浴文化节”在南京金陵装饰城开幕。“金陵陶瓷卫浴文化节”每年举办一次，历时一个月。活动期间，金陵装饰城联合南京室内设计学会举办了专题讲座。

4月19日，HITOM（海棠）陶瓷中国区营销总部在佛山落成开业。中国建筑卫生陶瓷协会会长丁卫东、秘书长缪斌，中国陶瓷工业协会副理事长傅维杰等行业协会领导出席了开业仪式。

4月19日，南宁市富安居国际家居和广西房街网联合举办了“千人团购盛会”，为期两天的团购盛会吸引了不少顾客前来选购产品。

4月22日，西安大明宫马可波罗陶瓷文化节活动在大明宫南广场举行。消费者除了能欣赏到中国国家建筑陶瓷博物馆参展的部分文物，以及陕西富平陶艺村的民俗艺术品外，还可以亲自动手拉坯、陶雕、手绘，通过陶瓷文化节了解陶瓷文化历史。

4月28日，中国建筑陶瓷博物馆北京馆在十里河马可波罗旗舰店举行了开馆仪式。中国建筑陶瓷博物馆北京馆是由广东唯美陶瓷集团、华耐立家共同建设，中国建筑卫生陶瓷协会授牌的产业博物馆。

4月，东鹏自主研发的年度新品——纳福娜洞石亮相美国 Orlando 陶瓷博览会，引起了参展外商的普遍关注。

4月份，EAGO（益高）在中央电视台一套《晚间新闻》栏目，高频率播出益高（EAGO）品牌新形象广告，全面演绎 EAGO（益高）“时尚·人本·艺术·健康”的品牌内涵。

5月

5月9日，由新中源陶瓷和江西经销商组织的大型采购团从南昌乘火车出发前往佛山，“火红中国”——江西站团购活动正式拉开帷幕。采购团由江西业主团购成员、知名设计师、南昌消费者协会、南昌主流媒体等近千人组成。

5月12日，诺贝尔广告部会同北京大区参加了在北京举行的央视的网上招标活动，投入数千万资金，竞得了赛事直播A套的奥运广告项目。

5月26日，上海新国际博览中心内惠达展馆举行了惠达陶瓷集团与知名影星孙俪的代言续约仪式，并推出了2008年的形象新品奥运系列和玉琢系列产品。

5月31日，陶醉杭州东鹏陶瓷文化节盛大开幕。文化节包含陶源圣火传递活动、陶瓷文化图片展、“西湖十景寻”活动等。

6月

6月初，新中源陶瓷推出“百店工程”计划，旨在在全国重点城市的营销网点挖掘市场潜力较大的客户，推进其“百店工程”软、硬件考核指标及考核制度，力争在2009年在全国范围内建立百家核心客户。

6月5日，北京闽龙陶瓷市场号召员工和市场商户为四川地震灾区捐款。此次共筹集善款10万余元。善款全部送往灾区，为修建希望小学使用。

6月6日，佛山市禅城区工商联第2届会员企业采购洽谈会、禅城区总商会成立5周年暨慈善拍卖会在佛山宾馆举行。广东新明珠陶瓷集团董事长、佛山市禅城区工商联（总商会）会长叶德林等商会领导以及43家会员企业的代表出席。在采购会期间，主办方还举办了慈善拍卖会。

6月6日，北京集美建材市场大型公益书画艺术展开展。一百名部（市）长、一百名将军、一百名外交官、一百名书画家、一百名企业家共同参与了“喜迎北京奥运，关注儿童成长共建和谐社会”商务合作论坛。

6月上旬，长春市东北亚总部基地·石陶中心开业，吉林省东北亚总部经济促进会揭牌。该项目于2006年10月20日奠基，总投资12.9亿元，总占地面积22.2万平方米，总建筑面积38万平方米，是长春市现代物流服务业最大的项目之一。

6月7日，蒙娜丽莎2000平米上海旗舰店开业，这是蒙娜丽莎在上海开设的第一家大型专卖店。

6月7日，西安大明宫爱心奉献2008年厨卫节同步在南北大明宫启动。参加此次活动的品牌有TOTO、安华、科勒、箭牌、阿波罗、维可陶等。消费者购买厨卫类产品满1000元，返现金200元后，再送200元爱心券。

6月19日，东鹏陶瓷生活馆落户西宁。由中国建筑学会主办，广东东鹏陶瓷有限公司、西宁家博士有限公司承办的“国际室内设计师高峰论坛（西北峰会）”当日下午在西宁胜利宾馆举行。

6月25日，意大利瓷砖品牌赛维亚生活馆揭牌仪式暨高级客户交流会在赛维亚生活馆举行。赛维亚此次进入中国，将首批登陆以北京、上海、广州为代表的20多个一线城市，并逐步向全国覆盖。

6月25日，简一陶瓷在中国陶瓷城的展厅开业。占地500多平方米的简一展厅分区域展示了五度空间石、地脉岩、传统仿古砖系列、羊皮砖、柔光砖及小仿古等简一陶瓷五年来自行研发的十大类别百余系列的产品。

6月27日，第二届“中国陶瓷城·美国采购节”开幕。美国采购节系列活动围绕着对陶瓷企业的厂区、产品参观进行。60位美国陶瓷经销商亲自和50位陶瓷生产厂商进行面对面的合作洽谈，并参观了300多家陶瓷展厅和5个陶瓷工厂。采购节期间，三成美国采购商现场就与中国厂商成功签约；七成采购商主动索取砖样或资料，并在采购节后继续与厂家保持密切的商贸联系，在2008年美国经济低迷的情况下，美国采购节仍取得了不错的成绩。

6月27日，由唐山惠达陶瓷（集团）股份有限公司全程支持的“10城·30年中国家居概念联展”暨“惠达陶瓷·建筑与室内设计名师论坛武汉峰会”在武汉市江滩码头“维宜号”游轮上举行。

6月27日，由中国陶瓷城、美国瓷砖经销商协会联合主办的第二届“中国陶瓷城·美国采购节”在佛山开幕。有近30家美国公司派代表参加。

6月27日，总面积8万平方米的家居建材专业市场佳得宝家居建材深圳（南粤）博览中心开业。首批进驻市场的有长城陶瓷、东鹏、钻石洁具、箭牌卫浴·瓷砖、恒洁卫浴、冠军瓷砖、鹰牌陶瓷等几十个国内外知名品牌。

7月

7月1日，蒙娜丽莎集团旗下两大品牌樵东陶瓷、长城瓷砖营销总部在华夏陶瓷城落成。新落成的营销总部大楼共三层，总面积7000多平方米。

7月10日，“东鹏杯第三届全国设计大奖赛暨东鹏梦之家产品应用设计大赛”北京赛区拉开帷幕。东鹏杯全国设计大奖赛是由中国建筑卫生协会主办，广东东鹏陶瓷股份有限公司承办并冠名的行业设计赛事。

7月13日，红星美凯龙家居连锁西安店举办首届家居团购节活动。参加此次活动的产品除了家具类的知名品牌以外，还有陶瓷与洁具类品牌。

7月19日，杭州华东陶瓷建材市场举办第三届卫陶冰爽节。此次活动以“激情08，冰爽一夏”为主题，以让利顾客为目的，科勒、马可波罗、箭牌、四维、法标等百余品牌参与活动。

7月20日，“2009陶瓷流行趋势预测研讨会暨新中源陶瓷新品推介会“在上海市天江宾馆举行。该活动由上海市室内装饰协会、上海市建筑装饰协会主办，新中源陶瓷上海营销中心承办。

7月23日，继中国陶瓷城、华夏陶瓷城之后的又一家大型陶瓷市场——瓷海国际佛山陶瓷交易中心正式开业，瓷海国际内设品牌展示区、商贸交易区、商务办工区、产业服务区、综合物流区、生活配套区6大功能分区，建筑面积超过30万平方米。

7月23日，金意陶思想公园开业。当天，金意陶·切尔西广州挑战赛举行。金意陶思想公园位于瓷海国际·中国佛山陶瓷交易中心，建筑面积达9000余平方米。

7月23日，“寻找奥运场馆中的陶瓷品牌”颁奖典礼在佛山瓷海国际举行。此次活动由瓷海国际联合搜狐网、佛山电台924、《陶城报》共同举办。入选奥运场馆中的企业包括鹰牌陶瓷、新中源陶瓷、蒙娜丽莎陶瓷、金意陶陶瓷、恒洁卫浴、升华陶瓷、诺贝尔陶瓷、马可波罗陶瓷、冠珠陶瓷、萨米特瓷砖、萨米特卫浴、金舵陶瓷、东鹏陶瓷、东鹏洁具、大唐合盛陶瓷、爱立鑫陶瓷、金牌亚洲陶瓷。

7月26日，由新中源陶瓷、美国室内设计中文网、美国《室内设计》中文版主办的大师选助手设计新锐选拔赛在海南三亚举行。10位中美设计大师与来自全国各地的50位入围选手参加了设计新锐选拔赛总决赛。

7月26日，南宁富安居建材市场为迎接奥运会的到来，推出了快乐团购节活动。该活动于7月26日~27日举行。

8月

8月奥运期间，陶瓷企业争打奥运营销牌。杭州诺贝尔陶瓷、上海亚细亚陶瓷、佛山欧雅陶瓷等在央视投放广告，其中欧雅陶瓷在央视投入的广告覆盖奥运会前后，为期2个月，总投入超过800万元。日资企业东陶机器（中国）有限公司也在广东电视台体育频道为其产品TOTO洁具做广告。此外，佛山欧神诺陶瓷和能强陶瓷的广告也出现在广东电视奥运广告板块中。

8月初，由《现代装饰》杂志社主办，佛山欧神诺陶瓷股份有限公司携手哈尔滨鑫亿建材承办的”无限空间想象”OCEANO亚太室内设计名师系列论坛在哈尔滨香格里拉大酒店举行。参加活动的有哈尔滨设计协会、哈尔滨本土设计师群体、哈尔滨当地媒体代表近300人。

8月初，卓远陶瓷率先在全国启动了主题为“8月·齐欢呼购砖·爽一夏”的百店同庆的大型奥运营销让利活动来为中国助威，为奥运喝彩。

8月2日，厦门新景建材城举行为期两天的首届“百名老总签售会”，这种活动在厦门是首次出现。活动签售建材涵盖卫浴、瓷砖、橱柜、五金等一线建材品牌。参与活动的众多陶瓷商家包括冠军瓷砖、蒙娜丽莎、汇亚陶瓷、九牧、TOTO、美标等品牌。

8月8日，中国陶瓷城举行“市场信用分类监管动员大会”。动员大会上，白兔、华美嘉、冠军、高仪、高第等五家中国陶瓷城内进驻企业率先签署了该监管体系中的诚信经营协议。

8月9日，罗马利奥磁砖香港旗舰店开业。罗马利奥磁砖香港旗舰店位处黄金闹市旺角砵兰街，店铺面积达5000多平方英尺。

8月12日，东鹏陶瓷在其总部举行了陶都三部曲发行仪式，一次性向社会推出了《他们眼中的东鹏》、《一脉相承鹏飞世界》、《陶瓷应用设计专业手册》3本专著，全面介绍了东鹏陶瓷文化及陶瓷产品的设计应用。

8月14日，哈伊马角（高要）陶瓷有限公司总经理RICHARDROBERT与中国陶瓷产业总部基地营运总经理余敏签署协议，宣布进驻中国陶瓷产业总部基地。

8月18日，由益高卫浴特别赞助的“龙行天下”——陈国龙“单骑”采访中国八大陶瓷产区活动在益高卫浴营销大楼举行启动仪式，行业协会、卫浴企业、行业及大众媒体等代表出席了启动仪式。

9月

9月2日，2008中国沈阳国际旅游节暨激情盛夏国际美食啤酒节在沈阳陶瓷大世界开幕。

9月4日，2008年“TOE陶艺轩瓷砖杯”广州国际女子网球公开赛新闻发布会暨签约仪式在广州星河湾酒店召开。由中国网球协会、广州市体育局主办，TOE·陶艺轩生活瓷砖独家冠名的2008年“TOE·陶艺轩瓷砖杯”广州国际女子网球公开赛定于9月13日至21日在广州天河体育中心举行。

9月5日，鄂尔多斯兴辉陶瓷旗舰店开业。该店面积1000多平方米，是目前鄂尔多斯最大的陶瓷专卖店。

9月5日，由广东省市场协会与信息时报社联合主办，广东省工商行政管理局和广州日报报业集团联合支持的广东省专业市场评选活动中，广州迎宾豪泰酒店用品城获“广东省十佳专业市场”称号。

9月6日，由中国建筑装饰协会联合中国房地产业协会主办的2008年度“箭牌杯”中国十大样板间设计师评选暨“箭牌完美生活中国样板名师设计论坛”在深圳启动。“中国十大样板间设计师评选”已进行到第二届。论坛启动仪式之后，将历经哈尔滨、武汉、杭州三站，最后在北京落幕。

9月10日，佛山中国陶瓷城举办“欢乐购物节”，中国陶瓷城内的诺贝尔、简一、个性、楼兰、大艺、马拉兹、自然的陶、欧古、科勒等50多家瓷砖卫浴品牌联合推出“打折＋现金券”服务。

9月13日，昆明马可波罗至尊殿开业。昆明马可波罗至尊殿面积达8000m^2，150多套实景样板间对公众开放。

9月16日，作为第八届中国（淄博）国际陶瓷博览会系列活动之一的“2008中国陶瓷行业市场营销峰会”在淄博市风景华庭酒店举行。行业领导、企业代表、媒体记者等近60人出席。

9月17日，由中国建筑卫生陶瓷协会、淄博市陶瓷协会主办的“第4届中国（淄博）陶瓷代理经销商峰会”在淄博财富陶瓷城举行。三天时间累计成交额近8亿元，参观人数突破10万人。峰会期间还举办了“赢在2009年，中国陶瓷产业高峰论坛”，讨论中国陶瓷产业未来的发展之路。

9月19日，由佛山欧神诺陶瓷股份有限公司、《室内装饰》杂志社主办的“无限空间想象”——OCEANO亚太室内设计师名师名作系列论坛在大连国际金融会议中心举行。论坛由大连金隆建材有限公司承办。

9月21日，泉州晚报社旗下媒体《泉州晚报》、《东南早报》、《泉南文化·闽南地产》杂志、泉州网与天工陶瓷城携手，联袂推出“非常团购”活动。

9月25日，淄博首届全球家居博览会暨红星美凯龙家居广场开业庆典举行。淄博市委书记刘慧晏、市长周清利等出席庆典剪彩仪式。

9月27日，箭牌卫浴·瓷砖北京闽龙上品生活馆开业庆典仪式在闽龙陶瓷基地举行。箭牌董事长谢岳荣在庆典仪式上致词。

10月

10月上旬，由中国陶瓷工业协会、景德镇陶瓷学院、国家日用及建筑陶瓷工程技术研究中心主办，北京闽龙陶瓷总部基地承办的“闽龙杯”全国陶瓷艺术设计大奖赛启动。本次大赛组委会设50万元大奖及欧洲8国游等奖项，以吸引更多的陶瓷艺术人才积极投身到中国现代陶瓷艺术的发展中来。

10月11日，沈阳陶瓷大世界第二届陶瓷消费节开幕。据了解，此次活动联手陶瓷、卫浴、洁具、地板、橱柜、门窗六大品类参加，全场以天天店庆价回馈消费者。

10月17日，由中国陶瓷工业协会、瓷海国际、陶城报共同主办的第二届中国陶瓷时尚周暨瓷海国际乐购“家”年华在瓷海国际·佛山陶瓷交易中心举行。同时还举行了2009陶瓷趋势产品发布会，并为2009中国陶瓷十大趋势产品及2008中国陶瓷最具竞争力产品颁奖。

10月18日，位于佛山市季华西路与南庄紫洞路交汇处的中国陶瓷产业总部基地开业。中国陶瓷产业总部基地是中国陶瓷城二期发展项目，致力打造“全球采购中心，陶瓷经济总部，名牌核心基地”。佛山市委书记林元和，中国建筑装饰协会会长、中国建筑工程总公司总经理马挺贵，国务院发展研究中心市场经济研究所所长任兴洲，中国建筑材料联合会副会长陈国庆，中国建筑卫生陶瓷协会会长丁卫东等出席开业仪式。中国陶瓷产业总部基地总规划为1000亩，第一阶段项目建筑占地面积400亩，可提供国内外100多家企业进驻。

10月18日，由中国陶瓷工业协会营销分会主办、佛山市佛亚展览有限公司独家承办的2008中国优秀陶瓷经销商颁奖大会在佛山华夏新中源大酒店举行。活动组织单位从全国各地评审出200～300家优秀陶瓷经销商在大会现场进行了颁奖。

10月18日，芒果瓷砖首届欧洲乡村文化艺术节暨芒果元素设计馆在中国陶瓷产业总部基地启动。

10月18日，借佛山国际陶瓷博览会举行的契机，大将军陶瓷推出了“梵香1860”仿古砖新品牌，并在华夏陶瓷博览城国际会议中心举行了以“仿古砖营销新革命”为主题的“梵香1860”品牌启动仪式。

10月19日，广东省首届中小学陶艺教研会暨省“唯美陶瓷”杯师生陶艺现场制作大赛在唯美总部举行。此次教学研讨会及陶艺大赛由广东省教育厅主办，东莞市教育局和广东唯美陶瓷有限公司、唯美陶瓷博物馆联合承办。

10月21日，2008年中国建筑学会室内设计分会（嘉俊）郑州年会在郑州国际会议中心举行，与会嘉宾探讨国际最新设计流行趋势，相互交流设计作品。

10月21日，威尔斯陶瓷九周年志庆暨“御瓷宫”揭幕典礼举行。威尔斯总部展厅“御瓷宫”位于瓷海国际A1座，占地3600平方米，建筑面积12500平方米。中国建筑材料联合会副会长陈国庆、中国建筑卫生陶瓷协会秘书长缪斌等出席揭幕典礼。

10月25日，富森第二届卫浴节在成都举行。英皇卫浴、四维卫浴、派克斯、卡莱尔、美加华等店面参与。

10月29日晚，东莞新世纪马可波罗篮球队在莞举办09赛季征战CBA新闻发布会暨球迷活动会，主办方对球队11月开打CBA联赛的具体请况和安排做了详细介绍。

10月31日，“2008西博会中国·杭州首届宜居生活节”在杭州新时代家居生活广场召开。本次宜居节由杭州市贸易局和杭州西湖区人民政府共同主办，杭州新时代家居生活广场承办。

11月

11月4日，著名艺术家濮存昕与广东恒洁卫浴的签约仪式在广州香格里拉大酒店举行，濮存昕正式成为恒洁卫浴品牌形象代言人。

11月4日，纪念《消费者权益保护法》颁布15周年和《山东省消费者权益保护条例》颁布实施庆祝大会暨山东省第七届消费者满意单位表彰大会召开。临沂市怡景丽家国际建材家居广场荣获“山东省第七届消费者满意单位”荣誉称号。该评选活动始于1995年，每两年一届。

11月6日，南阳市多来福建材家居购物广场开工奠基仪式在南阳市建设西路南阳汽车配件市场对面隆重举行。南阳市多来福建材家居购物广场地处南阳城市西部核心商圈的中央区域，市场规划总用地151亩，总建筑面积9万平方米，仓储面积2万平方米，可容纳近千家商户。

11月10日上午，中国财富陶瓷城二期项目开工。中国财富陶瓷城二期总规划为150亩，商铺建筑面积8万平方米，已有城东建陶、风度建陶、佳汇陶瓷、泰明格陶瓷等30余家品牌陶瓷企业入驻。

11月15日，“罗马利奥·经典艺术中国行”在大连启动，2000多平方米的罗马利奥大连旗舰店也同时在大连市甘井子区后盐建材城开业。另外，“罗马利奥杯十大精品楼盘样板房设计大赛”也同期举行。

11月18日，居然之家以总额5900万元买断央视一套和二套广告段位。这是居然之家首次在央视以4300万元的价格拿下黄金广告时段后，再次以央视为平台进行品牌传播。

11月23日，广东金牌陶瓷有限公司公司总部及金牌亚洲营销中心迁往华夏陶瓷博览城，在华夏陶瓷博览中心的广东金牌陶瓷总部、金牌亚洲品牌营销展厅大厦正式开业，同时该公司还举办了2008全国经销商年会。

11月25日，隶属于中国最大的商业集团——百联集团的好美家建材超市，突然在北京西三旗店和四季青桥店均贴出停业公告。好美家建材连锁超市华北区总经理称两店停业为自身业务正常调整。

11月26日，江苏宜兴中国陶都陶瓷城暨陶都陶瓷艺术国际博览中心开业。总投资10亿元的中国陶都陶瓷城总体规划66.8万平方米，总建筑面积58万平方米，吸引全国各个陶瓷产区的经营业主入驻。

11月30日，博洛尼整体收纳解决方案发布会在第十届住交会现场北京中国国际展览中心举行。博洛尼整体收纳解决方案是针对地产项目量身定制的一款产品，为开发商提供整体厨房收纳、整体卫浴收纳、整体玄关收纳、整体衣帽收纳和整体家政收纳等整体收纳解决方案。

12月

12月2日，由鹰牌陶瓷全程赞助的金指环全球室内设计大奖大赛颁奖典礼在广州富力君悦酒店举行。该活动由2008广州国际设计周和国际室内建筑师与设计师理事会（ICIAD）主办。颁奖典礼上，国际评审委员会成员向获奖设计师以及获奖参评项目业主颁发了金、银指环和获奖证书。

12月6日，位于南京卡子门大街29号的红星美凯龙全球家居生活广场开业。作为南京迄今为止规模最大的“家具、建材、家饰”为一体的大型连锁商场，它的开业吸引了众多消费者的关注。

12月10日，佛山市阳光陶瓷公司在南庄华夏大酒店举行几何国际建陶品牌发布会暨品牌新营销中心设计方案招标会，会上宣布，几何品牌将在瓷海国际装修展示面积9000平方米的新营销中心，同时投入1500万元建设销售网络系统。

12月20日，全国首家由民营企业兴办的陶瓷艺术馆“北京闽龙陶瓷艺术馆”开馆庆典在北京闽龙陶瓷总部基地举行。艺术馆展览面积4000平方米、展品逾2000件，共设置了“现代陶瓷艺术大师作品的展示区”、“中央美术学院师生作品展区”、“清华美院师生作品展区”、“景德镇陶瓷学院师生作品展区”、“中青年艺术家作品展区”等七大主题展览区域和“国内民间陶瓷艺术品交流展示区”、“现代陶瓷艺术创意、设计发布区”等四个互动区域。

12月31日，凤凰卫视著名主持人陈鲁豫在福建南安接受辉煌水暖集团的聘书，正式成为辉煌水暖品牌形象代言人。

12月，百安居母公司——英国翠丰集团日前发布三季度财报称，百安居中国市场与去年同期相比同店销售额下降32%，亏损达1700万英镑。百安居迎来了其进入中国市场以来“最艰难的一年”。

第三节　品牌建设

一、中国名牌

建筑及卫生陶瓷产品中国名牌企业名单　　表8-1

经国家质量监督检验检疫总局授权，中国名牌战略推进委员会日前公布了2003年、2006年中国名牌产品名单，其中名牌建筑及卫生陶瓷产品有：

产品名称		注册商标	企业名称
建筑及卫生陶瓷	建筑陶瓷	马可波罗	广东唯美陶瓷有限公司
		东鹏	广东东鹏陶瓷股份有限公司
		亚细亚	上海福祥陶瓷有限公司
		金舵	南海市金舵陶瓷有限公司
		冠珠	广东新明珠陶瓷有限公司
		钻石	佛山钻石陶瓷有限公司
		斯米克	上海斯米克建筑陶瓷股份有限公司
		新中源	广东新中源陶瓷有限公司
		蒙娜丽莎	广东蒙娜丽莎陶瓷有限公司
		鹰牌	佛山石湾鹰牌陶瓷有限公司
	卫生陶瓷	Swell四维	重庆四维瓷业（集团）股份有限公司
		惠达	唐山惠达陶瓷（集团）股份有限公司
		箭牌（2006年）	佛山市顺德区乐华陶瓷洁具有限公司
		马可波罗（2006年）	广州市阿波罗建材科技有限公司

二、2008年中国建筑卫生陶瓷行业诚信企业

2008年6月14日中国建筑卫生陶瓷行业诚信评价结果发布会发布信用等级优秀企业

16家卫生洁具企业（排名不分先后）　　表8-2

	公司名称		公司名称
1	佛山市顺德区乐华陶瓷洁具有限公司	9	河北润旺达洁具制造有限公司
2	九牧集团有限公司	10	台州丰华铜业有限公司
3	东陶（中国）有限公司	11	宁波埃美柯铜阀门有限公司

续表

	公司名称		公司名称
4	唐山惠达陶瓷股份有限公司	12	申鹭达集团有限公司
5	重庆四维控股（集团）股份有限公司	13	中宇建材集团有限公司
6	深圳成霖洁具股份有限公司	14	广东华艺卫浴实业有限公司
7	和成（中国）有限公司	15	广东朝阳卫浴有限公司
8	广东恒洁卫浴有限公司	16	辉煌水暖集团有限公司

三、2008 年中国卫生洁具行业知名品牌

11 月 21 日，中国建筑卫生陶瓷协会第六届会员代表大会在杭州之江饭店会议中心隆重召开。益高等 12 家品牌，被中国建筑卫生陶瓷协会评为中国卫生洁具行业知名品牌。

中国卫生洁具 12 家知名品牌 **表 8 – 3**

品牌名称	公司名称	产品类型
益高	佛山市南海益高卫浴有限公司	节水型连体坐便器
DOLO	广东翔华东龙瓷业有限公司	节水型连体坐便器
意美适家	唐山中陶实业有限公司	节水型连体坐便器
冠珠	广东新明珠陶瓷集团有限公司	节水型连体坐便器
萨米特	佛山市萨米特陶瓷有限公司	节水型连体坐便器
杜菲尼	唐山艾尔斯卫浴有限公司	节水型连体坐便器
DURAVIT	杜拉维特（中国）洁具有限公司	节水型连体坐便器
澳斯曼	开平市澳斯曼洁具有限公司	节水型连体坐便器
欧陆	潮安县青山陶瓷实业有限公司	节水型连体坐便器
monopy	唐山梦牌瓷业有限公司	节水型连体坐便器
中德·标致	潮安县中德陶瓷有限公司	节水型连体坐便器
泰陶	潮州市澳丽泰陶瓷实业有限公司	节水型连体坐便器

四、2008 年中国建筑陶瓷行业知名品牌

11 月 21 日，中国建筑卫生陶瓷协会第六届会员代表大会在杭州之江饭店会议中心隆重召开。冠军磁砖等 16 家品牌，被中国建筑卫生陶瓷协会评为中国卫生洁具行业知名品牌。

中国建筑陶瓷行业 16 家品牌 **表 8 – 4**

品牌名称	公司名称	产品类型
冠军磁砖	信益陶瓷（中国）有限公司	抛光砖、内墙砖
明智陶瓷	四川新万兴瓷业有限公司	抛光砖
凯缔斯磁砖	四川新万兴瓷业有限公司	内墙砖
地王瓷砖	山东临沂沂州建陶有限公司	抛光砖
福惠	淄博城东建陶有限公司	内墙砖

续表

品牌名称	公司名称	产品类型
亚细亚	上海福祥陶瓷有限公司	抛光砖
CIMIC	上海斯米克建筑陶瓷股份有限公司	抛光砖、内墙砖
协进	南安协进建材有限公司	外墙砖
恒达瓷砖	晋江恒达陶瓷有限公司	外墙砖
瓦伦蒂诺	淄博统一陶瓷有限公司	仿古砖
威尔斯	广东宏陶陶瓷实业有限公司	釉面砖
薄斯美	山东德惠来装饰瓷板有限公司	纤维板
路易摩登陶瓷	广东新明珠陶瓷集团有限公司	内墙砖
蒙地卡罗陶瓷	佛山市三水新明珠陶瓷工业有限公司	内墙砖
康建陶瓷	佛山市萨米特陶瓷有限公司	内墙砖
巴丹磁砖	四川新中源陶瓷有限公司	抛光砖

五、中国建筑卫生陶瓷行业诚信企业

34 家建筑陶瓷砖企业及色釉料诚信企业 **表 8－5**

	企业名称		企业名称
1	广东东鹏陶瓷股份有限公司	18	晋江恒达陶瓷有限公司
2	上海斯米克建筑陶瓷股份有限公司	19	南安协进建材有限公司
3	佛山欧神诺陶瓷有限公司	20	淄博城东企业集团有限公司
4	广东新明珠陶瓷集团有限公司	21	广东能强陶瓷有限公司
5	佛山市金舵陶瓷有限公司	22	广东新中源陶瓷有限公司
6	广东唯美陶瓷有限公司	23	广东三水大鸿制釉有限公司
7	珠海市斗门区旭日陶瓷有限公司	24	佛山石湾鹰牌陶瓷有限公司
8	山东耿瓷集团有限公司	25	四川省新万兴瓷业有限公司
9	杭州诺贝尔集团有限公司	26	信益陶瓷（中国）有限公司
10	广东博德精工建材有限公司	27	福建省晋江市矿建釉面砖厂
11	福建省晋江市豪山建材公司	28	佛山金意陶陶瓷有限公司
12	晋江腾达陶瓷有限公司	29	晋江市品质陶瓷建材有限公司
13	广东宏陶陶瓷有限公司	30	淄博东岳实业总公司建材厂
14	佛山钻石瓷砖有限公司	31	上海福祥陶瓷有限公司
15	广东蒙娜丽莎陶瓷有限公司	32	四川威远白塔新联兴陶瓷集团有限责任公司
16	广东欧雅陶瓷有限公司	33	广东欧文莱陶瓷有限公司
17	福建省晋江协隆陶瓷有限公司	34	临沂沂州建陶有限公司

六、建筑卫生陶瓷驰名商标

建筑卫生陶瓷驰名商标 **表 8－6**

商标名称	公司名称	认定商品	认定时间
惠达	唐山惠达陶瓷（集团）股份有限公司	卫生陶瓷制品（工商行政认定）	2002 年
景德镇	景德镇陶瓷协会	瓷器（工商行政认定）	2002 年
美标	美国标准公司	卫浴和厨房设备（工商行政认定）	2004 年

续表

商标名称	公司名称	认定商品	认定时间
皇冠	山东皇冠陶瓷股份有限公司	彩釉砖（工商行政认定）	2004 年
南鹰陶瓷	福建南鹰陶瓷有限公司	陶瓷	2005 年
东鹏	广东东鹏陶瓷股份有限公司	建筑砖瓦（工商行政认定）	2005 年
新中源	广东新中源陶瓷有限公司	瓷质墙地砖（工商行政认定）	2005 年
晋成	福建省晋江晋成陶瓷有限公司	瓷质墙地砖、瓦	2006 年
萨米特陶瓷	广东新明珠陶瓷集团有限公司	瓷砖（工商行政认定）	2006 年
协进陶瓷	南安协进建材有限公司	瓷砖、建筑石料	2006 年
蒙娜丽莎	广东蒙娜丽莎陶瓷有限公司	瓷砖（工商行政认定）	2006 年
vivi	浙江维卫电子洁具有限公司	洁具、座便器等	2007 年
祥达	福建晋江市祥达陶瓷有限公司	瓷砖	2007 年
阿波罗	广州市阿波罗建材科技有限公司	蒸汽浴装置、沐浴用设备（工商行政认定）	2007 年
樵东	广东蒙娜丽莎陶瓷有限公司	建筑用非金属墙砖、地板砖 瓷砖等	2007 年
裕成陶瓷	广东新润成陶瓷有限公司	砖、瓦、水磨石等	2007 年
新润成	广东新润成陶瓷有限公司	砖、建筑用非金属墙砖等	2007 年
协盛	福建省晋江协隆陶瓷有限公司	砖、瓷砖	2007 年
欧神诺陶瓷	欧瑞特集团	瓷砖	2007 年
马可波罗	唯美集团	瓷砖（工商行政认定）	2007 年
欧美	欧亚集团	瓷砖	2007 年
信源	晋江信源陶瓷有限公司	瓷砖	2007 年
集源	福建长江集团	瓷砖	2007 年
豪山	福建省晋江市豪山建材公司	瓷砖	2007 年
南鹰	南鹰陶瓷有限公司	瓷砖	2007 年
国星	晋江市国星陶瓷有限公司	瓷砖	2007 年
万利	万利集团	瓷砖	2007 年
腾达	晋江腾达陶瓷有限公司	瓷砖	2007 年
恒达	晋江恒达陶瓷有限公司	瓷砖	2007 年
美胜	美胜陶瓷建材	瓷砖	2007 年
汇强	南海崇发陶瓷有限公司		2007 年
路明	大连路明科技集团有限公司	发光颜料、陶瓷涂料（工商行政认定）	2008 年
万茂	四川省新万兴瓷业有限公司		2008 年
树功牌	四川夹江远大瓷业		2008 年
汇亚	广东汇亚陶瓷有限公司		2008 年
威尔斯	广东宏陶陶瓷有限公司	陶瓷产品	2008 年
金舵	佛山市金舵陶瓷有限公司	墙地砖	2008 年
箭牌	佛山市顺德乐华陶瓷有限公司	座便器、洗澡盆（工商行政认定）	2008 年
冠星王	广东冠星陶瓷企业有限公司		2008 年
华窑	湖北华夏窑炉工业（集团）有限公司		2008 年
冠珠	广东新明珠陶瓷集团	墙地砖（工商行政认定）	2008 年
四通	广东四通集团有限公司	（工商行政认定）	2008 年
鹰牌	佛山石湾鹰牌陶瓷有限公司	彩釉砖（工商行政认定）	2009 年
能强	广东能强陶瓷有限	瓷砖（工商行政认定）	2009 年
耿瓷	山东耿瓷集团有限公司	瓷质墙地砖（工商行政认定）	2009 年
华鸿	福建华泰集团有限公司	建筑砖瓦（工商行政认定）	2009 年
拜富	江苏拜富色釉料有限公司	陶瓷釉（工商行政认定）	2009 年

第九章　建筑卫生陶瓷产区

第一节　广东产区

一、概述

广东是全国最重要的建筑卫生陶瓷产区，全国知名的建筑卫生陶瓷品牌大部分集中在广东。其中，佛山是广东建筑陶瓷和中高端卫生陶瓷的主要产区，潮州是中低端卫生陶瓷的主要产区。除此之外，江门、中山是全国重要的卫浴产业集群，肇庆、清远、河源是建筑陶瓷生产基地的集中区。另外，中国建筑卫生陶瓷行业的两家知名企业广东唯美陶瓷有限公司、珠海市斗门旭日陶瓷有限公司则分别位于东莞、珠海。2008 年广东建筑陶瓷产量 185413 万平方米，卫生陶瓷产量 5703 万件，在全国均排第一位。

从 1984 年广东佛山石湾镇引进第一条现代化建筑陶瓷生产线，到 2008 年进行陶瓷产业升级运动，打造陶瓷总部经济，经过 20 多年的发展，佛山打造出东鹏、箭牌、鹰牌、蒙娜丽莎、新中源、新明珠、欧神诺、博德精工、金意陶等知名品牌。2003 年评出的全国建筑陶瓷行业 10 个“中国名牌产品”中广东建陶占八成，分别是东鹏、鹰牌、新中源、金舵、冠珠、钻石、蒙娜丽莎与马可波罗等。广东还拥有“中国驰名商标”19 个，分别是：马可波罗、冠珠、新润成、裕成、樵东、萨米特、蒙娜丽莎、新中源、东鹏、箭牌（Arrow）、金舵、威尔斯、鹰牌、能强、欧美、冠星王、欧神诺、汇亚、汇强等。

2000 年前后，佛山陶瓷开始有意识向外扩张、转移。当时吸引佛山陶瓷的是四川廉价、清洁的天然气及庞大的西部市场，新中源、奥斯堡、广乐等企业率先落户四川夹江；第二轮转移是 2002—2006 年，佛山陶瓷大规模向广东省内临近佛山的肇庆、清远、河源等地扩张、转移，5 年间在佛山周边形成了一个 200 多亿产值的建筑陶瓷产业带，这个产业带与佛山陶瓷共同组成一个“泛佛山陶瓷”区域；2006—2008 年上半年，建筑陶瓷行业持续发展的大好形势及佛山政府陶瓷产业政策的调整引发了佛山陶瓷第三轮大扩张、大转移。期间，佛山陶瓷在外省合同签约投资金额达 200 多亿元人民币，圈地 25000 多亩。这一轮投资主要集中在江西、湖南、湖北、河南、山西、辽宁、内蒙古等地。目前，这一轮扩张、转移仍在进行中，但受 2008 下半年金融危机等的影响，整个扩张、转移的步伐已经放缓。

肇庆产区是广东第二大陶瓷产区。肇庆陶瓷企业主要集中在高要市的金利镇、白土镇、禄步镇、乐城镇以及鼎湖区的永安、四会的龙湾等地。鼎湖区永安陶瓷工业园是规划较完善，较早承接佛山陶瓷的重点园区。但由于 2007 年，鼎湖区被广东省科技厅批准成为“广东省可持续发展实验区”，加上鼎湖区乃城市中心区，因而陶瓷产业发展受到很大的限制。肇庆的德庆县近年来也规划陶瓷工业园，引进了一些陶瓷企业，但发展势头比前两年减缓。

清远陶瓷企业主要集中在清城区源潭陶瓷工业城和清新县。源潭陶瓷工业城已落户的陶瓷企业 23 家，投产的陶瓷生产线 76 条，其中规模企业 16 家，初步形成了产业集群。但由于发展速度过快，布局过于密集，源潭陶瓷工业城基础实施负荷过重，环保压力大等问题也很快凸显。

未来，清远市发展陶瓷产业的重心将转移到清新县。由佛山禅城区和清新县两地政府共同推进的佛山禅城（清新）产业转移工业园是贯彻落实广东省“双转移”战略，高标准建设的重要项目，目标是打造全国陶瓷产业转移示范基地。

河源市本世纪初就主动承接佛山陶瓷产业转移，政府初期为企业发展创造了不少有利条件，但近年来随着环保意识的增强，作为重要水源地的河源市开始控制陶瓷产业的发展。

佛山规模以上卫浴企业上百家，拥有箭牌、法恩莎、东鹏洁具、浪鲸、益高、英皇、美加华等知名品牌。2006年佛山市顺德区乐华陶瓷洁具有限公司的箭牌ARROW被评为“中国名牌产品”。另外，国际著名品牌如科勒、乐家等都在佛山拥有生产基地。佛山已经形成一个完整的卫浴产业生产链。佛山卫浴产品采购中心也逐步形成，中国陶瓷城、意美家卫浴世界、华夏陶瓷城、石湾卫浴城等是主要的卫浴市场。但相对于建筑陶瓷，佛山卫生陶瓷产业的比重还是比较小，约占整个陶瓷产业的10%，主要产品有各种坐便器、蹲便器、妇洗器、浴缸、一体化浴室、洗脸器和洗菜盆等。

在2007年开始的佛山陶瓷产业大治理中，卫浴产业因为不存在环保问题，占有土地资源少，产品附加值较高而免受冲击，而且政府也明确表示要进一步扶持卫浴产业的发展，把提高卫浴产业的份额和发展水平作为陶瓷产业升级的一个重点。在《佛山市陶瓷产业发展规划（2008—2015）》和《佛山市陶瓷产业扶优扶强若干政策措施》两份文件中对佛山卫浴行业的发展提出了具体的目标和相关的措施。近期目标（2008—2010年）明确表示将在陶瓷工业总产值430亿中，逐步提高卫生陶瓷等产业的比重，而在中期目标（2011—2015年）中，卫生陶瓷在整个佛山陶瓷产业中所占比重将大幅度提高。

2008年，原材料、能源价格上涨、新《劳动法》实施三大因素给佛山卫浴业带来了很大的压力。进入4月，卫浴行业掀起了涨价风波，产品在终端市场价格整体上涨达20%左右。2008年佛山市进出口检验检疫局检验出口卫生陶瓷200万件，比去年下降了12.9%，进口比去年增加了0.9%，单价是32.2美元，货值有所上升，说明佛山地区的产品档次在上升。虽然整个年度货值有点增长，但受金融危机的影响，从10月份开始还是呈现下滑趋势。10月份下降了13.9%，11月份下降了24.1%，12月份下降了23.9%，往年第四季度的11月、12月出口量是最大的，但是2008年却是最差的。

潮州是广东乃至国内最大的卫生陶瓷生产基地，上规模的卫生陶瓷企业已达500多家，年产量4800多万件，总产值60多亿元。与卫生洁具相配套的原料、色釉，模具、纸箱、配件等企业300多家。目前已经形成了从产品的开发设计、生产、配套加工制造到销售完整的产业链。潮州卫生陶瓷企业近年来加快了产业升级的力度，2008年，恒洁卫浴入围中国建筑陶瓷与卫生洁具行业首批诚信企业。

江门市卫浴产业集群是另一支重要的力量。江门卫浴集群已经成型的是开平市水口镇的水暖卫浴。目前，水口镇水暖卫浴生产企业已发展到500多家，年销售额达30多亿元。年产值超1亿元以上的企业有9家，其中华艺卫浴年产值更超5亿元，水暖卫浴行业整体向“大、好、强”的方向发展，形成了具有一定影响力的区域品牌。水口镇是国内产业集中度最好、产业规模最大、企业整体素质最高、发展潜力最大的卫浴产业集群之一。

江门鹤山正在崛起的五金及卫浴产业集群是江门鹤山三大产业集群之一。鹤山五金及卫浴制造企业主要分布在址山镇，虽然发展历史只有短短10年，却有五金及卫浴企业200多家，形成了“原材料供应——零部件生产——卫浴机械制造——终端产品产销”比较完整的产业链，呈现出较强的积聚趋势和较好的发展前景。

上世纪80年代末开始，中山市卫浴产业迅速发展，涌现出洁百士卫浴、丹丽陶瓷洁具、加枫淋浴房、洁美洁具等一批企业，初步形成了国内较具规模的淋浴房、洁具生产集散地。随后，雅立、莱博顿、雅立洁具、丽莎洁具、金莎丽卫浴、联成盛卫浴等一批知名的淋浴房生产企业相继建成生产，中山淋浴房业产品在全国市场的占有率节节攀升，目前占据着国内中高档70%左右的市场份额，逐步发展成为享誉中外的淋浴房产业制造中心。

截至2008年中山淋浴房生产企业达100多家，年产淋浴房产品310多万套，年总产值30多亿元，其中70%出口，占全国总数1/3以上。未来5年销售收入可望达100亿。

2007年，中山市淋浴房行业协会应运而生，协会成立后起草制定了《中山淋浴房产品标准》（草案)。据介绍，目前协会正在积极申报中国淋浴房产业制造基地，并计划在三角镇建立“中国淋浴房博览中心”。

但是，中山淋浴房企业目前大多数还是国外客商在国内的生产加工基地，导致真正做自己品牌企业的不多。中山淋浴房业要做大，创立自主品牌，还需要走一段路程。

二、佛山产区

佛山市位于中国广东省中南部，地处珠江三角洲腹地，东倚广州，南邻港澳，地理位置优越。珠江水系中的西江、北江及其支流贯穿全境。佛山市现辖禅城区、南海区、顺德区、高明区和三水区。全市总面积3848.49平方公里，常住人口592.3万人，其中户籍人口361.1万。

佛山陶瓷生产历史悠久，源远流长。自古便有“石湾瓦，甲天下”的佳话。20世纪80年代以前，佛山陶瓷主要以日用陶瓷、工艺美术陶瓷为主，有少量的建筑陶瓷。1984年，佛山引进国外第一条建筑陶瓷生产线，自此开始领跑中国陶瓷产业。

经过改革开放以来20多年的强势发展，佛山陶瓷已发展成为产业基础雄厚，产业体系完备，影响辐射面广，社会就业者众，享誉海内外，极具历史文化传统和地方特色优势的支柱产业。

一是生产规模大。2006年建筑陶瓷产业规模最大的时候，佛山大约有陶瓷生产线1000多条，年生产能力达16亿平方米。约占全省的70%～80%、全国的40%、全球的20%；陶瓷机械约占全国的80%，陶瓷色釉料生产约占全国的50%，成为全国乃至全球最大的陶瓷生产基地。佛山卫生陶瓷规模只有建筑陶瓷的10%左右，但以中高端品牌为主，是全国卫生陶瓷知名品牌最多的产区。

二是市场营销中心地位突出。经过多年发展，目前佛山形成了青柯、置地、华艺、沙岗、河宕等五大传统陶瓷专业批发市场，中国陶瓷城—中国陶瓷总部基地和华夏陶瓷博览城两大陶瓷展示和会展中心，以及江湾路和南庄大道两大陶瓷专业街，年销售额超过100亿元。各大陶瓷企业基本上都设有自己的展厅。如此庞大的陶瓷商品集散中心，是国内外其他地区所无法比拟的。经过2004年的资源整合，佛山形成了每年陶瓷及卫浴产品展（中国佛山（国际）陶瓷博览交易会）、陶瓷工业展（佛山中国（国际）陶瓷工业展览会）和陶瓷艺术展（陶艺节）三大陶瓷会展格局，不断巩固营销中心的地位。

三是技术开发全国领先。佛山陶瓷产业的技术创新体系较为完善。由南庄镇政府与景德镇陶瓷学院合作的佛山市华夏建筑陶瓷研究开发中心是国家级建筑陶瓷研发中心，以其为依托还建立了国家建筑卫生陶瓷生产力促进中心、国家日用及建筑陶瓷工程技术研究中心建筑卫生陶瓷分中心等公共创新平台。佛山陶瓷的产品质量监督及检测体系较为完备，拥有国家陶瓷产品质量监督检验中心、国家级建筑卫生陶瓷检测重点实验室、国家日用陶瓷技术监督及检测中心佛山工作站、英国陶瓷研究协会华夏陶瓷检测中心等陶瓷产品质量监督及检测机构。

四是产业集群较成熟。随着佛山陶瓷产业的不断发展壮大，相关的配套产业也迅速发展起来，形成了专业化分工、产业化协作、集群化发展的格局。目前佛山共有陶瓷机械、陶瓷原材料、陶瓷配件、陶瓷包装、耐火材料、模具等专业生产厂家，以及科研院所、专业媒体、广告公司、物流公司、专业市场、行业会展、中介组织等相关配套企业1000多家，形成了强大的产业配套体系和能力。

佛山是我国最大的陶瓷装备制造业基地，是当前国内唯一能提供国内和出口现代化全套墙地砖生产线技术装备的地区，年产值30多亿元，占全国的80%、全球的15%以上。佛山也是国内最大的陶瓷化工色釉料生产基地，拥有一大批陶瓷化工色釉料生产强势企业，产品大量出口亚洲、欧洲市场，连意大利、西班牙等陶瓷强国也购买佛山的高温包裹色料。佛山陶瓷产业集群处于国内领先水平，与世界先进水平接近。

不过随着陶业形势的不断变化，佛山陶瓷在诸多方面也面临严峻考验：

一是背负污染产业包袱。在20多年的发展过程中，政府对陶瓷产业采取无为政策，企业分散布局，自由发展。企业使用煤燃料（包括水煤浆、水煤气等）和液体燃料（重油、柴油等）缺乏严格的标准。

加上液化石油气和天然气燃料推进困难，一些陶瓷企业不注重环保治理，对节能减排、清洁生产的投入不够，造成产业与城市发展不协调。加上长期产能过剩导致普遍的恶性竞争，企业产品附加值不高，纳税不规范，以及与新兴产业相比，资源的投入产出率明显偏低等因素的影响，佛山陶瓷产业的公共形象受到前所未有的挑战。早期，佛山市政府对陶瓷产业的转移还比较犹豫。但随着全市经济总量的增大、城市化的快速推进，市民环保意识的提高，在中心城区范围内的陶瓷企业环保压力越来越大，政府和民间对重拳治理陶瓷产业的态度趋于一致，最终导致2007年、2008年企业大量的关停、转移。

二是区域品牌亟需保护。“佛山陶瓷”在国内外市场拥有较高的知名度和美誉度，因此，本地注册、异地生产、乱用佛山陶瓷品牌的现象越演越烈，严重扰乱了市场秩序。为了加强区域品牌保护，相关部门不得不加强对“佛山陶瓷”品牌的注册、推广与保护工作。

三是知识产权问题严重。与佛山陶瓷的龙头地位不相称的是，行业创新、设计力量依然匮乏，真正意义上的创新产品并不是很多，模仿、抄袭之风难以绝迹。这导致本地区每年都要出现一些知识产权纠纷案。不过，大多数的时候这类知识产权纠纷案会因为诉讼的麻烦不了了之。

四是出口障碍增多。随着国内陶瓷出口迅速增长，对国外同类产业造成较大冲击，这些国家和地区纷纷通过技术壁垒、反倾销以及其他贸易壁垒来阻止中国陶瓷出口，佛山陶瓷因而往往首当其冲，碰到的国际贸易壁垒逐年增多。

五是经营成本持续上涨，利润逐年下降。除了出口方面的障碍外，佛山陶瓷还要面对土地、原材料、燃料、能源、电力、劳动力、运输、环保等成本等持续上涨的压力。企业唯有通过提高产品、品牌附加值，或者向低成本地区转移生产基地才能真正化解成本上涨压力。

六是产业空心化隐忧。2007、2008两年，在广东省政府实施“双转移”战略的大背景下，佛山对陶瓷中小企业执行强制的关、停、转政策，外迁的陶瓷企业已经超过100家。陶瓷企业大量外迁使产业空心化问题凸显。佛山进入发展陶瓷总部经济的转型期。

2008年是佛山陶瓷产业综合治理的关键一年。2008年5月初，佛山市政府又出台三份针对陶瓷行业产业整治的政策性文件：《佛山市陶瓷产业结构调整评价指导方案》、《佛山市陶瓷产业扶优扶强若干政策措施》和《佛山市陶瓷产业发展规划（2008—2015）》，这三份文件成为引导佛山陶瓷产业未来发展的纲领性文件。

根据以上文件精神，陶瓷生产企业分为四类进行调整提升：一类是鼓励做强做大做优的；二类是在2008年底前能完成整改；三类是与目前城市总体规划和环保要求不相适应的，应实行异地搬迁或就地转产；四类是环保严重超标、经限期治理后仍无法实现达标排放的，2008年底前依法实施关闭。调整提升的总体规划是：在现有的363家建筑陶瓷企业中，重点扶持42家（其销售总额占60%～70%），调整提升146家，关闭或转移175家。截至2008年12月底，佛山市已有144家建筑陶瓷企业转移、结业或关闭。

佛山市陶瓷主产区之一的禅城区共有115家企业纳入专项整治范围，2008年底已关闭、转移81家，余下的34家陶企，大部分已进入资产清理、职工遣散费清算发放的阶段。在已列入“改造提升”类的24家企业中，已有13家获得省清洁生产认证或完成了清洁生产改造，其余11家陶瓷企业均已进入清洁生产改造程序，并将于2009年陆续申报省级清洁生产验收。为推进“优二进三”的发展战略，南庄保留18家陶企，石湾保留5家骨干企业。南庄由工业重镇向生态度假区转变。

佛山陶瓷的另一主产区南海区纳入专项整治的陶瓷企业共108家，其中2007年关停7家，2008年关停47家。2009计划关停32家。2010年计划关停12家，剩下10家保留。丹灶镇22家陶企全部关停；狮山镇仅保留广东宏陶、和美、爱和陶等3家通过省级清洁生产验收企业；西樵镇陶企32家仅保留7家企业。

三水区从2008年8月起，开展对全区40余家陶瓷企业进行综合整治，除了整治二氧化硫、粉尘排放外，还对燃料、废水、固态废物、厂容厂貌等12项内容进行综合治理，有新明珠、华纳、博德、宏源等21家陶企完成整治，余下企业将进行转移或提升。

高明区从2008年4月起把全区12家陶企业分4类：扶持壮大顺成，贝斯特2家上规模企业，限期治理2家，转产或搬迁2家，年底前依法关闭6家。

顺德陶瓷产区是陶瓷企业关停转最彻底的区域，该区的23家陶瓷企业中，只有新中源顺德陶瓷生产基地转产免烧人造石高档环保产品获得在原地保留，其他22家全部关闭、转移。

2008年，作为陶瓷产业升级的重要举措，佛山市大力推动发展陶瓷总部经济，加快陶瓷服务业的发展。2008年10月，由中国建筑卫生陶瓷协会正式命名的“中国陶瓷产业总部基地”（中国陶瓷城二期）正式开业，吸引了国内外众多品牌签约、入驻。2008年7月，与陶瓷总部基地错位发展，定位为一站式陶瓷采购基地的瓷海国际·佛山陶瓷交易中心也开张迎客。

2008年，在市场和舆论的双重压力下，佛亚展览（香港）有限公司（佛山市佛亚展览有限公司）终于退出佛山陶博会。从2007年第九届陶博会佛亚公司接手以来，围绕“洋管家”办展模式和能力的争议就没有断过。佛亚公司这次在金融危机背景下的退出，使得佛山政府及各界有机会重新尝试整合分散的会展资源，挽救陷入困境中的陶瓷会展品牌。在佛亚公司宣布退出后，行业舆论普遍认为佛山应举办中国（佛山）陶瓷节，政府有关部门也高度重视相关建议，并着手研究。

2008年，随着大批整线陶瓷厂的搬迁，行业内著名的南庄大道变身为陶机配件销售服务中心。而吉利工业区的目标则是打造中国陶瓷机械装备制造中心。目前，南庄镇共有陶瓷机械企业50多家，其中包括一鼎科技、永达等知名企业，已基本形成较为完善的陶机产业链。

2008年，陶瓷厂的搬迁也为佛山抛光砖行业深加工（私抛厂）腾出了发展空间。南庄、小塘原有的200多条深加工抛光线获得了前所未有的发展机遇，而且新投产的100多条抛光线生意火爆。南庄、小塘由此晋升为“广东省抛光砖加工中心”。同时，专业抛光砖企业品牌意识开始萌动，成为行业品牌大军中新的竞争力量。

三、潮州产区

潮州地处广东省东部一隅，韩江三角洲平原北部，东邻福建，南接汕头，西连揭阳，北通梅州，濒临南海。始建于东晋咸和六年（公元331年），距今已有1667年，是国家历史文化名城、著名侨乡、对外开放旅游城市，素有“海滨邹鲁”、“岭海名邦”之称。全市总面积陆地3116.12平方公里、海域533平方公里，总人口250万人。辖潮安县、饶平县和湘桥区、枫溪区二县二区。

潮州市陶瓷矿产资源种类较多，分布范围较广，其中高岭土是潮州优势矿产，共有矿产地12处，主要分布在潮州市文祠、意溪和潮安县金石、沙溪等地，估计资源总量大于5000万吨，经地质工作评价的矿区3处，其中飞天燕高岭土矿规模达到大型，资源储量3219.4万吨，为粤东地区陶瓷土主要产地。潮安新寮、桑埔山高岭土为花岗岩风化残积型高岭土矿床，单个矿床的规模估计可达到1000万吨，有较好的开发前景。饶平新丰一带的高岭土矿为酸性脉岩风化矿床，规模不大，单个矿床储量一般在几十万吨左右，但矿石质量较好，原矿 A12O3 含量在16%左右，可供小型开发利用。

潮州交通便利。三百门港口现已开通至上海、广州、香港，韩国的集装箱货运航线，正加紧建设5000吨级多用途货运码头，筹资兴建万吨级深水码头，专用一级公路港口大道已建成通车。境内的公路四通八达，通车里程近2000公里。汕汾高速公路横穿过境，广梅汕铁路在境内设两个站场，市区距汕头机场30多公里。正在规划建设之中的潮揭、汕揭高速公路穿越潮州市。潮州至福建漳州的铁路也已列入省计划。

潮州陶瓷生产有1300多年历史。据统计，目前潮州日用陶瓷、工艺陶瓷、卫生陶瓷出口分别占中国的20%、60%、30%，产品远销世界150多个国家和地区，电子瓷基体产量占全球产量的一半。目前潮州拥有“中国日用陶瓷特色产业基地”、“中国日用陶瓷出口之乡”等名片。“枫溪陶瓷”成为广东省三个创建区域性国际品牌试点单位之一。潮安县凤塘镇继荣获“广东省陶瓷专业镇”称号后，2007年被中国建筑卫生陶瓷协会授为“中国陶瓷重镇”称号。

潮州卫生洁具产品以连体坐便器系列和台盆系列为主，品种包括各种坐便器、妇洗器、蹲便器，拖布盆，小便器，台式洗面器以及浴缸，柜盆、蒸气房等配件系列，产品色调以乳白色，杏色为主，其他颜色相配套，并根据客户需要加以装饰。卫生陶瓷企业主要集中在潮安县古巷镇，该镇是全国最大的卫生洁具生产基地，被称为“中国卫浴第一镇。”

作为潮州卫生洁具的代表性品牌，恒洁卫浴年生产量超100万件。2008年其投建的佛山三水生产基地首期已投产使用，年产量达300万件，二期工程建成投产后，年产量可达500万件。目前恒洁产品拥有20项自主专利，已跨入中国卫浴行业品牌企业的行列。

潮州过去各地的陶瓷工业区，均是自发形成、各个企业独门独院、空间分布相对分散。除了饶平以外，老工业区已有的企业扩大再生产缺乏土地，且土地使用税特别高。潮州市为保持枫溪区作陶瓷产业发展的龙头地位，在枫溪区规划如意路工业区、火车站工业区和东云片工业区等三个工业区，作为发展枫溪陶瓷产业的重要阵地，积极引导企业进园创业，对企业征用工业用地给予优惠。在建设“中国瓷都”的龙头——枫溪的同时，潮州市还规划建设湘桥工艺陶瓷、日用陶瓷专业园区，潮安古巷、凤塘卫生洁具专业园区，饶平三饶、新丰日用陶瓷等专业园区。

为深入贯彻广东省委、省政府产业转移的战略部署，潮州市委、市政府结合潮州实际，与深圳联手共建深圳（潮州）产业转移工业园。该工业园辖“一园三区”，即深圳南山（潮州）产业转移工业园、潮州市径南产业转移工业园和潮州临港产业转移工业园。

潮州陶瓷产业集群已经形成了完整的产业链。除了陶瓷生产企业自身的产品研发、生产，上游产业主要有燃料（石油气）、原料（陶土、瓷泥、釉料、色料）、陶瓷机械设备、窑炉设计、安装、模具（金属配件、卫浴配件）、耐火材料、花纸等；下游产业主要有包装、物流、贸易商、专业市场、出口报关、质量检测等。国家陶瓷检验检测中心实验室落户潮州，技术监督局有专门的陶瓷检测中心，3C认证机构在潮州设有办事处。

潮州陶瓷出口额最大的是日用陶瓷，占陶瓷总出口额的61%。其次是工艺陶瓷，占陶瓷总出口额的25%。卫生陶瓷出口较少，只占总出口额的12%。卫生陶瓷主要走内销渠道。潮州市卫生陶瓷前十名出口国中，分布较为分散，沙特阿拉伯和韩国的比重较大，分别为7.7%和7.5%，西班牙占5.9%，美国占5.6%，俄罗斯占5%。

2008年，在退税率低、人民币汇率高、原材料升值、劳动力紧缺、全球金融危机的情况下，潮州检验检疫局业务辖区内卫生陶瓷出口逆势增长，再创新高。经该局检验合格的出口卫生瓷洁具17798批次，货值18145万美元，分别同比上年增长44.0%和19.1%。

潮州卫生陶瓷年产量占全国卫浴市场占有重要地位。但长期以来，存留在业界印象中的潮州产品是以中低档为主，大多只有区域知名度。这种现状与潮汕人的经营理念有关。由于以OEM为主，缺乏品牌，潮州卫生陶瓷企业在2008年全球金融风暴中，抗风险能力明显偏低，产业经受了空前严峻的考验。

为提升区域品牌，2008年古巷镇政府重点是打造“古巷卫浴”品牌，到2010年把古巷建设成为全国知名的卫浴特色经济专业镇，叫响“中国卫浴第一镇”区域品牌。目前，以恒洁、欧美尔、梦佳、泰陶为代表的潮州卫浴品牌在市场上具有较高知名度。

潮州市有5家企业参与了国家强制性标准“坐便器用水效率限值及其用水效率等级”及“水嘴用水效率限值及其用水效率等级”的制订、修订工作。这表明潮州洁具已部分取得国家标准的话语权。亚陶卫浴与河北省理工大学共同研发的高档精细自洁釉料，填补了国内高档产品所需釉料的空白。

在上世纪90年代，潮州市的陶瓷企业就开始采用石油气作为燃料的窑炉烧制陶瓷。同时，发展节约型、环保型的窑炉生产线，并对陶瓷废料进行回收、利用，利用废瓷生产瓷泥产品，既解决了陶瓷垃圾问题，又达到环保的目的。且部分陶瓷厂虽然建在市区，但周边的环境却不受污染，部分陶瓷厂是花园式的厂房。

四、肇庆产区

肇庆市位于广东省中西部、西江的中游。土地总面积1.5万平方公里，人口约404万，下辖有端州区、鼎湖区和广宁、德庆、封开、怀集4县，代管高要、四会两个县级市，另设肇庆高新技术产业开发区。

肇庆交通便捷，区位优势明显。肇庆东邻穗、深、港、澳等经济发达地区，背靠大西南，是珠三角通往西南各省的重要交通枢纽。国道321线、324线，三茂铁路（广州至湛江）贯穿全境；西江“黄金水道”通江达海。

肇庆矿物资源丰富，拥有黄金、玉石、陶土等50多种矿产资源，被誉为广东的“黄金之乡”、“中国砚都”。

由于原材料匮乏、用电紧张以及土地成本高等原因，本世纪初开始，佛山陶瓷企业实行产业转移、扩张，把有资源、能源、交通优势的肇庆作为产业转移的首选地。肇庆四会、德庆、高要都储藏有巨量的陶瓷原料，每年都有几百万吨的瓷土销往珠三角的陶瓷厂，周边地区如怀集、广宁、广西、郁南、清远、三水等都是陶瓷原料盛产地，绝大部分原料都离工业区10~100公里范围内。在肇庆高要到德庆县几十公里的西江路段，就有数十家陶瓷原料码头，每年加工外运或就地消化的瓷砂超过600万吨。

肇庆陶瓷产区主要集中在高要的金利镇、白土镇、禄步镇以及鼎湖区的永安、四会的龙湾等地。近年来，已培育出高要金陶工业园、高要白土陶瓷集聚基地、四会龙湾陶瓷工业城、鼎湖永安陶瓷工业园等四个较大的工业园区，拥有哈伊马角、特高特、瑞朗、来得利、萨米特、新中瓷、纯一、圣晖、雪狼、大将军、协进等10多家知名陶瓷企业，共40多条生产线。

2006年肇庆规划高要禄步西江陶瓷工业城、四会迳口北江建材工业城两个佛山产业转移园。由于节能减排、环境保护等因素，肇庆市近年来对陶瓷产业的进驻提高了准入标准，从过去大规模的招商引资，改为保护环境提高土地高附加值利用率的招商选资，禄步、迳口北江两个工业园的发展速度明显放缓。

肇庆市“十一五”重点工业建设项目中，涉及陶瓷的只有三个：顺德（龙江）德庆产业转移工业园，计划实现规模以上企业20家，工业总产值6亿元。高要金陶工业园，计划实现规模以上企业19家，工业总产值100亿元。鼎湖永安陶瓷城，计划实现规模以上企业14家，工业总产值10亿元。肇庆市“十一五”期间重点发展产品规划中，瓷砖生产基地主要包括：高要哈伊马角生产基地、高要白土基地、高要金陶、鼎湖永安、四会龙湾、德庆陶瓷城。

高要市是肇庆市下属的一个县级市，地处广东省的中西部，地跨珠江主干流、西江流域。东北与清远市毗邻，南与云浮市相接，东南与佛山、江门市相邻。

高要地处粤西山区和珠三角交界处，是珠三角产业转移重要的承接地之一，近年来土地资源也日见紧张。“腾笼换鸟”这个珠三角产业升级转型的常用词，也开始成为高要的战略选择，政府把最好的土地资源让给效益好的项目，不断提高土地利用率和产出率。

2003年，为加快工业化进程，在基础较薄弱的情况下，高要筹集2亿多元建设10平方公里工业基地。经过努力，有19家陶瓷企业陆续落户“金陶工业集聚基地”。这些企业包括强辉陶瓷、来得利陶瓷，瑞朗陶瓷、新中瓷、纯一、圣晖、特高特等。由于陶瓷企业单位用地产出少，2006年，高要人审时度势，迅速更新“土地观”。政府以盘活土地资源入手，对金利镇金陶工业集聚基地的产业结构和规划布局进行战略性调整，把陶瓷的“陶”改为淘金的“淘”，对该园区进行重新整合，成功收回原用于发展陶瓷产业的土地5300多亩，转而发展“产出强度”更高的不锈钢产业。原本单一的金陶工业园，成功转型为多元化现代产业园。

禄步镇距肇庆市火车站只有23公里，离肇庆三榕港口码头边仅20公里。2008年禄步镇外资企业有7家、私营企业有35家、个体工商业户有2100多户，全镇陶瓷原料加工业25家，主要集中在禄步辖区

321国道侧边。随着新明珠集团、广福陶瓷等国内知各陶瓷品牌公司落户禄步，新型建材（陶瓷）产业将快速发展成为镇的主要支柱产业。

白土镇境内的宋隆和南马产业集聚基地位于城区东南面，肇江公路横贯园区，背靠肇庆高尔夫度假村和广新农业生态园，总面积约为5000亩，是政府按照“一个中心，两翼延伸”的总体发展规划，而规划兴建的工业基地。基地按照“边规划、边开发、边建设”的宗旨，突出通过抓项目促开发，以开发带项目，高标准按照现代化工业园区发展需要进行规划建设。

2004年初，宋隆产业集聚基地原规划的2000多亩（位于肇江公路东侧）已全部开发使用。因此，政府在肇江公路西侧重新规划了2000多亩的工业新区——南马产业集聚基地，使整个宋隆产业集聚基地总面积达到了约5000亩。园区共投资1000多万元完善了园区内“三通一平”等基础配套设施建设。

目前，落户宋隆和南马产业集聚基地（包括新旧区）的项目有65个，总投资额接近13亿元。整个园区中规模较大的项目有：投资1.2亿元占地328亩的郎丰陶瓷有限公司、投资9000万元占地150亩的华顺达陶瓷有限公司、投资9000万元占地150亩的将军陶瓷有限公司、投资8000万元占地170亩的鸿顺达陶瓷有限公司、投资8000万元占地150亩的宏润陶瓷有限公司、投资8000万元占地180亩的冠辉二手物流设备中心及冠辉机械设备有限公司、投资7000万元占地160亩的佛威精密机器有限公司（含一、二期）、投资6500万元占地170亩的玉山陶瓷有限公司、投资6000万元占地150亩的陶一郎陶瓷有限公司、投资5000万元占地150亩的金沙江陶瓷有限公司、投资3500万元占地80亩的顺胜陶瓷有限公司等。

整个园区全部开发利用将可容纳将近90个企业，累计投资总额将达26亿元，年产值将可达10亿元，可解决劳动力就业20000多人。

鼎湖区永安陶瓷工业园是肇庆规划发展的重要工业基地，位于贝水工业开发区，规划开发面积近万亩，从福建、珠三角地区引进陶瓷生产企业12家，总投资达14亿元，主要生产建筑陶瓷、卫浴制品、水暖器材、包装材料和陶瓷原料等产品。入园的陶瓷企业主要有：协进陶瓷、国美陶瓷、肇庆伟达陶瓷、金碧嘉陶瓷、齐天陶瓷、和谐陶瓷、郭氏陶瓷等。

珠三角一体化战略的推进，珠外环高速公路等重大交通设施的规划建设，为肇庆加快融入珠三角、促进工业化、城市化提供了千载难逢的机遇。肇庆市为此加快推进东扩战略，着力推进“交通设施、产业配套、城市建设、经济要素”与珠三角发达城市接轨，促进体制、市场、生产、经营一体化，让物流、人流、信息流、资金流等生产要素快速汇集鼎湖。鼎湖区开始以谋划重大项目为切入，全面提升发展质量，促工业化、城市化上新台阶。2007年，鼎湖区还被被省科技厅批准成为“广东省可持续发展实验区”。为提升园区建设水平，鼎湖区2008年重点落实广东肇庆工业园迁址扩园和开发建设，高标准搞好园区整体规划和产业布局，努力建设区域品牌园区。在这种情况下重新审视、整合利用永安陶瓷工业园区成为必然选择。永安陶瓷工业园区由此开始朝产业多元化的方向发展，而陶瓷企业招商则得到控制。

德庆县位于肇庆市辖区中部，西江中游北岸、北面与广宁、怀集县接壤，西面与封开县毗邻；南面与云浮市云安县、郁南县南江口镇隔江相望；东面与高要市禄步镇相连。全县辖15个乡镇，面积22556平方公里，人口约34万人。“新型建材产业基地”是德庆县加快建设的五大产业基地之一，2008年，环球、建球、宝玛仕等一批陶瓷项目正在推进、建设，计划形成70多条大型陶瓷生产线规模。

五、清远产区

清远市位于广东省的中北部、北江中游、南岭山脉南侧与珠江三角洲的结合带上，南连广州、佛山，北接湖南、广西，东及东北和韶关市交界，西及西南与肇庆市为邻。清远市现辖清城区、清新县、佛冈县、阳山县、连南瑶族自治县、连山壮族瑶族自治县，并代管英德市、连州市两个县级市。全市常住人口365万。清远市所辖区域发现矿产资源品种62种，矿产地374处，其中通过地质勘查探明储量的44种，主要矿种包括陶瓷土、砖瓦黏土等。

清远是广州城市建设的“后花园”。目前，清远陶瓷企业主要集中在经过几年打造的清城区源潭陶瓷工业城和正在兴建的清新县云龙陶瓷工业园。源潭陶瓷工业城集中了东鹏陶瓷、唯美陶瓷、蒙娜丽莎陶瓷、新中源陶瓷、宏宇陶瓷、欧美陶瓷、升华陶瓷、天弼陶瓷等11家企业的60条生产线，其中生产线较多的是欧美陶瓷、宏宇陶瓷等。各企业厂区占地面积都在千亩以上。清新县云龙陶瓷工业园也即佛山禅城（清新）产业转移工业园，是两地政府共同推进的项目，2008年启动建设。

清城区是清远市委、市政府所在地，是清远市唯一的市辖区。全区总面积927平方公里，人口55.5万人，下辖凤城、东城、洲心、横荷四个街道和源潭、龙塘、石角三个镇以及银盏林场。

清城区拥有丰富的资源：一是土地资源丰富。全区七成面积是平原与山坡地，对连片开发工业项目十分有利。目前，珠三角土地利用的空间非常有限，而清城区土地规划修编后，可利用的土地资源仍较丰富；二是矿产资源丰富，全区已探明的矿产有8种，其中储量大、品位高的有纳长石、钾长石、铁矿、高岭土、稀土等，尤其是瓷土最丰富，是中国三大优质陶瓷原料生产基地之一；三是水力资源丰富，清城区可享受全市的水电优惠，全市水力资源蕴藏量达158万千瓦，可供开发水力资源达115万千瓦。四是人力资源丰富。全区有富余劳动力10多万人，而且邻近粤北山区，可以为企业提供大量劳动力。区内有多间大规模的高职、中职院校，可提供大量的技术型人才。同时清城区山清水秀，环境优美，是中国优秀旅游城市，自然生态环境优越。

源潭镇是清城区的一个“窗口”镇和中心镇，东与佛岗学田镇接壤，南邻广州市花都区，北与清新江口镇交界，距市区12公里。全镇总面积228.37平方公里，其中城镇规划面积6平方公里；镇下辖26个村委会，2个社区居委会；全镇总人口9.4万多人，其中城镇常住人口近2万人。

源潭镇地理位置优越，交通网络发达。广清高速公路在该镇南端经过，京广铁路、1959线、清佛一级公路、银英公路。且距京珠高速公路佛冈出口8公里，矿产资源丰富，储藏量大，品位高，质量优。旅游资源丰富。

源潭陶瓷工业园位于源潭镇清佛一级公路源潭段两旁，规划面积2万多亩，拟打造为世界陶瓷产品研发、生产加工、销售一条龙的专业产业园区。规划建设陶瓷生产线160条。目前，清城区陶瓷工业城已引进落户的陶瓷企业23家，合同投资总额136亿元，投产的陶瓷生产线76条，陶瓷产业已经形成集群发展态势。

由于企业生产线过于集中，源潭陶瓷工业城整体环境目前已经受到一定程度的污染，电力、交通等实施处于超负荷状态，部分陶瓷原料也开始出现紧缺，影响了可持续发展。源潭陶瓷工业城节能减排，清洁生产任重道远。

近年来，清城区调整发展定位和发展思路，提出大力推进“一区”、“两河”、“三地”、“四心”、“五线”建设。其中“三地”就是“铜产业基地”、“陶瓷产业基地”和“汽配产业基地”。“陶瓷产业基地”将立足科学发展、和谐发展，建设成为全国陶瓷生产示范基地，到2011年，实现陶瓷产业产值超100亿元的目标。

清新县地处广东省中部，北江中下游，是珠江三角洲与粤北山区的过渡地带。东邻佛冈、英德，北接阳山，西连广宁、四会，南面紧靠清城区和市区。县城太和镇距广州市68公里，距广州新机场40公里。

清新县的陶瓷土矿资源储量比较丰富，是优势矿种之一，按历史资料收集和经地堪工地圈定，主要分布在县域的浸谭、龙颈、禾云、太平等镇。目前已投入开采的矿山有12个，年产量约20万吨。瓷土原矿产品多属中、高温为主。

清新县根据广东省委省、政府推出产业和劳动力“双转移”的决策，把握这一机遇承接珠三角产业转移。清新县承接珠三角产业转移不走老路，而是增强全面、协调、可持续发展意识，坚持经济指标与绿色生态指标并重的原则，在招商引资中提高门槛，有选择地抓好项目引进；另一方面按照“产业集聚、土地集约”的要求大力推进工业园区化的步伐，提高产业集聚水平。

2007 年 6 月 8 日，禅城、清新县两地政府签订了佛山禅城（清新）产业转移工业园的合作协议，两地政府将联手引导佛山市禅城区有搬迁意愿的企业优先选择清新，建立生产基地，实现共赢。

佛山禅城（清新）产业转移工业园（即清新云龙工业园）实行滚动开发建设，通过自筹或引进民间资本、外资等多种形式，共同招商引资，工业区拟承接新型建材、电子、纺织、铝型材、针织、服装、综合制造等传统产业，积极推广可再生能源、清洁生产和循环经济。转移工业园选址位于清新县下滨江片区的禾云镇与龙颈镇交界处丘陵地带，占地面积约 7.5 万亩。

佛山禅城（清新）产业转移工业园（清新云龙工业园）与传统园区的发展理念不同，总的定位：工业新城，生态园区。以“浮岛式”、“城中园”为规划设计理念。主要以承接佛山及珠江三角洲的新型陶瓷建材产业及配套产业为主，兼顾发展纺织服装、包装物流等产业。目标是打造成为全省最大的新型陶瓷清洁生产基地、全国陶瓷传统工艺升级改造生产示范基地。

2008 年 3 月 20 日，佛山禅城（清新）产业转移工业园暨全国陶瓷产业转移示范基地授牌、奠基仪式在清新县举行。该工业园由广东冠星集团清远云龙物业发展有限公司开发经营，首期规划面积 6768 亩，总规划面积 15000 亩，计划落户 12 家陶瓷企业，建设陶瓷生产线 103 条。其中，广东冠星陶瓷企业有限公司生产基地，占地 1000 亩。2008 年 4 月 1 日，清远市英超陶瓷有限公司奠基仪式在清新工业园举行。英超陶瓷在该工业园投资 8 亿元圈地近千亩，计划预设 280 米以上的辊道窑炉生产线 10 条。

清新县还有两个陶瓷生产基地：一是位于飞来峡镇的简一陶瓷生产基地。2008 年 4 月 22，该基地一期工程顺利投产。简一陶瓷清新县项目投资总额 3.3 亿元，计划建设 8 条生产线，年产值达 8 亿元；二是位于三坑镇的冠星陶瓷生产基地。该厂最早是由广东清远标牌陶瓷公司投资建成。2007 年 4 月，由于经营不善被收购，2008 年 5 月，该生产基地再次易手，被冠星陶瓷收购。

六、河源产区

河源市地处广东省梅州市与广州市之间，1988 年 1 月 7 日设立地级市，管辖源城区、东源县、龙川县、紫金县、连平县、和平县共五县一区。全市现设有 98 个乡镇。户籍总人口 335 万人，海外侨胞及祖籍河源的华人共 47 万人。河源市是东江流域客家人的聚居中心。河源交通便利，距香港、距广州 200 公里，京九铁路和广梅汕铁路在河源境内接轨。

河源市陶瓷企业主要在市区周边高塘、仙塘工业园，以佛山陶瓷企业投资为主，主要有万峰陶瓷、华溢陶瓷、景业陶瓷、贝嘉利陶瓷等企业。佛山的陶瓷企业开始在河源设立生产基地始于 2002 年。2002 年前后在河源投资兴建生产基地的佛山陶瓷企业共有 4 家，分别是万峰陶瓷、贝嘉利陶瓷、恒福陶瓷以及景业陶瓷。2005 年 1 月，鹰牌控股收购了景业陶瓷在河源生产基地的资产，成立鹰牌河源公司。万峰陶瓷是新中源企业集团在河源建的一个生产基地，拥有 12 条瓷砖生产线，而其余 3 家陶瓷企业都是 4 条生产线。贝嘉利陶瓷、恒福陶瓷以及鹰牌河源公司集中在河源市源城区高塘陶瓷工业园，而万峰陶瓷则在 20 公里以外的河源东源。

河源市素有粤东宝库之称。矿产资源品种已发现 56 种，具有种类多、分布广、品位高、规模大等特点，其中包括高岭土、陶瓷土等优势矿产资源。当地初步探明的高岭土矿和瓷土矿地质储量有 3000 万吨。同时，河源境内的惠河高速公路、京九铁路、205 国道等为企业提供了便利的交通条件。这些都是佛山企业到河源投资的重要原因。在陶瓷产业引进发展的早期，河源市政府为企业发展创造了有利条件，在政策上给予优惠，营造良好的投资环境。河源山青水秀，紧靠市区的万绿湖风景区，是天然的旅游胜地，也是东江下游重要的饮用水源地。因此，近年来出于环境保护的考虑，当地逐渐控制陶瓷产业的发展。

目前，河源在承接珠三角产业转移中重点是打造中山（河源）产业转移工业园。为避免“先污染后治理”的老路，河源坚持“环保至上”的招商原则。此外，河源还严把项目建设关，坚持集约用地，合理安排用地指标，防止“圈地现象”。严格规定每亩工业用地的投入不少于15万美元，项目建设容积率不少于1，建筑密度严格控制。

七、开平产区

开平市位于珠三角西南面，东北连新会，正北靠鹤山，东南近台山，西南接恩平，西北邻新兴。开平市辖13个镇，两个街道办，人口68万，是著名的华侨之乡、建筑之乡和艺术之乡，闻名遐迩的碉楼之乡。水口镇位于广东省开平市东郊，台山、新会、鹤山、开平交汇处，是中国水暖产业的发源地之一。

2008年，水口镇地方财政一般预算收入为1.1亿元，成为开平市地方财政一般预算收入第一个“亿元镇”。因收入基数逐年增大，水口镇财政收入已连续7年保持30%以上高速增长。在这个高速增长中，水暖产业功不可没。

开平自2002年10月被中国五金制品协会命名为“中国（水口）水龙头生产基地”起，水暖卫浴产业更是成了该市的龙头产业，成了水口镇乃至整个开平市的名片。近几年，开平市、镇两级抓住发展机遇，大力推动企业实施以科技兴产业，用创新求发展的战略，使水口镇经济特别是水暖卫浴产业取得了空前的快速发展，产业结构不断优化，核心竞争力不断提升，成为一个较有竞争力的产业集群。

目前，水口镇500多家水暖卫浴产业生产企业的年总产值已占据了该镇年工业总产值的70%以上，销售企业超过100家，从业人员3万多人，年销售额达30多亿元，产品在国内市场占有率达50%，出口额以每年20%的速度增长，产品出口到全世界60多个国家和地区。一些世界名牌水暖卫浴产品如TOTO、科勒，其产品都在水口代工生产。目前，水口镇已有10多家年产值超亿元的水暖企业，如华艺、希恩、雄业、迪丽奇、胜发、彩洲等，固定资产超千万元的企业有30家，产品全部供出口有10多家，通过国际ISO认证的有20多家，获得国家专利授权的产品有300多项。其中，华艺、希恩、雄业、乔顿等企业荣获“广东省著名商标”称号；华艺、希恩、乔顿等企业荣获“中国水龙头行业十大知名品牌”称号；彩洲、东鹏等企业荣获“中国公认名牌产品”称号；华艺、胜发、乔顿等企业产品还通过美国UPC质量认证。

国内水暖产业主要集中在东南沿海发达地区，开平水口镇、浙江温州、福建南安是目前国内三大水暖产业集群地。三个水暖基地各有特点，如福建南安企业比较注重品牌和渠道建设。温州企业在产品成本上拥有优势。水口镇则是以产品配套齐全，产业链完整，集群效应显著为特征。仅有80平方公里的水口镇，能够为客户提供感应系列、延时系列、单把系列、双把系列等数百个规格品种的水暖器材。

水口镇水暖产业的“龙头”地位已形成了强大的磁场作用，吸引了国外高端企业进驻。西班牙塞道阀芯公司、韩国韩洋水暖公司、意大利的澳图洁具有限公司、美国凯勒斯水暖公司等一批颇具实力的外资公司陆续选择落户水口镇，进一步完善了水暖产业链。赛道陶瓷阀芯公司所产高档龙头阀芯，则大大提升了当地产品质量和档次；世界铜材生产量排名第七的韩国大昌工业株式会社则为当地产业的铜材供应提供了有力的保障。

尽管水口镇在产业配套、产业规模等方面具有很大的优势，但是水口镇的企业在经营理念、营销模式等方面的短板在2008年金融海啸的冲刷之下暴露无遗。过于依赖出口市场，没有国内、国外市场两条腿走路，是导致水口企业受经济危机冲击严重的原因之一。在金融危机之前，水口生产的水暖产品七八成都是用于出口市场。做国内市场的的水口水暖生产企业，也主要是以为其他国内企业代工为主，盈利水平很低。即便是水口镇最大的几个企业，如华艺、希恩等，也主要是依赖出口和代工两种方式生存，在国内的知名度远逊于南安的九牧、申鹭达等品牌，没有能够起到龙头企业的作用。

在渠道的建设上，水口镇的企业也基本上是处于空白状态，95%以上的企业都没有建立自己的销售渠道。华艺等企业也是在近两年才开始着手建立自己渠道的，但全国只有几十个网点。相比之下，南安九牧的专卖店已经深入到地市一级，并且正在向镇乡一级市场渗透，数量高达数千个之多。而温州的水暖企业，也利用遍布全国的温商网络，建立了自己的销售渠道。

此外，过度依赖OEM，水口水暖企业的研发能力也难以得到培养。绝大部分企业都没有自己的生产研发部门和经费，主要依赖客户提供生产设计图纸，照葫芦画瓢。

2008年，在“以科技兴产业，用创新求发展”的战略带动下，开展技术创新成了开平水暖卫浴业中的新风尚。2005年底，开平市筹建了水暖卫浴技术创新中心。经过1年多的建设，水口水暖卫浴技术创新中心于2007年12月5日落成揭幕，形成了拥有包括培训中心、产品研发中心、产品检测中心、电子商务网平台、产品展示厅、知识产权应用和保护中心等六大功能、集实践操作与提供服务于一体的多功能平台。该市不少卫浴企业通过引进人才和设备，纷纷组建企业工程技术研发机构或技术开发部，不断加大科研投入和创新力度。2008年12月19日，中国建筑卫生陶瓷协会卫浴配件分会广东工作站、国家建筑材料工业建筑五金水暖产品质量监督检验测试中心广东办事处挂牌揭幕仪式在开平市水口水暖卫浴技术创新中心举行。自2001年10月，首届中国（水口）水暖卫浴设备展销洽谈会举办以来，开平市已举办了6届中国（水口）水暖卫浴设备展销洽谈会，成功地将开平的水暖卫浴产业推向全国，推向世界。

水口镇下一步将努力实施产业集群发展战略，构筑中国水口水暖卫浴产业基地的规模、贸易、技术与品牌四大平台，争取一批优质产品进入国际主流市场。将依托水口水暖卫浴技术创新中心与江门市、开平市质量检测三个中心，加大产业新产品与新技术的开发，提升电镀行业的工艺技术，引进国内外一流技术研发人才，筹建水龙头专家顾问小组，推进产品质量信用双建设。另外，在引导鼓励企业创品牌的同时，计划争取2~3家企业联合组成集团公司，整合行业资源，打响中国水暖卫浴品牌，努力向跨国知名企业转变。

水口镇的发展也带动了周边地区的发展。在紧邻水口的鹤山址山镇，目前有五金及水暖生产企业280多家，投资总额超过10亿元，2007年实现产值18亿元，拥有苹果、泰林、康立源、三力等一批知名的水暖企业。

八、恩平产区

恩平市位于广东省西南部，属珠江三角洲区域，是粤中粤西交汇地。东北面与开平市相邻，东南面与台山市相邻，西南面和西面与阳东县、阳春县相邻，西北面与新兴县相邻，南面濒临浩瀚的南海，海岸线长21公里。中心城区距广州市150公里（90分钟车程），距香港165海里。全市国土总面积1698平方公里，总人口50多万人，另有海外华侨和港、澳、台同胞50多万人，分布全球50多个国家和地区。

恩平市发展陶瓷工业有较好的基础。境内蕴藏着丰富的供陶瓷工业使用的陶瓷泥和高岭土资源，其中仅那吉镇一座山头就有近1000万吨，恩平的陶瓷泥蕴藏量有近亿吨。恩平大部分陶瓷泥一直被运到佛山等地，供陶瓷企业使用。

恩平的陶瓷工业在上个世纪80年代初就已初具规模，由外商投资办起南方墙地砖厂和港华陶瓷厂出产的墙地砖一度风靡华南市场，这两间工厂也为恩平培养了一批懂得陶瓷产业的人才。到2006年，沙湖镇开始建设蒲桥陶瓷工业基地，投资数千万元新建的华昌陶瓷厂是基地的第一家企业。该企业占地1000亩，是佛山市方园陶瓷有限公司的生产基地。1994年镇里将停工的河排林场南方水泥厂主体工程改造成另一条陶瓷生产线。

2007年初，恩平市开始建设“两条走廊”和锦江新城，欲构建立体式的现代产业体系。“两条走廊”，就是工业经济走廊和旅游经济走廊，其中工业经济走廊主要沿325国道恩平段及276省道横陂段布置，分为君沙工业组团、恩平市工业组团、临港工业组团，用以承接珠三角地区的产业转移。

作为恩平市工业经济走廊的重要组成部分，沙湖镇所在的君沙工业组团，定位是分块打造成纺织和陶瓷产业带。君沙工业组团以已有的两家大型陶瓷厂落户的优势，不断吸收、承接佛山陶瓷企业转移，壮大产业基础。沙湖镇规划了两大特色产业区，其中蒲桥新型建材工业区将重点发展陶瓷产业。沙湖镇陶瓷工业园规划陶瓷生产线 55 条，目前区内有已建、在建的华昌、新域、新锦城、会德丰、华圣、安基、金瑞宝、荣高等陶瓷企业 13 家，生产线 26 条，已初步形成产业聚集效应。

恩平大力引进陶瓷产业的同时，正直广东省推进珠三角“双转移”战略。沙湖镇在承接佛山等地陶瓷产业转移上一度存在很大的争议。政府认为佛山地区陶瓷产业的转移，是恩平一个极为难得的发展机遇，恩平发展陶瓷产业可谓恰逢其时。其次，恩平低端的水泥行业即将关闭，要安排近万名工人也是发展陶瓷产业的重要原因之一。2008 年 11 月恩平市政府印发了《关于科学发展我市陶瓷产业的实施意见》，意见要求按“适度发展，定点入围，强化监督，提高档次”的原则，有选择地适度地发展陶瓷产业。该意见还制定了恩平引进陶瓷产业的相应的准入制度。规定“进入的陶瓷企业必须是能耗小、污染低、效益高的企业，并取得主要污染物总量指标的前提下才能新上，不能无限量发展”。沙湖陶瓷工业基地内的新锦成陶瓷按照此要求，分别投资近千万元配套环保设施。

那吉镇也是恩平陶瓷产业发展的重点地区。那吉镇 2006 年引进投资 6000 万元的新域陶瓷建材有限公司。2008 年引进投资 12000 万元的华圣陶瓷有限公司。华圣陶瓷落户沙湖镇马坦工业园区，是那吉镇异地招商的成果，加上早年引进的金域陶瓷，该镇通过异地招商引进了第 2 个陶瓷项目，共计引进 7 条陶瓷生产线。

2007 年 11 月奠基的江门市道氏标准制釉股份有限公司项目总投资 3.5 亿元，首期投资 5000 万元人民币。主要生产陶瓷坯体及釉用色料、陶瓷表面高档釉料，项目建成投产后首年产值可达约 1.5 亿元人民币。

最近两年，在佛山严厉的产业政策调控下，陶瓷重镇南庄镇 48% 的企业要在 2008 年上半年关停，2008 年 3 月南庄镇罗南村计划在恩平市沙湖镇建设占地 2000 亩的陶瓷工业园，为 10 多家陶瓷企业开辟发展新空间。

第二节 福建产区

一、概述

福建是全国最重要的陶瓷产区之一，2008 年福建建筑陶瓷总产量为 120249 万平方米，在全国排第二。福建具有悠久的陶瓷生产历史。福建德化陶瓷起源于新石器时代，兴于唐宋，盛于明清，技艺独特，至今传承未断。德化的“象牙白”、“中国白”是中国白瓷的代表。郑和下西洋所带的瓷器中，就有“德化瓷”。

福建建筑陶瓷产区主要在泉州市下辖的晋江市和福州市的闽清县。晋江主要以生产外墙砖、仿古砖为主，闽清县主要生产墙地砖、电瓷等。晋江外墙砖纵横中国，市场份额近七成；闽清电瓷出口国内领先。“广东人做砖，福建人卖砖”是中国建筑陶瓷产业独特的风景之一。

福建建筑陶瓷起步于 20 世纪 80 年代中期，以多孔窑生产内墙砖为主，并逐渐发展到外墙砖、地砖、仿古砖等，外墙砖占全国总量近 70%。但是，近两年在一些新兴产区提升很快的背景下，福建陶瓷却遭遇增长的瓶颈。由于长年的同质化生产，加上单纯的价格竞争，福建陶瓷企业持续发展的信心不足。即使有少数企业家想在本土扩张发展，但当地较高的土地价格及环保门槛，又令企业望而却步。

为走出困局，闽清、晋江一些有实力的企业另辟蹊径：一是到中西部地区的江西、湖北、河南、河北、山西、陕西等地投资。云南也是福建投资企业聚集地；二是大力发展仿古砖等。目前福建仿古砖企业主要有闽清的豪业及晋江的腾达、华泰、豪山、协进等；三是通过开发新型陶瓷板材，寻找提升发展的新路径。如福建华泰集团 TOB 陶板—— 干挂空心陶瓷板项目具有较高的科技含量，市场前景看好。

在节能减排方面，2008年晋江市有关部门展开了废水、干燥塔废气、煤气发生炉脱硫整治检查，几十家企业被责令限期整改。闽清县制定了《闽清县单位GDP能耗考核体系实施方案》。过去，陶瓷生产中产生的次品瓷、破损瓷等废瓷一般被直接丢弃，如今福建陶瓷企业纷纷加入到将废瓷变宝的行列中。

2008年，面对人民币升值、出口退税率降低、原材料涨价、汶川大地震、全球金融危机等利空因素，福建陶瓷行业主动求变，积极应对更加激烈的市场竞争：一方面加大技术升级的力度。在2008年度福建省级工业内涵深化技改提升工程政府专项投资资金申报工作中，福建华泰集团有限公司的环保保温陶瓷砖生产线技改项目、福建省闽清豪业陶瓷有限公司的高档陶瓷墙地砖生产线技改项目被列入技改提升工程重点项目。另一方面，加强企业品牌建设。5月份，福建省政府发布了《关于实施品牌带动的若干意见》，以品牌建设为抓手促进福建产业结构优化升级。对此，福建省陶瓷行业协会也充分响应省政府的部署与号召，针对2007年度中国名牌产品评选时，建筑陶瓷被排除在外对福建区域品牌造成的一些影响，协会深入企业，搜集意见，并形成文字呈报上级主管部门，努力做好后续工作。

福建省建筑陶瓷行业拥有中国驰名商标10多个——腾达陶瓷、集源陶瓷、国星陶瓷、信源陶瓷、南鹰陶瓷、协盛陶瓷、协进陶瓷、南鹰陶瓷、晋成陶瓷、祥达陶瓷、豪山陶瓷、恒达陶瓷、华鸿陶瓷等。

二、晋江产区

晋江地处福建东南沿海，东濒台湾海峡，与金门、台湾隔海相望，陆域面积649平方公里，在籍人口102万，旅外侨胞、港澳台同胞220多万。晋江是海峡西岸经济区泉州湾城市群中唯一具备港口、高速公路、铁路、机场的交通枢纽。

几年来，晋江市综合经济实力连续多年居全国前列、福建省首位。县域经济基本竞争力居全国百强县（市）第六位。晋江是中国的品牌之都，拥有的中国驰名商标和中国名牌产品、福建省著名商标和名牌产品数量分别名列全国县级市前列、福建省县（市）首位。“晋江模式”，被理论界誉为中国农村经济发展四大模式之一。

晋江瓷灶等地是东南部地区最重要的陶瓷生产基地之一。晋江产区陶瓷企业以生产外墙砖为主，总计有企业210家左右，生产线400多条，总量占全国外墙砖总量的70%左右。晋江琉璃瓦在全国市场也占有非常大的份额，企业大部分分布在晋江的长埔和瓷灶两个地方，辐射内坑、南安官桥、紫帽等周边镇。长埔地区以国星企业为代表，主要以城镇的中低端市场为主，整个地区有50多条生产线。瓷灶地区以华泰、协进、协胜、腾达及恒达为代表，有企业20家以上。这些企业的市场基本是工程定单型，产品定位相对较高。

晋江陶瓷最主要的问题是产品同质化、价格战，导致企业利润薄，没有充足的积累进行扩大再生产，成为长不大的“盆景企业”。晋江陶瓷企业近年来遭遇的“天花板”主要表现为：企业内部经营成本不断攀升而产品价格则呈下行的趋势。国内前几年房地产火爆的时候还基本能维持发展，一旦市场往下调，以外墙砖为主战场的晋江企业马上遭遇整体性的滑坡。由于福建外墙砖主要用于工程，个性化和差异化需求没有内墙砖市场强烈，市场竞争形式现阶段主要是残酷的价格战，这导致产业无法升级到价值竞争阶段——企业难以进入品牌竞争、文化竞争时代。行业缺乏具有整合力的领导力量，市场集中度严重偏低。

国家、地方产业政策支持力度减弱，也是晋江陶瓷行业面临发展困境的主要原因之一。晋江陶瓷产业20多年的发展历程与佛山陶瓷极为相似，政府的“无为”政策导致行业一直缺乏进入门槛，企业不分良莠，自由发展，布局分散，尤其是挨近中心城区或居住区，无法进一步扩张发展，形成规模经济，这严重影响到其环保投入的积极性。目前晋江拥有恒安国际、安踏体育、七匹狼等13家上市公司，另包括九牧王、利郎、361°、劲霸著名品牌。这些品牌企业产品附加值高，土地投入产出比率高，使占地面积大，能源、资源消耗高，污染相对严重、品牌意识弱的陶瓷产业，在异业竞争中失去了优势，进一步发展的空间受到很大限制。

磁灶现有106家陶瓷企业，但是纳税超过500万元的仅有豪山、阔兴、华泰等5家企业，年纳税400万元以上的也仅有10来家左右。而拥有其他高附加值产业集群的安海、池店等乡镇，2008年利税总额超过5亿元，尤其是陈埭镇的利税总额超过10亿元。这些乡镇成为晋江市税收的重要来源。以建筑陶瓷为主要支柱产业的磁灶镇2008年利税总额仅2.7亿元，其中陶瓷业1.86亿元，占全镇总税收的80%。因此，磁灶镇陶瓷产业要赢得更大的发展空间，产业调整、升级是必由之路。

2008年9月27日，晋江市有关部门展开废水、干燥塔废气、煤气发生炉脱硫整治检查。检查中，169家建陶企业中有34家已自行停产，并须在2009年2月15日前补办验收，否则将被永久关闭。此外，有28家企业被责令限期整改，限期整改不合格的，将被强制停产。10月，晋江市政府出台政策，大力推进天然气替代战略，引导和鼓励企业以天然气作燃料。

磁灶镇陶瓷产业也受到政府环保、税收和能耗等多重严格考核与综合治理。2007年起，磁灶镇集中力量对陶瓷行业进行技术改造，重点治理酚水废液、陶瓷废品以及改造多孔窑和单段式煤气发生炉。环保部门要求陶瓷企业必须在5月1号前完成技术改造，全部使用清洁能源，技改不到位的将被淘汰。尤其在工业用地指标发放方面，磁灶也已经开始有意识地回避陶瓷产业，将有限的土地批给新兴的印刷产业等。

在产业发展形势日益严峻的情况下，晋江陶瓷依然在积极寻找出路：

一是谋求产业转型、升级。华泰集团2008年毅然关掉了两条外墙砖生产线，与咸阳陶瓷设计研究院合作"环保型保温陶板"项目，采用世界先进的微波干燥和挤压成型技术，用红坯生产外墙干挂的TOB陶板。该产品是空腔结构，自重轻，既节约原料资源，又能为建筑节能。而且外观漂亮、新颖，是高端建筑外墙材料的新选择。该项目是国家"十一五"科技支撑计划重大攻关项目，总投资15000万元，分2期建设，年产量为300万平方米环保型保温陶板。一期第一条生产线已于2008年7月投产。华泰集团也因此成为《建筑幕墙用陶板》行业标准的主要起草单位。在2008秋季佛山陶博会上，恒达陶瓷推出了"超轻质砖"（外墙砖），获得国家实用型和配方两项专利，产品原料采用废料。

二是做仿古砖。福建不单外墙砖强势，生产仿古砖的时间也较早，只是没有本土品牌。佛山、上海不少知名品牌是福建本土企业生产的产品。晋江前两年也有部分企业做做本土品牌仿古砖，但因为不熟悉仿古砖渠道建设走了弯路，损失不小。华泰集团十多年来始终坚持做本土品牌，产品质量和品牌影响力也逐年提升，在2008年行业不景气的处境下，公司还增加了生产线，丝路瓷典品牌在佛山中国陶瓷总部基地设有展厅，欲与行业强势品牌争辉。晋江舒适企业"诗洛克"仿古砖别具一格，瓷质通体仿石逼真。晋江通达仿古砖以小规格为主打产品，高端产品出口欧美市场，是最早开发小规格仿古砖的企业之一。闽清豪业"精艺瓷"仿古砖产品进入北京居然之家连锁店。晋江腾达仿古砖几年前铺进了国家大剧院。厦门东龙山三荣仿古砖出口价卖到一平方100美元。还有晋江国星、釉盛、彩菱、万兴、亚泰等企业的仿古砖也较有发展后劲。

三是进行产业转移、扩张。福建晋江恒达陶瓷有限公司2008年在高安签约投资6亿元，圈地590亩，拟建12条陶瓷生产线，主要生产外墙砖、仿古砖。该项目建成后，预计年产瓷砖6000万平方米，年产值达12亿元，年利税1.8亿元。

三、南安产区

南安市位于福建省东南沿海，与台湾岛隔海相望。全市土地面积2036平方公里，人口148万，海外侨胞300多万人，是举世闻名的"海上丝绸之路"的起点。

南安距厦门国际机场97公里，距泉州晋江机场30公里，距省会福州220公里，福厦公路、漳泉铁路以及福厦高速公路穿境而过，公路密度居全省之首。国家二类口岸石井港已建成5000吨级码头并可直航香港、厦门、上海、广州，形成以铁路、高等级公路、港口海运为一体的交通格局。

南安属福建泉州管辖下的一个县级市，与晋江市相邻。南安以生产水暖卫浴而闻名，经过30年的发展，以南安为中心的福建水暖卫浴产业集群，已成为国内最具影响力的水暖卫浴产业聚集地，还拥有全国惟一以国字号命名、规模最大、专业化程度最高的水暖专业市场——“中国水暖城”。南安拥有一批业内闻名的水暖卫浴品牌，如九牧、中宇、辉煌、申鹭达、特瓷、宏浪、春洪、广亚、欧泰、宏泰等。

历史上的福建南安，是民族英雄郑成功的故乡，今天则以“中国水暖之乡”著称。福建南安作为中国三大水龙头生产基地之一，有600多家水暖企业，年产值超过50亿元，占据国内市场半壁江山。目前拥有中国名牌4枚（中宇建材集团、辉煌水暖集团、申鹭达集团和九牧轻工集团4家水暖企业）、国家免检产品6枚、中国驰名商标8枚，设立在企业的国家实验室、国家检测中心2个。南安已成为国内最具影响力的水暖卫浴产业聚集地。

以南安为中心的福建水暖卫浴产业集群，经过30年的发展，已经占据全国每年同类产品市场消费总量的70%。近年来，南安龙头五金水暖企业如辉煌、申鹭达、中宇、九牧等还纷纷涉足陶瓷产品生产，产品线更为丰富和齐全。

福建南安、广东开平、浙江温州是中国建筑卫生陶瓷协会认定的中国三大卫浴产业集群地。相对于其他产区，南安的优势在于销售和品牌。在国内五金卫浴行业，南安有近20万的销售大军，全国大部分的水暖建材批发商都是南安籍。中国水暖城也诞生于南安。

2008年的奥运会给装饰材料企业也提供了拿金牌的机会。走进鸟巢、国家游泳中心、国家奥林匹克体育中心等场馆的卫生间、运动员沐浴室等，都可以见到“南安制造”。南安企业还开始推广自己的品牌。2007—2008年，中宇、辉煌等先后启动奥运战略。

南安的中国水暖城，中宇、九牧、辉煌、申鹭达等开始有自己装修比较豪华的展厅。产品方面，基本都是陶瓷产品与五金水暖产品配合展示，突出卫浴空间的整体性。南安洁具企业的强项在于五金龙头，如何通过强势产品带动陶瓷卫浴产品做大做强，是南安洁具企业未来最值得关注的地方。

南安五金卫浴企业一直以来出口比例偏大，最近两年，受大环境影响，南安五金卫浴企业纷纷把重心转向了国内市场。

虽然南安的企业在很多技术指标上并不落后，但是在品牌运作和企业管理上仍然有很大的提升空间。南安市、仑苍镇两级政府及时抓住有利时机，积极进行产业规划和产业发展引导，提出了实施名牌战略的思路。搜南安市政府相继出台了一系列促进水暖产业发展、鼓励企业创名牌的政策措施。

2002年福建省水暖专业工业区经省乡镇企业局批准成立，2003年8月水暖专业市场被国家建筑卫生陶瓷协会命名为“中国水暖城”，2005年5月，水暖产业被确定为福建省首批重点培育的产业集群之一。

南安市及仑苍镇两级政府水暖专业工业区高起点规划、高标准建设，在全国率先按产业配套、工艺流程、生产特点和环保差异分设“三园一城”：美宇工业园：以铸造、抛光企业及阀门生产企业为主；高新技术园：以高新水暖阀门加工企业为主；辉煌工业园：以电镀企业为主及配套的污水处理工程。中国水暖城集水暖卫浴洁具、工业阀门等产品展示、经贸于一体。首期工程已与2005年9月19日正式揭牌开业，汇集了全国除西藏以外的286家水暖企业商户入住。

经福建省质量技术监督局批准，省水暖消防产品质量检测中心已落户中国水暖城。其次是从建立激励机制入手，设立品牌产品奖，鼓励品牌企业在市区指定区域营建总部大厦，鼓励企业创立自主知识产权，鼓励企业与国际项级品牌开展贴牌加工和授权生产，倡导企业品牌与南安水暖的区域品牌相结合。

中国水暖城规划用地1020亩，分三期开发。第一期用地186亩，总建筑面积93800米，共有489个展示厅，18个展示场。第二期用地236亩，总建筑面积176000平方米，展示厅600多套，于2007年年底前峻工投入使用。中国水暖城集产品展示、会展、仓储、物流、商贸、研发于一体，是中国目前面积最大、规划最为先进、配套最为完善的水暖专业市场。

中国水暖城二期的吉尼斯广场，面积12000多平方米，作为中国（南安）泵阀水暖交易会的永久会场，可以举办各种交易会、展览会、新产品上市发布会等，在国内专业市场中尚属首例。

中国（南安）泵阀水暖交易会，正逐步成为南安水暖产业对外的窗口。由于南安人掌握了全国水暖销售市场60%以上的份额，因此，每年正月初三的中国（南安）泵阀水暖交易会赢得了全国各地水暖企业的关注。很多企业不惜牺牲春节期间与家人团聚的宝贵时间，千里迢迢地来到南安参展、参观。不久的将来，南安有望成为一个集生产、研发、展示、销售、物流、原材料供应等一体化的世界性水暖产业集群。

四、闽清产区

闽清县位于福建省东部，居闽江中下游，是福州市下辖的一个县，总面积1503.83平方千米，人口30万。闽清归福州市管辖，具有1000多年的陶瓷制造历史，宋朝时期已是我省烧制青白瓷规模最大的产地。

近年来，闽清县大力实施“科技兴瓷、陶瓷富县”战略，制陶业发展迅猛。目前，闽清县有各类陶瓷企业346家，年产建筑陶瓷2.5亿平方米、高低压电瓷50万吨，从业人员达3.2万人，成为国内重要的电瓷生产出口和建筑陶瓷生产基地。闽清曾经获得“中国陶瓷生产基地县”称号，是名副其实的“东南瓷都”。

作为著名的“中国陶瓷生产基地县”，建筑陶瓷在闽清陶瓷业中占主导地位，近几年来，面对市场需求的急剧变化，企业实施大规模的技术改造，引进国内外先进的生产技术、设备与管理经验，推动建陶产品由单一走向系列，由低档向中高档提升。目前，全县建陶企业57家（其中规模以上企业50家），拥有近百条现代化建陶生产线，从业人员1.1万人。

闽清陶瓷产业提升也已经取得了明显效果。闽清豪业陶瓷有限公司的“精艺瓷”仿古砖，三得利陶瓷有限公司的“华尔顿”内墙砖是省名牌产品，闽清旭日陶瓷有限公司“富美斯”商标、三得利陶瓷有限公司“华尔顿”商标、闽清飞天陶瓷有限公司“飞天”牌商标被评为省著名商标；豪业陶瓷、腾龙陶瓷、自力陶瓷、旭日陶瓷、红叶陶瓷、前程陶瓷、大世界陶瓷、飞天陶瓷、金德利陶瓷、欧美陶瓷等10家公司的陶瓷产品被福州市人民政府评为“福州市十大陶瓷品牌”。目前全县共有40多家陶瓷企业通过ISO9000国际质量体系认证。

“十五”计划末，闽清县规模以上工业万元增加值能耗为1.724吨标准煤，是全市的1.81倍，其中建筑陶瓷企业万元增加值能耗为6.571吨标准煤，又是闽清全县的3.81倍。面对节能减排的新形势，闽清县制定了实现福州市政府下达的“十一五”期间单位工业增加值能耗下降率为16%，年均下降3.43%的目标。

2008年12月11日，闽清县制定《闽清县单位GDP能耗考核体系实施方案》，该方案包括《乡镇人民政府节能目标责任考核计分表》、《省市重点耗能企业节能目标考核计分表》、《闽清县人民政府节能目标部门责任分解表》等内容。

早在2007年7月11日，一家企业被闽清县政府强制关闭后未经环保行政主管部门验收许可擅自恢复生产，且存在含酚废水渗漏和粉尘、车间杂水直排等问题，2008年4月10日，县政府下达了再次停产整顿的通知，责令该公司在规定时间关停整治，供电部门则以停止该企业生产用电为手段进行监管。同时，鉴于不法分子利用原5家陶瓷企业废弃厂区进行非法炼油活动，严重违反了有关的环保法律法规和政策，县政府从7月16日起对上述5家企业做出了停止供电的惩罚。

闽清陶瓷60%~70%为外销型企业，产品大多数销往中东地区，少数出口欧美等地。但2008年原辅材料上涨，人民币汇率升值等不利因素对闽清企业的出口量影响并不大，主要原因：一方面是企业对价格进行了调整，适当提价以弥补原辅材料的上涨、劳动力成本增加等造成的压力，保证企业利润空间；另一方面，在结算方式上也进行了调整。一些企业采取了使用人民币结算的方式，避免受汇率影响；还有一些自营出口的企业则采用了相对汇率的结算方式，即汇率不随市场走，而是谈定一个价格进行交易。此外，闽清陶瓷在出口方向上也进行了一些策略性的调整。比如，为适应中东地区对中低档陶瓷产品的需求，相关企业调整生产，在保证产品品质的同时，扩大生产出口量，做到以量取胜；而欧美等国则对高档产品需求较旺，因此，出口欧美地区的企业则大力提升品质，做到以质取胜。

陶瓷产业是福州市重点发展的传统产业。2008 年 7 月 30 日，中国·海峡项目成果交易会工业专场——陶瓷行业（福州）项目对接会在闽清县举行，来自清华大学、国家建筑卫生陶瓷产品质量监督检测中心等高校和科研单位的专家教授，以及福建省相关单位代表近 300 人参加会议。有 25 家陶瓷企业与来自清华大学、北京大学、国家咸阳陶瓷研究设计院等国内高校及科研院所成功对接。重点对接项目包括：闽清豪业陶瓷有限公司与意大利卡罗比亚公司合作的精艺陶瓷抛光砖开发项目，闽清红叶陶瓷有限公司与福州大学合作的“陶瓷清洁生产开发”合作项目，闽清中菱陶瓷有限公司与国家咸阳陶瓷研究设计院合作的“生态陶瓷道路透水砖开发”项目，闽清星河陶瓷有限公司与福州市陶瓷行业技术创新中心合作的“环保节水陶瓷水龙头开发”项目等。

闽清创建了福州市陶瓷行业技术创新中心产学研实践基地和陶瓷试验基地，承担对陶瓷行业质量分析、人员培训以及品牌策划等任务，每年对 15～20 家陶瓷企业进行一对一服务。目前，全县陶瓷企业全部通过 ISO9000 国际认证，拥有专利的陶瓷产品 25 件，进行版权登记的有 500 件。其中，微晶玻璃等复合板项目达到国内领先水平，获得省创新基金支持。

近年来，闽清政府继续加大招商力度，支持有实力、上规模的企业扩大再生产。新东方、金陶、欧美、中菱、新丰、店前陶瓷厂等一批投资超千万元以上的项目陆续新建投产。闽清陶瓷产业正朝着集群化、规模化方向迈进。

第三节　山东产区

一、概述

山东是我国生产陶瓷的重要省份之一，陶瓷生产门类具全，既产建筑卫生陶瓷，又产日用、艺术陶瓷。山东建筑陶瓷的生产主要集中在两个地方：淄博和临沂。2008 年，山东建筑陶瓷产量 115725 万平方米，在全国排第三。卫生陶瓷产量 450 万件，在全国排第六。

20 世纪 90 年代，特别是 2000 年后，山东建筑陶瓷产业开始迅猛发展。但在发展模式上，以量取胜，大进大出，低价竞争。这样既消耗了大量资源，同时在一定程度上也破坏了环境。20 多年来，山东建筑陶瓷产业虽然虽然对产区经济贡献很大，但有关环保难题也一直困扰着政府。以致 2008 年淄博政府开始铁腕整治陶瓷产业的污染问题。淄博市政府从 3 月开始实施“碧水蓝天行动计划”。环保部门按照市政府的同一部署组织开展了 2008 年环保专项行动，共整治建陶企业 296 家。

在人们的印象中，山东陶瓷企业基本上是前厅后厂，定位比佛山低，产品也大部分都贴上佛山的牌子。但近年来，山东主流企业生产的瓷砖，在品质上、花色上已经有很大进步。

在政府强势整治产业，以及全球金融危机的大背景下，山东陶瓷企业展开集体反思，并积极投身于产业整体提升运动。尤其是在品牌建设上有实质性的行动，比如开始注重展厅的形象，在终端市场建立自己的专卖店，并统一形象设计，培训导购人员，从佛山陶企高薪聘请职业经理人等。不少有实力的企业开始重视新产品的开发，如统一的防静电复电砖、神州一陶的手工砖，鸿港的大规格完全不透水瓷片、福地的普拉提，等等。

山东陶瓷企业的品牌意识历来就比较弱。虽然建筑陶瓷产量全国排第三，但中国驰名商标仅有皇冠陶瓷。近年来，山东产区地方政府特别是淄博政府，把打造淄博陶瓷品牌作为提升陶瓷产业的重点。淄川区政府还斥资200万与陶瓷媒体携手推广淄博陶瓷品牌。

以山东东鹏、山东亚西亚为代表的引资型企业一直是本土企业品牌追赶的目标。经过多年的努力，山东本土品牌也开始崛起。一些企业在营销上，开始尝试走本土品牌之路，不再完全依赖贴牌。特别是第二代老板更注重自有品牌。淄博本土具有代表性的抛光砖企业有狮王、东岳、耿瓷、新丽泰等。

目前山东大部分陶瓷企业都在努力拓展三、四级城市市场空间，在营销上，很多以地级市场为突破口，300公里的半径为辐射，寻找总代理，再一级级分销到县级市场。由于运程短、时间快，周转快，花色在产区可以配齐，因而具有价格优势。

过去，由于河北邯郸等产区建筑陶瓷业的式微，以石家庄以南，郑州以北，济南以西范围内的市场成为了山东陶瓷驰骋的沙场。但2007年以来，由于广东佛山对陶瓷产业的整治，佛山品牌企业纷纷外出圈地投资，转移生产基地，从而使法库、高安、景德镇、丰城、九江等新兴产区迅速崛起。加上温州、福建资本的长期渗透，辽宁法库、河北建平、山西阳泉和阳城、河南鹤壁、湖北当阳、湖南岳阳和常德新兴产区发展迅速。这些新兴产区在产品上多以抛光砖、水晶砖、内墙砖为主，而且产品定位中低档，价格也与山东陶瓷相近，因此会对山东陶瓷形成冲击。

二、淄博产区

淄博市位于山东中部鲁中山地与鲁北平原的交接地带，区位优势独特，南连泰山，北临黄河，东临海滨旅游城市青岛、烟台和威海，西接泉城济南。全市总面积5938平方公里，人口超过400万。淄博是一座组群式的城市，现辖张店、淄川、博山、周村、临淄五区和桓台、高青、沂源三县。济青高速公路横贯全市东西。五城区和桓台县城呈梅花状分布，东西南北城区距中心城区分别为20公里左右，城乡交错，布局舒展，形成城市群。

淄博陶瓷生产历史源远流长，传承8000年的淄博陶瓷史是齐文化的有机组成部分。早在新石器时代早期的后李文化时期，境内先民们就开始掘地筑窑，焚柴而陶。到南北朝时，聪明智慧的淄博陶瓷工匠已经从技术上，完成了由陶向瓷的历史性飞跃，淄川寨里窑成为中国北方唯一的青瓷产地。

新中国成立后，淄博逐步发展成为我国五大陶瓷产区之一。改革开放以来，淄博陶瓷产业快速发展。以滑石瓷、高石英瓷、鲁光瓷、精炻器、合成骨瓷为代表的创造发明，以“中华龙国宴瓷”为代表的日用陶瓷，以及在国内外独树一帜的艺术刻瓷，标志着淄博陶瓷业进入了更加辉煌的历史时期。

淄博陶瓷生产目前已形成了六大基地：出口陶瓷基地、高档宾馆用瓷基地、高级玻璃陶瓷耐火材料基地、装饰材料基地、建筑陶瓷基地和高新技术基地。淄博的日用陶瓷被誉为“第三代国瓷”，进入中南海、人民大会堂、钓鱼台国宾馆，畅销国内及世界70多个国家和地区。

淄博建筑陶瓷产业目前已发展成为全国四大建材基地之一。截止到2008年底，淄博有252家规模以上陶瓷企业，生产线395条，年产墙地砖达12亿m^2，约占全国的23%。淄博陶瓷企业主要集中在淄川、张店两地，大多为贴牌生产，品牌意识较淡薄。其中淄川的建陶企业主要集中在双杨镇。该镇有东鹏、亚细亚等知名企业的生产基地以及耿瓷集团、皇冠陶瓷、统一陶瓷等本土知名企业，共有生产线116条。山东耿瓷集团以8条生产线的规模成为目前淄博产区的最大生产企业。而淄博地区卖场主要分布在淄川建材城、中国财富陶瓷城、中国科技陶瓷城。

2008年，淄博产区建陶企业受“北京奥运”的影响较大。自2008年7月1日起，主要高速公路限行，给煤炭及各类原材料的运输造成不便，随着油价的节节攀升，运输费用也是水涨船高。淄博很多陶瓷厂由于运输困难而耽误发货，更加延缓了资金的回笼。2008年上半年的煤炭价格比上年同期番一翻，原材料涨幅在10%~30%之间，这对于中小陶瓷企业是雪上加霜。企业为了缓解入不敷出的资金压力，不得不停线减产。另外，限电也增加了企业运营的困难。除了资金实力比较雄厚的耿瓷、狮王、亚细亚、统一、东鹏、皇冠等未被限电以外，大多数的厂家均被迫限电，导致大批工人放假。原先三、四条线的建陶厂为了确保工人及生产的稳定性，只开一、二条生产线。实力弱的企业甚至一条生产线都很难正常生产。

经历了2008年洗礼，山东淄博陶瓷企业开始两极分化——强者愈强，弱者愈弱。统一陶瓷、山东亚细亚、狮王陶瓷、耿瓷集团、蓝海陶瓷、淄博雅迪、雄丰陶瓷等一批企业在逆境中脱颖而出。作为2008年陶瓷行业的一匹黑马，统一陶瓷以其防静电生态仿古砖的成功研发而备受关注。“防静电复古生态砖”2008年7月20日被国家知识产权中心认定为“中国发明专利”，并于8月25日由中国标准化委员会批准为“防静电复古生态砖国家标准主要起草单位”。

但是淄博陶瓷企业的品牌意识有待加强。据权威媒体调查，60%～80%的淄博陶瓷企业选择注册异地商标，希望借助异地成熟的区域名牌来争夺市场。在淄博的各个工业园区或销售集中的区域，佛山陶瓷路牌广告约占了60%，淄博陶瓷约占了39%，其他约占1%。

淄博作为我国重要的建陶产区，同时拥有专业展会及产品集散地的地理优势。中国陶瓷科技城、淄川建材城等都是当地主要的展场。2008年7月10日，2009中国（淄博）国际酒店设备及用品博览会在中国科技陶瓷城国际会展中心开幕。展会共设有标准展位280个，共邀请到来自全国各地的参展企业121家。9月份，在中国陶瓷科技城举行的第八届中国（淄博）国际陶瓷博览会。

2007年以来，高安、景德镇、丰城、九江、法库等新兴产区迅速崛起，加上温州、福建等地资本的渗入，陶瓷产区遍地开花，这些新兴产区在产品上多以抛光砖、水晶砖、内墙砖为主，产品定位中低档，与山东企业接近，而且价格也大体相近。一些新兴产区企业由于有身后母公司大品牌的依托，在品牌的效应上比山东本土品牌有优势，如果其走好了陶瓷“上山下乡”之路，对山东陶瓷的销售将构成直接威胁。

8月13日，淄博市政府通报表彰了2007年度淄博市节能奖获奖企业和获奖成果，山东硅苑新材料科技股份有限公司的“高效节能型高速纸机微晶陶瓷脱水部件”等4项成果，被评为2007年度淄博市节能降耗重大成果，获市政府授予的30万元重奖。该产品在山东省政府召开的全省节能考核奖励电视会议上，荣获2007年度山东省重大节能成果奖。

双杨镇为淄博市淄川区下属的一个镇，拥有建陶企业116家、204条生产线，年产瓷砖4亿平方米，总产量列全国陶瓷生产基地第二位。为巩固这一地位，双杨镇以打造“中国建陶之都”为目标，着力引导企业通过自主创新、节能减排、创立品牌，不断提升建陶产业档次和产品竞争力，推动了淄川陶瓷产业升级。

为鼓励建陶产业创新，淄川区及双杨镇专门出台政策，积极扶持建陶产业升级改造；依托淄博市建陶人才市场，定期举办人才招聘专场，帮助企业引进人才。目前，该镇绝大多数规模以上建陶企业都与科研院所和大专院校建立起了合作关系，新产品销售收入占到总销售收入的近1/3。目前，该镇建陶行业拥有中国驰名商标4个，中国名牌2个，山东名牌9个。

为推进建陶企业环保整治，从去年开始，双杨镇累计投入资金5亿元，在116家建陶企业中展开双段式煤气炉改造、推广大布袋除尘器、料仓和粉碎车间封闭；重点部位安装在线检测设备，实行24小时网上监控；开展二氧化硫、粉尘、道路扬尘、含酚废水深度治理，成效显著。位列全国行业名牌的耿瓷集团用于环保治理的投资达到了1300多万元，率先通过了市环保部门验收。

2008年3月1日，淄博市人民政府颁布《淄博市碧水蓝天行动计划（2008—2010年）》（淄政发［2008］8号）。环保部门按照市政府的同一部署组织开展环保专项行动，集中整治粉烟尘、含酚废水、化工异味三大突出污染问题。共整治建陶企业296家。通过开展环保专项行动，取得了积极的综合成效。化工异味的影响范围和频次明显减少，东部化工区7月份已实现零投诉；含酚废水的处理已纳入正规化轨道，乱拉乱倒现象已基本杜绝；建陶企业的生产环境明显改善，产品质量、销售价格提升，企业的环保投入基本可以当年收回；碳酸钙产业已向规模化、效益化转化。

2008年，淄博市环保部门出台了6个环境管理规范，其中最受关注的是《建陶企业环境保护管理规范》。《规范》在实践过程中，根据实际情况及有关企业提的意见就进行了3次修正，具有较好的操作性和实用性。

环保部门还实施综合的环保经济政策。将二氧化硫排污费有每公斤0.63元提高到每公斤1.26元，同时切实加强排污费征收管理，杜绝“协议收费”和“定额收费”。积极协调，确保市级每年用于环保污染治理的专项资金增幅高于财政经常性收入增幅，确保减排税收优惠政策落实到位。鼓励和引导金融机构加大符合条件的减排项目的“绿色金融”扶持力度。并与金融部门建立起有效通畅的信息通报制度，确保将企业环境违法信息纳入到诚信企业征信系统。同时实施好污染物减排奖励政策。

发展循环经济在环保部门的大力推动下也得到了新的发展。政府积极发展以前端和中端产品为原料的终端产业，促进资源循环式利用、企业循环式生产、产业循环式组合、社会循环式消费：一是积极推进清洁生产。确保按时完成40家重点企业的清洁生产任务。对通过清洁生产审核的企业和重点清洁生产示范项目优先给予资金扶持；二是积极开展循环经济试点工作。重点鼓励企业实施污水处理及循环（重复）利用、实施固体废弃物处理与再生利用循环经济项目，力争尽快建成一批循环型企业、循环型园区、循环型行业，努力建立循环经济发展体系。

2008年淄川区市场建设保持活力。淄川区成立了建材城管委会，统一规划建设了一、二、三期工程以及皇冠精品市场、财富陶瓷城等专门经销国内知名品牌的高档市场，总投资达6.5亿元。成功举办了两届中国（淄川）瓷砖卫浴商品交易会，淄川建材城作为江北最大的建材流通中心、信息交流中心、价格形成中心和产品研发中心功能日益凸显。

淄博博山陶瓷琉璃大观园是目前我国最大的陶瓷琉璃产品批发市场，大观园建筑面积25万平方米，营业面积15万平方米，880多个门头，上市品种17大类1.5万余种花色，年成交额7亿多元。

三、临沂产区

素以沂蒙山区而著称的山东省临沂，位于山东省东南部，距淄博4小时车程，辖三区九县，面积1.72万平方公里，人口1000万，是山东省面积最大、人口最多的行政区。

临沂市交通便利，已形成海上、空中、公路、铁路相衔接的立体网络。已经复航的临沂机场为国家二级机场，是鲁南地区最大的民航机场。境内以4条过境国道 和14条省道干线为主，形成四通八达的公路网。兖（州）石（臼所）铁路、坪（上）岚（山）铁路和胶新铁路贯穿南北。京（北京）沪（上海）高速公路和日（照）东（明）高速公路在市内形成一个十字形，通车里程达到340公里。

临沂具有发展建筑陶瓷的多项优势。临沂陶瓷土、页岩、黏土等矿产储量居山东省第3位。为临沂陶业的发展提供了原料保障。当地拥有非常丰富的水资源，宽度达3公里的沂河就在旁边流过，地表水量居山东第一，为当地陶瓷行业的发展提供了用水保障。临沂资源种类较多，分布广泛；临沂1000万人口中包括大量的农村富余劳动力，而在临沂周边地区的辐射范围内也有约1亿的人口。充足的人力市场供应为属于劳动密集型的陶瓷行业提供了源源不断的后备力量；此外，临沂在发展过程中形成的区位优势使得其对周边的鲁南、安徽、河南、江苏等地形成了巨大的辐射力，数以千计的物流企业直达周边省份的三、四级市场。临沂的陶瓷产品可以在罗庄当地的陶瓷市场直接销售和发货，免去了中转的费用。

临沂是一个新兴的陶瓷产区，临沂的陶瓷产品在当地发达的物流业的带动下有了长足的发展。尽管迟至1993年左右，临沂才开始生产自己的建筑陶瓷，而直到2000年以后临沂的建筑陶瓷才有比较大规模的发展。但是就在短短的几年间，临沂的建陶产业已经在国内市场确立自己的地位。目前临沂的建筑陶瓷产量高达4亿多平方米，仅次于佛山、淄博、夹江、晋江等地区。而临沂出产的抛光砖已经占了全国份额的30%，水晶砖已经占了全国市场份额的一半。临沂的陶瓷产品主要出自罗庄区。

由于历史的原因，当罗庄区政府在1995年建立的时候，辖下各个乡镇都有陶瓷企业，分布相对分散。目前政府正在尝试把这些企业集中在一起，形成专门的生产区域。此外，政府也在积极前往佛山等地招商，希望借助外来投资者带动当地陶瓷企业观念的转变，壮大罗庄自有的陶瓷品牌。

一些比较大型的本地陶瓷企业，也已经开始了战略上的转型。如临沂地区最大的地王陶瓷集团，拥有20条陶瓷生产线，以前多为广东企业贴牌生产。从2006年开始，该企业开始力量创自有品牌，OEM的比例在逐步下降，目前该集团生产的产品中有超过一半都是打自己品牌。该项措施对推动本土陶瓷产业发展具有重要意义，得到了临沂政府的大力支持和奖励。

2008年临沂产区陶瓷企业开工足，销售旺，几乎没有什么库存。临沂产区目前有陶瓷企业100家左右，生产线170多条，目前80%满负荷生产。而且去年佳贝特陶瓷、佳宝陶瓷、地王集团旗下的沂州建陶和阳光陶瓷、临沂顺成陶瓷、佳美陶瓷等大部分企业忙到近年关才停窑过年，并在正月初六就开始陆续点火投产。

临沂陶瓷企业主要分布于临沂市罗庄区和河东区。产品以中低端聚晶微粉砖、渗花抛光砖和耐磨砖为主。2008年该产区的抛光砖、耐磨砖的年产量达2.8亿平方米，基本实现产销平衡。一直以来，安徽、江苏、浙江、河南西北部、陕西等省份是该区域企业争夺的重点。

为提升本地产区的竞争力，政府已经和香港豪德集团签约，拟花30亿元来打造临沂的高档陶瓷市场。目前，该项目已动工在建。但是随着企业规模的膨胀，当地政府和一些企业有感于佛山陶瓷行业的经验和教训，开始关注“可持续发展”这个命题，对节能减排、清洁生产工作抓得非常严。

罗庄区正在按照“总量控制、淘汰落后、优化分量、鼓励整合”方针规范行业的发展，对经限期治理后环保、能耗、安全生产等仍不达标的企业，引导其异地改造或关闭转产。

第四节　四川产区

一、概述

四川是建筑陶瓷生产大省。2008年全省建筑陶瓷产量64185万平方米，在全国列第四位。建筑陶瓷行业实现工业总产值91亿元，同比增长29.87%，实现产品销售收入79亿元，同比增长25.12%，实现利税总额4.6亿元。

四川陶瓷工业的起步从20世纪80年代中期开始，犍为瓷厂、自贡建陶厂、泸州建陶厂、眉山瓷厂、乐山建筑瓷厂、广元建陶厂曾经各领风骚，但后来因为体制或经营问题破产、倒闭。进入90年代，白塔陶瓷集团为成为四川陶瓷新一代的代表。在建筑陶瓷逐步发展的二十多年中，卫生陶瓷和日用陶瓷走向没落。

四川陶瓷过去分三个产区，即以白塔集团为代表的川南产区，包括内江、泸州、自贡等地。其次是以夹江县为代表的川西产区，包括丹棱县等地，这是四川最大、最有发展潜力的陶瓷产区；再次是以德阳陶瓷及中江龙华陶瓷为代表的川北产区。目前，三个产区中夹江产区在全国占有一席之地。经过10多年的发展，夹江产区涌现出了四川新中源、新万兴、米兰诺、四川建辉等品牌企业，2008年新万兴陶瓷的“万茂”与远大瓷业的“树功牌”商标获得“中国驰名商标”称号。四川建筑陶瓷企业基本上都集中在夹江，其他两个产区已经逐步式微。但近年来四川不少地区，如达州市、南充市等凭借自身资源优势，规划陶瓷工业园，加大陶瓷产业招商引资。

四川陶瓷企业资金实力薄弱，大品牌大产能的不多，小规模小品牌陶企数量太多。这其中有两个原因：一是产区幅射面较窄，几乎只覆盖云、贵、川三省、重庆市和部分西北区域；二是西南地区交通发展相对滞后，运输比较困难。目前四川本土陶瓷企业能够走出去的布局全国的，只有新万兴瓷业。该企业已经在湖北省蕲春投资建厂。产品结构落后也是四川陶瓷的一大软肋。四川绝大部分陶企以生产中低端墙地砖产品为主，至今已上仿古砖生产整线的也只有四川新中源陶仙坊、新万兴、新西南、美惠、广乐、荣华等，整个产业结构有待调整提高。

二、夹江产区

夹江县位于四川省西南部，总面积749平方千米。总人口35万人。夹江南望峨眉山，东临乐山大佛，北及三苏故里。距省会成都仅126公里。手工造纸博物馆是全国第一家手工造纸博物馆、全国十大专业博物馆之一。

夹江建陶发端于20世纪80年代。2001年，时任全国人大常委会副委员长王光英欣然题词“中国西部瓷都夹江”。西部瓷都建设写进四川省《政府工作报告》，列入国家陶瓷“十五”发展规划。之后，其经济发展模式被著名经济学家吴敬涟总结为“夹江现象”

夹江发展陶瓷工业有得天独厚的条件，陶瓷原材料丰富，便于开采。水、电、气等资源成本较低，配套产业齐全。铁路、公路、水路、航空四通八达，自古以来就是川西南交通枢纽和物流中心。

2004年9月23日，中国建筑材料工业协会和中国建筑卫生陶瓷协会联合授予夹江“中国西部瓷都”荣誉称号，是国内四大陶瓷生产基地之一。2008年夹江被四川省定为百亿产业集群和重点工业园区。

截止到2008年底，夹江县现有建陶企业97家，拥有238条陶瓷生产线，其中产能30%生产抛光砖，50%生产釉面砖、外墙砖，20%生产红坯砖。年产能力达5亿平方米，墙地砖产量达3亿平方米，占全省建陶产量的80%，占全国建陶产量的12.5%。比较知名的企业有四川新中源陶瓷、新万兴陶瓷、米兰诺陶瓷、四川建辉陶瓷、威尼陶瓷等。

2008年，受“5·12”汶川特大地震影响，企业原材料运输严重受阻甚至中断，加上电、煤、运、矿石等价格一路上涨，不断挤占利润空间，企业利润微薄，运作艰难。

2008年下半年，随着灾后重建、新农村建设和国家保增长等一系列利好政策的实施，夹江陶瓷产品的销售态势逐步由“寒”转“暖”。政府相关部门因势利导，及时指导建陶企业加快技术改造与升级，扩充产能，调整生产经营策略和产品销售市场定位，面向灾后重建、新农村建设和中小城市建筑市场，开发适销对路的产品。

西部瓷都夹江产区2008虽然经历了“5·12”汶川大地震，但全年实现逆市增长。“5·12”汶川大地震造成夹江工业企业损失1.7个亿，夹江被列入四川省50个受灾县之一。在国家、省、市、县相关政策的支持下，乐山农行等金融机构一共为夹江企业解决了政府贴息贷款5个亿。有了政府的支持，华辰、新万兴、东方瓷业、米兰诺等企业逆市扩张，扩建、新建了多条生产线。2008年夹江企业虽然一季度停产一个月，“5·12”大地震之后又停产3个月，9月可恢复到震前水平。但全年依然增产15%~20%，总产量达3.5亿平方米，销值达50亿。

夹江陶瓷2008年全线飘红的主要原因有以下几点：一是定位三四线中低端市场。三四线市场受今年的大环境影响有限（除了地震灾区）；二是出口量小；三是锁定西南、西北市场；四是过去几年已经完成了一轮兼并重组，优胜劣汰，企业没有快速扩张，因而资金链完整；五是能源充足。“5·12”大地震造成绵阳等地很多工厂停工，夹江电力紧张，用气紧张的局面得到缓解。而南充等地发现新油田也是当地今年气量充足的原因之一。

随着中央实施一系列拉动内需和保增长政策的出台，及灾后恢复重建。新万兴等企业就抓住了这些政策带来的利好，及时调整产品结构，开发出品质高、价格适中，适合灾区发展的墙地砖和西式瓦产品。

近年来，西部瓷都企业特别注重品牌建设，2007年“万茂”品牌被认定为“中国驰名商标”。2008年12月四川远大瓷业公司旗下的“树功”商标荣获国家驰名商标称号。这是夹江继“万茂”之后的第二个中国驰名商标，是夹江红坯陶瓷品牌建设的一个里程碑。目前该县还有“万茂”、“建辉”、“JJSG”、“树功”等四川省著名商标，新万兴企业技术中心被省政府授予“省认定企业技术中心”，填补了西部陶瓷无“省认定企业技术中心”的空白。

2008年是四川夹江红坯陶瓷年。远大瓷业是夹江目前少数几个一直坚持做红坯陶瓷的企业之一。由于国内知名陶瓷品牌都是以白坯为主，市场对红坯陶瓷的认知程度还比较低。中国驰名商标称号不仅是对远大陶瓷多年来一直坚持红坯路线的一种肯定，同时也证明，红坯陶瓷在市场上也大有可为。目前远大红坯陶瓷出口势头良好，产品远销东南亚、中东、非洲等30多个国家，出口额占到公司整个销量的50%以上。远大将借此次树功获得国家驰名商标之机，进一步开拓国内市场，争取在明年占据国内市场70%的份额。

2008年新万兴、米兰诺、华辰等优势企业新上了先进的生产线。新万兴瞄准中部经济的崛起，在湖北蕲春投入巨资建设8条陶瓷生产线。目前，项目建设顺利，第一条生产线预计在8月底建成点火。

2008年以来，开发区内先后引进了8个重点项目，总投资23.6亿元。其中，总投资1.2亿元的华宸陶瓷高档砖扩建项目。部分优秀的企业也开始了多元化的经营道路，投资12亿元的新万兴的碳纤维项目、投资6亿元的米兰诺的金属碲项目都属于高科技和高附加值的产业。

夹江经过二十年的发展，已经成为中国四大陶瓷生产基地之一，聚集了大量的人气、商气。为大力发展第三产业，夹江县委县政府以产业经济发展为核心理念，优化投资结构、改善投资环境、并积极前往沿海地区招商引资，承接东部项目转移，力促夹江第三产业发展。

夹江交通区位优势明显，陶瓷产业优势突出，集群特色鲜明，全县年物流量达5000万吨。8月18日，新加坡盘龙（国际）控股有限公司与夹江县人民政府签约，投资3.5亿元建设中国西部瓷都物流园区。

黄金海岸产权式园林酒店、四川威尼国际大酒店，这两个项目的开工，西部瓷都物流园区项目的启动，对促进产业提升、优化投资结构、改善投资环境、加快灾后重建具有重要意义。

夹江县近年来比较重视循环经济的发展。夹江发展陶瓷产业有非常大的能源的优势。从2001年开始使用天然气，目前97家陶瓷企业中，有43家使用天然气，其他使用煤制气。

夹江县把发展循环经济作为县域经济发展的重点，大力鼓励陶瓷企业根据各自特长，积极探索，走出了一条循环经济发展的新路。投资2000多万元的峨佳水泥磨粉厂，每天可以处理陶瓷废渣200~300吨，相当于8~10个陶瓷厂每天产生的废渣的总和。四川新中源陶瓷公司，将煤渣、烂砖等废料进行粉碎后作为原料再次使用。建辉、米兰诺、新万兴等21家建陶企业，也投入资金相继建成了污水处理池，实现了工业废水的净化再利用，既解决了废水污染问题又节约了水资源。由于大力发展循环经济，淘汰落后产能，夹江县陶瓷工业园区进入四川省第二批循环经济试点。

推进企业技术改造，加强产品研发，着力构建产学研体系是夹江县推进产业升级的又一项重要工作。运用省陶瓷工程技术研究中心等创新平台，夹江县加快红坯陶瓷共性技术研发，走创新发展之路。计划到2010年建成国家级技术创新中心1个、省级技术创新中心2个、企业院所和院地合作实验室3个。

成本优势与环境保护是夹江陶瓷持续发展的基础。夹江有丰富的原材料资源，其中页岩资源尤为丰富，全县22个乡镇中有16个乡镇拥有优质页岩黏土，现已探明的地质储量达4亿吨，可供陶瓷业开采100年以上。红坯料对于节能降耗、生产原料本土化、降低成本、提高产品竞争力、提高环保水平均能起重要作用。

夹江有发展艺术瓷砖的优势。夹江，夏为梁州之域，汉为巴蜀之地，自古享“蜀之良邑”的美誉。在历史的长河中，这片古老而神奇的土地上，留下了千佛岩摩崖造像、夹江县手工造纸技术、碧云山庄、二郎庙等自然景观和底蕴浓厚的文化遗产。夹江厚重的文化积沉为今天的“中国西部瓷都”注入了文化内涵，并最终将在陶瓷产品的设计上彰显出来。

四川新万兴陶瓷公司的“万茂”牌“金沙艺术瓷石”，建辉公司与金沙遗址结缘创作的“皇马”、“宇嘉”等产品，建中陶瓷的“唐三彩”，显示出“中国西部瓷都”与地方历史文化一脉相通。

产业升级是未来夹江陶瓷发展的重要任务。夹江陶瓷行业前景很好，但产品附加值不高。低成本、低价战略已严重影响到了西部瓷都区域品牌的打造。因此，加快技术研发、调整产品结构、推进品牌建设、调整营销策略已成为持续发展的关键。灾后重建带来巨大机遇，夹江建陶企业有“近水楼台”的优势。但产业升级必须提前谋划全面解决天然气问题，争取更多的金融支持。近年来，全国建陶行业结构变化加快，很多新生企业以销售半径优势抢夺市场，实行就地生产、就地销售，这势必削弱夹江原有的优势。夹江企业“走出去”更难，同时不可避免地要面临外地产品“走进来”的威胁。

目前，夹江陶瓷在价值链中处于生产低端，没有占据研发和销售两个价值链的高端。企业经营活动大多主要集中于生产领域，在研发、专业销售环节获利很少，专业化的销售公司和庞大的营销队伍尚未真正形成，研发、生产、销售尚未从“橄榄型”向“哑铃型”转变，从而在区域分工中处于不利地位。

在技术上，夹江的陶瓷企业应该充分利用国内外先进色釉料公司的技术资源，不断研究开发陶瓷新产品，全面提升陶瓷产品的品质。尤其要通过技术和设计创新，提升红坯瓷砖的形象与地位：一方面是通过降低红坯瓷砖的吸水率，改进其釉面装饰，提升传统红坯瓷砖的质量；另一方面，利用红坯来不断开发新产品，如耐磨釉红坯瓷砖、红坯砂岩砖、红坯文化石、红坯广场砖等。

2008 年 8 月 7 日，四川省工商局、四川省个私协会印发《促进夹江百亿陶瓷产业集群发展工作方案》，指导、帮助夹江县推进“中国西部瓷都”区域品牌战略，打造百亿陶瓷产业集群。

未来政府将坚持“发展高档、巩固中档、限制低档”的战略方针，积极引导部分经营不善，竞争力较弱、产品销路不畅的企业转产粉料、模具等，为大企业生产配套。积极引进国内知名陶瓷企业落户夹江，促进本地产业由单一的墙地砖向西瓦、卫生、工艺陶瓷等领域拓展。

夹江县作为一个集群式的陶瓷产业基地，“集群效应”业已形成，但配套产业企业数量不足，实力不够，因而要培育自己的陶机产业、窑炉基地、色釉料企业，要建立原材料矿山开采基地，要建立专业的原料加工厂。通过产业链不断延伸，当地已形成了相应配套产业 30 多个，熔块、色釉料、碳化硅、陶机、包装、运输、矿山开采等企业 90 多家。吸引了山东、广东、福建等省及成都、攀枝花等地为陶瓷企业提供配套服务的外地驻夹办事机构 160 多家。带动了个体运输、产品经营、页岩开采、货运信息及零配件加工等领域一千多家企业的发展。陶瓷产业由过去单一生产型向陶瓷科研、生产、商贸、配套“四位一体”的格局发展。

夹江陶瓷产业集群已被列入四川省 20 个百亿特色产业集群重点发展规划。2010 年规划路径中，提出了“六个一”打造百亿陶瓷产业集群的思路：贯彻一个理念——循环节约，坚定一条路线——红坯研发，突出一个主题——结构调整，培育一个核心——品牌打造，完善一个系统——产业集群，健全一项规范——行业秩序。

根据县委县政府的精神，夹江陶瓷未来的总体思路是：控制总量、提高质量、立足品牌。即年产能控制在 5 亿平方米。而按照“十一五”规划，到 2010 年，夹江陶瓷的年产量要达到 6 ~ 7 亿平方米。未来几年，夹江将培育年销售收入过 15 亿企业 1 个，过 10 亿元企业 5 个，过 1 亿元企业 10 个，过 5000 万元企业 30 个的“1513”工程，全面推进百亿建陶产业集群建设。

夹江的陶瓷企业未来还必须面临新兴陶瓷产区的竞争压力。西部市场特别是四川、重庆以及周边省份是夹江陶瓷销售的主要渠道，夹江的陶瓷企业必须想方设法保住现有的市场份额，不仅在产品上下力气，还必须在服务以及企业自身的管理、人才的培养等诸多方面下功夫。

三、丹棱产区

丹棱县丹夹陶瓷产业集中区是四川省眉山市以发展陶瓷建材产业为主的一个专业集中区。首期规划占地4000多余亩，其中核心区占地2.04平方公里，物流通道A段工程已建成投用。

集中区地处西部瓷都，交通运输条件十分便利，离丹棱县城3公里，遂宁—资阳—眉山高速公路和二级公路—丹夹路穿区而过，成都—乐山、成都—雅安、雅安—乐山3条高速公路从旁而过，距成都双流国际机场90公里、眉山火车站30公里。

集中区地处陶瓷生产所必需的原料页岩、黏土、陶土产区，页岩（500亿吨）、黏土（600万吨）、陶土（200万吨）贮量十分丰富。集中区内水、电、天然气、道路等配套设施完善。目前有11万伏变电站一座，日供电能力60万度以上，今年还将扩容至20万伏；天然气由丹棱县天然气公司和新顺通公司提供气源，日供气能力50万立方米以上，工业用水丰富，有日供水量3000方以上的供水站一座。

丹棱县陶瓷建材产业起步于1999年。自2000年开始，丹棱县委、县政府加大了招商引资力度，沿丹夹公路（眉山市丹棱县至乐山市夹江县）两旁经过8年的发展，初步形成了丹棱镇至扬场镇的建陶发展集中区——“丹夹陶瓷工业走廊”，该园区目前已有20家陶瓷企业。紧邻西部瓷都夹江，俗称丹夹陶瓷走廊，是中国陶瓷四大产区之一——西部瓷都的重要组成部分。

2006年11月25日丹棱县成立丹夹陶瓷建材产业集中区。丹棱县发展和改革委员会2007年71号文批复了丹夹陶瓷建材产业集中区道路基础设施建设项目立项建设。丹夹陶瓷建材产业集中区由丹棱县丹夹陶瓷建材产业集中区管理委员会主管。集中区首期规划占地4000余亩，其中核心区占地2.04平方公里。集中区规划范围为丹夹路以西横1000米，纵1734米；丹夹路以东横815米，纵815米。集中区目前已有华盛瓷业、恒发瓷厂、华新釉料、华成金属制品厂、四川宝力通新型建材公司入驻该集中区。二期将规划3000余亩，以提高集中区的承载能力。

通过近十年的发展，以强华瓷业、亿佛瓷业、华天瓷业、银和瓷业、柯美特建材为亿元企业的产业规模进一步得到扩张。截止目前共有陶瓷企业20多家，其中规模以上企业16家，46条生产线，建陶产品主要有内墙砖、外墙砖、地砖、西式瓦4大类。2008年，生产瓷砖1亿平米，实现销售收入15.6亿元，完成生产性固定资产投资1.7亿。

2008年，“5·12”大地震使丹棱陶瓷遭受很大损失。大地震使一些工厂窑炉严重受损，住宿楼开裂严重、并经质检部门检验为危房，干燥塔墙倾倒，成品砖受损，直接经济损失总共达800万元。在这次地震灾害中，华洋陶瓷是丹棱县受损最为严重的一家。

丹棱县的陶瓷产品主要销往四川和贵州、重庆等地，随着灾后重建的深入，陶瓷市场反而更加活跃，对内（外）墙、地砖、脚线等产品的需求也日益增加。贵州省推进新农村建设，省政府规定新建农房屋顶全部用西瓦代替传统的小青瓦，西瓦产品因而供不应求。按往年惯例，春节期间，几乎所有陶瓷企业都会放假停产5~10天。2008年春节期间，亿佛、强华、华盛、荣建、华天、四方、金星、富彩、恒发、凌云、银和11家企业坚持加班生产。

大地震导致的市场勃兴给陶瓷企业技术改造、升级提供了机会。县委县政府未雨绸缪、提前谋划，引导企业加快技术改造，扩大设备的生产能力，将过去的小窑炉用更好的保温隔热材料进行改造，搞工艺技术创新，加快新产品研发，提高产量、降低能耗、增加效益。由于产品走俏，货款回笼较好，企业投资信心明显增强。企业围绕扩大产能新上了一批技术改造项目。宏都瓷业、强华瓷业在市场不景气时对生产线进行了调整，金星瓷业投资将原瓷片生产线进行加长加宽改造，转产西瓦；华天瓷业投资300多万元对原地砖生产线进行技术改造，采用一次烧成新工艺代替两次烧成，原一素一釉生产线变为两条生产线，一条生产仿古地砖，一条生产西瓦，提高了产品质量和产量；金星瓷业投资200万元将原瓷片生产线进行加长加宽改造，转产西瓦；君雅公司投资1000万元新建了一条窑炉扩大产能。

第五节　河南产区

一、概述

河南位于我国中部偏东、黄河中下游，土地面积16.7万平方公里，人口9869万人。河南东接安徽、山东，北界河北、山西，西连陕西，南临湖北。

河南是中华文明和中华民族最重要的发源地。河南是新兴的经济大省和工业大省，又是传统的农业大省。

2008年河南卫生陶瓷生产总量为4597万件，建筑陶瓷生产总量为3389万平方米。卫生陶瓷除了在长葛生产外，新乡市也有400万件的产量，此外还有洛阳的诺金、美雅迪、闻洲，舞阳的冠军、东义等地的企业。近年来长葛卫生陶瓷发展很快，目前已成为北方最大的洁具生产基地。河南拥有建筑陶瓷企业60余家，主要分布在鹤壁、南阳、濮阳、郑州、安阳内黄县等地。由于陶瓷产品主要面对国内三四级县乡市场，2008年金融危机对河南建筑卫生陶瓷产业的影响很小。

河南建筑陶瓷工业起步较早，1969年，洛阳新安县陶瓷厂生产了河南的第一个马桶，1970年，鹤壁瓷件厂生产了河南的第一块釉面砖，20世纪80年代，洛阳中原牌卫生陶瓷在全国行评中拿到了第三名。但在20世纪90年代河南陶瓷大多数企业相继陷入了低潮或倒闭。

2004年以来，浙江温州和福建闽清等地区由于市场、土地、环境所迫，开始将其陶瓷产业转移到内地，逐鹿中原，由此打破河南陶瓷业的格局。禹州、长葛、襄城等地承接了10家陶瓷企业的20余条生产线。其中禹州联丰、西联、佳美、洁丽和襄城创意、粤泰等发展比较迅速。

宝丰县建筑陶瓷厂2000年改制为河南洁石建材集团后，2002完成了生产线改造并成功投产。2008年，随着日产2万平米的新线投产，洁石集团一跃成为河南的建筑陶瓷产业的龙头企业。同样，汝州爱迪生、鹤壁华港、新郑昂发、新乡王牌和舞阳冠军等也通过改制转租或拍卖获得新生。加上大型企业广东佛山新中源陶瓷落户鹤壁，到2008年年底，河南建筑陶瓷的中原格局已基本形成。目前建筑陶瓷企业最集中的是南阳，有10多家企业，发展势头最好的是鹤壁，目前在建的较大型企业有四五家。

河南省建筑陶瓷工业协会成立于1986年，现在有会员单位54家，涵盖了河南省建筑陶瓷行业的绝大部分支柱型和骨干企业。

河南卫生陶瓷以本土企业为主。“草根”出身的卫生陶瓷长期在产销两旺的形势下容易自满自足，不注意引进专业的技术和管理人才，同时盲目低档次的扩张，大量的产品都在重复走低端路线，这在很大程度上阻碍了河南卫生陶瓷产业步伐。

二、长葛产区

长葛市隶属河南许昌市，位于豫中平原腹地，南邻魏都许昌，北接省会郑州，东观汴京开封，西望古都洛阳，总面积648.6平方公里，总人口67.7万人。

长葛区位优势明显，北距省会郑州50公里，京广铁路、107国道、京珠高速公路穿境而过，市内有火车站两处，经高速公路北上25公里即达郑州国际机场。

长葛市是河南省民营经济发展较快的县（市）之一，工业总量在全省进入前五位，综合经济实力排第十一位。目前已形成蜂产品（全国最大的加工集散地）、有色金属（长江以北最大的加工集散地）、人造板材、电瓷电器、农副产品加工、卫生陶瓷、农用汽车及其配件、棉纺织等八大传统产业。

长葛市交通、土地优势突出，瓷土、配料、天然气等资源、能源充沛，劳动力资源充足，劳动力成本低，再加上政府政策的大力扶持，长葛发展卫生陶瓷产业优势明显。

长葛最早有两家集体企业性质的瓷砖生产企业，目前只有长葛市兆峰陶瓷外墙砖有限公司正常生产。长葛市生产卫生陶瓷产品已有40年的历史，经过多年的发展，目前长葛整个产区的卫生陶瓷年产量现在已有70余家企业80多条生产线，产量超过3000万件，是仅次于潮州的国内第二大卫生洁具生产基地。长葛的卫生陶瓷的生产规模还在进一步扩大之中，预计未来2～3年将成为我国最大的卫生陶瓷生产基地。

2006年底，市委、市政府选择卫生陶瓷产业作为传统产业提升的切入点、突破口，并成立了市领导牵头的提升领导小组。两年来，市财政共安排200万元提升专项资金。政府还出资10万元与咸阳陶瓷设计院签订了产学研协议。陶瓷产业提升领导小组负责人带领企业先后到佛山、潮州、唐山等地参观学习，参加广交会、上海建材博览会、广州建材博览会，企业老板的思想观念为此发生了重大转变，由封闭保守、单打独斗逐步走向开放融合，产品质量逐步由最低档向中档或中低档提升，涌现出“好亿佳”、“金惠达”、“洁达”、“恒尔”、“太平蓝鲸”等品牌企业，其中包括一个河南省名牌产品和两个优质产品。另外，全产区共有10家企业通过了ISO9000质量体系认证。

最近两年长葛陶瓷卫浴进入到历史上发展最好的时期：一是发展速度很快。好亿家老板2006年开始办厂，2006、2007、2008年每年增一条生产线。按科技局的估计，长葛目前有规模以上企业50家，估计两、三年后将增加到100家左右。二是开始有精品意识、品牌识。金惠达已经注册“戈马”品牌，目标是打造行业一流的品牌。其高端精品生产线已经在去年年底启动。远东除了“好亿家”品牌，还注册新的中高端品牌“圣尚”，并进入前期运作。据长葛科技局的数据，2008年长葛洁具产量达2900万件，产值逾2亿，可谓“中国卫浴洁具产品长葛占其三”。三是产区以隧道窑为主的规模产业已经形成，产业基础与配套产业链较为完善，清洁燃料天然气已是产业的主要能源（当前价格为2.35元/立方米）。地处中原腹地的区域优势明显，当前农村城市化进程的加快，使其以中低档定位为主的产品拥有广阔的市场份额。

2008年，长葛政府抓住金融危机“大洗牌”的好时机，制定了一个用3～5年全面赶超潮州卫浴，用10年赶超佛山卫浴的宏大计划。长葛已将建筑卫生陶瓷产业列为该市重点支持的八大产业之一。

三、鹤壁产区

鹤壁市位于河南省北部，总面积2182平方公里。辖两县三区和经济技术开发区，25个乡镇，人口143万。鹤壁因相传“仙鹤栖于南山峭壁”而得名，历史悠久，山川秀美。鹤壁交通便利，区位优势明显。京广铁路、京珠高速公路和107国道纵贯南北，鹤濮高速公路、壶台公路横穿东西，鹤壁正在成为豫北“十”字交通的中心。

鹤壁为豫北城市群中心，其500公里半径范围内有郑州、济南、石家庄、太原、天津、北京、西安、武汉等省会和直辖市，还有新乡、安阳、洛阳、开封、邯郸、菏泽、晋城、徐州等一大批中型城市，总人口超过4亿人，对于建陶产品有着巨大的市场需求。

鹤壁陶瓷产区，陶瓷资源具有地域组合良好、品位高、易开发等特点，已探明的矿产资源有煤炭、水泥灰岩、耐火黏土、石英砂岩等30多种。周边陶瓷原料资源丰富，具有储量大、易开采、烧成温度低、易快速烧成等优点，黏土类、瓷沙类、长石类等多数原料在周边80公里范围内都可以采购到，仅有少量钾长石运距为240公里，低廉的运输费用可大大降低陶瓷企业的生产和销售成本。这些原料经过不同的配方，可生产各种规格的外墙砖、内墙砖、地板砖和耐火瓷砖。

鹤壁烧瓷兴于唐代，鼎盛于北宋，具有深厚的历史沉淀。鹤壁古瓷窑遗址为国内考古迄今为止发现最早、规模最大的瓷窑遗址。它烧制的白瓷、钧瓷、黑花瓷蜚声海内外，鹤壁的古陶瓷产品被中国博物馆、自然博物馆、农业博物馆收藏。史书还记载，在新石器时代，鹤壁地区的居民已经掌握了制陶术，产品以红陶、灰陶为主，产品工艺精致，釉彩鲜艳，造型美观，民间特色浓郁。

20世纪70年代，鹤壁市作为河南省的工业基地，陶瓷产业得到较好的发展，高峰期有10多家陶瓷企业，生产的陶瓷产品达20余种。后来，由于种种原因，一些陶瓷企业未能适应市场发展，出现了亏损，相继破产、倒闭。

为恢复当地陶瓷业的快速发展，鹤壁重新规划陶瓷工业园。新的工业园由由石林陶瓷工业园区和韩林涧陶瓷工业园两部分组成。位于鹤壁市山城区石林乡境内的石林陶瓷工业集中区，以建筑陶瓷生产为主，兼有仓储、物流等多种功能，定位为生态工业园区。集中区远期规划12万平方公里，近期规划面积6万平方公里。目前，基础设施建设已累计投入1600余万元，并已经整体通过省环保部门环境影响总体评。石林陶瓷工业园前期规划建设30条生产线。

自2007年以来，鹤壁市政府先后多次赴广东、福建开展陶瓷项目招商活动，拜访了70多家内外墙砖陶瓷生产企业和工艺日用品陶瓷生产企业，成功引进了福源陶瓷、新中源陶瓷等投资项目。新中源陶瓷在河南鹤壁的投资额为7亿元人民币，占地1500亩，将建10条大型建筑陶瓷生产线，计划2009年下半年投产。

2008年12月，鹤壁福源陶瓷生产线经过半年多的紧张施工正式点火试产。鹤壁福源陶瓷有限公司是入驻石林工业集中区的首家招商引资企业。该项目总投资约1亿元人民币，占地130亩，年产值约1.6亿元，主导产品为高档内墙砖和外墙砖。

2008年，鹤壁山城区还与皇冠（香港）企业发展公司签订了协议书，总投资16亿元，在石林工业区内建设陶瓷生产项目，总投资16亿元，占地1000亩。该项目分三期，共建成20条陶瓷生产线，其中，一期占地300亩，预计将建成4条陶瓷生产线。

截至2008年年底，鹤壁正常生产的陶瓷企业有两家，陶瓷生产线不超过10条，主要生产中低档内墙砖和外墙砖。

四、清丰产区

清丰县属于河南濮阳市，位于河南省东北部，冀鲁豫三省交界处，总面积834平方公里，耕地面积82万亩，总人口66万人，辖3镇14乡，502个行政村。

清丰县交通便利，区位优势明显。106国道贯穿南北，境内及周围三纵（京珠、阿深、德商）四横（长济、濮鹤、安南、新菏）7条高速公路围成田字型，并分别与京广、京九、陇海等铁路干线交叉，构成四通八达的交通网络。

清丰县“三省”建陶产业聚集区内，目前已有建陶企业和商户64家，总投资额3.6亿元，从业人员达8000多人，年产值6.3亿元。清丰县是豫北最大的瓷砖、针纺制品生产基地。主要产品有：唐三彩壁画、水晶釉壁画、电脑写真壁画、浮雕壁画、镀金壁画、夜光壁画、磨砂壁画、雕刻字画等8大系列，180多个品种。此外，还兼营地板瓷砖、仿古瓷砖、墙面装饰瓷砖。同时，中原地区最大的壁画瓷砖批发基地和重要的建筑陶瓷产品销售市场也在清丰，仅此一项当地每年销售额就达5亿多元。

为打造具有清丰特色的工业产业发展新格局，清丰县立足县情，依托现有建筑陶瓷产业和市场优势，坚持“以工兴县”战略，积极采取多种措施，推动建筑陶瓷产业集群发展。

——发展建陶工业园区。清丰县实行统一规划，提供水、电、路“三通一平”，在212省道以东规划开发建设建陶工业园，面积5000多亩。

——支持建陶骨干企业，以品牌、资产为纽带，通过联合兼并重组等方式提高生产集中度。鼓励大企业采取联合重组等方式，兼并整合中小企业，充分发挥大企业的技术、资金、人才、管理优势，增强竞争力，使企业做大做强。2008年9月，以清丰县中兴瓷砖厂为龙头，以多方参股的形式，通过市场运作，联合县内的祯祥、裕隆等企业新上了固定资产投资560万元的“黄金镀”生产线。

——推动产业结构优化升级。启动了整合内部资源的“6+1”工程，由德义、立信、中兴等六家骨干企业，通过与山东淄博、河南郑州等地大客商合资，联合对清丰县建陶工业园一期工程进行联合开发。

产业集群的不断发展壮大和质量不断提高，促进了集群区域品牌的形成，生产的唐三彩壁画、浮雕镀金字匾、仿古琉璃瓦、黑古陶等200余种产品，占领了河南省75%的市场，产品遍及山东、山西、河北、安徽、湖北等周边省份，远销京津、陕西、新疆等地，是中部地区最著名的建陶产品生产加工和销售基地。

清丰县通过“走出去，请进来”的方式，多渠道大力开展市场招商、企业招商和以商招商，尤其以该县的建陶市场优势和政策优势，突出做好招商引资工作。为研究行业发展方向，摸清产业发展动态，2008年以来，县政府先后五次组织带领企业负责人、相关村干部和有意投资建陶行业的“准老板”50余人分别赴广东佛山、福建晋江和闽清、山东淄博、河南新乡、鹤壁等地参观考察建陶市场、企业生产经营等情况。

近年来，清丰县按照“继承传统、创新发展”的原则，走“科技兴瓷”之路，加快陶瓷新产品、新工艺、新技术的研制、开发、应用和推广，掀起了一股窑炉技改热潮。过去烧瓷砖要建起一条又土又费时的“龙”窑，工人用煤日夜不停地烧，窑囱冒出大量黑烟，既费时又费钱，还污染环境。而现在现代化生产线是全自动控制的，瓷砖从进到出只需几分钟，而且成品合格率达97%以上。

如今，清丰县形成了以“三省”建陶生产基地为中心，瓷砖壁画、琉璃瓦、新型建材陶瓷瓦、黑古陶四大系列齐步并发的格局。陶瓷业已成为该县主导产业，并以一业带动百业兴，初步形成了生产、运输、销售等产业链。德义、立信、祯祥、中兴、裕隆等一个个陶瓷企业的名字日渐响亮起来。目前已初步建成瓷砖壁画、陶瓷瓦、特种陶和配套产业同步发展的陶瓷产业集群。

根据建陶行业发展的实际，清丰县编制完成了《清丰县建筑陶瓷产业发展规划》。该规划总体目标是：坚持以建筑陶瓷市场建设和瓷砖彩绘加工为主，其他建材为辅，逐步把濮阳市三省建筑陶瓷市场打造成为名副其实的冀鲁豫三省交界处最大的建筑陶瓷科技市场。到2010年，新上2条瓷砖生产线，实现产值1.2亿元，利润4000万元，带动相关产业实现产值3.8亿元，实现总产值5亿元。到2015年，形成20条生产线，实现产值12亿元，利润4亿元，带动相关产业实现产值15亿元，实现总产值27亿元。

为做大做强建陶产业，清丰县政府还制定了《清丰县建陶工业园和濮阳“三省”建陶市场规划》，提出在212省道两侧建设东西纵深200米、南北长5公里的综合建材大市场，以经营建筑陶瓷为主。同时，县政府相关部门研究制定了《关于进一步发展壮大建筑陶瓷产业发展的意见》，列出扶持产业发展的若干意见。

第六节 辽宁产区

一、概述

辽宁省东北与吉林省接壤，西北与内蒙古自治区为邻，西南与河北省毗连，以鸭绿江为界河，与朝鲜民主主义人民共和国隔江相望，南濒浩瀚的渤海和黄海。辽宁是东北地区通往关内的交通要道，也是东北地区和内蒙古通向世界、连接欧亚大陆桥的重要门户和前沿地带。辽宁海岸线东起鸭绿江口，西至山海关老龙头，大陆海岸线全长2178公里，占中国大陆海岸线总长的12%，岛屿岸线长622公里占中国岛屿岸线总长的4.4%。

辽宁省是新兴的陶瓷产地，2008年建筑陶瓷产量19460万平方米。目前主要有法库县和建平县两个主要产区。法库产区凭籍其地缘、资源优势及强势政府的操作，近年来取得了长足的发展。

法库是辽宁省一类矿产资源大县，非金属矿产资源十分丰富，目前已探明的具有较大开发价值的矿产资源达30余种，占沈阳市已探明矿种的70%以上、辽宁省的20%以上。法库县拥有生产陶瓷的全部坯体原料，是陶瓷企业及非金属深加工企业理想的生产基地。从 2002 年第一家陶瓷企业落户法库至今，沈阳市委、市政府始终把法库县陶瓷产业作为市级重大项目来抓，大力推进资源优势向产业优势转化，积极推进陶瓷产业集群建设。

短短 6 年时间，不仅淄博、佛山、潮州、闽清等众多国内知名陶瓷企业落户法库，甚至西班牙博茨盖陶瓷等“旗舰型”项目也相继扎根。中国中小企业合作中心还授予法库县“陶瓷产业集群国际合作基地”称号。

建平县是全国膨润土之乡，亚洲最大的膨润土生产基地，硅石等陶瓷生产原料储量达 6.5 亿吨，可为建平陶瓷产业服务上 100 年。建平县规划的陶瓷产区不大，总规划面积 6.784 平方公里，在产业规模上，比法库产区要稍逊。但建平近两年发展迅速，多家福建、山东及浙江温州等地的陶瓷企业陆续进驻。受益于国家振兴大东北老工业基地的优惠政策，加上处在内陆，定位三四级市场，建平陶瓷在经济危机期间也产销两旺，产品供不应求。

二、法库产区

法库县是沈阳市所辖县，位于辽宁省北部，距沈阳市中心距离 90 公里。全县区域面积 2300 平方公里，总人口 45 万人，其中县城人口近 10 万人。2008 年，法库县实现地区生产总值 103 亿元、财政一般预算收入 4.11 亿元。

法库交通便利。境内公路四通八达，境内南北有国道明沈线相连，东西有省道沈环县贯通，另有国道京沈线过境西连彰武、阜新，东北昌法线直通昌图直至吉林、黑龙江。在以干线公路为骨架，以县级公路和乡级公路为网络的法库公路网已初步形成。县内设有铁路站点和货场，境内铁路与铁法市连接，直通铁岭和沈阳。

法库是东北取道 101、102 国道入关的要冲，且有铁路和京哈线相连；距离沈阳桃仙国际机场 110 公里，距大连港 350 公里，距营口港 225 公里。东西线阜新至四平高速公路已通车；南北线沈康高速公路全线通车后，沈阳至法库仅有半个多小时的车程。

法库有发展陶瓷的资源优势。法库是全国瓷土基地县，是中国非金属矿产资源大县，全县分布有大量品种多、品位高、质量好、储量大的瓷土、高岭土、长石、硅灰石等生产陶瓷原。

法库是全国著名的瓷土基地县，境内及周边地区瓷土、珍珠岩、膨润土等九种制陶原料已探明储量达 1.04 亿吨，远景储量则可达 6.85 亿吨。法库是辽宁省一类矿产资源大县，非金属矿产资源十分丰富，目前已探明的具有较大开发价值的矿产资源达 30 余种，占沈阳市已探明矿种的 70% 以上、辽宁省的 20% 以上。法库县拥有生产陶瓷的全部坯体原料。

法库经济开发区毗邻全国十大煤田之一的铁法矿务局，该煤田已探明 200 亿立方米储量的煤层气资源，为企业生产供应清洁能源。法库陶瓷园区内建有多座不同等级的变电站，可满足任何用电大户的需求。

近年来法库发展陶瓷产业取得了很大的成绩。法库经济开发区被评为辽宁省“十大最具发展潜力开发区”，“东北瓷都”被评为“新沈阳十大名片”，法库被中国中小企业对外合作中心授予“陶瓷产业集群国际合作基地”称号。2008 年 11 月 7 日，法库陶瓷产业集群在 2008 中国产业集群百强评比中，荣获“中国县域产业集群竞争力百强”。

辽宁法库经济开发区是以陶瓷产业为主导的新型建筑材料生产营销基地。开发区成立于 2001 年 12 月 30 日，2002 年 7 月 4 日被市政府批准为市级开发区，2006 年 5 月 29 日升格为省级开发区。开发区位于沈阳市北 90 公里，法库县城西南，规划面积 19.49 万平方公里（1949 公顷），已开发区面积 15.59 万平方公里（1600 公倾）。

开发区的功能定位是发展以陶瓷产业为主的现代矿产品加工及营销园区、东北最大的新型建筑材料生产基地和贸易中心。从 2002 年第一家陶瓷企业落户至今，法库陶瓷产业经历了从无到有、从小到大、从量变到质变的发展过程。园区产品包括建筑瓷、卫生洁具等12大类27个品种，覆盖了东北三省及内蒙古的东部地区，部分产品远销俄罗斯、美国、蒙古、阿联酋、韩国、朝鲜等国家和地区。

目前，法库县累计落户陶瓷企业138家，开工建设各类生产线335条，其中竣工投产160条。2008年产出各类建筑陶瓷3亿平方米，实现产值102亿元，对财政贡献2.6亿元。建筑陶瓷产量居全国第五、东北第一。预计到2009年年末，法库县将累计建成陶瓷生产线440条，其中竣工投产的生产线可达240条，实现产值近100亿元。届时，陶瓷产业对当地财政的贡献将达到2.5亿元。

在政府大力推动下，法库企业发展迅速。2002年7月，进驻法库的首家进驻陶瓷企业沈阳沈龙陶瓷有限公司第一条生产线点火投产，拉开了法库陶瓷产业大发展的序幕。浩松陶瓷涉足陶瓷行业短短四年时间就打造了年销售值逾亿元的企业。目前，园区年销售逾亿元的企业，不下10家。

陶瓷产业日益渗透到法库全县的各个行业，其中矿产及能源工业、房地产业、旅游业等受惠最大。浩松陶瓷有限公司购置500亩土地，除了建设、营运大东北陶瓷城外，还将配合政府建设会展中心，并将启动面积约为50万平方米的房地产项目，建设高档的住宅房和相关商业配套设施。

法库陶瓷企业大多有着房地产或煤矿等行业背景。而且业内流传多年的“广东人做砖，福建人卖砖”的历史在法库已经彻底改写。据统计，来自福建闽清、莆田和福清三地的投资者，占了园区企业主的70%以上。

发库陶瓷产业发展经过了三个阶段。法库陶瓷产业从无到有，从小到大，短短七年时间发展成为全国重要的陶瓷产区之一。法库陶瓷发展至今可以分为三个阶段：第一阶段是2002年至2004年，这个时期基础薄、企业少，开发区管委会和企业“白手起家”；第二阶段是2005年—2007年，这个时期由于进驻的企业激增，陶瓷产业从小到大，初具集群效应；第三阶段是2008年—2009年，西班牙博士盖陶瓷、新中源集团金地阳企业等知名品牌企业的相继投产，加上配套企业的不断完善，极大地提升园区的影响力。

西班牙博士盖陶瓷有限公司于2008年5月16日落户县经济开发区，占地面积1500亩，计划建设30条陶瓷生产线。辽宁金地阳陶瓷有限公司是由广东新中源陶瓷企业集团在辽宁法库经济开发区投资建设的一家大型现代化陶瓷生产企业，该公司总占地面积1000余亩，规划八条生产线分三期筹建，一期工程总投资3亿元港币，设计年产1500万平方米的建筑陶瓷。

随着企业数量不断增加，产能不断扩大，法库面临的产业提升压力也很大。自2002年7月起，经过短短几年的发展，开发区已进驻70多家陶瓷及相关配套企业。2006年9月25日，法库成立了东北瓷都商会，目前有90多家园区企业参加，其中陶企30多家。

西班牙博士盖陶瓷、辽宁金地阳陶瓷的落户带动了法库企业的提升。沈龙、大富豪、天成等老陶瓷企业抓紧时间进行产品升级。大富豪陶瓷由原来的耐磨砖生产线提升为抛光砖生产线，天成陶瓷由原来生产低档地砖改造成生产艺术含量高的地脚线。

为提升“东北瓷都”的产品档次，做强法库陶瓷产业，开发区积极推进新技术的研发、新项目的落地。金地阳陶瓷公司产品定位高档，质量与广东佛山相当。目前，企业正在紧张建设当中。博士盖陶瓷生产高级内墙砖和地砖，产品均属高档产品。目前，博茨盖陶瓷有限公司在法库县投资建设的仿古砖项目，主体工程已经全部竣工，第一期的两条生产线预计2009年8月将正式投产。

为进一步提高法库陶瓷产业科技水平，科学配置、协调发展法库陶瓷产业，在调整原三个陶瓷工业区的同时，经济开发区新规划了现代陶瓷科技工业园区，重点发展科技含量高的建筑陶瓷、卫生洁具、日用陶瓷以及先进陶瓷。目前，规划已经初步完成，计划到2015年，将建成国际知名的高科技陶瓷生产与研发基地。

同时，法库县还全面启动了研发、金融、教育、物流等公共服务平台建设，不断优化投资软环境，计划建立陶瓷中等职业学校，为法库陶瓷业输送专业技术人才。法库陶瓷职业学校位于法库陶瓷产业园区，建筑面积10000多平方米，拥有现代化的生产实训车间，建成后可招收千余名学生。

发库很重视展会经济的发展。2008 年 8 月 28 日中国（法库）国际陶瓷博览交易会在辽宁工业展览馆开幕。本届展会主会场设在辽宁工业展览馆，分会场设在法库大东北陶瓷城，主会场共设展厅 3 个，国际标准展位 551 个。来自美国、西班牙、韩国、香港等十余个国家和地区，国内各大陶瓷主产区，主要销售市场的知名品牌及县经济开发区的各家陶瓷企业均参加了本次展会。

2008 年 6 月 14 日，辽宁省硅酸盐学会陶瓷分会第三届学术年会在法库县召开。年会上，研讨了《法库现代陶瓷科技园区发展规划》，并建立了陶瓷产业“官产学研”战略联盟。

近两年法库产区招商引资势头强劲。2008 年 3 月 29 日，沈阳新东方陶瓷有限公司一期工程竣工投产。沈阳新东方陶瓷有限公司于 2007 年 7 月落户经济开发区，8 月开工建设。计划总投资 2 亿元人民币，建设 6 条生产线，主要生产高级渗花抛光砖、超白聚晶微粉、金花米黄、梦幻微粉等四个系列产品。

2008 年 8 月 28 日，在中国（法库）国际陶瓷博览交易会签约仪式上，法库县与路易华伦天奴陶瓷有限公司、淄博中润制釉有限公司、锦州鼎新陶瓷有限公司、唐山横艺陶瓷有限公司、福建东南投资发展有限公司、淄博沃德制釉有限公司等六家企业在协议书上签了字。6 家企业总投资近四亿元，将建设内墙砖、腰线砖等各类陶瓷生产线 15 条。

2008 年 11 月 25 日，沈阳宇晟陶瓷有限公司首家以生产卫生洁具为主的陶瓷企业落户经济开发区。沈阳宇晟陶瓷股份有限公司卫生洁具生产项目，总投资 4000 万元，占地面积 100 亩，计划建设 2 条生产线，预计年实现工业总产值 6000 万元，第一条生产线将在 2009 年 9 月前正式投产。

2008 年法库县第一次对日本开展专业招商，在日本陶瓷业界产生了一定的影响，对提高法库——中国“东北瓷都”的知名度，吸引日本陶瓷企业转移，促进法库陶瓷企业产品出口将发挥积极的作用。

法库重视节能减排和清洁生产。随着陶瓷产业要素的日臻完备，陶瓷产业集群的进一步壮大，法库的采矿、运输、建筑、能源、商贸物流及服务业等相关产业也被迅速带动起来，形成了巨大的产业链条。为减少直至避免工业生产对环境造成危害和破坏，法库县强化环保理念下的可持续发展，大力引进先进陶瓷和创意陶瓷，提高资源利用率和产品附加值，同时加大陶瓷企业节能减排工作力度。2007 年，作为沈阳市节能减排重点工作，法库 12 家陶瓷生产企业实施了煤层气改造工程。2008 年被定为法库县强力实施循环经济发展模式的“优化结构年”。

2008 年 3 月 18 日，法库县召开陶瓷产业节能减排技术创新工程示范项目论证会。法库县陶瓷产业节能减排技术创新工程示范项目实施单位新中源集团辽宁金地阳陶瓷有限公司，主要采用无焦油气化技术、大型用电设备自动化变频技术、窑炉余热利用技术、净化喷雾塔废气技术、生产过程中废水、废渣回收利用技术等五项技术。项目实施后，将给每条建筑陶瓷生产线带来直接经济效益 350 万元。

4 月 28 日，省、市新型墙材生产示范基地论证会在法库县经济开发区召开。沈阳辽浙新型建筑材料有限公司被授予“辽宁省暨沈阳市新型墙材生产示范基地”称号。辽浙新型建筑材料有限公司位于县经济开发区，主要利用陶瓷企业所产生的陶瓷废片、陶瓷泥浆、炉渣和煤矸石，采用内燃工艺生产环保新型建筑材料，主导产品是非黏土空心砖和非黏土多孔砖。该公司已斥资 5000 万元建设环保建筑砖生产线。

法库县在“优化结构年”活动中着力实施循环经济发展模式。经济开发区一方面严把对入区企业的环保评估关，另一方面加大力度实现现有区内企业的节能减排增效。为了给入区陶瓷企业提供清洁优质的燃料，减少大气排放，法库县从 2004 年 10 月份开始，就利用招商引资引进了“沈阳奥德燃气有限公司”，该公司投资 1.2 亿元人民币从铁法煤矿引进了煤层气。随着项目一期工程结束和二期工程的全面展开，目前公司日供气量达到了 21 万立方米，有 11 户陶瓷企业用上了这种绿色环保的燃料，仅此一项，陶瓷生产企业每年就可以节约煤炭 63787 吨，预计今年此项工程全部结束后，日供气量可达到 40 万立方米，年供气能力可达到 1.5 亿立方米，可节约标准煤 12 万吨。

为了有效再利用陶瓷企业固体废弃物，法库县于 2006 年和 2007 年还相继从浙江温岭和西班牙引进了专门处理废弃瓷砖和炉渣企业，这两个企业年处理固体废料能力达到3.6万吨以上。完全投产后，除了全部消化掉开发区陶瓷企业每年产生的固体废物，还可以对这些固体废弃物再利用，转化加工成新型建筑材料，创产值2000多万元。

为了解决陶瓷企业煤气炉分离出来的酚水和焦油，法库县于2006年引进了“沈阳天源水处理有限公司”，该公司免费为还没有利用上煤层气的企业处理煤气发生炉产出的酚水，而企业在处理废水中也得到了实惠，按年处理6万吨废水计算，一年就可以从废水中提取煤焦油2.8万吨，实现销售收入5600万元。

法库一直致力于打造强大的物流体系。2006年法库县成立物流经济区。2007年12月27日，法库物流经济区地产项目启动。物流经济区发布的11个重点项目包括：标准化厂房项目、物流仓储项目、工业研发楼宇项目、建材饰材项目等交易批发中心项目。

香港开宝庆福集团投资兴建的一家以法库县陶瓷生产基地为依托，集仓储、加工、配送、展示于一体的大型综合性陶瓷市场——大东北陶瓷城。投资5亿元人民币，占地面积200亩。2006年10月大东北陶瓷城一期项目竣工；2006年12月19日，开发区被命名为“辽宁省装饰材料生产（销售）示范基地”。目前，法库大东北陶瓷城批发市场来自全国各地的经销商已经达到近60余家，瓷砖类产品的月销售收入可达3000万元以上，洁具类产品的月销售收入可达200万元以上。

三、建平产区

坐拥环渤海经济圈的交通优势，建平距锦州港170公里，距营口港300公里，距天津港450公里，距大连港500公里，距秦皇岛港280公里，借助这些港口或口岸，可直通俄罗斯、蒙古、韩国和朝鲜等国家；叶柏寿火车站是国家二级编组站，京四高速公路已经通车，朝赤铁路、高速公路建设之中，京沈铁道客运专线贯穿全境。

作为全国膨润土之乡，建平膨润土总储量约为1.5亿吨以上，是亚洲最大的膨润土生产基地；硅石等陶瓷生产原料储量达6.5亿吨，可为建平陶瓷产业服务100年以上。生产陶瓷坯体原料绝大多数可以就地解决，且易开采、价格低、运距短、储量大。同时，园区建有中心变电所，可完全满足用电需求，周边还建有元宝山等大型煤矿和辽河油田等炼油厂，资源能源优势明显。

建平发展现代陶瓷产业已有半个世纪，培养了一批技术成熟的产业工人，建平职业教育中心也将为生产企业提供可靠的技术人员支持，当地农民转型为工人，普工成本较低。建平处于东北三省、内蒙、河北的交界地带，既是陶瓷工业欠发达地区，又是陶瓷产品需求旺盛地区，每年陶瓷产品需求量约5亿平方米，陶瓷市场前景广阔。

建平是大凌河流域红山文化的发源地，据考古发现，建平是制陶业的发源地之一。据这里出土的红山文化玫瑰图案彩陶筒座与彩陶盆考证，早在5000年前，先民们就烧制出了彩陶筒座、彩陶盆。

20世纪50年代，建平的陶瓷制品如缸坛盘碗、马赛克、红坯体外墙砖等曾风光一时。2003年6月，经朝阳市人民政府批准后，正式开发建设的建平陶瓷工业园。同年，陶瓷园区被列为辽宁省委、省政府支持建平发展的脱贫致富项目。建平陶瓷工业园以打造“北方瓷都”为目标，将建成东北地区陶瓷产销基地，形成1.5万人的就业基地，使建平成为全国知名的陶瓷大县。

建平发展现代陶瓷产业已有半个世纪，培养了一批技术成熟的产业工人，建平职业教育中心也将为生产企业提供技术人员支持，当地农民转型为工人，普工成本较低。建平处于东北三省、内蒙、河北的交界地带，既是陶瓷工业欠发达地区，又是陶瓷产品需求旺盛地区，每年陶瓷产品需求量约5亿平方米，陶瓷市场前景广阔。

建平陶瓷工业园坐落于辽宁省朝阳市建平县城东北2公里处，总规划面积6.784平方公里计划到2010年，建设陶瓷生产线100条，形成年产各类瓷砖2亿平方米以上的生产能力，年实现销售收入40亿元，利税4亿元。园区成立于2003年，现在发展成为一个省级工业园区。建平陶瓷工业园是辽宁省委、省政府支持朝阳发展的“十企一园”项目之一，同时被确立为全省东北老工业基础振兴重点开发项目、辽宁省级重点工业园区、省级陶瓷科技产业园。辽宁省科技局、技术监督局正在该陶瓷园区建立省级陶瓷研发中心、质检中心。清华大学建筑材料研究基地已落户该陶瓷工业园。“北方瓷都”在国家工商总局已完成注册。2008 年 7 月成立了建平陶瓷协会。

建平县陶瓷工业园区自建设以来，共签订合同引资额 20 亿元，到位资金 5 亿元。目前，园区投产和在建的企业已达 28 户，其中 18 户企业已正常生产，14 条陶瓷生产线投产，园区陶瓷生产能力达到 1 亿平方米，日产陶瓷 17 万平方米以上，实现产值 37425 万元以上。到 2008 年底，园区陶瓷生产能力达到 1 亿平方米，陶瓷产量达到 5000 万平方米，实现产值 8 亿元。

2008 年，总投资分别为 400 万元的陶瓷检测中心和污水处理厂已投入使用。同时新建陶瓷项目 3 个：总投资 5000 万元的建平龙升陶瓷有限公司内墙砖生产线完成投资 3100 万元，总投资 5235 万元的建平虹盛输送带有限公司完成投资 2000 万元，总投资 7800 万元的山东力诺公司项目完成投资额 3100 万元。

2008 年县委县政府加大了对园区的资金投入力度，完成了污水处理厂建设，并重修了主干路青年北街，为确保打造“北方瓷都”目标得以实现奠定了基础，目前园区基础设施建设已得到长足发展，承载主要运输功能的 3.5 公里主干道畅通无阻，污水处理厂、雨水排放管涵、省级陶瓷检测中心大楼已投入使用，通电、通邮、通信等”七通一平”工程进一步完善。

建平招商引资重点面向福建、山东、浙江。近两年招商引资发展迅速，多家福建、山东及温州等地的陶企陆续进驻。2006 年福建闽清腾龙陶瓷有限公司投资 1.04 亿元建设的两条高档陶瓷地砖生产线具有重要的示范意义。

建平的原料较适合生产内墙砖，低价位的内墙砖产品特别能满足东北地区各县、镇市场的“需求大、消费弱”的中低收入阶层的消费需求。随着新原料的发掘，近年也开始生产更多的地版砖。目前园区主要生产外墙砖、内墙砖、抛光砖和微晶玉等产品。产品辐射东北三省、内蒙古东部、京津地区以及东北亚各国。

同时，加大对新型建筑材料项目的引进和扶持，鼓励走产学研道路。平盛康宁微晶科技有限公司正在建平陶瓷工业园内打造一个上千亩的新型材料工业园，拟联合清华大学相关科研部门、建筑材料界大型生产企业等，研制一种环保高效保温隔音泡沫陶瓷。对微晶玻璃板材、华清玉石等新型材料的研制也将是未来重点发展方向。

第七节　河北产区

一、概述

河北省是环京畿大省，有着环渤海的区位优势。河北连接“三北”及华中、华东地区，人流、物流、信息流大，与北京、天津共同构成的京津冀经济区，拥有 1.2 亿消费群体，市场容量占全国大陆总量的 10% 以上。

河北发展陶瓷工业的资源十分丰富，是举世闻名的世界型大型陶瓷生产基地。20 世纪 50 年代至 90 年代，河北的唐山、邯郸两大陶瓷产区的日用瓷出口，占据了全国大半壁江山，唐山的红玫瑰、白兰、白玉名瓷；邯郸的象牙瓷、青花瓷、白玫瓷等是代表。

河北省有着丰富的陶瓷文化资源，在历史上形成了定窑、邢窑、磁州窑和唐山陶瓷等典型的北方陶瓷生产基地。

河北也是国内重要的建筑卫生陶瓷大省。2008 年建筑陶瓷产量 11136 万平方米，在全国排第六位。

卫生陶瓷产量2099万件，在全国排第三位。

近年来，唐山瓷区以惠达代表的卫生洁具，以隆达为代表的骨质瓷；彭城瓷区的佳美釉中彩瓷、裕行骨质瓷、力力强化瓷等，都是在国内外陶瓷市场上评价很高的优秀瓷种产品。河北陶瓷企业实现出口创汇百万美元以上企业就有40余家。

进入21世纪以来，河北陶瓷产业的发展很清晰地呈现出“三大板块、六大品种、众星捧月”发展格局。首先从大型陶瓷生产基地来看，经过60年的发展，出现了北部、中部与南部三大大型陶瓷生产基地板块。北部是位于河北省东北部的唐山陶瓷产区。南部邯郸陶瓷产区主要分布在峰峰矿区彭城镇、义井镇一带。产品有象牙瓷、白瓷、青花瓷、陶瓷壁画和美术园林陶瓷等日用陶瓷用品。在河北省中部地区，近年来，省会石家庄一带的高邑建筑陶瓷生产基地形成很大规模。高邑县现有80家建筑陶瓷企业，是北方地区最主要的建筑陶瓷基地之一。

二、唐山产区

唐山是全国重工业大市，地处环渤海湾地区中心地带，是连结华北、东北两大地区的咽喉要地和走廊，作为河北经济中心，中国环渤海中心区域第三大工业城市的唐山，与北京、天津构成了环渤海地区经济发展的“金三角”。

唐山瓷区是河北陶瓷产量最大、技术力量最强的陶瓷生产基地。唐山作为河北全省乃至全国的陶瓷生产基地，陶瓷产业已成为当地的龙头产业，唐山市陶瓷制品年累计出口总值近3亿美元，在河北省陶瓷制品出口中占据80%以上的比例。

唐山市是中国的北方瓷都，中国骨瓷最大的生产地区，我国第一件卫生陶瓷就诞生在这里。唐山全市拥有规模以上卫生陶瓷企业40余家，卫生陶瓷产量占全省的76%，年生产能力超过2000万件，约占全国总产量的16%。

2000年以来，唐山卫生洁具年出口量位居全国前列，卫生陶瓷产品出口到世界80多个国家和地区。据唐山出入境检验检疫局统计，2006年共检验出口卫生陶瓷1804.3万件，货值2.139亿美元，同比分别增长32.7%和45.3%，唐山卫生陶瓷的出口额占该市各类出口陶瓷产品的绝对比重，如2007年出口卫生陶瓷价值2.158亿美元，占比57.2%。

唐山卫生洁具的出口平均价格达到近10美元/件，陶制塑像及其他装饰品的出口平均价格达10.8美元/千克。在价格维持较高水平的同时，高档产品出口额也保持高速增长。全省陶瓷制品出口已由瓷餐具单一品种出口发展成三分天下之势：瓷器餐具、卫生陶瓷和装饰用陶瓷分别占河北省陶瓷制品出口总值的55.3%、26.6%和8.4%。

唐山华美陶瓷有限公司、唐山惠达陶瓷（集团）股份有限公司、唐山亚利陶瓷有限公司出口均已超千万美元。近年来，唐山陶瓷企业不断发展升级，逐步从拼体力、凭经验的传统生产方式过渡到全面机械化、自动化的现代生产方式。目前，唐山已经发展成为年产日用瓷5亿件、卫生陶瓷1500万件、各种建筑陶瓷4000万平方米以上，年营销额接近百亿元的新型陶瓷生产基地。

唐山陶瓷有一大批明星荟萃的大型陶企。其中惠达陶瓷已在世界三十多个国家注册了自己的商标，此举走在了全国同行的前列。此外，卫陶、梦牌、中陶、华丽等企业也在国外市场打出了自己的品牌，唐山陶瓷只有贴牌产品的历史正逐渐在被改写。惠达陶瓷集团主要生产卫生陶瓷、工业用耐酸砖、卫生陶瓷塑料配件、压克力浴缸等几大系列产品。2008年6月份，惠达品牌以31.15亿元的品牌价值入选“中国500最具价值品牌”榜。

唐山陶瓷囊括了日用陶瓷、艺术陶瓷、建筑卫生陶瓷、工业陶瓷等所有类别。其中日用陶瓷和艺术陶瓷比较强势，建筑卫生陶瓷除惠达陶瓷外知名品牌少。另有少数陶瓷机械设备生产企业和一些独做陶瓷出口贸易的外贸企业。

三、高邑产区

高邑，位于华北平原西部边缘，太行山脉东麓，省会石家庄南51公里处。县境北靠元氏县，南接临城县，西临赞皇县，东与赵县、柏乡县毗连。

高邑县自唐朝作为“邢窑”的一个重要分支，一直保持着旺盛的生命力。20世纪50年代以来，高邑县陶瓷产业逐步由日用陶瓷转向建筑陶瓷，并不断发展壮大。目前，高邑建筑陶瓷企业有80多家，生产线近100条，产品种类有地砖、墙砖、外墙砖等，形成了较完善的产品体系。目前高邑瓷砖年产量达到1.2亿平米，成为华北地区最大的建陶生产基地。建陶产量曾经占全国总产量7%左右。近年，当地政府提出建设继广东佛山、山东淄博、福建晋江、四川夹江之后的第五大建筑陶瓷生产基地。

为加快建筑陶瓷基地的建设，高邑陶瓷产区规划建设了占地3000亩、基础设施投资1600万元的建筑陶瓷工业园区，实现路、水、电功能配套。2008年，高邑县与广东南彩实业有限公司合作的两条高档地板砖生产线项目已入区开工建设，占地400亩的建筑陶瓷专业批发市场也在规划建设中，并努力使其成为我国北方知名的陶瓷产品交易集散中心。此外，高邑县还聘请国家级陶瓷学者、专家做技术顾问，确保高邑建筑陶瓷产品不断提高质量。

高邑力马建陶有限公司是高邑瓷区的知名企业，主要产品为内墙砖、全瓷耐磨地板砖、微粉抛光地板砖。高邑力马建陶有限公司位于石家庄市高邑县城西工业区，是河北省墙地砖龙头企业，目前是华北、西北最大生产厂家。

凯美特陶瓷由佛山市凯美特公司租赁高邑美林陶瓷厂改制而来，拥有员工300人，采用先进的设备及低温快烧工艺流程，全自动喷雾造粒，湿法制粉、进口全自动压机压制成型，煤气自动控制辊道窑烧制。公司主导产品为彩码砖和300×300毫米高档地板，主要销往东南亚等地。

第八节　江西产区

一、概述

江西省陶瓷产业历史悠久，江西景德镇是“千年瓷都”。但近20多年以来，江西陶瓷主要以艺术、日用、工业陶瓷为主，艺术陶瓷生产以景德镇为主，日用陶瓷生产以景德镇、黎川、井冈山为主，工业陶瓷以萍乡为主。

江西建筑陶瓷的产业基础主要在高安。1978年，江西第一面釉面砖在高安生产。高安建筑陶瓷工业发展历史历时30多年，20世纪80年代是高安陶瓷的第一个发展高峰期，釉面砖产量一度达到全国的1/8。

2007年以来，高安、丰城、景德镇、萍乡等地抓住了陶瓷产业大转移的机会，建筑陶瓷快速发展。2008年，江西建筑陶瓷总产量10378万平方米，在全国排第七。2007年5月，新中源陶瓷企业集团与高安市正式签约，投资8.5亿元建13条生产线，掀起了佛山陶瓷企业进驻高安的热潮。之后，新明珠陶瓷、欧雅陶瓷陆续投资高安。

与此同时，斯米克陶瓷、东鹏陶瓷、唯美陶瓷、蒙娜丽莎陶瓷等落户丰城，投资均在10亿元以上。箭牌卫浴（瓷砖）、特地陶瓷、金意陶陶瓷等落户景德镇。诺贝尔陶瓷落户九江。香港巨鼎陶瓷和西安鹰舵陶瓷生产项目落户永修县。正大陶瓷落户萍乡湘东。博鑫精细陶瓷落户萍乡芦溪工业园。

借势陶瓷产业新一轮战略布局，江西景德镇陶瓷一枝独秀的局面被打破，形成了萍乡—丰城—高安—丰城—景德镇—九江陶瓷产业带。江西省政府也趁势构建大陶瓷格局，推动几个主要产区错位发展：高安规划建设全省唯一一个建筑陶瓷产业专业基地——江西省建筑陶瓷产业基地（中国建筑陶瓷生产基地）。丰城规划建“江西省精品陶瓷产业基地”和“江西省精品陶瓷产业孵化基地”。景德镇走艺术瓷、日用瓷、高技术陶瓷、建筑卫生陶瓷多元协调发展之路，打造国家级陶瓷产业基地，重振瓷都雄风。萍乡湘东地区规划建设“江西工业陶瓷产业基地”。

值得注意的是，2008年，正当江西几个产区建筑陶瓷大踏步发展时候，江西省着手推进一项新的重大战略——环鄱阳湖生态经济区的建设。环鄱阳湖生态经济区建设的核心还是科学规划、合理发展、协调发展。因此，环鄱阳湖生态经济区周边一些地方将控制建筑陶瓷等产业发展。

二、高安产区

高安位于江西省中部偏西北，总面积2439平方公里，下辖20个乡镇、2个街道和1个省级风景名胜区、1个垦殖场，总人口83万。

高安历史悠久的千年古邑。高安建县始于汉高祖六年（公元前201年），是江西最早的18个建制县之一，迄今已有2200多年的历史。

高安地力肥沃，地下矿产甚多，石灰石、大理石、花岗石、石英石、青板石，瓷土、耐火土、陶土、保温土，煤矿、铝土矿、水晶矿等资源丰富。市内拥有生产内墙砖、外墙砖、地砖的全部各种和除广东黑泥外的生产抛光砖的绝大部分矿种，而且储量大、品位高。

高安东邻省会南昌，是西入南昌的“咽喉要地”，南接新余、樟树，东北面是世界著名风景区庐山，昌北机场距高安仅50余公里，320国道横贯境内，赣粤高速公路擦肩而过，浙赣铁路接轨境内，滔滔锦江流经市区直下赣江，高安水陆交通十分便捷，发展条件得天独厚。

高安陶瓷产业基础比较扎实。自1978年江西第一面釉面砖在高安生产，高安建筑陶瓷工业发展历时30年，到20世纪八九十年代大量生产建筑陶瓷，釉面砖产量一度达到全国的1/8，5个产品获全国金奖，被誉为“釉面砖王国”和“新兴瓷城”。虽然此后因种种原因逐步走向低谷，但高安陶瓷产业一直在坚持发展，到2006年底仍有生产线35条。

高安技术工人比较充裕。高安20世纪八九十年代委托景德镇陶瓷学院和其他高校区先后培养了大量的建陶技术和管理人才，仅在广东和市内从事建筑业的技术和管理人才就达2700人，熟练工人3万人。高安市地域面积大、人口多，教育发达，劳动力资源丰富，素质较高，对建筑陶瓷生产比较熟悉。

高安物流成本低廉。高安汽车运输业为全国县级之首，拥有大型货车1万余辆，从业司机达5万人，配载服务网络和运输业务遍布全国，便利的物流使高安成为陆路运输成本全国最低的地方。

进入新世纪，高安积极主动承接东南沿海发达地区产业转移，特别是2006年下半年开始顺应佛山陶瓷产业的转移和扩张浪潮，招商引资取得了历史性的成绩，高安陶瓷产业发展登上了新的台阶。

2007年1月28日，宜春市人民政府向省人民政府申报在高安成立“江西省建筑陶瓷产业基地”。2月9日，江西省发展和改革委员会正式下文同意在高安建设江西省建筑陶瓷产业基地。3月1日，江西省建筑陶瓷产业基地管委会正式批准成立。3月25日，管委会成立以来的第一批客商江西精诚陶瓷有限公司和江西瑞福祥陶瓷有限公司在高安市行政服务中心同时签约。5月15日，广东新中源正式签署合同，在基地投资8.5亿元人民币，拟建13条陶瓷生产线。江西富利高公司首期四条线主要生产内墙砖、水晶砖、抛光砖，主推珠江、巴丹、天纬、圣卡4个新品牌。8月2日，广东汇诚建材投资3.5亿元的陶瓷生产项目和投资5亿元的汇诚综合贸易广场开发项目正式签约。11月30日，高安市在江西省建筑陶瓷产业基地举行了新明珠陶瓷集团江西高安建陶工业园奠基典礼暨江西建陶产业基地新项目签约仪式。新明珠陶瓷集团在高安计划总投资24亿元，其中包括2亿元建四星级酒店。江西新明珠生产基地主要营运德美、五福、百顺等陶瓷品牌。当日签约的还有广东欧雅陶瓷有限公司投资8亿元、广东英皇卫浴有限公司投资4亿元的项目。

其他重点项目包括：普京陶瓷投资8亿元，建设6条生产线。浙江温州的老板投资的主要有江西瑞福祥陶瓷有限公司，投资1.2亿元，建5条生产线；仁牌陶瓷投资1亿元，建4条生产线；宏信陶瓷投资6500万元，建2条生产线。另外，福建晋江恒达陶瓷有限公司投资6亿元，建设12条生产线，成立江西恒达利陶瓷建材有限公司，主要生产外墙砖与仿古砖。

外地投资者的大举进入，极大地刺激了本土企业，在不到一年的时间里，本土企业因势得利迅速发展。新瑞景、伟鹏、新景象、金刚石、新中英、三星等纷纷圈地投资，并借鉴佛山知名品牌企业的发展模式，从规划到设计布局均上新的台阶。中国建筑陶瓷产业基地的资料显示，2008年，高安本土企业新投资达17.54亿元，建设新的生产线达45条之多，产品涵盖外墙砖、水晶砖、内墙砖、抛光砖、地砖、西瓦等。其中，东方王子、鑫鼎、金环、赣虹、新中英、金刚石、精诚、新瑞景、三星、伟鹏都已顺利投产。

高安陶瓷产业的强势崛起，使得陶瓷相关的配套企业也蜂拥而至。金龙包装、集贤纸业、新瑞腰线、新澳实业的陶瓷腰线，新明珠的彩印包装、安泰燃气、银泉供排水先后落地。陶机方面，劲刚工模具、新鹏程实业、东海科伦特布料机械也在高安投资办厂。同时，业内陶机巨头科达、恒力泰在高安设立办事处。陶瓷化工原料方面已有欧陶科技、鑫威胜颜料、大华原料、广源原料、富华釉料、陈勇锂瓷石、杰伟熔块、小林熔块、环瓷达釉料、兆鑫陶瓷辅料等。另外，加上酒店、房地产等项目，总计有近30个配套企业，投资总额24亿元，基本上形成了较完整的产业链。

高安企业2008年的总体表现是：22家陶瓷企业74条生产线基本满负荷生产，其中有30条线是当年点火投产的。金融危机基本没有影响到这里的本土企业，只对广东佛山等地企业的转移扩张进程有一定影响。

具体而言，高安产区2008的特征：一是出口量小，10%不到，很多企业没有出口；二是10月份前成本较高，尤其是煤的价格疯涨，企业基本是微利；三是从第四季度开始成本“三降一升”——燃料降20%，化工原料降5%，包装降5%，劳动力成本升20%，但企业赢利能力总体回升，一些企业甚至为赶订单春节不停窑；四是市场主要在“南昌—高安”周边500公里的范围内；五是市场定位基本是三四级的县乡市场。广东佛山“转移”过去的几个大企业在高安生产的产品定位是在佛山和高安本土企业之间，也以三四级市场为主；六是原材料基本上能在周边100公里左右的范围内解决，只有抛光砖用的黑泥还要从广东运来。

尽管2008年碰到了全球金融风暴，但高安产区整体上依然处在发展的最好机遇期。这主要表现在：一是金融危机使得东部沿海经济转型升级提速，高安是理想的陶瓷产业承接地；二是广东佛山大企业的引进促进了本土陶瓷产业的升级，包括技术的升级、人才的流动、观念的转变；三是金融危机促使中国经济增长模式转型——从外需拉动转到内需拉动，作为国家战略的新农村建设将使三四级市场未来需求持续旺盛；四是高安本土企业500公里范围内针对县乡市场的区域化销售模式日益成熟；五是高安发展陶瓷产业拥有政府的强大推动力；六是本土老板、企业家经历近几年的高速发展已经初步完成了原始积累，打下了做大事业的基础。

通过2008年的检视，高安陶瓷企业未来也面临一些挑战：上半年煤涨到每吨1300元，高安企业顿时失去了赢利的能力，这意味着其产品的附加值是严重偏低的，难以适应已经到来的上游的“高成本时代”；其次是劳动力低成本时代已经过去。作为后发展中地区，高安难以再享受到30年来的“人口红利”。目前，随着佛山几个大企业的进入，高安的劳动力市场已被激活，劳动力成本与东部沿海地区持平（普通工人1200~1300元/月），如果算上东部沿海地区的软环境的“福利”，高安地区的人力成本实际上还要偏高。因此，高安本土企业需要加强向东南沿海发达地区企业学习，通过技术创新和品牌化运作不断提高产品附加值，通过精益化管理不断降低综合成本，提升企业的盈利能力；再次，对佛山投资企业来说，其面临的现实挑战主要是如何找到转移扩张后的企业生存、发展之道。而生存、发展的关键是其能否在高安创新经营模式，既要维持自己相对高成本的运作模式，又要能化解区域内低价恶性竞争。

2008年7月4日，江西（高安）建筑陶瓷产业基地被中国建筑材料联合会批准为“中国建筑陶瓷产业基地”。截止到2008年，该基地完成基础基础实施投入1.6亿元，引进陶瓷及配套企业50多家，其中投资上亿元的16家，5亿元的8家，合同引进资金110多亿元，拟建生产线150多条，开工建设的企业30多家，其中13家投产或即将投产。年底，整个基地年生产能力达到2亿平方米。

按规划，基地近期目标是建200条生产线，年产建筑陶瓷6.5亿平方米，远期建400条生产线，年产能达到15亿平方米。但这个规划的实现显然会受到基础设施及环境容量、研发、出口和展贸等方面条件的制约。

高安要进一步打破交通瓶颈。目前政府的思路：一是开拓水运渠道，建设赣江码头；二是加快铁路专用线和集装箱货场建设；三是批建铁海联运点。铁路专用线项目预计在2009年初可实质性动工。丰城曲江码头已在建，将于2009年7月份运营，建成后将比现有南昌码头缩短拖车运距30公里。樟树码头项目已申报，正处项目初步设计阶段，计划2010年开通，开通后短途运输将比曲江码头又近了30多公里，距基地仅7公里；同时省政府正致力湖口至赣州全线三级航道建设，而湖口至樟树段为重中之重，属二段航道，届时水运优势将凸显。铁海联运点已初步获得南昌铁路局同意，海关、商检、口岸办已派员到基地考察。预计到2010年，高安产区将成为交通优势突显，出口便捷的陶瓷产区之一。

三、景德镇产区

景德镇位于江西省东北部，西北与安徽省东至县交界，南与万年县、西与鄱阳县接壤，东北与安徽祁门县、东偏南与婺源县毗邻，下辖乐平市、浮梁县、昌江区和珠山区，全市土地面积5256平方公里，总人口156.5万人，其中非农业人口62.64万人。2008年全市工业总产值479亿元，全市GDP322亿元。

景德镇因瓷而名，景德镇是陶瓷的故乡，景德镇悠久的冶陶制瓷历史赋予了景德镇陶瓷品牌咀嚼不尽的陶瓷文化底蕴，这是历经千百年来积淀下来的文化影响和品牌优势。

景德镇地处赣、浙、皖三省交界处，方圆500公里范围内的省市有：上海、浙江、江苏、福建、安徽、湖南、湖北和江西，总人口达4亿多人，形成了上海、杭州、武汉、南京、合肥、长沙、厦门、南昌等国内区域市场，涉及市场区域人口3亿多人，市场潜力巨大。

景德镇交通便利，皖赣铁路及杭瑞、济广高速公路、206国道、景德镇机场、昌江水运构成了水陆空立体交通网络。穿城而过的杭瑞高速、济广高速使景德镇到上海、杭州、武汉等中心城市只需3～5小时。皖赣铁路线纵贯南北，在建的九江—景德镇—衢州铁路线横通东西。

景德镇交通最大的瓶颈是水运。陶瓷属原材料和产品大出大进企业，运输成本所占比例偏高，水运这种的廉价、有效、安全的运输通路是陶瓷企业的首选。2008年7月，景德镇市决定把昌江航道的疏通摆上市政府议事日程。未来，景德镇陶瓷将重现昔日经昌江入鄱阳湖、出长江的盛况。

景德镇目前出海港口主要有九江港、上海港、宁波港，景德镇至九江港的运输距离约为130公里，该港长江轮的最大运载量为5000吨级。

景德镇自然资源丰富，周边300公里内的长石、石英、瓷石、高岭土等陶瓷原料具有储量大、品位高、工艺良、价格廉、运距短等特点，完全可以满足景德镇市大规模发展陶瓷产业的要求。

景德镇的地表及地下水资源非常丰富，全市建有4个自来水厂，自来水供应能力十分强大。用电属华东大电网，电力供应充足。景德镇既有价格低廉的城市管道焦化煤气，也有热值高、清洁干净的液化天然气，而且随着“西气东输”项目的实施，价廉物美的管道天然气将在2009年底实现通气，这对进一步降低陶瓷生产成本具有十分重要的意义。

景德镇拥有全国唯一的一所陶瓷专业的高等学府——景德镇陶瓷学院，每年培养出大批陶瓷专业人才，聚集了大量陶瓷界的精英，可为陶瓷产业发展提供强大的人才及智力支持。2009年，景德镇市教育系统将在景德镇市高新科技园区新建一所上规模的省级示范职业学校，省市共建打好陶瓷职业教育牌。新建学校暂定名为景德镇陶瓷工程学校（原市职教中心），拟建地点在高新技术开发区梧桐大道附近，项目占地220亩，建筑面积5.5万平方米，计划总投资7762万元，分三期完成。

2004年，在国家、部省领导的高度重视下，国家科技部与江西省人民政府在景德镇共同着手实施“景德镇国家陶瓷科技城”建设项目，打造四个国家级平台：科研技术平台、人才培训平台、产业化平台和贸易交流平台。作为科研平台的国家日用及建筑陶瓷工程技术中心科研实力较雄厚、仪器设备较齐全。国家陶瓷产品质量监督检测中心、全国陶瓷标准化中心、全国陶瓷信息中心也设在景德镇。

“中国景德镇国际陶瓷博览会”是经国务院批准的13家国家级产品交易会之一，由国家商务部、中国贸促会、中国轻工联合会和江西省人民政府主办，景德镇市人民政府承办，从2004年开始，每年金秋10月在景德镇市举办，是一个国际化、专业化、市场化、规范化的陶瓷商品博览会。

由于体制的弊端，景德镇市20世纪90年代大多数国有、集体陶瓷企业经营日益困难。在1997年至2002年的5年间，景德镇市以产权制度改革为核心，大破大立，以退为进，使陶瓷产业终于走出低谷，实现了恢复性增长。结合国有企业改组、改制，景德镇市大胆实施“退城进郊、退城进园”战略，2002年着手建设1.5万平方公里的高新区陶瓷园，按照“统一规划、分步实施、滚动发展”的思路，打造一个崭新的陶瓷产业基地——总体规划达8.12平方公里的景德镇陶瓷工业园区。

景德镇过去主要以日用、艺术陶瓷生产为主，日用陶瓷主要是小作坊生产，规模偏小，艺术陶瓷在工作室生产，销售渠道以小订单和自产自销为主。2007年，景德镇抓住广东佛山等国内发达产瓷区产业梯度转移、扩张的机遇，吸引建筑陶瓷卫生陶瓷企业进驻，构建大陶瓷格局。6月15日，景德镇金意陶陶瓷有限公司在浮梁县三龙乡举行奠基仪式。工业园总投资8亿元，将建12条现代化建陶生产线。佛山市顺德区乐华陶瓷洁具有限公司的乐华工业园与金意陶工业园毗邻。乐华陶瓷总投资16亿元，包括墙地砖项目和高档卫生洁具两个项目。佛山特地陶瓷有限公司也于2007年5月22日正式签约，落户景德镇陶瓷工业园区。特地工业园项目总投资11.3亿元，占地1294亩，建设高档仿古砖、内墙砖、抛光砖生产线。中外合资鸿强陶瓷有限公司投资1亿元的墙地砖及琉璃瓦项目也落户陶瓷工业园区。

到2008年底，景德镇共有建筑卫生陶瓷企业15家，生产线总数21条，其中仿古砖生产线8条，瓷片生产线3条，通体外墙砖生产线1条，卫生洁具生产线1条，马赛克生产线1条，瓷质琉璃瓦生产线7条，墙地砖总产量约1680万平方米，琉璃瓦总产量约3亿片。主要品牌有“金意陶”、“箭牌”、“特地”、“景赐坊”等，主要产品包括仿古砖、瓷片、通体外墙砖、瓷质琉璃瓦等。

四、丰城产区

洪州窑，唐代名窑之一。窑址位于唐洪州（今江西南昌）一带，故称洪州窑，现已发现的窑址位于距南昌南郊30公里的江西丰城市境内。洪州窑是唐代六大名窑之一。始于东汉晚期，终于五代，约有800年历史。洪州窑首开“匣钵烧造”技术的先河。洪州窑定位大众化，窑址分布极广，散见于丰城6个乡镇。洪州窑名列唐代六大青瓷名窑。1977年，洪州窑遗址拂去历史的尘埃，13000余件文物标本相继破土而出，该窑也由此被评为全国十大考古新发现，列为全国重点文物保护单位。

2007年12月2日，丰城召开“洪州窑考古发现30周年纪念暨学术研讨会”。本次研讨会得到了中国建筑卫生陶瓷博物馆（唯美陶瓷博物馆）的大力支持。丰城与博物馆下一步将合作建设洪州窑博物馆，合作复制并点燃洪州窑龙窑的窑火。

通过洪州窑考古发现30周年学术研讨会，丰城市既探讨陶瓷发展历史，又宣传推介了本地陶瓷产业的发展。丰城市同时谋划建设“洪州窑陶瓷产业基地”。

洪州窑陶瓷产业基地位于丰城市工业园区北面，北靠赣粤高速公路，东连丰城矿务局，南临赣江之滨。为使该陶瓷基地建成布局合理、环境优美、交通便捷、设施完备的适应产业发展的现代化陶瓷基地，丰城市组织编制了“江西洪州窑陶瓷产业发展规划”。2008年8月18日，江西洪州窑陶瓷产业发展规划及基础设施建设项目可行性研究报告顺利通过评审。

2006年，丰城市委、市政府立足资源优势，围绕“3年打造全省精品陶瓷产业基地、5年打造全国精品陶瓷产业基地、8年打造”全球精品陶瓷产业基地的“358”目标，实施“661”计划：引进国内顶尖级品牌陶瓷企业6家、总投资60亿元、陶瓷及相关企业实现销售收入100亿元。

丰城煤炭资源丰富，近年来找到循环经济的切入点，将煤层气用于民用、工业发电。抽采煤层气利用率超过30%，居全国领先水平。但仍有近1亿立方米的煤层气被直接排放，相当于浪费近4万吨标准煤。为了解决陶瓷产业基地能源供应问题，丰城市2007年10月积极引进了投资达1.2亿元的港华燃气公司，开发利用煤层气，以便向周边陶瓷企业提供燃料，一期工程的日供气量已达10万立方米。目前，港华燃气又在兴建一条从尚庄煤矿、坪湖煤矿和建新煤矿通往丰城精品陶瓷基地的煤层气输送管道，总长20余公里，届时对精品陶瓷基地的煤层气供应量可提高到20万立方米/日。

此外，丰城市还引进了陶瓷设备企业广东科达机电股份有限公司，投资5000万元建设清洁能源项目，用煤炭转化清洁煤气，为基地内的斯米克等精品陶瓷企业提供优质、环保及具有价格竞争优势的清洁煤气。

丰城精品陶瓷产业基地自2006年底启动以来，已成功引进了上海斯米克陶瓷、广东东鹏陶瓷、广东唯美陶瓷、广东蒙娜丽莎陶瓷等国内一流陶瓷企业落户，同时还引进了东鹏陶瓷洁具、东鹏陶瓷城、唯美赣江货运码头、固特模具、华雅包装、高新焦化等8家陶瓷配套企业。陶瓷及配套企业总投资额达82亿元。其中，斯米克、东鹏、唯美都已在2007年相继开工建设，三家企业的一期工程分别将于2008年6月、8月、10月建成投产，广东蒙娜丽莎丰城项目也已开始启动。以4家陶瓷生产企业为中心，一批原辅料供应商、现代物流、中介服务、陶瓷机械及包装企业等也聚集丰城，逐步形成产业集群。目前，基地规划面积16平方公里，完成投资23亿元，全面建成投产后，可实现年销售收入120亿元，实现利税24亿元。2008年12月1日上午，江西省人民政府副省长洪礼和代表省政府向“丰城精品陶瓷产业基地”授牌，并正式将丰城精品陶瓷产业基地认定为省级产业基地。

丰城精品陶瓷产业基地一开始就比较重视环保工作。江西斯米克项目按照打造节能环保示范基地，建设一流陶瓷企业的目标，充分吸取上海斯米克15年的建设经验、借鉴国内外同行业先进技术，在厂房建设、窑炉设计等方面大力实施技术革新，充分融入节能环保理念，陶瓷生产单位成本将比目前的上海斯米克降低30%。同时，加大环保设施投入，对废水进行循环利用，实现水污染零排放、废气排放低于国家二级标准。

江西斯米克陶瓷由由上海斯米克陶瓷股份公司投资，项目总投资为15亿元，占地900亩，共分三期建设，全部建成后年生产能力可达4500万平方米，产品销售收入在20亿元以上。斯米克一期6+1生产线2008年6月5日点火试产成功，2008年10月份正式投产。

2008年11月30日，丰城东鹏陶瓷有限公司第一条生产线练排炉（喷雾塔）点火仪式启动。丰城东鹏自今年9月28日开始建设，总投资14亿元，将分别建设建筑陶瓷、卫生洁具和陶瓷城三个项目，完全按照建陶第一品牌的设计标准来定位，主要生产高档晶微粉系列抛光砖。第一条生产线将于2008年12月8日左右试产，2009年2月正式投产。此外，东鹏陶瓷城的建设规划也在积极筹划之中，为江西丰城精品陶瓷产业基地的重要组成部分。

2008年2月28日，广东蒙娜丽莎陶瓷有限公司与丰城正式签约，正式落户江西丰城精品陶瓷产业基地。据悉，蒙娜丽莎陶瓷将投资11亿元人民币，在丰城建立一流的建陶生产基地。

随着基地内聚集的陶瓷企业和配套企业越来越多。未来政府将进一步完善基地规划，推进基础设施建设，包括加快水、电、气、道路、给排水、排污等为主的重要工程的建设，强化基础设施的配套保障功能。尤其要在供气和口岸作业区建设两个方面加大推进力度。2008年，丰城市政府和江西省地方铁路建设集团公司大力推进丰城市陶瓷基地铁路专用线项目。上塘镇与陶瓷基地所在的梅林镇相邻，是丰城矿务局所在地，其集丰焦化厂生产的焦煤气及丰城矿务局抽出的瓦斯气体是陶瓷基地生产厂家的燃料。规划建设的陶瓷基地铁路专用线项目就是为解决该基地原料、成品及丰城矿务局、集丰焦化厂煤炭运输难题服务的铁路运输基础项目。项目投资规模2.8亿元人民币，规划2009

年5月开工，2010年5月竣工。该项目建成后初期（2010年）铁路运量为330万吨/年，近期（2015年）铁路运量为680万吨/年。

其次，要以项目为抓手，着力推进产业配套项目建设。要在致力引进大项目大企业的同时，引进一批占地少、用气少、耗能低、利润空间大和税负高的陶瓷配套项目和特种陶瓷项目，促进产业升级。尤其是要在引进一些陶瓷研发机构、模具、制釉、包装等方面的项目上下功夫，进一步延伸陶瓷企业的产业链，提高企业投入产出率和社会贡献率。

五、萍乡产区

萍乡市位于江西省西部，东与本省宜春市、南与吉安市、西与湖南省株洲市、北与湖南省浏阳市接壤。萍乡是江西和华东的"西大门"，在赣西经济发展格局中处于中心位置，素有"湘赣通衢"、"吴楚咽喉"之称。萍乡处于长株潭经济圈的辐射核心区域，同时接受泛珠三角经济区和闽东南经济区的辐射。境内沪昆铁路横穿市内腹地与京广、京九两大动脉相连，随着沪昆铁路电气化改造工程的完成，中国第一条设计时速200公里/小时的铁路干线将成为连接长江三角洲和珠江三角洲的重要通道。319和320国道呈十字型在市区交汇通过，沪昆高速、萍洪高速贯穿全境。市中心城区距湖南长沙黄花机场仅120公里，具有较好的区位地理条件。

萍乡历史上就以矿产资源丰富而著称。已探明的矿藏有煤、铁、锰、铜、石灰石、高岭土、粉石英、瓷土等矿产资源丰富，煤炭远景储量达8.52亿吨，铁矿储量6760万吨，优质石灰石67亿吨。

萍乡正处对接长株潭经济圈的机遇期。根据湖南省《长株潭产业一体化规划》精神，长株潭经济一体化首先要求实现产业一体化。通过调整产业结构，突出产品特色，培育企业集团，实现产业的集聚发展，使长株潭不仅成为湖南、而且成为中南地区甚至全国范围内一个有较强竞争力的地区。萍乡作为湖南省长株潭地区的重要近邻，在工业经济上与长株潭地区有深厚的渊源，具有对接到长株潭经济圈的优势。

萍乡有东北老工业基地的优惠政策。萍乡是典型的老工业城市，现已列入全省四个享受国家给予东北老工业基地优惠政策的城市之一。

萍乡建材产业发达。建材企业达500余家，从业人员4万余人，年销售收入62亿元，利税3.8亿元，形成了以水泥、工业陶瓷、电瓷、玻璃为主导，非金属矿及深加工产品为增长点，门类较为齐全的建材工业体系，主要产品在全省乃至全国占有较大的市场份额，浮法玻璃占全省的90%以上，工业陶瓷占全国的70%以上，低压电瓷占全国的60%以上。

按照萍乡工业产业发展规划（2007—2010年），全市要建设四个全国知名的产业基地，其中三个与陶瓷相关。萍乡湘东区具有发展工业陶瓷的传统优势。政府在下埠镇规划建设萍乡工业陶瓷产业基地，打造"中国工业陶瓷之都"。该基地总规划面积1万亩，基础设施计划总投资1.5亿元；萍乡芦溪县具有发展电瓷制造的传统优势。该县以构建"中国电瓷之乡"为目标，以上埠电瓷城生产基地为载体，进一步整合资源，强力推进电瓷产业发展，打造全国电瓷产品的制造中心，集散中心；安源新材料产业基地。着力把安源区打造成为"国内知名的新材料集聚区"。

2006年以来，为承接东南沿海发达地区建筑陶瓷产业转移，湘东区规划建设的江西萍乡陶瓷产业基地大力引进建筑陶瓷企业入驻。此外，安源区规划新材料产业聚集区，也大力发展建筑陶瓷产业。

湘东与湖南的长、株、潭经济区毗邻，是江西的西大门。全区国土面积853.4平方公里，辖11个乡（镇、街），总人口39万人。湘东地理位置优越，交通便利。浙赣铁路复线、320国道、沪瑞高速贯穿全境，编织了加快湘东发展的交通网。

湘东的地方工业起步早，发展快，1983年便成为江西省第一个乡镇工业产值突破亿元大关的县（区）。经过多年的发展，目前形成了以陶瓷、煤炭、建材、化工四大支柱的工业体系。湘东是工业陶瓷之乡，是全国工业瓷最重要的生产基地之一，产品份额占全国的70%，并远销到美、英、德、澳等

20多个国家，因品种多、质量好、价格廉而享有盛誉。

2008年，湘东区完成财政总收入51530.3万元，同比增长38.1%，比上年37310万元增收14220.3万元，连续实现第二个三年翻番，增幅位居全市第一。这是湘东区大力转变经济发展方式，积极调整产业结构，大力发展陶瓷工业取得的硕果。

湘东发展陶瓷产业具有较好的基础，是全国重要的工业陶瓷生产基地，陶瓷产业已成为支撑湘东经济的支柱产业。2007年7月省发改委批复湘东区建设“江西萍乡陶瓷产业基地”；同年9月，列入江西省重大工业调度项目进行调度；2008年6月，规划环境影响报告书获省环保局批复。同年，中国陶瓷工业协会同意授予湘东区“中国工业陶瓷之都”的称号。同时，为了进一步提升陶瓷科研服务水平，提高基地对外影响力，2008年进行了“工业陶瓷技术服务中心”、“陶瓷教育培训中心”、“工业陶瓷科研中心”、“陶瓷产品检测中心”建设。招商引资成效显著，现已入驻企业44家，计划总投资30.9亿元，其中14家企业已经投产，其余企业正在抓紧建建。

江西（萍乡）陶瓷产业基地总体规划面积16.25平方公里。首期建设面积4.25平方公里（主园区），位于下埠镇长春村、杞木村一带，紧临320国道和浙赣铁路；二期建设面积12平方公里，其中：南区规划面积8平方公里，经光华村往陈家塘与大陂、木马陶瓷小区相连接；北区规划面积4平方公里，跨320国道经黄花桥与湘东城区相连接。规划到2010年吸纳规模以上企业100家。

萍乡陶瓷产业基地的发展方向是打造“规模型、科技型、生态型、外向型”的产业基地：一是抓循环。在该基地，80%的入园企业是工业陶瓷生产企业，企业所需的燃料由两家气站提供，其中弘源煤化工主要生产焦炉煤气。园区内两家物流公司提供服务。同时，利用陶瓷生产的废瓷、废料等制造环保渗水砖等延伸项目也开始引入；二是抓环保。园区内所有的企业都采用煤气作燃料，安装吸硫装置，按照符合环保要求的工艺进行生产，以保证节能高效、降低排放。同时，基地正在着手筹建污水集中控制区。在基地规划中，切实按照科学、环保的原则，进行功能布局，强化绿化等基础设施的环保作用；三是集群化。基地主导产业是陶瓷产业，占基地经济发展比重为75%，其他产业占25%。在目前引进的陶瓷企业中，龙头企业为投资6亿元的正大陶瓷以及新联兴陶瓷和星达星陶瓷、科兴陶瓷等；配套龙头企业有气源供应单位弘源煤化工和冠能燃气等。

江西正大陶瓷有限公司建设项目2008年3月3日全面启动。该企业由佛山市正大制釉有限公司与佛山市金海达瓷业有限公司共同出资筹建，位于萍乡陶瓷产业基地内，项目计划总投资6亿元，主要生产各种抛光砖和熔块。该项目一期建成投产后，预计年产值可达10亿元。

萍乡弘源煤化工有限公司60万吨炼焦制气工程，由武汉科技大学设计。投产后，预计年产冶金焦67万吨，焦油28000吨，粗苯8500吨，煤气8000万立方米，实现工业总产值10亿元，利税8000万元，并将成为湘东陶瓷产业基地用气的重要气源。弘源煤化工项目预计2009年2月正式投产。

随着重大项目的不断引进，对陶瓷企业、陶瓷小区的带动和辐射效应凸显。如弘源煤化工和冠能燃气所生产的焦化煤气、冷煤气为基地陶瓷企业和周边木马、泉塘等陶瓷小区企业提供了能源保障。陶瓷小区目前已发展到6个，新建企业达30多家。

截止到2008年底，全区有陶瓷企业180余家，可年产工业陶瓷、化工填料200万吨，建筑陶瓷3300万平方米，实现销售收入近80亿元以上，其中化工填料长期稳居全国60%以上的市场份额，产品畅销全球。

萍乡陶瓷产业基地铁路专用线项目2008年4月27日被列为江西省政府今年的重点项目。该项目由江西省地方铁路建设集团公司、萍乡市政府、湘东区政府共同建设，拟组建股份制合资公司形式运营管理。投资规模及工期：估算总投资约3亿元人民币，计划2009年10月竣工。预测该项目初期（2010年）运量为400万吨/年，近期（2015年）运量为800万吨/年。

安源位于江西省西部，原为萍乡市城关区，成立于1971年3月，1993年5月经国务院批准，更名为安源区。其地理位置优越，毗邻湖南省，历史上有“吴楚咽喉、赣湘通衢”之称，浙赣铁路、沪瑞高速公路贯穿其中，319、320 国道纵横境内。安源区是萍乡市政治、经济、文化中心，全区总面积 212 平方公里，总人口 40 万。

近年来，安源区依托萍乡瓷土、煤炭等资源优势，大力承接沿海发达地区建筑陶瓷业向内地的转移，在安源区高坑镇、安源镇规划建设安源建筑环保陶瓷产业基地。基地规划总面积 4000 亩，充分利用萍乡焦化厂的煤气资源，进一步完善相关的配套设施，以绿宝陶瓷为核心，吸引更多的企业入驻，形成比较完整的建筑陶瓷生产体系。

在此基础上，基地不断引进采用新工艺、新技术的新型陶瓷建材企业，拓宽产品线，延长产业链。力争到 2010 年落户企业达 50 家以上，形成 2～3 个年主营业务收入过亿元的建筑陶瓷企业，整个建筑陶瓷业实现主营业务收入 30 亿元，利税 3 亿元。

目前，基地重点抓好几个大项目：绿宝陶瓷总投资 1 亿元的建筑陶瓷生产线项目，预期年主营业务收入 2 亿元，利税 2000 万元；大成陶瓷总投资 1 亿元的外墙瓷砖项目，投产后预期年主营业务收入 1 亿元，利税 1500 万元；昂泰陶瓷色釉料项目，总投资 1 亿元，投产后预期年主营业务收入 1 亿元，利税 1500 万元。

第九节　湖北产区

一、概述

湖北，东连安徽，北接河南，西靠重庆，紧邻江西、河南两省，总人口达到 6300 多万。近年来，随着当阳、宜都、蕲春、黄梅等地陶瓷产业的恢复发展，湖北陶瓷再次引起关注。尤其是 2007 年 11 月 2 日，新中源集团投资当阳，引起聚集效应。随后四川、福建、山东等地的陶瓷企业陆续投资湖北，使得湖北陶瓷产业的规模迅速壮大。

湖北省的陶瓷企业主要集中在宜昌的当阳、宜都，黄冈的蕲春和黄梅等地。目前共有 31 家企业，生产线达到 51 条，在建的生产线达到 18 条。2008 年湖北建筑陶瓷总产量 9433 万平方米，全国排第八位。卫生陶瓷总产量 497 万件，全国排第 5 位。

湖北陶瓷市场主要是集中在三四级城镇市场。湖北省 17 个市、州，下辖 64 个县，拥有广阔的城镇消费市场。陶瓷企业有 90% 的产品是销往城镇地区，而且城镇市场的需求量还在逐年增加。

湖北陶瓷工业在改革开放后进入快速发展轨道。通过引进国外先进设备和技术，改造扩建生产线，湖北陶瓷业整体水平大幅度提高，到上世纪 80 年代末，陶瓷工业已成为湖北建材工业初具规模的主导产业之一。

尽管湖北陶瓷工业在改革开放以来得到较快发展，但是在发展中也存在企业规模小、档次低、产品附加值不高等问题，到 20 世纪 90 年代中期，全国各地陶瓷业得到了迅猛发展，特别是广东、福建、山东等地大上陶瓷生产线，湖北陶瓷企业遭遇空前的竞争压力，普遍面临生存危机。

为突破发展瓶颈，近年来湖北加大招商引资力度，加强与东南部先进企业的联合与合作，努力营造环境，注重发挥资源优势，吸引东南部企业到湖北就地生产，就地销售，同时也借助外力发展自己。

近年来，受多种因素的影响，湖北陶瓷业终于结束了长期在低位徘徊的局面，呈现出恢复性增长的态势。和前几年相比，目前湖北陶瓷产业发生了很大的变化：

一是生产水平大大提高。过去，湖北陶瓷企业大都规模小，有的甚至年产量达不到 10 万平方米。现在，不少企业经过技术改造，在原料制备、坯体成型、施釉烧成等环节都采用了较为先进的设备和工艺技术，使技术装备基础和劳动生产率比以前有了大幅度提升，环境污染也得到了有效控制。目前，许多企业的年产量都在 200 万平方米以上。生产的陶瓷品种由以前仅能生产外墙砖、釉面砖发展到目前生产外墙砖、釉面砖、地板砖、琉璃瓦、卫生陶瓷等近百个花色品种。

二是随着企业改革的进一步深化，湖北多数陶瓷企业通过租赁、破产、买断、股份制改造等形式的改革，实行了国有民营和公有私营，形成了以民营经济占据主流的格局。

三是行业集中度提高。近几年，湖北陶瓷业为了适应新的形势，不断加大调整重组的力度，宜昌的当阳和宜都以及黄冈的蕲春、黄梅等地利用自身的优势，大力开展招商引资，发展陶瓷产业，取得了显著成效。

宜昌的陶瓷企业集中在当阳、宜春、枝江等地。目前，宜昌正常生产的企业有7家，共17条生产线，瓷砖的年产量达到8000万平米，产值达到13亿元。黄冈是中国窑炉制造业的一个重要的基地，被誉为“窑炉之乡”。其中专为陶瓷行业而设计生产的窑炉就占了全国窑炉产量的1/3。黄冈窑炉制造业为发展陶瓷产业奠定了良好的基础。目前，黄冈市的陶瓷企业有9家，共12条生产线，这些企业主要集中在黄梅、蕲春两县。

此外，在湖北的襄樊、谷城、恩施、老河口、荆州、潜江、鄂州等地也分布着7家陶瓷企业，共8条生产线，主要以生产抛光砖、釉面砖、西瓦、内墙砖等产品为主。

二、宜都产区

宜都市地处川东鄂西湘南交汇位置，区位优势得天独厚，是华东、华南地区进入西南及三峡库区的门户。宜都市陶瓷工业基地位于城市的中心地带附近。境内有宜黄高速公路，沪蓉高速公路、江南快速干线、318国道与全国公路网相接。焦柳铁路经枝城大桥与全国铁路相接。长江黄金水道在境内有46KM运程，枝城港与焦柳铁路相连，成为长江上四大水铁联运港之一。

宜都市拥有丰富的卫生陶瓷生产用非金属矿资源。陶瓷工业园原材料的运输半径不超过50公里，只有极少数原材料通过长江黄金水道及枝城火车站铁路干线运入市内。用水、用气、用电条件充足完备。目前产量已超过500万件，是湖北省最大的卫生洁具生产基地。并拥有低温快烧工艺、玻化卫生瓷的烧制工艺、梭式窑烧成工艺、连体立浇成型工艺等一批国内领先的工艺技术。

过去，宜都的陶瓷企业分布比较散，不利于产业的整体发展。为此，宜都市全力建造一个新型陶瓷工业园，旨在壮大陶瓷产业，推动产业集群健康发展。宜都市作出建设宜都陶瓷工业园的决定后，2007年7月，长江、惠宜、鑫圣3家公司率先进入园区建设。接着，韩国世信公司、宜昌首佳公司、诺亚公司、兴达公司相继开工。

2008年4月3日，入驻宜都陶瓷工业园第一个企业——宜昌欧亚陶瓷公司年产80万件中高档卫生洁具竣工投产，同时，宜昌长江陶瓷公司160万件中高档卫生洁具也开工建设。目前，长江陶瓷已完成了90%的土建工作。欧亚陶瓷公司已投入正常生产，鑫圣陶瓷、惠宜陶瓷公司也已点火。

宜都陶瓷工业园建成后，生产能力将达到1000万件，可解决2000多人就业。实现年销售收入4亿元，年利税8000万元，其中外贸出口将达到500万美元。工业园内全面实施节能生产，所有陶瓷企业均采用“窑炉天然气替代液化气技术”，进行清洁化生产。同时大力推进卫生陶瓷节水技术，目前开发的一次冲水量低于6升的陶瓷坐便器产量占90%，高于国家控制的6~9升标准。同时还投资6000万元，配套建设污水处理厂项目，着力改善区域环境质量。

目前，宜都市拥有陶瓷规模企业6家，固定资产达3亿元，培育专业技术人员3000人。去年，陶瓷企业产值达1.51亿元，工业增加值、出口创汇额占全行业的52%，成为工业经济的一个新亮点。

对于陶瓷建材，政府未来主要大力发展中高档卫生洁具和墙地砖，积极发展新型建筑材料，重点支持惠宜陶瓷、首佳陶瓷等建材企业做大做强。全市已形成490万件高档卫生洁具、300万平方米中高档墙地砖的年生产能力。其中惠宜陶瓷有限公司总投资3200万元，年产60万件卫生洁具，产品填补了湖北省高档卫生洁具空白。公司引进具有国内领先水平的唐山惠达陶瓷集团的卫生洁具生产线和其科学的管理模式，以及坯、釉料配方和成型、烧成技术，主导产品有惠陶、维纳2个品牌7大类50余个品种。

该项目的引进对宜都市陶瓷产业的结构调整具有示范意义。

宜昌首佳陶瓷有限公司是一家中型建筑陶瓷生产企业，占地面积 210 亩，企业员工达到 600 余人。目前拥有 2 条生产线，主要生产各类高档内墙砖、水晶砖、仿古砖等产品，年产量达到 800 万平方米，总产资过亿元。

宜昌首佳陶瓷有限公司前身是宜昌新星企业发展有限公司，该公司是由马来西亚客商独资建立的企业。在连续经营不景气的情况下，2005 年宜昌新星企业发展有限公司的生产整体转租经营，之后又被全部股权收购。其后，公司投资 1.2 亿元人民币扩建了高中档墙地砖项目。第二条高档生产线投资人民币 3500 万元，项目于 2007 年 11 月 18 日点火，可年生产 500 万平方米的墙地砖，于当年 12 月份顺利投产。2008 年底位于五眼泉乡的宜昌首佳陶瓷有限公司三期扩建项目，完成投资 3339 万元，投产后每年可生产高档墙地砖 2500 万平方米，实现销售收入 2 亿元。

宜都市欧亚陶瓷有限公司主要生产中、高档卫生洁具，是湖北省卫生陶瓷行业的龙头企业，是全国唯一一家专业生产淋浴盆的厂家，全球最大的淋浴盆生产公司。由宜昌长江陶瓷有限责任公司、西班牙阿里斯多士市场有限公司、西班牙莱文家居有限公司共同投资。2008 年销售收入 3000 万元，净利润 300 万元。该公司与长江陶瓷是 2011 年重点培育上市企业。

韩国世信陶瓷项目是宜昌引进的唯一一家外商独资企业，项目协议总投资 1 亿元，规划征地 267 亩，年产 100 万件高中档卫生洁具等，协议投资 1.2 亿元。

宜都市近年来开始注重陶瓷产业的节能减排工作。宜昌长江陶瓷有限责任公司，利用废弃石英砂生产高档陶瓷洁具。该公司年产量达 60 万件，其中高档产品占 30% 以上，主要销往韩国。早在 2003 年，长江陶瓷得知有家玻璃厂每年会产生几万吨左右的石英砂，自主立项开展“利用石英废砂生产 60 万件中高档陶瓷”课题研究。经过两年的研究开发，该配方终获成功。这家公司投资 1200 万元建成一条窑炉生产线，利用废砂生产中高档卫生陶瓷。

宜都市在全省是第一个推广天然气的县市。陶瓷厂采用天然气后，每年能耗成本下降数百万元，产品合格率由以前的 76% 上升到 99%。惠宜陶瓷公司等企业生产的高档洁具达到了欧洲强制标准，畅销英、法、德、意等国。

为调整产品结构，提高产品质量，宜都市大力推动企业技术创新中心的建立，2008 年第二批企业技术创新中心为：宜都高档卫生洁具技术创新中心和宜都功能陶瓷技术创新中心，分别依托宜都惠宜陶瓷有限公司、湖北新京都电子科技股份有限公司。

在品牌建设方面，宜都市也取得了一定的成绩。宜都市惠宜陶瓷有限公司的惠宜牌系列卫生陶瓷、宜昌长江陶瓷有限责任公司的蓝金石牌卫生陶瓷为湖北省名牌产品。

近年来，宜都市积极推动长江陶瓷、惠宜陶瓷等企业与高校对接，共同开发了“快速除臭卫生洁具”等 70 个新产品。成功转化“低温快烧新工艺”、“玻化卫生陶瓷”、“节水型坐便器”等陶瓷工业科技成果 79 项，年产 500 万件卫生洁具、500 万平方米墙地砖、3000 万只陶瓷 PTC 电子元件、200 万只氧化锆陶瓷轴承，宜都陶瓷工业竞争力日益显现。而惠宜陶瓷有限公司的“新型免烧瓷漆釉高档卫生洁具”和宜昌长江陶瓷有限责任公司的“快速除臭陶瓷洁具”，还获得了 2007—2008 年宜都市科技奖二等奖。

三、当阳产区

当阳位于湖北省中部，东、北临荆门市，西连宜昌市，南接荆州市，离长江直线距离不足 25 公里。

2008 年，当阳市完成工业总产值 149 亿元，工业增加值 43.5 亿元，上缴税金 3.19 亿元，已形成以建材、能源化工、食品、轻纺四大支柱产业为主的工业体系。建材工业以浮法玻璃、干法水泥、建筑陶瓷为主导。

当阳矿产资源优势。当阳资源禀赋丰富，已发现并探明储量的矿种共有 7 类、20 种。石英砂储量 4

亿吨，占全省储量的60%；高岭土储量1亿吨以上，占全省储量的40%；石灰石储量20亿吨；石膏储量10亿吨；煤炭储量4800万吨。

当阳建筑陶瓷工业发展历史悠久，资源丰富。上世纪80年代，市建陶工业总公司是当地建陶生产的龙头企业。经过十几年的发展，目前已有宝加利陶瓷、大地陶瓷、华夏陶瓷、天冠陶瓷、帝豪陶瓷等陶瓷生产企业。

当阳市建筑陶瓷产业集群内现有企业18家，其中建筑陶瓷企业5家，已有10条生产线，正在建设的有10条生产线。与建筑陶瓷产业集群相关的采矿、印刷包装、机械制造、物流运输等配套企业，每年可实现主营业务收入5亿元，实现利税3000万元。

湖北大地陶瓷有限公司是浙江时代陶瓷有限公司在当阳投资创办一家以建筑陶瓷系列产品为主的民营企业。4年累计投资1.83亿元，建成了4条国内先进的瓷砖生产线，年产各类瓷砖2500万平方米，年销售收入可达2.2亿元，实现利税2000万元，已成为中西部地区最大的陶瓷生产企业。

湖北天冠陶瓷有限公司总投资5000万元，建有1条高档抛光砖生产线，年产瓷砖500万平方米。年销售收入达1.5亿元，实现利税1500万元。该公司采用国内先进的压制、抛光设备和辊道窑生产线，引进广东佛山最新生产工艺，填补了湖北省乃至华中地区高档抛光砖生产的空白。目前公司正在扩建1条聚晶（微粉）高档抛光砖生产线。

当阳华夏陶瓷有限公司由温州老板投资兴办，总投资5000万元，拥有2条中低档瓷砖生产线，年生产瓷砖1000万平方米。年销售收入可达1.8亿元，实现利税1000万元。

2007年，当阳市加大招商引资力度，分别引进了湖北帝旺实业投资有限公司和新中源企业集团投资的两个建筑陶瓷项目。

湖北帝豪陶瓷位于玉阳办事处窑湾集镇，占地面积为500亩，2007年10月9日由湖北帝旺实业投资有限公司与市政府签约。湖北帝旺实业投资有限公司拟投资3.3亿元，建设6条陶瓷生产线，2008年底已有3条生产线建成投产，另外3条生产线正在建设中，预计2009年可以全部建成投产，项目建成后，可年产瓷砖2000万平方米，每年可实现销售收入5亿元，实现利税3000万元。

湖北宝加利陶瓷项目在当阳市木店建立产业基地。湖北宝加利陶瓷有限公司由新中源集团有限公司与东乐投资贸易有限公司（澳门）共同投资组建。固定资产总投资7亿元人民币，占地1500亩，计划分三期兴建12条中高档陶瓷生产线。一期工程计划投资4.08亿元，占地800亩，主要新建6条生产线，产品以抛光砖、仿古砖和瓷片为主。

2008年，当阳市进一步加大招商引资力度，与宜昌泉州商会合作在当阳木店陶瓷工业园规划兴建当阳泉州工业园，投资8亿元，占地2000亩，引进福建晋江陶瓷企业到当阳投资。目前已有祥达陶瓷、豪山陶瓷、红叶陶瓷等到当阳考察，意向投资建设10条陶瓷生产线。

四、蕲春产区

蕲春具有丰富的陶瓷资源，该县管窑镇在1300多年前的盛唐时期就有“官窑”、“陶都”之称。2007年6月，管窑陶瓷被省政府列为非物质文化遗产，现正在申报进入国家非物质文化遗产名录。

蕲春发展陶瓷产业地理位置适中，区位优势明显。以蕲春县城为中心，周边300公里范围内就有3个省会城市，即湖北武汉、安徽合肥、江西南昌，还有20多个地级城市，人口众多，消费需求巨大；具备原料资源优势，紧邻蕲春一带，陶瓷生产必需的瓷土、瓷砂、钾长石、透闪石、石英矿等储量丰富；交通便利，运输畅通，物流较为发达。蕲春陶瓷工业园距离各交通要道的距离为：距黄黄高速公路10公里、长江黄金水道（蕲州港）15公里、蕲春火车站3公里；蕲春靠近武汉，地属武汉城市经济圈，电力充足，能源能够保证。

2005年，经过反复调研，赤东镇决定申请规划建设赤东陶瓷工业园，打造“鄂东瓷都”。赤东陶瓷工业城位于李时珍大道北面、赤东镇邓元村境内，建于2006年12月，占地面积5000亩。它是蕲春县经济开发区四大功能区之一，2007年被省政府确定为重点产业集群基地，2008年10月入选“中国县域经济产业集群竞争力100强”。园区建设整体规划1.1万亩。2007年12月7日，省经委正式批准在蕲春发展陶瓷产业集群的相关许可文件，陶瓷两大产业集群均被列为全省重点扶持的产业集群。

近年蕲春先后引进了华顺、中瓷万达、翔龙、华顺、奥龙、新天地等六家陶瓷企业，形成年产瓷质耐磨砖、仿古砖、陶瓷彩瓦10亿平方米生产能力，是鄂、皖、赣三省有一定影响的陶瓷产业基地。

湖北华顺陶瓷有限公司总投资3000万元，占地40亩，年生产中低档墙面砖、地面砖700万平方米，产值6000万元。中瓷万达陶瓷有限公司总投资1.1亿，征地110亩，设计年产墙砖、地面砖2000万平方米。2007年7月，中瓷万达陶瓷第一条生产线顺利投产，2008年3月，中瓷万达陶瓷建第二条生产线。祥龙陶瓷有限公司总投资4000万元，占地50亩，年生产墙面砖、地面砖800万平方米。产值7000万元，利税600万元。新天地瓷业有限公司总投资额1.5亿元，计划建四条生产线，主要生产高档墙面砖、抛光砖、彩瓦，2008年9月底第一条生产线投产。

四川新万兴集团投10亿元的高档陶瓷生产项目位于蕲春县赤东陶瓷工业城。该项目占地960亩，新建高档陶瓷生产线12条。项目分两期完成，第一期工程计划建设4条生产线，预计2009年7月份投产。第二期工程计划于2010年8月底完成。该项目全部投产后年产值可达6亿元。星包装彩印有限公司总投资1000万元，占地50亩，一期工程已投资500万元，该企业与陶瓷产业配套，主要从事陶瓷产品包装。

为了吸引客商到蕲春县投资，政府在四川夹江、福建晋江、广东佛山、山东、淄博等地设立四个招商办事处。蕲春陶瓷工业园远期规划目标是建成100条生产线，年产值可达60亿元，利税10亿元。

五、黄梅产区

黄梅地处鄂、赣、皖三省交界处，区内蕴藏着丰富的陶土资源。黄梅的陶土资源丰富，储藏有紫砂土约1亿吨、紫砂泥约3千万吨。页岩石资源仅独山镇凉岭村一带储量就达到1.45亿吨。

黄梅地处鄂赣皖三省交界，是华东经济圈与华中经济圈的结合部，是武汉城市经济圈与昌九工业经济走廊的连接部。两个小时车程范围可达三个省会城市武汉、南昌、合肥，七个地级城市。黄梅市有水运、陆运、铁运优势，能够低成本运输。

为了使资源优势变成产业优势，培育产业集群，黄梅建立了两个建材工业园，即陶瓷工业园和砖都工业园。

独特的地理位置和资源条件，以及周边广阔的市场需求，先后吸引了朋磊、天成、丰成等陶瓷企业落户。目前，该县已经集聚了兴成、朋磊，宜佳、华峰、天成等5家陶瓷企业，都以生产琉璃瓦为主。

黄梅县的陶瓷企业主要集中在杉木乡的陶瓷工业圆内。目前已有3家西式连锁瓦企业落户，其中朋磊和天成两家企业已经投产，投资总金额达到1.8亿元，拟建3条生产线，其中两条生产线已建成投产，每天可生产陶瓷瓦17万片。湖北天成陶瓷有限公司主要以生产各式琉璃瓦为主，一期工程已经投资了5000多万元，建成了一条现代化的陶瓷生产线，投产后预计年产值将超过亿元。

黄梅是湖北省确定的“十一五”陶瓷产业基地，已规划好占地6800亩的建陶工业园。政府提供优惠的产业政策：企业入园投资后，企业增值税额三年内地方留成部分的50%奖给企业，五年内全免企业的劳动用工费，纳入县政府阳光工程，政府提供免费招工、培训服务。

为做强陶瓷产业，县政府积极寻找科技支撑。与相关科研部门、大专院校“联姻”，与技术权威部门组成战略合作伙伴。邀请景德镇陶瓷学院、江西中核矿业有限公司等单位专家为该县陶瓷工业发展出谋划策。《黄梅县及周边地区陶瓷原料资源工业化生产适用的评估报告》、《黄梅县陶瓷工业园项目可行性报告》是由景德镇陶瓷学院专家、江西中核矿业公司专家实地踏勘、采样、化验后撰写。

黄梅县还与西安墙体材料研究设计院结同组建了“中国建材西安墙体材料研究设计院长江中下游新型墙材合作基地”。

第十节　全国其他产区

一、广西产区

1. 概述

广西陶瓷，自唐宋以来，以岭南之北流、容县为代表，盛产釉彩青花瓷。解放后，北流大力扶持陶瓷企业，日用陶瓷手工作坊逐渐推广机械化生产，不断加大对陶瓷业的投入，不断革新生产技术，产品的知名度日益扩大，高中档陶瓷产品逐渐进入香港、澳门、欧洲、北美、东南亚市场。

20世纪90年代后，广西先后引进高压注浆成型机、塑压成型号机、异型滚压成型机以及碳化硅匣钵装烧工艺，等级品提高了20%以上。大幅度提高生产配套能力，使北流迅速成为全国日用陶瓷五大生产区之一。

随着广西对接东盟的“平台”优势不断凸显，吸引了更多建筑陶瓷企业的关注，一些福建、浙江老板纷纷将目光投向广西，推动了广西建筑陶瓷的发展，使广西陶瓷呈现建筑陶瓷与日用陶瓷齐头并进的良好局面。

广西陶瓷产区除了北流，还有梧州的藤县和岑溪市，以及南宁经济圈的副中心城市武鸣。梧州市依托其丰富的高岭土资源，以广西新中陶陶瓷有限公司为推介平台，致力于把梧州陶瓷产业园区建成广西最大的陶瓷生产基地。

武鸣县的陶瓷产品除了销往南宁市周边县市、云南东部、贵州东部、广西西部、湖南南部、广东西部以及海南岛等地，还有远销东盟国家的便利。南宁对接东盟的“平台”优势，是吸引众多陶瓷企业进入武鸣的一大因素。

2. 北流产区

北流市地处桂东南，是广西著名的“陶瓷之乡”。北流总面积2457平方公里，现辖22个镇、3个街道办事处，总人口120万。北流市境内和周边地区高岭土资源丰富，境内储量1亿吨左右，周边县市储量也有1.22亿吨，运输半径在70~200公里以内，氧化铝含量平均20%~30%，发展日用陶瓷得天独厚。

北流市与广东省茂名市毗邻，地理位置优越，交通优势明显，是东盟通往粤港澳地区的桥梁和纽带，是粤港澳经济进入西南五省的重要通道，是珠三角经济区和泛北部湾经济区的结合部。境内国道324线玉容一级公路横贯东西，北宝二级公路纵穿南北，连接广东水东港和广东省高速公路网；建设中的南宁广州高速公路、洛（阳）湛（江）铁路横穿北部，并在北流设有车货运站和客运站；横穿南部的浦北至广东宝圩二级公路也在建设中。北流至广西深水港铁山港（北海市）高速公路正在规划建设。从北流出发，4小时可达广州（395公里）、佛山（388公里）。

北流历史上先后形成了五大陶瓷生产基地：陶瓷城生产区、西埌陶瓷生产区、民安陶瓷生产区、隆盛陶瓷生产区、新荣陶瓷生产区。北流目前拥有广西省最大的日用陶瓷工业园。据悉，广西北流日用陶瓷工业园区于2002年11月经自治区批准设立，2005年经国务院核定为省级工业园区。园区规划总面积为13.39平方公里，由民安陶瓷生产区、陶瓷文化街和陶瓷配套区三大部分组成，其中生产区占地面积10.52平方公里，陶瓷文化街1.3平方公里，陶瓷配套区1.57平方公里；园区可建设日用陶瓷生产线250条及30家陶瓷配套企业，年生产能力达30亿标准件。

经过多年的发展，北流目前拥有陶瓷企业54家，从业人员5万多人，年产陶瓷能力10亿件，陶瓷产品90%以上出口，产品畅销世界各地，成为全国陶瓷行业8大产区之一，而日用陶瓷生产能力、产量、出口量已跻身全国3强行列。

由于北流54家企业大部分直接以煤为燃料，这给当地环境带来了巨大的压力。据了解，北流市陶瓷企业每年消耗煤30多万吨，而煤炭都是从华北地区煤矿运来，运输成本较高，且煤炭燃烧不充分造成污染，能源消耗浪费也大。燃煤长期供应紧缺，也是北流市陶瓷行业发展的瓶颈。2005年，北流市就从天津天联公司引进了投资1.2亿元建设天然气供气站，首先在龙头企业三环集团和仲礼瓷业有限公司推广了煤改气工程。其中煤改隧道窑三环集团就有8条。自从实行煤改气工程，每年减少烟尘排放量约406.9吨，二氧化硫减少排放量约1252.2吨。

近年趁广东佛山陶瓷产业转移、扩张之际，北流实施多元化发展战略，大力开展建筑陶瓷领域的招商引资。北流永达建筑陶瓷项目就是北流市陶瓷产业多元化发展的成果之一。2008年引进的建筑陶瓷项目，计划投资总额2.8亿元，年产地板砖2000万平方米，分两期建设四条地板砖生产线。计划在2009年3月点火投产。届时，以日用陶瓷生产而闻名的北流市将有建筑陶瓷——地板砖出炉。

2008年5月26日，鑫海置业年产1200万平方米的建筑陶瓷生产线项目签约仪式举行。鑫海置业建筑陶瓷项目总投资1.2亿元，项目落户北流市民安陶瓷工业园区，占地200亩，规划建设四条大型瓷砖生产线，项目于2008年7月份正式开工建设，一年内正式投产。项目建成后，年产地板砖1200万平方米，年产值2亿元以上，年创税收1000万元。

2008年6月2日上午，北流永达建筑陶瓷项目开工。永达建筑陶瓷项目规划用地200亩，总投资1.5亿元，建设5条自动化程度高、生产技术和设备先进的高档地板砖生产线。项目分二期建设，建成后将形成年产地板砖2600万平方米的生产能力，产值5亿~8亿元，创税6000万元以上。

3. 梧州产区

由于2007年开始的广东北迁企业的发展之路并不平坦，这使得佛山临近的梧州藤县等地开始受到更多的关注。梧州和佛山一水相连。梧州藤县距离佛山仅需3个多小时的车程，建设中的南宁至广州城际高速铁路完工后，到达藤县仅需1个半小时。这里的语言、生活习俗和珠江三角洲接近，发展陶瓷产业具有独特的优势。

梧州是广西的东大门，水路交通便利，不但有较好的劳动力、水电、土地资源，而且有丰富的陶瓷原料——高岭土。经探明，梧州藤县高岭土覆盖区面积约23平方公里，贮量不少于3亿吨，能满足企业连续50年的需求。尤其是梧州在中国的第二大航运河流——西江之畔，与佛山一水相连。目前广西正着力打造西江亿吨黄金水道，全方位完善西江航运条件，发展临江产业。梧州水陆无缝联运的交通条件，将为梧佛之间搭建最为便捷的低成本运输通道。

2008年，梧州市抓住佛山陶瓷产业转移战略大调整的的机遇，加快对佛山陶瓷产业的承接，制定了以藤县为基础，岑溪为支撑，打造“广西陶都”的发展战略。

梧州市将陶瓷产业园区分为藤县潭东中和和岑溪大业两个集中区。潭东中和集中区总规划面积15000亩，将以发展中高档陶瓷产品企业和建设完善物流为主，计划建设150条陶瓷生产线，建成投产后预计年产值可达150亿元。岑溪大业集中区将以建设中低档陶瓷产品企业和发展相关配套产业为主，规划总面积5000亩。整个园区形成以藤县为基础，以岑溪为支撑的产业布局。

梧州市陶瓷产业园中和集中区水、陆、空交通便利。南梧二级公路沿园区而过，3000吨货轮亿吨黄金水道西江可直通粤港澳。梧州市长洲水利枢纽于2008年建成，在藤县地域形成约100公里库区，筹建中的深水码头具5×2000吨（一期）和5×3000吨泊位。在建的广州至梧州高速公路、广州至南宁高速铁路、贵港至梧州高速公路将为梧州陶瓷产业园中和区经济腾飞提供加速动力。水路运输方面：陶瓷产业园区距年吞吐量千万吨级的赤水港码头15公里，距规划中的新港码头5公里，2010年7月可投入使用。西江全年可通航3000吨船舶，上行可达南宁、柳州等广西的大城市，下行可达粤港澳。铁路运输方面，陶瓷园区距洛阳到湛江铁路20公里，建设中的南宁至广州高速公路从园区旁边经过，届时乘坐高速铁路到广州或南宁只需1.5小时。

依托良好的区位优势和丰富的高岭土资源，一批陶瓷企业相继落户藤县和岑溪市。藤县县委、县政府结合该县资源、区位和交通优势，提出建设陶瓷产业示范基地的目标，并在藤州镇潭东村规划项目用地，大力引进广东佛山等地的陶瓷企业，目前已有广西新中陶陶瓷有限公司入驻基地。

2008年8月份正式动工建设的藤县新中陶项目规划占地4000余亩，计划建设40余条磁砖生产线。目标是依托自有的矿业资源，建成国内首家矿厂一体化的陶瓷企业。公司第一期工程投资6亿元人民币，建设8条生产线，2009年9月份第1、2条线试产，12月份第3、4条生产线试产，2010年6月份一期工程的其余4条全部投产。

广西新中陶陶瓷有限公司是由广东高明吉利陶瓷有限公司和广西汇能矿业集团共同投资的项目。汇能集团总部位于南宁市，旗下拥有四大矿业公司：柳州融水矿，主要生产钠长石；北海合浦矿，主要生产水洗高岭土；桂林全州矿，主要生产钾长石；藤县矿，主要生产陶瓷钾沙、钾石粉。

未来，梧州市将以丰富的高岭土资源为依托，以广西新中陶陶瓷有限公司为推介平台，引进一批陶瓷企业落户梧州，把梧州陶瓷产业园区建成广西最大的陶瓷生产基地。

4. 武鸣产区

武鸣是南宁的副中心城市。武鸣伊岭工业集中区面积50平方公里，人口8万多，分城南工业区和城西工业区。其中，城西工业区面积21平方公里，建材产业就集中在该区。该区交通便利，地理位置优越。距南宁市32公里，距南宁飞机场54公里，距北海、钦州、防城港口150~200公里。

武鸣及周遍地区包括邕宁、宾阳等地都有丰富的陶瓷原料。目前勘探有膨润土矿多处，储藏量较大，品位较高，其中宁明县膨润土矿储藏量达6.41亿吨，是世界上储藏量最大的膨润土矿床之一。

武鸣县2006年以来，利用东南沿海发达地区陶瓷产业转移的机会，引进了广西鸣建陶有限公司、广西亚欧瓷业有限公司、广西鑫源陶瓷有限公司、广西百隆陶业有限公司、广西五星陶瓷有限公司、广西新奥美瓷业有限公司、武鸣县澳盛制釉有限公司等7家企业，总投资额4.5亿元，总用地面积800亩，年生产高级地砖1900万平米，内墙砖2000万平米，产值2.4亿。

五星瓷业公司总投资额达到7000万元，占地137亩，厂房面积35000平方米，目前已完成第一期建设，2007年1月点火投产，一期总投入3000万元，年生产内墙砖300万平方米。

南宁新奥美公司一期陶瓷生产项目于2007年元月份开工。总投资4500万元，占地105亩的新奥美陶瓷生产项目计划分两期进行，一期2007年6月初竣工投产，二期在2008年底投产。项目投产后，年产内墙砖300万平方米，产值3000多万元。

武鸣县生产的产品主要销往南宁市周边县市、云南东部、贵州东部、广西西部、湖南南部、广东西部以及海南岛，国外则远销东盟和西欧等国家。

二、新疆产区

1. 概述

新疆维吾尔自治区位于中国西北边陲，面积166万平方公里，占中国国土总面积的六分之一，是中国面积最大的省级行政区。新疆地处亚欧大陆腹地，陆地边境线5600多公里，周边与俄罗斯、哈萨克斯坦、吉尔吉斯斯坦、塔吉克斯坦、巴基斯坦、蒙古、印度、阿富汗等八个国家接壤，在历史上是古丝绸之路的重要通道，现在又成为第二座“亚欧大陆桥”的必经之地。

新疆矿产种类全、储量大，开发前景广阔。目前发现的矿产有138种，其中包括建材非金属等。新疆石油资源量208.6亿吨，占全国陆上石油资源量的30%；天然气资源量为10.3万亿立方米，占全国陆上天然气资源量的34%。

20世纪六七十年代，国家在新疆投资建设了一批建材产业。例水泥、玻璃，但只有一家陶瓷生产企业——新疆陶瓷厂，现已改名为“新疆新帝派瓷业有限公司”。该厂曾隶属新疆天山建材（集团）有限责任公司。

新疆的现代建筑陶瓷是1984年开始生产的，最早一家企业是位于新疆乌鲁木齐市东山区工业园，现名为“锦汇帮实业有限公司”。1984 年引进唯高的生产线（包括压机和窑炉），但因为种种原因并没有产生应有的经济效应。直至 1999 年实行承包经营后，对工厂设备进行改造，并在技术上进行革新，当年就扭亏为盈。

近两年新疆建筑陶瓷业发展迅猛，建筑陶瓷业市场前景很好，每年市场需求量近 2 亿平方米，其中新疆市场需求量为 4000 多万平方米，中亚市场的潜在需求量为 13000 多万平方米。目前，中亚国家新一轮的基础设施建设刚刚开始，建材产品需求量很大，尤其是板材、陶瓷。新疆今后将加快打造面向中亚、西亚乃至东欧的重要建筑陶瓷出口贸易基地。

在如此巨大的市场空间吸引下，新疆米泉市、乌鲁木齐市和塔城地区额敏县以及伊宁等地的建筑陶瓷业相继快速发展起来，尤其是米泉市的陶瓷加工基地已成为新疆生产陶瓷出口中亚的主要基地。中亚建材市场上 80% 的建材来自中国，近一半的陶瓷产品产自新疆。而米泉又是新疆的“瓷都”——陶瓷砖的产量已占全疆的 85% 左右。

新疆现有建筑陶瓷年产能 4500 万平方米，2008 年生产总量为 3684 平方米，在全国排第十二位。按发展势头，2010 年全疆建筑陶瓷产量可提高到 1 亿平方米，卫生陶瓷产量提高到 100 万件，实现销售收入 12 亿元以上，成为新疆建材工业新的经济增长点。

2. 米东产区

新疆米泉市，是在近几年悄悄发展起来的陶瓷之乡。新疆米泉市位于新疆天山北麓、准格尔盆地南缘，隶属新疆昌吉回族自治州，总面积 9570 平方公里。煤、铁、石灰、大理石、石英砂、陶土等矿产资源丰富，其中探明的煤炭储量 18 亿吨，是全国 100 个重点产煤县（市）之一。

借助新疆境内探明蕴藏丰富的陶瓷资源和地理优势，2002 年 6 月，当地政府以优惠的政策从温州引进了第一家陶瓷企业——大西洋陶瓷有限公司。在短短的两年时间，米泉市先后引进 11 家陶瓷及相关企业，其中墙地砖企业为 9 家，共 17 条生产线，投资额达 3.85 亿元，生产能力达 4150 万平方米。

到 2004 年 12 月底，米泉共有 10 家陶瓷企业，陶瓷墙地砖产量已达 2800 万平方米，其中 80% 出口中亚、南亚，也有一部分开始销往西安、河南，或在新疆当地销售。

米泉市把发展陶瓷作为重点的培育项目，将长山子镇、三道坝镇和羊毛工镇规划为建筑陶瓷产品生产基地，并在柏杨河乡大草滩村、城东工业区各设一个占地 1000 亩的陶瓷工业区，使之逐步形成建筑卫生陶瓷及辅助材料的生产基地。

2007 年 8 月 1 日，经国务院批准，新疆首府乌鲁木齐市米东区正式成立。米东区将被规划建设为乌鲁木齐的城市副中心、新疆最大的制造业基地核心区、重要的化工工业城、出口加工基地和人居生态新区。新成立的米东区由米泉市和乌鲁木齐市东山区合并而成，这两个区域共处乌鲁木齐市北郊，同属新疆天山北坡高新技术产业带。交通便利，米东区距乌鲁木齐中心城区 15 公里。

3. 伊宁产区

伊宁市横亘于伊犁河谷中部，是伊犁哈萨克自治州的首府，也是伊犁自治州的政治、经济、文化、交通中心。伊宁市是新疆和全国向西开放的重要商埠。早在汉代，就已形成了一条古丝绸通道，是沟通中亚、西亚，乃至南亚和欧洲各地重要桥梁。

伊宁具有辐射中亚市场的区位优势和交通优势，同时富集陶瓷产业所需的各种能源和矿土资源，具备承接建筑陶瓷产业向西部大转移和占领中亚国际建筑陶瓷市场的优势竞争条件，特别需要像建筑陶瓷产业这种产业拉动性强、附加值高、投入产出率快、解决就业多的面向中亚国际的出口加工型竞争优势产业。

为承接东部产业转移，形成产业集聚，根据新疆自治区建材工业“十一五”规划精神，伊宁边境经济合作区向新疆自治区经贸委呈递《关于建设新疆建筑陶瓷产业基地的请示》，新疆自治区经贸委批复同意在伊宁边境经济合作区发展建筑陶瓷产业基地。

2008 年 6 月，伊宁市召开市委十一届四次全委（扩大）会议，明确提出把建筑陶瓷产业作为未来的主导产业进行培育。伊宁市政府为此颁发了《伊宁市超常规推进新型工业化加快形成产业聚集发展的指导意见》。

2008年10月，中亚国际建筑陶瓷基地产业发展规划专家在伊宁边境经济合作区召开评审会，8位专家组成的评审团经过评审和论证，一致认为，《中亚国际建筑陶瓷产业基地发展规划》报告内容符合国家产业规划编制的要求。这次编制的“中亚国际建筑陶瓷基地产业发展规划”是工业发展总体规划的重要组成部分。按照预期目标，至2011年，建筑陶瓷产业基地项目建设将完成75条生产线。

2008年11月，由江西高安瑞州陶瓷有限公司和瑞鹏陶瓷有限公司总投资2.5亿元、年产2000万平方米的建陶项目开工建设，新成立的伊犁恒辉陶瓷有限公司是入驻伊宁中亚建筑陶瓷基地的第一家企业。该项目总投资2.5亿元，分两期建设。公司生产水晶、耐磨地砖、欧式西瓦等产品，主要出口中亚国家。

三、陕西产区

1. 概述

陕西，又称为三秦大地，纵贯南北，连通东西，位于中国地理版图的中心区，处于黄河中游和汉江中上游，历史悠久。

陕西铜川陶瓷文化历史悠久、底蕴深厚。铜川在发展陶瓷产业有较好的基础条件。铜川陶土资源丰富，煤炭能源、石灰石供应充裕，区位优势明显。铜川是陕西重要的工业城市、西北地区重要的能源基地，工业基础较完备。

陕西省榆林是陕西经济的重要增长极，经济总量居陕西省第二。全市已发现8大类48种矿产资源，尤其是煤炭、石油、天然气、岩盐等能源矿产资源富集一地，分别占全省总量的86%、43%、99%和100%。平均每平方公里地下蕴藏着622万吨煤、1.4万吨石油、1亿立方米天然气、1.4亿吨岩盐。资源组合配置国内外罕见。

榆林作为中国北方的建陶基地，在成本方面有着得天独厚的优势，陶瓷产业可以和当地的兰炭行业完美衔接，充分利用兰炭厂尾气取代现有的煤气发生炉，可以大大节省燃料成本。

“十一五”期间是陕西省陶瓷建材工业产品结构、技术结构、组织结构调整和优化的关键时期，规划中的陶瓷建材工业集群将充分利用现有基础和资源优势，重点建设宝鸡千阳陶瓷工业园、铜川印台陶瓷工业园。

陕西发展陶瓷产业在技术上可以依托咸阳陶瓷研究设计院和陕西科技大学。咸阳陶瓷研究设计院是国家级建筑卫生陶瓷科研设计单位，是中国建筑卫生陶瓷工业的技术发展中心之一。国家建筑卫生陶瓷质量监督检验中心就设在该院。该院可为宝鸡建陶产业发展提供技术服务，培养技术人才。陕西科技大学设有陶瓷专业，拥有陶瓷专业高技术研究人员，每年都培养大量的建陶专业人才。

随着西北部地区经济的迅速发展，陕西陶瓷市场容量也越来越大。西北地区总人口约1亿，其中城市人口约3000万；共有小城镇1500多个，中等以上城市50余个，城市化水平低，不足30%；城市人均住房面积不足20平方米，低于建设小康社会人均35平方米的住房标准；80%以上农民住房需“土改砖”。预测未来将以每年15%的速度增长，市场年需求建陶产品量在4.5亿平方米以上，而现有实际年生产能力1亿平方米左右。

2. 宝鸡产区

宝鸡位于陕西关中西部，地处陕、甘、宁、川四省（区）结合部，处于西安、兰州、银川、成都四个省会（首府）城市的中心位置，不仅是陇海铁路、宝成铁路和中卫铁路的交汇地，而且是连接中原、西南、西北的交通枢纽。

宝鸡拥有丰富的陶瓷原料，主要分布在千阳、凤翔及陈仓区等地，不仅贮量大，而且品质上乘，既有适合生产高档陶瓷地砖产品的黑泥和陶土，又有适合所有陶瓷墙地砖生产的透辉石、长石等原料。尤其是透辉石矿产资源目前全国储量最大，初步探明在方圆50～100公里内的眉县、凤县、陈仓区、凤翔和麟游等地蕴藏透辉石12亿吨以上，钾长石5000万吨，钠长石5000万吨，钾黏土岩数千万吨。

宝鸡电力富裕，电力容量达420万千瓦，煤炭资源丰富，储量达50亿吨以上。随着西气东输工程的全面贯通，宝鸡建陶产业完全可以用充裕的天然气作燃料，也可以用发生炉煤气作燃料。

建材产业是宝鸡市传统的八大支柱之一。近年来，宝鸡把建筑陶瓷产业作为“十一五”期间的重点扶持发展优势产业之一，按照“高起点规划、高标准建设”的指导思想和“产业集群、可持续发展”的建设原则，力争用3～8年的时间把宝鸡建设成西北最大的建筑陶瓷生产基地。由咸阳建筑陶瓷研究设计院编制了《宝鸡市建筑陶瓷产业发展规划》，并于2005年10月通过专家评审。

根据规划，2010年宝鸡建成西北最大的建筑陶瓷工业园、西北最大的建筑陶瓷市场及西北最大的建筑陶瓷加工基地，在凤翔、金台和渭滨分别建成长青、金河和姜谭3个建陶工业园，形成120条生产线，年产各类瓷砖3亿平方米，实现产值30亿元，带动相关产业实现产值60亿元。

宝鸡以工业园为载体，全力推进建陶产业发展。千阳县一开始不在全市陶瓷产业发展的规划之列，但建陶产业发展速度最快。据此，宝鸡也调整规划，以千阳县为中心打造“西北瓷都”，目前市财政已安排1000万元专项资金，用于陶瓷产业发展，计划以千阳县为中心，沿宝平公路大力发展陶瓷产业，打造“西北瓷都”。

通过短短一年多时间的努力，到2007年底已有9户建筑陶瓷企业落户宝鸡市，总投资达7亿多元，建设生产线22条，总产量近1亿平方米，新增产值约12亿元。

2007年3月，位于渭滨区的泽光陶瓷有限公司二期生产线投产，形成年产700万平方米的陶瓷地砖生产能力，工业产值将达到8000万元以上。2007年7月，年产陶瓷800万平方米的宝鸡泰荣瓷业有限公司生产线建设项目在扶风工业基地开工建设。该项目位于扶风工业基地迎宾路南段，总投资1亿元人民币，计划建设墙地砖生产线两条。达产达效后，生产线日产量将达2.4万平方米，产值达3亿元。2008年10月，宝鸡金台区重点招商引资项目——万宝隆建筑陶瓷一期建成投产。万宝隆建筑陶瓷位于金台区金河科技工业园，占地106亩，项目总投资1.6亿元，计划新建3条建筑陶瓷生产线，主要产品为中高档外墙砖，年生产能力可达1080万平方米。万宝隆建筑陶瓷生产项目分两期建设，一期工程从2007年10月开工，第一条生产线于2008年9月建成试产。

千阳县地处陕西省关中西陲，北靠甘肃省灵台县，南邻陈仓区，东与麟游、凤翔县毗邻，西同陇县接壤。

千阳县依托境内丰富的陶土资源，抢抓“东陶西进”的有利机遇，以招商引资为突破口，以建陶工业园为载体，大力发展建陶工业。为了构建招商引资平台。2006年规划并启动建设了占地6平方公里的千阳县建陶工业园。目前占地1550亩的建陶工业园已规划完成，园内河滨大道、河堤治理等基础工程全面动工建设，计划布50条陶瓷生产线，分墙砖生产区、地砖生产区、卫生洁具生产区、釉料生产区、釉料供应区、建材交易区和居民生活区共7个功能区。

2006年7月，投资5000万元的申博陶瓷公司，开工建设2条墙体砖生产线；2006年11月，投资5000万元的玺宝陶瓷公司动工；2007年3月，投资5000万元的千禾、中特陶瓷公司，分别建设2条陶瓷生产线；2007年4月，千阳县与温州客商签订了锦泰陶瓷建设项目，引进投资1亿元，建设3条墙面砖和地板砖陶瓷生产线；2007年6月，温州市兴隆陶瓷有限公司签订了陶瓷辅料生产项目，投资8000万元在千阳工业园区内生产泡沫、纸箱、釉料等陶瓷配套项目；2007年7月4日，由温州市兴隆陶瓷有限公司投资2亿元的陶瓷项目开建，该项目将建设4条单线长599米的窑炉生产线。

至2007年底，全县累计招商引进陶瓷生产项目6个，陶瓷配套项目5个，吸引投资5.4亿元，进驻园区的六个陶瓷企业生产线达到15条，年生产瓷砖5000多万平米。

由于建陶生产线多建在宝鸡人饮用水源地——冯家山水库的上游，按照《千阳县影响破坏投资环境责任追究办法》，政府在保障企业发展环境的同时，迅速制定了《千阳县陶瓷企业挂牌保护实施办法》，严肃查处破坏投资环境的人和事，保证了大项目及时动工建设。另一方面，按照循环经济发展的总体原则和国家产业政策，合理开发资源，统筹产业发展，建设高起点、环保型花园式工厂，生产绿色建陶产品。

2008年9月26日，陕西·广东（佛山）陶瓷产业合作座谈会在佛山市召开。会上，千阳县与佛山市会德隆陶瓷有限公司签署地板砖生产线建设项目协议，项目总投资2亿元；与佛山金马陶瓷设备公司签署建办陶瓷配件经营部项目协议，项目总投资500万元。

截止到2008年，宝鸡市已有建陶企业11家，主要集中在千阳建陶工业园，在产和在建生产线共22条，其中在建生产线（除粤特为2008年新建）多为2007年在宝鸡投资建厂的企业以所获盈利进行的再投资。

3. 铜川产区

铜川位于陕西省中部，西安市北部，处于关中平原向陕北黄土高原的过渡地带，距西安市区68公里，距西安咸阳国际机场72公里，西安至黄陵高速公路穿境而过，咸铜、梅七两条支线铁路与陇海大动脉相连。

2008年，铜川全市规模以上工业企业实现总产值165.5亿元、增加值63.7亿元，分别增长32.5%和22.5%，增速分别较上年提高6.6和1.2个百分点。

铜川发展陶瓷产业具有较好的资源和能源条件：一是陶土资源非常丰富，陶瓷粘土和高岭土储量达12亿吨、优质紫砂土3亿吨，是生产建筑陶瓷、卫生洁具的优质原料；二是能源供应充裕，铜川煤炭保有储量29亿吨，年产原煤2000万吨，天然气年供气能力7000万方，价格远低于东部地区。

铜川的陶瓷业有悠久的历史，素有“陶瓷古都”之称，驰名中外的耀州窑场连续烧造史长达1200余年。铜川市印台区陈炉陶瓷业自唐、宋、明、清至今在绵延一千多年的历史长河中，积淀了深厚的文化内涵。陈炉窑是中国古代名窑——耀州窑一脉单传的陶场，是耀州窑惟一的继承者和替代者，也是西北地区最大的陶瓷工业生产基地。目前，陈炉窑址已被国务院列为第六批国家文物保护单位，耀州窑陶瓷烧造技艺也被列入国家非物质文化遗产名录。

由陕西省旅游局、铜川市政府主办的中国·陈炉古镇陶瓷文化旅游节每年9月29日在铜川市印台区陈炉镇举行。陈炉镇位于铜川市印台区东南20公里处，因“陶炉陈列”而得名，因陶瓷生产而闻名。

近年来，铜川充分发挥陶瓷粘土储量大、品质优、产业基础条件好的优势，按照“政府引导、整合资源、市场运作、园区启动”的思路，全力振兴陶瓷产业。铜川市还颁发了《关于大力发展现代建材业的决定》，计划到2010年，培育2~3个产值过亿元的龙头企业，陶瓷产业总产值达到10亿元，成为现代建材业的支柱产业。到2020年，陶瓷产业总产值达到26亿元。

2008年印台陶瓷工业园区规划编制完成，由政府已批准实施。铜川陶瓷产业园已列入了省级县域工业园区。园区位于印台区，占地4平方公里。现已入住企业34家。重点企业有铜川蔚蓝国际陶业有限公司、河平琉璃瓦厂、兴隆瓷砖厂、铜川市陈炉陶瓷总厂等。重大项目有市庄陶厂300万平米墙地砖生产线、市建陶厂300万平米墙砖生产线、市庄陶厂300万平方米地砖二期工程、市建陶厂300平米内墙砖生产线二期工程等。预计到2012年，实现工业总产值24亿元。

2008年4月，铜川决定成立陶瓷产业发展推进领导小组。领导小组办公室设在市陶瓷办，具体负责陶瓷产业规划、组织、指导和管理工作。在政府的大力支持下，2008年铜川陶瓷项目建设取得突破：陕西国际蔚兰陶瓷公司的陶瓷项目建成投产；市庄陶厂第一条年产300万平方米的墙地砖生产线建成投产，第二条年产400万平方米的墙地砖生产线开工建设，二期工程和一期地板砖相配套，建成后可年产高档墙地砖500万平方米，全部工程达产达效后每年可实现产值9000万元；天博陶瓷公司第一条年产300万平方米内墙砖生产线基本建成，第二条、第三条年产300万平方米内墙砖生产线计划开工；具有当前国内先进水平的中土陶业公司的年产100万平方米陶瓷挂板生产线项目已开工建设；陕西长江公司年产600万片西瓦生产线正在积极进行筹备。

一年来政府大力开展外引内联工作，招商引资也取得新进展，先后组织参加了中国东西部经贸洽谈会、第十二届中国投资贸易洽谈会（“厦洽会”）等招商活动，签定了总投资 1.5 亿元，年产 100 万平方米的陶瓷挂板项目。该项目由陕西秦煤集团与江苏新嘉理陶瓷公司合作建设，投产后预计年产值近 4 亿元。项目预计在 2009 年初正式建成投产。

2008 年 9 月 26 日，陕西·广东（佛山）陶瓷产业合作座谈会在佛山市召开，会上，铜川市印台区与佛山市石湾区澜石镇签署瓷砖生产线项目合同，项目总投资 4500 万元；铜川市新区管委会与佛山市山桦有限公司签署陶瓷原料生产线项目协议，项目总投资 4000 万元。

在技术创新方面，陕西天博陶瓷公司高档内墙瓷砖等 8 个产品列入 2008 年省上第一批新产品开发项目，唐宋陶业公司研发的黑陶技术创新项目已通过省级鉴定。

4. 榆林产区

榆林市神木县作为中国北方的建陶基地，在成本方面有着得天独厚的优势。陶瓷产品在神木生产的预测成本与广东佛山产区同类产品相比，主要原料、燃料和电力 3 项合计相差约 6.94 元/平方米。特别是榆林陶瓷产业可以和当地的兰炭行业完美衔接，充分利用兰炭厂尾气取代现有的煤气发生炉。

神木县境内已探明石英砂的工业储量为 1121 万吨，二氧化硅含量在 97% 以上；长石石英砂岩在 1000 万吨以上，临近的包头市也有丰富优质长石；府谷县海则庙地区高岭土探明储量达 20.78 亿吨；神木县境内煤炭储量丰富，煤质优良，价格低廉，是陶瓷生产的理想用煤。同时，榆林市地处西北五省核心区域，有辐射西北市场，并抢占中亚地区建陶消费市场的地缘优势。

2008 年 8 月 19 日，神木县召开佛山·神木陶瓷工业园区建设规划评审会。专家们一致通过了陕西联合能源化工技术有限公司编制的《神木第二新村产业发展规划》和陕西科技大学编制的《佛山·神木陶瓷工业园区规划设计》。同时，专家们建议，在佛山·神木陶瓷工业园区建设规划上，一要对 4 个陶瓷生产区的煤气供应保障进一步优化；二要对陶瓷原料进行进一步调研、分析，并提出原料保障措施；三要进一步明确排水去向，及水源保障和节水措施。

佛山·神木陶瓷工业园区采取一次规划，分两期建设。第一期计划建设 36 条陶瓷墙地砖生产线，二期计划建设 36 条陶瓷墙地砖生产线。

四、云南产区

云南建筑陶瓷主要集中在易门县。2008 年，易门县建筑陶瓷总产量 2611 万平方米，在全国排第 15 位，是云南建筑陶瓷生产的集中区。

易门县地处云南省滇中西部，玉溪市西北，东与安宁市、晋宁县相接，南连峨山，西和双柏隔绿汁江相望，北部与禄丰、安宁两县市接壤。县城龙泉镇，东南距玉溪市中心红塔区 146 公里，东北距省会昆明 94 公里。

复杂的地形地貌和多类型气候孕育了易门县丰富的生物、水利、矿产资源。易门是云南省主要铜矿产地之一，有大小矿点 50 余处，由易门矿务局进行开采，铁矿储量 2400 多万吨，大小矿点 10 余个，瓷土储量 100 万吨以上。

易门陶瓷业始于明末清初，至今拥有 350 多年的历史。意达陶瓷是上世纪末最早建成的一家本土墙地砖生产企业。近年来，随着温州、福建投资者的陆续进入，在易门大椿树附近形成了一定的生产规模，当地政府则顺势引导，在易门县工业园区内规划了易门陶瓷工业区。

易门陶瓷特色工业园区位于秀丽的“滇中水城、菌乡易门”，距昆明市 86 公里，玉溪 146 公里，属滇中经济圈核心区，拥有良好的交通区位和经济发展优势。园区规划面积 16.19 平方公里，其中陶瓷企业位于大椿树陶瓷片区，瓷土资源储量在 1300 万吨以上，陶瓷用黏土 1.5 亿立方米。2007 年 12 月，易门县被中国建筑卫生陶瓷协会授予“西南建筑陶瓷生产基地”。

目前，易门县共有陶瓷生产企业 14 家，其中，陶瓷建材生产企业 11 家、日用瓷生产企业 2 家、卫生陶瓷 1 家。11 家陶瓷建材企业中有 10 家是外来投资企业，其中温州人投资的陶瓷厂有宝莱、金端、宏都等。一期工程总投资3.24亿元，生产规模为墙地砖4550万平方米/年；10家企业计划总投资67500万元，全部工程完成后，生产规模为墙地砖9700万平方米/年。加上易门意达陶瓷有限公司墙地砖年产400万平方米，全年总生产规模可达10100万平方米。另外，每天可生产陶瓷栏杆1万根、卫生陶瓷300件。目前，10家外来投资企业中亚欧、国星、飞奥美、宝莱、新达、南鹰、玛莉亚、金瑞、宏都、远方一期工程已竣工投产，预计年总产值5亿元。易门陶瓷产品主要销往周边的昆明、玉溪等城市，也有部分出口至越南、缅甸等国。

易门陶瓷企业规模小、档次低、品牌多，产品结构单一，档次相对较低。目前11家建陶企业基本上都是以小规格瓷片、外墙砖、水晶地砖和耐磨砖为主，也有部分地脚线、花片、梯级砖等。远方陶瓷、亚欧陶瓷等在易门是实力较强的企业。

易门陶瓷企业普遍不大，大都在1~3条生产线，且生产窑炉普遍较短。远方陶瓷的一条窑炉长270米，日产量超过1万平方米。国星陶瓷的3条线都在150米左右，日产量为2万~3万平方米。其余大部分企业只有1条生产线。

易门陶瓷企业虽然规模不大，但牌子较多。云南远方陶瓷有限公司目前已有万景、华驰、喜年来、鲨博、强狮、龙林6个牌子。同样只有一条生产线的昌佳陶瓷，也有陶安居、吉鹰、亚陶、锐宝4个牌子。亚欧瓷业2条生产线也有新明辉、豪利达、皇陶3个牌子。

经过近几年的发展，易门的配套产业已初步建立，无论是耐火材料、釉线、窑炉等陶机配件，还是熔块、色料、水玻璃、稀释剂等化工原料，以佛山为主的企业都有设点销售，尤其是水玻璃，当地已建有专门的供应厂。

易门陶瓷企业目前普遍采用煤制气做燃料，煤价超过1000元/吨，虽然陶瓷企业相对集中，但几乎家家都是自建煤气发生炉，由于生产线较少，再加上当地工业基础薄弱，环境自洁能力较强，因此并没有形成大的环境污染。

五、山西产区

1. 概述

山西位于太行山之西，黄河以东。山西省地处我国中部地区，邻近北京、天津、郑州、洛阳、西安等地，交通便利，市场广阔。

山西陶瓷资源贮藏十分丰富，拥有优质高岭土-大同土、石英、长石、黑釉土、石膏、高铝矾土等各种矿藏资源多达56种。特别是高岭土、长石、石英石、紫砂陶土、耐酸黏土、石灰石以及丰富的燃料——煤炭等资源储量极为丰富，为陶瓷产业发展提供了丰厚的条件。

近年来，在山西省各级政府的筹划与大力扶持下，山西陶瓷产业呈现异军突起的局面，生产规模不断扩大，迅速成为当地地方经济又一新的增长点。日用陶瓷、工业陶瓷、建筑陶瓷、民用陶瓷、艺术陶瓷五大品种相继崛起。其中2008年，建筑陶瓷总产量1945万平方米，在全国排第16位。

目前山西全省的北、中、南部，都有陶瓷产区分布，如朔州的出口日用瓷、阳泉与阳城的建陶产品、阳泉的耐火材料、浑源的艺术仿古瓷、化工陶瓷等都比较有名。

为推动陶瓷产业发展，山西相关市县重新规划陶瓷产业，调整业结构，积极利用高新技术改造卫生陶瓷、电工陶瓷、建筑陶瓷和日用陶瓷产业，提高产品的附加值和档次，做大陶瓷产业总量，提升产业发展水平。尤其是建筑陶瓷两个主要产区阳城和阳泉的招商力度很大，企业发展速度比较快。

2. 阳城产区

阳城县位于晋城市。阳城是陶瓷之乡，唐宋时期已普遍生产黑白釉瓷器。至明清时期，阳城县的陶瓷产品曾经成为贡品。20世纪70年代，阳城陶瓷厂所产的玉柱茶具，被人民大会堂宴会厅选用；青松咖啡茶具，获得国家对外经济贸易部颁发的荣誉证书，畅销10多个国家和地区。

阳城建筑陶瓷有着悠久的生产历史，其琉璃生产有1600多年历史，北京故宫建筑群屋顶装饰所用琉璃大多出自阳城。20 世纪 60 年代，阳城琉璃产品就已出口马来西亚、新加坡等国家和地区。1996 年，阳城晶岗陶瓷有限公司建起第一条外墙砖生产线。至 2002 年全县先后建成了 5 条建筑陶瓷生产线，年总产量 450 万平方米。

随着产业结构调整，可持续发展理念的深入人心，阳城县决定利用当地得天独厚的资源、地理优势大力发展陶瓷业，培植新的经济增长点。经过反复调研，县委、县政府决定建设建陶工业园区，以园区为载体，实现土地节约利用，资源优化配置，基础设施共享，保护环境，形成产业集聚效应，使传统的陶瓷产业在新型工业化之路上脱胎换骨、焕发生机。

阳城县陶瓷工业园区位于县城东 4 公里的获泽河畔，紧邻亚洲最大火力发电厂——阳城电厂，省际公路——阳（山西阳城）济（河南省济源市）路穿园而过，距晋阳高速路只有 4 公里，距侯月铁路阳城站不足 10 公里。园区水源充沛，电力充足，交通便捷。阳城盛产陶瓷粘土、石英，而且品位优良。据探查，全县境内陶土达标储量为 20 亿吨，石英储量为 2.62 亿吨，其中，园区周围 3 平方公里范围内陶土达标储量上亿吨。阳城县有全国质量最好、储量最多的优质无烟煤。

阳城县建筑陶瓷工业园区，是北方最大的建陶工业园和市场。主要生产中高档水晶砖、抛光砖、内外墙砖、广场砖、仿古砖、西式屋顶彩瓦、卫生洁具等产品。规划一、二期共占地 1500 亩，投资 15 亿元，建成陶瓷生产线 50~60 条，形成年产 1.5 亿平方米生产能力，实现产值 40 亿元。

在阳城县便捷快速高效服务的打动下。新天地陶瓷有限公司、三德陶瓷有限公司等企业相继入园。目前，已有 7 家企业签订入园协议，其中有 6 家已经进入园区，协议投资金额 3.7 亿元，建设生产线 23 条。按照阳城县的规划，建陶园区建设分为两步走：第一步，用 3 至 5 年时间，投资 5 个亿，建成 25 条中高档墙砖生产线，形成年产 6000 万平方米的生产能力。第二步，再用 5~8 年的时间，投资 10 亿元，再建 40~50 条中高档生产线，使年生产能力达到 1.5 亿平方米。

3. 阳泉产区

阳泉市位于山西省东部，是一座新兴工业城市，是晋东政治、经济、文化中心。现辖平定、盂县两县及城、矿、郊三区和经济技术开发区，全市面积 4570 平方公里，人口 130 多万。

阳泉市西连山西省会太原市，东接河北省会石家庄市，北邻佛教圣地五台山，南与大寨相邻。位于山西省会太原市、河北省会石家庄市的中点，相距分别约为 110 公里，距首都北京 390 公里，距天津港 550 公里。铁路公路密度已居山西全省前列。

阳泉市是我国最大的无烟煤基地、三大铝矾土矿生产基地和五大硫铁矿生产基地之一。是京、津、唐及沿海发达地区向内地辐射的重要通道，处于环渤海经济圈、太原经济圈和石家庄经济圈的辐射范围内。阳泉具有得天独厚的资源禀赋，可开采的矿藏资源多达 56 种。特别是陶瓷黏土、紫砂陶土、高岭土、耐酸黏土、石灰石、长石、石英石等资源储量极为丰富，为陶瓷产业发展提供了良好的机遇和空间。近年来，阳泉市委、市政府结合自身优势，提出了建设新能源和新型材料工业基地的战略目标。建筑陶瓷行业作为阳泉市调整产业结构的支柱行业，列入阳泉市“十一五”规划的百项工程之一。

阳泉市共有 16 家陶瓷企业，代表企业如华伦陶瓷有限公司、阳泉建筑陶瓷厂。阳泉建筑陶瓷始建于 1982 年，占地面积 4.2 万平方米，拥有固定资产 3000 万元，主要产品是“太行”牌水晶内墙砖。阳泉建筑陶瓷厂位于阳泉经济开发区，是开发区的支柱企业，近年来不断进行技术改造，购买了进口压砖机等设备，新建了一条年产 200 万平方米内外墙地砖辊道窑生产线。同时，采用煤气烧成，喷雾干燥等新工艺，产品品种不断更新，产品质量稳步提高。

华伦陶瓷公司是阳泉市建筑陶瓷行业的标志性企业。华伦陶瓷公司生产的高档墙地砖项目是市级重点调产项目中八个高新技术项目之一。该公司和中国地质大学的产品研发合作，充分利用中国地质大学国家 863 课题研究成果——煤矸石瓷质砖及其制备方法的发明专利，组织研发生产，符合阳泉市发展以煤矸石、粉煤灰、工业废渣为主的新型建筑材料。阳泉市耐酸砖陶瓷公司主要产品为标型、异型、特异型耐酸瓷砖、板型耐酸瓷砖等。耐酸砖产品均按 GB/T8488-2001-Z-2 标准生产。

针对陶瓷企业“低、小、散、差”的发展现状，阳泉市大幅度淘汰落后工艺和产能，改造中低档生产线，走兼并、重组、联合、改造的道路。阳泉陶瓷工业将形成四大系列生产企业：以交通集团1100万平方米墙地砖为龙头的建筑陶瓷；以瀑里高压电瓷厂3000吨大瓷套为龙头的电工陶瓷；以平定莹玉8000万件为龙头的日用陶瓷；以裕石陶瓷有限公司70万件高档卫生洁具为龙头的卫生陶瓷。

六、宁夏产区

宁夏回族自治区位于我国西部地区，总人口为580.19万人。全区共有34个少数民族，人口206.08万人，占总人口的35.51%，其中回族人口202.47万人，占自治区总人口的34.90%。宁夏疆域轮廓南北长、东西短，是中国面积最小的省区之一，总面积为6.6万多平方公里。

中卫市是宁夏建筑卫生陶瓷生产的集中区。2008年总产量1739万平方米，在全国排名第17位。

中卫在举世闻名的古丝绸之路、新欧亚大陆桥的“金腰带”上。2003年12月，国务院批准撤销中卫县，成立地级中卫市。

中卫地处黄河前套，东眺银川，西枕兰州，自古就是西北地区重镇，前有黄河之险，后接贺兰之固，扼守宁夏的西大门，辖原中卫县、中宁县、海原县。

中卫市区位优越，交通便捷，是全国铁路交通大动脉的“西部桥头堡”，欧亚大通道“东进西出”的必经之地，包兰、甘武、宝中铁路和即将建设的中太铁路在此交汇。109国道、石中高速、中郝高速、石营公路、中靖公路、中西公路纵横交错，四通八达。

中卫市能源充沛，潜力巨大。水资源条件优越，水能蕴藏量达200多万千瓦。即将建成的沙坡头水利枢纽可控灌面积107万亩，每年可提供电量6亿度。国家重点项目“西气东输”工程横穿全境，并留有端口建设加压站。

中卫市美丽富饶，素有“塞上江南”的美誉。境内矿产资源种类众多，储量丰富，陶土、黏土资源，仅城区常乐镇就探明陶土储量1亿吨，黏土储量4280万吨，白砂储量2600万吨，遍布四乡八壑，品位高，易开发。

2003年中卫市成立后，抓住沿海地区陶瓷陶瓷企业转移、扩张的机遇，对全市陶瓷产业发展进行科学规划，将常乐镇5000多亩荒地规划成陶瓷工业基地，计划用10年时间，建成80条生产线，使各种瓷砖产量达到3亿平方米以上，实现产值50亿元。

宁夏近年来主要以承接福建泉州产业转移为主。泉州客商在宁夏投资主要集中在石材、陶瓷等产业。目前入驻宁夏的200多家泉籍企业，投资额达几十个亿，覆盖包括石材、陶瓷水暖、市政基础建设和装饰工程等在内的20多个领域。其中，石材和陶瓷建材产品占领宁夏市场达到了70%以上。

甘肃科豪陶瓷有限公司2001年整体购买破产的中卫陶瓷厂，成立宁夏科豪陶瓷有限公司，投入1250万元进行技术改造，拥有3条现代化陶瓷生产线，全套引进当时德国、意大利大吨位自动压机。2004年，科豪陶瓷新上了一条年产450万平方米的地砖生产线。2005年，年产450万平方米的科豪陶瓷外墙瓷砖生产线投产，进一步增强了中卫陶瓷的生产能力。

2004年，宁夏新亚陶瓷有限公司收购破产的美亚陶瓷公司，陆续投入巨资进行改扩建。目前新亚陶瓷达到了日产量3万平方米的规模。

2006年，江西美康陶瓷公司投资8000万元，在中卫常乐镇陶瓷工业园建成了年产600万平方米的内墙砖和地板砖生产线各1条。当年，科豪陶瓷、新亚、美康三家陶瓷企业共投资1.5亿元建成4条陶瓷生产线，新增陶瓷生产能力2400万平方米。至此全市的陶瓷生产线已有7条，陶瓷年生产能力达到3000万平方米，属西北最大陶瓷生产基地之一。产品占领宁夏、甘肃、陕西大部分市场。目前，中卫市陶瓷产品价格与广东、福建、山东等地的同类产品相比，价格优势为企业扩大生产规模提供了动力。

2007年5月18中卫市最大的陶瓷招商项目——宁夏美康陶瓷有限公司年产600万平方米内墙砖生产线建成投产。2008年美康陶瓷建成第二条生产线，并计划进一步扩大投资规模，在原计划两条生产线规模基础上再新建4条陶瓷生产线。

2008年4月，宁夏科豪陶瓷公司年产600万平方米高档外墙砖生产线建成。该项目每年新增产值4800万元。科豪陶瓷目前已拥有四条现代化的陶瓷生产线，日产各类瓷砖量达5万平方米，荣获省级名牌品牌。公司占地面积300多亩，资产近2亿元是西北地区规模最大的外墙和全瓷地砖生产企业。按规划。2009年科豪陶瓷拟突破“中低档产品”的市场定位，上马一条高档内墙砖线，2010年正式开产，填补高档瓷砖产品的空缺。

中卫市近年来大力发展陶瓷产业，目前全市已有陶瓷深加工企业2家，瓷质砖生产能力达到1160万平方米，产品辐射陕甘宁蒙青5省区，成为全区陶瓷业的一枝新秀。

2008年11月28日，应中卫市招商局邀请，由13人组成的中国重汽集团、山东淄博泰山瓷业和山东亚细亚陶瓷投资考察团，对中卫企业、资源等软硬环境进行了考察。考察结束后，3家公司都表示出了在中卫投资建厂的意向，其中山东淄博泰山瓷业重点就新型墙体砌块项目进行了考察，计划投资建设一条年产6000万立方米新型墙体砌砖生产线，项目将于2009年3月开工建设。

中卫市政府目前在常乐镇西南地区规划5000亩土地，拟将中卫打造成为西北地区陶瓷基地和陶瓷经济物流中心。同时，政府还通过制定扶优扶强政策，积极引进广东、山东、福建等地大型陶瓷企业落户。按照该市陶瓷产业发展规划，在10年内将建成80条建陶生产线，瓷砖产量达到5亿平方米以上，预计总产值达到90亿元。

七、湖南产区

1. 概述

湖南省地处中国中南部，长江中游，地理上属于华中地区；因鱼和大米产量很大，号称“鱼米之乡”。

湖南陶瓷历史悠久，有1500多年的历史。早在商周时期，岳州窑就名扬天下，到了唐朝出口世界各地。到明末清初，湖南陶瓷更是名扬中外。湖南日用陶瓷、陈设陶瓷及艺术陶瓷也是闻名遐迩。瓷质十分细腻，画工精美，五彩缤纷，清雅明快，别具一格，尤以湖南釉下彩瓷一直饮誉全球。到目前为止，湖南日用艺术陶瓷企业已有近200多家，年产量已达10亿多件，并产生了湖南省首个国家级出口名牌企业——湖南华联瓷业有限公司。

近年来，随着广东等地建筑陶瓷企业向内地转移、扩张，一批陶瓷企业迁入或把生产基地设在湖南，湖南建筑陶瓷业呈现崛起之势。截止到2008年，湖南建筑陶瓷总产量1154万平方米，排名第22位。卫生陶瓷总产量912万件，排在第四位。企业主要集中在以岳阳、醴陵、长沙、衡阳、常德、洪江、新化等地。目前，建筑卫生陶瓷业已成为湖南经济发展的九大新兴支柱产业之一。

2. 岳阳产区

岳阳市是一座拥有2500多年历史的文化名城，位于湖南省的东北部，与湖北、江西两省相邻。岳阳同时也是湖南省唯一的临江城市，地处一湖（洞庭湖）两原（江汉平原、洞庭湖平原）三省（湘、赣、鄂）四水（湘江、资江、沅水、澧水）五线（京广铁路、武广高速铁路、京珠高速公里、107国道、长江）的多元交汇点上，是长江中游地区仅次于武汉的又一个“金十字架”。

岳阳现辖2个县级市、4个县、3个城市区和岳阳经济技术开发区、南湖风景区、屈原管理区，总面积15019.2平方公里，总人口550多万，综合经济实力仅次于省会长沙，居湖南第二位。

岳阳市制陶历史悠久，“岳阳青瓷”是全国四大著名陶瓷产品之一。近年来，有着丰富、优质的长石、高岭土、瓷土等陶瓷矿产资源优势的岳阳，开始大力招商，积极承接佛山陶瓷产业转移。岳阳陶瓷产业主要分布在岳阳县、临湘市、南湖风景区。此外湘阴、汨罗有少量日用陶瓷企业。

岳阳市下属的岳阳县蕴藏有高岭土、长石粉、瓷砂、独居石、石英、硅砂等30多种陶瓷原料，其中以主要原料高岭土储量最为丰富，矿石量近5000万吨，远景储量约5亿吨。生产陶瓷墙地砖坯体的原料能实现100%在本地采购。

岳阳县陶瓷企业主要集中在新墙镇境内的新墙工业园。新墙镇地处新墙河畔，岳阳县南部，距岳阳县城12公里，距岳阳市区33公里。新墙镇是岳阳县经济重镇，交通枢纽，区位优势明显，京珠高速公路和107国道纵贯全境，荣公公路连接东西。

新墙镇境内的新墙工业园规划面积为7平方公里，主要有天欣陶瓷、华雄陶瓷、金城陶瓷、百森陶瓷、弘泰陶瓷、瑞祥陶瓷、祥诺陶瓷等7家陶瓷企业，共29条生产线，生产仿古地砖、内外墙砖、耐磨砖、抛光砖等，全部产能启动后年销售值将超过20亿元。

岳阳县主要陶瓷企业近况如下：湖南天欣陶瓷有限公司新增的第一条生产线2008年6月份顺利投产，投产后产品一直产销两旺；湖南华雄陶瓷是最早到岳阳县投资的陶瓷企业，目前企业有2条生产线，主要以生产耐磨地砖和“秦韵”牌仿古砖为主，第3条生产线2008年下半年开始建设，预计在2009年4月点火投产；湖南金城陶瓷主要以生产内墙砖为主，目前第一条生产线的日产量在20000平方米左右，产品供不应求。第二条生产线也是2008年下半年开始筹备建设，预计将在2009年7月份投产；湖南弘泰瓷业有限公司2008年3月分别投产两条瓷质外墙砖生产线，年产量近90万平方米；岳阳市奥瑞陶瓷有限公司目前仅一条生产线，主要生产瓷片和地脚线，转包给武汉宏辉陶瓷有限公司经营。

湖南天欣陶瓷集团是目前湖南最大的陶瓷企业集团，拥有湖南天欣陶瓷有限公司、岳阳市金达雅陶瓷有限公司、广东佛山市天欣王陶瓷有限公司等陶瓷企业，经营“金达雅”、“同喜”、“同乐”等品牌仿古砖。其中，湖南金达雅陶瓷有限公司，由湖南天欣集团控股，位于岳阳市内，目前两条生产线均为仿古砖。金达雅仿古砖是湖南第一家采用样板间展示的本土品牌。该品牌也是国内历史最长的仿古砖品牌之一。

2007年，湖南天欣陶瓷（集团）凭借雄厚的物质基础和高技术专业人才优势，被评为“湖南省高新科技企业”。2008年7月由岳阳市科学技术局推荐并经验收合格，公司成立岳阳市建筑陶瓷工程技术研究中心。同年底申报省级建筑陶瓷工程技术研发中心。2008年10月天欣陶瓷与湖南大学材料科学与工程学院签约合作建立陶瓷研究所。2008年7月，经岳阳市政府批准，岳阳市科技局组织专家评审，岳阳市建筑陶瓷工程技术研究中心在湖南天欣陶瓷有限公司挂牌成立。

临湘市地处湖南东北边陲，素称“湘北门户”。市域面积1760平方公里，辖24个乡（镇、办事处），总人口50万。临湘市交通区位优势明显。长江黄金水道依境东流38公里，京广铁路、京珠高速、107国道、以及正在建设中的武广高速铁路穿境而过，可谓承南启北，通江达海。

临湘市是岳阳市下属的一个县级市，临湘有着丰富的高岭土和长石等常用的陶瓷原料，临湘遍地都是高中低瓷沙。临湘市还有超过30家长石粉厂、长年向湖南、湖北、福建、江西、上海、广东、四川等全国各地瓷厂、玻璃厂提供优质长石、瓷沙。在邻近的通城、平江、华容等县市均盛产钾钠长石、瓷沙、高岭土，各地探明储量在1.5亿吨以上。临湘周边还可提供的原料有：通城、益阳、长沙等盛产镁质黏土、铝质黏土、高强度黏土（长湖泥、益阳泥）等各种陶瓷原料。

临湘市立足资源招商。充分利用交通区位、矿藏资源、人文资源和劳动力资源优势，大力开展资源招商。其陶瓷企业主要集中在位于三湾的临湘工业园，已投产的有奥瑞陶瓷公司，2008年建设中的有3家企业，分别是顺成企业投资的兆邦陶瓷、佛山新美集团投资的新美陶瓷和由福建闽清发达实业有限公司投资的发达陶瓷。年底临湘工业园区有近10条建筑陶瓷生产线建成投产。

临湘工业园区的快速发展主要源于招商战略的重新定位。2003年底开始建设的临湘工业园区，建园之初由于定位不明确，医药、化工、纺织、机械项目一哄而上，结果园区项目遍地开花，项目多、规模小，企业多、税收少。2006年临湘市委、市政府经过讨论，决定在园区发展战略上进行重新定位：突出以本地丰富的建筑陶瓷资源为依托，进行针对性的招商引资。

2006年4月24日，岳阳奥瑞陶瓷有限公司在湖南省临湘市五里牌乡奠基，从而结束了临湘市有着丰富的陶瓷原料而没有陶瓷工业的历史。奥瑞陶瓷项目引领临湘采矿业由原料供应向生产制造跨越，是临湘陶瓷产业纵深发展的风向标。

同年，总投资5亿元的广东佛山新美陶瓷项目签约临湘工业园。临湘新美陶瓷总占地面积1000亩，总投资达7亿元，规划建设12条建筑陶瓷生产线，是其在重庆开县、四川垫江、犍为以及山西朔州等地投资成功之后的又一重要投资布局。临湘新美公司的产品定位仍然瞄准三四级市场。市场主要覆盖湖南、湖北及江西等周边地区。

2007年临湘市建筑陶瓷集群效应开始显现，投资2亿元的发达陶瓷和投资12亿元的兆邦陶瓷相继签约入园。随着新美、发达、兆邦3家建筑陶瓷企业2期工程的实施，临湘工业园区有望在3~5年内建成50条陶瓷生产线。

2007年9月份，广东省佛山高明顺成陶瓷有限公司与临湘工业园管委会签约。顺成陶瓷公司在临湘总投资达12亿元，占地2000亩，计划建设15条中高档墙地砖生产线。项目一期工程于11月份奠基，企业名为湖南兆邦陶瓷有限公司。2008年，兆邦陶瓷投产2条线，另4条生产线2009年上半年全部投产。兆邦陶瓷旗下设有以下四个品牌：莱斯曼、汤普森、兆邦和泰伦斯，均为中、高端品牌，主要针对二、三级市场。

2008年8月18日至19日，由顺成集团百特陶瓷主办的“百特仿古砖精英峰会”在湖南岳阳中银大酒店隆重召开。为期两天的会议共云集全国30多个地区的经销商及百特陶瓷精英团体人员超过200人。

2008年临湘市招商实现“兆邦速度”之后，市财政一次性拿出116万元对招商引资有功之臣实行重奖，其中招商引资单项奖金高达30万元，在全市激发了新一轮招商引资、服务项目建设热潮。

4月中旬，浙江省温州亚泰陶瓷有限公司到临湘考察，意向在临湘投资5亿元人民币，项目用地500亩，建设10条陶瓷生产线，分两期建设。

3. 常德产区

常德市位于湖南省西北部，地处长江中游洞庭湖水系沅江下游和澧水中下游以及武陵山脉、雪峰山脉东北端。距省会长沙150公里。史称“黔川咽喉，云贵门户”。是湘西北重要的交通枢纽、能源基地和政治文化中心。常德市下辖武陵、鼎城两区，安乡、汉寿、澧县、临澧、桃源、石门六县和津市市。全市总面积1.82万平方公里，总人口为614.16万人。

近两年来，常德市澧县在资源深度开发方面大做文章，项目建设取得了新突破。近两年新上的新型环保墙材企业正在取代实心黏土砖，形成了年产3亿块的生产能力，被评为全省新型建材十佳试点县。2008年投产的夫子微晶石装饰材料、骏鹰陶瓷都是常德市同行业的首家。澧县近年来还在大力发展电子陶瓷项目。电子陶瓷项目总投入2.18亿元，已完成投资2000万元。

2008年6月21日，投资3000万美元、日产6万平方米的佛山陶瓷墙地砖生产线在澧县签约。鹰运（香港）企业有限公司与佛山匹克陶机配件有限公司等合作伙伴共同组成投资和管理团队，在澧县投资兴建合资陶瓷企业。企业选址在澧县澧南乡乔家河村，占地面积500亩，总投资3000万美元，建成6条生产线，日产6万平方米各类墙地砖，年产值达6亿元，建设期为4年。首期投资1000万美元，建成2条生产线，建设期为18个月。

由广东东鹏陶瓷股份有限公司为主要投资方的湖南金鹏新型建材有限公司于2008年3月在澧县成立的。金鹏陶瓷在常德的陶瓷生产项目总投资25个亿，分5年陆续投入。金鹏陶瓷在常德市设立华中区总部，拓展华中市场半径。计划在澧县和桃源县分别设立一个陶瓷生产基地，一期建成后销售收入将达到10亿元。

金鹏陶瓷澧县项目也是一个循环经济项目。经过技术人员的技术攻关，金鹏陶瓷利用煤矸石生产陶瓷砖取得成功。煤矸石焙烧后产生的废渣，经改良可取代瓷砂成为陶瓷坯料，且烧成效果更为理想。采用该技术，每条陶瓷生产线同比可节约标煤8000吨/年。而“利用煤矸石生产陶瓷砖”的方法在一定程度上解决了常德地区缺乏陶瓷生产最重要的材料瓷砂这一难题。“利用煤矸石生产陶瓷砖”的方法弥补了国内空白，获得了国家专利。

2008 年 10 月 8 日上午，金鹏陶瓷项目澧县乔家河生产基地第一条生产线正式试运行生产。金鹏陶瓷前期投入资金 1 亿余元，形成固定资产 1.8 亿元。在短短的 7 个月内，金鹏人新建厂房 4 万平方米，完成了第一条生产线和第二条生产线主体设备的安装与调试。目前已投入正常生产的第一条生产线可日产仿古地面砖 12 万平方米，日产值可达 40 万元（含副产品）。年底，第二条生产线可投入生产，日产值可达 100 万元。2009 年 6 月份前，第一期四条生产线可全部投入生产，年产值可达 6 亿元。

东鹏陶瓷已建有广东佛山、清远，山东淄博，江西丰城等几大生产基地。而湖南常德澧县生产基地，将直接辐射中南五省，对东鹏陶瓷的产品布局、市场销售有重要的战略意义。

4. 衡阳产区

衡阳县是衡阳市域内的一个大县，历来为湘南经济文化重镇，衡阳县是湖湘文化的发祥地之一，位于湘江中带，邻近两广。衡阳县地处湘中偏南，距湖南第二大城市衡阳市中心城区只有 18 公里，正在修筑中的京珠高速公路西线潭衡段、厦昆高速公路衡邵段在县内呈“十”字互通，武广高速铁路穿境而过。域内的界牌瓷泥纯白无杂，含铝量高，质优量多，独步天下；关市铁矿、井头花岗岩、演陂石灰石等矿藏资源各具特色。

西渡开发区是衡阳县近年来重点发展的区域。2007 年 12 月 23 日，由新中源陶瓷企业集团投资的湖南省“双百”工程项目衡利丰陶瓷有限公司在区内投产。此前，为给新中源陶瓷创造良好的发展环境。政府投资 2800 万元全面改造蒸阳大道，投资 410 万元完成英陂牌坊至蒸湘区交界处亮化工程，投资 600 万元架通了衡阳市至衡利丰陶瓷的高压供电线路，投资 600 多万元铺设了西渡至衡利丰的自来水输送管线。

湖南衡利丰陶瓷有限公司于 2006 年 8 月在衡阳注册成立，是由广东新中源（集团）有限公司（澳资）在湖南衡阳独资建设的现代化陶瓷生产企业。是湖南省 2007 年重点建设项目，湖南省“双百工程”之一。公司位于湖南省衡阳市衡阳县西渡经济开发区内，坐落于 315 省道旁，东距衡阳市区约 15 公里，西距衡阳县约 10 公里，生产基地总规划占地面积 2000 余亩，规划分四期开发：第一期投资金额 2.3 亿元人币，征地 841 亩，建设 4 条生产线 2007 年 12 月底建成投产，推出衡利豐、圣保路两个全新品牌。

2008 年，湖南衡利丰陶瓷有限公司开始启动二、三、四期工程，分别征地 400、500、300 亩，计划到 2011 年建成全部 16 条轻质高强度多功能陶瓷墙体材料和高档环保型陶瓷装饰材料生产线。功能陶瓷主要产品涵盖渗花抛光砖、幻彩抛光砖、微粉抛光砖等多品种多规格瓷砖。

经过一年多的探索，湖南衡利丰陶瓷在衡阳的区域化、本土化的“下沉式”发展模式，越来越受到行业的关注。一直以来，陶瓷行业渠道的重点是省会城市和经济较发达的二线地级城市展开，企业多是面向省会城市批发商和地县级城市经销商，很少直接与乡镇经销网点对接。2007 年 12 月投产的湖南衡利丰陶瓷打破常规，到乡镇寻求直接客户，废掉省级总代理和地市（县）的分销商环节，采取点对点的方式，面向各地的乡镇经销商，并划分区域安排业务员跟踪服务。

2008 年衡利丰陶瓷推出衡利豐和圣保路两个品牌以来，一方面要通过产品研发和品质保障保持新中源企业集团既有的竞争优势，另一方面要从原材料输入和产品输出两端创造短途运输成本优势，以对抗广东佛山“私抛厂”的价格竞争。

衡利丰陶瓷在衡阳境内还购买了一座矿山，这座矿山中所含的“衡阳土”是目前我国生产高档抛光砖较好的原材料，所烧制出的抛光砖无论从白度还是坯体质量方面，可与“广东砖”媲美。衡利丰陶瓷希望以此逐步瓦解消费者对“广东砖”的偏爱，锻造本土品牌竞争力。

此外，在西渡经济开发区的带动下，依靠界牌优质瓷泥资源的吸引，锦辉陶瓷、明新陶瓷、晶珠陶瓷、港大陶瓷、振弘陶瓷生产基地后劲十足。

界牌是全国四大瓷泥基地之一，高岭土、纳长石、钾长石储量达 2 亿吨，其储量之多，品位之高，居亚洲地区之冠。现每年向广东佛山、四川夹江等地的大型建筑陶瓷厂供应瓷泥近 60 万吨。界牌陶瓷生产已有300多年的历史。“中国界牌”系列日用瓷以“白如玉、薄如纸、声如磬”而闻名于世。2004年2月，经湖南省人民政府批准，衡阳界牌陶瓷工业区成立，占地面积5平方公里。

界牌镇从此全力打造陶瓷“牌”，镇域经济连续5年驶入快车道。全镇现有各类企业49家，其中规模企业12家，2007年完成总产值4.3亿元。

2004年，界牌镇确立了“依托瓷泥资源优势，加大招商引资力度，打造陶瓷产业平台，实现界牌经济腾飞”的经济发展战略，把恢复界牌传统日用陶瓷产业，引进和推动建筑陶瓷产业，作为经济发展的目标。2005年7月，该镇制订《界牌陶瓷工业园总体规划（2005—2026）》，规划设计日用陶瓷工业、建筑及新材料工业的发展。目前该镇拥有以振弘陶瓷有限公司为龙头的3家日用陶瓷生产企业。

八、内蒙古产区

地处内蒙古西部的呼、包、鄂三市，被誉为内蒙古的“金三角”，是内蒙古经济最发达的地区，也是我国最具活力的区域板块之一。2008年，呼、包、鄂三市人均GDP已达到1万美元，步入人均地区生产总值超1万美元的城市行列。

呼、包、鄂地区煤炭资源丰富，探明储量为1592亿吨，占内蒙古自治区已探明储量的70%；其中鄂尔多斯占有中国1/6的煤炭储量和1/5的天然气储量。此外，呼包鄂也是沟通华北、东北和西北经济联系的枢纽。距首都北京不到500公里，距天津出海口仅600公里，毗邻俄罗斯和蒙古国，是连接京津冀和欧亚大陆桥的重要节点，也是我国向北开放的前沿。

包头市、鄂尔多斯市附近有丰富的石灰石、高岭土、石英砂等建材资源。位于附近的阴山山脉有丰富的优质长石。

20世纪90年代中包头市在高峰期也有10多家陶瓷企业，其中包括鹿峰、绿茵、欧艺、大华、飞马、西湖等品牌，呼和浩特清水河县有方力陶瓷等企业。包头市的鹿峰陶瓷等目前还在生产。

在承接发达地区的陶瓷产业转移方面，内蒙古虽然起步较晚。但是，当地丰富的煤炭、电力和原料资源使其具有不可替代的后发优势。鄂尔多斯拥有廉价的煤、电资源，煤电价位不足佛山的一半，还有丰富的天然气资源，目前天然气单价不超过1.5元/每立方。

内蒙自治区工业领域承接东部地区产业转移6个承接重点：PVC管材、机械装备制造、陶瓷、仪器仪表、铝业和输变电配套等。在陶瓷领域，主要充分利用呼包鄂等地区丰富的陶瓷原料资源，围绕呼和浩特市、鄂尔多斯市和乌兰察布市建设北方重要的陶瓷生产基地，重点引进广东佛山、河北唐山等地著名陶瓷企业的先进技术、工艺和装备。2012年，全区承接民用卫生洁具、墙地砖及工业陶瓷生产线200条以上，其中鄂尔多斯市不少于50条以上。

自治区财政厅会同自治区经济委员会制定下发《内蒙古自治区承接产业转移项目奖励资金管理暂行办法》，对符合规定已在当地注册且在计划实施期内已开工建设并完成工程总量70%以上或已竣工的承接转移项目（企业）予以奖励，鼓励发达地区有实力的企业来自治区投资建厂。

2007年，包头市规划了承接陶瓷产业转移基地：东河区包头国家生态工业园内的建陶工业园、土右旗新型工业园内的建陶工业园以及滨河新区内的稀土高新区。

同年，路易·华伦天奴陶瓷在呼和浩特的清水河县建成一条新生产线，并主打HCC华清瓷品牌。一期工程中的2条玻化砖生产线于2007年6月8日正式点火。预计2009年再建成两条线。

当前，在产业转移的过程中，劳动力、土地、原料以及物流等成本日益趋同，各个产区的差距正在缩小，而内蒙古的煤电“洼地效应”开始凸显。内蒙古近年推行煤电一体化战略，允许煤炭、电力化工企业通过参股等多种形式投资或联合，同时对大型发电企业、装备制造企业配置煤田。而在招商引资方面，譬如鄂尔多斯市的达拉特旗，具体规定为每投资10亿元给予配置1亿吨煤炭资源。这对受困于能源的陶瓷企业无疑具有积极意义。以煤电作纽带的陶瓷行业“蒙西板块”，由此成为中国陶瓷版图中一个令人瞩目的高地。

达拉特新型能源化工基地是鄂尔多斯达拉特旗大力发展工业经济的重要平台。基地规划面积50平方公里，分东区（王爱召）和西区（三垧梁）两部分。功能分区包括工业生产区、管理及配套服务区、仓储物流区、现状工业区、生态移民区、生态防护隔离区以及预留工业区。2008年底，园区主次干道和配套管网工程已全部完工，铁路、仓储物流、公共服务区等配套设施加紧筹备建设。

达拉特陶瓷工业园总占地12000亩。通过“生产基地＋煤矿”的模式，2008年佛山兴辉陶瓷落户陶瓷鄂尔多斯市达拉特旗，引起业内同行的关注。鄂尔多斯市达拉特旗三垧梁工业园的鄂尔多斯兴辉陶瓷生产基地总占地面积3000亩，总投资15亿元，规划20条生产线，首期工程6条线2008年3月底动工，10月份两条生产线建成投产。该基地全部建成之后，成为历史上内蒙古地区最大的陶瓷投资项目。

鄂尔多斯兴辉陶瓷旗舰店面积1000多平方米，是目前当地最大的陶瓷专卖店。蒙陶瓷砖（M&T）是鄂尔多斯市兴辉陶瓷有限公司打造的第一个品牌，蒙陶瓷砖锁定二三级甚至四级市场，立志成为区域内第一品牌。

包头、鄂尔多斯虽然气候干燥，但包括黄河水和地下水在内的水源却很充足，尤其是分布工业园区内的污水处理厂处理出来的“中水”如果能为陶瓷厂所用，将使每条生产线每年能直接节省成本上百万元。煤化工是内蒙古的重要产业，煤化工企业不仅可以为陶瓷厂提供廉价的气源和热源，还可以提供粉煤灰（新型墙体原料）等。设在内蒙古的陶瓷厂如果能跟当地的煤化工企业及污水处理厂实现“无缝对接”，将是一个非常好的循环经济样板工程。如在包头滨河新区内的稀土高新区建陶瓷厂，可以打造“高科技＋环保”的先进模式。

包头、鄂尔多斯办陶瓷厂也面临一些挑战：首先500公里半径内的最佳区域市场容量不足，周边重要的市场除内蒙古呼市、包头、鄂尔多斯金三角地区外，只有太原、银川、兰州和大同等城市；其次，鄂尔多斯是一个资源型的很富足的城市，包头是一个较发达的移民城市、工业城市，用工成本不低；再次，慢长的冬季作业对南方企业管理模式将是一个挑战。而工厂的基础建设、设备等的护养以及如何适应严冬恶劣的气候条件也是一个问题。另外，内陆交通的限制，令当地货运的成本优势也不明显。无论欧亚大陆桥，还是铁海联运的概念，都暂时无法化解没有水路运输的劣势。

九、贵州产区

贵州省的建筑陶瓷企业主要集中在清镇市。2008年贵州省建筑陶瓷总产量1154万平方米，在全国排名第20位。清镇市位于贵州省中部，总面积1492平方千米。清镇离贵州省省会贵阳约22公里，面积1492多平方公里，辖六乡四镇及青龙街道办事处，人口50多万，共有汉、苗、布依、仡佬、彝、回等26个少数民族。

清镇市交通发达，区位优势明显。有贵黄高等级公路、滇黔公路、321国道穿过市区，其中321国道横贯全境；清镇是省会贵阳的西大门，是通往云南、四川、广西和省内安顺、兴义、六盘水、毕节及黄果树等景区的必经之路。

清镇矿产种类多、储量大、品位高。已探明的主要矿藏有铝土矿、赤铁矿、硫铁矿、煤、大理石等30多种。其中猫场矿区面积约80平方公里，远景储量2.1吨，是目前全国已知铝土矿最大的连片矿区。

清镇市青龙街道办事处以“打造黔中最大的陶瓷工业基地”为着力点，不断完善投资环境，截止到11月25日，已成功引进多家陶瓷生产企业在规划区内建设陶瓷工业基地。目前，引进的各家企业正紧锣密鼓地开展厂房建设和设备安装，一个兴新的陶瓷生产基地有望在年内建成。

青龙街道办事处辖区内拥有黏土、高岭土等丰富的矿产资源，并且交通便利。今年初，青龙街道办事处派出专人到广东、福建等地进行考察后，决定在中八农场附近一带建设陶瓷工业园，并向全国发布信息，引进了福建吉利陶瓷和红枫瓷业、奥利陶瓷等多家陶瓷生产企业。其中，红枫瓷业已完成投资2900多万元，建成目前全省最大、技术先进的高级彩釉外墙砖生产线。

为加快产业结构调整，清镇根据城镇总体布局和城市发展战略，按照“高起点规化、高标准建设、高效能管理”的要求，启动了清镇市循环经济生态工业区（按空间区域分为东区和西区）建设，为区域经济跨越式发展构筑了新平台。

清镇在加快基础设施建设的同时，相继出台招商引资“三不限”政策、土地优惠政策、税收优惠政策等。工业集中发展区建设坚持循环经济、新型工业化道路。经过近几年的发展，依托丰富的自然资源和日益完善的基础设施，清镇加快资源、资金、技术、人才等生产要素的整合，建设三大特色产业集群，其中之一就是陶瓷卫浴产业。贵州省广东商会与平塘县人民政府双方达成合作协议，贵州省广东商会实业有限公司规划投资10亿元在平塘镇建设佛山陶瓷工业基地。

平塘县境内有丰富的高岭土、黏土、白云石、花石、铝矾土、石英、长石等资源，具有建设高标准现代化陶瓷工业生产基地的良好条件，在多方调查了解和实地考察后，贵州省广东商会实业有限公司意向性选择了平塘进行投资，建设陶瓷工业基地，规模生产建陶产品。

《清镇市国民经济和社会发展第十一个五年规划纲要》明确提出，要确保正业陶瓷、三如瓷业、吉利陶瓷、红枫瓷业、奥利康陶瓷等重点项目的建设，到2010年，陶瓷砖达到5000万平方米的生产规模，实现工业产值5亿元。

十、吉林产区

桦甸市隶属于吉林省吉林市的县级市，位于吉林省中部偏东南、松花江上游，面积6250平方公里，是吉林省较大的市（县）之一。桦甸市东界敦化，南临靖宇、抚松、辉南，西接磐石，北与永吉、蛟河毗邻。

桦甸陶瓷园区成立之前，吉林市唯一的陶瓷企业只有洪义陶瓷一家，共两条生产线，年产墙地砖300万平方米。在8006年4月后，桦甸市陶瓷工业园区内却呈现出了成片开发、群体集中建设、竞相抓企业上马的红火场面。在这段时间内，仅投资6000万元以上、已开工建设的陶瓷企业就达到了3个，签订投资协议的还有两个。其中日晖陶瓷建设进展最快，第一条线4月中旬开工，9月末交工试车。

吉林市以桦甸经济开发区为依托，以吉林市城市综合功能平台为支撑，整合优化全市陶瓷生产资源，高起点规划、高标准建设吉林市陶瓷工业园区，积极承接华南地区传统陶瓷产区的产能转移。

该陶瓷园区计划分三期建设。2007—2008年为起步期，完成2平方公里起步区开发建设，形成年产建筑陶瓷产品0.63亿平方米能力。2009年至2010年为发展期，新开发2平方公里，适时建设陶瓷批发市场和专业物流中心，形成年产建筑陶瓷产品1亿平方米能力。2011年至2015年为成熟期，新开发面积1平方公里，形成年产建筑陶瓷产品1.5亿平方米能力。

在产业发展方向上，该陶瓷园区按照专业化、节约化发展方向，配套建设陶瓷物流中心，形成以生产促销售、以市场带动加工的产销一体化发展模式，并带动矿产、机械、化工、包装、物流等相关产业的快速发展。

中国桦甸陶瓷批发城项目，是吉林市陶瓷工业园区重点建设项目之一，被桦甸市政府列入“2008年十大民心工程”。该项目对于推进吉林地区陶瓷产业发展，提高陶瓷工业园区整体建设水平，带动陶瓷生产加工的产销一体化，加快构筑区域商品集散地，促进全市经济发展发挥重要作用。该项目主要为陶瓷生产企业及经营者提供集样品展示、商品销售、仓储物流、原材料调运、生活服务为一体的综合性服务场所。项目总占地面积84050平方米，建筑面积57144平方米，总投资5275万元。计划分三期完成全部工程，一期工程于2008年5月10日开工建设，2008年底建成交付使用。

桦甸市地处敦化——密山岩石断裂带之间，特殊的地质构造使这里蕴藏了十分丰富的矿产资源，非金属矿产中的钾长石、钠长石、正长细晶岩、硅石、瓷石、滑石、方解石、铝矾土、沙瓷土、灰黏土、灰黄黏土等都是生产陶瓷的上好原料。最近的一次勘查结果表明，这里可直接用于陶瓷生产的原料达10余种——一般地区有3～5种主要原料就可满足生产——不仅品位好，可以生产中、高档陶瓷产品，而且分布集中，平均运输半径仅60公里。此外，桦甸市具有充足的电力、丰沛的水资源、廉价的劳动力，辐射东北市场的物流成本低。

吉林陶瓷工业园是吉林省十大产业园区之一，位于桦甸经济开发区内，区域范围为东距辉发河200米，西至光明北路，南至渤海大街—烟白铁路—辉发河大堤，北依辉发河内河。规划面积5平方公里，其中生产区4平方公里，物流园区及批发市场1平方公里。

桦甸经济开发区在保护环境的基础上对陶瓷工业进行政策扶持，对投资在3000万元以上，符合国家环保和节能降耗要求的企业，每投资一条生产线，园区将负责协办1000万元贷款。

吉林市桦甸陶瓷工业园2006年建设半年时间，先后有洪义陶瓷、日晖陶瓷、汇智陶瓷、宏达陶瓷、国玉陶瓷、海众陶瓷、逸品陶瓷等6户企业入区，总投资4.5亿元，新上14条生产线，总生产能力为3840万平方米。全部达产后可实现产值4.1亿元，实现税金2600万元。同年10月，洪义陶瓷和日晖陶瓷已投产。此后，又引进东陶、逸品陶瓷等。2008年，园区新引入4家陶瓷企业，总投资3亿元。其中，投资1.17亿元的亚泰陶瓷、投资9000万元的浩癸陶瓷、投资6500万元的浩成陶瓷三个项目年内开工建设。主要生产墙地砖、琉璃瓦及酒瓶、花盆等。

桦甸市洪义陶瓷有限公司是2006年3月投产的建筑陶瓷生产企业，也是吉、黑两省第一家生产建筑陶瓷的新兴现代化企业。企业座落于吉林省桦甸市经济开发区内，占地面积2.7万平方米，主要产品是陶瓷水晶地砖，有30多个适销对路的花色品种，年产量200万平方米，产值3000万元人民币。

浩癸陶瓷有限公司是桦甸市从江苏宜兴引进的重点企业，公司总占地6万平方米，厂区建筑面积3.5万平方米，共建设2条生产线，项目建成后可年产高档琉璃瓦5000万张和墙地砖100万平方米。项目全部达产后可实现年产值9000万元。

十一、安徽产区

安徽省建筑陶瓷主要集中在淮北、六安、霍山、巢湖、宿松、宣城等地，目前共分布着13家左右陶瓷生产企业，在产生产线18条，产品涵盖地砖、内墙砖、仿古砖、西瓦、卫生洁具等。2008年生产西瓦约1亿片，各类瓷砖总量1573万平方米，在全国排19位。

淮北市是安徽省建筑陶瓷的主产区。淮北市地处苏鲁豫皖四省交界、淮海经济区腹心，市辖一县三区：濉溪县、相山区、杜集区和烈山区，总面积2741平方公里，人口213.7万人。

发展陶瓷产业，建设中低档陶瓷基地，淮北具有较为明显的区位和交通优势。淮北周边大中城市密集，经济较为发达，辐射地区大。淮海经济区有20个省辖市，人口1.8亿。目前以淮北为中心，200公里半径内只有淮北有陶瓷基地。

淮北本地及周边的肖县、永城等地的资源适合生产中低档墙地砖产品。陶瓷生产的主要原料有8种：伊利土、瓷石、风化瓷石、黏土、白土、黑土、高岭土、透灰石。其中伊利土、瓷石、风化瓷石、白土约占陶瓷配方的70%，主要来自萧县，其余来自山东、徐州和淮北。淮北市大部分原料运距在70公里范围内。

2003年，烈山区抓住淮北市城市转型、产业升级的有利时机，邀请国家级陶瓷协会和佛山陶瓷研究所的专家反复论证，确立了打造以陶瓷为主的新型建材基地的发展思路，倾全区之力培育以陶瓷和高岭土开发为主的新型建材工业，并被列入安徽省“861”行动计划和淮北市重点建设工程。

2006年12月安徽省淮北市陶瓷产业相关方面委托省工程咨询研究院编制《淮北市陶瓷产业发展规划》，几经修改和完善后最近正式提交评审组进行专家评审。此《规划》要求充分利用淮北市现有陶瓷原料、能源燃料、廉价劳动力和便捷交通等多种优势，改变单一产业结构，大力发展接替产业，承接发达地区陶瓷产业的梯度转移。

2007年上半年，政府制定《关于烈山区陶瓷工业园开发建设优惠政策的有关规定》，鼓励外来投资者在烈山陶瓷工业园兴办陶瓷工业项目，以及与陶瓷业相关的基础设施建设等项目。充分利用本区能源、土地和周边地区矿产资源优势，重点引入年生产能力300万平方米以上的陶瓷项目和陶瓷类高新技术项目；鼓励投资者采取合资、合作、独资、设备入股等形式到烈山陶瓷工业园开发建设。

近年来，烈山区加大招商引资力度，陶瓷基地建设呈现出蓬勃发展的态势。截至到2008年底，烈山陶瓷基地已入驻陶瓷企业7家：安徽美康陶瓷有限公司、淮北粤州陶瓷有限公司、淮北新生活陶瓷有限公司、淮北嘉美陶瓷有限公司、淮北中博瓷业有限公司、淮北惠尔普建筑陶瓷有限公司、淮北伯爵陶瓷有限公司。其中惠尔普陶瓷是区内产量最大的企业，拥有两条较大型的生产线。目前烈山区7家企业共9条生产线。主要生产200毫米×300毫米、250毫米×330毫米中低档内墙砖，年总产量3000多万平方米，年总产值3.25亿元。

为加快陶瓷基地建设步伐，承接东南沿海地区，尤其是佛山陶瓷的转移，市政府在新蔡项目区为淮北（佛山）陶瓷工业园专批土地2平方公里。目前，烈山区已投资1000万元，完成了新蔡项目区的整体规划设计。总投资6000万元，贯穿陶瓷工业园的全长5.8公里的雷河路和花山西路及四座桥梁建设进展顺利，2008年上半年全线贯通。烈山区计划到2010年重点扶持20家规模以上陶瓷企业，建成30条以上生产线，产能超过1亿平方米，总产值突破15亿。

此外，六安地区分布着御石陶瓷、大华陶瓷、新腾飞陶瓷等3家企业，6条生产线，主要生产仿古砖、西瓦。其中安徽御石陶瓷有限公司目前拥有四条生产线，主要生产仿古砖，产品80%出口欧美、中东等地。

十二、江苏产区

2008年，江苏省建筑陶瓷总产量1382万平方米，在全国排第21位。江苏陶瓷以宜兴市为主。宜兴市陶瓷无论在生产规模、产品档次、花色品种、科技含量等各方面，都是在全国中处于领先水平。

宜兴市地处江苏省南端、沪宁杭三角中心，东面太湖水面与苏州太湖水面相连，东南临浙江长兴，西南界安徽广德，西接溧阳，西北毗连金坛，北与武进相傍。

宜兴古称荆邑，春秋时属吴。秦始皇二十六年（前221年）建县，改荆邑为阳羡县。1983年3月起属无锡市，1988年1月撤销宜兴县，设宜兴市（县级市）。

宜兴市已有7000多年的制陶历史。远在新石器时代，先民便开始烧制陶瓷。在丁蜀等地发掘出各种商周时期的古陶器皿及残片。2002年，新街骆驼墩出土马家浜文化时期的陶器。丁蜀前墅的明代龙窑是全国惟一迄今仍在使用的古龙窑。紫砂、精陶、青陶、均陶、美彩陶被誉为陶瓷“五朵金花”，特别是紫砂成品，以其独特的泥质、造型和古朴的自然美感而名扬海内外。宜兴自1988—1998年，每2年举办一次“陶瓷艺术节”，以陶为媒，招商引资，推动宜兴经济发展。

宜兴市现有陶瓷企业上千家。产品主要有日用陶瓷、建筑陶瓷、艺术陶瓷、工业陶瓷及紫砂陶瓷五大类2000多种产品，其中无铅釉下彩餐具、耐磨耐腐的工业陶瓷、美术陶瓷、纳米陶瓷材料、陶瓷机械、紫砂工艺品等在国内外市场占有较高份额。

宜兴陶瓷产品已今非昔比，上世纪的粗陶缸、盆、坛、罐等民间用瓷已完成历史使命，退出历史舞台，取而代之的是现代陶瓷产品。据了解，作为宜兴市重要的传统产业，陶瓷至今仍是10万陶工赖以生存的“饭碗”。

最近四、五年，宜兴市陶瓷产业总量增长了1.2倍，并拥有了工业陶瓷、琉璃瓦、花盆和陶制酒瓶等多个全国销量第一的产品门类和品种。同时，科技的全面渗透使整个行业的生产方式正在发生根本变化。工业陶瓷异军突起，蜂窝陶、陶瓷微珠等高科技陶瓷已具备了较好的基础。日用陶瓷的性能化改造层出不穷，设计和生产更趋精细化、艺术化。

宜兴瓷区拥有全国重点陶瓷科研单位。如江苏省陶瓷研究所创建于1958年，是一家集科研开发、生产经营为一体的现代化公司。该所主要从事日用陈设陶瓷、工程陶瓷、功能陶瓷、陶瓷用色素颜料、复合多孔陶瓷、陶瓷过滤机等陶瓷新材料的科研、开发、生产并形成了产业化。国家轻工业陶瓷、耐火材料产品质量监督检测宜兴站、江苏省质量技术监督陶瓷、耐火材料产品质量检验站、江苏省陶瓷工业信息中心、新型陶瓷材料工程技术研究中心等机构均设在该所。

2007年宜兴市琉璃瓦行业整治办联合有关部门对7家违法生产琉璃瓦的企业采取了执法行动。当年累计关停并转琉璃瓦生产企业80多家，提前超额完成了年度目标计划。据统计，全市共拆除和停止琉璃瓦生产窑炉360孔，淘汰落后琉璃瓦生产能力1200万平方米，压减陶土用量65万吨，节约标煤9万吨，减少二氧化硫排放206吨，为创优投资环境、生态环境起到了积极作用。

2008年，江苏宜兴位于当地丁山镇的5家最大的西瓦生产企业，鉴于市场形势和库存压力，自发结盟签字于12月25日集体停窑，共同应对目前严峻的市场形势。这5家西瓦企业分别是宜兴明月建陶、圣象陶瓷、陶源金龙、万象陶瓷以及佳汇陶瓷。5家陶瓷企业约定：每家缴纳20万元的保证金，如果其中有谁违约，没有在规定期限内停产，按照联盟书的协议中介机构将其20万保证金予以没收。

江苏宜兴市陶瓷企业主要集中于丁山镇。2006年，宜兴市政府在丁蜀镇新成立的江苏省陶瓷产业园区规划面积12平方公里，已有入园的各类陶瓷企业近500家。其中琉璃瓦企业丁山镇就有250多家，占全市总量的80%以上。丁山镇同时也是各种建筑陶瓷、日用瓷的销售集散地。在建筑陶瓷方面，宜兴主要生产西式连锁瓦，明月建陶为当地最大的西瓦生产企业，有两条生产线，日产18万片。

宜兴的紫砂泥也是生产陶土板的理想原料。位于宜兴的新嘉理（江苏）陶瓷有限公司是新嘉理陶瓷（香港）有限公司独资企业。2007年12月，该公司投资4500万元建大规格陶板生产线取得成功。

十三、浙江产区

浙江省是国内最早生产建筑陶瓷的省份之一。早在公元五千多年前，浙江的河姆渡就有了陶瓷，到东汉晚期，浙江越窑已开始制作青瓷。东晋南北朝时期，温州的陶瓷业较为发达，“瓯窑”缥瓷，闻名全国。公元1914年，吴佑卿先生在温州永强创建了第一座近代陶瓷窑——青山瓷窑。1939年吴百亨先生在温州西山灰炉创办了西山瓷器厂，1943年生产出继上海泰山牌无釉毛面砖和唐山启新瓷厂的红缸砖之后的我国第一批“西山牌”陶瓷釉面砖，从而揭开了中国近代建筑陶瓷工业的序幕。

20世纪50年代，浙江省的陶瓷技术有了新发展，吴百亨先生创建的温州西山面砖厂先后成功研制出摩擦压机、喷釉机、磨粉打浆机，从而结束了繁重的手工压坯、手工搪釉的旧工艺，减轻了劳动强度，改变了粉尘飞扬的环境污染，提高了生产效率和施釉质量等，并试制成功黑色釉面砖，出口到世界五大洲的80多个国家和地区，温州“西山”牌瓷砖享誉中外。

20世纪80年代以来，浙江省建筑卫生陶瓷工业发展迅速，初步形成了温州、杭州、金华、宁波、绍兴、湖州、嘉兴等7个生产区域。到本世纪初，全省共有建筑陶瓷企业约120家，年总产量约2.6亿平方米，占全国总产量的13%左右，名列全国第五位。主要企业有杭州诺贝尔、萧山红协、海盐罗马、宁波现代。最近10多年，浙江省主要产区之一温州由于土地、人力等要素成本急剧增高，建筑陶瓷生产不断萎缩，陶瓷产业资本大量往中西部地区转移。安徽、江西、湖北、河南、河北、山西、陕西是温州陶瓷投资企业的集中区。这些企业产品定位基本为县乡市场，实行区域化生产、区域化销售，对改变中国建筑陶瓷产能布局起了先导作用。

位于杭州市余杭区闲林镇的杭州诺贝尔陶瓷有限公司是浙江省最重要的陶瓷企业，也是全国最主要的陶瓷企业之一。迄今为止，杭州诺贝尔集团连续七年（2002—2008年）入选“全国500强民营企业”榜单。诺贝尔单一品牌销售额已经连续6年（2003—2008年）名列全国同行第一，上交国家税收也连续4年（2005—2008年）名列全国同行第一。2008年度，杭州诺贝尔集团有限公司面对国际金融危机的严峻考验，采取一系列有效措施积极应对国际金融危机的影响，主动从“危机”中寻找“生机”与“商机”。加大投入力度，加快产业结构调整，运用灵活的营销策略，主动出击抢占市场，产销两旺逆市攀升，超额完成了2008年度生产经营目标。全年完成销售额比2007年增加了9.33%；上交税收2.66亿元，同比增长12.71%。

2007年底，杭州诺贝尔陶瓷集团有限公司与江西九江庐山区政府签订投资协议。2008年，九江诺贝尔陶瓷有限公司在九江市庐山区新港镇建设年产 4000 万平方米高档瓷砖生产线一期项目，预计 2009 年上半年建成投产。

近年来，浙江卫浴产区发展势头良好。目前全省有几大陶瓷卫浴基地，比如萧山党山的卫浴，嘉兴平湖的卫浴，温州龙湾的龙头五金等。其中萧山的党山镇卫浴产业无论规模还是区域品牌都占有较大的优势。

党山镇位于浙江省杭州市萧山区东部，南接绍兴市，距绍兴柯桥中国轻纺城 10 公里，离杭州（萧山）国际机场 8 公里。境内有沪杭甬高速公路和 104 国道复线通过，高速公路瓜沥、柯桥两个出入口分列东西两旁，是萧山东部地区的交通枢纽，区位优势十分明显。全镇区域面积 49.7 平方公里，常住人口 4.3 万。

党山曾经荣获“中国卫浴配件基地”称号。多年来，党山镇始终坚持创建区域特色品牌，着力推进全镇的支柱性产业之一——卫浴产业快速发展，卫浴产业在国内外市场的影响力日益扩大，区域辐射能力不断增强。

党山的卫浴产业是从文具盒、美容镜生产中发展起来的，产业起步于 20 世纪 80 年代，发展于 90 年代，提升于 21 世纪。卫浴产业发展从过去单一的制镜到现在镜艺与卫生洁具、装饰门业、休闲用品与玻璃生产的有机结合，包括淋浴房、美容镜、台盆、美容柜、毛巾架等五金挂件系列产品。目前，全镇有各类卫浴企业 234 家，总占地面积 1120 亩，总资产近 25 亿元，从业人员 12500 人，2008 年卫浴产业生产销售额约 60 亿元，有注册商标近 200 只，有出口企业 50 余家，产品出口遍及 40 余个国家和地区，年出口创汇 1.5 亿美元。

党山镇还积极推进集聚发展，使产业形成集群，实现资源共享，不断提高产业链的关联度和专业协作水平。一是在获得“中国制镜之乡”的基础上，成功申报“中国卫浴配件基地”，从而不断拓展延伸区域特色经济内涵，为党山卫浴产业发展营造氛围；二是以“中国卫浴配件基地”建设为抓手，在镇工业功能区内形成集研发、展示、商务、生产、物流于一体的产业基地，把产业集聚提升与工业功能区开发有机地结合在一起，努力促成首批有实力、有品牌、有意识，能形成完整产业链的近 30 家企业进基地集聚发展，在集镇工业功能区形成 1000 亩规模的特色产业生产区。

政府同时推进产业延伸。从 20 世纪 90 年代末到 21 世纪初，党山的装饰卫浴产业在两个方面进行了拓展与延伸。一是产品开发延伸，在塑框美容柜的基础上逐步发展成镜艺、浴柜、玻璃台盆、淋浴房、挂件等卫生洁具系列产品，多品种、多规格、多款式的系列产品形成了相互配套效应，为党山装饰卫浴区域品牌的创建打下了基础；二是相关产业延伸，以卫生洁具产品为主体，向上延伸至玻璃深加工、玻璃休闲产品生产，向下延伸至工艺镜、装饰门、装饰地板、装饰线条、加工机械、配件等相关产业与产品，进一步凸显卫浴特色经济的产业优势。

从 2000 年开始，政府引导行业企业逐步走上了一条分工协作、相互依托之路，通过引进人才，设立技术研发中心，加大产品研发力度，增强企业自行设计、自主创新能力，推进产业标准化工作，行业企业的品牌创建工作有了新突破。

目前，全镇 234 家卫浴企业中，省级高新技术企业 2 家；省级技术中心 1 家，市级技术中心 2 家、区级技术中心 4 家；市级研发中心 2 家。卫浴产品中有省级高新产品 3 只；有省级名牌产品 3 只、市级名牌产品 6 只、区级名牌产品 4 只；有国家级驰名商标 1 只（和合），省级著名商标 2 只，市级著名商标 3 只，区级著名商标 2 只。为提升行业整体发展水平，镇政府通过投资公司联合行业主体企业共同建立杭州市级卫浴行业研发中心。目前，该研发中心正在积极申报浙江省区域科技创新服务中心，为卫浴行业发展提供创新与研发支持。为提升产业发展水平，该镇在区质监局的指导下，开展标准化制定工作，在全镇 234 家卫浴企业中，有 158 家企业属生产型企业，这些企业都拥有相应的产品标准。目前卫浴生产企业拥有各类标准 316 只，其中国家级标准 10 只，行业标准 140 只，企业标准 166 只。

在行业发展过程中，镇党委政府引导行业企业不断加大技改投入力度，行业龙头企业走上了一条与世界同行知名企业和国内科研院所合作的创新之路，如金迪集团与浙江大学合作成立新型建材研究中心，共同研究开发新材料新产品；卓艺卫浴与中国美院开展产学研合作，共同开发适销国际市场的卫浴产品。通过与知名企业以及与科研院所的合作，增强了企业在行业中的影响，扩大了品牌在市场中的知名度。随着行业的整体发展，党山已形成了以和合集团为龙头，金迪公司、康利达公司、卓艺公司等一批年销售上亿元的规模企业为骨干，年销售超千万元的大批企业为配套的卫浴行业企业团队。

附　录

附录 1　中国建筑卫生陶瓷协会组织架构

中国建筑卫生陶瓷协会第六届理事会

会长：
叶向阳　中国建筑材料联合会副会长
副会长：
王兴农　山东耿瓷集团总公司　董事长
王惠文　唐山惠达陶瓷集团股份有限公司　董事长
卢伟坚　亚细亚陶瓷股份有限公司　总裁
叶远勤　上海福祥陶瓷有限公司　董事长
叶荣恒　三水市博德精工建材有限公司　董事长
叶德林　广东新明珠陶瓷有限公司　董事长
边　程　广东科达机电股份有限公司　总经理
刘纪明　四川省新万兴瓷业有限公司　董事长
刘爱林　佛山石湾大宇制釉有限公司　董事长
孙守年　山东淄博城东企业集团有限公司　董事长
许传凯　路达（厦门）工业有限公司　总经理
闫开放　咸阳陶瓷研究设计院　院长
何　乾　佛山金意陶陶瓷有限公司　董事长
何新明　广东东鹏陶瓷股份有限公司　董事长
吴声团　福建晋江市矿建釉面砖厂　董事长
张孟友　佛山鹰牌陶瓷有限公司　总裁
张剑光　山东地王集团　董事长
杨宝贵　福建南安协进建材有限公司　总经理
苏国川　福建晋江豪山建材公司　董事长
苏绍标　潮州市枫溪建厦陶瓷实业有限公司　董事长
陈　环　广东陶瓷协会　常务副会长
陈宗云　深圳成霖洁具股份有限公司　总经理
陈荣国　上海斯米克建筑陶瓷股份有限公司　总经理
孟令来　唐山梦牌瓷业有限公司　董事长
林声雁　九牧集团有限公司　董事长
武庆涛　北京国建联信认证中心有限公司　总经理
骆水根　杭州诺贝尔集团有限公司　董事长

徐胜昔　华窑中亚窑炉责任有限公司　董事长
贾　锋　华耐集团公司　董事长
梁桐灿　广东宏陶陶瓷有限公司　董事长
萧　华　广东蒙娜丽莎陶瓷有限公司　董事长
黄建平　广东唯美陶瓷工业有限公司　董事长
黄英明　珠海市斗门区旭日陶瓷有限公司　董事长
温建德　四川白塔新联兴陶瓷有限责任公司　董事长
谢伟藩　潮州市天键陶瓷有限公司　总经理
鲍杰军　佛山欧神诺陶瓷有限公司　董事长
缪　斌　中国建筑卫生陶瓷协会　秘书长
蔡祈敢　淄博春申陶瓷科技城集团有限公司　董事长
霍镰泉　广东新中源（集团）有限公司　总裁

中国建筑卫生陶瓷协会各办事机构及分支机构负责人

秘书长：缪　斌（兼）
副秘书长：何　峰、夏高生、王　巍、尹　虹
行业工作部：何　峰（兼）
联络部：夏高生（兼）
信息部：高卫华
市场展贸部：缪　斌（兼）
财务部：何　峰（兼）
外商企业联谊会：陈丁荣、夏高生（兼）
职业经理人俱乐部：张旗康（兼）、余　敏（兼）、杨志华
《中国建筑卫生陶瓷》杂志编辑部：陶马龙
卫浴配件分会：王　巍（兼）
建筑琉璃制品分会：徐　波
色釉料原辅材料分会：刘爱林（兼）、陈晓波
淋浴房分会：邓贵智
装饰艺术陶瓷专业委员会：夏高生
精细陶瓷制品专业委员会：缪　斌（兼）
流通分会：缪　斌（兼）
高级顾问：陈丁荣、陈　帆、史哲民

附录2　1984—2008年全国建筑卫生陶瓷产量统计

1984—2008年全国建筑卫生陶瓷产量统计

年份	建筑陶瓷产量（万平方米）	比上年增长（%）	卫生陶瓷产量（万件）	比上年增长（%）
1984	3757	55.25	732	-9.29
1985	5641	50.15	757	3.42
1986	8295	47.05	949	25.36
1987	10156	22.43	1050	10.64
1988	11684.4	15.05	1355	29.05
1989	12901.6	10.41	1796	32.55
1990	19720	52.85	1783	-0.72
1991	22718.5	15.21	1890	6.00
1992	31145.6	37.09	2532.7	29.05
1993	53282.5	71.08	3341	31.91
1994	95908.6	80	4144.4	24.05
1995	158410	65.17	5447.5	31.44
1996	135707	-14.34	5492.4	0.63
1997	184185.5	35.72	5408.8	-1.52
1998	159423	-13.44	5145	-4.88
1999	155000	-2.77	5400	4.96
2000	175000	11.43	5600	3.7
2001	181500	3.71	5800	3.45
2002	217900	12.90	6500	12.07
2003	236300	8.44	7000	7.69
2004	296000	25.26	8000	14.29
2005	350000	18.24	9800	22.5
2006	430244	22.93	12174	24.22
2007	500995	16.44	14311	17.55
2008	575515	14.87	15413	7.7

附录3　建筑卫生陶瓷国家标准、行业标准目录

第一部分　建筑卫生陶瓷相关国家标准

序号	标准号	标准名称	发布日期	实施日期
1	GB/T3295—1996	陶瓷制品45°镜向光泽度试验方法		1997-1-1
2	GB/T3810.1—2006	陶瓷砖试验方法　第1部分：抽样和接收条件（mod ISO10545-1：1995）	2006-2-7	2006-9-1
3	GB/T3810.2—2006	陶瓷砖试验方法　第2部分：尺寸和表面质量的检验（mod ISO10545-2：1995）	2006-2-7	2006-9-1
4	GB/T3810.3—2006	陶瓷砖试验方法　第3部分：吸水率、显气孔率、表观相对密度和容重测定（mod ISO10545-3：1995）	2006-2-7	2006-9-1
5	GB/T3810.4—2006	陶瓷砖试验方法　第4部分：断裂模数和破坏强度的测定（idt ISO10545-4：1994）	2006-2-7	2006-9-1
6	GB/T3810.5—2006	陶瓷砖试验方法　第5部分：用恢复系数确定砖的抗冲击性（idt ISO10545-5：1996）	2006-2-7	2006-9-1
7	GB/T3810.6—2006	陶瓷砖试验方法　第6部分：无釉砖耐磨深度的测定（idt ISO10545-6：1995）	2006-2-7	2006-9-1
8	GB/T3810.7—2006	陶瓷砖试验方法　第7部分：有釉砖表面耐磨性的测定（idt ISO10545-7：1996）	2006-2-7	2006-9-1
9	GB/T3810.8—2006	陶瓷砖试验方法　第8部分：线性热膨胀的测定（idt ISO10545-8：1994）	2006-2-7	2006-9-1
10	GB/T3810.9—2006	陶瓷砖试验方法　第9部分：抗热震性的测定（idt ISO10545-9：1994）	2006-2-7	2006-9-1
11	GB/T3810.10—2006	陶瓷砖试验方法　第10部分：湿膨胀的测定（idt ISO10545-10：1995）	2006-2-7	2006-9-1
12	GB/T3810.11—2006	陶瓷砖试验方法　第11部分：有釉砖抗釉裂性的测定（idt ISO10545-11：1994）	2006-2-7	2006-9-1
13	GB/T3810.12—2006	陶瓷砖试验方法　第12部分：抗冻性的测定（idt ISO10545-12：1995）	2006-2-7	2006-9-1
14	GB/T3810.13—2006	陶瓷砖试验方法　第13部分：耐化学腐蚀性的测定（idt ISO10545-13：1995）	2006-2-7	2006-9-1
15	GB/T3810.14—2006	陶瓷砖试验方法　第14部分：耐污染性的测定（idt ISO10545-14：1995）	2006-2-7	2006-9-1
16	GB/T3810.15—2006	陶瓷砖试验方法　第15部分：有釉砖铅和镉溶出量的测定（idt ISO10545-15：1995）	2006-2-7	2006-9-1
17	GB/T3810.16—2006	陶瓷砖试验方法　第16部分：小色差的测定（idt ISO10545-16：1999）	2006-2-7	2006-9-1
18	GB/T3979—2008	物体色的测量方法		2008-11-1
19	GB/T4100—2006	陶瓷砖	2006-2-7	2006-9-1
20	GB/T4734—2006	陶瓷材料及制品化学分析方法		1997-1-1
21	GB6566—2001	建筑材料放射性核素限量		2002-1-1

续表

序号	标准号	标准名称	发布日期	实施日期
22	GB6952—2005	卫生陶瓷	2005-9-28	2006-5-1
23	GB/T 9086—2007	用于色度和光度测量的标准白板		2008-11-1
24	GB/T 9195—1999	陶瓷砖和卫生陶瓷分类及术语	1999-11-1	2000-1-1
25	GB/T11942—1989	彩色建筑材料色度测量方法		1990-7-1
26	GB/T11977—2009	住宅卫生间功能及尺寸系列		2009-6-1
27	GB/T 12956—2008	卫生间配套设备	2008-6-30	2009-4-1
28	GB/T13691—2008	陶瓷生产防尘技术规程		2009-12-1
29	GB/T 13891—2008	建筑饰面材料镜向光泽度测定方法	2008-6-30	2009-4-1
30	GB18145—2003	陶瓷片密封水嘴		2004-4-1
31	GB/T 18870—2002	节水型产品技术条件与管理通则		2003-3-1
32	GB21252—2007	建筑卫生陶瓷单位产品能源消耗限额	2007-12-3	2008-6-1
33	GB/T 23266—2009	陶瓷板	2009-3-9	2009-11-5
34	GB/T 23447—2009	卫生洁具 淋浴用花洒	2009-3-25	2010-1-1
35	GB/T 23448—2009	卫生洁具 软管	2009-3-25	2010-1-1
36	GB/T 23458—2009	广场用陶瓷砖	2009-3-25	2010-1-1
37	GB/T 23459—2009	陶瓷工业窑炉热平衡、热效率测定与计算方法	2009-3-25	2010-1-1
38	GB/T 23460.1—2009	陶瓷釉料性能测试方法　第1部分：高温流动性测试　熔流法	2009-3-25	2010-1-1

第二部分　建筑卫生陶瓷相关行业标准

序号	标准号	标准名称	发布日期	实施日期
1	JC/T456—2005	陶瓷马赛克		2005-8-1
2	JC/T694—2008	卫生陶瓷包装	2008-6-16	2008-12-1
3	JC/T758—2008	面盆水嘴	2008-6-16	2008-12-1
4	JC/T760—2008	浴盆及淋浴水嘴	2008-6-16	2008-12-1
5	JC/T763—2005	陶瓷工业遂道窑热平衡热效率测定与计算方法	2005-4-11	2005-8-1
6	JC/T764—2008	坐便器塑料坐圈和盖	2008-6-16	2008-12-1
7	JC/T765—2006	建筑琉璃制品	2006-3-7	2006-8-1
8	JC/T931—2003	机械式便器冲洗阀		2003-12-1
9	JC/T932—2003	卫生洁具排水配件	2003-9-20	2003-12-1
10	JC/T 945—2005	透水砖	2005-2-14	2005-7-1
11	JC987—2005	便器水箱配件		2005-8-1
12	JC/T 994—2006	微晶玻璃陶瓷复合砖		2006-8-1
13	JC/T1043—2007	水嘴铅析出限量	2007-5-29	2007-11-1
14	JC/T1044—2007	金属波纹联接水管	2007-5-29	2007-11-1
15	JC/T1045—2007	纤维陶瓷板	2007-5-29	2007-11-1
16	JC/T1046.1—2007	建筑卫生陶瓷用色釉料第1部分：建筑卫生陶瓷用釉料	2007-5-29	2007-11-1
17	JC/T1046.2—2007	建筑卫生陶瓷用色釉料第2部分：建筑卫生陶瓷用色料	2007-5-29	2007-11-1
18	JC/T1047—2007	陶瓷色料用电熔氧化锆	2007-5-29	2007-11-1
19	JC/T1080—2008	干挂空心陶瓷板	2008-6-16	2008-12-1

续表

序号	标准号	标准名称	发布日期	实施日期
20	CJ164—2002	节水型生活用水器具		2002-10-1
21	CJ/T194—2004	非接触式给水器具		2005-6-1
22	JG/T3040.1—1997	大便器冲洗装置 液压式水箱配件		1997-12-1
23	JG/T3040.2—1997	大便器冲洗装置 液压缓闭式冲水阀		1997-12-1
24	QB1334—2004	水嘴通用技术条件		2005-1-1
25	QB/T3649-1999	大便器冲洗阀		1999-4-21
26	JGJ/T172—2009	建筑陶瓷薄板应用技术规范		2009-7-1

附录4　世界瓷砖生产制造国前30排名

世界瓷砖生产制造国前30强排名　　单位：百万平方米

国家	2004	2005	2006	2007	2008	占世界总量%	相对%（07/06）
1. 中国	2300	2500	3000	3200	3400	40.0	6.3
2. 巴西	566	568	594	637	713	8.4	12.0
3. 意大利	589	570	569	559	513	6.0	8.3
4. 西班牙	596	609	608	585	495	5.8	15.3
5. 印度	270	298	340	385	390	4.6	1.3
6. 伊朗	175	190	210	250	320	3.18	28.0
7. 印尼	163	175	170	235	278	3.3	18.1
8. 越南	138	176	199	254	270	2.6	6.3
9. 土耳其	216	261	265	260	225	3.2	-13.5
10. 墨西哥	177	196	210	215	205	2.4	-4.8
11. 俄罗斯	90	100	115	127	143	1.7	12.6
12. 埃及	92	112	122	130	140	1.6	7.7
13. 泰国	135	138	139	130	130	1.5	0.0
14. 波兰	84	108	110	112	118	1.4	5.4
15. 马来西亚	66	71	75	75	85	1.0	13.3
16. 阿联酋	60	68	75	76	77	0.9	1.3
17. 葡萄牙	71	72	74	74	74	0.9	0.0
18. 阿根廷	43	48	54	60	60	0.7	0.0
19. 德国	59	62	64	67	59	0.7	-11.5
20. 摩洛哥	40	44	47	50	51	0.6	2.0
21. 美国	65	61	59	51	45	0.5	-10.7
22. 沙特	20	20	22	34	40	0.5	17.6
23. 台湾	52	53	54	54	40	0.5	-20.0
24. 南韩	49	46	44	42	39	0.5	-9.0
25. 南非	32	33	37	38	38	0.4	0.0
26. 日本	45	43	41	40	37	0.4	-7.5
27. 哥伦比亚	28	29	31	34	36	0.4	5.3
28. 委内瑞拉	24	26	28	30	32	0.4	6.7
29. 法国	41	37	32	34	31	0.4	-9.0
30. 阿尔及利亚	28	28	28	28	28	0.3	0.0
总量	6313	6743	7415	7861	8110	95.5	3.2
世界总量	6620	7050	7725	8210	8495	100.0	3.5

注：表中统计数据出自于Paola Giacomini，World Production and Consumption of Ceramic Tiles，Ceramic World Review，2009，(8-10)，30-46. 表中关于中国的数据与中国实际情况差别很大，此处将中国建筑卫生陶瓷协会的统计数据与原文的数据对比列出如下：

国家	2004年	2005年	2006年	2007年	2008年
中国（建筑卫生陶瓷协会）	2960	3500	4302	5010	5755
中国（Paola Giacomini）	2300	2500	3000	3200	3400

附录5　2008年世界瓷砖消费国前30排名

2008年世界瓷砖消费国前30排名　　　　单位：百万平方米

国家	2004	2005	2006	2007	2008	占世界总量%	相对%（07/06）
1. 中国	1850	2050	2450	2700	2830	34.2	4.8
2. 巴西	448	443	486	535	605	7.3	13.2
3. 印度	270	303	350	397	403	4.9	1.5
4. 伊朗	140	153	182	236	265	3.2	12.3
5. 印尼	136	155	148	178	262	3.2	47.2
6. 西班牙	286	303	319	314	240	2.9	-23.6
7. 越南	115	120	145	210	220	2.7	4.8
8. 美国	293	304	308	248	197	2.4	-20.6
9. 俄罗斯	120	131	154	171	190	2.3	11.1
10. 意大利	192	192	199	199	176	2.1	-11.4
11. 墨西哥	151	161	164	173	176	2.1	1.5
12. 沙特	90	90	100	110	136	1.6	23.6
13. 土耳其	125	169	179	160	129	1.6	-19.4
14. 法国	129	130	120	129	128	1.5	-0.8
15. 泰国	115	120	121	120	120	1.5	0.0
16. 德国	143	132	128	124	112	1.3	-9.7
17. 埃及	76	93	103	105	110	1.3	4.8
18. 波兰	85	101	102	100	103	1.3	3.4
19. 南韩	90	94	99	110	99	1.2	-10.2
20. 阿联酋	60	70	80	81	96	1.2	18.5
21. 英国	70	72	75	75	66	0.8	-13.1
22. 摩洛哥	48	49	52	56	60	0.7	7.1
23. 阿根廷	40	44	48	55	59	0.7	7.3
24. 希腊	47	49	51	58	52	0.6	-10.9
25. 马来西亚	42	52	45	53	50	0.6	-5.7
26. 南非	40	44	48	50	50	0.6	0.0
27. 台湾	53	69	64	58	50	0.6	-14.9
28. 日本	47	52	53	52	48	0.6	-7.7
29. 罗马尼亚	30	35	37	43	46	0.6	6.5
30. 葡萄牙	54	51	47	48	42	0.5	-13.7
总量	5383	5832	6456	6948	7118	86.1	2.4
世界总量	6250	6740	7420	8025	8263	100.0	3.0

注：表中统计数据出自于Paola Giacomini，World Production and Consumption of Ceramic Tiles，Ceramic World Review，2009，(8-10)，30-46. 表中关于中国的数据与中国实际情况差别很大，此处将中国建筑卫生陶瓷协会的统计数据与原文的数据对比列出如下：

国家	2004年	2005年	2006年	2007年	2008年
中国（建筑卫生陶瓷协会）	2642	3079	3758	4420	5084
中国（Paola Giacomini）	1850	2050	2450	2700	2830

附录 6　世界瓷砖出口国前 15 排名

单位：百万平方米

国家	2004	2005	2006	2007	2008	占世界总量 %	占世界出口总量%	相对% (08/07)
1. 中国	260	342	450	500	570	6.9	29.7	14.0
2. 意大利	413	390	396	379	355	4.8	18.5	-6.4
3. 西班牙	341	341	336	333	306	3.7	15.9	-8.1
4. 土耳其	94	97	93	104	92	1.1	4.8	-11.5
5. 巴西	126	114	115	102	81	1.0	4.2	-20.3
6. 墨西哥	32	46	55	56	62	0.8	3.3	11.4
7. 葡萄牙	29	34	36	37	37	0.4	1.9	0.0
8. 阿联酋	23	25	32	38	34	0.4	1.8	-10.5
9. 波兰	17	19	21	30	34	0.4	1.8	14.1
10. 德国	23	21	24	26	28	0.3	1.4	6.6
11. 伊朗	10	14	19	17	27	0.3	1.4	58.8
12. 印尼	36	31	33	28	27	0.3	1.4	-5.0
13. 泰国	22	25	27	25	25	0.3	1.3	0.0
14. 越南	9	12	15	25	25	0.3	1.3	0.0
15. 马来西亚	30	18	22	18	23	0.3	1.2	27.8
总量	1463	1529	1673	1718	1725	20.9	89.9	0.4
世界总量	1635	1715	1865	1910	1919	23.2	100.0	0.5

注：表中统计数据出自于 Paola Giacomini，World Production and Consumption of Ceramic Tiles，Ceramic World Review，2009，(8-10)，30-46. 表中关于中国的数据与中国实际情况差别很大，此处将中国建筑卫生陶瓷协会的统计数据与原文的数据对比列出如下：

国家	2004 年	2005 年	2006 年	2007 年	2008 年
中国（建筑卫生陶瓷协会）	317	421	544	590	671
中国（Paola Giacomini）	260	342	450	500	570

附录7 世界瓷砖进口国前20排名

单位：百万平方米

国家	2004	2005	2006	2007	2008	占世界总量%	占世界进口总量%	相对% (08/07)
1. 美国	231	246	254	202	157	1.9	8.2	-22.6
2. 法国	109	110	110	110	112	1.4	5.8	1.8
3. 沙特	77	80	89	77	99	1.2	5.2	28.6
4. 德国	106	90	87	83	80	1.0	4.2	-3.1
5. 南韩	42	51	54	66	59	0.7	3.1	-10.4
6. 英国	61	64	66	67	58	0.7	3.0	-13.4
7. 俄罗斯	34	35	45	52	56	0.7	2.9	7.5
8. 阿联酋	23	35	51	43	55	0.7	2.8	26.7
9. 希腊	39	42	43	51	44	0.5	2.3	-13.0
10. 罗马尼亚	21	27	28	33	35	0.4	1.8	5.5
11. 澳大利亚	37	32	31	34	33	0.4	1.7	-3.8
12. 加拿大	33	32	33	35	30	0.4	1.6	-14.3
13. 以色列	27	29	26	30	304	0.4	1.6	0.0
14. 尼日利亚	13	19	27	22	30	0.4	1.6	36.4
15. 乌克兰	15	12	16	25	27	0.3	1.4	7.5
16. 比利时	23	22	23	28	26	0.3	1.4	-6.1
17. 泰国	15	22	20	22	25	0.3	1.3	13.6
18. 意大利	22	22	28	31	25	0.3	1.3	-20.0
19. 印度	15	18	20	22	24	0.3	1.3	9.1
20. 科威特	18	19	18	16	23	0.3	1.2	43.8
总量	961	1005	1068	1049	1027	12.4	53.5	-2.1
世界总量	1635	1715	1855	1910	1919	23.2	100.0	0.5

注：统计数据出自于Paola Giacomini，World Production and Consumption of Ceramic Tiles，Ceramic World Review，2009，(8-10)，30-46.

附录 8　2007—2008 年建筑卫生陶瓷行业新增企业一览表

产区	企业名称	生产线	产品类型	成立时间
江西高安	江西瑞福祥陶瓷有限公司	规划 5 条，投产 1 条	抛光砖、内墙砖	2007 年 3 月
	江西精诚陶瓷有限公司	规划 3 条，投产 1 条	地砖、内墙砖	2007 年 3 月
	江西赣虹陶瓷有限公司	规划 2 条，投产 2 条	西瓦	2007 年 4 月
	江西金环陶瓷有限公司	规划 7 条，投产 2 条	抛光	2007 年 4 月
	江西新瑞景陶瓷有限公司	规划 2 条，投产 1 条	抛光砖	2007 年 4 月
	江西东方王子陶瓷有限公司	规划 3 条，投产 1 条	抛光砖、小地砖	2007 年 5 月
	江西富利高陶瓷有限公司	规划 13 条，投产 4 条	釉面砖、仿古砖、瓷片等	2007 年 5 月
	高安市仁牌陶瓷有限公司	规划 4 条，投产 2 条	内墙砖	2007 年 5 月
	高安市宏信陶瓷有限公司	规划 2 条，投产 1 条	内墙砖	2007 年 6 月
	江西伟鹏陶瓷有限公司	规划 2 条，投产 1 条	外墙砖、西瓦	2007 年 6 月
	高安市三星陶瓷有限公司	规划 2 条，投产 1 条	水晶砖	2007 年 6 月
	江西长城陶瓷有限公司	规划 2 条，投产 1 条	内墙砖	2007 年 6 月
	高安寰宝陶瓷有限公司	规划 2 条，投产 1 条	抛光砖、外墙砖	2007 年 6 月
	江西鑫鼎陶瓷有限公司	规划 2 条，投产 1 条	外墙砖	2007 年 6 月
	江西新明珠建材有限公司	规划 40 条，投产 4 条	抛光砖、瓷片等	2007 年 8 月
	江西金刚石陶瓷有限公司	规划 5 条，投产 2 条	外墙砖	2007 年 9 月
	江西新中英陶瓷有限公司	规划 5 条，投产 1 条	抛光砖	2007 年 9 月
	高安市新瑞陶瓷有限公司	投产 1 条	陶瓷腰线	2007 年 9 月
	江西欧雅陶瓷有限公司	规划 15 条，投产 2 条	瓷片、抛光砖等	2007 年 11 月
	江西立维卫浴有限公司	规划 6 车间，投产 2 车间	卫生洁具	2007 年 11 月
	江西美尔康陶瓷有限公司	投产 1 条，在建 1 条	水晶砖	2007 年
	高安市新澳实业有限公司	投产 1 条	陶瓷腰线	2007 年
	高安新阳陶瓷有限公司	投产 2 条	西瓦	2008 年
	江西彩石烧装饰材料有限公司	投产 2 条	马赛克	2008 年
	江西恒达利陶瓷建材有限公司	规划 12 条，投产 2 条	仿古砖、外墙砖	2008 年 1 月
	江西普京陶瓷有限公司	规划 12 条，投产 3 条	抛光砖	2008 年 1 月
	江西新景象陶瓷有限公司	规划 8 条，投产 2 条	外墙、抛光砖	2008 年 2 月
景德镇	景德镇乐华陶瓷洁具有限公司	规划 5 条，投产 5 条	仿古砖、洁具	2007 年
	景德镇金意陶陶瓷有限公司	规划 12 条，投产 2 条	仿古砖	2007 年 1 月
	景德镇特地陶瓷有限公司	规划 15 条，投产 2 条	仿古砖、内墙砖、抛光砖	2007 年
	景德镇圣泰陶瓷有限公司	规划 2 条，投产 1 条	瓷质琉璃瓦	2007 年
	景德镇莱特陶瓷有限公司	投产 1 条	瓷质琉璃瓦	2007 年
	景德镇金翔建陶有限公司	投产 1 条	瓷质琉璃瓦	2007 年
上高	江西金唯冠陶瓷有限公司	规划 3 条，投产 1 条	墙地砖	2008 年 5 月
	上高和发陶瓷有限公司	投产 2 条	通体外墙砖、印花外墙砖	2008 年 6 月
	上高瑞州陶瓷有限公司	规划 5 条	通体外墙砖	2008 年 11 月

续表

产区	企业名称	生产线	产品类型	成立时间
萍乡	江西正大陶瓷有限公司	投产2条	玻化砖、瓷片、仿古砖	2008年3月
丰城	丰城东鹏陶瓷有限公司	投资14亿元	洁具、建陶、陶瓷城三个项目	2007年5月
丰城	江西和美陶瓷有限公司	规划24条，投产4条	瓷片、抛光砖	2007年6月
丰城	丰城汇德邦陶瓷有限公司	规划12条	瓷片、仿古砖、抛光砖	2008年12月
东乡	江西海润陶瓷有限公司	2条线	仿古砖	2007年12月
九江	九江诺贝尔陶瓷有限公司	规划24条，投产9条	墙地砖	2008年7月
九江	江西安拿度陶瓷项目	投资6.8亿	仿古砖	2008年8月
河南	安阳市中福陶瓷有限公司	规划6条	地板砖、墙面板	2007年11月
河南	河南御盛陶瓷有限公司	首期2条	外墙砖、仿古砖、抛光砖	2008年
河南	鹤壁华港陶瓷有限公司	1条线	外墙砖	2008年
安徽	淮北伯爵陶瓷有限公司	1条线	内墙砖	2007年
安徽	巢湖利华陶瓷有限公司	1条线	西式琉璃瓦	2007年5月
安徽	六安新腾飞建筑陶瓷有限公司	1条线	西式琉璃瓦	2007年
陕西	铜川市庄陶厂（华冠陶瓷）有限公司	投产1条，二期在建	地板砖	2007年初
陕西	宝鸡泰荣陶瓷有限公司	投产1条　在建1条	耐磨地砖	2007年7月
陕西	宝鸡景铃陶瓷有限公司	投产1条	釉面地砖、门头砖、墙裙砖	2008年
陕西	宝鸡万宝隆陶瓷有限公司	投产1条　在建1条	外墙砖	2008年
陕西	宝鸡千禾陶瓷有限公司	投产1条　在建1条	内墙砖、地砖	2008年
陕西	宝鸡中特陶瓷有限公司	投产1条　在建1条	内墙砖、地砖	2008年
陕西	宝鸡景泰陶瓷有限公司	投产1条　在建1条	内墙砖、地砖	2008年
陕西	宝鸡隆达陶瓷有限公司	投产3条	内墙砖、地板砖、脚线	2008年
陕西	宝鸡粤特陶瓷有限公司	在建2条	内墙砖、地板砖	2008年
山东	德州市乐华陶瓷洁具有限公司	投资15亿元	卫生洁具及配件	2008年9月
山西	阳城县金方圆陶瓷有限公司	投产1条	内墙砖	2007年8月
广西	广西新中陶陶瓷有限公司	首期8~10条	各类墙地砖	2008年6月
湖北	湖北宝加利陶瓷有限公司	规划6条	抛光砖、仿古砖、瓷片	2007年
湖北	湖北冠都陶瓷有限公司	1条线	内墙砖	2007年
湖北	湖北朋磊陶瓷瓦业有限公司	1条线	西式琉璃瓦	2007年5月
湖北	湖北中瓷万达陶瓷有限公司	2条线	仿古砖、内墙砖、地砖	2007年6月
湖北	湖北帝豪陶瓷有限公司	4条投产，2条在建	抛光砖、瓷片	2007年10月
湖北	湖北新万新陶瓷有限公司	2条在建	抛光砖、仿古砖	2008年3月
湖北	蕲春新天地陶瓷有限公司	1条生产线	西式琉璃瓦	2008年4月
湖北	湖北天成陶瓷有限公司	1条线	西式琉璃瓦	2008年6月
辽宁	沈阳博士盖陶瓷有限公司	规划30条，投产2条	抛光砖、内墙砖和古典砖	2007年5月
辽宁	沈阳新东方陶瓷有限公司	规划6条	抛光砖	2007年7月
辽宁	新恒丰陶瓷有限公司	规划2条，投产1条	墙地砖	2007年8月
辽宁	沈阳宇晟陶瓷有限公司	规划2条	卫生洁具	2008年11月

续表

产区	企业名称	生产线	产品类型	成立时间
广东	清远简一陶瓷有限公司	3条线	羊皮砖	2007年3月
	肇庆市古宝斯陶瓷有限公司	投产4条	墙地砖	2007年3月
	肇庆市中恒陶瓷有限公司	投产2条	墙地砖	2007年9月
	肇庆市佳陶陶瓷有限公司	投产4条	抛光砖	2007年9月
	高要市纯美陶瓷有限公司	规划6条，投产2条	墙地砖	2007年
	高要市华顺达陶瓷有限公司	投产3条	内墙砖	2007年9月
	高要市兴达陶瓷有限公司	投资5000万	陶瓷腰线、工艺陶瓷	2008年
	高要市广福陶瓷有限公司	多条生产线	瓷砖、内墙砖	2008年1月
	清远市英超陶瓷有限公司	规划10条　首期4条	抛光砖等	2008年4月
	江门道氏标准制釉股份有限公司	首期投资6000万	陶瓷色釉	2008年11月
湖南	湖南新美陶瓷有限公司	1条线	水晶砖	2007年
	湖南发达陶瓷有限公司	1条线	瓷片	2007年10月
	湖南华雄陶瓷有限公司	2条线	仿古砖、亚光砖	2007年10月
	湖南兆邦陶瓷有限公司	规划7条，1条投产	抛光砖	2007年11月
	湖南金鹏陶瓷有限公司	2条线	仿古砖、水晶砖	2007年12月
	宁远县新美雅陶瓷有限公司	规划16条，一期4条	外墙砖、仿古砖	2008年1月
福建	九牧集团南安陶瓷项目	总投资12亿	卫生陶瓷	2007年4月
内蒙古	鄂尔多斯市兴辉陶瓷有限公司	规划25条，投产4条	瓷片、抛光砖	2008年1月
	乌海海美斯陶瓷科技有限公司	规划8条	琉璃制品	2007年8月
新疆	伊犁恒辉陶瓷有限公司	项目总投资2.5亿	水晶砖、耐磨地砖、欧式西瓦	2008年11月

注：本表内数据为不完全统计，如有出入，请以实际数据为准。

附录9　2008年建筑卫生陶瓷行业新品牌一览表

企业名称	品牌名称	推出时间	产品类别	备注
广东顺成陶瓷有限公司	森尼陶瓷	1月	抛光砖、内墙砖、仿古砖	产品多达100多个规格品类
广东萨米特陶瓷集团	金利高	1月	仿古砖	走中高档路线，以“成功人士的选择”为宣传口号
广东欧雅陶瓷有限公司	金陶名家	1月	瓷砖	秉承“品金陶立名家”理念
广东博德精工建材有限公司	昊博陶瓷	1月	抛光砖	涵盖除仿古砖外目前市场最畅销的主流产品
佛山市天欣王陶瓷有限公司	同喜磁砖	1月	仿古砖	倡导“生活因喜悦而精彩”
广东博华陶瓷有限公司	名典磁砖	1月	抛光砖、仿古砖、瓷片	品牌理念为以“名师”之手，创造“经典”之作
江西欧雅陶瓷有限公司	卡尔丹顿	3月	瓷片、仿古砖	“为广大消费者提供高性价比的产品”为品牌追求
上海陶艺轩陶瓷发展有限公司	TOE·陶艺轩生活瓷砖	3月	仿古砖	独家冠名“TOE·陶艺轩瓷砖杯”2008年广州国际女子网球公开赛
广东新明珠陶瓷集团有限公司	宾利	3月	瓷砖	走高档产品、中等价格的路线
江西正大陶瓷有限公司	布莱尔陶瓷	3月	玻化抛光砖、内墙瓷片、仿古砖	定位国内和国外市场
佛山市中盛陶瓷有限公司	联创陶瓷	4月	抛光砖	以产品性价比作为品牌的支撑
佛山市新美陶瓷集团公司	新冠陶瓷	4月	抛光砖	定位中高档
佛山市鹭丹陶瓷有限公司	得意龙	4月	瓷片	走高端路线
广东玉山陶瓷工业有限公司	澳利维亚	5月	瓷质仿古砖	最大规格900×900，既可干挂，又可铺地
唐山市艾尔斯卫浴有限公司	杜菲尼	5月	卫浴产品	与澳大利亚合资品牌，专攻国内市场
阿波罗（中国）有限公司	金尚·丽格	6月	卫浴产品	产品以简约、时尚、品味为设计概念
广东新润成陶瓷有限公司	壹加壹	7月	瓷砖	走高档路线
江西新明珠建材股份有限公司	德美	7月	瓷砖	新明珠集团走出广东推出的首个品牌
高要市新时代陶瓷有限公司	名邦陶瓷	8月	内墙砖	拥有400亩的生产基地，年产量达1200多万平方米
佛山市意爵陶瓷有限公司	欧爵瓷砖	8月	完全不透水内墙砖	以“田园艺术砖”为产品理念
广东兴辉陶瓷有限公司	家乐陶	10月	抛光砖、瓷片	定位中端
广东博华陶瓷有限公司	我e家	9月	抛光砖仿古砖瓷片	品牌定位前卫时尚
广东宏威陶瓷有限公司	意特陶	10月	仿古砖、瓷质抛光砖、釉面砖	定位为科技瓷砖
高要市将军陶瓷有限公司	梵香·1860	10月	仿古砖	包括“皇袍玉带”、“1860”等系列
佛山市阳光陶瓷有限公司	几何国际建陶	12月	多品类	品牌定位为国际化高端品牌

注：本表内数据为不完全统计，如有出入，请以实际数据为准。

附录10　《中国建筑卫生陶瓷年鉴（2008）》支持单位

（排名不分先后）

景德镇陶瓷学院
中国陶瓷知识产权信息中心
国家建筑卫生陶瓷质量监督检验中心
全国建筑卫生陶瓷标准化技术委员会
咸阳陶瓷研究设计院
华夏建筑陶瓷研究开发中心

佛山市陶瓷行业协会
佛山市陶瓷学会
广东省陶瓷协会
福建省陶瓷协会
广东省潮州市陶瓷协会
四川省夹江县陶瓷协会
江西省高安陶瓷协会

《陶城报》
《中国建筑卫生陶瓷》
《中国陶瓷》
《陶瓷信息》
《建材周刊》
中国建筑卫生陶瓷博物馆
中国陶瓷产业总部基地

广东东鹏陶瓷股份有限公司
广东科达机电股份有限公司
广东马可波罗陶瓷有限公司
广东宏宇陶瓷有限公司
佛山金意陶陶瓷有限公司
广东彩洲卫浴实业有限公司
佛山市陶瓷研究所 & 金刚企业
佛山市正大陶瓷有限公司
佛山欧神诺陶瓷股份有限公司
广东博德精工建材有限公司
广东蒙娜丽莎陶瓷有限公司

优达（中国）有限公司
佛山市简一陶瓷有限公司
佛山市摩德娜机械有限公司
高要市将军陶瓷有限公司
佛山市中窑窑业发展有限公司

佛山市钻石瓷砖有限公司
淄博市东岳实业总公司
广东华艺卫浴实业有限公司
湖南天欣陶瓷集团

后　记

《中国建筑卫生陶瓷年鉴（2008）》是中国建筑卫生陶瓷行业首部综合性年鉴。

《中国建筑卫生陶瓷年鉴（2008）》的编纂准备工作自2009年5月启动以来，得到了各级协会、相关政府部门、编委会成员、各个产区、相关媒体以及众多企业的大力支持，他们提供了大量信息和稿件，使年鉴的资料不断得到补充和完善，提高了年鉴中所收录信息的准确性及权威性，从而使年鉴更贴近行业、贴近企业、贴近实际。

中国建筑卫生陶瓷协会领导高度重视年鉴的编纂出版工作，叶向阳会长专门抽出时间出席年鉴的终审会议；秘书长缪斌前后几次亲临年鉴编辑部，参加年鉴的编辑会议；副秘书长夏高生也拨冗参加年鉴的终审会议，并提出了中肯的意见。

《中国建筑卫生陶瓷年鉴（2008）》采用分类编排法，内容包括大事记、标准与法规、技术进步及知识产权、产品、产区等，并收录了国家有关部委及地方政府部门的一批重要法律法规、政策性文件。全书共分九章，50万字，全面、系统地记述了过去一年中，中国建筑卫生陶瓷行业发展的新举措、新发展、新成就和新情况，是集资料、数据、情报、文献为一体的多元化信息载体和大型工具书，具有重要的史料价值、实用价值和收藏价值。

《中国建筑卫生陶瓷年鉴（2008）》总目录在吸取编辑部整体意见的基础上由主编尹虹设计编排，叶向阳先生撰写了发刊词；第一章绪言由缪斌负责并撰写；第二章2008中国建筑卫生陶瓷发展综述由尹虹负责并编写（胡素娟协助收集了部分卫生陶瓷发展资料）；第三章大事记由尹虹负责编写（孙春云、胡素娟协助完成部分工作，其中展览大事记由孙春云负责编写）；第四章法规、政策与标准由刘小明撰写第一节综述，尹虹、刘小明、孙春云收集了第二、三、四节的有关文件，尹虹编写了第五节建筑卫生陶瓷新标准；第五章建筑卫生陶瓷生产制造由刘小明负责，刘小明、钟政编写第一节概述，刘小明编写第二节产业布局，刘小明、许学锋编写第三节机械装备，刘小明、伍思成编写第四节色釉料及原辅材料，尹虹编写第五节产品质量监督，尹虹、熊九成、孙春云编写第六节部分企业大事，刘小明、孙春云编写第七节企业社会责任；第六章技术进步及知识产权由尹虹负责并编写（史哲民提供部分资料，黄宾协助完成部分工作）；第七章建筑卫生陶瓷产品由刘小明负责并编写（其中崔斌、史鑫编写了第三节艺术瓷砖，黄惠宁撰写了第二节发展趋势部分内容及第七节瓷砖生产方式的主要内容）；第八章市场与营销由孙春云、刘小明、尹虹负责编写（其中刘小明、孙春云编写了第一节综述，孙春云、尹虹、熊九成编写了第二节营销大事记与第三节品牌建设）；第九章建筑卫生陶瓷产区由刘小明、熊九成负责并编写。附录1、2的资料由中国建筑卫生陶瓷协会提供，尹虹整理；附录3由全国建筑卫生陶瓷标准化技术委员会提供；附录4、5、6、7由尹虹负责翻译整理；附录8、9由刘小明、孙春云负责收集整理。尹虹负责全篇统稿。

在《中国建筑卫生陶瓷年鉴（2008）》编纂资料收集过程中，具体得到中国陶瓷知识产权信息中心、国家建筑卫生陶瓷质量监督检验中心、全国建筑卫生陶瓷标准化技术委员会、佛山市中级人民法院、佛山市禅城区科技局等有关单位的鼎力协助，特别感谢《陶城报》、《陶瓷信息》、《建材周刊》等专业平面媒体及“中国建筑卫生陶瓷网”、“佛山陶瓷网”、“华夏陶瓷网”、“焦点家居网”等网站提供的资料记录，编辑部在此衷心感谢为年鉴编纂、出版付出辛勤劳动的各级领导和参编人员，衷心感谢所有关心、支持《中国建筑卫生陶瓷年鉴（2008）》编纂、出版的行业人士。《年鉴》中的彩页照片由中国建筑卫生陶瓷协会及相关企业提供，其中，潘炳森、张磊也提供了部分照片，在此一并致谢。

《中国建筑卫生陶瓷年鉴》自今年以后，将每年编纂出版一部，希望能得到大家一如既往的支持。同时作为行业首部年鉴，由于经验不足，水平所限，文中数据采集难免挂一漏万，错漏之处在所难免，敬请读者批评、指正。

《中国建筑卫生陶瓷年鉴（2008）》编辑部

2009年10月28日

KEDA
洁能 ◆ 减排 ◆ 环保
Clean Energy Exhaust Reducing Environmental Protection
陶瓷发展新动力
New Power for Ceramic Development
广东科达机电股份有限公司
TEL:0757-23832995
http://www.kedagroup.com

CAIZHOU® 彩洲
SANITARY WARE
中国水龙头知名品牌
中国卫浴名牌产品
中国绿色水龙头
中国节水产品认证
德国TUV质量体系认证
荷兰KIWA标准认证
www. caizhou. com
广东彩洲卫浴实业有限公司
地址:广东省开平市水口镇工业园嘉兴北路223号
电话:0750-2711098（5线）/ 2723379
传真:0750-2723698
邮箱:caizhou@21cn. com
邮政编码:529321

BODE®
Technological Innovation
WE PROMOTE THE CERAMIC WORLD
科技领先，价值所在。
LUXURIOUS TILES / TOP LUXURIOUS CERAMIC TILES IN CHINA
博德，以创新科技，精制高端瓷砖。
博德 中国
BODE OF CHINA
大众 德国
VOLKSWAGEN OF GERMANY
通用 美国
GENERAL MOTORS OF UNITED STATES
标志 法国
PEUGEOT OF FRANCE
诺基亚 芬兰
NOKIA OF FINLAND
微软 美国
MICROSOFT OF UNITED STATES
三星 韩国
SAMSUNG OF KOREA
丰田 日本
TOYOTA OF JAPAN
FINE JADE STONE / Only High-tech Porcelain Tiles of Luxurious Style in China
精　工　玉　石
Fine Jade Stone, Luxurious Tile originated composite crystal tile in the world
精工玉石 世界首创，微晶玻璃陶瓷复合板
Advanced Fine Tile, High quality porcelain tile
精工砖 高端玻化砖，品质的标杆
Fine Glazed Wall Tile, Innovative tile for qualified life
精工内墙砖 品质领先，创领精品厨卫空间
Rustic Tile of the 15th Century.com, Rustic tile for new fashion living style
15世纪.com仿古砖 '高品质，新奢华'的代表之作
广东博德精工建材有限公司
GUANGDONG BODE FINE BUILDING MATERIAL CO.,LTD.
营销中心：中国广东佛山市季华路中国陶瓷城产业总部基地中区01,02座
MARKETING CENTER:Buildings 01 And 02 In Centre Zone, China Ceramics Industry Headquarters, Jihua Road,Foshan City,Guangdong Province,China
电话：86-757-83201938 传真：86-757-83201971
Http//:www.bodestone.com

DONG PENG 东鹏陶瓷
瓷砖·洁具
东鹏创造
四舰齐发·引领建陶行业新风尚
东鹏·釉面砖
定义新时尚生活
东鹏·玻化砖
成就世界玻化砖新高度
东鹏·洁具
尊尚水生活
东鹏·梦之家
至尚空间新标准

OCEANO
欧神诺陶瓷
中国驰名商标
质感、色感、触感……
愈近赏,愈见不凡!
Look Closer, The More Exceptional
★国家高新技术企业
★国家火炬计划重点高新技术企业
★中国驰名商标
★拥有亚洲最大的建陶研发中心
★中国建筑卫生陶瓷协会副会长单位
★建陶行业唯一集
“博士后科研站、省工程技术中心、省企业技术中心”一身的企业
www.oceano.com.cn

Marco Polo
馬可波羅
馬可波羅磁磚
3G石代·地心岩光耀上市
3G Stone · Geology coming into the market glitteringly

金石瓷砖
KSTONE CERAMICS
精致生活 金石为开

自有我精彩！
My style,My uniqueness!

宏宇陶瓷
HONGYU CERAMICS
广东省名牌产品 广东省著名商标
广东宏宇陶瓷有限公司
营销中心地址：广东省佛山市禅城区江湾三路与槎湾路交汇处 邮编：528031
电话：0086-757-82266333 销售传真：0086-757-82276787 http://www.hy100.com.cn

WINTO
宏陶精工
广东宏陶陶瓷有限公司
营销中心地址:佛山市禅城区季华三路 邮编:528031
销售传真:0086-757-82267838
Http://www.winto100.com
E-mail:winto100@wintoceramics.com

KMY
KAMIYA CERAMICS
卡米亞陶瓷
广东宏威陶瓷实业有限公司
营销中心：佛山市禅城区季华路瓷海国际陶瓷城A3座
销售电话：0086-757-82533513
销售传真:0086-757-82700638
Http://www.kmy100.com
E-mail:kmy100@kmyceramics.com

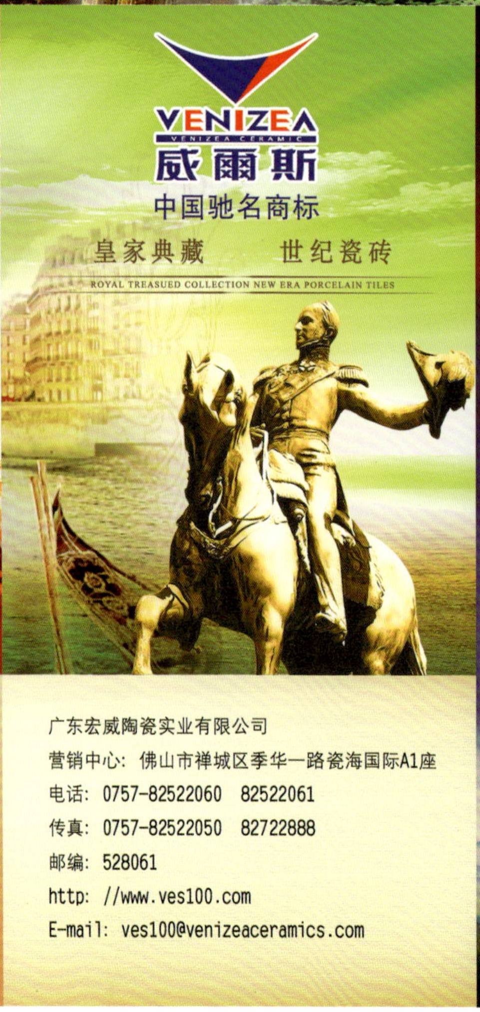
VENIZEA
VENIZEA CERAMIC
威爾斯
中国驰名商标
皇家典藏 世纪瓷砖
ROYAL TREASUED COLLECTION NEW ERA PORCELAIN TILES
广东宏威陶瓷实业有限公司
营销中心：佛山市禅城区季华一路瓷海国际A1座
电话：0757-82522060 82522061
传真：0757-82522050 82722888
邮编：528061
http: //www.ves100.com
E-mail: ves100@venizeaceramics.com

ITTO
意特陶陶瓷
ITTO CERAMICS
佛山市意特陶陶瓷有限公司
营销中心地址：佛山市禅城区季华四路
销售电话：0086-757-82782607
销售传真:0086-757-82782608
Http://www.itto100.com
E-mail:itto100@itto100.com